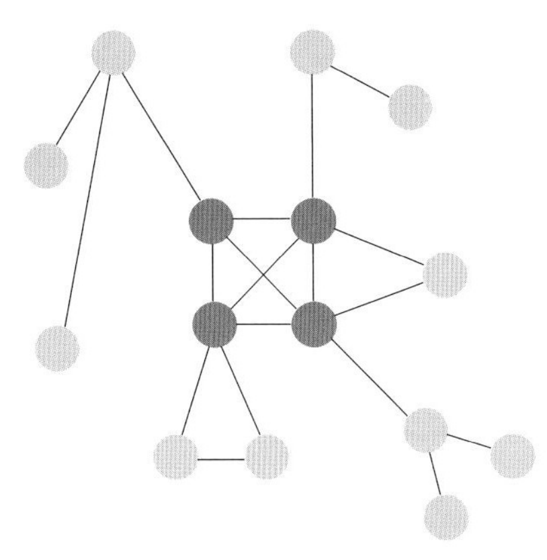

图 2-15　一个无向图示例

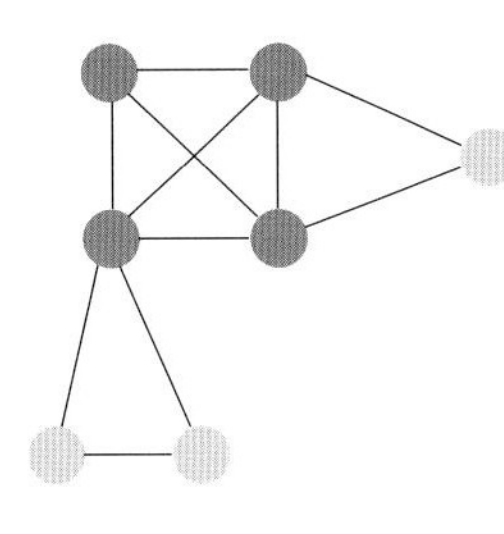

(a) 2-核子图

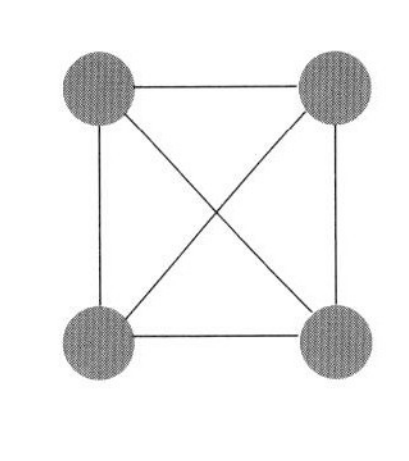

(b) 3-核子图

图 2-16　图 2-15 所示网络的 k-核子图

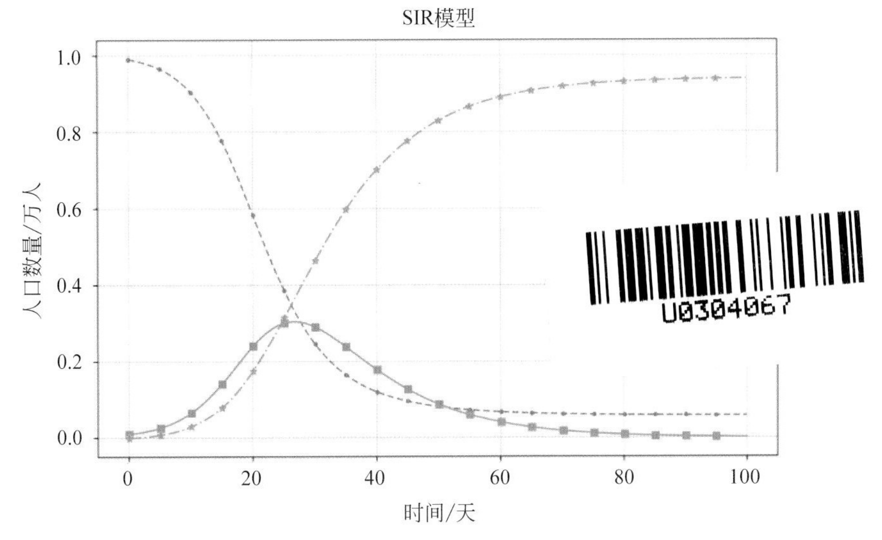

图 6-7　SIR 模型人口动态变化

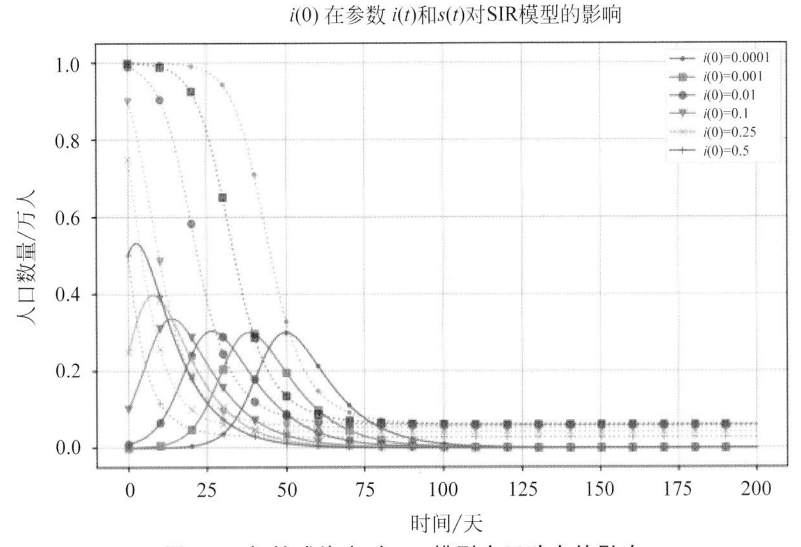

图 6-8　初始感染率对 SIR 模型人口动态的影响

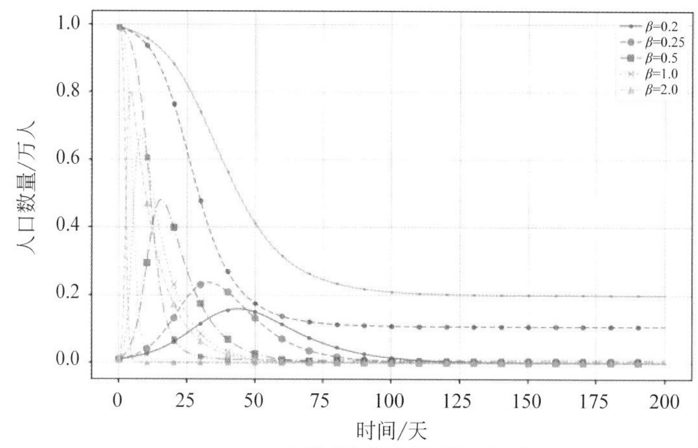

(a) SIR模型中传染率β的影响分析

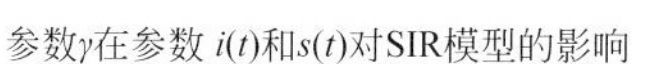

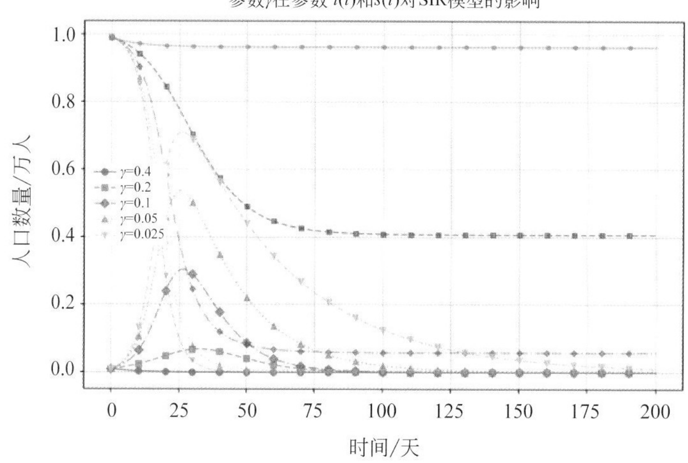

(b) SIR模型中康复率γ的影响分析

图 6-9　传染率和康复率影响图

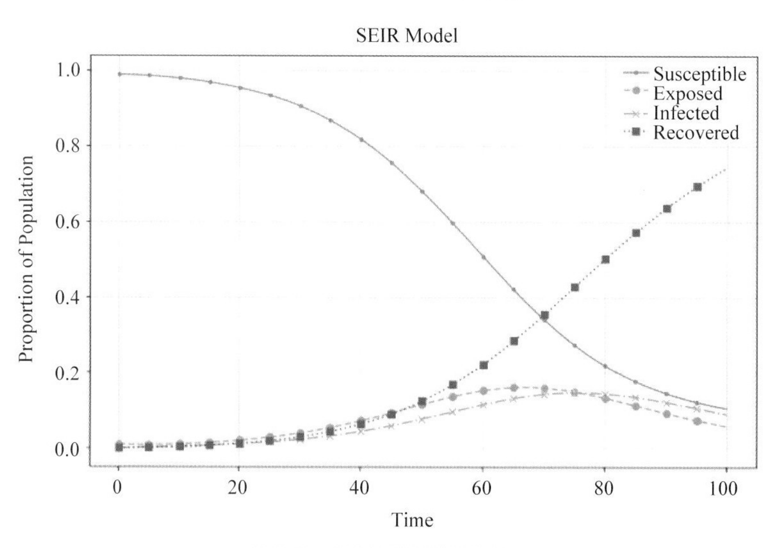

图 6-13　SEIR 模型结果表示

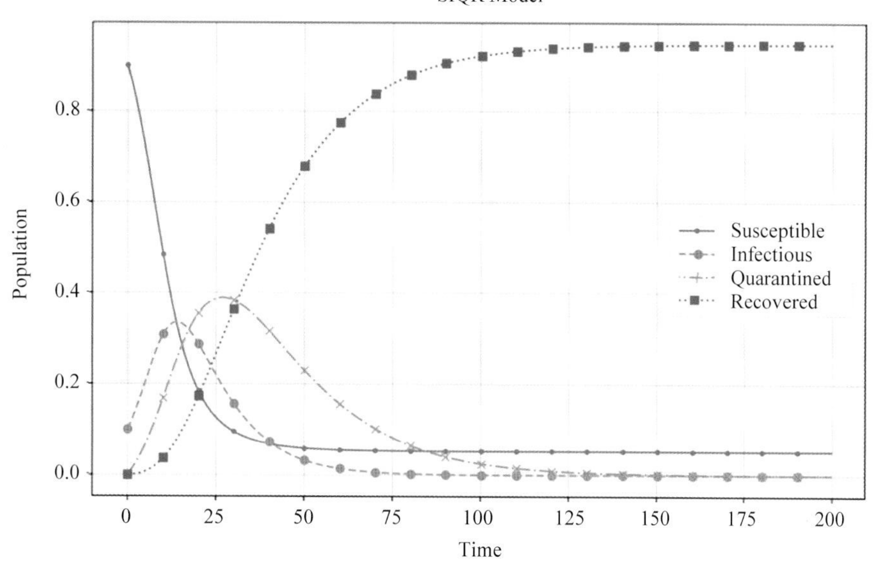

图 6-14　SIQR 模型传染病传播与控制动态

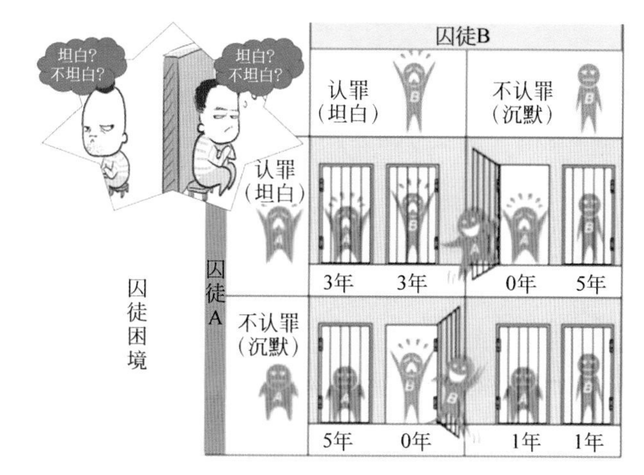

图 7-2　囚徒困境图示

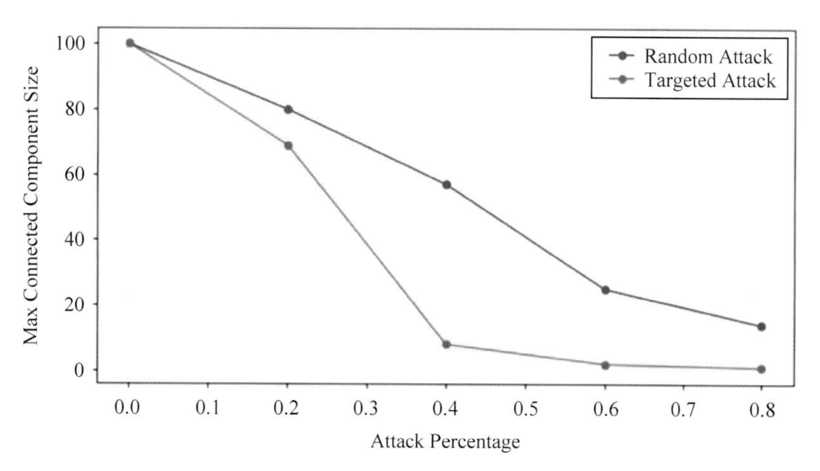

图 9-12　最大连通子图大小随攻击节点比例变化

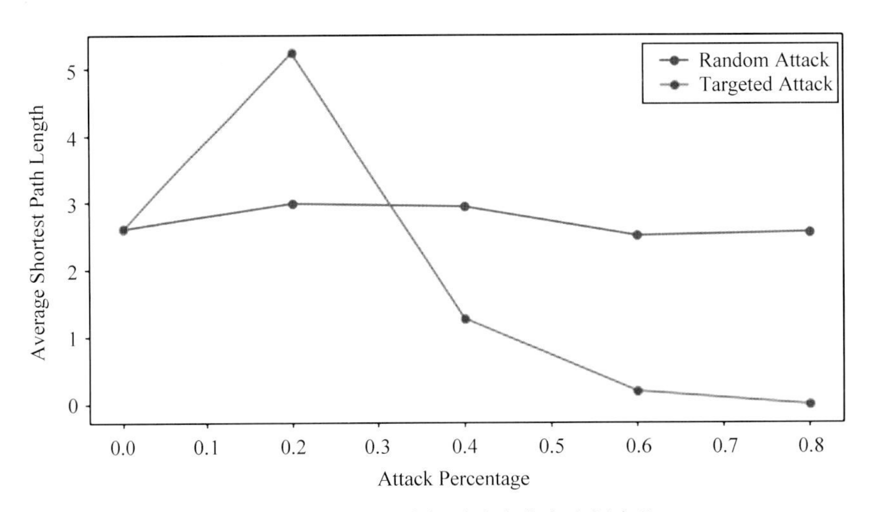

图 9-13　平均最短路径随攻击节点比例变化

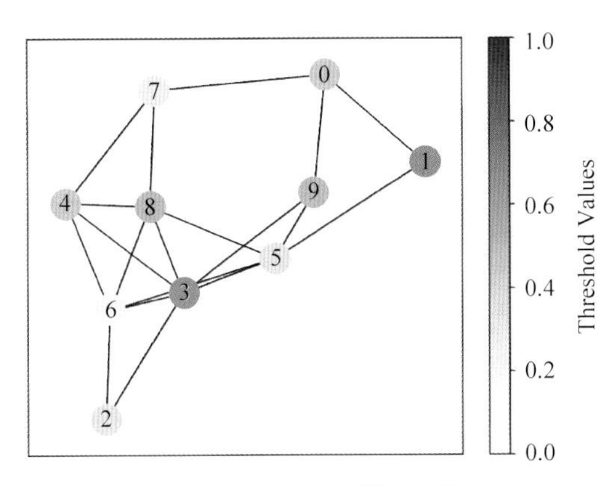

图 9-17　Cascade 模型图例

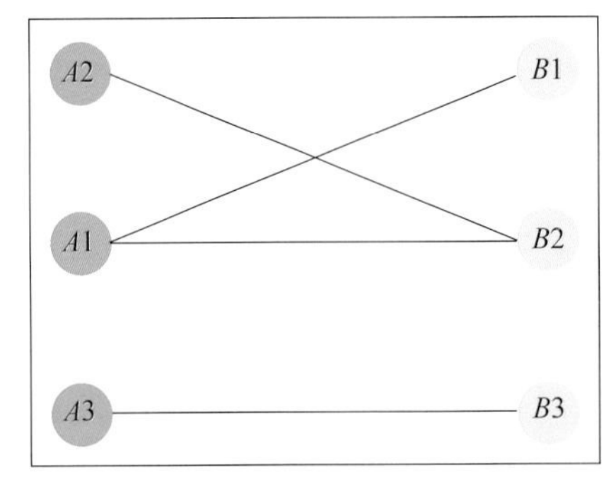

图 10-1　二分网络可视化展示图

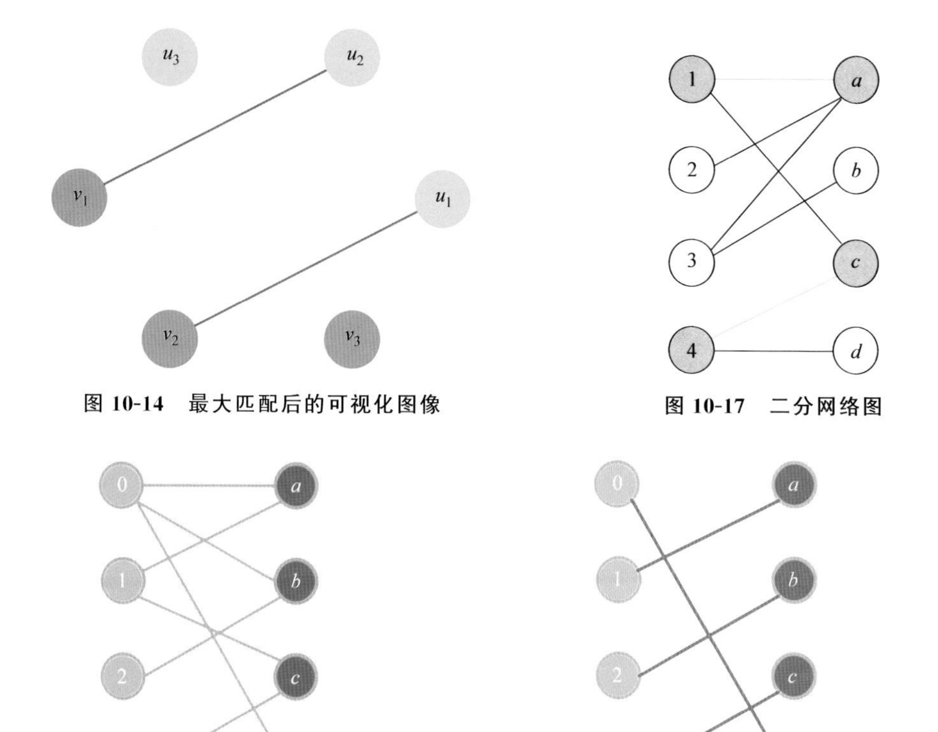

图 **10-14** 最大匹配后的可视化图像

图 **10-17** 二分网络图

图 10-20 初始化二分网络展示图

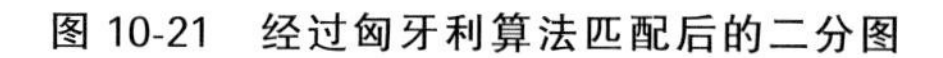

图 10-21 经过匈牙利算法匹配后的二分图

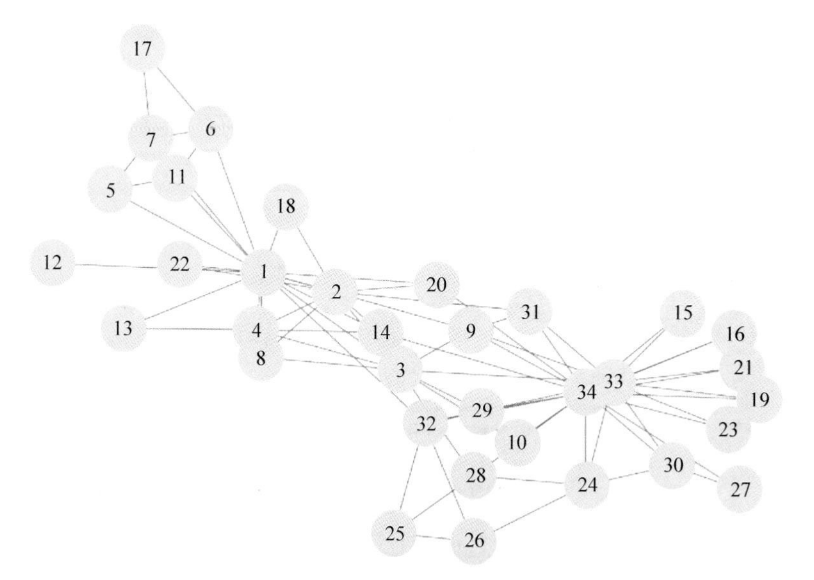

图 **15-3** 空手道俱乐部成员关系网络图

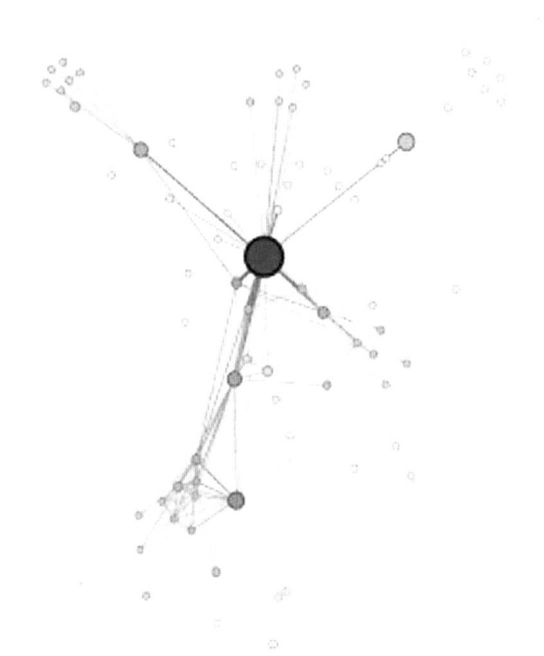

图 15-11　调整节点大小和颜色深浅效果图

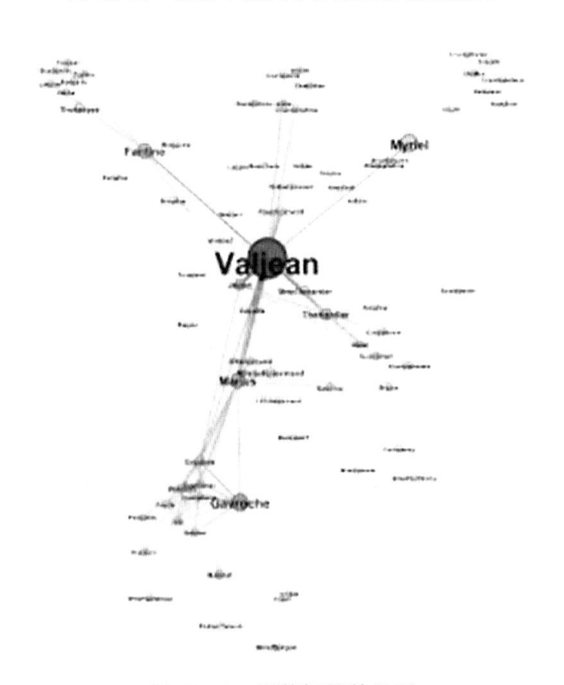

图 15-12　调整标签效果图

复杂网络基础理论与应用

陈淑红　姜文君　王田　周志立 / 编著

清華大学出版社
北　京

内 容 简 介

复杂网络涉及的知识非常广泛，有显著的跨学科、跨领域的特性。本书力求以通俗易懂的编写方式，为读者提供充足的复杂网络理论分析及大量的实例 Python 开源代码，同时增加对国内外最新研究成果的介绍，为从事该领域研究的工作者提供有效的借鉴。本书的主要特点有：①通俗易懂的概念原理解释分析；②生动形象的图形化分析；③大量开源实例 Python 代码；④最新研究成果的引入；⑤思政教育的融入。

本书共 16 章。第 1 章主要介绍复杂网络的研究意义、历史及研究内容；第 2～5 章分别介绍复杂网络的基本概念、随机网络、小世界网络及无标度网络；第 6～14 章分别介绍复杂网络的应用及其他相关理论，包括复杂网络传播动力学、博弈论、网络同步与控制、复杂网络鲁棒性、二分网络、复杂网络的搜索、聚类分析、影响力分析及链路预测；第 15 章介绍复杂网络工具的使用；第 16 章探讨复杂网络视角下的社会发展与思政启示。

本书可以作为高等学校计算机科学及其相关专业、应用数学、生物医学、社会学、管理学等专业的本科生及研究生教材，也可以为相关领域的科研人员提供研究参考。

图书在版编目(CIP)数据

复杂网络基础理论与应用 / 陈淑红等编著. -- 北京：
清华大学出版社，2024.12. -- ISBN 978-7-302-67779-6

Ⅰ. TP393

中国国家版本馆 CIP 数据核字第 2024QQ9634 号

责任编辑：郭　赛　常建丽
封面设计：何凤霞
责任校对：王勤勤
责任印制：杨　艳

出版发行：清华大学出版社
网　　址：https://www.tup.com.cn，https://www.wqxuetang.com
地　　址：北京清华大学学研大厦 A 座　　**邮　　编**：100084
社 总 机：010-83470000　　**邮　　购**：010-62786544
投稿与读者服务：010-62776969，c-service@tup.tsinghua.edu.cn
质量反馈：010-62772015，zhiliang@tup.tsinghua.edu.cn
课件下载：https://www.tup.com.cn，010-83470236
印 装 者：北京鑫海金澳胶印有限公司
经　　销：全国新华书店
开　　本：185mm×260mm　　**印　张**：29.5　　**彩　插**：3　　**字　　数**：726 千字
版　　次：2024 年 12 月第 1 版　　**印　　次**：2024 年 12 月第 1 次印刷
定　　价：89.00 元

产品编号：098363-01

前言

复杂网络是复杂系统的抽象和描述，是研究网络中个体节点之间相互作用及其拓扑结构和演化的一种方法，具有鲜明的跨学科特性。作为一门新兴的学科，复杂网络已经逐渐成为网络科学研究的热点。对复杂网络的定量及定性特征的研究已经成为现代科学研究中极具挑战性的领域。许多高校都面向本科生、研究生及博士生开设了复杂网络相关课程。该课程是0839网络空间安全一级学科的研究生核心课程。0839的核心课程指南指出：复杂网络基础与应用是支撑网络空间安全一级学科的基础课程，为“信息内容安全原理”“社交网络分析”“高级网络安全技术”等课程提供基础理论和方法指导。在国家自然科学基金“十四五”优先发展领域指南中有多个领域涉及复杂网络的研究，如领域4，复杂系统动力学激励认知、设计与调控，领域57工业信息物理系统中提及的复杂场景认知、调控和优化决策，领域60智能无人系统技术中的复杂环境下智能无人系统自主控制、协同、安全，系统控制与动态博弈、智能群系统自主协同与安全免疫，领域93面向复杂应用场景的计算理论与软硬件基础，领域101复杂系统管理，领域103决策智能与人机融合管理。现实世界纷繁复杂、往往呈现出非线性特性及不确定性，动态演化发展。偶然的小事件可能累积增大成为颠覆性的大事件，并影响整个网络的演变进程。复杂网络的研究让我们可以对客观世界的认知从感性升华到理性，从特殊现象推演普遍规律，从局部认识整体，从简单知晓复杂，螺旋式推进，更深刻地认识世界的本源。

本书将为读者系统介绍复杂网络领域的基本理论框架，提供研究复杂网络的具体内容、方法和工具。由于复杂网络研究具有很强的跨学科特色，并且新的问题和研究成果不断涌现，因此本书重点着眼于复杂网络研究中经典的理论研究，同时介绍了国内外复杂网络领域相关的最新研究成果及应用，旨在通过介绍复杂网络的基础理论及其应用研究，使读者掌握一些相应的网络分析方法，基于复杂网络的视角认识世界，并且能够联系实际构建复杂网络的系统思维，为读者在复杂网络及其相关研究领域的研究指明方向。掌握复杂网络研究的方法，具备针对特定复杂网络开展网络属性、网络结构、网络功能和行为研究的能力，深入理解复杂网络的基本模型和属性及动态演化规律具有重要的科学价值，将为生物医学网络、社交网络、交通网络、电力网络、物联网等领域的复杂网络技术研究、工程应用提供理论和技术准备，也将带来很好的经济价值和社会价值。

本书共16章，分为引言、复杂网络基本模型及基本理论、复杂网络的应用三大部分。引言主要为读者介绍复杂网络的研究意义、研究历史及复杂网络基本概念、复杂网络度量指标。复杂网络基本模型包括随机图模型、小世界网络模型、无标度网络及演化网络模型,这部分注重复杂网络理论各种模型的特性及基于以上模型对复杂网络的理论分析。复杂网络的应用包括复杂网络的传播动力学、复杂网络的社团结构、博弈论、复杂网络中的搜索、复杂网络的同步与控制、复杂网络的节点重要性与影响力分析、链路预测与推荐。具体章节主要内容如下:第1章为绪论,介绍复杂网络的历史、研究意义及研究内容。第2章为复杂网络的基本概念,主要介绍复杂网络的4种基本结构模型及其表示方法,重点介绍复杂网络的统计特征。这些特征是贯穿复杂网络研究始终的一些基本统计特征。第3章为随机网络,主要介绍两种生成随机网络的基本模型以及随机网络的基本性质。第4章为小世界网络,介绍小世界网络的知名理论——六度分隔理论及相关经典实验,重点介绍小世界网络的两种经典生成模型、小世界网络的典型统计特征及社区结构检测方法。第5章为无标度网络,主要介绍幂律分布的意义、数据拟合方法及经典的相关理论,如二八定则、马太效应、财富分布建模,重点介绍BA无标度网络模型的构建及相关统计特征。第6章为传播动力学,介绍传播动力学的研究目的及意义,重点介绍经典传播动力学模型,包括病毒传播、舆论传播及谣言检测模型,解释传播机理及预测方法,同时也介绍了一些传播动力学的最新研究成果。第7章为博弈论,介绍博弈论的基本概念、分类及其应用,重点介绍经典博弈论问题,如囚徒困境问题、合作博弈、非合作博弈、演化博弈及相关的经典理论和概念(如纳什均衡、奇数定理、占优策略、帕累托最优、特征函数表达、沙普利值等);第8章为网络同步与控制,介绍同步现象、分形理论、混沌理论、混沌映射、涌现现象及相关经典模型、算法及应用。第9章为复杂网络的鲁棒性,介绍鲁棒性的基本概念及相关理论、经典模型及应用,重点介绍渗流理论、随机攻击与蓄意攻击、级联失效、相依网络。第10章为二分网络,介绍二分网络的定义及表达,重点介绍二分网络的投影、二分图的匹配及其相关应用。第11章为复杂网络的搜索,介绍各种经典的复杂网络搜索算法,主要包括广度优先搜索、随机游走搜索、最大度搜索、蒙特卡罗树搜索、启发式搜索、对抗搜索及社会网络分散式搜索。第12章为聚类分析,从基于优化的聚类算法和启发式聚类算法这两大类切入,介绍经典的聚类算法。第13章为影响力分析,首先介绍节点中心性的经典度量指标及判别方法,然后介绍经典的影响力分析算法(如PageRank、VoteRank算法)、基于节点度的启发式算法、贪心算法,同时也介绍了一些该领域的最新研究成果。第14章为链路预测,首先介绍一些与链路预测相关的基本度量指标,然后重点介绍基于机器学习的链路预测、概率关系模型、链路预测的应用推荐系统,同时介绍了链路预测领域的一些最新研究成果。第15章为复杂网络工具的使用,介绍一些复杂网络领域常用的经典分析及作图工具软件的使用,如NetworkX、Igraph、Gephi。本书的编写宗旨是以通俗易懂的方式为读者提供复杂网络领域知识的学习和研究参考,尤其初学者可以很快跟着示例理解和上手实践。第16章探讨了复杂网络视角下的社会发展与思政启示。因此,在每章的介绍中,针对相关概念及理论给出了图例及例题讲解,同时,为了让读者领悟复杂网络研究的应用价值,书中给出了大量的代码示例。所有代码都是用目前流行的编程语言Python编写的,均为可运行的代码。代码运行的结果也给出了截图和分析,这也是本书区别于已有教材的最大特点之一。

本书特点可以归纳如下。

(1) 通俗易懂的解释分析。对于博弈论、病毒传播模型等数学推导较多的知识点,作者以通俗易懂的方式对严谨的数学推导过程进行了解释分析,并给予许多现实生活中的实例对概念、知识点和数学公式进行了巩固应用与加强理解。

(2) 形象化的展示方式。复杂网络分析少不了图形化分析工具,但很多读者从未接触过图形化分析工具,难免会感觉无从下手。为了使研究成果以生动形象的图像形式进行展示,本书特意撰写了一个章节——"复杂网络工具的使用",详细介绍了复杂网络领域中一些常用的、功能强大的分析工具,如 NetworkX、Igraph、Gephi。我们参考了这些分析工具的官方文档,并依据作者的作图经验进行说明,逐步演示,带领新手上路,为科研工作者对研究成果进行图形化分析、论证及展示提供借鉴参考。

(3) 大量的实例 Python 开源代码演练。本教材兼顾了对复杂网络基础原理的介绍,并对相关前沿研究成果(尤其是与人工智能、网络安全相关的研究成果)进行了应用研究实例介绍。书中的例题和习题都是根据讲解内容精心设计的,所有代码也都是作者依据书中内容统一用 Python 语言设计实现的,同时进行了反复检查与验证,并将随书开源所有源代码。

(4) 最新的研究成果引入。本书的小世界网络、传播动力学、博弈论、网络同步与控制、复杂网络鲁棒性、复杂网络搜索、聚类分析、二分网络、链路预测等章节都结合了人工智能及网络安全领域的最新研究成果,例如应用了最新的深度学习技术,依据国内外新冠病毒传播的真实数据集对最新病毒的传播分析进行了复现与研究,对博弈论在生成对抗网络中的应用进行了分析,介绍了惊喜度推荐、可解释性推荐等,其中很多研究也是作者团队多年来深入研究的领域。

(5) 思政教育的融入。通过复杂网络的视角看社会发展、社会责任、创新与可持续发展,不仅能够提升我们的科学素养,更能增强我们的社会责任感与使命感、创新精神和国家认同感。在掌握复杂网络相关技术的同时,深刻理解科技进步与社会发展的辩证关系,形成正确的价值观、世界观和人生观,最终为实现社会的和谐、稳定与可持续发展做出积极贡献。

本书是由广州大学陈淑红副教授(美国佛罗里达大学访问学者,澳大利亚斯文本科技大学访问学者,研究方向:复杂网络分析、人工智能与网络安全等)、湖南大学姜文君教授(博士生导师,岳麓学者,研究方向:社交网络分析、推荐系统等)、广州大学周志立教授(广东省"杰青",研究方向:多媒体内容安全、人工智能安全等)、北京师范大学王田教授(国家级青年拔尖人才,福建省"杰青",教育部"大数据云边智能协同"工程研究中心主任,连续5年入选全球前2%顶尖科学家终身榜单,研究方向:人工智能、物联网、边缘计算等)、北京师范大学(珠海校区),北京师范大学-香港浸会大学联合国际学院贾维嘉教授(IEEE Fellow、2020—2023年斯坦福大学发布的全球前2%顶尖"年度科学影响力"和"终身科学影响力"科学家,研究方向:人工智能系统算法、网络空间实体对象传感、人机物融合知识图谱构建与大数据处理、下一代无线通信协议、物联网等)共同编著。各位作者均从事复杂网络相关教学或研究十余年,甚至二三十余年,有丰富的相关领域教学或研究经验。其中,第一作者陈淑红老师于2017年开始在广州大学开设了"复杂网络基础与应用"硕士及博士课程教学与研究。从2022年开始,我们几位作者带领十余名研究生在前期调研及相关研究的基础上正式开始了本书的撰写工作,历时两年坚持不懈的努力,撰写完成该教材。

本书受到了广东省自然科学基金面上项目(编号:2022A1515011386)、国家留学基金项目(编号:202308440307)、广州大学教材出版基金(编号:GDHT 20220452)、国家自然科学基金重大项目(编号:62394334)、国家自然科学基金面上项目(编号:62172149、62172046、

62372047、62372125)、广东省自然科学基金-杰出青年项目(编号：2023B1515020041)、广东省高等教育学会“十四五”规划2024年度高等教育研究课题(编号：24GYB207)、北京师范大学教改项目(编号：jx2024139)的资助。在作者科研团队多年教授相关课程及从事相关科研的基础上凝练总结而成，同时也参考、引用、融合了大量国内外学者的相关领域文献及研究成果。为此，衷心感谢书中参考的各位专家、学者的成果带给我们的启迪。感谢广州大学计算机科学与网络工程学院的汤茂斌副院长对本教材撰写提供的支持和帮助。有了汤院长的建议，本书作者才萌生了撰写本教材的想法，后续汤院长的支持也为教材的撰写提供了有力的帮助和支持。感谢广州大学陈淑红老师的团队成员李汉俊、陈恺人、罗振坤、姚铸怡、张思鹏、尹浩杰、唐猛猛同学以及湖南大学姜文君教授的团队成员李松、魏朝勇同学，他们付出了很多努力参与本书资料的收集、整理和相关章节的撰写，感谢广州大学选修了陈淑红老师的研究生及博士课程“复杂网络基础理论与应用”的2020—2023级同学们，大家都非常用心地投入课程的学习，认真地做了课堂的报告并撰写了期末报告，同学们的报告为教材的撰写提供了许多有价值的素材，大家课内外关于我们课程的探讨及建议也激发了我们撰写本教材的灵感，并为课程的教学开展提供了宝贵的建议。

在此，还要特别感谢潘毅院士、周万雷校长、任家东校长和田志宏校长，感谢你们对本教材的肯定与支持。你们的卓越成就和深厚学识，不仅给予了我们巨大的鼓舞，也为本书的内容和方向提供了宝贵的指导，使我们能够更清晰地把握教材的核心价值和目标受众。感谢你们百忙之中为我们的教材所做的推荐，你们的评价不仅提升了教材的学术价值，也为读者提供了重要的参考。你们对本书的肯定与认可，不仅是对我们努力的鼓励，更是对我们未来工作的鞭策。

百密难免一疏，教材编写内容难免有不足之处，恳请各位专家、学者、读者不吝赐教，批评指正。

作　者
2024年10月

目 录

第 1 章 绪　论

1.1 复杂网络的研究意义

在现实生活中，我们可能会面对很多问题，困惑其产生的原理。比如，在万维网中，各个页面之间的超链接是怎样分布的？当用户想从一个页面跳转到另一个页面需要点击多少次链接？在生活中，人们常常会选择搭乘一些公共交通设施，也许会惊讶地发现航空网络、公共汽车交通网络，铁路运输网络之间的结构差异非常明显。这种差异究竟是必然现象还是偶然现象？我们经常看到的交通拥堵现象又是什么原因造成的？习近平总书记指出人类同疾病较量最有力的武器就是科学技术，人类战胜大灾大疫离不开科学发展和技术创新。战胜疾病固然离不开生物医学工作者的研究和努力奋斗，但计算机的辅助研究也是至关重要的。我们清楚记得，非典当年首先在广州被发现，可后来却在北京暴发。2019 年开始的新冠病毒在短短几年间造成全球大规模爆发，给人类工作、生活带来了巨大创伤。这些传染病究竟是怎样传播扩散，最终又怎样消失的？计算机病毒类似生物病毒，不断进行自我复制和繁殖。计算机病毒又是怎样在计算机网络中大规模传播的？信息、谣言等也可能会在网络中呈现爆发式传播。病毒的传播，信息的传播等各种传播机制之间是随机产生的，还是遵循一定的传播规律？如何预测与阻断病毒及谣言等负面信息的传播？在战争中，各军队内部的通信网络是他们战斗策略发布及战士们通信交流的重要渠道，如果重要的节点被攻击，就有可能造成整个网络的瘫痪。在商业营销中，如果能向最有影响力的公司或个人营销成功，那整个商业计划就能取得决定性的胜利。怎样判断节点的重要性，如何找到最有影响力的最重要的节点？震惊世界的 AlphaGo 击败人类职业围棋选手是怎样做到的？商业竞争中各参与方如何决策才能获得更大的收益？成千上万的萤火虫为什么会以非常规律的节奏同时发光？大雁为什么能成群结队排成某种形状整齐的队伍飞行？人们也经常会在偶然的机会遇到朋友的朋友而相互结识，从而感叹“世界真小呀！”。生活中类似的例子不胜枚举。对复杂网络的研究将有助于揭开这些奥秘的原理，帮助人们解决这些复杂性问题。毫不夸张地说，人类其实是生活在形式多样、缤纷繁杂的各种复杂网络构成的奇妙世界中。从生态世界的基因网络、食物链网络、新陈代谢网络、蛋白质相互作用网络、脑神经网络、病毒-宿主网络，到人类社会的朋友关系网络、科学引文网络、科学家合作者、婚恋网等，以及现实生活中的电力网络、铁路运输网络、航空运输网络、电话线路网，金融领域的国际贸易网、投入产出网等，再到虚拟世界的因特网、万维网、在线社交网络等无一不是复杂网络。

复杂网络是研究网络中个体节点之间的相互作用及其拓扑结构与动态演化的一种视角与方法。复杂网络具有鲜明的跨学科特性，它的研究已经渗透到生命科学、工程学科、数理学科、金融学科、人文学科等众多学科领域，涵盖了随机网络、小世界网络、无标度网络、社会网络结构、博弈、传播动力学、网络同步与控制、影响力分析等许多关乎各行各业、生活方方面面的科学研究。对复杂网络的定量与定性特征的科学理解已成为网络时代科学研究中一个极其重要的挑战性课题。

1.2 复杂系统与复杂网络

钱学森先生认为，具有自组织、自相似、吸引子、小世界、无标度中部分或全部性质的网络可称为复杂网络。在研究网络时，人们往往只关注节点之间是否存在连边，忽视节点位置、边的性质等因素。复杂网络可看作复杂系统的高度抽象，网络中的节点抽象为复杂系统中的个体，网络中的边抽象为复杂系统中个体之间的关系，由大量的节点及节点间相互连接的边构成的网络就称为复杂网络。

复杂系统都可以看作单元或个体之间的相互作用的网络。因此，复杂网络是构成复杂系统的基本结构，是研究复杂系统的一种角度和方法。复杂网络主要关注复杂系统中个体之间相互关联作用的拓扑结构。复杂网络以复杂系统为研究目标，利用数学、统计学、计算机等科学工具分析和研究事物的本质结构及其规律，是理解复杂系统的性质和功能的基础。

复杂系统与复杂网络有如下基本特性。

(1) 开放性：任何系统只要其存在与外界有物质、能量、信息等因素的交换和相互作用时，则其必定是一个开放的系统。系统的开放程度直接影响系统的复杂性。复杂系统与其他系统相互作用，但仍然保持系统内部的有序性及结构稳定性。在这种相互作用中，系统经历从低级到高级，从简单到复杂，以及从无序到有序等一系列动态优化发展演化的过程。

(2) 非线性：线性系统的整体等于各部分的总和，遵循叠加原理。而非线性系统的各部分之间的相互作用具有相干性、协同性、长程性，其整体不等于部分之和。非线性是复杂性的最根本特性之一，是复杂性的核心表现。但非线性还不是复杂性，只有在非线性系统越过临界相变点才能成为具有复杂性的系统。

(3) 涌现性：复杂网络中各节点之间通过相互关联和相互影响会展现出涌现性行为。在没有中心控制和全局信息的情况下，仅仅通过系统内部元素之间非线性局部相互作用，网络整体就可以在一定条件下，呈现出宏观层面上的时空或功能结构，涌现新的单个节点个体不具备的整体属性和功能。这里，特别强调相互作用的非线性特性，它对于涌现现象至关重要，使得网络整体行为或特性不等于个体行为或特征的简单叠加，而是整体大于部分之和，如脑部神经系统。

(4) 层次性：复杂系统由若干子系统构成，这些子系统又可能存在各自的子系统，如此不断进行下去就组成复杂系统的层次结构。更重要的是，复杂系统的各层次之间并不存在叠加关系，具有不可还原的特性，也就是说，每形成一个新的层次就会涌现新的性质。因此，当层次越多时，复杂性越高。

(5) 演化性：系统通过与环境中其他系统的相互作用及内部的自组织，使系统发展到新的阶段，表现出阶段性与临界性，完成系统演化的生命周期。

(6) 不可逆性：复杂系统的烟花过程具有不可逆性。例如，鸡蛋孵化成小鸡，不可能再变回原来的那个鸡蛋；种子生长出根茎，然后开花结果，但不可能再恢复成之前那颗种子。

(7) 自组织临界性和非平衡性：系统在平衡状态下不会产生复杂性。在远离平衡态时，开放逐渐增强，外界对系统的影响力也逐渐增强。通过漫长的自组织演化过程，达到临界点附近，外力将系统逐渐从近平衡态推向非平衡态的非线性区域，处于稳定状态的系统从非临界状态转向临界状态，此时随机的小涨落可能迅速放大，非稳态迅速跳跃到新的有序状态，通过自组织方式形成耗散结构，从而产生复杂性。地壳变化，火山爆发，太阳耀斑，生态进化，金融危机等都是自组织临界性的表现。

(8) 复杂性：包括结构复杂性、节点复杂性、认知复杂性(或主观复杂性)。其中，结构复杂性表现为多元性、非对称性及非线性，蕴含丰富的结构，如社区结构，而且链接结构可能随时间而变化，呈现动态演化特征。节点复杂性表现为学习、自适应性、混沌性、随机性等。认知复杂性表现为不确定性，复杂网络之间相互影响，可能产生一系列不同网络间的连锁反应。

(9) 网络性：系统内部和系统之间的相互作用可以抽象成节点和边构成的网络拓扑结构，呈现出网络的复杂性、小世界特征、无标度特征等。

复杂网络理论通过网络工具研究由多个基本单元通过复杂相互作用构成的复杂系统的方法，它主要研究不同网络拓扑模型及其统计特性、复杂网络形成机制、复杂网络上的动力学行为规律等。由于现实中存在大量的复杂相互作用关系，复杂网络也因此被认为是对大量真实的复杂作用关系系统在结构关系上的拓扑抽象。

1.3 复杂网络的研究

1.3.1 哥尼斯堡七桥问题与规则网络

复杂网络理论研究最早可追溯到18世纪由图论之父、数学家欧拉(Euler)提出的“七桥问题”。如图1-1所示，当时，普鲁士的哥尼斯堡(德语Konigsberg，现俄罗斯加里宁格勒)有一条名为普雷格尔(Pregel)的河流，它穿过两个小岛，七座桥将这两个小岛与河岸相连。1736年，欧拉在当地访问时，发现当地市民纷纷在尝试解决一个问题：不重复、不遗漏的一次走完七座桥，最后回到出发点。欧拉将陆地抽象为点，将连接陆地的桥梁抽象为边，点与连接点的边抽象为网络。最终，将此问题转换为一笔画几何问题，并给出结论，即这种走法是无法实现的。欧拉不仅解决了这个问题，而且给出了连通图一笔画的充要条件。

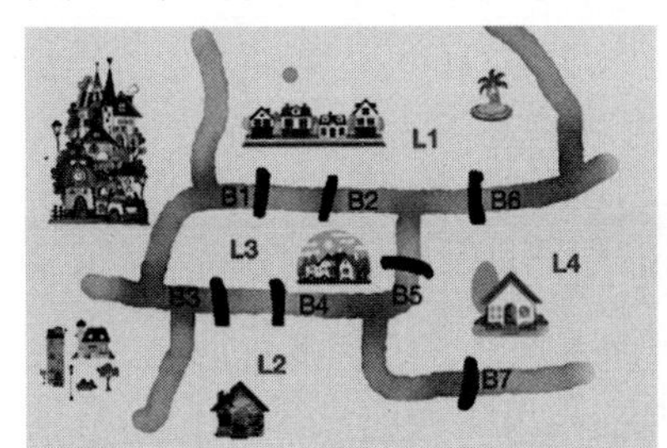

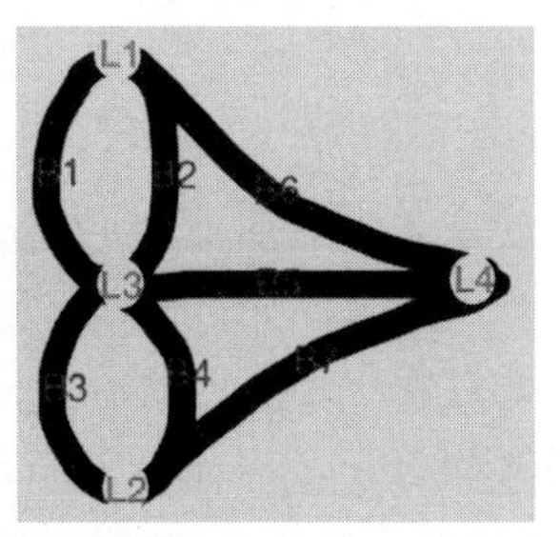

图1-1 哥尼斯堡七桥问题

一笔画问题即平面上由曲线段构成的一个图形能否一笔画成,使得在每条线段上都不重复。欧拉指出,连通图一笔画的充要条件是奇点数目是0个或2个。连接到一点的边的数目如果是奇数,就称为奇点。反之,若为偶数,则称为偶点。若想一笔画成,则中间点必须都是偶点,也就是说有来路则必有另一条去路。奇点只可能出现在两端,要么没有奇点,要么两端都是奇点。例如,汉字"日"和"中"都可以一笔画完成,而"田"和"目"则不能。

20世纪中叶前,对复杂网络的研究都以规则网络为主。这期间,绝大多数研究都假定网络拓扑结构是规则的、固定的。节点被视为非线性动力系统,关注网络整体上呈现的复杂性。规则网络的拓扑结构主要包括星型网络、最近邻耦合网络和全局耦合网络等。规则网络模型简单直观,研究主要关注其节点的非线性动力学特性带来的系统复杂性,并不考虑其网络结构本身的复杂性。

1.3.2 随机图理论

无论是自然界、人类社会生活,还是生物系统中,都存在大量的复杂系统,它们都可以通过网络的概念进行描述。网络可以看成是由许多节点及相应节点之间的连边组成。节点通常用来表示真实系统中的不同个体,节点间的连边则用来表示个体之间的关联关系。例如,神经系统由大量神经细胞通过神经纤维相互连接形成,因此可以将神经细胞抽象为复杂网络的节点,连接神经细胞的神经纤维抽象为网络的连边。

由于人们认识的局限,经典的图论总是倾向于用某种规则的拓扑结构模拟真实网络。20世纪50年代末期,匈牙利数学家Erdös和Rényi建立了随机网络的基本模型(即ER随机图模型),创立随机图理论。从此,在接下来的近半个世纪,随机图理论一直在复杂网络领域占统治地位。在ER模型中,假定任意两个节点间的连接概率为p,由N个节点组成的ER随机图中边的总数的期望值为$pN(N-1)/2$的随机变量。

1.3.3 复杂网络理论阶段

复杂网络领域在经历近半个世纪的随机图理论的研究后,直至近十几年,科学家才发现大量的真实网络其实既不是规则网络,也不是随机网络,而是具有与这两种网络不同的统计特征的网络。1998年6月,美国康奈尔大学的邓肯·瓦茨(Duncan Watts)和史蒂文·斯托加茨(Steven Strogatz)在*Nature*杂志上发表了题为*Collective Dynamics of "Small-World" Networks*("小世界"网络的集体动力学)的文章,并提出小世界(Small-World)网络模型,指出少量的随机连边可以改变网络拓扑结构,由此生成的网络具有较大聚类系数和较短平均路径长度。这个过程展现了从规则网络到随机网络的过渡,并涌现小世界效应。1999年10月,美国圣母大学和东北大学教授艾伯特-拉斯洛·巴拉巴西(Albert-László Barabási)和美国宾夕法尼亚州立大学的物理学和生物学教授雷卡·阿尔伯特(Réka Albert)在*Science*杂志上发表了题为*Emergence of Scaling in Random Networks*(《随机网络中标度的涌现》)的文章,提出BA无标度(Scale-Free)网络模型,揭示了现实生活中复杂网络自组织演化过程中增长和择优机制的普遍性及无标度特性。无标度网络的节点连接数量的分布满足幂律(Power-Law)分布形式。由于幂指数函数在双对数坐标中是一条直线,其分布与系统特征长度无关,因此,该特性被称为无标度特性。它反映了网络中度分布的不均匀性,即网络中极少数节点与其他节点有大量连接,成为"中心节点",而绝大多数节点的度却很小，新加入的节点往往倾向于与度高的节点连接。小世界网络和无标度网络的发现是复杂网络研究领域继ER随机网络之后的又一个里程碑式贡献。至此之后，在上述两项重要发现的推动下，学者又相继提出多种复杂网络模型，掀起复杂网络研究的热潮。

1.4 复杂网络的研究内容

对复杂网络的研究主要包含如下问题的解决：复杂网络的量化及网络结构的特征表达；复杂网络的传播动力学；复杂网络的演化机理；网络结构的产生及涌现现象；复杂网络不同模型的特征及性质；复杂网络结构的稳定性；复杂网络的结构设计、控制及优化；复杂网络中的博弈；复杂网络的搜索。本书将在第2～14章详细阐述各部分内容。

在复杂网络研究过程中需要注意以下问题：①对复杂网络的研究是针对那些需要网络基础且复杂网络有助于解决该问题的一些领域问题。解决该问题应当具备研究领域的相关领域知识。②由于复杂网络主要研究网络中个体节点之间的相互作用及其拓扑结构与动态演化，因此，清楚地了解复杂网络的拓扑结构是解决复杂网络相关问题的基本要求。当然，仅知道拓扑结构并不能解决复杂网络的根本问题。③在实证研究中，若样本空间太小或者采样误差过大，都有可能导致对网络结构的错误认知。④对网络特征的研究不能以偏概全。

第 2 章 复杂网络的基本概念

复杂网络在经历以随机图理论为主导的近半个世纪的研究后，小世界网络和无标度网络的发现掀起了复杂网络研究的热潮。小世界网络和无标度网络理论推动了复杂网络研究的快速发展，为复杂网络的研究做出了里程碑式的贡献。

2.1 4 种基本网络结构模型

复杂网络一共有 4 种基本的网络结构模型，分别是规则网络、随机网络、小世界网络和无标度网络。下面将一一介绍。

2.1.1 规则网络

在曾经很长一段时间里，人们都认为真实系统可以由一些规则网络组成，如一维链、二维平面上的欧几里得格网等。规则网络是节点按照一定的规则连接所得到的网络，常见的 3 种规则网络包括全局耦合网络模型(Globally Coupled Network Model)、最近邻耦合网络模型(Nearest-Neighbor Coupled Network Model)和星型耦合网络模型(Star Coupled Network Model)，如图 2-1 所示。

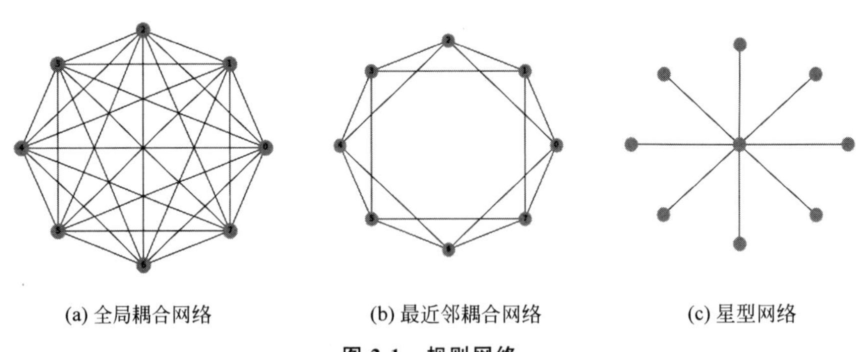

图 2-1 规则网络

(1) 全局耦合网络：也称为完全图，是指网络中的任意两点都有边相连的网络，平均路径长度最小而聚类系数却是最大。对于无向图网络来说，一个节点数为 n 的全局耦合网络一共有 $n(n-1)/2$ 条边；而对于有向图网络来说，一个节点数为 n 的全局耦合网络一共有 $n(n-1)$ 条弧。

其特性如下。

① 高度耦合性：全局耦合网络中的节点之间存在强烈的相互关联，即使是微小的变化也可能在整个网络中引起连锁反应。

② 信息传播速度快：由于节点之间的强耦合性，信息在全局耦合网络中可快速传播，通常没有明显的层次结构或模块化特征。

③ 灵活性和鲁棒性：全局耦合网络通常具有很高的灵活性，因为节点之间的连接密度较高，节点可以快速适应变化的环境或条件。此外，这些网络通常具有鲁棒性，即使在节点或连接发生故障的情况下，网络仍然可以继续工作。

④ 广泛的应用领域：全局耦合网络的概念在各种领域都有应用，包括社交网络、生物学中的蛋白质相互作用网络、金融市场、传播学等。在这些领域，全局耦合网络用于研究信息传播、系统稳定性、风险传播等重要问题。

(2) 最近邻耦合网络：对于拥有 n 个节点的网络来说，每个节点只与它最近的 $k(k\leqslant n-1)$ 个邻接点相连。

其特性如下。

① 局部性：最近邻耦合网络的连接模式非常局部化，每个节点仅与其最近邻的节点相连。这意味着节点之间的直接连接通常有限，而且节点的影响主要集中在其邻居之间。

② 规则性：在某些情况下，最近邻耦合网络具有规则结构，例如在二维晶格中，每个节点都与其上下左右的最近邻节点相连这种规则性使得网络的拓扑结构相对容易理解和分析。

③ 度分布较为集中：最近邻耦合网络通常具有较低的平均度(每个节点的平均连接数量)，因为节点仅与其最近邻的节点相连。这使得网络的度分布可能是高度集中的。

④ 简单性和可分析性：由于其规则性和局部性，最近邻耦合网络通常相对简单，容易进行分析和建模。

几种特殊的最近邻耦合网络，如图 2-2 所示。

① 一维链(环)(见图 2-2(a))：每个节点只与最近的两个邻接点相连。

②二维晶格(见图 2-2(b))：每个节点只与其最近的 4 个邻接点相连，形成一个网格结构。

③一般情况(见图 2-2(c))：网络的每个节点仅与其两边最近 $k/2$(k 为偶数且 $k\leqslant n$)个节点相连。

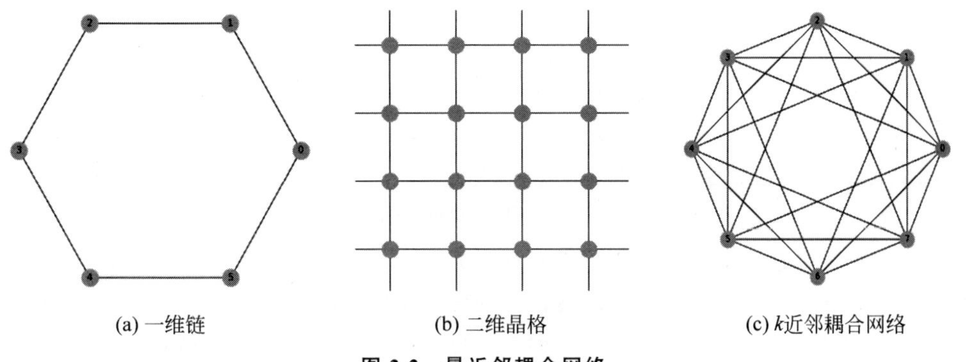

图 2-2　最近邻耦合网络

(3) 星型耦合网络：该网络有一个中心点，网络中剩下的所有节点都与这个中心节点直接相连，而彼此之间没有连边。

其特性如下。

① 中心化结构：星型网络的最显著特点是它的中心化结构。所有节点都直接连接到一个中心节点，而节点之间没有直接的连接。这个中心节点充当网络的核心，负责协调和转发数据流量。

② 简单性和可管理性：星型网络非常简单，易于理解和管理。每个节点只需与中心节点通信，因此配置和维护相对容易。

③ 单点故障：星型网络的一个主要缺点是它容易受到中心节点的单点故障的影响。如果中心节点发生故障或失效，整个网络可能会中断，因此可靠性较低。

④ 数据聚集：星型网络的结构使得数据从叶子节点传输到中心节点非常有效，对于数据聚集和监控应用非常有用。

⑤ 适用范围：星型网络通常在小型局域网络、家庭网络、办公网络以及一些物联网应用中使用。在这些情况下，它们具有简单的通信结构和易于管理的特点。

2.1.2 随机网络

与规则网络相对的是随机网络，在图论中关于随机网络的研究比较多，任意两个节点之间以一定概率随机连接，就会形成随机网络。随机网络的历史可以追溯到 20 世纪 50 年代末，当时图论和概率论开始崭露头角。保罗·埃尔迪什(Paul Erdös)和阿尔弗雷德·伦伊(Alfréd Rényi)是当时的杰出数学家，他们在研究随机性和概率性问题时引入了 ER 网络的概念。

ER 网络的提出是他们对随机图理论的贡献之一。他们的目标是研究随机性如何影响网络的拓扑结构，以及在随机性下网络的性质如何变化。他们的工作奠定了随机图理论的基础，并为计算机科学理论、概率图模型和网络科学等领域的发展提供了重要的参考。

ER 网络最早的形式是一个概率模型，即 $G(N,p)$模型，其中 N 代表节点的数量，p 代表连接的概率。这个模型的关键思想是：每对节点之间以概率 p 独立生成一条连接的边。*ER* 网络的初始形式研究了这一模型中的一些基本性质，如平均度、临界连接概率等。

本书将在第 3 章详细介绍随机网络。

2.1.3 小世界网络

小世界网络(Small-World Network)是一种介于规则网络和随机网络的网络拓扑结构，并且具有来自这两类网络的最佳特性。在小世界网络中，大部分节点与其相邻节点呈规则连接，而少数节点之间通过随机连接进行跨越。

1998 年，两位年轻的美国物理学家瓦茨(Watts)和斯托加茨(Strogatz)在 *Nature* 上发表《"小世界"网络的集体动力学》一文，提出他们的"小世界网络"模型，回答了当时的难题：位于规则网络与随机网络之间的复杂网络模型是什么样的，如何在一个简单模型中把规则网络和随机网络恰当地结合？为纪念这两位科学家，人们将他们提出的小世界网络模型称为 WS 模型。

WS 模型最初是以随机化断边重连而形成的，通过在环状规则网络中以概率 p 断开边并重新连接到其他节点，引入随机性，形成长程边，从而在保持网络平均路径长度短的同时，增加网络的无规则性，达到小世界网络的构建目的。而后，考虑到WS模型的构造方法可能会破坏网络的连通性，为避免出现因随机化重连而造成的孤立子网，Newman和Watts对其进行了改进，提出NW模型。NW模型的改进之处在于用随机化加边取代随机化重连，即以概率p在随机选取的节点对之间添加连接边，不改动原有连接边，且不允许出现重复连接和自环。当网络规模N足够大而p足够小时，WS模型与NW模型在本质上是一样的。

小世界网络具有以下特性。

(1) 短平均路径：尽管大部分节点之间具有规则连接，但通过少数随机连接，小世界网络具有较短的平均路径长度。这意味着节点之间通过少量的中间节点就可以快速到达其他节点。

(2) 齐次性：网络中大部分节点的度数相对接近，也就是说每个节点有大约相同的连接数，形成一个相对均匀的度分布。这意味着在小世界网络中，绝大多数节点有相似数量的邻居，使得网络呈现出一种度数上的均衡状态。

(3) 高聚类性：由于规则连接的存在，小世界网络中的节点倾向于形成聚集的子群，也就是说，节点之间存在大量的三角形关系或聚类。这导致高聚集度，即节点之间的连接密度较高。

(4) 随机性：小世界网络通常是随机生成的，其中节点之间的连接具有一定的随机性，使得网络中的节点可以通过这些连接与其他子群的节点进行交流。随机连接有助于提高网络的全局连接性。

本书将在第4章详细介绍小世界网络。

2.1.4　无标度网络

1999年，科学家Albert-László Barabási和Réka Albert在*Science*期刊上发表的一篇文章认为，虽然小世界网络模型能够很好地重现社交网络，但是社交网络中另一个非常重要的特点被小世界网络忽略了。众所周知，实际网络是随时间不断增长的，如引文网络和微博网络，因为有新的文章被发表，有新的用户使用微博；社交网络也是随时间不断增长的，但是小世界网络的节点数是固定的。为重现这一特点，文章提出一个增长网络的模型，首先有若干初始节点，然后每一步都会有新的节点加入，而这个新的节点会与一些老的节点相连，演化结束以后，会得到一个网络，被称为无标度网络。

在实际网络中，往往可以观测到度呈现出不均匀的状态，这是小世界网络不具备的特性。例如在微博网络里，少数用户拥有大量的粉丝，而大多数普通用户就可能只有二三十个粉丝，这种不均匀性是小世界网络无法刻画的。再如引文网络中，一些文章的被引用次数是非常多的，成千上万，但是绝大多数文章的被引用次数都非常少。这些都表明，在现实的网络中，度分布往往是不均匀的。另外，真实世界的网络中，其节点数目并不是固定的，不断有新的节点加入。而且新节点往往更倾向于连接老节点中更有影响力的节点，因此，随着网络的演变，绝大部分节点仅有少数连边，而只有少量节点拥有与其他节点的大量连边。这些具有大量连边的节点称为“集散节点”，其拥有的连边数可能高达几百上千甚至上百万。包含这种集散节点的网络，由于其网络节点的度没有明显的特征长度，因而被称为无标度网络。

为了揭示真实网络中幂律度分布的产生机制，Barabasi 和 Albert 通过跟踪万维网的动态演化过程，提出一个无标度网络模型，被称为 BA 无标度网络模型。BA 模型从两方面描述其产生机制，即网络增长和优先连接。

本书将在第 5 章详细介绍无标度网络。

2.2 复杂网络的表示

在复杂网络研究中，复杂网络有多种表示形式，其中包括图(图论的表示)、节点集合、边集合、度分布和邻接矩阵等。这些表示形式有助于分析和研究网络的结构和性质。以下是这些表示形式的简要介绍。

2.2.1 图表示法

最常见的复杂网络表示形式是图，其中包括节点和边。在图中，节点表示网络中的个体或元素，边表示节点之间的关联或连接关系。图可以是有向图或无向图，边可以具有权重或属性。图的形式可以使研究者更容易可视化和理解网络的结构。

如图 2-3 所示，它是由 $N=5$ 个节点，$L=5$ 条连边组成的(N,L)图。

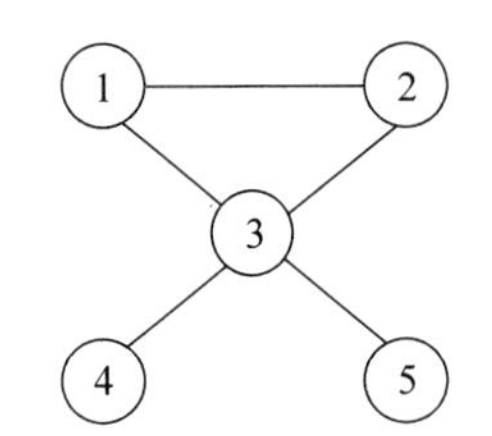

图 2-3 简单网络/无向无权图

2.2.2 集合表示法

复杂网络可以通过集合的方式表示，由点集 $V(G)$ 和边集 $E(G)$ 组成的一个网络，可分为无向、有向和加权网络。

点集表示网络中的一个成员或实体，其通常是一个包含所有节点标识的列表或集合。这种表示方式通常用于描述网络中的个体或实体，而不考虑它们之间的连接，以便研究它们的性质、行为或关系。边集表示网络中的连接或关系，它是一个包含所有边的列表或集合，每个边通常由两个节点标识表示。这种表示方式强调节点之间的连接，但不包括节点的其他信息，因此能更好地理解节点之间的相互作用。

令 $e_i \in E(G)$，每条边 e_i 有点集 $V(G)$ 中的一对节点 u 和 v 与其对应，若$\langle u,v\rangle \in E$，则称$\langle u,v\rangle$为节点 u 到节点 v 的一条弧(Arc)，且称 u 为弧尾(Tail)或初始点(Initial Node)，称 v 为弧头或终端点(Terminal Node)，此时的图称为有向图。若$\langle u,v\rangle \in E$ 必有$\langle v,u\rangle \in E$，即 E 是对称的，那么就以无序对(u,v)代表这两个有序对，表示 u 和 v 之间的一条边(Edge)，此时的图就称为无向图。如果任意$|e_i|=1$，则称为无权网络，否则为加权网络。

图 2-3 所示的网络对应的集合表示法如下。

该网络记为图 $G=\{V,\{E\}\}$，由点集 $V(G)=\{1,2,3,4,5\}$和边集 $E(G)=\{e_1,e_2,e_3,$

$e_4, e_5\}$组成。

2.2.3　邻接矩阵表示法

在邻接矩阵表示法中，矩阵的行和列对应网络中的节点，矩阵的元素表示节点之间的连接或关系。假定 $G=\{V,\{E\}\}$，则邻接矩阵 $\boldsymbol{A}$ 是一个 $|V|\times|V|$ 的矩阵，其中 $A[i][j]$ 表示顶点 i 和 j 之间是否存在连边。对于无向图，邻接矩阵通常是对称的，对于有向图，它可能不对称。此外，邻接矩阵的元素可以表示权值，在无权图中，若 v_i 到 v_j 之间有连边，则记为 1，反之为 0；在带权图中，若 v_i 到 v_j 之间有连边，则对应元素为其权值，反之为无穷。邻接矩阵可以用于分析网络的邻接性和连接模式。

对于无向无权图（见图 2-3），矩阵是对称的，其对角线元素为 0，若两个节点之间有连边存在，对应位置值为 1，否则为 0。其邻接矩阵为

$$\boldsymbol{A}=\begin{bmatrix}0&1&1&0&0\\1&0&1&0&0\\1&1&0&1&1\\0&0&1&0&0\\0&0&1&0&0\end{bmatrix}\tag{2-1}$$

对于有向无权图（见图 2-4），矩阵是不对称的，其对角线元素为 0，若两个节点之间有连边存在，对应位置值为 1，否则为 0。其邻接矩阵为

$$\boldsymbol{B}=\begin{bmatrix}0&1&1&0&0\\0&0&0&0&0\\0&1&0&0&1\\0&0&1&0&0\\0&0&0&0&0\end{bmatrix}\tag{2-2}$$

对于无向加权图（见图 2-5），矩阵是对称的，其对角线元素为∞，若两个节点之间有连边存在，对应位置值为其权值，否则为∞。其邻接矩阵为

$$\boldsymbol{C}=\begin{bmatrix}\infty&3&3&\infty&\infty\\3&\infty&5&\infty&\infty\\3&5&\infty&2&1\\\infty&\infty&2&\infty&\infty\\\infty&\infty&1&\infty&\infty\end{bmatrix}\tag{2-3}$$

对于有向加权图（见图 2-6），矩阵是不对称的，其对角线元素为∞，若两个节点之间有连边存在，对应位置值为其权值，否则为∞。其邻接矩阵为

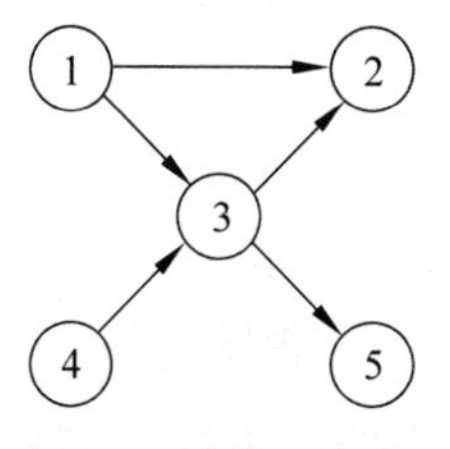

图 2-4　有向无权图

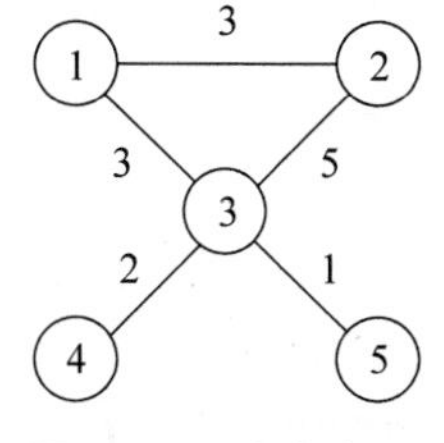

图 2-5　无向加权图

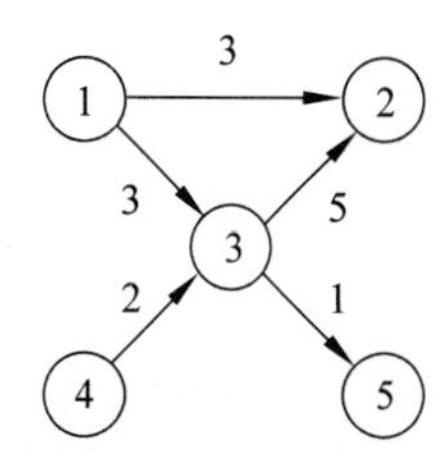

图 2-6　有向加权图

$$
\boldsymbol{D}=\begin{bmatrix} \infty & 3 & 3 & \infty & \infty \\ \infty & \infty & \infty & \infty & \infty \\ \infty & 5 & \infty & \infty & 1 \\ \infty & \infty & 2 & \infty & \infty \\ \infty & \infty & \infty & \infty & \infty \end{bmatrix} \tag{2-4}
$$

这些不同的表示形式可以根据研究问题和分析需求进行选择。例如，在进行图论分析时，图表示法通常更为方便。而在某些矩阵计算或线性代数方法中，邻接矩阵表示法可能更有用。节点集合和边集合表示法可以用于更直观地描述网络中的成员和连接关系。

2.2.4 拉普拉斯矩阵表示法

拉普拉斯矩阵(Laplacian Matrix)，也称为导纳矩阵、基尔霍夫矩阵或离散拉普拉斯算子，是一个与图(网络)结构相关的矩阵，它可以通过图的邻接矩阵和度矩阵构造而成。它主要应用在图论中，作为一个图的矩阵表示。拉普拉斯矩阵有不同的变体，这里简要介绍标准的无向图的拉普拉斯矩阵的定义。

给定一个有 n 个顶点的无向图 G，其节点集合为 $V=\{1,2,\cdots,n\}$。那么，其拉普拉斯矩阵 $\boldsymbol{L}:=(l_{i,j})_{n\times n}$ 定义为

$$
\boldsymbol{L}=\boldsymbol{D}-\boldsymbol{A} \tag{2-5}
$$

其中：

① $\boldsymbol{D}$ 是图的度矩阵，为一个对角矩阵，其对角线元素 D_{ii} 等于节点 v_i 的度数(与该节点相连的边的数量)，其余元素为零。

$$
\boldsymbol{D}=\begin{bmatrix} d_1 & 0 & \cdots & 0 \\ 0 & d_2 & \cdots & 0 \\ \vdots & \vdots & & \vdots \\ 0 & 0 & \cdots & d_N \end{bmatrix} \tag{2-6}
$$

② $\boldsymbol{A}$ 是邻接矩阵，元素 A_{ij} 表示节点 v_i 和节点 v_j 之间是否有边。如果有边，则 $A_{ij}=1$，否则 $A_{ij}=0$。

$$
\boldsymbol{A}=\begin{bmatrix} 0 & a_{12} & \cdots & a_{1N} \\ a_{21} & 0 & \cdots & a_{2N} \\ \vdots & \vdots & & \vdots \\ a_{N1} & a_{N2} & \cdots & 0 \end{bmatrix} \tag{2-7}
$$

那么，通过式(2-5)可以得到拉普拉斯矩阵，即

$$
\boldsymbol{L}=\begin{bmatrix} d_1 & -a_{12} & \cdots & -a_{1N} \\ -a_{21} & d_2 & \cdots & -a_{2N} \\ \vdots & \vdots & & \vdots \\ -a_{N1} & -a_{N2} & \cdots & d_N \end{bmatrix} \tag{2-8}
$$

拉普拉斯矩阵的性质如下。

① 对称性：拉普拉斯矩阵是对称矩阵，即 $\boldsymbol{L}=\boldsymbol{L}^{\mathrm{T}}$。这意味着它的元素在主对角线附近对称，反映了图的无向性。

② 正半定性：拉普拉斯矩阵是正半定矩阵，即对于任何非零向量 $\boldsymbol{x}$，都有 $\boldsymbol{x}^{\mathrm{T}}\boldsymbol{L}\boldsymbol{x}\geqslant 0$。这反映了拉普拉斯矩阵的特征值均为非负数。

③ 零特征值：拉普拉斯矩阵总是具有一个零特征值，这个特征值对应拉普拉斯矩阵的恒定向量，即每个元素都相等的向量，表明图中存在一个连通分量。如果图是不连通的，那么零特征值的重数(几何重数)就是连通分量的数量。

④ 秩和连通性：拉普拉斯矩阵的秩等于图中的连通分量数。这意味着拉普拉斯矩阵的秩提供了图的拓扑结构的信息，通过对矩阵的秩进行分析，可以了解图的连通性和组成。

例 2-1　对于无向图(见图 2-3)，可以看出，其度矩阵为

$$\boldsymbol{D}=\begin{bmatrix}2&0&0&0&0\\0&2&0&0&0\\0&0&4&0&0\\0&0&0&1&0\\0&0&0&0&1\end{bmatrix}\tag{2-9}$$

因此，其拉普拉斯矩阵 $\boldsymbol{L}$ 为

$$\boldsymbol{L}=\begin{bmatrix}2&-1&-1&0&0\\-1&2&-1&0&0\\-1&-1&4&-1&-1\\0&0&-1&1&0\\0&0&-1&0&1\end{bmatrix}\tag{2-10}$$

复杂网络研究的一个关键目标是理解网络的拓扑结构、动力学过程以及信息传播行为等。选择适当的表示形式可以帮助研究者更好地分析和解释网络的性质和行为。

2.3 复杂网络的统计特征

2.3.1 度

节点的度(Degree)指一个节点(或顶点)拥有的连接数，即与该节点相邻的边的数量。节点的度用来衡量节点在网络中的连接程度或重要性，它是复杂网络拓扑结构的一个关键性质。

具体而言，对于一个无向图，节点的度等于与该节点直接相连的边的数量。对于有向图，节点的度分为入度(In-Degree)和出度(Out-Degree)。节点的入度表示有多少条边指向该节点，而节点的出度表示有多少条边从该节点指出。

对于一个节点 v_i，其度记作 k_i。在无向图中，k_i 就是节点 v_i 的邻居数量；在有向图中，k_i 分为 k_i^{in} 和 k_i^{out}，k_i^{in} 是节点 v_i 的入度，k_i^{out} 是节点 v_i 的出度。

在加权图中，连边上可能带有权重。节点的度可以根据权重计算，例如，将边的权重相加，即

$$k_i=\sum_{j=1}^{N}A_{ij}\tag{2-11}$$

其中，N 为节点个数，A_{ij} 表示邻接矩阵中第 i 行第 j 列的元素，即节点 v_i 到 v_j 的边的权重。

2.3.2 平均度

平均度(Average Degree)是网络中所有节点的平均度数,可以用来估计网络的平均连接密度。平均度$\langle k\rangle$被定义为

$$\langle k\rangle=\frac{1}{N}\sum_{i=1}^{N}k_i=\frac{2\times\text{连边数量}}{N} \tag{2-12}$$

此外,无向无权图的平均度可以通过计算其邻接矩阵 $\boldsymbol{A}$ 的平方的对角线元素之和除以节点数得到,这是因为邻接矩阵的平方的对角线元素表示每个节点的度数,平均度即为所有节点度数之和除以节点数,即

$$\langle k\rangle=\mathrm{tr}(\boldsymbol{A}^2)/N \tag{2-13}$$

其中,$\mathrm{tr}(\boldsymbol{A}^2)$表示 $\boldsymbol{A}^2$ 的迹,即对角线元素之和。

2.3.3 度分布

度分布(Degree Distribution)描述了网络中各个节点的度数(连接数)的分布情况。它可用于识别网络中的核心节点、社区结构以及网络是否呈现出无标度性质。按照度的性质,度分布可分为离散型度分布和连续型度分布两种。在离散型度分布中,节点的度是离散的整数值,通常是非负整数,这意味着节点的度只能取离散的特定值,在这种情况下,度数的分布可以通过一个概率质量函数描述,其中概率质量函数表示每个度数的出现概率。具体的度数值之间存在明确的间隔。

而在连续型度分布中,节点的度可以取任意的实数值,而不仅限于整数,这意味着节点的度是一个连续变量。在这种情况下,度分布可以通过一个概率密度函数描述,表示在不同度数范围内的概率密度。连续型度分布在概率分布函数中不再使用点表示度数,而是通过一个密度函数表示度数的分布情况。

通常,网络中节点的度分布表示为 $P(k)$,代表网络中节点的度等于 k 的概率,也可代表网络中度为 k 的节点数在总节点数中所占的比例,即

$$\begin{cases}P(k)=\dfrac{N_k}{N}\\ \displaystyle\sum_{k_{\min}}^{k_{\max}}P(k)=1\end{cases} \tag{2-14}$$

其中,N_k 为度为 k 的节点数目,N 为网络中的节点总数,$k_{\max}$为网络中所有节点的度值的最大值,$k_{\min}$为网络中所有节点的度值的最小值。

几种常见的规则网络的度分布如下。

(1) 由于全局耦合网络(也叫完全规则网络)中,每个节点的邻接节点均为 $N-1$,所以其度分布集中在一个单一尖峰上,呈现 Delta 分布,如图 2-7 所示,表示为如下 δ 分布函数,即

$$P(k)=\delta(k-(N-1))=\delta(k-N+1) \tag{2-15}$$

其中,狄拉克函数 δ 是一个广义函数,在物理学中常用其表示质点、点电荷等理想模型的密度分布,该函数在除零外的点取值都等于零,而其在整个定义域上的积分等于 1。用数学公

式表示为

$$\begin{cases}\delta(x)=0, & x\neq 0\\ \int_{-\infty}^{+\infty}\delta(x)\mathrm{d}x=1\end{cases}\tag{2-16}$$

如果函数不在零点取非零值,而在其他地方,可以定义为

$$\begin{cases}\delta_a(x)=\delta(x-a)=0, & x\neq a\\ \int_{-\infty}^{+\infty}\delta_a(x)\mathrm{d}x=1\end{cases}\tag{2-17}$$

δ 函数的确切意义应该是在积分意义下理解。在实际应用中,δ 函数总是伴随积分一起出现。

(2) 最近邻耦合网络中每个节点都和近邻的 K 个节点相连,所以,每个节点的度均为 K,因此度分布为单尖峰,如图 2-8 所示,可以表示为

$$P(k)=\delta(k-K)\tag{2-18}$$

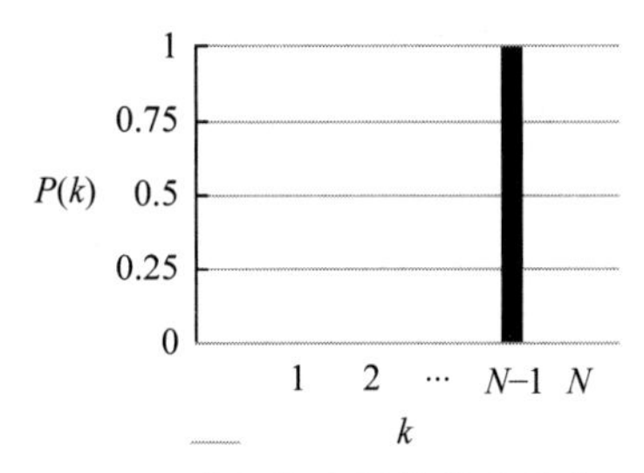

图 2-7　全局耦合网络的度分布

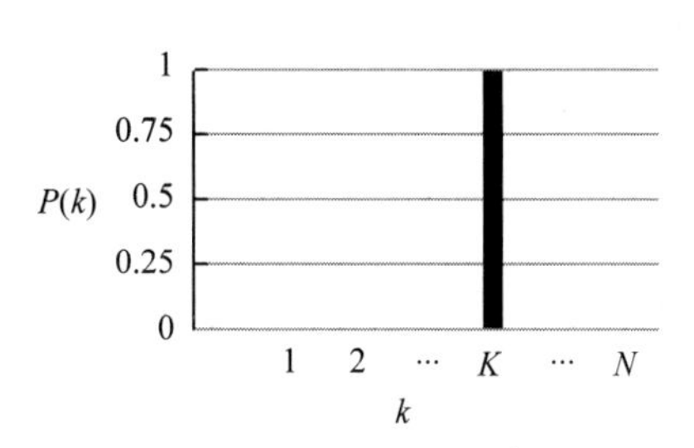

图 2-8　最近邻耦合网络的度分布

(3) 星型网络中心节点的度为 $N-1$,其余节点度均为 1,如图 2-9 所示,所以星型网络度分布可以描述为

$$P(k)=\left(\frac{N-1}{N}\right)\delta(k-1)+\left(\frac{1}{N}\right)\delta(k-N+1)\tag{2-19}$$

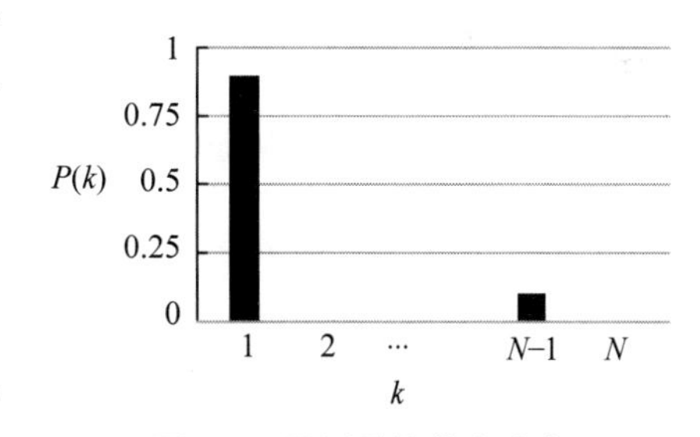

图 2-9　星型网络的度分布

例 2-2　如图 2-10 所示,求该网络各个节点的度、网络的平均度,并画出该网络的度分布。

解:显然,由图 2-10 可知,节点 A 的度为 $k_A=2$,节点 B 的度为 $k_B=2$,节点 C 的度为 $k_C=3$,节点 D 的度为 $k_D=1$;该网络的平均度为

$$\langle k\rangle=\frac{1}{N}\sum_{N}^{1}k_i=\frac{1}{4}(2+2+3+1)=2\tag{2-20}$$

在该网络中,可以得出节点数量 $N=4$,其中度为 1 的节点有 1 个,度为 2 的节点有 2 个,度为 3 的节点有 1 个,因此,$P(k=1)=1/4=0.25$,$P(k=2)=1/2=0.5$,$P(k=3)=1/4=0.25$,图 2-11 为该网络的度分布图。

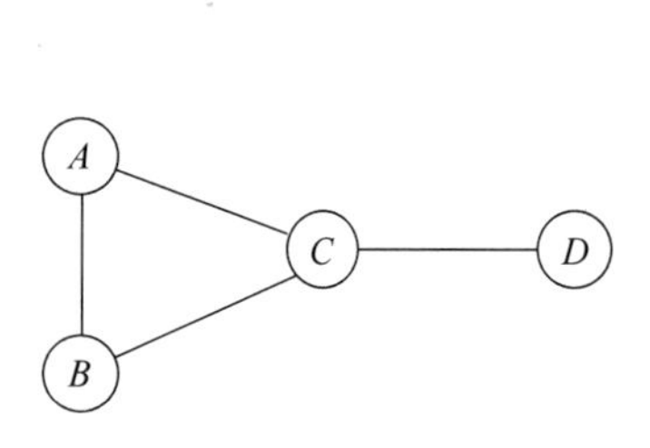

图 2-10 一个简单网络的示例图

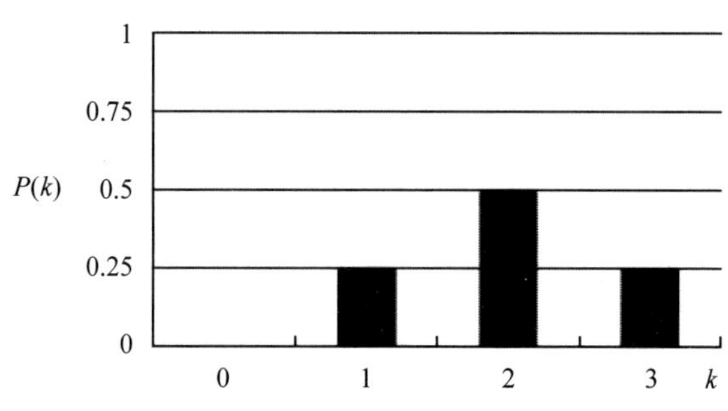

图 2-11 图 2-10 所示网络的度分布图

2.3.4 路径

路径(Path)是指网络中从节点 v_i 到节点 v_j 所经过的线路,路径长度(Path Length)为其包含的边的条数。最短路径(Shortest Path)指从节点 v_i 到节点 v_j 所经过的边数最少的一条简单路径,最短路径的长度通常被称为两个节点 v_i 和 v_j 之间的距离,记为 d_{ij}。同一对节点之间可能有多条长度相同的最短路径。

2.3.5 直径

直径(Diameter)是网络中最长的最短路径的长度。它表示信息或消息在网络中传播所需的最大步数,有助于理解网络的全局性质,记为

$$D=\max_{1\leqslant i,j\leqslant N} d_{ij} \tag{2-21}$$

2.3.6 平均距离

平均距离(Average Distance)也被称为网络特征路径长度,表示网络中任意两个节点之间的平均最短路径长度,或者是网络中所有节点对之间距离的平均值。它用于衡量网络的全局连接性和信息传播效率,记为

$$L=\frac{2}{N(N-1)}\sum_{1\leqslant i<j\leqslant N} d_{ij} \tag{2-22}$$

几种常见的规则网络的平均距离如下。

(1) 全局耦合网络的平均距离为

$$L=\frac{2}{N(N-1)}\sum_{i=1}^{N}\sum_{j=i+1}^{N} d_{ij}=1 \tag{2-23}$$

(2) 最近邻耦合网络平均距离为

$$L\approx\frac{N}{2K} \tag{2-24}$$

当 $N\to\infty$时,$L\to\infty$。

(3) 星型耦合网络平均距离为

$$L=2-\frac{2}{N} \tag{2-25}$$

当 $N\to\infty$时,$L\to 2$。

例 2-3 如图 2-12 所示，路径 $A\to B\to C\to D$ 的路径长度为 4；节点 A 到节点 C 的路径可以为 $A\to B\to C$ 或 $A\to C$，但其最短路径长度(距离)为 1；节点 B 到节点 D 之间的最短路径不止一条，分别是 $B\to A\to D$ 和 $B\to C\to D$，路径长度皆为 2；直径 $d_{\max}=3$，即节点 D 到节点 E 之间的距离。

图 2-12 简单无向图

平均距离为

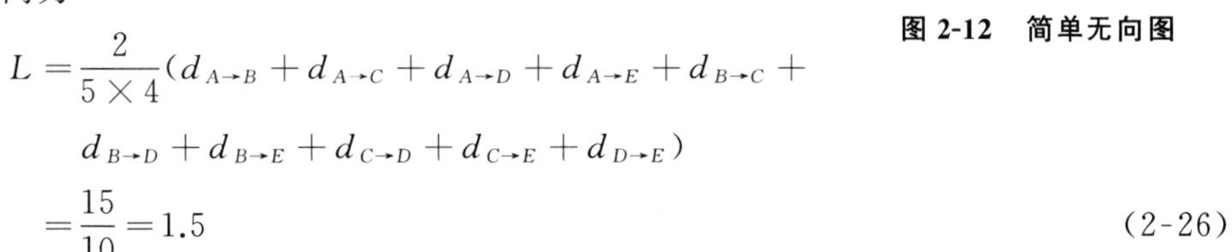

$$L=\frac{2}{5\times 4}(d_{A\to B}+d_{A\to C}+d_{A\to D}+d_{A\to E}+d_{B\to C}+d_{B\to D}+d_{B\to E}+d_{C\to D}+d_{C\to E}+d_{D\to E})=\frac{15}{10}=1.5 \tag{2-26}$$

2.3.7 集聚系数

网络的集聚系数(Clustering Coefficient)是网络分析中的一个重要指标，用来衡量网络中节点之间的连接紧密程度或者聚集程度。

节点的集聚系数也叫网络的局部集聚系数(Local Clustering Coefficient)，表示为与该节点相邻的所有节点之间连边的数目占这些相邻节点之间最大可能连边数目的比例，反映一个节点的相邻节点之间相互连接的情况，是用来衡量网络中单个节点的聚集程度的系数。

网络的平均集聚系数(Average Clustering Coefficient)表示为所有节点集聚系数的平均值，用来衡量一个网络中所有节点的聚集程度，反映了网络的整体连接模式，即网络的聚集性。一般来说，网络的集聚系数指的是网络的平均集聚系数。

网络的全局集聚系数(Global Clustering Coefficient)也是对整个网络的集聚性的度量，但不同于平均集聚系数，它主要针对整个网络中的三角形结构，考虑整个网络中所有节点的连接情况，包括那些度数较小的节点。

集聚系数表明了同一个节点的相邻节点之间产生连接的概率程度，反映了网络的一种局部特性。对于无向网络，如果网络中的某个节点 v_i 有 k_i 个邻居节点，那么在没有重复连接和自连接的情况下，在 k_i 个邻居节点之间最多可能存在的边的总条数为 $k_i(k_i-1)/2$，如果用 E_i 表示 k_i 个邻居节点之间实际存在的边的条数，则节点 v_i 的集聚系数 C_i 定义为

$$C_i=\frac{E_i}{k_i(k_i-1)/2}=\frac{2E_i}{k_i(k_i-1)}=\frac{1}{k_i(k_i-1)}\sum_{j,k=1}^{N}A_{ij}A_{jk}A_{ki} \tag{2-27}$$

其中，A_{ij} 为邻接矩阵中第 i 行第 j 列的元素。

由此可知，集聚系数的取值介于 0～1，即

(1) 当 $C_i=0$ 时，节点 v_i 的所有邻居节点之间都无相互连接。

(2) 当 $C_i=1$ 时，节点 v_i 的所有邻居节点之间都两两相连。

网络的平均集聚系数 $\langle C\rangle$ 定义为

$$\langle C\rangle=\frac{1}{N}\sum_{i=1}^{N}C_i \tag{2-28}$$

网络的全局集聚系数 C_Δ 定义为

$$C_\Delta=\frac{3\times \text{三角形个数}}{\text{连通三元组的个数}} \tag{2-29}$$

许多大规模的实际网络都具有明显的聚类效应。事实上，在很多类型的网络（如社会关系网络）中，你的朋友同时也是朋友的概率会随着网络规模的增加而趋向某个非零常数，即当 $N\to\infty$ 时，$C=O(1)$。这意味着这些实际的复杂网络并不是完全随机的，而是在某种程度上具有类似社会关系网络中“物以类聚，人以群分”的特性。

几种常见的规则网络的集聚系数如下。

(1) 全局耦合网络的集聚系数为

$$C=1 \tag{2-30}$$

(2) 最近邻耦合网络的集聚系数为

$$C=\frac{3}{4} \tag{2-31}$$

(3) 星型耦合网络的集聚系数为

$$\begin{cases} C_{\text{star}}=0, & \text{中心节点} \\ C_{\text{star}}=0, & \text{其余节点} \end{cases} \tag{2-32}$$

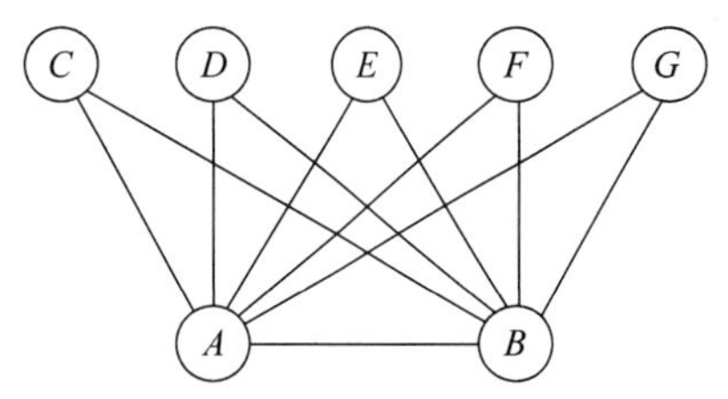

图 2-13　双中心节点的星型网络

例 2-4　图 2-13 为一个双中心节点的星型网络，且两个中心节点 A 和 B 彼此相连，求节点 A、B 和 C 的集聚系数，并求该网络的平均集聚系数和全局集聚系数。

解：由于节点 A 有 6 个邻居节点，其邻居节点之间共有 5 条连边，为边 BC、BD、BE、BF、BG，且节点 A 和节点 B 同为中心节点，因此节点 A 和 B 的集聚系数为

$$C_A=C_B=\frac{E_A}{\frac{k_A\times(k_A-1)}{2}}=\frac{5}{\frac{6\times 5}{2}}=\frac{1}{3} \tag{2-33}$$

节点 C、D、E、F、G 的集聚系数相同，C 的邻居节点 A 和 B 仅有一条连边 AB，因此节点 C 的集聚系数为

$$C_C=\frac{1}{\frac{2\times 1}{2}}=1 \tag{2-34}$$

平均集聚系数为

$$\langle C\rangle=\frac{1}{7}\times\left(\frac{1}{3}\times 2+1\times 5\right)=\frac{17}{21} \tag{2-35}$$

整个网络的全局集聚系数为

$$C_\Delta=\frac{3\times 5}{35}=\frac{3}{7} \tag{2-36}$$

2.3.8　介数

某些网络中，不同的节点受损对网络的影响大不相同。某些节点受到损坏，会导致整个网络陷入瘫痪，因此引入介数作为衡量网络节点重要性的一种指标。介数（Betweenness Centrality）度量了网络中的节点（或者边）在最短路径中的重要性。具体来说，介数度量了一个节点（或者边）在连接网络中其他节点（或者边）的最短路径中充当桥梁或中介者的程度。节点（或者边）的介数值越高，表示它在网络中有更多的最短路径经过，因此在网络的信

息传播、通信或控制中具有更大的影响力。介数一般分为节点介数和边介数两种，反映了节点和边在整个网络中的作用和影响力。一个节点的介数越高，该节点就越有可能是网络的枢纽点或中介点。

节点的介数是网络中所有节点对之间的最短路径经过该节点的条数与总最短路径数量的比率。节点的介数 B_i 定义为

$$B_i = \sum_{j \neq k \neq i} \frac{N_{jk}(i)}{N_{jk}} \tag{2-37}$$

其中，N_{jk} 表示节点 V_j 和 V_k 之间的最短路径条数，$N_{jk}(i)$ 表示节点 V_j 和 V_k 之间的最短路径经过节点 V_i 的条数。

边的介数是最短路径中通过特定边的条数占全部最短路径数量的比例。边的介数 B_{ij} 定义为

$$B_{ij} = \sum_{(k,l) \neq (i,j)} \frac{N_{kl}(e_{ij})}{N_{kl}} \tag{2-38}$$

其中，N_{kl} 表示节点 V_k 和 V_l 之间的最短路径条数，$N_{kl}(e_{ij})$ 表示节点 V_k 和 V_l 之间的最短路径经过边 e_{ij} 的条数。

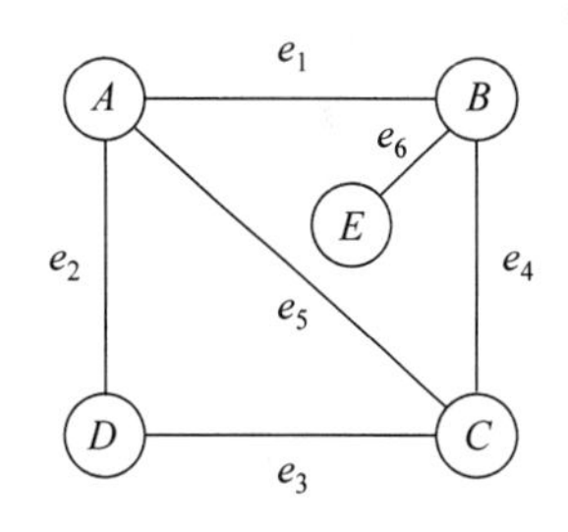

图 2-14　简单网络

例 2-5　如图 2-14 所示，求各个节点和各边的介数。

解：首先需要求出各个节点之间的最短路径：$V_A-e_1-V_B$，$V_A-e_5-V_C$，$V_A-e_2-V_D$，$V_A-e_1-V_B-e_6-V_E$，$V_B-E_4-V_C$，$V_B-e_1-V_A-e_2-V_D$，$V_B-e_4-V_C-e_3-V_D$，$V_B-e_6-V_E$，$V_C-e_3-V_D$，$V_C-e_4-V_B-e_6-V_E$，$V_D-e_2-V_A-e_1-V_B-e_6-V_E$，$V_D-e_3-V_C-e_4-V_B-e_6-V_E$。再由式(2-37)可得，节点 $V_A \sim V_E$ 的介数 B_i 分别为 1、3、1、0、0。同理，由式(2-38)可得各边 $e_1 \sim e_6$ 的介数分别为 3、2、2、3、1、4。

2.3.9　核数

一个节点的核数就是对网络进行 k-核分解时的 k-shell 指数。对一个图进行 k-核(k-core)分解是指，在该图中反复去掉度值比 k 小的节点及其连边后，剩余的子图就是 k-核。对于一个网络，0-核表示原图，1-核表示去掉所有孤立点后得到的子图，2-核表示去掉所有度小于 2 的节点及其连边后，在新的子图上再次去掉所有度小于 2 的节点和连边，如此往复，直到子图中所有节点的度不小于 2。

若一个节点属于 k-核，而不属于$(k+1)$-核，则称该节点的核数为 k。节点核数的最大值称为网络的核数。

节点的核数可以说明节点在核中的深度，核数的最大值自然就对应网络结构中最中心的位置。k-核解析可用来描述度分布不能描述的网络特征，揭示系统特殊结构及层次关系。

例 2-6　如图 2-15 所示，求该网络的 2-核和 3-核及各自核数的大小，并计算网络的核数。

解：求 2-核时，首先去掉所有度小于 2 的节点，即去掉度为 1 和 0 的节点，然后在新的子图上再次去掉所有度为 1 的节点，即去掉所有浅灰色的节点，得到的 2-核子图如图 2-16(a)所示。同样可以求出 3-核子图，如图 2-16(b)所示。

由此可知，图 2-15 中所有浅灰色节点的核数为 1，中灰色节点的核数为 2，黑色节点的

核数为 3。

该网络中节点的核数的最大值为 3,因此网络的核数为 3。

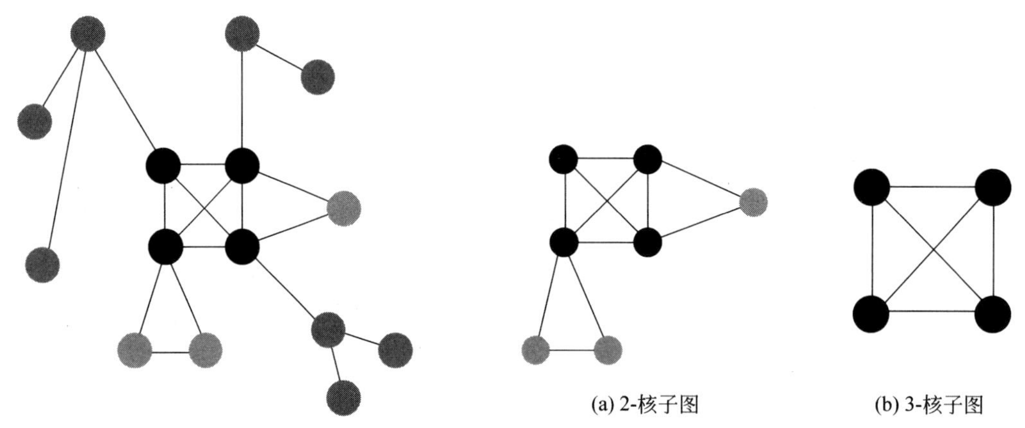

图 2-15 一个无向图示例(见彩插)

图 2-16 图 2-15 所示网络的 k-核子图(见彩插)

2.3.10 权

在复杂网络中,无权网络只能给出节点之间是否存在相互作用,但在大多数情况下,需要知道节点之间相互作用的强度的差异,因此引入权的概念。权(Weight)是一种用于描述边或连接的属性,表示连接的强度、距离、相关性或其他度量。

权可以分为点权(Vertex Weight)和边权(Edge Weight)。

(1) 点权也叫点强度(Vertex Strength),指网络中各个节点(或顶点)本身的权重。它表示节点的重要性或价值,而不是表示节点之间的连接强度。点权可以是连续值或离散值,用于衡量节点的重要性、影响力或其他特定的属性。在某些网络中,节点的点权可能代表节点的度量,如节点的重要性、资源分配等。这种权重能够对网络的节点进行排序,从而发现网络中最重要的节点。

① 在无权网络中,点权是节点度的自然推广。节点 V_i 的点权 s_i 定义为与其关联的边权之和。

$$s_i = \sum_{j \in N_i} w_{ij} \tag{2-39}$$

也可以用邻接矩阵元素表示,即

$$s_i = \sum_{j=1}^{N} a_{ij} w_{ij} = \sum_{j=1}^{N} a_{ji} w_{ji} \tag{2-40}$$

② 在有向加权网络中,可以定义节点的入权 s_i^{in} 和出权 s_i^{out} 分别为

$$\begin{cases} s_i^{\text{in}} = \sum_{j=1}^{N} a_{ji} w_{ji} \\ s_i^{\text{out}} = \sum_{j=1}^{N} a_{ij} w_{ij} \\ s_i = s_i^{\text{in}} + s_i^{\text{out}} \end{cases} \tag{2-41}$$

(2) 单位权:表示节点连接的平均权重,定义为节点 V_i 的点权 s_i 与其节点度 k_i 的比值,即

$$u_i = \frac{s_i}{k_i} \tag{2-42}$$

对于有向加权网络，其单位入权 u_i^{in} 和单位出权 u_i^{out} 定义为

$$\begin{cases} u_i^{\text{in}} = \dfrac{s_i^{\text{in}}}{k_i^{\text{in}}} \\ u_i^{\text{out}} = \dfrac{s_i^{\text{out}}}{k_i^{\text{out}}} \end{cases} \tag{2-43}$$

(3) 边权是网络中连接边的权重。它表示两个节点之间的连接强度、关联或影响程度。这种权重可以表示节点间关系的度量，比如社交网络中朋友间的亲密度、交通网络中道路间的距离或容量等。边权提供了更丰富的信息，以便更准确地描述节点之间的连接关系。在拓扑结构相同的情况下，边权的不同可能会导致网络的全局性质产生显著差异。

① 边权可以是直接给定的值。

② 对于一些网络，边权可能是根据节点间某种关联的强度计算得到的。比如在社交网络中，边权可能是根据交互频率或其他属性得出的汇总值。

边权按照意义可以划分为相似权和相异权。

相似权(Similarity Weight)是指概念和距离相反，边权越大，顶点之间越亲近(0 为无连接)，如合作次数、化学反应速率。

相异权(Dissimilarity Weight)是指概念和距离相同，边权越大，顶点之间距离越远(∞ 为无连接)，如航空线的里程。

例如，假定节点 V_k 为节点 V_i 和 V_j 之间的中间节点，已知 d_{ik} 为节点 V_i 和 V_k 之间的距离，d_{kj} 为节点 V_j 和 V_k 之间的距离。

① 若采用相异权计算节点 V_i 和 V_j 之间的最短距离，则 $d_{ij}^{\text{dis}} = d_{ik} + d_{kj}$。

② 若采用相似权计算节点 V_i 和 V_j 之间的最短距离，则 $d_{ij}^{s} = \dfrac{1}{d_{ik}} + \dfrac{1}{d_{kj}}$。

此外，关于权重分布的差异性，节点 V_i 的权重分布的差异性表示与节点 V_i 相连的边权分布的离散程度，定义为

$$Y_i = \sum_{j \in N_i} \left(\frac{w_{ij}}{s_i} \right)^2 \tag{2-44}$$

对于无向加权图可以用邻接矩阵表示为

$$Y_i = \sum_{j=1}^{N} \left(\frac{a_{ij} w_{ij}}{s_i} \right)^2 = \sum_{j=1}^{N} \left(\frac{a_{ji} w_{ji}}{s_i} \right)^2 \tag{2-45}$$

拥有相同点权和边权的两个节点相比，差异性越大，离散程度越大。差异性与度有如下关系。

① 如果与节点 V_i 关联的边的权重值差别不大，则 $Y_i \propto 1/k_i$。

② 如果与节点 V_i 关联的边的权重值差别较大，如只有一条边的权重起作用，则 $Y_i \approx 1$。

对于有向加权网络，可以定义入权差异性 Y_i^{in} 和出权差异性 Y_i^{out}，即

$$\begin{cases} Y_i^{\text{in}} = \displaystyle\sum_{j=1}^{N} \left(\frac{a_{ij} w_{ij}}{s_i^{\text{in}}} \right)^2 \\ Y_i^{\text{out}} = \displaystyle\sum_{j=1}^{N} \left(\frac{a_{ij} w_{ij}}{s_i^{\text{out}}} \right)^2 \end{cases} \tag{2-46}$$

对于相异权网络而言，$d_{ij}^{\text{dis}} \in (0, \infty)$，当 $d_{ij}^{\text{dis}} = \infty$ 时，节点 V_i 和 V_j 之间不存在边；对于

相似权网络而言，$d_{ij}^{s} \in (0,\infty)$，当 $d_{ij}^{s}=0$ 时，节点 V_i 和 V_j 之间不存在边。

如果矩阵 $\boldsymbol{W}$ 中边的权重值都一样，则这些边就没有什么差别，权重可以归一化为 1，此时，加权网回归到无权网。因此，可以说加权网是无权网的一个特例。

2.3.11 网络稀疏性

在复杂网络中，网络稀疏性(Sparsity)是指网络中实际存在的边相对于可能存在的边的比例。一个稀疏的网络意味着，只有相对较少的边被实际建立，而大部分可能的边都没有建立。

网络的稀疏性可以用式(2-47)表示。

$$\text{Sparsity}=\frac{\text{实际存在的边数}}{\text{最大可能存在的边数}}=\frac{L}{L_{\max}}=\frac{2L}{N(N-1)} \tag{2-47}$$

其中，可能存在的边数 L 是指在一个完全连接的图中的边数，对于无向图，可能存在的边数是 $N(N-1)/2$，其中 N 是节点数；对于有向图，可能存在的边数是 $N(N-1)$。

大多数网络是稀疏网络，其实际存在连边数远远小于最大可能存在的边数。

2.3.12 度-度相关性

度-度相关性(Degree Correlation)描述了网络中度大的节点与度小的节点之间的关系，具体来说，它衡量了节点是否倾向于连接到度相似的节点，或者节点是否倾向于连接到度不同的节点，这有助于理解网络的结构和演化。度-度相关性通常可以分为以下 3 种类型。

(1) 正相关性(Positive Correlation)：表示高度连接的节点更有可能连接到其他高度连接的节点。这种情况下，网络呈现出同配性(Assortativity)，即度高的节点倾向连接到度高的节点。例如，社会网络呈正相关性。

(2) 负相关性(Negative Correlation)：表示高度连接的节点更有可能连接到低度连接的节点。这种情况下，网络呈现出异配性(Disassortativity)，即度高的节点倾向连接到度低的节点。例如，大部分的生物网络和技术网络呈负相关性。

(3) 零相关性(Zero Correlation)：表示节点度之间没有明显的关联，节点的度与其邻居节点的度无关。

衡量网络的度-度相关性，共有以下 4 种方法。

1. 可视化描述方法

如果网络中两个节点之间是否有边相连与这两个节点的度值无关，也就是说，网络中随机选择的一条边的两个端点的度是完全随机的，并且满足式(2-48)，则称该网络不具有度相关性，或称该网络是中性的，否则就称该网络具有度相关性。

$$e_{jk}=q_j q_k, \quad \forall j,k \tag{2-48}$$

其中，e_{jk} 为网络中随机选取一条边的两个端点的度分别为 j 和 k 的概率，q_k 为网络中随机选取的一条边的端点的度为 k 的概率。

对于度相关的网络，如果总体上度大的节点倾向连接度大的节点，就称网络是度正相关的，或称网络是同配的。如果总体上度大的节点倾向连接度小的节点，就称网络是度负相关的，或称网络是异配的。具有相同度序列或度分布的网络可以具有完全不同的度相关性。

2. 度相关函数

度相关性形式上由 $p(k'|k)$ 刻画，即 $p(k'|k)=k'p(k')/\langle k\rangle$。然而，对于大多数实际

网络来说，N 的大小有限，所以直接计算条件概率会得到噪声较大的结果。这个问题可以通过定义节点 V_i 的最近邻平均度解决，即

$$k_{nn,i} = \frac{1}{k_i}\sum_{j \in N_i} k_j = \frac{1}{k_i}\sum_{j=1}^{N} a_{ij} k_j \tag{2-49}$$

这里将所有属于节点 V_i 的第一邻居节点集合 N_i 的点的度数求和。利用式(2-50)可以计算具有 k 度的点的最近邻的平均度数，记为 $k_{nn}(k)$，得到隐含的对 k 的依赖关系。这个量可以用条件概率表示，即

$$k_{nn}(k) = \sum_{k'} p(k' \mid k) \tag{2-50}$$

如果不存在度相关性，式(2-50)可以写成 $k_{nn}(k) = \frac{\langle k^2 \rangle}{\langle k \rangle}$，即 $k_{nn}(k)$ 独立于 k。如果 $k_{nn}(k)$ 是随着 k 上升的增函数，则称此类图是同类匹配，反之为非同类匹配。

度相关性通常作为 $k_{nn}(k)$ 的斜率 v 的值量化，或者通过计算边的任意顶点的度数的皮尔逊相关系数量化。

3. 皮尔逊度相关系数

皮尔逊度相关系数(Pearson Degree Correlation Coefficient)是一种衡量两个变量之间线性关系强度和方向的统计量。对于网络而言，可以使用皮尔逊相关系数度量节点度之间的线性相关性。具体计算方式如下。

$$r = \frac{\sum (X - \bar{X})(Y - \bar{Y})}{\sqrt{\sum (X - \bar{X})^2 \sum (Y - \bar{Y})^2}} = \frac{l_{XY}}{\sqrt{l_{XX} l_{YY}}} \tag{2-51}$$

其中，X 和 Y 分别是节点 V_i 和其邻居节点的度，$\bar{X}$ 和 $\bar{Y}$ 分别是节点度和邻居节点度的平均值。$l_{XX} = \sum (X - \bar{X})^2$ 为 X 的离均差平方和，$l_{YY} = \sum (Y - \bar{Y})^2$ 为 Y 的离均差平方和，$l_{XY} = \sum (X - \bar{X})(Y - \bar{Y})$ 为 X 与 Y 之间的离均差平方和。离均差平方和(Sum of Squares of Deviations from the Mean，SSD)是一种用于度量数据集中各数据点偏离其均值的总体离散程度的统计指标。其计算方法是将每个数据点与数据集均值之差的平方相加得到的总和。

如果 $r > 0$，表示节点度之间存在正相关性。

如果 $r < 0$，表示节点度之间存在负相关性。

如果 $r \approx 0$，表示节点度之间不存在线性相关性。

该方法适用于以下几种情况：①两个变量都是由测量得到的连续变量；②两个变量都应是正态分布，或接近正态的单峰对称分布；③变量必须是成对的数据；④两个变量之间为线性关系；⑤数据集中应该不包含极端异常值数据。

4. 斯皮尔曼相关系数

与皮尔逊相关系数不同，斯皮尔曼相关系数(Spearman Correlation Coefficient)是一种非参数的度相关性度量，用于衡量两个变量之间等级关系的非参数统计量。它基于节点度的秩次而不是具体的度数。计算方式如下。

(1) 计算每个节点的度，将形成两个变量：节点标识符集 X 和节点度集 Y。

(2) 对 X 和 Y 进行从小到大的等级排序。等级排序是将变量的值按照从小到大的顺序排列，并用等级表示其顺序。例如，节点标识符集 $X = [1,2,3,4,5]$，节点度集 $Y =$

[10,25,5,15,8],对 X 和 Y 进行等级排序,得到等级序列 R_X 和 R_Y,R_X 为[1,2,3,4,5],R_Y 为[3,5,1,4,2]。

(3) 计算等级差 $d_i = R_X - R_Y$。

(4) 计算 Spearman 等级相关系数,即

$$\rho = 1 - \frac{6\sum_{i=1}^{n} d_i^2}{n(n^2-1)} \tag{2-52}$$

其中,n 是样本大小。与皮尔逊相关系数类似,ρ 的值介于 $-1 \sim 1$。

(1) 如果 $\rho=1$,则表示节点标识符和节点度完全正相关。

(2) 如果 $\rho=0$,则表示节点标识符和节点度之间没有线性关系。

(3) 如果 $\rho=-1$,则表示节点标识符和节点度完全负相关。

2.4 网络的演化性质

复杂网络不仅是一种静态结构,还具有动态演化性质。网络中的节点和连接关系随时间的推移可能会发生变化,这种演化性质在实际应用中具有重要意义。下面将介绍复杂网络的演化性质,以帮助理解网络在时间上的变化和发展。

网络的演化性质主要有两种类型,分别为基于点的演化和基于边的演化。

2.4.1 基于点、边的演化

基于点、边的演化涉及网络中节点的生长。这意味着随着时间的推移,新的节点不断加入网络。节点的生长可以是随机的,也可以受到某些规则或偏好的影响。

例如,无标度网络模型解释了复杂网络中节点度分布呈幂律分布的现象。其中,著名的 BA 模型提出了无标度网络的生长机制。在这个模型中,新节点不是随机连接到网络中的节点,而是更有可能连接到度更高的节点,导致网络中的少数超级节点。BA 模型具有"富者愈富"的性质,导致网络中存在少数高度连接的超级节点(称为"节点富裕者"),同时存在许多度较低的节点,模拟了许多真实世界网络的特性。

2.4.2 基于边的演化

1. 边的生长

基于边的演化涉及网络中边的生长。这意味着边逐渐添加到网络中,而节点数量可能保持不变或有限增长。

例如,ER 网络模型在给定的节点之间会采用随机连边的策略产生模型;WS 模型描述了小世界网络的演化。在这个模型中,节点之间会断边重连,引入长程边,从而减少网络的平均路径长度,并增大网络的集聚系数,实现高效的信息传播;PAEA(Preferential Attachment with Edge Addition)模型,是一种基于边的演化模型,它结合了节点的优先附加性和新边的添加。在这个模型中,新边更有可能连接到度高的节点,同时也引入了新的节点。这种模型用于解释在线社交网络中的新关系建立。

2. 边的重连

基于边的演化也可以包括边的重连,其中现有边的连接关系可能会发生变化。边的重

连可能涉及边的创建、断开、重新连接等操作。

例如，Configuration Model 是一种基于边的演化模型，用于生成随机图。在这个模型中，节点的度序列保持不变，但边的连接关系会根据度序列重新排列，从而生成不同的网络拓扑结构。

2.5　总结

本章介绍了复杂网络的基本概念，简单描述了 4 种基本网络结构模型，即规则网络、随机网络、小世界网络和无标度网络。同时讨论了这些网络结构的生成原理和特性，从而加深对复杂网络的理解。

在复杂网络的表示方面，探讨了图表示法、集合表示法、邻接矩阵表示法以及拉普拉斯矩阵表示法。这些表示方法为研究网络结构提供了多样的角度和工具。

接下来，深入研究了网络的统计性质，包括度、平均度、度分布、路径、直径、平均距离、集聚系数、介数、核数、权重以及网络的稀疏性等。这些性质不仅帮助了解网络的整体结构，还为分析网络在不同领域的应用提供了基础。

最后，探讨了复杂网络的演化性质，包括基于点、边的演化和基于边的演化模型。这些模型有助于理解网络是如何随时间的推移而演化、增长和优化的。

通过学习本章内容，对复杂网络的核心概念、性质和演化过程有了全面的了解，为深入研究网络科学和应用领域奠定了基础。

习题 2

一、选择题

1. 以下哪个模型适合解释社交网络中的“朋友的朋友通常也是朋友”现象？（　　）
   A. 规则网络　　B. 随机网络　　C. 小世界网络　　D. 无标度网络

2. 什么是网络的集聚系数？（　　）
   A. 节点的平均连接度　　B. 节点邻居间的连接程度
   C. 节点之间连接的强度　　D. 网络中的节点在最短路径中的重要性

3. 对于一个基于边的演化模型，若网络中的一条边被删除并重新连接到新节点，这会导致什么结果？（　　）
   A. 网络变得更加紧密
   B. 网络出现小世界结构
   C. 网络节点度的分布发生改变
   D. 网络变得更加规则

二、叙述题

1. 给定一个包含节点 A、B、C、D、E 的图 2-17，使用邻接矩阵表示法和拉普拉斯矩阵表示法分别表示该图。

2. 基于图 2-17，计算并比较其平均度、直径、集聚系数，并分析这些统计性质对网络结构的影响。

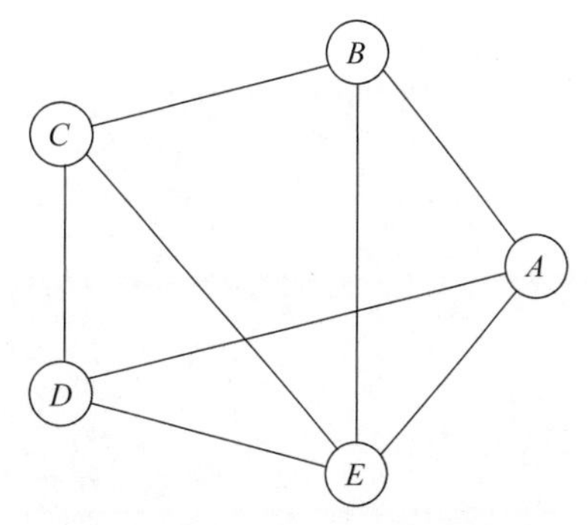

图 2-17　包含 5 个节点的简单无向图

第 3 章 随机网络

随机网络的历史可以追溯到 20 世纪 50 年代末期，当时图论和概率论开始崭露头角。保罗·埃尔德什(Paul Erdös)和阿尔弗雷德·伦伊(Alfréd Rényi)是当时的杰出数学家，他们在研究随机性和概率性问题时引入了 ER 网络的概念。ER 网络的研究为理解复杂网络的性质和特征奠定了基础。

3.1 ER 网络的生成模型

ER 网络的生成模型基于两种不同的方式创建网络：通过固定节点数量 N 和连接概率 p，或者通过固定节点数量 N 和边数 L。这两种模型分别被称为 $G(N,p)$ 和 $G(N,L)$ 模型。

3.1.1 $G(N, p)$ 模型

$G(N,p)$ 模型是 ER 网络的最常见形式。在这个模型中，网络包含 N 个节点，每对节点之间以概率 p 独立生成一条连接的边。生成 ER 网络的步骤如下。

(1) 创建一个包含 N 个节点的空图。

(2) 对于图中的每一对节点 i 和节点 $j(i \neq j)$，以概率 p 独立生成一条连接它们的边。

(3) 重复步骤(2)，直到满足所需的边数或其他条件。

这个模型的关键思想是，每对节点之间以概率 p 独立生成一条连接的边，因此每个边都是独立的。下面是使用 Python 生成 $G(N,p)$ 模型的示例代码。

```
#coding=utf-8
import networkx as nx
import random
import matplotlib.pyplot as plt

#生成 G(N,p)模型
def generate_ER_graph(N, p):
    #生成并创建孤立节点空图
    G = nx.Graph()
    G.add_nodes_from(range(N))
    draw(G)
```

```
        #加边
        for i in range(N):
            for j in range(i+1, N):
                if random.random() < p:
                    G.add_edge(i, j)
                    print(f'Create the edge between node {i} and {j}')
                    draw(G)
        return G

    #在同心圆上绘制网络
    def draw(G):
        pos = nx.shell_layout(G)
        nx.draw(G,pos,with_labels=True,node_color='lightblue')
    plt.show()

    G = generate_ER_graph(10,0.4)
```

此代码将生成一个包含 10 个节点和连接概率为 0.4 的 ER 网络，并使用 NetworkX 和 Matplotlib 库进行可视化。图 3-1 所示为生成 $G(N,p)$的过程示例。

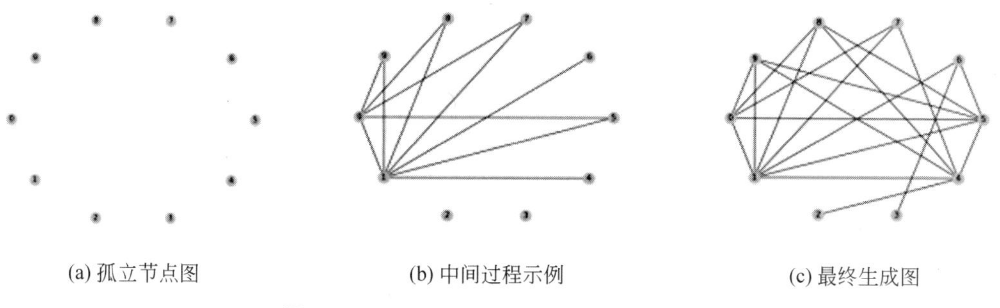

(a) 孤立节点图　　(b) 中间过程示例　　(c) 最终生成图

图 3-1　$G(N=10,p=0.4)$的网络生成过程

$G(N,p)$模型是最常见的 ER 网络形式，它的简单性和数学可解性使其成为随机图模型的基础之一。

3.1.2　$G(N, L)$ 模型

$G(N,L)$模型是 ER 网络的另一种变体，其中网络包含 N 个节点和 L 条边。在这个模型中，固定了网络中的边数，而不是连接概率 p。生成 ER 网络的步骤如下。

(1) 创建一个包含 N 个节点但没有边的空图。

(2) 随机选择 L 对节点，然后连接这些节点之间的边。

这个模型的特点在于固定了网络的规模 N 和边数 L。下面是使用 Python 生成 $G(N,L)$模型的示例代码。

```
#coding=utf-8
import networkx as nx
import random
import matplotlib.pyplot as plt

#生成 G(N,L)模型
def generate_ER_graph_fixed_edges(N, L):
    #判断边数是否超出最大数量
    if L > N * (N - 1) //2:
        raise ValueError("Number of edges (L) exceeds the maximum possible.")
```

```
    #生成并创建孤立节点空图
    G = nx.Graph()
    G.add_nodes_from(range(N))
    draw(G)

    #加边
    while G.number_of_edges() < L:
        i, j = random.sample(range(N), 2)
        if not G.has_edge(i, j):
            G.add_edge(i, j)
            print(f'Create the edge between node {i} and {j}')
     draw(G)

    return G

#在同心圆上绘制网络
def draw(G):
    pos = nx.shell_layout(G)
    nx.draw(G,pos,with_labels=True,node_color='lightblue')
plt.axis('off')
plt.show()

    return 0

#生成一个包含8个节点、16条边的ER网络
G=generate_ER_graph_fixed_edges(8,16)
```

此代码将生成一个包含 8 个节点和 16 条边的 ER 网络，并使用 NetworkX 和 Matplotlib 库进行可视化。图 3-2 是上述代码输出的 ER 图的部分过程。

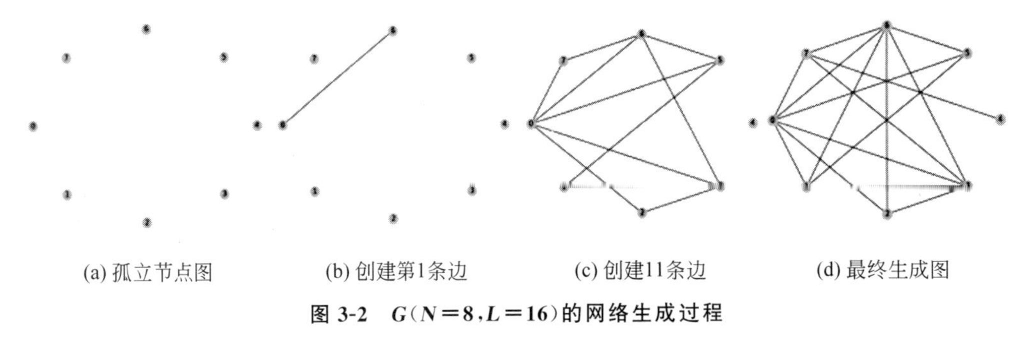

(a) 孤立节点图　(b) 创建第1条边　(c) 创建11条边　(d) 最终生成图

图 3-2　$G(N=8,L=16)$的网络生成过程

$G(N,L)$模型的特点在于固定了网络的规模和边数，因此可以用于探索在固定边数条件下的网络结构及其性质。

3.2　ER 网络的基本性质

在当探讨 ER 随机图模型的基本性质时，可以深入了解其边数分布、度分布、平均距离和集聚系数等方面的特点。

3.2.1　边数分布

在 ER 随机图模型中，每一对节点之间都有以概率 p 连接的边。因此，在一个具有 N

个节点的ER随机图中，总共可能存在 $N(N-1)/2$ 条边，因此从总的连边数中选择 L 条连边的所有可能为 $C_{C_N^2}^L$，所以其边数服从二项分布，即

$$P(L)=C_{C_N^2}^L p^L (1-p)^{C_N^2-L} \tag{3-1}$$

然而，每条边是否出现都是独立的随机事件，所以实际的边数会根据概率 p 的取值而变化。当 p 较小时，图通常会比较稀疏，而当 p 较大时，图可能会比较稠密。

3.2.2 度分布

在ER随机图中，有些节点有许多连接，有些节点却只有少量连接，甚至没有连接。由于每个节点的度(连接边的数量)是一个随机变量，因此遵循一定的概率分布。

假设两个节点之间的连接概率为 p，可以求出随机网络的平均度为

$$\langle k\rangle=p\times(N-1)\approx p\times N \tag{3-2}$$

那么一个节点 V_i 有 k 个连接出现的概率为 p^k，其余 $(N-1-k)$ 个连接不出现的概率为 $(1-p)^{(N-1-k)}$，因此节点 V_i 的度为 k 的概率可以用二项分布的概率质量函数描述，即 $C_{N-1}^k p^k(1-p)^{(N-1-k)}$，其中 C_{N-1}^k 是组合数。

然而，当网络中的节点数量趋近于无穷时，即 N 很大时，二项分布会近似于泊松分布，平均事件发生率为 $\lambda=\langle k\rangle=p\times(N-1)\approx p\times N$，因此度分布为

$$p(k)=C_{N-1}^k p^k(1-p)^{(N-1-k)}=\frac{(N-1)^k}{k!}\left(\frac{\langle k\rangle}{N-1}\right)^k e^{-\langle k\rangle}$$
$$=e^{-\langle k\rangle}\frac{\langle k\rangle^k}{k!} \tag{3-3}$$

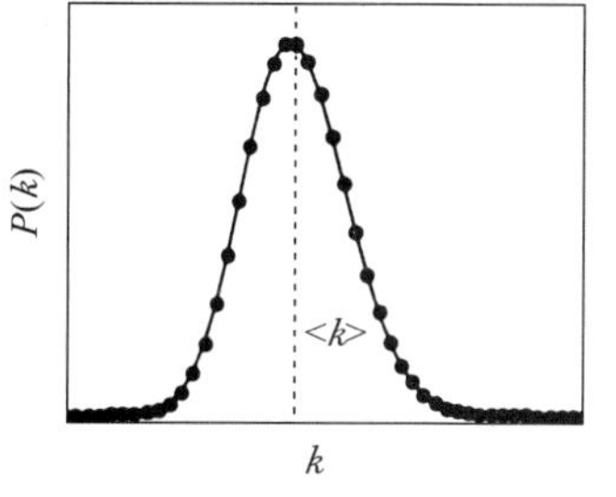

图 3-3 ER网络的度分布

图3-3展示了ER网络的度分布。可以看出，对规则网络的随机化，会使出现在规则网络上度分布的尖峰变宽。对于完全随机网络，其度分布具有泊松分布的形式，因为在这一类网络结构中，每一条边出现概率是相等的。因此，大部分节点的度基本相同，并接近网络的平均度 $\langle k\rangle$。远离峰值 $\langle k\rangle$ 时，度分布则按指数形式急剧下降。

3.2.3 直径及平均距离

对于大多数的连接概率 p，几乎所有的图都有同样的直径。这表明，在 p 值变化时，N 阶随机图的直径变化幅度很小，通常呈现如下趋势，即

$$D=\frac{\ln(N)}{\ln(\langle k\rangle)}=\frac{\ln(N)}{\ln(pN)} \tag{3-4}$$

其中，$\langle k\rangle$ 是平均度数，式(3-4)揭示了一些重要的性质。

(1) 若 $\langle k\rangle<1$，则图由孤立的树组成，且其直径等于树的直径。

(2) 若 $\langle k\rangle>1$，则图中会出现连通子图。

(3) 若 $\langle k\rangle\geqslant 3.4$，则图的直径等于最大连通子图的直径，且正比于 $\ln N$。

(4) 若 $\langle k\rangle\geqslant\ln(N)$，则几乎所有图都是完全连通的，其直径在 $\ln N/\ln(pN)$ 左右。

随机网络的平均最短距离可以通过以下估计得到：考虑随机网络的平均距离 $\langle k\rangle$，对于任意节点，其一阶邻接节点的数目都是 $\langle k\rangle$，二阶邻接节点的数目都是 $\langle k\rangle^2$。当经过 l 步后

达到网络的总节点数 N，则有 $N=\langle k\rangle^l$，因此，可以得知

$$L_{\text{rand}} \propto \ln N/\ln\langle k\rangle \tag{3-5}$$

在 ER 随机图中，随着节点数 N 的增加，平均距离会逐渐增大。但由于 $\ln N$ 随着 N 的增长的变化幅度较慢，因此即使对于大规模的随机网络，其平均距离仍然很小。随机网络的平均最短距离随网络规模的增加呈对数增长，这是典型的小世界效应。

3.2.4 集聚系数

集聚系数是度量节点的邻居节点之间实际连接边数量与可能存在的连接边数量之比。在 ER 随机图中，节点的邻居节点之间的边是以概率 p 独立出现的，所以节点的集聚系数通常比较低。对于一个节点的邻居节点，期望的集聚系数大约为 p。这表示随机图中的节点关系通常是相对分散的，而非紧密连接在一起的。

$$C_{\text{rand}} \approx p = \frac{\langle k\rangle}{N} \tag{3-6}$$

然而，真实网络并不遵循随机网络的规律，相反，它并不依赖 N，而是依赖节点的邻居节点数目。通常，具有相同的节点数和相同的平均度的情况下，ER 模型的集聚系数 C_{rand} 比真实复杂网络要小很多。

一般情况下，规则网络具有集聚系数大且平均距离长的特征，而随机网络的特征是集聚系数小且平均距离短。

以下是示例代码。

```
#coding=utf-8

import networkx as nx
import matplotlib.pyplot as plt
import numpy as np
#创建一个 ER 网络
N = 50        #节点数量
p = 0.1       #连接概率
G = nx.erdos_renyi_graph(N, p)

#创建子图
fig, ax = plt.subplots()

#绘制 ER 网络
nx.draw(G, ax=ax, with_labels=True, node_size=100, node_color='lightblue',
font_weight='bold')
ax.set_title("ER Network")
plt.show()
#计算边数分布
edges = G.number_of_edges()
print(f"边数: {edges}")
#计算度分布
degrees = dict(G.degree())
degree_values = np.array(list(degrees.values()))
unique_degrees = np.unique(degree_values)
degree_counts = [np.sum(degree_values == d) for d in unique_degrees]
print("degree distrubution: ")
for degree, count in zip(unique_degrees, degree_counts):
    print(f"There are {count} nodes with degree {degree}.")
#计算平均距离
average_distance = nx.average_shortest_path_length(G)
```

```
print(f"average_distance: {average_distance:.2f}")
#计算集聚系数
average_clustering = nx.average_clustering(G)
print(f"average_clustering: {average_clustering:.2f}")
```

输出结果如图 3-4 所示。

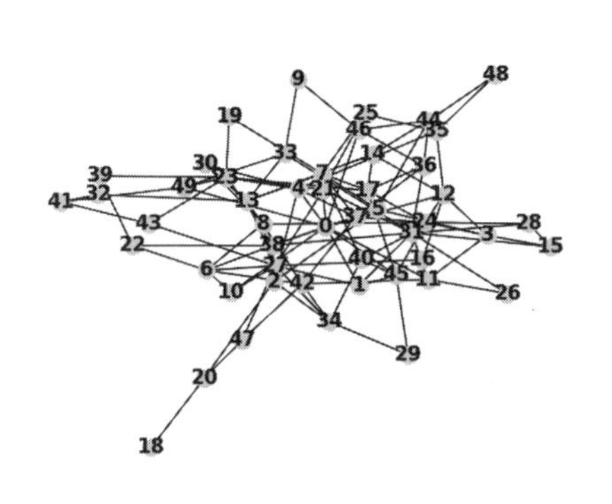

(a) 输出图

```
边数: 114
度分布:
  有1个节点的度值为1。
  有8个节点的度值为2。
  有10个节点的度值为3。
  有8个节点的度值为4。
  有7个节点的度值为5。
  有9个节点的度值为6。
  有2个节点的度值为7。
  有2个节点的度值为8。
  有1个节点的度值为9。
  有1个节点的度值为10。
  有1个节点的度值为11。
平均距离: 2.65
集聚系数: 0.08
```

(b) 输出结果

图 3-4 网络图及其特征的计算

3.3 总结

随机网络理论在复杂网络研究中扮演着关键的角色。通过研究随机网络的生成模型和基本性质,可以更好地理解网络的随机性、连通性和鲁棒性。经典的 ER 随机图模型提供了对于网络结构的一种理论框架,然而,ER 网络模型在许多实际网络中并不适用,它忽略了许多实际网络中的结构特征,例如社交网络中的社团结构和无标度网络的高度连接节点。尽管 ER 网络模型在现实世界中的应用有限,但它为研究网络科学的初期奠定了基础,为后来更复杂的网络模型的发展提供了重要的参考和启发。

习题 3

一、选择题

在 ER 随机网络中,$G(N,L)$模型和 $G(N,p)$模型之间的主要区别是(　　)。

A. 节点数的表示方式　　B. 连接概率的不同

C. 边的数量表示方式　　D. 随机性的来源

二、叙述题

1. 如果一个 ER 随机网络中的节点数量 N 很大,但连接概率 p 非常小,那么该网络的边数分布和度分布可能呈现什么特征?请详细说明。

2. 在 ER 随机网络中,当连接概率 p 增大时,网络的直径和平均距离是增加、减少,还是保持不变?为什么?

3. 在 ER 随机网络中,集聚系数通常较低。请解释 ER 网络中集聚系数较低的原因,并说明其对网络结构和功能的影响。

第 4 章

小世界网络

在社交网络中，人们通常认为任意两个人之间的关系需要通过很多中间人才能建立。但小世界现象揭示了：尽管网络很大，但平均只需要很短的路径就可以连接两个任意的个体。这个概念最早由社会学家斯兰·米尔格拉姆(Stanley Milgram)在 20 世纪 60 年代的"六度分隔"(Six Degrees of Separation)实验中提出，而小世界网络模型则进一步解释了这一现象的原理。

小世界网络(Small-World Network)的发现彻底改变了网络科学的研究。Duncan J. Watts 和 Steven H. Strogatz 在他们 1998 年的里程碑式论文 *Collective Dynamics of Small-World networks* 中指出，小世界网络是一类"高度聚集的网络，类似规则晶格，但具有小的特征路径长度"。这导致网络具有独特的区域专业化特征，并能够实现高效的信息传递。图 4-1 展示了一个相互连接的个人资料网络，代表一个典型的社交媒体平台，突出了小世界网络的实现高效的信息传递特征。

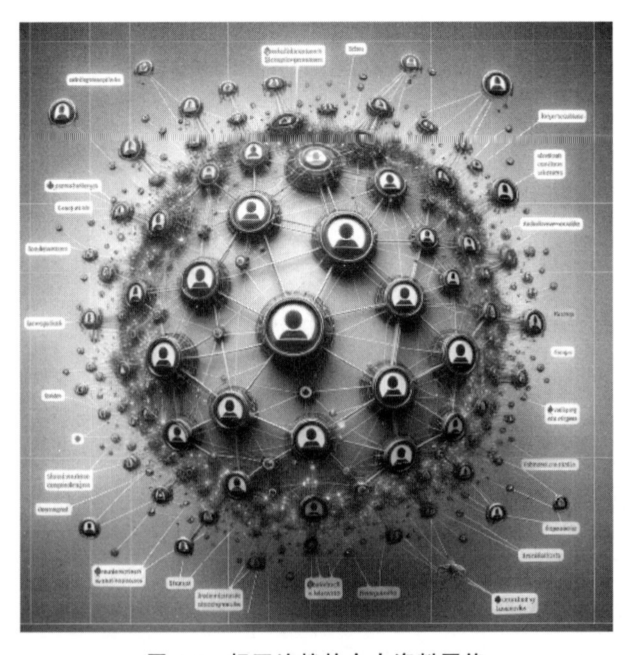

图 4-1　相互连接的个人资料网络

Amaral 等试图将小世界网络分为 3 类,进行对现实世界网络的实证研究。这项研究主要涉及现实世界网络的统计特性,足以证明 3 类小世界网络的存在:①无标度网络,其特征是顶点连通性分布按照幂律衰减。②宽标度网络,其特征是顶点连接分布在一定范围内具有幂律区域,即大多数节点的度数较低,而少数节点具有极高的度数,形成中枢节点或超级节点。此外,宽标度网络在幂律区域后还有一个明显的截断,这意味着存在一些节点的度数在网络中不再继续呈幂律分布。③单标度网络,其特征是连接分布具有快速衰减的尾部。

通过研究小世界网络,可以深入了解网络的拓扑结构和动态行为,从而更好地理解和应用网络科学知识,帮助人们解决实际应用中的问题。例如,提高社交网络中信息传播的效率。因此,本章将详细分析小世界网络的各种特性。首先介绍六度分隔理论的概念及其相关实验和小世界网络模型,然后介绍小世界网络的各种特性,最后介绍社区结构检测。

4.1 六度分隔理论

小世界网络概念的引入与六度分隔理论有着密切的联系。六度分隔理论是由美国心理学家斯坦利·米尔格拉姆(Stanley Milgram)在 20 世纪 60 年代提出的:它探讨了人际关系网络中人与人之间的短距离连接程度,即一个人将信息传递给另一个人所需的中间人数。

米尔格拉姆的研究源于他对"小世界问题"的思考,即人们普遍认为地球上的任何两个陌生人之间只需要少数中间人就能建立联系。米尔格拉姆对此进行了实验,试图探索人们之间的联系方式和网络结构。他在 1967 年进行了一项经典的实验,被称为"小世界实验"或"米尔格拉姆实验"。在这个实验中,米尔格拉姆要求参与者选择与他们不相识的目标人物,并通过社交网络将一封信传递给这个目标人物。参与者只能将信件发送给他们认识的人,而这个人则会继续将信转交给他们认识的人,直到最终到达目标人物为止。通过这种方式,米尔格拉姆希望确定平均每个人与目标人物之间需要多少个中间人。实验结果显示,参与者成功将信件传递给目标人物的平均路径长度在 5~6,因此得出"六度分隔"的结论。这意味着,在一个相对较小的世界中,任何两个陌生人通过大约 6 个中间人就能建立联系。这强调了社交网络和人际关系的紧密性和连通性。

现实生活中有许多例子可以支持六度分隔理论。例如,社交媒体平台如 Facebook 和 LinkedIn,为人们提供了更多机会扩展社交圈子并与陌生人建立联系。此外,病毒传播和信息传递也可以被视为六度分隔理论的体现。当一条新闻或趣闻爆发时,它可以在短时间内通过社交网络传播到全球各地,每个人都可以通过自己的网络将信息传递给其他人。六度分隔理论在社交学、心理学和网络科学等领域具有重要意义,帮助我们理解人际关系和社交网络的结构与功能。它提醒我们,在这个相互关联的世界中,我们与其他人之间的联系可能比我们想象的要更近。

4.2 小世界网络实验

当谈论社交网络中人与人之间的联系时,除上述经常提到的"六度分隔"理论外,还会提到两个经典的概念,即 Bacon 数和 Erdös 数。两个概念都是基于小世界实验得出的,并揭示一种特殊而有趣的现象:人与人之间不仅存在直接或间接的联系,而且联系还可以用数学语言进行精确的描述和度量。

(1) Bacon 数：描述的是一个演员与 Kevin Bacon 之间的中间人数。具体而言，Kevin Bacon 本人的 Bacon 数为 0。如果某演员与 Kevin Bacon 直接合作过，则其 Bacon 数为 1；如果一位演员通过另一位演员与 Kevin Bacon 相连，则该演员的 Bacon 数为 2；以此类推，直到达到 Kevin Bacon 本人。感兴趣的读者可以访问 The Oracle of Bacon 网页(https://oracleofbacon.org/)，可以查询 Kevin Bacon 与好莱坞环球前 1000 个中心的任何演员之间的联系。图 4-2 是 Kevin Bacon 和 Christopher Lee 之间的联系，可以看到 Christopher Lee 与 Mickey Rourke 一起出演了电影 *1941*，Mickey Rourke 与 Kevin Bacon 一起出演了电影 *Diner*。因此，Christopher Lee 与 Kevin Bacon 之间的联系通过两个步骤建立，从而他的 Bacon 数为 2，如图 4-2 所示。

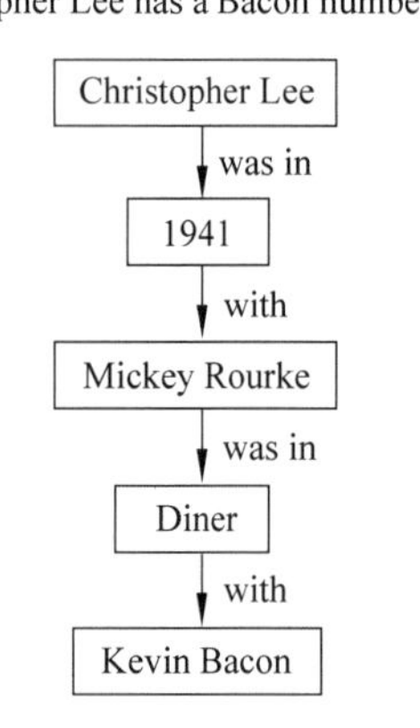

图 4-2 Christopher Lee 与 Kevin Bacon 的联系

(2) Erdös 数：用于描述数学论文中的一个作者与 Erdös 的“合作距离”。具体而言，如果某数学家与 Paul Erdös 共同发表过数学论文，那么该数学家的 Erdös 数为 1；如果某数学家与 Erdös 数为 1 的数学家合作发表过论文，但自己并不是 Erdös 直接合作的数学家，那么该数学家的 Erdös 数为 2；以此类推，直到达到 Paul Erdös 本人。多年来，Erdös 数一直是世界各地数学家的民间传说的一部分。根据 The Erdös Number Project(https://www.oarland.edu/enp/readme/)统计，在 2004 年结束之际，所有具有有限 Erdös 数的工作数学家中，该数字范围可达 15，中位数为 5，平均值为 5.58。几乎每个具有有限 Erdös 数的人数都小于 8。由于当今科学界跨学科合作的频率非常高，许多其他科学领域的大量非数学家也具有有限的 Erdös 数。

这些数值可以衡量人际网络的亲密程度和紧密度，同时也可作为社交网络研究和信息传播的参考。它们揭示了一些有趣的事实，例如在相对较小的世界中，任何两个陌生个体之间只需要经过相对较少的中间人就能建立联系，这启示我们可以有效地利用社交网络和中间人传递信息和建立联系。

4.3 小世界网络模型

4.3.1 WS 小世界网络模型

WS 小世界网络模型是一种用于研究小世界网络的经典模型。该模型由 Duncan J. Watts 和 Steven Strogatz 于 1998 年提出，旨在模拟复杂网络中的小世界网络特性，即网络中的节点之间存在短路径，并且同时保持一定的局部规则性。WS 小世界网络模型在给定的节点之间采用边重连的策略产生小世界网络，构造算法如下。

(1) 局部规则性：WS 模型开始于一个具有规则性的拓扑结构，通常是一个环形或网格状的网络。每个节点与其相邻节点直接连接，形成一个紧密结构的局部规则网络。对于一

个含有 N 个节点的环状规则网络或网格状网络，每个节点与它最近邻的 k 个节点连接，且 N 与 k 满足 $N \geqslant k \geqslant \ln(N) \geqslant 1$。

(2) 随机断边重连：在模型的初始拓扑上，WS 模型引入随机性，以模拟小世界特性。这种随机性表现为对网络中的一些边进行重新连接。具体来说，对于每个节点，以一定的概率 p 选择与其非邻居的另一个节点进行连接，替代原有的边，从而引入跨越局部规则性的短距离边。

以下是用 Python 代码简单构造的 WS 小世界网络模型。

```
import networkx as nx
import matplotlib.pyplot as plt
import random
def create_regular_lattice(n, k):
    G = nx.Graph()
    #创建一个具有规则性的拓扑结构，起始为环形规则网络
    nodes = list(range(n))
    G.add_nodes_from(nodes)
    for i in range(n):
        for j in range(1, k //2 + 1):
            neighbor = (i + j) % n
            G.add_edge(i, neighbor)
    return G
def rewire_edges(graph, p):
    #随机断边重连
    edges_to_rewire = list(graph.edges())
       for edge in edges_to_rewire:
        if random.random() < p:
            graph.remove_edge( * edge)
            #随机选择另一个节点进行连接
            new_neighbor = random.choice(list(graph.nodes()))
            graph.add_edge(edge[0], new_neighbor)
def watts_strogatz_model(n, k, p):
    #创建规则网络
    regular_lattice = create_regular_lattice(n, k)
    #随机断边重连
    rewire_edges(regular_lattice, p)
    return regular_lattice
#参数设置
n = 20  #节点数
k = 4   #每个节点最近邻节点数
p = 0.2  #重连概率
#构造 WS 小世界模型
ws_model = watts_strogatz_model(n, k, p)
#可视化
pos = nx.circular_layout(ws_model)
nx.draw(ws_model, pos, with_labels=True, node_size=400, node_color='skyblue',
font_size=10, font_color='black', font_weight='bold', width=1.5, edge_color='gray')
plt.title('Watts-Strogatz ')
plt.show()
```

结果如图 4-3 所示。

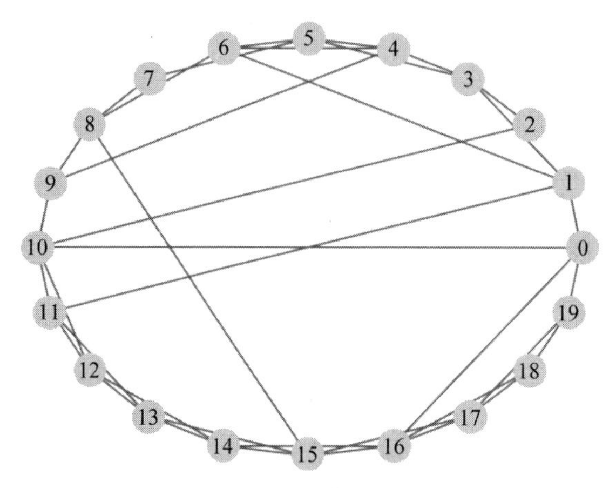

图 4-3 WS 小世界网络模型

WS 小世界网络模型在网络研究中具有广泛的应用，尤其在探索社交网络、脑神经网络、电力网络等领域。

4.3.2 NW 小世界网络模型

NW 小世界网络模型是由 Mark Newman 和 Duncan Watts 于 1999 年提出的。由于它是基于规则网络结构和长程联系的想法，因此能更好地捕捉现实社交网络的特性。NW 小世界网络模型基于一个规则的二维网络，通过在规则网络上添加一些随机边引入小世界特性。这些随机边将节点连接到距离较远的节点，以缩短网络的直径。以下是该模型的构建算法。

(1) 规则网络的构建：首先，创建一个规则的二维网络，其中每个节点与其邻近的节点相连接。这个规则网络模拟了社交网络中人们与其周围的人建立联系的普遍现象。

(2) 局部化连接性：为了反映社交网络中的局部化连接性，确保大多数节点与其邻近的节点有连接。这一步是通过在规则网络上添加局部边实现的，使得节点之间存在较为密集的局部连接。

(3) 长程连接的引入：为引入小世界特性，NW 小世界模型在规则网络上添加一些随机边。这些随机边连接了距离较远的节点，因此通过这些边，网络中的节点之间可以通过较短的路径相互连接，形成小世界特性。

以下是用 Python 代码简单构造的 NW 小世界网络模型。

```
import networkx as nx
import matplotlib.pyplot as plt
import numpy as np
def create_regular_lattice(n, m):
    G = nx.grid_2d_graph(n, m)
    return G
def add_local_edges(graph, p_local):
    nodes = list(graph.nodes())
    for node in nodes:
        neighbors = list(graph.neighbors(node))
        for neighbor1 in neighbors:
            for neighbor2 in neighbors:
                  if neighbor1 != neighbor2 and not graph.has_edge(neighbor1,
neighbor2) and np.random.rand() < p_local:
```

```
                graph.add_edge(neighbor1, neighbor2)

def add_long_range_edges(graph, p_long_range):
    nodes = list(graph.nodes())
    for node1 in nodes:
        for node2 in nodes:
            if node1 != node2 and not graph.has_edge(node1, node2) and np.random.
rand() < p_long_range:
                graph.add_edge(node1, node2)
def newman_watts_model(n, m, p_local, p_long_range):
    #创建规则二维网络
    regular_lattice = create_regular_lattice(n, m)
    #添加局部连接
    add_local_edges(regular_lattice, p_local)
    #添加长程连接
    add_long_range_edges(regular_lattice, p_long_range)
    return regular_lattice
#参数设置
n = 10  #网格的行数
m = 10  #网格的列数
p_local = 0.001  #局部连接概率
p_long_range = 0.002  #长程连接概率
#构造 NW 小世界网络模型
nw_model = newman_watts_model(n, m, p_local, p_long_range)
#可视化
pos = {(i, j): (j, -i) for i, j in nw_model.nodes()}
nx.draw_networkx_nodes(nw_model, pos, node_size=400, node_color='skyblue')
nx.draw_networkx_edges(nw_model, pos, edge_color='gray', width=1.5)
plt.title('Newman-Watts Small-World Model')
plt.axis('off')  #不显示坐标轴
plt.show()
```

结果如图 4-4 所示。

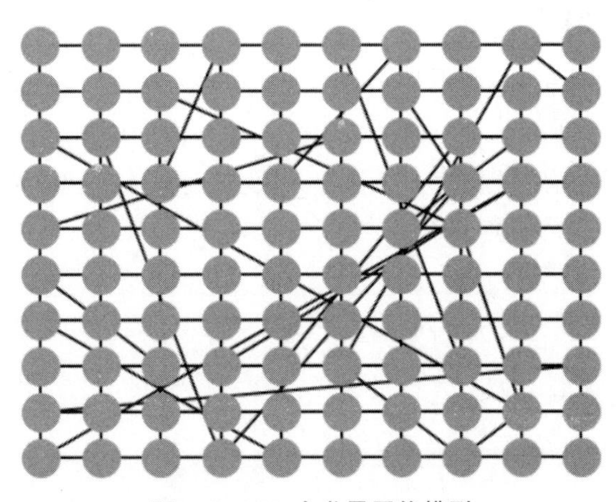

图 4-4　NW 小世界网络模型

4.3.3　小世界网络模型的度分布

在基于“随机化加边”机制的 NW 小世界模型中，每个节点的度至少为 K。因此当 $k \geqslant$

K 时，一个随机选取的节点的度为 k 的概率为

$$P(k)=C_N^{k-K}\left(\frac{Kp}{N}\right)^k\left(1-\frac{Kp}{N}\right)^{N-k+K} \tag{4-1}$$

而当 $k<K$ 时，$P(k)=0$。

对于基于“随机化重连”机制的 WS 小世界网络模型，当 $k\geqslant K/2$ 时有

$$P(k)=\sum_{n=0}^{\min\left(k-\frac{K}{2},\frac{K}{2}\right)}\begin{pmatrix}\frac{K}{2}\\ n\end{pmatrix}(1-p)^n p^{\frac{K}{2}-n}\frac{(pK/2)^{k-(K-2)-n}}{\left(k-\left(\frac{K}{2}\right)-n\right)!}e^{-\frac{pK}{2}} \tag{4-2}$$

图 4-5 所示为 $N=1000$，$K=3$ 和不同 p 值的 WS 小世界模型的数值模拟结果。其中，实心黑点表示的是 ER 随机网络。可见，与 ER 随机图模型类似，WS 小世界模型也是所有节点的度近似相等的均匀网络。

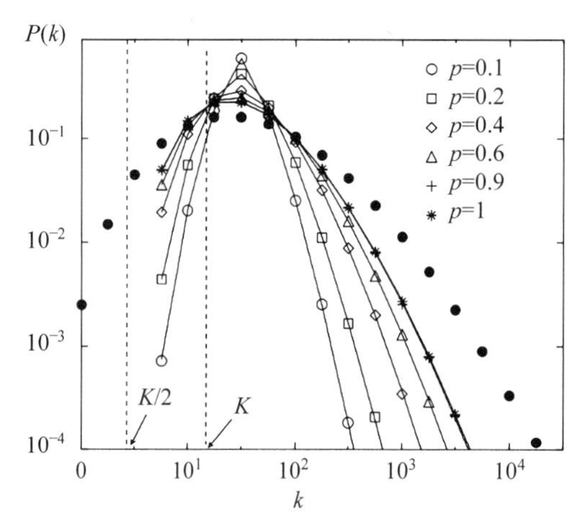

图 4-5 WS 小世界网络的度分布

4.3.4 小世界网络的平均距离

如果对于固定的网络节点平均度 K，平均路径长度 L 的增加速度至多与网络规模 N 的对数成正比，则称这个网络是有小世界效应的。大量研究发现，尽管许多实际复杂网络的节点数量巨大，网络的平均路径长度却小得惊人，也就是具有小世界效应。然而现在人们还没有关于 WS 小世界模型的平均路径长度 L 的精确表达式。但是利用重正化群方法可以得到式(4-3)，即

$$L(p)=\frac{2N}{K}f(NKp/2) \tag{4-3}$$

其中，$f(u)$为普适标度函数，且满足

$$f(u)=\begin{cases}C, & u\ll 1\\ \dfrac{\ln u}{u}, & u\gg 1\end{cases} \tag{4-4}$$

其中，C 为常数。而且 Newman 等基于均场方法给出如下近似表达式，即

$$f(x)=\frac{1}{2\sqrt{x^2+2x}}\operatorname{arctanh}\sqrt{\frac{x}{x+2}} \tag{4-5}$$

4.3.5 小世界网络的聚类系数

WS小世界网络模型的聚类系数推导过程如下。

(1) 当 $p=0$ 时，每个顶点具有 $2k$ 个邻居节点。在这种情况下，两个邻居节点之间可能的连接数量为 $N=3k(k-1)/2$。聚类系数 $C(0)$ 可表示为

$$C(0)=3(k-1)/(2(2k-1)) \tag{4-6}$$

(2) 对于 $p>0$，当两个顶点的邻居节点在 $p=0$ 时连接，它们在 $p>0$ 时仍然是邻居，并以概率 $(1-p)^3$ 相连，忽略 $1/N$ 阶的项。则一个顶点的邻居节点间的平均连接数为

$$N_0(1-p)^3+O(N^{-1}) \tag{4-7}$$

聚类系数 $C(p)$ 定义为 C_i 的平均值，其中 C_i 表示 N_i 个邻居之间可能的连接数与实际连接数之比。如果定义 $\widetilde{C}(p)$ 为一个顶点的邻居节点之间平均连接数与可能连接数之比，则有

$$\widetilde{C}(p)=3(k-1)/(2(2k-1))(1-p)^3 \tag{4-8}$$

综上所述，根据上述推导，WS小世界网络模型的平均聚类系数 $C(p)$ 可以简化为

$$C(p)\approx C(0)(1-p)^3 \tag{4-9}$$

其中，$C(0)$ 为 $p=0$ 时的聚类系数。这个简化形式描述了 $C(p)$ 随 p 变化的趋势，并且对于足够大的网络，N 的依赖性非常小。

同样，Newman已经证明NW小世界模型的平均聚类系数为

$$C(p)=\frac{3(K-2)}{4(K-1)+4Kp(p+2)} \tag{4-10}$$

在讨论小世界网络的聚类系数后，可以引入富人俱乐部现象。富人俱乐部现象描述的是网络中一小部分节点拥有比随机网络中预期更多的相互连接，这些节点通常被称为“富节点”。在社交网络中，这些“富节点”可能代表拥有大量社交联系的个体。

为了量化一个网络是否显示富人俱乐部现象，可以定义一个度量标准，称为富人俱乐部系数(Rich-club coefficient)，记为 $\phi(k)$，其中 k 是节点度的一个阈值。该系数计算所有度大于 k 的节点之间的边数与这些节点可能形成的最大边数之比。具体地，如果记 $E_{>k}$ 为网络中度值大于 k 的节点之间的连边数，而 $N_{>k}$ 为网络中度值大于 k 的节点数，则富人俱乐部系数可以表示为

$$\phi(k)=\frac{2E_{>k}}{N_{>k}(N_{>k}-1)} \tag{4-11}$$

在一个具有富人俱乐部现象的网络中，随着 k 的增加，$\phi(k)$ 的值会显著高于相同大小的随机网络。这意味着，高度节点不仅有更多的连接，而且它们的连接倾向彼此之间，形成一个高密度的核心网络。考虑到小世界网络的特性，其中的富人俱乐部现象可能会对网络的功能和鲁棒性产生显著影响。例如，在传播动态中富人俱乐部现象可能会促进或抑制信息、疾病或行为的快速传播。因此，了解富人俱乐部现象对于预测和控制网络动态是至关重要的。

4.4 社区结构检测

社区结构检测是一种特殊的聚类技术，主要用于社交网络和其他复杂网络的分析。在社交网络中，节点可以表示人、组织、网页等，而边可以表示这些节点之间的连接或关系。社

区结构检测的目的是识别网络中的社区结构，即网络中紧密连接的节点群组。这些社区结构通常反映了网络中的重要组织和结构，对理解网络的功能和行为具有重要的意义。

下面将深入探讨社区结构定义、社区划分标准和社区检测算法。

4.4.1 社区结构定义

社区结构是指社交网络或其他复杂网络中紧密连接的节点群组。这些群组通常由一些具有相似属性或行为的节点组成，它们之间的关系通常比其他节点之间的关系更加紧密。社区结构可以反映网络中的重要组织和结构，对理解网络的功能和行为具有重要的意义。社区结构检测的目的是识别这些社区结构，以便更好地理解网络的结构和动态。

复杂网络中的社区结构分类有多种划分方法。根据社区内部节点联系的紧密程度，可分为强社区和弱社区；根据社区之间是否有重叠节点，可分为重叠社区与非重叠社区。如何对隐藏在复杂网络中的社区结构进行检测与划分，是复杂网络研究中的一个重要内容。

在现实生活中，人们可能因各种因素处于不同的团体中，成员之间联系频繁，而团体之间仅偶尔有往来。在复杂网络中同样有着类似的社区现象，社区结构是复杂网络的一个重要特征。

4.4.2 社区划分标准

在社区发现算法中，几乎不可能提前确定社区的数目。于是，必须有一种度量的方法，可以在计算过程中衡量每一个结果是不是相对最佳的结果。模块度 Q 常被用来衡量社区划分的结果优劣。一个相对好的结果在社区内部的节点相似度较高，联系相对稠密，而与社区外部节点的相似度较低，联系相对稀疏。以下是在不同网络中对模块度 Q 的定义。

模块化的最初想法是由 Newman 和 Girvan 给出的，他们将模块度 Q 定义为

$$Q=\frac{1}{2m}\sum_{i,j}\left[\boldsymbol{A}_{ij}-\frac{k_i k_j}{2m}\right]\delta(C_i,C_j) \tag{4-12}$$

其中，m 为连接数，$\boldsymbol{A}_{ij}$ 是网络的邻接矩阵，表示节点 i 和 j 之间的边数，k_i 表示顶点 i 的度数，k_j 为顶点 j 的度数，C_i 为顶点 i 所属的社区，C_j 为顶点 j 所属的社区。如果 i 和 j 属于同一个社区，则 $\delta(C_i,C_j)=1$，否则 $\delta(C_i,C_j)=0$。

模块化考虑的一个关键概念是在没有社区结构的随机网络中，两个节点相连的预期频率。通过$\frac{k_i k_j}{2m}$表达。在一个随机网络中，节点 i 和 j 相连的概率与它们的度数成正比。式(4-12)中，$\boldsymbol{A}_{ij}-\frac{k_i k_j}{2m}$部分计算的是实际的边数和在随机网络中预期边数之间的差异。如果这个差值大，意味着在实际网络中节点 i 和 j 相连的可能性高于随机情况。$\delta(C_i,C_j)$确保只计算属于同一个社区内的节点对。如果节点 i 和 j 属于同一个社区，则此项为 1，否则为 0。这意味着，只有当两个节点属于同一个社区时，它们之间的连接才会对模块化有贡献。整个公式乘以$\frac{1}{2m}$是为了归一化，使得得到的模块度 Q 的范围在 $-1\sim1$。这使得不同大小和密度的网络的模块化值可以相互比较。

对于加权网络，Newman 定义模块度 Q 为

$$Q=\frac{1}{2W}\sum_{i,j}\left[\boldsymbol{A}_{ij}-\frac{s_is_j}{2W}\right]\delta(C_i,C_j) \tag{4-13}$$

其中，W 为网络中所有连接的总权重，s_i 为节点 i 的强度，s_j 为节点 j 的强度。如果 i 和 j 属于同一个社区，则 $\delta(C_i,C_j)=1$，否则 $\delta(C_i,C_j)=0$。

对于有向网络，Arenas 等定义模块度 Q 为

$$Q=\frac{1}{2m}\sum_{i,j}\left[\boldsymbol{A}_{ij}-\frac{k_i^{\text{out}}k_j^{\text{in}}}{m}\right]\delta(C_i,C_j) \tag{4-14}$$

如果节点 i 和 j 之间的连接 $\boldsymbol{A}_{ij}=1$，则 k_i^{out} 为顶点 i 的出度，k_j^{in} 为顶点 j 的入度，C_i 为顶点 i 所属的社区，C_j 为顶点 j 所属的社区。如果 i 和 j 属于同一个社区，则 $\delta(C_i,C_j)=1$，否则 $\delta(C_i,C_j)=0$。

对于有向加权网络，Arenas 等定义模块度 Q 为

$$Q=\frac{1}{2W}\sum_{i,j}\left[W_{i,j}-\frac{k_i^{\text{out}}k_j^{\text{in}}}{W}\right]\delta(C_i,C_j) \tag{4-15}$$

其中，$W_{i,j}$ 是顶点 i 和 j 之间的连接权重。

对于非加权无向网络情况下的重叠社区，Shen 等将模块度 Q 定义为

$$Q=\frac{1}{2m}\sum_{i,j}\left[\frac{1}{O_iO_j}\left(\boldsymbol{A}_{ij}-\frac{k_ik_j}{2m}\right)\right]\delta(C_i,C_j) \tag{4-16}$$

其中，O_i 为包含节点 i 的模块数，O_j 为包含节点 j 的模块数。

Nicosia 等对于非加权有向网络情况下的重叠社区，将模块度 Q 定义为

$$Q=\frac{1}{m}\sum_{c=1}^{n_c}\sum_{i,j}\left[\boldsymbol{r}_{ij}^c\boldsymbol{A}_{ij}-s_{ij}^c\frac{k_i^{\text{out}}k_j^{\text{in}}}{m}\right] \tag{4-17}$$

其中，r_{ij}^c 表示节点 i 和 j 是否同时属于社区 c，s_{ij}^c 表示节点 i 和节点 j 在社区 c 中的相似性。

4.4.3　社区检测算法

社区检测算法是社交网络分析和复杂网络研究领域中的一个关键主题，旨在识别网络中紧密相连的节点集合，这些节点在社交网络、生物网络、信息传播等方面具有重要意义。

在 *A Survey of Community Detection Approaches: From Statistical Modeling to Deep Learning* 一文中，社区检测可分为两大主要类别，即基于概率图模型的方法和基于深度学习的方法。

(1) 基于概率图模型的方法：这些方法使用启发式或元启发式策略生成社区，并进一步细分为 3 种类型。①有向图模型。这些模型基于未在样本中观察到的隐藏变量，利用节点的相似性或块结构生成网络中观察到的边缘。例如，随机块模型、主题模型等。②无向图模型。这些模型通常依赖场结构，使用一元和二元势的约束(如附近节点之间的社区标签一致性)发现社区，如标记。③混合图模型。这些模型将有向图和无向图模型转换为统一的因子图，以利用两种类型的模型进行社区检测的优势。

基于概率图模型的方法的优点是，这些方法能够较好地利用网络的拓扑结构和节点属性信息，例如，扩展的马尔可夫随机场(eMRF)方法将网络拓扑结构和属性信息结合起来进行社区检测。其缺点是，当处理拥有成千上万或数十亿个节点和边，以及复杂结构模式的大规模网络时，这些方法可能面临内存和计算能力的过度要求。此外，这些方法通常通过网络

简化或近似处理这些问题，可能会丢失一些重要的网络信息，影响建模的准确性。

(2) 基于深度学习的方法：这些方法利用一种新型的面向社区的网络表示识别社区结构，并进一步分为4种类型。①基于自编码器的方法。这些方法使用无监督自编码器将网络编码为潜在空间中的低维表示，并从这种表示中重构网络及其社区结构。②基于生成对抗网络的方法。这些方法采用对抗学习，通过生成器和鉴别器之间的对抗游戏检测社区。③基于图卷积网络(GCN)的方法。这些方法通过在网络拓扑上传播和聚合特征检测社区。④基于混合图模型的方法。这些方法整合了卷积网络和无向图模型。例如，将马尔可夫随机场(MRF)层转换为GCN，以利用两种模型的优势检测社区。

基于深度学习的方法的优点是，这些方法通常具有较低的计算复杂性和高并行化能力，能够将网络数据从原始输入空间映射到低维特征空间，以新型的面向社区的网络表示进行社区检测。其缺点是，这些方法在处理不同社区之间连接稀疏或随机生成的边时可能不够鲁棒。整合统计建模和深度学习以更准确地检测网络中的社区结构仍是一个开放问题。此外，这些方法可能没有完全考虑模型的时间复杂性或可解释性，在实践中对社区检测提出了巨大挑战。

总之，每种方法都有其特定的优势和局限性。选择合适的社区检测方法需要根据特定网络的特性和需求决定。接下来，将介绍一些经典的社区检测算法，使用的数据集为Zachary's Karate Club，图4-6所示是Zachary's Karate Club未进行社区划分前的网络结构，详细介绍可见第15章。

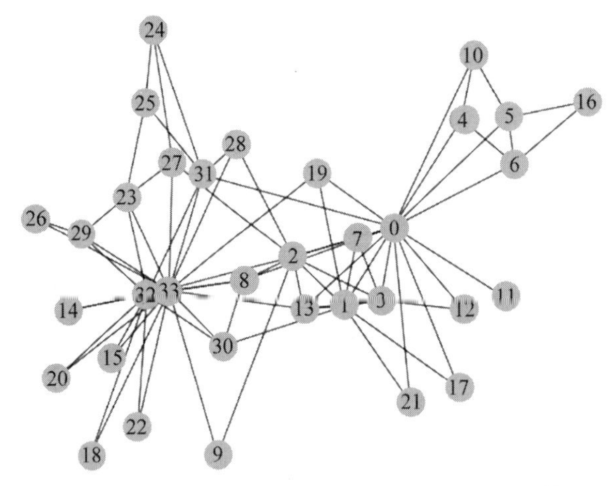

图4-6 Zachary's Karate Club数据集的网络结构

1. GN算法

GN算法(Girvan-Newman Algorithm)是一种用于检测复杂网络中社区结构的经典算法。它由M. Girvan和M. E. J. Newman于2002年提出，并以其作者的名字命名。该算法是一种基于"分裂"思想的算法，其思想类似聚类中的自顶向下的一类算法。GN算法主要使用边介数作为算法运行的依据。网络中的边介数是指网络中任意两个节点通过此边的最短路径的数目。它的工作原理如下。

(1) 计算边介数：首先，计算网络中每条边的介数。介数度量了一条边在所有最短路径中的重要性。如果一条边位于许多最短路径上，那么它的介数较高。

（2）边的移除：根据计算得到的介数，选择介数最高的边并将其从网络中移除。这模拟了网络中的信息流被切断。

（3）计算模块度 Q：在每次边移除后，重新计算当前社区结构的模块度 Q 值。

（4）寻找最优社区数量：在多次边移除的过程中，每次都计算 Q 值。选择 Q 值最大的社区结构作为当前的社区划分结果。

（5）重复步骤（2）至步骤（4）。直到满足停止条件，例如，社区数量达到预期值或网络中不再存在边。

GN 算法的实现代码如下。

```
import networkx as nx
import matplotlib.pyplot as plt
import random
#加载 Zachary's Karate Club 网络
def load_karate_club():
    return nx.karate_club_graph()
#克隆图
def clone_graph(graph):
    return graph.copy()
#计算模块度(Q)给定的划分和图
def calculate_modularity(partition, graph):
    #边的数量
    num_edges = len(list(graph.edges()))
    a_values = []
    e_values = []
    #计算每个社区的 'a' 值
    for community in partition:
        total_degree = 0
        #遍历社区中的每个节点,计算总度数
        for node in community:
            total_degree += len(list(graph.neighbors(node)))
        a_values.append(total_degree / float(2 * num_edges))
    #计算每个社区的 'e' 值
    for community in partition:
        total_links = 0
        #遍历社区中的节点对,计算社区内的边数
        for i in range(len(community)):
            for j in range(len(community)):
                if i! = j and graph.has_edge(community[i], community[j]):
                    total_links += 1
        e_values.append(total_links / float(2 * num_edges))
    #计算模块度 Q
    modularity_q = 0
    for e_i, a_i in zip(e_values, a_values):
        modularity_q += (e_i - a_i ** 2)
    return modularity_q
class GirvanNewmanAlgorithm:
    """Girvan-Newman 算法"""
    def __init__(self, graph):
        self.cloned_graph = clone_graph(graph)
        self.graph = graph
        self.community_partition = [[n for n in graph.nodes()]]
```

```
        self.max_modularity_q = 0.0

    def execute(self):
        #当图中还有边时继续循环
        while len(self.graph.edges()) > 0:
            #找到边介数中心性最高的边
            edge_to_remove = max(nx.algorithms.centrality.edge_betweenness_
            centrality(self.graph).items(), key=lambda item: item[1])[0]
            #从图中移除该边
            self.graph.remove_edge(edge_to_remove[0], edge_to_remove[1])
            #找到图中的连通分量
            components = [list(c) for c in list(nx.connected_components(self.
            graph))]
            #如果连通分量的数量发生变化
            if len(components)! = len(self.community_partition):
                #计算当前划分的模块度
                current_modularity_q = calculate_modularity(components, self.
                cloned_graph)
                #如果当前模块度大于最大模块度
                if current_modularity_q > self.max_modularity_q:
                    self.max_modularity_q = current_modularity_q
                    self.community_partition = components
        return self.community_partition
#可视化社区划分
def show_community_partition(graph, partition, pos):
    cmap = plt.cm.Blues
    cluster = {}
    labels = {}
    for index, item in enumerate(partition):
        for node_id in item:
            labels[node_id] = r'$' + str(node_id) + '$'
            cluster[node_id] = index
    #定义形状列表
    shape_list = ['o', 's', '^', 'v', '<', '>', 'p', '*', 'h', 'H', 'D', 'd']
    #绘制网络图的边
    nx.draw_networkx_edges(graph, pos, width=1, alpha=0.5, edge_color='gray')
    #绘制社区
    for index, item in enumerate(partition):
        shape = shape_list[index % len(shape_list)]  #选择形状
        node_colors = [cmap(index / len(partition)) for _ in item]
        nx.draw_networkx_nodes(graph, pos, nodelist=item,
                               node_color=node_colors,
                               node_shape=shape,
                               node_size=350,
                               edgecolors='black',
                               linewidths=1.5)

    nx.draw_networkx_labels(graph, pos, labels, font_size=8)
    plt.axis('off')
    plt.show()
#输出社区划分结果
def print_community_partition(partition):
    print(f"总共有 {len(partition)} 个社区")
```

```
    for i, community in enumerate(partition):
        print(f"社区 {i+1}: {community}")
if __name__ == '__main__':
    #加载 Zachary's Karate Club 网络
    karate_graph = load_karate_club()
    position = nx.spring_layout(karate_graph)
    #Girvan-Newman 算法
    girvan_newman_algo = GirvanNewmanAlgorithm(karate_graph)
    community_result = girvan_newman_algo.execute()
    #输出社区划分结果
    print_community_partition(community_result)
    #可视化结果
    show_community_partition(girvan_newman_algo.cloned_graph, community_
result, position)
```

结果如图 4-7 所示。

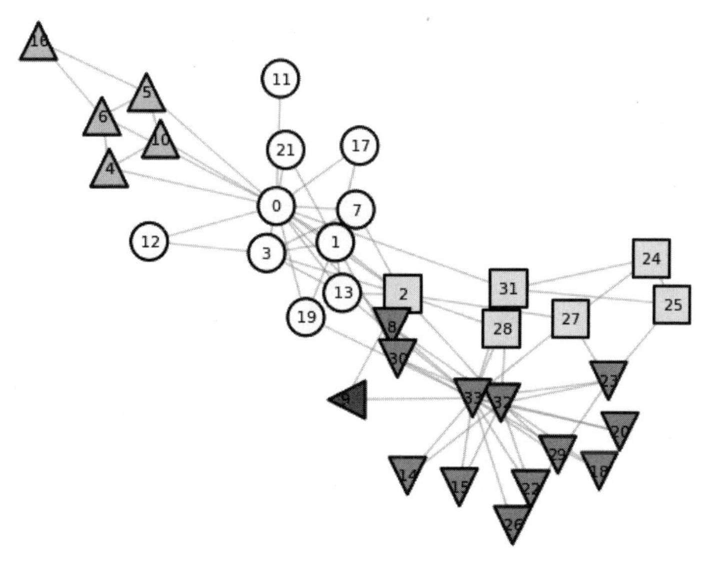

图 4-7　GN 算法对 Zachary's Karate Club 社区划分结果图

输出结果如下：

```
总共有 5 个社区
社区 1: [0, 1, 3, 7, 11, 12, 13, 17, 19, 21]
社区 2: [2, 24, 25, 27, 28, 31]
社区 3: [4, 5, 6, 10, 16]
社区 4: [32, 33, 8, 14, 15, 18, 20, 22, 23, 26, 29, 30]
社区 5: [9]
```

2. Newman 算法

GN 算法通过模块度可以准确地划分网络，但它只适用于中小型规模的网络。Newman 提出一种基于贪心的快速社区发现算法。该算法首先将网络中的每个顶点设为一个单独的社区，然后选出使得模块度 Q 的增值最大的社区对进行合并。如果网络中的顶点属于同一个社区，则停止合并过程。整个过程是自底向上的过程，且这个过程最终得到一个树图，即树的叶子节点表示网络中的顶点，树的每一层切分对应网络的某个具体划分，从树图的所有层次划分中选择模块度值最大的划分作为网络的有效划分。设网络有 n 个节点，m 条边，每一步合并对应的社区数目为 r，组成一个 $r\times r$ 的矩阵 $\boldsymbol{e}$，矩阵元素 e_{ij} 表示社区 i 中的节点与社区 j 中的节点之间连边的数目在网络中总边数的百分比，a_i 是网络中每个节点 i 的"活动度"。Newman 算法的主要步骤如下。

(1) 初始化网络，开始网络有 n 个社区，初始化的 e_{ij} 和 a_i 为

$$e_{ij}=\begin{cases}\dfrac{1}{2m}, & \text{如果社区 } i \text{ 和 } j \text{ 的节点存在链接}\\ 0, & \text{其他}\end{cases} \tag{4-18}$$

$$a_i=\frac{k_i}{2m} \tag{4-19}$$

(2) 依次按照 ΔQ 的最大或最小的方向进行合并有边相连的社区对，并计算合并后的模块度增量 ΔQ，即

$$\Delta Q=e_{ij}+e_{ji}-2a_ia_j=2(e_{ij}-a_ia_j) \tag{4-20}$$

(3) 对合并后的社区对 i 和 j 修改其社区连接矩阵 $\boldsymbol{e}$ 中社区 i 和 j 对应的行列。

重复执行步骤(2)和步骤(3)，不断合并社区，直至整个网络合并成一个社区为止。

Newman 算法的实现代码如下。

```
import networkx as nx
import matplotlib.pyplot as plt

#计算模块度
def compute_modularity(G, communities):
    #图的总边数
    m = G.number_of_edges()
    modularity = 0
    for community in communities:
        #获取社区子图
        subgraph = G.subgraph(community)
        #社区内的边数
        l_c = subgraph.number_of_edges()
        #社区内节点的总度数
        d_c = sum(dict(subgraph.degree()).values())
        #计算模块度并累加
        modularity += l_c / m - (d_c / (2 * m)) * * 2
    return modularity

#Newman 算法实现
def newman_algorithm(G):
    #初始化社区为每个节点一个社区
    best_communities = [[node] for node in G.nodes()]
    #计算初始模块度
    best_modularity = compute_modularity(G, best_communities)
    while True:
        #复制当前最好的社区划分
        communities = best_communities.copy()
        improved = False
        for i in range(len(communities)):
            for j in range(i + 1, len(communities)):
```

```
                #合并两个社区
                merged_community = communities[i] + communities[j]
                #创建新的社区划分
                new_communities = communities.copy()
                new_communities[i] = merged_community
                del new_communities[j]

                #计算新社区划分的模块度
                new_modularity = compute_modularity(G, new_communities)
                if new_modularity > best_modularity:
                    #更新最好的模块度和社区划分
                    best_modularity = new_modularity
                    best_communities = new_communities
                    improved = True
        if not improved:
            break
    return best_communities

#加载 Zachary's Karate Club 数据集
G = nx.karate_club_graph()

#调用 Newman 算法进行社区检测
result_communities = newman_algorithm(G)

#可视化社区划分
def show_community_partition(graph, partition, pos):
    cmap = plt.cm.Blues
    cluster = {}
    labels = {}
    for index, item in enumerate(partition):
        for node_id in item:
            labels[node_id] = r'$' + str(node_id) + '$'
            cluster[node_id] = index

    #定义形状列表
    shape_list = ['o', 's', '^', 'v', '<', '>', 'p', '*', 'h', 'H', 'D', 'd']

    #绘制网络图
    nx.draw_networkx_edges(graph, pos, width=1, alpha=0.5, edge_color='gray')

    #绘制社区
    for index, item in enumerate(partition):
        shape = shape_list[index %len(shape_list)]  #选择形状
        node_colors = [cmap(index / len(partition)) for _ in item]
        nx.draw_networkx_nodes(graph, pos, nodelist=item,
                               node_color=node_colors,
                               node_shape=shape,
                               node_size=350,
                               edgecolors='black',
                               linewidths=1.5)

    nx.draw_networkx_labels(graph, pos, labels, font_size=6)
    plt.axis('off')
    plt.show()
```

```
#输出社区信息
def print_community_info(communities):
    print(f"总共有 {len(communities)} 个社区。")
    for i, community in enumerate(communities):
        print(f"社区 {i + 1}: 社区{i + 1}的节点有{community}。")

if __name__ == '__main__':
    #绘制结果
    pos = nx.spring_layout(G)
    show_community_partition(G, result_communities, pos)
    print_community_info(result_communities)
```

结果如图 4-8 所示。

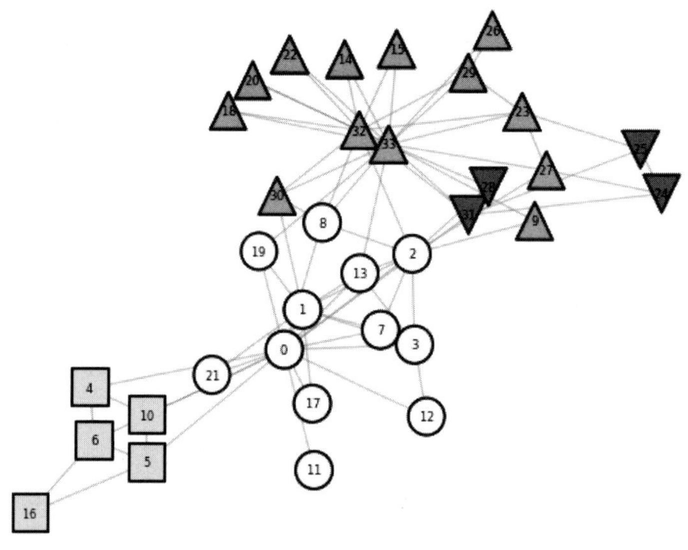

图 4-8　Newman 算法对 Zachary's Karate Club 社区划分结果图

输出结果如下：

```
总共有 4 个社区
社区 1: 社区 1 的节点有[0, 1, 2, 3, 7, 13, 8, 12, 17, 19, 21, 11]
社区 2: 社区 2 的节点有[4, 6, 5, 10, 16]
社区 3: 社区 3 的节点有[9, 33, 14, 32, 15, 18, 20, 22, 23, 29, 26, 27, 30]
社区 4: 社区 4 的节点有[24, 25, 31, 28]
```

3. Louvain 算法

Louvain 算法是一种基于模块度的社区发现算法，具有快速、准确的优点，在效率和效果上表现都比较好，并且能够发现层次性的社区结构，被认为是性能较好的社区发现算法之一。

该算法的基本思想是网络中节点尝试遍历所有邻居节点的社区标签，并选择最大化模块度增量的社区标签。在最大化模块度之后，将每个社区看成一个新的节点，重复直到模块度不再增大。具体来说，Louvain 算法可以分为以下两个步骤。

(1) 模块度优化。每个节点将自己作为自己的社区标签。每个节点遍历自己的所有邻居节点，尝试将自己的社区标签更新成邻居节点的社区标签，选择模块度增益最大（贪婪思想）的社区标签，直到所有节点都不能通过改变社区标签增加模块度。也就是说，首先将每个节点指定到唯一的一个社区，然后按顺序将节点在这些社区间进行移动。例如，假设有一个节点 i，它有 3 个邻居节点 j_1、j_2、j_3。分别尝试将节点 i 移动到 j_1、j_2、j_3 所在的社区，并计算相应的模块度增益 ΔQ，哪个 ΔQ 最大就将节点 i 移动到相应的社区中。

（2）反复迭代，直到网络中任何节点的移动都不能再改善总的模块度值为止。移动到一个社区 C 中所获得的模块度增益 ΔQ 可以很容易地计算出来。

该算法的最大优势就是速度很快，每次迭代的时间复杂度为 $O(N)$，N 为输入数据中的边的数量。

Louvain 算法的实现代码如下。

```
import networkx as nx
import random
import matplotlib.pyplot as plt
import matplotlib.cm as cm

#计算模块度
def modularity(partition, graph, weight='weight'):

    #初始化内部边权重总和字典和节点度数字典
    inc = {}
    deg = {}
    #获取图的总边权重(如果没有指定权重,则默认为边的数量)
    links = graph.size(weight=weight)

    #遍历图中的每个节点
    for node in graph:
        #获取节点所在的社区编号
        com = partition[node]
        #累加社区的度数
        deg[com] = deg.get(com, 0.) + graph.degree(node, weight=weight)
        #遍历节点的邻居
        for neighbor, datas in graph[node].items():
            #获取边的权重
            edge_weight = datas.get(weight, 1)
            #如果邻居节点与当前节点在同一社区
            if partition[neighbor] == com:
                #如果邻居节点是自身
                if neighbor == node:
                    inc[com] = inc.get(com, 0.) + float(edge_weight)
                else:
                    inc[com] = inc.get(com, 0.) + float(edge_weight) / 2.

    #计算模块度
    res = 0.
    for com in set(partition.values()):
        res += (inc.get(com, 0.) / links) - (deg.get(com, 0.) / (2. * links)) ** 2
    return res

#单个层次的社区优化
def one_level(graph, partition, weight_key, resolution):
    modified = True
```

```
    #当有修改发生时继续循环
    while modified:
        modified = False
        #将节点列表随机打乱
        nodes = list(graph.nodes())
        random.shuffle(nodes)
        #遍历每个节点
        for node in nodes:
            #获取节点当前所在的社区编号
            com_node = partition[node]
            #计算节点的度占总边权重的比例
            degc_totw = sum(datas.get(weight_key, 1) for _, datas in graph[node].
items()) / (2 * graph.size(weight=weight_key))
            #初始化邻居社区的权重字典
            neigh_communities = {}
            #遍历节点的邻居
            for neighbor, datas in graph[node].items():
                #获取边的权重
                edge_weight = datas.get(weight_key, 1)
                #获取邻居节点所在的社区编号
                neighborcom = partition[neighbor]
                #累加邻居社区的权重
                    neigh_communities[neighborcom] = neigh_communities.get
(neighborcom, 0) + edge_weight

            #计算移除节点的代价
            remove_cost = - neigh_communities.get(com_node, 0) + resolution *
(sum(datas.get(weight_key, 1) for _, datas in graph[node].items()) - sum(datas.
get(weight_key, 1) for _, datas in graph[node].items() if partition[_] == com_
node)) * degc_totw
            #初始化最佳社区编号为当前社区编号
            best_com = com_node
            best_increase = 0
            #遍历邻居社区
            for com, dnc in neigh_communities.items():
                #计算加入该社区的增益
                incr = remove_cost + dnc - resolution * sum(datas.get(weight_
key, 1) for _, datas in graph[node].items() if partition[_] == com) * degc_totw
                #如果增益大于当前最佳增益
                if incr > best_increase:
                    best_increase = incr
                    best_com = com
            #如果最佳社区编号与当前社区编号不同
            if best_com! = com_node:
                #将节点分配到最佳社区
                partition[node] = best_com
                modified = True

#生成层次结构(凝聚过程)
def generate_dendrogram(graph, weight='weight', resolution=1.):
```

```
    #复制当前图
    current_graph = graph.copy()
    #初始化每个节点为一个社区
    partition = {node: node for node in graph.nodes()}
    status_list = [partition]
    #当有社区变化时继续循环
    while True:
        #进行一个层次的社区优化
        one_level(current_graph, partition, weight, resolution)
        new_partition = {node: partition[node] for node in graph.nodes()}
        #如果分区没有变化则停止循环
        if new_partition == partition:
            break
        partition = new_partition
        #根据新的分区生成新的诱导图
        current_graph = induced_graph(partition, current_graph, weight)
        status_list.append(partition)
    return status_list

#生成诱导图
def induced_graph(partition, graph, weight="weight"):
    ret = nx.Graph()
    #将分区中的社区编号添加为诱导图的节点
    ret.add_nodes_from(set(partition.values()))

    #遍历原始图的边
    for node1, node2, datas in graph.edges(data=True):
        #获取边的权重
        edge_weight = datas.get(weight, 1)
        #获取边两端节点所在的社区编号
        com1 = partition[node1]
        com2 = partition[node2]
        #获取诱导图中对应社区之间边的权重
        w_prec = ret.get_edge_data(com1, com2, {weight: 0}).get(weight, 1)
        #在诱导图中添加或更新边的权重
        ret.add_edge(com1, com2, **{weight: w_prec + edge_weight})

    return ret

#获取最佳分区(层次结构中的最后一层分区)
def best_partition(graph, weight='weight', resolution=1.):
    dendo = generate_dendrogram(graph, weight=weight, resolution=resolution)
    return dendo[-1]

#绘制分区结果
def plot_partition(G, partition):
    pos = nx.spring_layout(G)
    cmap = cm.get_cmap('viridis', max(partition.values()) + 1)
    nx.draw_networkx_nodes(G, pos, partition.keys(), node_size=40,
                           cmap=cmap, node_color=list(partition.values()))
    nx.draw_networkx_edges(G, pos, alpha=0.5)
    plt.show()
```

```
#加载 Zachary's Karate Club 网络
def load_karate_club():
    return nx.karate_club_graph()

#克隆图
def clone_graph(graph):
    return graph.copy()

#计算模块度
def calculate_modularity(partition, graph):
    num_edges = len(list(graph.edges()))
    a_values = []
    e_values = []
    #遍历每个社区编号
    for community in list(set(partition.values())):
        total_degree = 0
        #遍历社区中的每个节点
        for node in [n for n, com in partition.items() if com == community]:
            total_degree += len(list(graph.neighbors(node)))
        a_values.append(total_degree / float(2 * num_edges))
    for community in list(set(partition.values())):
        total_links = 0
        #遍历社区中的每个节点对
        for i in [n for n, com in partition.items() if com == community]:
            for j in [n for n, com in partition.items() if com == community]:
                if i! = j and graph.has_edge(i, j):
                    total_links += 1
        e_values.append(total_links / float(2 * num_edges))
    modularity_q = 0
    for e_i, a_i in zip(e_values, a_values):
        modularity_q += (e_i - a_i * * 2)
    return modularity_q

#Louvain 算法类
class LouvainAlgorithm:
    def __init__(self, graph):
        #克隆原始图
        self.cloned_graph = clone_graph(graph)
        self.graph = graph
        #初始化社区分区为每个节点一个社区
        self.community_partition = [[n for n in graph.nodes()]]
        self.max_modularity_q = 0.0

    def execute(self):
        #获取最佳分区
        partition = best_partition(self.graph)
        #计算当前分区的模块度
        current_modularity_q = calculate_modularity(partition, self.cloned_
graph)
        #如果当前模块度大于最大模块度
        if current_modularity_q > self.max_modularity_q:
            self.max_modularity_q = current_modularity_q
            #更新社区分区
```

```
            self.community_partition = [list(set(node for node, com in partition.
items() if com == community_id)) for community_id in set(partition.values())]
        return self.community_partition

#可视化社区分区
def show_community_partition(graph, partition, pos):
    cmap = plt.cm.Blues
    cluster = {}
    labels = {}
    for index, item in enumerate(partition):
        for node_id in item:
            labels[node_id] = r'$' + str(node_id) + '$'
            cluster[node_id] = index

    shape_list = ['o', 's', '^', 'v', '<', '>', 'p', '*', 'h', 'H', 'D', 'd']

    nx.draw_networkx_edges(graph, pos, width=1, alpha=0.5, edge_color='gray')

    for index, item in enumerate(partition):
        shape = shape_list[index %len(shape_list)]
        node_colors = [cmap(index / len(partition)) for _ in item]
        nx.draw_networkx_nodes(graph, pos, nodelist=item,
                               node_color=node_colors,
                               node_shape=shape,
                               node_size=350,
                               edgecolors='black',
                               linewidths=1.5)

    nx.draw_networkx_labels(graph, pos, labels, font_size=8)
    plt.axis('off')
    plt.show()

#输出社区分区结果
def print_community_partition(partition):
    print(f"总共有 {len(partition)} 个社区")
    for i, community in enumerate(partition):
        print(f"社区 {i + 1}: {community}")

if __name__ == '__main__':
    karate_graph = load_karate_club()
    position = nx.spring_layout(karate_graph)

    louvain_algo = LouvainAlgorithm(karate_graph)
    community_result = louvain_algo.execute()

    print_community_partition(community_result)

    show_community_partition(louvain_algo.cloned_graph, community_result,
position)
```

结果如图 4-9 所示。

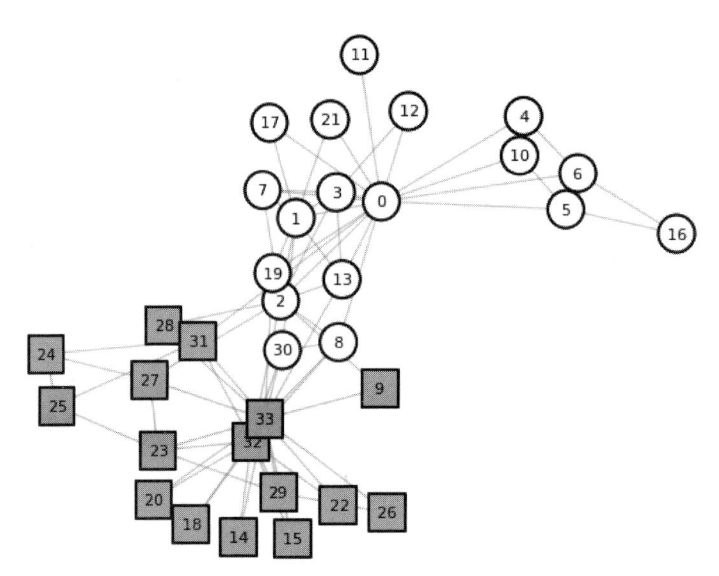

图 4-9 Louvain 算法对 Zachary's Karate Club 社区划分结果图

输出结果：

```
总共有 2 个社区
社区 1: [0, 1, 2, 3, 4, 5, 6, 7, 8, 10, 11, 12, 13, 16, 17, 19, 21, 30]
社区 2: [32, 33, 9, 14, 15, 18, 20, 22, 23, 24, 25, 26, 27, 28, 29, 31]
```

4. CPM 算法

在实际网络中,大多数节点可能同时属于多个社区。传统的社区检测技术无法识别重叠的社区。CPM(Clique Percolation Method)算法是一种基于派系(Clique)划分的社区发现算法。CPM 算法使用 k-派系作为社区发现的基本单位。对于一个网络图,k-派系是指具有 k 个节点的完全子图(完全子图中的任意节点与完全子图中的其他节点均存在边直接相连)。由于 CPM 算法以完全子图作为社区发现的基本单位,因此 CPM 算法更适合边稠密的网络。

CPM 算法的主要内容可以概括如下。

(1) 找出图中至少包含 k 个节点的派系,将每个派系视为一个社区。

(2) 如果两个社区至少包含 $k-1$ 个共同节点,则将这两个社区合并为一个社区。由于网络中的一个节点在 CPM 算法可能属于多个派系。因此,CPM 算法可以发现重叠社区。

CPM 算法中的 k 是一个可变参数,通过调整 k 的取值,可以在同样的数据集上取得不同的社区划分。

CPM 算法的实现代码如下。

```
import collections
import numpy as np
import networkx as nx
import matplotlib.pyplot as plt

def load_graph(path):
    G = nx.Graph()
```

```
    with open(path, 'r') as text:
        for line in text:
            vertices = line.strip().split(' ')
            source = int(vertices[0])
            target = int(vertices[1])
            G.add_edge(source, target)
    return G

def get_percolated_cliques_with_overlap(G, k):
    #首先找到所有大小大于或等于 k 的团
    cliques = list(frozenset(c) for c in nx.find_cliques(G) if len(c) >= k)
    #创建一个字典,存储每个节点所属的团
    node_clique_dict = collections.defaultdict(list)
    for i, clique in enumerate(cliques):
        for node in clique:
            node_clique_dict[node].append(i)

    #初始化社区列表,每个团最初都是一个独立的社区
    communities = [list(clique) for clique in cliques]

    #考虑重叠,合并可能重叠的社区
    for node, clique_ids in node_clique_dict.items():
        for i, clique_id in enumerate(clique_ids):
            for other_id in clique_ids[i + 1:]:
                if other_id! = clique_id:
                    communities[clique_id].extend(communities[other_id])
                    communities[other_id] = []

    #清理空的社区并去重
    final_communities = [list(set(community)) for community in communities if
community]

    #检查是否有节点未被分配到社区
    all_nodes = set(G.nodes())
    partitioned_nodes = set()
    for community in final_communities:
        partitioned_nodes.update(community)
    unassigned_nodes = all_nodes - partitioned_nodes
    if unassigned_nodes:
        final_communities.append(list(unassigned_nodes))

    return final_communities

def cal_Q(partition, G):
    m = len(G.edges(None, False))
    a = []
    e = []
    for community in partition:
        t = 0.0
        for node in community:
            t += len([x for x in G.neighbors(node)])
        a.append(t / (2 * m))
    for community in partition:
```

```
        t = 0.0
        for i in range(len(community)):
            for j in range(len(community)):
                if (G.has_edge(community[i], community[j])):
                    t += 1.0
        e.append(t / (2 * m))
    q = 0.0
    for ei, ai in zip(e, a):
        q += (ei - ai * * 2)
    return q

def cal_EQ(cover, G):
    vertex_community = collections.defaultdict(lambda: set())
    for i, c in enumerate(cover):
        for v in c:
            vertex_community[v].add(i)
    m = 0.0
    for v in G.nodes():
        for n in G.neighbors(v):
            if v > n:
                m += 1
    total = 0.0
    for c in cover:
        for i in c:
            o_i = len(vertex_community[i])
            k_i = len(G[i])
            for j in c:
                o_j = len(vertex_community[j])
                k_j = len(G[j])
                if i > j:
                    continue
                t = 0.0
                if j in G[i]:
                    t += 1.0 / (o_i * o_j)
                t -= k_i * k_j / (2 * m * o_i * o_j)
                if i == j:
                    total += t
                else:
                    total += 2 * t
    return round(total / (2 * m), 4)

def cal_EQ2(cover, G):
    m = len(G.edges(None, False))
    vertex_community = collections.defaultdict(lambda: set())
    for i, c in enumerate(cover):
        for v in c:
            vertex_community[v].add(i)
    total = 0.0
    for c in cover:
        for i in c:
            o_i = len(vertex_community[i])
            k_i = len(G[i])
            for j in c:
```

```
                t = 0.0
                o_j = len(vertex_community[j])
                k_j = len(G[j])
                if G.has_edge(i, j):
                    t += 1.0 / (o_i * o_j)
                t -= k_i * k_j / (2 * m * o_i * o_j)
                total += t
    return round(total / (2 * m), 4)

def add_group(p, G):
    num = 0
    nodegroup = {}
    for partition in p:
        for node in partition:
            nodegroup[node] = {'group': num}
        num = num + 1
    nx.set_node_attributes(G, nodegroup)

#加载 Zachary's Karate Club 数据集
G = nx.karate_club_graph()
p = get_percolated_cliques_with_overlap(G, 4)

#输出社区数量及每个社区的节点
print(f"总共有 {len(p)} 个社区。")
for i, community in enumerate(p):
    if 9 in community:
        print(f"社区{i + 1}的节点有{community},节点数量为{len(community)}。")
    else:
         print(f"社区 {i + 1}: 社区{i + 1}的节点有{community},节点数量为{len
(community)}。")

#可视化社区划分
def show_community_partition(graph, partition, pos):
    cmap = plt.cm.Blues
    cluster = {}
    labels = {}
    for index, item in enumerate(partition):
        for node_id in item:
            labels[node_id] = r'$' + str(node_id) + '$'
            cluster[node_id] = index

    #定义形状列表
    shape_list = ['o', 's', '^', 'v', '<', '>', 'p', '*', 'h', 'H', 'D', 'd']

    #绘制网络图
    nx.draw_networkx_edges(graph, pos, width=1, alpha=0.5, edge_color='gray')

    #绘制社区
    for index, item in enumerate(partition):
        shape = shape_list[index % len(shape_list)]  #选择形状
        node_colors = [cmap(index / len(partition)) for _ in item]
        nodes_to_draw = [node for node in item if node in graph.nodes()]
        nx.draw_networkx_nodes(graph, pos, nodelist=nodes_to_draw,
```

```
                                        node_color=node_colors,
                                        node_shape=shape,
                                        node_size=350,
                                        edgecolors='black',
                                        linewidths=1.5)

    nx.draw_networkx_labels(graph, pos, labels, font_size=6)
    plt.axis('off')
    plt.show()

#绘制结果
pos = nx.spring_layout(G)
show_community_partition(G, p, pos)
```

CPM 算法对 Zachary's Karate Club 社区划分结果图如图 4-10 所示。

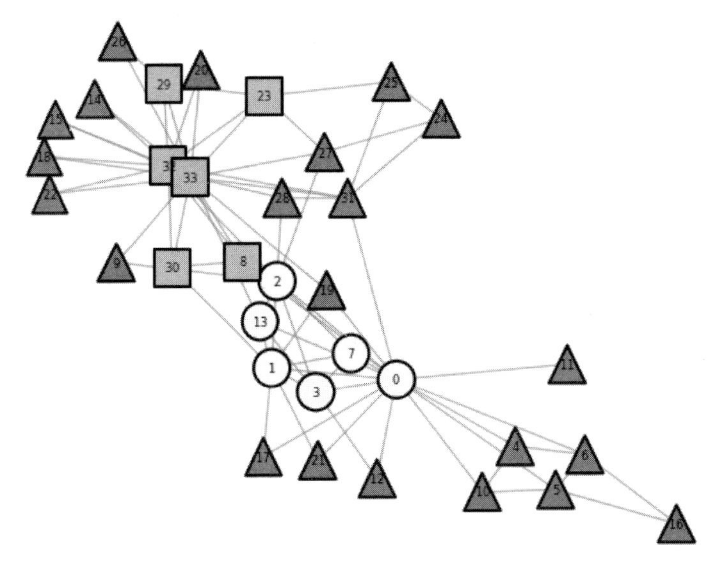

图 4-10　CPM 算法对 Zachary's Karate Club 社区划分结果图

输出结果：

```
总共有 3 个社区
社区 1: 社区 1 的节点有[0, 1, 2, 3, 7, 13],节点数量为 6
社区 2: 社区 2 的节点有[32, 33, 8, 23, 29, 30],节点数量为 6
社区 3 的节点有[4, 5, 6, 9, 10, 11, 12, 14, 15, 16, 17, 18, 19, 20, 21, 22, 24, 25, 26,
27, 28, 31],节点数量为 22
```

4.5 总结

在日常生活中，社交网络的广泛联系以及六度分隔理论的存在提醒我们，即便在庞大的社会网络中，每个人与他人之间的联系并非遥不可及。我们所在的小世界网络实际上是相互交织、联系紧密的，而信息在这个网络中传递的速度之快也值得深思。

这种紧密的联系和高效的信息传递意味着，我们在社交网络中的位置和影响力可能远比我们想象的要大。我们的行为、决策以及与他人的互动都可能在短时间内产生连锁反应。

因此，我们需要更加谨慎地对待自己的言行，关注自己在网络中散发的信息。

与此同时，集聚系数的概念则强调群体内部的联系紧密度。这提示我们要重视所在群体的凝聚力。共同的目标和相互的支持在群体中能够创造更大的成就和满足感。我们的责任感和对群体的贡献都可以在这个小世界网络中产生深远的影响。

因此，六度分隔理论、小世界网络和集聚系数等概念在生活中不仅是理论，更是提醒我们认识到个体之间相互联系的紧密性。在这个网络中，每个人都扮演着重要的角色，我们的行为和选择都不仅影响着自己，还可能对他人产生深远的影响。通过理解和应用这些概念，我们可以更好地适应、理解和利用我们所处的社交网络，更好地面对生活中的各种挑战和机遇。

针对社区发现的研究是网络科学中的一项基础性研究，其理论和应用价值都很大，吸引了很多研究者的关注。与此同时，我们也注意到，在不断的发展中，社区发现研究的重点和焦点都发生了一些变化，针对当前互联网技术推动下的在线社交网络等社会网络环境中的网络拓扑及社区结构的若干特点，社区发现的研究面临许多挑战性的问题，研究这些问题是很有意义的。

关于社区发现，还可以使用一些可视化工具。具体内容详见第 15 章。

习题 4

1. 小世界网络的特点不包括以下哪一项？（　　）

A. 节点间的距离短　　B. 拥有大量的随机边

C. 所有的节点都相互连接　　D. 拥有较少的随机边

2. 小世界网络模型最初是为了解释哪种现象而提出的？

A. 信息在网络中的传播速度　　B. 社交网络中的朋友关系

C. 电力网中的能源传输　　D. 交通网络中的出行路线

3. 考虑一个小世界网络，其中包含 10 个节点，每个节点与其相邻的节点直接相连，同时引入一些随机边以模拟小世界特性。节点编号为 0～9。以下是节点之间的直接连接关系，即

0 -- 1 -- 2 -- 3 -- 4 -- 5 -- 6 -- 7 -- 8 -- 9

然后，为引入小世界特性，添加一些随机边，将节点连接到距离较远的节点。在这个过程中，添加了一些额外的边，例如：

```
0—1—2—3—4—5—6—7—8—9
   |                 |
   +—————————+
```

这个网络结构包含规则的直接连接和一些额外的随机边。

(1) 请计算该小世界网络的平均最短路径长度。

(2) 绘制该小世界网络的可视化图形。

(3) 使用 WS 模型创建一个类似的小世界网络，比较两者的特性。

(4) 对于上述小世界网络，如果继续增加随机边的数量，平均最短路径长度会如何变化？请进行讨论。

第 5 章 无标度网络

5.1 幂律分布及二八定律

复杂网络中的无标度网络是一类网络，其度分布（节点的连接数分布）遵循幂律分布。这意味着在无标度网络中，存在少数节点具有极高的度，而大多数节点具有较低的度，如图 5-1 所示。这种分布方式与传统的随机网络（如 ER 网络）的度分布有明显的不同，随机网络的度分布通常呈正态分布或泊松分布，其中大多数节点的度相对接近。

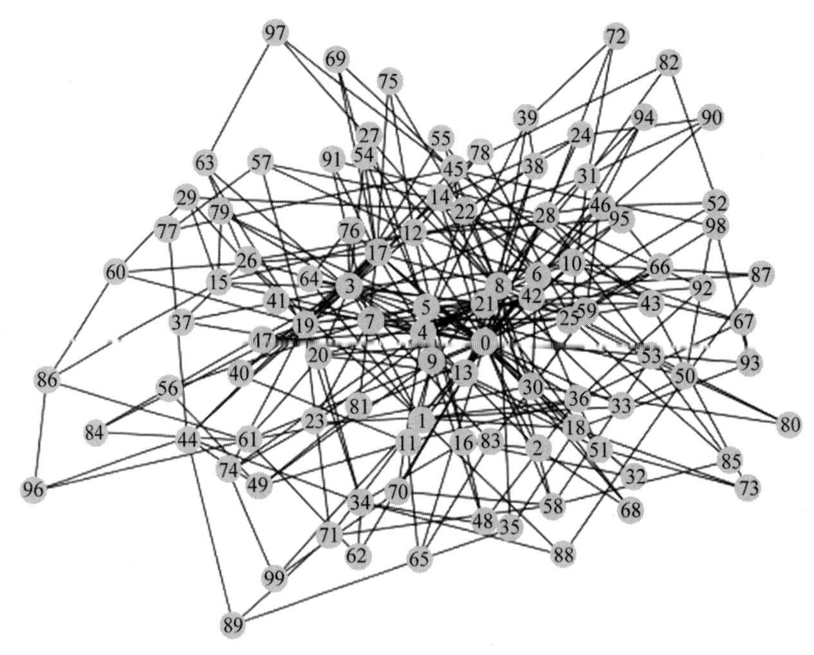

图 5-1 常见无标度网络

5.1.1 幂律分布

幂律分布是一种特殊的概率分布，其概率密度函数（Probability Density Function，PDF）与变量 x 的幂次关联。在无标度网络中，度分布 $P(k)$ 通常遵循幂律分布，表示为

$$P(k) \propto k^{-\gamma} \tag{5-1}$$

其中,$P(k)$是具有度 k 的节点的概率,γ 是幂指数,通常在 2~3。这个分布的重要特征是,当 γ 小于 2 时,尾部的长尾非常重,意味着存在少数节点具有极高的度,这些节点被称为"超级节点"或"中心节点"。

无标度网络的幂律分布导致了网络的脆弱性和鲁棒性之间的平衡。虽然网络中存在一些高度连接的节点,它们容易成为攻击目标,但与此同时,网络对随机节点的攻击具有较强的鲁棒性,因为大多数节点的度相对较低。

5.1.2 二八定律

与无标度网络相关的另一个概念是"二八定律"(80/20 Rule),也称帕累托原理(Pareto Principle),这是一种粗略的概括,指在无标度网络中,少数高度连接的节点(20%)贡献了网络中大多数的连接关系(80%)。这个规则与幂律分布密切相关,因为幂律分布导致了这种不平衡的连接分布。

二八定律的含义是,虽然网络中有大量的节点,但只有少数几个节点才具有极高的影响力。这些高度连接的节点在信息传播、网络鲁棒性、疾病传播等方面具有重要作用。这种不平衡的分布使得网络对特定节点的攻击或故障非常敏感,因为破坏其中一个关键节点可能会导致对整个网络的重大破坏。

总之,复杂网络中的无标度网络具有度分布遵循幂律分布的特点,导致网络中的不平衡连接分布。这种不平衡性在二八定律中得到了体现,强调了网络中少数节点的重要性,这些节点在信息传播、网络鲁棒性和许多其他复杂网络过程中发挥关键作用。同时,这也使网络更加脆弱,容易受到攻击或随机故障的影响。因此,研究无标度网络的结构和动力学对理解复杂系统的行为至关重要。

5.2 幂律分布的数据拟合

幂指数通常用 α 表示。在度分布的幂律形式中,概率密度函数 $P(X)$可以写成 $P(X=x)\propto x^{-\alpha}$。估计幂指数是评估幂律分布形状的关键步骤。

5.2.1 数据分箱

数据分箱是一种数据预处理技术,是用来处理幂律分布数据的方法。通过将原始数据进行分组,再对每一组内的数据进行平滑处理,使得在不同的度数范围内可以更准确地观察分布情况。常见的分箱的方式主要有等深分箱(每组数据一样多)、等宽分箱(每组区间长度一样)、用户自定义、最小熵(各分组内的数据具有最小熵);平滑的方式主要有均值平滑(用组内均值代替组内每个元素)、中间值平滑(用组内中间值代替组内每个元素)、边界平滑(用组内离得较近的边界值代替组内元素)。

对于幂律分布,在做直线拟合时,采用对数分箱更能准确地估计幂指数。对数分箱(Log Binning)是一种处理幂律分布数据的常见方法。通过在对数尺度上对数据进行分箱,有助于平滑尾部的长尾分布,并提高对幂指数的估计的准确性。以下是使用对数分箱估计幂指数的一般步骤。

(1) 对数分箱。

① 将数据点 x 按对数尺度分箱。在对数分箱中，每个箱的宽度在对数尺度上是相等的。

② 选择对数分箱的基数，通常是以 2 为底或以 10 为底。例如，以 2 为底的对数分箱中，每个箱的范围为$[2^i, 2^{i+1})$。

(2) 统计每个箱中的数据点数量：计算每个对数箱中包含的数据点数量。

(3) 计算概率密度：计算每个对数箱的概率密度，即每个箱中数据点的数量除以总数据点的数量。

(4) 拟合幂指数：使用拟合方法，如最小二乘法，对概率密度和对数尺度下的箱中心值进行拟合。幂指数可以通过对拟合得到的直线的斜率进行估计。

下面使用对数分箱估计幂指数。

```
#coding=utf-8

import numpy as np
import matplotlib.pyplot as plt

#生成一个幂律分布的示例数据
data = np.random.pareto(2, size=1000)

#对数据进行对数分箱
logbins = np.logspace(np.log10(min(data)), np.log10(max(data)), num=20,
endpoint=True, base=10.0)

#统计每个箱中的数据点数量
hist, edges = np.histogram(data, bins=logbins)

#计算概率密度
pdf = hist / sum(hist)

#计算对数尺度下的箱中心值
bin_centers = (edges[:-1] + edges[1:]) / 2

#进行线性拟合(最小二乘法)
coefficients = np.polyfit(np.log10(bin_centers), np.log10(pdf), 1)

#提取斜率,即幂指数
alpha_estimate = -coefficients[0]

#绘制对数尺度下的度数分布和拟合直线
plt.scatter(bin_centers, pdf, label='数据')
plt.plot(bin_centers, 10**(np.polyval(coefficients, np.log10(bin_centers))),
label=f'拟合, α≈{alpha_estimate:.2f}', color='red')
plt.xscale('log')
plt.yscale('log')
plt.xlabel('度数 (对数尺度)')
plt.ylabel('概率密度 (对数尺度)')
plt.legend()
plt.show()

print(f"估计的幂律指数(α): {alpha_estimate:.2f}")
```

输出结果为：估计的幂律指数(α)：－0.16，如图 5-2 所示。

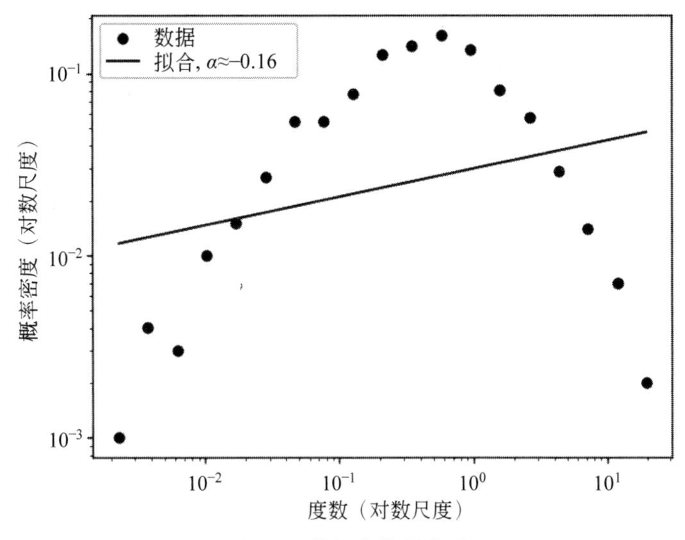

图 5-2　数据分箱拟合法

5.2.2　最小二乘法估计

最小二乘法(Least Squares Method)是一种常用的参数估计方法，其主要目标是通过最小化观测数据与模型预测值之间的残差平方和找到最优参数。

考虑一个幂律分布的形式为

$$P(X)=C\cdot x^{-\alpha} \tag{5-2}$$

其中，$P(X)$是随机变量 X 的概率密度函数，C 是归一化常数，α 是幂律指数。为使用最小二乘法拟合参数 α，可以执行以下步骤。

(1) 选择模型：确定使用的幂律模型形式，如 $P(X)=C\cdot x^{-\alpha}$。

(2) 取对数：为了线性化幂律模型，对概率密度函数取对数，即

$$\log(P(X))=-\alpha\cdot\log(x)+\log(C) \tag{5-3}$$

(3) 建立线性方程：将上述方程转换为线性形式 $y=mx+b$，其中 $y=\log(P(X))$，$x=\log(x)$，$m=-\alpha$，$b=\log(C)$。因此，可以得知

$$y=-\alpha\cdot x+\log(C) \tag{5-4}$$

(4) 最小二乘拟合：使用最小二乘法拟合线性方程，最小化残差平方和，即

$$\sum_{i=1}^{n}((-\alpha\cdot x_i+\log(C))-y_i)^2 \tag{5-5}$$

其中，(x_i,y_i)是观测样本数据点。

(5) 参数估计：从最小二乘拟合中提取参数，得到幂律指数 α 和归一化常数 C。

通过最小二乘法，可以估计幂律分布中的拟合参数 α，在最小化残差平方和的过程中，使得模型与观测数据的拟合误差最小化。需要注意的是，该方法在处理大量数据时可能会受到极端值的影响，因此在一些情况下可能需要使用其他拟合方法或考虑正则化技术。

下面使用最小二乘法估计幂指数。

```
#coding=utf-8

import numpy as np
from scipy.optimize import minimize
import matplotlib.pyplot as plt

#生成幂律分布的数据
np.random.seed(42)
data = np.random.pareto(a=2.5, size=1000)

#定义拟合函数(幂律分布)
def power_law(x, alpha):
    return x**(-alpha)

#定义对数最小二乘法的目标函数
def log_objective_function(alpha, data):
    return np.sum((np.log(data) + alpha * np.log(data.min()) - alpha * np.log
(data))**2)

#使用对数最小二乘法进行参数估计
result = minimize(log_objective_function, x0=[2], args=(data,), method='Powell')

#获取估计的参数值
alpha_estimate = result.x[0]

#绘制原始数据和拟合曲线
plt.hist(data, bins=50, density=True, alpha=0.7, label='观测数据')
x_values = np.linspace(min(data), max(data), 100)
plt.plot(x_values, power_law(x_values, alpha_estimate), 'r-', label=f'幂律函数
(alpha={alpha_estimate:.2f})')
plt.xlabel('X')
plt.ylabel('概率密度')
plt.legend()
plt.show()
```

其输出结果如图 5-3 所示。

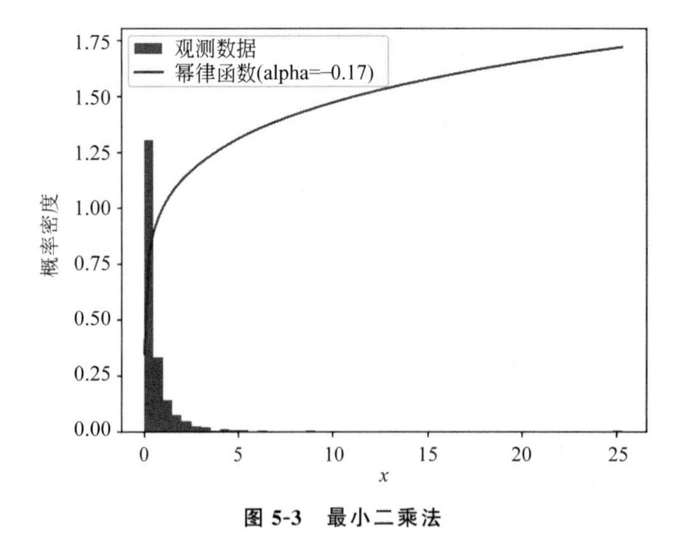

图 5-3 最小二乘法

5.2.3 极大似然估计

极大似然估计(Maximum Likelihood Estimation,MLE)也是一种常用于估计概率分布参数的方法,它的核心思想是寻找能够最大化给定观测数据出现的可能性的模型参数值。在幂律分布的情境下,极大似然估计可用于估计幂指数 α。

假设有一组观测数据 $X=\{X_1,X_2,X_3,\cdots,X_n\}$,这些数据是从一个幂律分布中独立地抽取的,希望找到其参数值,使得观测到的这组数据的似然最大。对于一个幂律分布,其概率密度函数为 $P(X=x)\propto x^{-\alpha}$。我们的目标是通过这组观测数据估计 α。

(1) 定义似然函数:对于一个样本 x_i,其概率密度函数为 $P(X=x_i)\propto x_i^{-\alpha}$。由于样本是独立同分布的,整体的似然函数可以表示为样本的联合概率密度函数的乘积,即

$$L(\alpha,C\mid X)=\prod_{i=1}^{n}P\times(X=x_i)=\prod_{i=1}^{n}C\cdot x_i^{-\alpha} \tag{5-6}$$

(2) 对数似然函数:为了方便计算,通常取对数似然函数(Log-Likelihood),即

$$l(\alpha,C\mid X)=\ln L(\alpha,C\mid X)=\sum_{i=1}^{n}[\log(C)-\alpha\cdot\log(x_i)] \tag{5-7}$$

(3) 对函数两边求导数:对对数似然函数关于参数 α 和 $\log(C)$分别求偏导数,令其等于零,即

$$\begin{cases}\dfrac{\partial l}{\partial\alpha}=-\displaystyle\sum_{i=1}^{n}\frac{\log(x_i)}{n}+\frac{\alpha}{n}\sum_{i=1}^{n}\log(x_i)=0\\[2ex]\dfrac{\partial l}{\partial\log(C)}=n-\dfrac{\alpha}{n}\displaystyle\sum_{i=1}^{n}\log(x_i)=0\end{cases} \tag{5-8}$$

(4) 解方程求估计值:通过解方程,得到使对数似然函数最大化的参数值,即 α 和 $\log(C)$的估计值。

(5) 参数估计:从最大似然估计中提取参数,得到幂律指数 α 和归一化常数 C。

其中值得注意的是,在取对数似然函数时,对数中的 C 变成 $\log(C)$,因此在最大化似然估计中,通常估计出的是 $\log(C)$的值而不是 C 的值。因此在实际应用中,为得到 C,可以通过对估计的 $\log(C)$进行反对数运算而得到 C 的值。

在实践中,通常使用统计软件工具(如 Python 中的 scipy.stats.powerlaw.fit 或 R 中的 powerlaw 包)进行极大似然估计。以下是该方法的 Python 代码。

```
import numpy as np
from scipy.stats import powerlaw
import matplotlib.pyplot as plt

#生成幂律分布的随机样本
alpha_true = 2.5
data = powerlaw.rvs(alpha_true, size=1000)

#进行极大似然估计
fit_alpha, fit_loc, fit_scale = powerlaw.fit(data, floc=0)

#绘制拟合结果与原始数据的对比图
plt.figure(figsize=(10, 6))
#绘制原始数据的直方图
```

```
plt.hist(data, bins=50, density=True, alpha=0.7, color='blue', label='原始数据')
x = np.linspace(min(data), max(data), 100)
y_fit = powerlaw.pdf(x, fit_alpha, loc=fit_loc, scale=fit_scale)
plt.plot(x, y_fit, 'r--', linewidth=2, label=f'拟合: alpha={fit_alpha:.2f}')

#输出真实的 alpha 值和拟合的 alpha 值
print(f"真实的 Alpha: {alpha_true}")
print(f"极大似然估计的 Alpha: {fit_alpha}")

plt.xlabel('数值')
plt.ylabel('概率分布')
plt.legend()
plt.show()
```

其输出结果如下(见图 5-4)。

```
真实的 alpha: 2.5
极大似然估计的 alpha: 2.5739469787580123
```

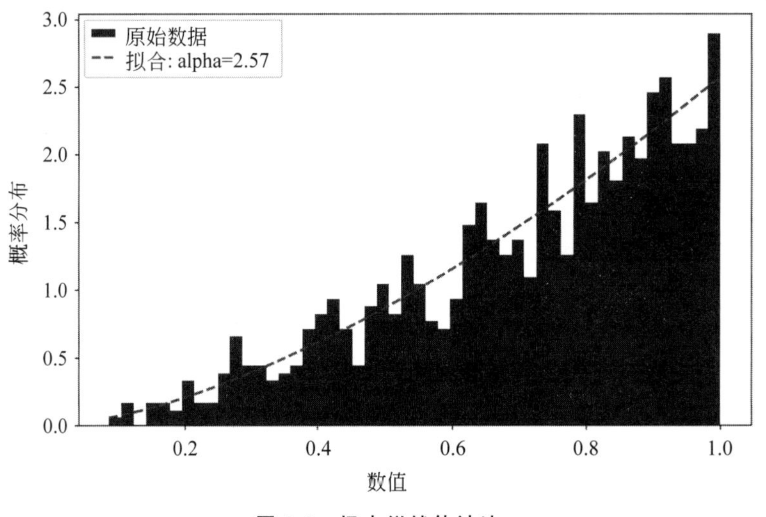

图 5-4 极大似然估计法

极大似然估计提供了一种基于数据拟合参数的强大方法,但需要注意的是,样本的大小对估计的稳定性和准确性有一定影响,特别是在样本较小的情况下。因此,在使用极大似然估计进行估计时,应注意样本大小和可能的偏差。

5.2.4 累计度分布

累计度分布是指网络中度数不小于某一给定值的节点数在总节点数中所占的比例。在幂律分布的情境下,累计度分布通常可以用 $P(X \geqslant x) \propto x - \alpha + 1$ 表示。

(1) 数据准备:首先需要获取网络的度分布数据,可以通过度数序列(Degree Sequence)或度分布直方图得到。

(2) 排序:将度数按照从大到小的顺序排列,形成有序序列。

(3) 计算累计概率:计算每个度数对应的累计概率,即大于或等于该度数的节点在总节点数中所占的比例。

(4) 拟合幂律分布:对于幂律分布 $P(X)$,先通过积分得到其累计度分布,再通过对累计度分布取对数可得其幂律指数 α。其累计度分布和取对数后公式为

$$\begin{cases} P(X \geqslant x) = \left(\dfrac{x}{x_{\min}}\right)^{1-\alpha} \\ \log P(X \geqslant x) = (1-\alpha) \cdot \log x + C \end{cases} \tag{5-9}$$

其中 $x_{\min}$ 是数据的最小值,用于归一化。在双对数坐标下,累计度分布应该呈现一条直线,直线的斜率为 $1-\alpha$,通过线性回归拟合这条直线即可得到幂律指数 α。

以下是一个简单的 Python 代码示例,使用网络 NetworkX 库生成随机网络,并拟合幂律函数。

```
import numpy as np
import matplotlib.pyplot as plt
from scipy.optimize import curve_fit

#生成幂律分布的随机样本
alpha_true = 2.5
data = np.random.pareto(a=alpha_true, size=1000)

#计算累计度分布
sorted_data = np.sort(data)
cdf = 1.0 - np.arange(1, len(sorted_data) + 1) / len(sorted_data)

#定义幂律分布的累计度分布函数
def cumulative_power_law(x, alpha):
    return (x ** (-alpha))

#进行拟合
params, covariance = curve_fit(cumulative_power_law, sorted_data, cdf)

#获取估计的幂指数 alpha
alpha_estimate = params[0]

#绘制原始数据的累计度分布和拟合曲线
plt.figure(figsize=(10, 6))
plt.scatter(sorted_data, cdf, s=10, color='blue', label='经验累计分布')
x = np.linspace(min(data), max(data), 100)
plt.plot(x, cumulative_power_law(x, alpha_estimate), 'r-', label=f'拟合: α=
{alpha_estimate:.2f}')
plt.xscale('log')
plt.yscale('log')
plt.xlabel('数值 (对数尺度)')
plt.ylabel('累计概率 (对数尺度)')
plt.legend()
plt.show()

print(f"真实的 alpha: {alpha_true}")
print(f"拟合的 alpha: {alpha_estimate}")
```

输出结果如下(见图 5-5)。

```
真实的 alpha: 2.5
拟合的 alpha: -0.07943084648515915
```

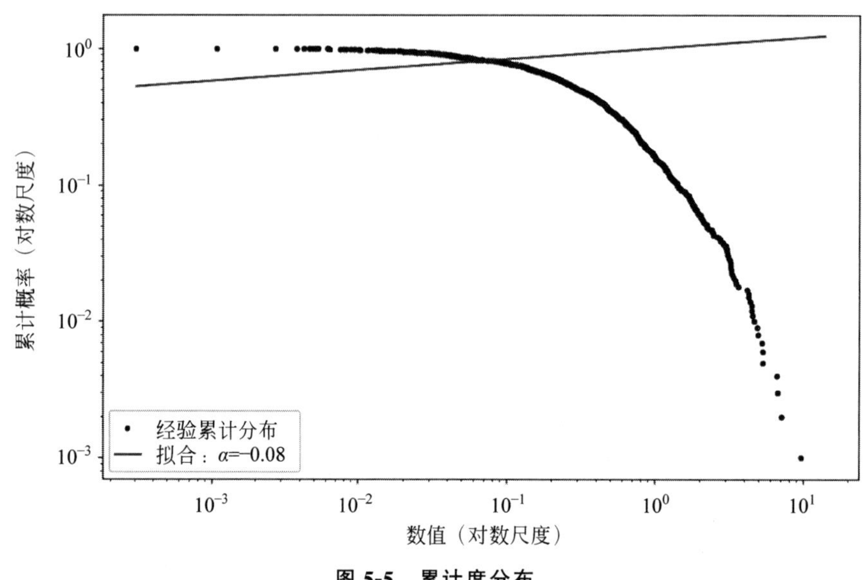

图 5-5 累计度分布

5.3 幂律分布网络的结构

幂律分布网络的结构是近年来复杂网络研究领域的一个重要分支。这种网络结构的特点在于网络中的大多数节点拥有较少的连接数，而少数节点则拥有非常多的连接数。这种网络结构并没有一个明显的“中心”，也就是说，没有一个或几个特定的节点可以占据网络的绝对主导地位。这种分布形态在现实生活中也有很多应用场景，比如互联网上的网页链接、社交网络中的用户关系等。以下是幂律分布网络的结构特点。

(1) 无标度性：幂律分布最显著的特点是它的无标度性。在幂律分布中，无论将横坐标（即事件的规模）缩小多少，或者将纵坐标（即事件发生的概率）扩大多少，幂律分布的形状都不会发生改变。这种无标度性使得幂律分布在许多自然和社会现象中都广泛存在。

(2) 长尾现象：由于尾部概率分布非常缓慢，因此在双对数坐标系中，幂律分布的图形呈现斜坡形态，类似一个长尾巴。

幂律分布网络的尾部概率分布缓慢下降，这意味着在事件的尺度变大时，事件发生的概率虽然会降低，但是降低的速度非常缓慢。这使得幂律分布在描述一些极端事件时非常有用，比如在描述地震、雪崩等自然现象时，由于这些现象的发生往往是由一系列小规模的扰动累积而成的，因此幂律分布能够很好地描述这些现象。

(3) 自相似性：对于幂律分布的网络，无论将其观察范围缩小还是扩大，其网络结构都保持一致，即网络在不同尺度上具有相似性。这种自相似性使得幂律分布在描述一些具有分形结构的现象时非常有用。

(4) 发散性：幂律分布的发散是指幂律指数小于或等于某个值时，幂律分布的均值和方差会变得无穷大。一阶原点矩发散是指幂律指数小于或等于 1 时，幂律分布的一阶原点矩（即均值）发散。这意味着，随着幂律分布的变量取值增大，其对应的概率密度将趋于 0，而对应的累积概率则将趋于 1。二阶中心矩发散是指当幂律指数小于或等于 2 时，幂律分布的二阶中心矩(即方差)发散。K 阶矩发散是指当幂律指数小于或等于 K 时,幂律分布的 K 阶矩发散。

(5) 稳健性:即使在网络中加入或删除一些节点和连接,幂律分布的网络结构仍能保持相对稳定的状态。这种自组织性在网络演化过程中起到关键作用,使得网络能够在不断变化的环境中保持相对稳定。

总之,幂律分布的网络结构是一种非常特殊的网络结构,它具有无标度、长尾和自组织等特点。这些特点使得幂律分布的网络结构在现实生活中具有广泛的应用前景,比如在社交网络分析、网络流量控制等领域都有重要的应用价值。

5.4 BA 无标度网络模型

大多数现实网络的分布并不像随机网络那样呈现泊松分布,特别是大尺度的网络,如 Internet 及一些新陈代谢网络等,它们都具有幂指数形式的度分布,即 $P(k)\propto k^{-r}$。其泊松分布曲线下降缓慢。具有这种度分布形式的网络称为无标度网络,因此幂律分布也称为无标度分布。

BA(Barabási-Albert)网络是一种常见的无标度网络模型,是 1999 年由美国圣母大学物理系的阿尔伯特-拉斯洛·巴拉巴西(Albert-László Barabási)教授和其博士生雷卡·阿尔伯特(Réka Albert)在 *Science* 杂志上发表的一篇题为《随机网络中的标度的涌现》的论文上提出的,该论文揭示了复杂网络的无标度特性,因此建立了无标度网络模型。这个模型能够生成具有幂律分布度数的网络,其中一些节点拥有大量连接,而大多数节点只有较少的连接。

无标度网络在许多真实网络上都有出现,如互联网、万维网、科学合作网络等。例如,在因特网网页超链接中,一些网页(节点)被大量其他网页链接(连接度很高),而大多数网页只被相对较少的其他网页链接,且新建立的网站明显更倾向链接其他高知名度的网站。一些热门网页,如搜索引擎的主页,社交媒体页面等,具有大量的入站链接,形成网络中连接度较高的节点;在生物系统中的蛋白质相互作用网络中,一些关键的蛋白质(节点)在细胞内相互作用频繁,而大多数蛋白质只与少数其他蛋白质发生相互作用;在演员合作网络中,演员(节点)通过合作参与电影或戏剧项目,一些著名的演员可能与大量其他演员一起工作,形成网络中连接度较高的节点,而大多数演员可能只有有限的合作关系;表现最明显的是在线社区的社交网络,一些用户可能有大量的关注者或朋友,而大多数用户可能只有一小部分的社交连接,如 Facebook 或 Twitter,用户(节点)之间的连接关系形成一个无标度网络。

5.4.1 BA 无标度网络的构建

在 BA 模型中,新节点更倾向与那些已经拥有较多连接的节点相连。这种偏好依附机制是导致幂律分布的关键。每个已有节点的连接概率是它当前连接数的函数,即 $P(A \text{ connects to } B)\propto \text{degree of } B$。其网络模型的构建过程如下。

增长(Growth)阶段:选择 m_0 个节点作为初始节点,每个时间步新增一个带有 m 条边的节点,并且与已经存在的节点随机建立连接,其中满足条件 $m\leqslant m_0$。

优先连接(Preferential Attachment)阶段:在网络的发展过程中,新加入的节点更有可能连接到已经具有较高连接度的节点。一个新节点与一个已经存在的节点 v_i 相连接的概

率$\prod_i$与节点v_i的度k_i、节点j的度k_j之间满足如下关系，即

$$\prod_i = \frac{k_i}{\sum_j k_j} \tag{5-10}$$

经过t步后，这种算法生成一个具有$N=t+m_0$个节点、$m\times t$条边的网络。

以下是一个简单的Python代码示例，用于展示生成BA无标度网络模型的生成过程，并绘制最终网络及其度分布图。

```
import networkx as nx
import matplotlib.pyplot as plt

#参数定义
num_nodes = 100  #网络中的节点总数
m = 2  #每个新节点连接到已有节点的边数

#构建BA无标度网络
ba_graph = nx.barabasi_albert_graph(num_nodes, m)

#绘制网络图
plt.figure(figsize=(10, 10))
nx.draw(ba_graph, node_size=50, node_color='blue', edge_color='gray', with_
labels=False)
plt.title('BA无标度网络')
plt.show()

#打印节点的度分布
degree_distribution = [ba_graph.degree(n) for n in ba_graph.nodes()]
plt.figure(figsize=(8, 6))
plt.hist(degree_distribution, bins=20, color='green', alpha=0.7)
plt.xlabel('度数')
plt.ylabel('频率')
plt.title('度分布')
plt.show()
```

结果如图5-6所示。

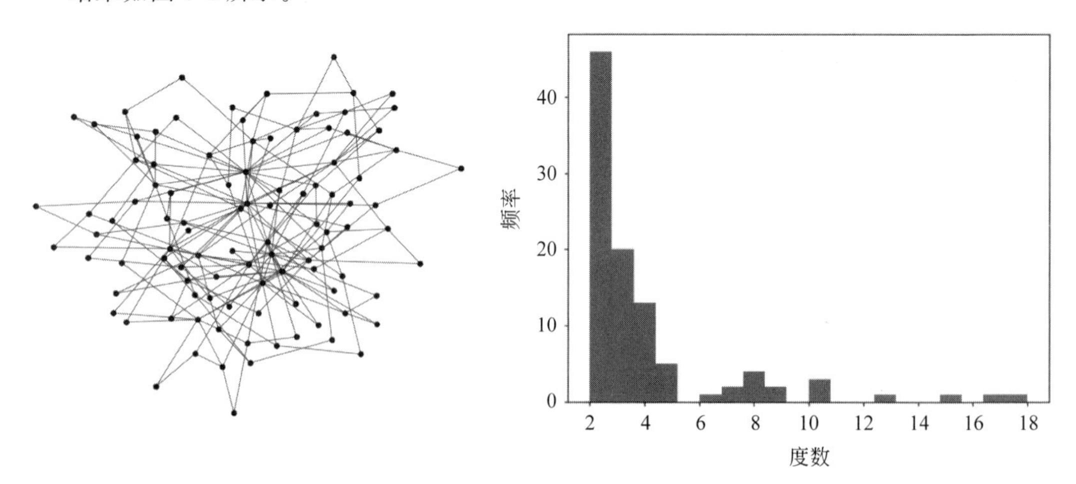

图5-6 BA无标度网络及其度分布

5.4.2 BA无标度网络的度分布

在无标度网络中，度分布是一项至关重要的性质。无标度网络的度分布通常呈现幂律分布，这意味着存在少数节点具有非常高的度，而大多数节点具有相对较低的度。节点的度分布可以是离散型的，也可以是连续型的，在具体建模和分析中，选择离散型或连续型度分布取决于网络的特性以及分析的需求。

目前，对无标度网络度分布的理论研究主要有3种方法，即速率方程法、主方程法和连续场理论，下面对3种方法进行简要的介绍。

（1）速率方程法（Rate Equation Method）是一种用于推导无标度网络的度分布的方法。这个方法的基本思想是考虑网络中度为k的节点的生成过程，即新加入的节点连接到已有节点的过程。设$n_k(t)$表示在t时刻、度为k的节点的数量，m是每个新节点连接到已有节点的边数。假设$n_k(t)$随时间的演化满足速率方程，即

$$\frac{\mathrm{d}n_k}{\mathrm{d}t}=m\frac{n_k}{2t} \tag{5-11}$$

这个速率方程的解为

$$n_k(t)=Ck^{-1}\left(1+\frac{m}{2}\ln\frac{t}{t_0}\right)^{-1-\frac{m}{2}} \tag{5-12}$$

其中，C和t_0是常数。这个解的关键部分是k^{-1}，这意味着度为k的节点的概率与k的幂次成反比，符合无标度网络度分布的特征。

（2）主方程法（Master Equation Method）。在使用主方程法时，考虑的是网络中度为k的节点的生成过程，并构建一个主方程描述节点数的演化。这个方法的基本思想是：考虑节点的演化过程，即新节点的加入以及与已有节点的连接。设$P_k(t)$表示网络中度为k的节点的概率（度分布）在时间t的演化。在t时刻，度为k的节点有$P_k(t)$的概率。那么在$t+1$时刻，度为k的节点有以下两个来源。

① 已存在的度为k的节点：这些节点在t时刻，度为k，在$t+1$时刻，度仍然为k的概率为$P_k(t)$。

② 新加入的节点连接到度为$k-1$的节点：这些节点在t时刻，度为$k-1$，在$t+1$时刻，成为度为k的节点的概率为$\frac{m}{2t}P_{k-1}(t)$，其中m是每个新节点连接到已有节点的边数。因此，主方程可以表示为

$$P_k(t+1)=P_k(t)+\frac{m}{2t}P_{k-1}(t) \tag{5-13}$$

这个方程描述了度为k的节点的演化过程。然而，这还不是一个封闭的方程，因为它涉及$P_{k-1}(t)$，即度为$k-1$的节点的概率。为获得一个封闭的系统，需要继续追踪$P_{k-1}(t)$，同样可以写出它的演化方程，即

$$P_{k-1}(t+1)=P_{k-1}(t)+\frac{m}{2t}P_{k-2}(t) \tag{5-14}$$

通过递归地将这些方程代入，最终可以得到一个包含$P_k(t)$的方程。在这个过程中，可以做一些近似，比如假设$P_k(t)$演化是缓慢的，从而可以使用连续的时间变量，然后取极限，

得到微分方程。最终,通过求解这个微分方程,可以得到度分布的形式,其中包括幂律分布的形式。

(3) 连续场理论(Continuous Field Theory)方法基于微分方程,允许通过连续的度分布函数描述网络的演化。设 $P(k,t)$为 t 时刻、度为 k 的节点的概率密度函数。考虑以下微分方程,描述度为 k 的节点的演化,即

$$\frac{\partial P(k,t)}{\partial t}=-kP(k,t)+\frac{m}{2}\int_{k}^{\infty}P(k',t)\frac{2k'}{\sum_{i}k_{i}P(k_{i},t)}\mathrm{d}k' \tag{5-15}$$

其中,k_i 表示网络中其他节点的度数,$\sum_{i}k_{i}P(k_{i},t)$ 表示网络中所有节点的度数之和。该微分方程描述了在时间 t,度为 k 的节点的概率密度函数的变化。方程的右侧包含两项,第一项表示节点度数减小的速率,第二项表示度为 k 的节点通过连接新节点增加的速率。

为推导度分布的解,引入生成函数 $G(x,t)$,即

$$G(x,t)=\sum_{k=1}^{\infty}x^{k}P(k,t) \tag{5-16}$$

生成函数是度分布函数的数学工具,它允许我们通过代数方式处理度分布。通过对生成函数的微分和代数操作,可以得到

$$\frac{\partial G(x,t)}{\partial t}=-G(x,t)+\frac{m}{2}\frac{\partial[xG(x,t)]}{\partial x} \tag{5-17}$$

上述微分方程的解为

$$G(x,t)=\left(1+\frac{m}{2}t\right)^{-\frac{2}{m}} \tag{5-18}$$

通过生成函数,可以获得概率密度函数 $P(k,t)$的形式。最终的度分布可以表示为

$$P(k,t)=\frac{1}{Z(t)}k^{-\gamma(t)} \tag{5-19}$$

其中,$Z(t)$是规范化常数,$\gamma(t)$是幂律指数,它随时间的演化规律为

$$\gamma(t)=1+\frac{1}{mt} \tag{5-20}$$

这表示度分布随时间按幂律演化,幂律指数随时间增加。

5.4.3 BA 无标度网络的度相关性

在无标度网络中,度相关性(Degree Correlation)描述的是网络中节点的度与其邻居节点的度之间的关系。对于 BA 无标度网络,通常表现为负度相关性,即高度连接的节点倾向连接度较低的节点。这与一些实际网络(如社交网络)中观察到的负度相关性一致。

对于 BA 无标度网络,可以使用一些基本的度相关性度量描述这种关系。其中一个常用的度相关性度量是 Pearson 系数,定义如下。

$$r=\frac{\sum_{i,j}(k_{i}-\bar{k})(k_{j}-\bar{k})}{\sqrt{\sum_{i}(k_{i}-\bar{k})^{2}(k_{j}-\bar{k})^{2}}} \tag{5-21}$$

其中，k_i 和 k_j 分别是节点 v_i 和节点 v_i 的度，$\bar{k}$ 是平均度。

对于BA无标度网络，一般而言，高度连接的节点(高度度数节点)倾向连接度较低的节点，从而导致Pearson系数为负值。

假设在 t 时刻后，新加入的节点 v_i 连接网络中的一个已有节点 v_j，其度分别为 $k_i^{(t)}$ 和 $k_j^{(t)}$。在 $t+1$ 时刻后，计算新的度相关性系数 $r^{(t+1)}$。

首先，计算 t 时刻的平均度 $\bar{k}^{(t)}$，即

$$\bar{k}^{(t)}=\frac{\sum_i k_i^{(t)}}{N^{(t)}} \tag{5-22}$$

其中，$N(t)$ 是网络中节点的数量。

然后，更新节点 v_i 的度 $k_i^{(t+1)}$ 和节点 v_j 的度 $k_j^{(t+1)}$。假设每个节点在每个时刻只连接一个新节点，即

$$\begin{cases}k_i^{(t+1)}=k_i^{(t)}+1\\k_j^{(t+1)}=k_j^{(t)}+1\end{cases} \tag{5-23}$$

接着，计算 $t+1$ 时刻的平均度 $\bar{k}^{(t+1)}$，即

$$\bar{k}^{(t+1)}=\frac{\sum_i k_i^{(t+1)}}{N^{(t+1)}} \tag{5-24}$$

其中，$N^{(t+1)}$ 是 $t+1$ 时刻网络中节点的数量。

最后，使用新的度和平均度计算 $t+1$ 时刻的度相关性系数 $r^{(t+1)}$。将此过程重复进行，即可得到网络演化过程中度相关性的变化。

5.4.4 BA无标度网络的平均距离和集聚系数

在BA无标度网络中，平均距离通常相对较短，被称为小世界效应。即使网络规模很大，节点之间的平均最短路径长度也相对较小。这种小世界效应使得信息在网络中能够以较低的代价快速传播。大多数学者认为，BA无标度网络的平均最短距离随 N 按指数增长的关系为

$$L_{\mathrm{BA}} \propto \ln N/\ln(\ln(N)) \tag{5-25}$$

此外，在BA无标度网络中，集聚系数通常较低。这表示节点的邻居节点之间连接的相对较弱，大多数节点的邻居节点不会相互连接。这一特性与小世界效应相辅相成，使得网络具有高效的信息传播性质。

BA无标度网络的集聚系数随着 N 的增加而减少，其大概遵循幂指数的规律，即 $C_{BA}\sim N^{-0.75}$。另外，BA无标度网络的集聚系数依赖 N，因此它的行为与小世界模型(集聚系数与 N 无关)不同。在小世界模型中，节点之间的连接是随机的，不受节点度数的影响，节点之间建立连接的概率与网络规模无关；而BA无标度网络中，新加入的节点倾向连接到已有节点度数较高的节点。

BA无标度网络具有较小的平均距离和集聚系数，尽管其集聚系数大于同规模的随机图。然而，当网络规模趋于无穷大时，这两种网络的集聚系数都趋近于零。

5.5 马太效应及财富分布建模

马太效应在经济学和社会科学中，是一个描述贫富差距、资源分配，或任何其他领域中的不平等现象的理论模型。这种效应是以《圣经》中马太福音命名，其中描述了富人将他的财产分给穷人，而穷人则得到他的一切。

马太效应的核心思想是“赢家通吃”，也就是说，一旦某个个体或团体在某一领域取得成功，他们就会因此积累更多的资源，进而在未来的竞争中占据更大的优势。这种现象在很多领域都有体现，如公司之间的市场竞争、个人的财富积累等。

财富分布建模是研究这种不平等现象的重要工具。在经济学中，一个常用的财富分布模型是帕累托分布(Pareto distribution)。帕累托分布是一种概率分布，它描述的是社会中极少数人占据绝大多数的财富，而绝大多数人只拥有很少的财富。这种分布的概率密度函数为 $f(x)=\frac{k}{2x^{k+1}}$。其中，k 是形状参数。当 $k=1$ 时，分布变为正态分布。

在实际生活中，帕累托分布的例子很多。比如，20%的人口掌握 80%的财富，这就符合帕累托分布的特点。以下是一个用 Python 实现帕累托分布的简单示例，用于生成帕累托分布的随机数和概率密度函数。

```
import numpy as np
import matplotlib.pyplot as plt
from matplotlib.backends.backend_tkagg import FigureCanvasTkAgg
from tkinter import Tk

#定义帕累托分布的概率密度函数
def pareto_pdf(x, k, x_m=1):
    return k * (x_m ** k) / (x ** (k + 1))

#定义生成帕累托分布随机数的函数
def generate_pareto_random_numbers(k, size):
    return np.random.pareto(k, size)

k = 2  #形状参数
x_m = 1  #最小值参数
x = np.linspace(1, 10, 400)
y = pareto_pdf(x, k)

random_numbers = generate_pareto_random_numbers(k, 1000)

#创建 Tkinter 窗口
root = Tk()
root.title("Pareto Distribution")

#创建 FigureCanvas
fig, ax = plt.subplots()
```

```
canvas = FigureCanvasTkAgg(fig, master=root)

#绘制概率密度函数和随机数的直方图
ax.plot(x, y, label="PDF")
ax.hist(random_numbers, bins=50, density=True, alpha=0.7, label="随机数")
#设置坐标轴标签和标题
ax.set_xlabel("x")
ax.set_ylabel("密度")

#添加了坐标轴标签和图例
ax.legend()

#将 Canvas 添加到 Tkinter 窗口
canvas.get_tk_widget().pack()

#运行 Tkinter 主线程
root.mainloop()
```

输出结果如图 5-7 所示。

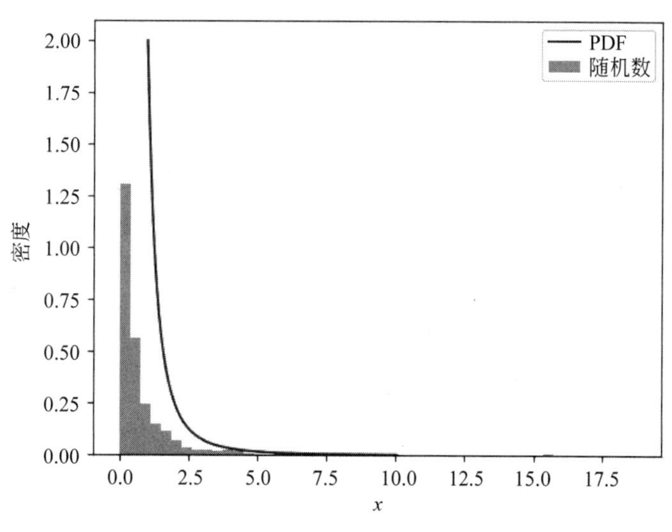

图 5-7　帕累托分布

5.6　总结

本章深入探讨了无标度网络的基本特征、幂律分布的拟合与分析、BA 无标度网络模型以及无标度网络在现实生活中的应用。通过学习幂律分布及二八定律，理解了无标度网络的核心特征，即节点度的幂律分布。在幂律分布的数据拟合中，学习了数据分箱、幂指数估计、极大似然估计和累计度分布等方法，以便更好地理解网络结构。BA 无标度网络模型的讨论进一步展示了无标度网络是如何形成和演化的。最后，研究了无标度网络在财富分布和马太效应中的应用，理解了网络模型如何解释社会中的不平等现象。通过一系列的学习，为理解和研究复杂网络提供了坚实的基础。

习题 5

1. 为什么幂律分布在网络研究中被广泛使用？选择其中一种方法（数据分箱、幂指数估计、极大似然估计、累计度分布），解释其在幂律分布拟合中的优势。

2. 说明 BA 无标度网络中的度相关性，包括节点度与连接概率之间的关系。讨论度相关性对网络结构和演化的影响。

3.在幂律分布网络中，节点度的长尾分布和二八定律分别是如何体现网络结构特征的？这些特征对网络的性能和功能有何影响？

4. BA 无标度网络模型的度分布在何种程度上与实际网络的度分布相似？讨论模型与实际观测之间的差异，考察这些差异对网络研究的影响。

5. 以马太效应为例，解释无标度网络模型如何应用于解释社会中的财富分布不均等现象，并讨论网络模型对社会不平等问题的启示。

第 6 章 传播动力学

6.1 传播动力学的研究目的

复杂网络上的传播动力学是一门研究不同信息在复杂网络中传播方式的学科，它为一些领域提供了关键的数据支持，包括传染病和谣言传播等过程的研究。与其他学科不同，由于无法通过实验在人群中获取数据，研究传播动力学通常只能依赖已有的报告和记录，然而这些数据通常并不全面和充分，从而难以准确确定一些关键参数。

传播动力学的范畴主要涵盖传播、自旋、振子或混沌的同步、演化博弈、复杂网络的搜索，以及复杂网络的鲁棒性。根据是否符合物质或能量守恒，复杂网络的传播可分为符合物质或能量守恒的传播和不符合物质或能量守恒的传播。在符合物质或能量守恒的传播中，即使物质和能量被分为多个单元传输，其总量不会增加或减少，典型的例子是知识传播和因特网上的数据报传递。而在不符合物质或能量守恒的传播中，节点可以将信息同时传递给多个节点，信息也可能在某个节点终结消失，流行病传播和谣言传播就是典型的例子。这些现象都可以看作是复杂网络传播行为的规律性体现。

研究复杂网络结构及其演化的目的在于深入理解网络上发生的动力学过程，以便更好地掌握和引导这些动力学。然而，动力学过程具有其固有的机制，通常无法直接改变。因此，实际中人们往往通过调控系统结构间接控制复杂网络的传播机制。例如，新冠疫情中，病毒具有传染性是毋庸置疑的，但可以通过注射疫苗、科学隔离等措施改变病毒的传播机制，进而达到控制疫情的目的。舆论与信息传播也是动力学过程，其结果将直接影响后续的病毒传播，也就是一定程度上，后者依赖前者的动力学结果。2014 年 2 月 27 日，习近平总书记在中央网络安全和信息化领导小组第一次会议的讲话中指出："做好网上舆论工作是一项长期任务，要创新改进网上宣传，运用网络传播规律，弘扬主旋律，激发正能量，大力培育和践行社会主义核心价值观，把握好网上舆论引导的时、度、效，使网络空间清朗起来"。2020 年 3 月 15 日，习近平总书记到军事医学科学院、清华大学医学院调研时发表了"为打赢疫情防控阻击战提供强大科技支撑"的讲话，指出："纵观人类发展史，人类同疾病较量最有力的武器就是科学技术，人类战胜大灾大疫离不开科学发展和技术创新"，同时指出："平时科研积累和技术储备是基础性工作，要加强战略谋划和前瞻布局，完善疫情防控预警预测机制，及时有效捕获信息，及时采取应对举措。要研究建立疫情蔓延进入紧急状态后的科研攻关等方面指挥、行动、保障体系，平时准备好应急行动指南，紧急情况下迅速启动。

生命安全和生物安全领域的重大科技成果也是国之重器，疫病防控和公共卫生应急体系是国家战略体系的重要组成部分”。

传播动力学的研究目的在于理解信息、疾病、舆论等各种事物在不同复杂网络中的传播机理与动力学行为。通过建立数学模型和计算模拟，分析网络中节点之间的相互作用，揭示信息是如何在网络中传播、疾病是如何扩散、舆论是如何形成的。这有助于预测传播过程中的趋势，制定有效的控制和干预策略。传播过程的研究包括信息传播、网络搜寻、疾病传播、谣言传播、舆论形成等方面。

在病毒传播模型的分析中，过渡性的研究旨在探索传播的极端情况和极限行为，以便更全面地理解疾病传播的范围和可能的发展趋势。通过对模型的过渡性分析，我们能识别系统的稳定性、阈值效应，以及在不同条件下传播速率的变化。这有助于预测疾病的爆发、衰退以及可能的控制策略。

总体而言，传播动力学的研究旨在为我们提供深刻的洞察，使我们能够制定更有效的干预措施，从而更好地管理信息传播或疾病传播，并为社会的健康和安全做出更明智的决策。

6.2 病毒传播模型分析

传播动力学的研究主要集中在病毒传播，信息扩散，谣言传播等。传播的数学模型是传播动力学的基石。一切分析均从模型开始，有了精确的可解释模型才能对传播过程进行定量分析，从而得到有意义的结论和发现。通过研究流行病传播模型，可以理解传染病的传播原理，预测传染病的传播路径、流行峰值，发现有效控制及阻断传染病传播的方法。

对流行病传播模型的研究一般基于如下假设：可能感染或传播传染病的个体分布在复杂网络的各个节点，个体通过节点之间的连边进行传染。传染率 λ 定义为易感人群与感染患者接触被感染的概率。对于基于规则的网络，流行病的平均传播范围与流行病的传染率正相关。流行病的传播阈值与网络的规模有密切的联系。大部分的理论研究都是假定网络规模为无穷大。对于大规模网络系统而言，若传染率 λ 大于传播阈值，则被感染人数比例受限，也就是说传染病会爆发且持续存在。否则，感染人数呈指数衰减，相对于总人数的占比接近 0，也就是传染病最终将会消亡。

20 世纪初，学者在对一些破坏性极大的传染病的传播现象进行研究的过程中，逐渐建立一些基本的数学传播模型，如基于渗流理论的 Reed-Frost 链二项式模型和仓室(Compartments)模型。学者从个体特征角度将仓室模型进一步划分为种群(Population)模型、集合种群(Meta Population)模型和网络(Network)模型三类。种群模型以整个传播群体为研究对象，对个体不加以区分。经典的种群模型是均匀混合模型，即假设网络中所有个体特征完全相同，并且节点均匀混合。因此，处于同一仓室的任意个体进入其他仓室的概率相等。集合种群模型是对种群模型的拓展，将网络中的个体划分为若干个子群体，种群之间允许个体流动，而种群内部的传播过程采用种群模型进行描述。集合种群模型在一定程度上克服了种群模型个体均匀混合的假设，适合研究在空间上具有明显分区特征，包含种群演化过程的传播问题。网络模型将传播动力学的建模问题与网络拓扑结构结合，采用节点、邻接矩阵与连边权重等图论概念对基于特定种群结构的传播行为进行描述。

疾病传播是指病原体在人群中传播的过程，如流感、传染病等。了解疾病传播的机制对于制定有效的防控策略至关重要。传染病模型(如 SIR 模型)可以帮助预测疫情蔓延趋势,从而采取相应的干预措施,如隔离、疫苗接种等。疾病传播模型是一种数学或计算机模拟工具,用于描述和预测疾病在人群中的传播过程。这些模型通常基于特定的假设和参数,帮助理解疾病是如何在人群中传播的,以及采取何种措施可以有效控制传播。

这些模型的用处如下。

(1) 预测疫情走势。

通过对现有数据进行拟合,模型可以帮助预测未来疫情的发展趋势。

(2) 制定干预措施的科学依据。

借助疾病传播模型,决策者可以评估不同干预措施对疾病传播的影响。通过调整模型中的参数,可以模拟出采取隔离、社交距离、疫苗接种等措施的效果,从而为制定科学合理的公共卫生政策提供依据。

(3) 理解传播机制。

模型可以帮助科学家深入了解不同疾病的传播机制,有助于提高应对能力。

在本章节中,我们将会详细探讨一些经典的病毒传播模型,如 SI、SIS、SIR、SEIR 等。为了更好地说明这些模型的实际应用,我们将结合实际数据进行预测分析。特别是,我们将利用最新疫情数据集(如约翰·霍普金斯大学提供的全球疫情数据:https://github.com/CSSEGISandData/COVID-19),通过这些模型来模拟疫情的传播趋势,评估疫情发展的不同阶段。通过这种方法,我们可以验证不同模型的适用性,同时探索不同干预措施对疫情发展的影响。

6.2.1　传染病数据集

在研究传染病传播的过程中,数据集的选取和分析是不可或缺的环节。本节使用了来自全球权威机构的传染病数据集,涵盖了全球各主要国家和地区的病例统计信息。该数据集自疫情爆发以来,持续记录了确诊、康复和死亡的病例数,时间跨度较长,涵盖了疾病传播的不同阶段。通过对这些数据的深入分析,能够帮助我们更好地理解传染病的传播规律和扩散模式。

该数据集基于全球多个国家和地区的卫生组织与研究机构所提供的数据进行汇总,经过清洗和标准化处理,确保了数据的准确性和可比性。数据集包含以下关键变量:确诊病例数(Confirmed Cases)——代表特定时间点累计确认感染的人数,此数据用于衡量传染病在社区中的传播速度;康复病例数(Recovered Cases)——记录了经过治疗或自我隔离后,成功康复的患者数量,这一数据可以帮助衡量疾病的恢复率和医疗系统的有效性;死亡病例数(Death Cases)——统计了由于传染病而死亡的病例,反映出疾病的致死率和公共卫生压力。数据集按照时间序列提供信息,使得我们能够追踪传染病在全球不同国家和地区的传播趋势,并观察不同国家和地区在应对疫情时的差异。

图 6-1 展示了该传染病在全球范围内的传播趋势。图中的纵轴采用对数坐标,能够直观地展示确诊病例、康复病例和死亡病例随时间的变化趋势。通过对这些数据的观察和分析,我们可以发现如下特征。①确诊人数的快速上升:在传播初期,确诊病例迅速增加,反映了病原体的高传染性和快速传播的特点。②康复率的波动:康复人数的增长伴随着医疗体系的压力和治疗能力的提升,但也受到患者人数激增的挑战。③死亡人数的相对稳定:

相比确诊和康复数据，死亡病例相对较为稳定，然而这一数字仍然反映了传染病的致命性和公共卫生系统的防控能力。

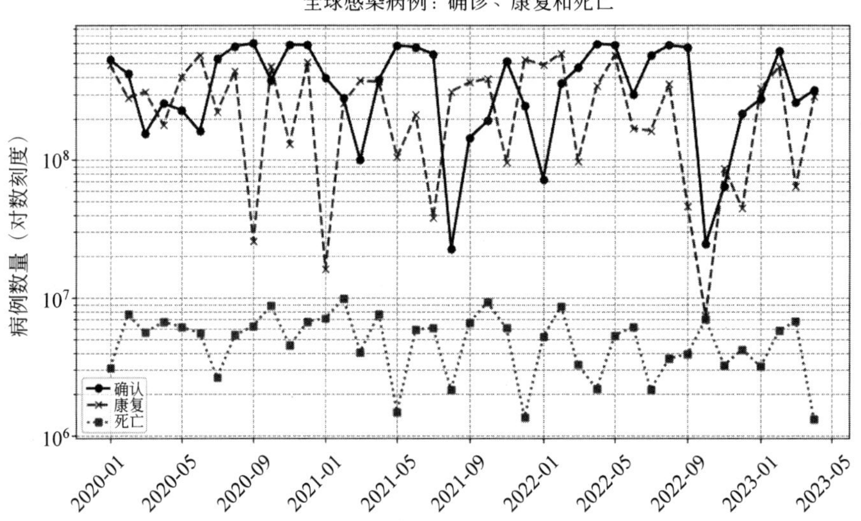

图 6-1 约翰·霍普金斯大学全球疫情数据统计

该传染病数据集不仅可以用于传播趋势的分析，还可用于以下研究和应用领域。①模型校准与验证：借助该数据集，研究人员能够利用真实数据校准 SI、SIS、SIR、SEIR 等传染病传播模型，并评估这些模型的预测能力。②政策影响评估：通过对不同国家和地区应对传染病的政策进行数据对比，可以分析不同防控策略对病例增长的影响，例如隔离、封锁、疫苗接种等措施如何抑制了传染病的传播。③长期趋势预测：基于过去的疫情数据，可以训练机器学习模型进行未来趋势预测，帮助决策者预判传染病未来的发展方向，及时调整防控措施。④区域间比较分析：该数据集提供了跨区域的详细数据，使得研究人员可以对比不同地区的疫情扩展情况，识别出某些特定区域的易感性和抗疫效果。

借助该数据集，我们可以应用多种流行病学模型，如 SI、SIS、SIR、SEIR 模型，来研究不同传播机制下的传染病扩散过程。这些模型有助于理解易感者与感染者的动态，可以解释人群中的易感者如何随着时间发展被感染，以及在何种条件下传染病的传播会逐渐减缓。通过模拟不同的政策措施(如隔离、疫苗接种、公共卫生干预)，可以预测在这些干预手段下，疾病传播的扩展速度如何变化。同时，对于病毒模型的分析可以评估在未来一段时间内，恢复人群是否可能再度成为易感人群，并探讨相应的防控策略，从而降低再感染的风险。通过对该数据集的延伸应用，我们可以结合社会经济因素、环境条件等外部变量，构建更加复杂的多因素传染病传播模型。这种扩展性分析不仅帮助我们更准确地预测了疾病的发展，还为跨学科的传染病防控提供了强有力的理论支持。

这些疫情数据不仅可以帮助我们分析传播趋势，还能够为不同的研究和应用提供支持。为了更深入地理解这些数据如何在具体的分析和模型中得到应用，我们可以通过代码示例来演示如何获取、处理并利用这些数据进行建模和预测。

首先是数据获取与清洗，我们可以从约翰·霍普金斯大学的官方网站下载全球疫情数据。该数据通常以 CSV 文件的格式提供，使用 Python 的 pandas 库可以轻松地读取并进行预处理。下面的代码展示了如何获取并清洗这些数据：

```
fimport pandas as pd
url="https://raw.githubusercontent.com/CSSEGISandData/COVID-19/master/csse_
covid_19_data/csse_covid_19_time_series/time_series_covid19_confirmed_global.
csv"
data = pd.read_csv(url)
print(data.head())
#选择特定国家的数据(例如美国)
us_data = data[data['Country/Region'] == 'US'].iloc[:, 4:]  #忽略前 4 列并选择时
                                                            #间序列数据
us_data = us_data.sum(axis=0)                               #按天汇总美国的数据
us_data.index = pd.to_datetime(us_data.index)
print(us_data)
```

通过上述代码，我们可以将全球确诊病例数据加载到 Python 环境中，并根据需要筛选出特定国家(例如美国)的数据，这些数据随后可以用于建模分析。利用上述处理过的数据，我们可以将其应用于传染病传播模型，如 SIR 模型，这种模型能够帮助我们模拟疫情在不同条件下的传播情况，并对未来趋势做出预测。下面我们会使用代码来解释在 SIR 模型里该数据集的使用方法(SIR 模型的原理会在后续章节中给出详细介绍，这里只是举例说明数据集的使用方法)。后面的其他模型都是相同的格式：

```
def sir_model(y, t, beta, gamma):
    S, I, R = y
    dS_dt = -beta * S * I
    dI_dt = beta * S * I - gamma * I
    dR_dt = gamma * I
    return [dS_dt, dI_dt, dR_dt]
N = 331002651                         #美国人口总数
I0 = us_data.iloc[0]                  #初始感染人数(使用美国数据的第一天)
R0 = 0                                #初始康复人数
S0 = N - I0                           #初始易感人数
beta = 0.2                            #传染率
gamma = 0.1                           #康复率
t = np.linspace(0, 160, 160)          #时间跨度为 160 天
y0 = [S0, I0, R0]
```

6.2.2　SI 模型

SI 模型是一种简单的传染病传播模型，用于研究疾病在人群中的传播方式。SI 模型的名称代表两个基本组成部分，即 S(Susceptible，易感人群)和 I(Infected，感染人群)。该模型假设人口分为两个类别，即易感人群(尚未感染病毒)和感染人群(已感染病毒)。SI 模型的主要原理为：易感人群是疫情暴发时的初始人群，他们没有免疫力，容易被传染。感染人群是已感染疾病的人群，他们可以传播疾病给易感人群。

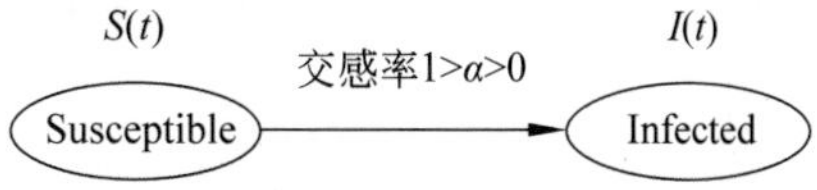

传染过程如图 6-2 所示。易感人群和感染人群之间发生传染病的过程可以通过直接接触、飞沫传播等方式实现。传染过程通常由一个参数(称为传染率或感染率)表示，该参数表示单位时间内一个感染者传染给易感者的平均人数。在 SI 模型中，人口总数保持不变，不考虑出生、死亡或康复。随着时间的推移，一部分易感人群会

图 6-2　简易 SI 模型

被感染，从而感染人群增加，易感人群减少。SI 模型通常用微分方程描述感染人群和易感人群的变化。基本的 SI 模型微分方程可以表示为

$$\begin{cases} S'(t)=\dfrac{\mathrm{d}S}{\mathrm{d}t}=-\alpha S(t)I(t)+\gamma I(t) \\ I'(t)=\dfrac{\mathrm{d}I}{\mathrm{d}t}=\alpha S(t)I(t)-\gamma I(t) \end{cases} \tag{6-1}$$

这里，{dS}{dt}和{dI}{dt}分别表示易感人群和感染人群随时间的变化率，β 表示传染率，S 表示易感人群的比例，I 表示感染人群的比例。因为总人口数 N 不变，将其代入式(6-1)，可得

$$I'(t)=\frac{\mathrm{d}I}{\mathrm{d}t}=\alpha(N-I(t))I(t)-\gamma I(t)=(\alpha N-\gamma)I(t)-\alpha I(t)^2 \tag{6-2}$$

等式右边有 $I(t)$的一次项和二次项，这个本质上就是一个 logistic 方程，这种方程一般可以用如下方法求解。

其中令 $I(t)=\dfrac{1}{y}$，则

$$\frac{\mathrm{d}I(t)}{\mathrm{d}t}=-\frac{1}{y^2}\frac{\mathrm{d}y}{\mathrm{d}t} \tag{6-3}$$

将式(6-3)代入式(6-2)可得

$$-\frac{1}{y^2}\frac{\mathrm{d}y}{\mathrm{d}t}=(\alpha N-\gamma)\frac{1}{y}-\alpha\frac{1}{y^2} \tag{6-4}$$

变换可得

$$\frac{\mathrm{d}y}{\mathrm{d}t}+(\alpha N-\gamma)y=\alpha \tag{6-5}$$

这种微分方程通常针对 y 的系数设

$$f=\mathrm{e}^{\int_0^t(\alpha N-\gamma)\mathrm{d}s}=\mathrm{e}^{(\alpha N-\gamma)t} \tag{6-6}$$

将式(6-5)的两端都乘以 f(也就是式(6-6)的右项)，可以得到式(6-7)，即

$$\mathrm{e}^{(\alpha N-\gamma)t}\frac{\mathrm{d}y}{\mathrm{d}t}+\mathrm{e}^{(\alpha N-\gamma)t}(\alpha N-\gamma)y=\alpha\mathrm{e}^{(\alpha N-\gamma)t} \tag{6-7}$$

可以发现，式(6-7)的左项其实就是$(\mathrm{e}^{(\alpha N-\gamma)t}y)'$，因此，式(6-7)可以变形为式(6-8)：

$$(\mathrm{e}^{(\alpha N-\gamma)t}y)'=\alpha\mathrm{e}^{(\alpha N-\gamma)t} \tag{6-8}$$

对式(6-8)两端积分可得

$$\int_0^t(\mathrm{e}^{(\alpha N-\gamma)t}y)'=\mathrm{d}t\int_0^t\alpha\mathrm{e}^{(\alpha N-\gamma)t}\mathrm{d}t \tag{6-9}$$

求解得到

$$\mathrm{e}^{(\alpha N-\gamma)t}y_t-y_0\frac{\alpha}{\alpha N-\gamma}=(\mathrm{e}^{(\alpha N-\gamma)t}-1) \tag{6-10}$$

将 $I(t)=\dfrac{1}{y}$代入式(6-10)

$$\mathrm{e}^{(\alpha N-\gamma)t}\frac{1}{I(t)}-\frac{1}{I_0}\frac{\alpha}{\alpha N-\gamma}=(\mathrm{e}^{(\alpha N-\gamma)t}-1) \tag{6-11}$$

从而得到

$$I(t)=\frac{e^{(\alpha N-\gamma)t}}{\frac{1}{I_0}+\frac{\alpha}{\alpha N-\gamma}(e^{(\alpha N-\gamma)t}-1)} \tag{6-12}$$

若 $\alpha N-\gamma=0$,代入式(6-5)得

$$y_t-y_0=\alpha t, I(t)=\frac{1}{I_0+\alpha t} \tag{6-13}$$

若 $\alpha N-\gamma>0$,则

$$I(t)=\frac{e^{(\alpha N-\gamma)t}}{\frac{1}{I_0}+\frac{\alpha}{\alpha N-\gamma}(e^{(\alpha N-\gamma)t}-1)}=\frac{1}{\frac{1}{I_0}e^{-(\alpha N-\gamma)t}+\frac{\alpha}{\alpha N-\gamma}(1-e^{-(\alpha N-\gamma)t})} \tag{6-14}$$

当 $t\to\infty$ 时,$\lim\limits_{t\to\infty}I(t)=\frac{\alpha N-\gamma}{\alpha}=N-\frac{\gamma}{\alpha}$。

令 $R_0=N\frac{\alpha}{\gamma}$,通常被称为基本再生数,若 $R_0>1$,其实就是 $\alpha N-\gamma>0$,绝大部分人都会被感染,反之,若 $R_0<1$,则绝大部分人都不会被感染。

SI 模型的目标是研究传染病在人群中的传播趋势,特别是在不采取任何干预措施时的传播轨迹。虽然 SI 模型主要用于理论研究,帮助我们理解传染病的基本传播机制,但其实际应用有限,因为它未考虑控制措施、免疫获得等现实因素。在本书的分析中,我们结合了来自约翰·霍普金斯大学全球疫情数据统计的真实数据,通过该数据集中的全球疫情信息来模拟 SI 模型的传播趋势。这一数据的引入不仅为模型的理论分析提供了现实依据,也展示了传染病传播在全球范围内的实际动态。通过这些数据,可以更好地展示疫情在不同国家和地区的传播速度与范围。相比之下,诸如 SIR(易感—感染—康复)模型和 SEIR(易感—潜伏—感染—康复)模型则更加适合实际的疫情控制分析,因为它们能够纳入现实中的干预措施与免疫机制,从而更准确地模拟传染病的传播与控制。

在上一部分,我们解释了如何获取并处理约翰·霍普金斯大学的全球疫情数据。现在,我们将展示如何将这些真实数据引入 SI 模型的传播分析,帮助读者理解传染病在无干预措施下的基本传播轨迹。首先,我们已经通过以下代码获取并处理了全球疫情数据,选取了特定国家(如美国)的数据:

```
import pandas as pd

url="https://raw.githubusercontent.com/CSSEGISandData/COVID-19/master/csse_
covid_19_data/csse_covid_19_time_series/time_series_covid19_confirmed_global.
csv"
data = pd.read_csv(url)
us_data = data[data['Country/Region'] == 'US'].iloc[:, 4:]
                                                    #忽略前 4 列并选择时间序列数据
us_data = us_data.sum(axis=0)                       #按天汇总美国的数据
us_data.index = pd.to_datetime(us_data.index)       #将日期转换为 Datetime 格式
N = 331002651                                       #美国人口总数
I0 = us_data.iloc[0]
S0 = N - I0
beta = 0.3
t = np.linspace(0, len(us_data), len(us_data))
y0 = [S0, I0]
```

通过这个步骤,我们将美国的每日确诊病例数导入 us_data 变量。接下来,我们将这些

数据应用到SI模型中。SI模型仅包含两类人群：易感者(S)和感染者(I)。在不考虑任何外部干预措施的情况下，疾病传播仅取决于感染者与易感者之间的接触率。关键代码是参数的初始化操作，参数初始化完成后，我们就可以利用这些参数代码模型变量来完成SI模型的传染病模拟过程。SI模型的代码示例如下：

```
import numpy as np
import matplotlib.pyplot as plt
def si_model(beta, initial_infected, num_steps):
    susceptible = [0] * num_steps
    infected = [0] * num_steps
    infected[0] = initial_infected
susceptible[0] = 1 - initial_infected
for step in range(1, num_steps):
        #计算下一步的易感染人数和感染人数
        new_infected = beta * susceptible[step - 1] * infected[step - 1]
        susceptible[step] = susceptible[step - 1] - new_infected
        infected[step] = infected[step - 1] + new_infected
    return susceptible, infected

#模型参数
beta = 0.3                      #传播率
initial_infected = 0.01         #初始感染人数占总人口的比例
num_steps = 100                 #模拟的步数
#运行 SI 模型
susceptible, infected = si_model(beta, initial_infected, num_steps)
#绘制结果
plt.plot(susceptible, label='Susceptible')
plt.plot(infected, label='Infected')
plt.xlabel('Time Steps')
plt.ylabel('Proportion of Population')
plt.title('SI Model')
plt.legend()
plt.show()
```

上述SI模型代码的实验结果如图6-3所示。

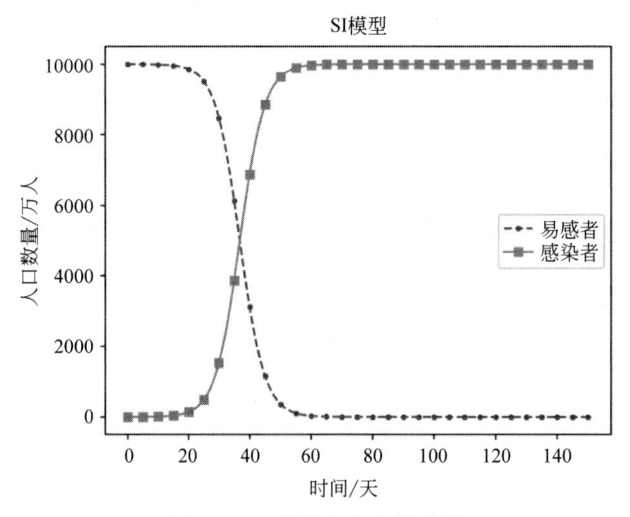

图6-3 SI模型动态传播曲线

由图 6-3 可以看出，随着传染率的增加，感染人数的峰值可能会提前出现，并且峰值可能更高。过高的传染率可能导致疫情迅速暴发，但最终感染人数可能相对较低。初始感染人数较高可能导致更快速的疫情暴发，但最终感染人数可能受到传染率和康复率的制约。初始感染人数较低可能导致较慢的疫情发展，但也可能导致更长时间的传播。

SI 模型是一种简单而基础的传染病模型，其中假设个体在被感染后不会康复，也不会获得免疫力。这种模型通过考虑易感者(S)和感染者(I)之间的相互作用，描述了传染病在人群中的传播过程。然而，在现实中，许多传染病的个体在感染后会康复，但在一段时间后又变得易感。为了更真实地反映这种情况，学者提出 SIS 传染病模型。SIS 模型考虑到康复后个体重新变为易感的情况。在这个模型中，个体被感染后可以康复，但康复后仍然保持对病原体的易感性。这点与 SI 模型的不同之处在于，SIS 模型中个体之间的状态变化更加动态，更符合实际传染病的传播情况。下面将更加详细地介绍 SIS 模型的具体内容。

6.2.3　SIS 模型

SIS 模型是一种常用于描述传染病传播的基本模型之一，它代表易感(Susceptible)-感染(Infected)-易感(Susceptible)的周期性传播。与 SI 模型不同，SIS 模型允许已感染的个体康复再次变得易感。图 6-4 是 SIS 模型的基本原理图。

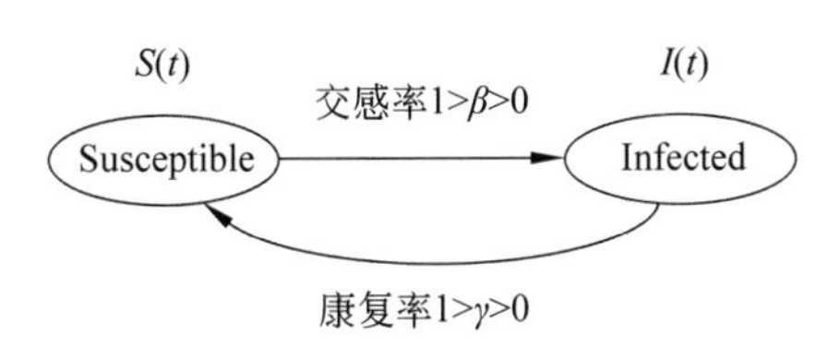

图 6-4　SIS 模型示例

人群分为两类：易感人群(S)，是尚未感染病毒的人群，但他们容易被感染；感染人群(I)，是已感染疾病的人群，他们可以传播疾病给易感人群。传染过程表示易感人群和感染人群之间发生传染病的过程，类似 SI 模型。传染过程通常由一个参数(传染率或感染率)表示，该参数表示单位时间内一个感染者传染给易感者的平均人数。康复过程与 SI 模型不同，SIS 模型允许感染人群康复并变得易感，这是 SIS 模型的关键特征。康复是指感染人群恢复到易感状态，通常以一定的恢复率(或康复率)表示。康复率表示单位时间内感染者康复的比例。在 SIS 模型中，人口总数保持不变，不考虑出生、死亡或新人加入。随着时间的推移，人群中的个体将不断在易感和感染状态之间转换。SIS 模型通常使用微分方程描述易感人群和感染人群的变化。基本的 SIS 模型微分方程如式(6-15)和式(6-16)所示。

$$\frac{\mathrm{d}S}{\mathrm{d}t}=-\beta SI+\gamma I \tag{6-15}$$

$$\frac{\mathrm{d}I}{\mathrm{d}t}=\beta SI-\gamma I \tag{6-16}$$

式(6-15)和式(6-16)分别表示易感人群和感染人群随时间的变化率，β 表示传染率，S 表示易感人群的比例，I 表示感染人群的比例，γ 表示康复率。

假设变化的总用户数为 $N(t)$，在线社交网络满足逻辑模型为式(6-17)，即

$$\frac{\mathrm{d}N}{\mathrm{d}t}=bN(t)\left(1-\frac{N}{K}\right) \tag{6-17}$$

在式(6-17)中，K 为在线社交网络的环境容量，即社交网络可以承载最大容量。在线社交网络环境容量的制约因素应包括现有人口规模、普及率等。设 $K=1$，逻辑模型变为

式(6-18),即

$$\frac{\mathrm{d}N}{\mathrm{d}t}=bN(t)-b(N(t))^2 \tag{6-18}$$

其中,b = 新感染率－康复率＝感染净增长率,$0\leqslant N(t)\leqslant 1$。在线社交网络是由许多节点以及节点之间的链接组成的社交结构。节点可以是个人,也可以是组织,链接节点之间对应多种社会关系,如友谊。对在线网络用户或网络节点进行分类,可分为两类:健康节点 S 和传输节点 I,在 t 时刻,传输节点 I 的用户总数在社交网络用 $N(t)=S(t)+I(t)$ 表示。假设新进入该网络的用户都是健康节点。式(6-18)可写为

$$\frac{\mathrm{d}(S(t)+I(t))}{\mathrm{d}t}=bN(t)-bN(t)S(t)-bN(t)I(t) \tag{6-19}$$

由上式可得

$$\frac{\mathrm{d}S}{\mathrm{d}t}=bN(t)-bN(t)S;\quad \frac{\mathrm{d}I}{\mathrm{d}t}=-bN(t)I \tag{6-20}$$

假定模型的传播规则是 $S+I\xrightarrow{\beta}2I,I\xrightarrow{\sigma}S$,因此具有人口动态的 SIS 传播模型在社交网络中是

$$\begin{cases}\dfrac{\mathrm{d}S}{\mathrm{d}t}=bN-bNS-(\beta SI-\sigma I)\\ \dfrac{\mathrm{d}I}{\mathrm{d}t}=\beta SI-\sigma I-bNI\end{cases} \tag{6-21}$$

其中,β 是感染率,σ 是治愈率,b、β 和 σ 都是常数。下面对该模型进行分析,从以下方面进行探讨。令式(6-21)的右边为零,可得

$$\begin{cases}bN-bNS-\beta SI+\sigma I=0\\ \beta SI-\sigma I-bNI=0\end{cases} \tag{6-22}$$

式(6-22)即为式(6-21)的平衡方程。使用 $N=S+I$ 代入式(6-22),得

$$\begin{cases}b(S+I)-b(S+I)S-\beta SI+\sigma I=0\\ \beta SI-\sigma I-b(S+I)I=0\end{cases} \tag{6-23}$$

求解式(6-23),可得

$$\begin{cases}I_0=0\\ I_1=\dfrac{\beta S-\sigma-bS}{b}\end{cases} \tag{6-24}$$

因此,式(6-21)有两个平衡点。将 $I_0=0$ 代入式(6-23),可得第一个平衡点,并称第一个平衡点为 $S_0=1$,将 $I_1=\dfrac{\beta S-\sigma-bS}{b}$代入式(6-23),可得 $S_1=\dfrac{\sigma}{\beta}$,$S_2=\dfrac{b-\sigma}{\beta}$ 两个平衡点。其中,$S_1=\dfrac{\sigma}{\beta}$ 会导致并违反平衡点为正的要求,因此应该被忽略。只考虑 $S_2=\dfrac{b-\sigma}{\beta}$,这就是该系统平衡性的第二个节点,即非零平衡点。将 $S_2=\dfrac{b-\sigma}{\beta}$代入 I_1,可得到平衡点(S_2,I_2),当 $k>K_T$ 时,式(6-21)有一个非零平衡点(S_2,I_2)。

SIS 模型用于研究那些能够反复感染的传染病,例如普通感冒或性传播疾病。在这种模型中,个体在康复后并不会获得持久的免疫力,而是可以再次被感染。因此,SIS 模型非

常适合用于分析传染病在人群中的周期性传播趋势。在本书的分析中，我们使用了来自约翰·霍普金斯大学的全球疫情数据统计的真实数据，以进一步增强 SIS 模型的现实适用性。通过引入这些全球疫情数据，可以展示多次感染的疾病在人群中的动态变化和传播模式，从而帮助研究者更准确地理解传染病的周期性传播现象。然而，SIS 模型并不适用于所有疾病，尤其是在康复后可以获得持久免疫的疾病。在这种情况下，通常需要使用更复杂的模型（如 SIR 或 SEIR 模型）来准确模拟传播和控制。

SIS 模型代码示例如下。

```
import numpy as np
import matplotlib.pyplot as plt
def sis_model(beta, gamma, initial_infected, num_steps):
susceptible = [0] * num_steps
    infected = [0] * num_steps
    infected[0] = initial_infected
    susceptible[0] = 1 - initial_infected
    for step in range(1, num_steps):       #计算下一步的易感染人数和感染人数
        new_infected = beta * susceptible[step - 1] * infected[step - 1]
        new_recovered = gamma * infected[step - 1]
        susceptible[step] = susceptible[step - 1] - new_infected + new_recovered
        infected[step] = infected[step - 1] + new_infected - new_recovered
        return susceptible, infected
#模型参数
beta = 0.3  #传播率
gamma = 0.1  #康复率
#模型参数
beta = 0.3  #传播率
gamma = 0.1  #康复率
initial_infected = 0.01  #初始感染人数占总人口的比例
num_steps = 100  #模拟的步数
#运行 SIS 模型
susceptible, infected = sis_model(beta, gamma, initial_infected, num_steps)
#绘制结果
plt.plot(susceptible, label='Susceptible')
plt.plot(infected, label='Infected')
plt.xlabel('Time Steps')
plt.ylabel('Proportion of Population')
plt.title('SIS Model')
plt.legend()
plt.show()
```

图 6-5 为 SIS 病毒传播模型示例代码结果。

从图 6-5 实验结果可以看出，模型达到了某种平衡状态，即易感者和感染者的数量在一段时间后趋于稳定，这可能表示系统已经达到一种动态平衡，其中新感染者的数量大致等于恢复者的数量。尝试调整模型参数（如传播率 β 和康复率 γ），并观察结果的变化。这可以帮助了解各个参数对系统行为的影响，并找到控制传播的有效策略。

SIS 模型描述了一种常见的传染病模式，其中个体在感染后可以康复，但康复后仍然保持对病原体的易感性。该模型考虑了传染病在人群中持续传播的情况，但未考虑个体康复后获得免疫力的情况。为了更全面地模拟传染病的传播过程，引入 SIR 模型。

SIR 模型考虑了康复后个体获得免疫力的情况。在这个模型中，个体在感染后会康复，并且具备持久的免疫力，不再易感相同的病原体。这一变化使得 SIR 模型更符合许多传染

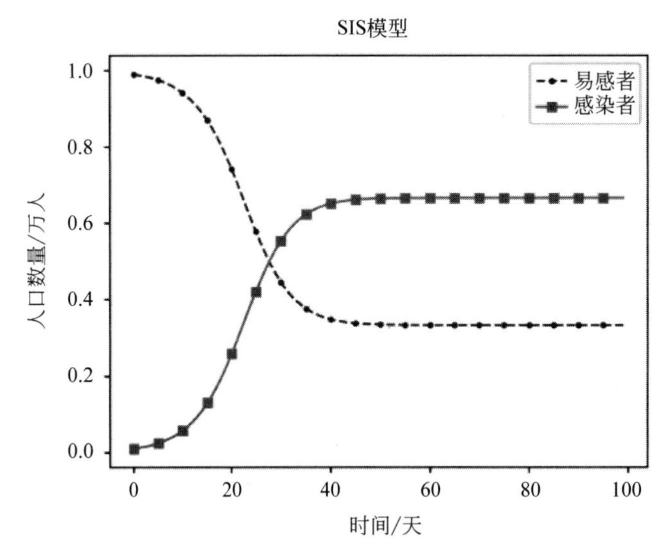

图 6-5 SIS 模型动态传播曲线

病的实际情况，例如天花等一旦康复就获得终身免疫的疾病。

6.2.4 SIR 模型

该模型假设传染病在人群中传播的过程可分为 3 个主要状态，并用微分方程描述这些状态的变化。以下是 SIR 模型的基本原理。

人群分为三类。①易感人群(S,Susceptible)，是尚未感染病毒的人群，但他们容易被感染。②感染人群(I,Infected)，是已感染疾病的人群，他们可以传播疾病给易感人群。③康复人群(R,Recovered)，是已经痊愈或者死亡的人数，因为他们不再具有传染性，所以，从病毒传播的角度看，被称为康复人群。

SIR 的传染过程是易感人群和感染人群之间发生传染病的过程，通常由一个参数(传染率或感染率)表示，该参数表示单位时间内感染者传染给易感者的平均人数。传染率通常与接触率、感染性等因素相关。在 SIR 模型中，感染人群最终会康复，变成康复人群。这是 SIR 模型的关键特征。康复通常指感染者康复并具有免疫力，不再感染或传播疾病。康复率表示单位时间内感染者康复的比例。在 SIR 模型中，人口总数保持不变，不考虑出生、死亡或新人加入。随着时间的推移，人群中的个体将不断在易感、感染和康复状态之间转换。SIR 模型通常使用微分方程描述易感人群、感染人群和康复人群的变化。基本的 SIR 模型如图 6-6 所示。

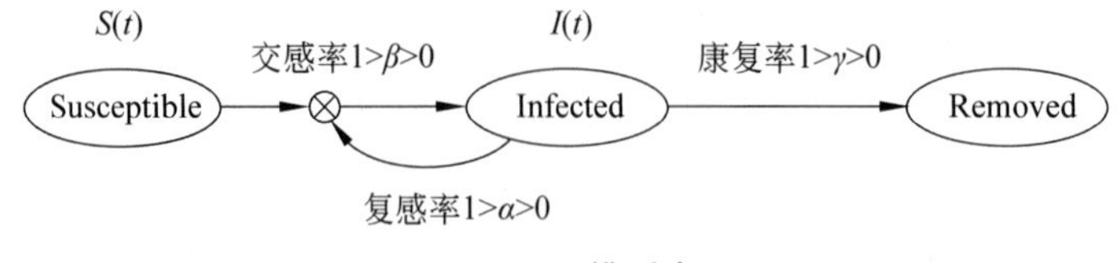

图 6-6 SIR 模型表示

如图 6-6 所示，假定总人口总数为常量 M。易感人群、感染人群及移出人群，分别用 $S(t)$、$I(t)$ 及 $R(t)$ 表示。由上述假定条件可得 $S(t)+I(t)+R(t)=M$。同时，还假定

$S(t)$、$I(t)$及$R(t)$都是时间t的连续可导函数。从模型的假定可以看出，当感染人数$I(t)$达到最大值时，疫情将达到峰值。当感染人数$I(t)$的导数$I'(t)<0$时，疫情将开始逐渐消退。传染病模型的建立实际上就是寻找并建立$S(t)$、$I(t)$及$R(t)$之间的动力学关系。

$$\frac{\mathrm{d}S}{\mathrm{d}t}=-\alpha SI \tag{6-25}$$

$$\frac{\mathrm{d}I}{\mathrm{d}t}=\beta SI-\gamma I \tag{6-26}$$

$$\frac{\mathrm{d}R}{\mathrm{d}t}=\gamma I \tag{6-27}$$

式(6-25)、式(6-26)和式(6-27)分别表示易感人群、感染人群和康复人群随时间的变化率，β表示传染率，S表示易感人群的比例，I表示感染人群的比例，γ表示康复率。易感人数的减少速度同时受易感人数与感染人数的影响，因为他们之间接触的人数越多，被感染的人群就会越多。因此，新增的感染人数应该与易感人数及感染人数的乘积成正比，乘积表示两者之间接触机会的数量级。感染人数中会有一定比例的患者痊愈或死亡，从而不再具备传染能力，成为移出人群。由上述规则可以推导出式(6-28)和式(6-29)，即

$$S'(t)=-\alpha S(t)I(t) \tag{6-28}$$

$$R'(t)=\beta I(t) \tag{6-29}$$

对$S(t)+I(t)+R(t)=M$两边求导，可得式(6-30)，即

$$S'(t)+I'(t)+R'(t)=0 \tag{6-30}$$

将式(6-28)和式(6-29)代入式(6-30)，即可得到$I'(t)$的表达式如式(6-31)所示。

$$I'(t)=\alpha S(t)I(t)-\beta I(t) \tag{6-31}$$

由此，可以得到 SIR 传染病模型的动力学方程的连续形式，即

$$\begin{cases} S'(t)=\dfrac{\mathrm{d}S}{\mathrm{d}t}=-\alpha S(t)I(t) \\ R'(t)=\dfrac{\mathrm{d}R}{\mathrm{d}t}=\beta I(t) \\ I'(t)=\dfrac{\mathrm{d}I}{\mathrm{d}t}=\alpha S(t)I(t)-\beta I(t) \end{cases} \tag{6-32}$$

利用导数的定义，通过欧拉近似法用平均变化率逼近瞬时变化率，即$S'(t)=\dfrac{\mathrm{d}S}{\mathrm{d}t}\approx\dfrac{\Delta S}{\Delta t}=\dfrac{S(t+\Delta t)-S(t)}{\Delta t}$。

这样就得到 SIR 传染病模型的动力学方程的离散形式，即

$$\begin{cases} S(t+\Delta t)=S(t)-\alpha S(t)I(t)\Delta t \\ R(t+\Delta t)=R(t)+\beta I(t)\Delta t \\ I(t+\Delta t)=I(t)+(\alpha S(t)I(t)-\beta I(t))\Delta t \end{cases} \tag{6-33}$$

但这种方法将引入Δt，因而会导致一定的误差。若Δt过大，即步长过大，则误差会很大，若Δt过小，即步长过小，会导致效率过低。

从式(6-32)可以看出，如果$I'(t)<0$，相当于$\dfrac{\alpha S(t)}{\beta}<1$，反之，若$I'(t)>0$，则$\dfrac{\alpha S(t)}{\beta}>1$，

而$I'(t)$表示感染人群的变化率,因此,$I'(t)$由正值转向负值,则表示病毒由感染增长转变为病毒消亡的时刻。因此,对疫情的管控的目标其实也就是尽可能调控$I'(t)$的值,也即$\frac{\alpha S(t)}{\beta}$的值,使其尽可能地降低。同时,如果$I(t)$达到峰值,则$I'(t)$一定等于0,也就是$\alpha S(t)I(t)-\beta I(t)=0$,由此可以推导得出$S(t)=\frac{\beta}{\alpha}$。也就是说,当易感人数$S(t)$的值为$\frac{\beta}{\alpha}$时,疫情是暴发的高峰期。

从式(6-28)可知,$S'(t)<0$,因此,$S(t)$单调递减。因此,其反函数S^{-1}有意义,并且单调递减。因此,当易感人数$S(t)$的值为$\frac{\beta}{\alpha}$时,疫情达到高峰,且$\frac{\beta}{\alpha}$的值越大,疫情越早消退。因此,疫情管控措施隔离及注射疫苗的目的就是减少交感率α,同时,通过研发新药,提升医疗水平提高治愈率,达到提高移出率β的目的。这样,双管齐下,大大提高$\frac{\beta}{\alpha}$的值,使得疫情拐点尽可能提前,疫情尽早消退。

从式(6-29)中$R'(t)$的表达式可以看出,$\frac{\Delta R}{\Delta t}\approx R'(t)=\beta I(t)$,并且移出率$0<\beta<1$,因此,$I(t)$的较大变化对应$R(t)$的较小变化,即$I(t)$变化率高于$R(t)$的变化率,从而$R(t)$的曲线比$I(t)$更光滑。

SIR模型通常用于研究个体在康复后能够获得持久免疫的传染病,例如麻疹或流感。这个模型可以帮助研究者分析传染病的传播趋势,提供关于疫情爆发时间、感染人数峰值等重要信息。为了增强SIR模型的实际应用性,我们结合了来自约翰·霍普金斯大学的全球疫情数据统计的真实数据,这些数据为我们提供了全球范围内的传染病传播动态,使得SIR模型的理论分析与现实中的疫情趋势紧密结合。通过这些数据,可以更好地展示疫情传播的速度、峰值感染人数以及传播结束的时间点。尽管SIR模型能够有效分析持久免疫类疾病的传播过程,但它作为一个简化模型,并未考虑人口流动、疫苗接种等复杂的现实因素。因此,在实际应用中,研究者通常需要引入更复杂的模型以获得更准确的预测和分析。下面是简单的SIR模型代码示例。

```
import numpy as np
import matplotlib.pyplot as plt
from scipy.integrate import odeint
#定义 SIR 模型函数
def sir_model(y, t, beta, gamma):
    S, I, R = y
    dSdt = -beta * S * I
    dIdt = beta * S * I - gamma * I
    dRdt = gamma * I
    return [dSdt, dIdt, dRdt]
#初始条件
S0 = 0.99         #初始易感人群比例
I0 = 0.01         #初始感染人群比例
R0 = 0.00         #初始康复人群比例
y0 = [S0, I0, R0]
#参数
```

```
beta = 0.3          #传染率
gamma = 0.1         #康复率
#时间点
t = np.linspace(0, 100, 1000)
#使用 odeint 求解 ODE
solution = odeint(sir_model, y0, t, args=(beta, gamma))
#从解中提取 S、I、R 值
S, I, R = solution.T

#绘制结果
plt.rcParams['font.sans-serif'] = ['SimHei']  #设置中文字体为黑体或其他支持的
                                              #字体
plt.rcParams['axes.unicode_minus'] = False    #解决负号显示为方块的问题
plt.figure(figsize=(10, 6))
plt.plot(t, S, label='易感人群')
plt.plot(t, I, label='感染人群')
plt.plot(t, R, label='康复人群')
plt.xlabel('时间')
plt.ylabel('人群比例')
plt.title('SIR 模型')
plt.legend()
plt.grid(True)
plt.show()
```

SIR 模型示例代码结果如图 6-7 所示。

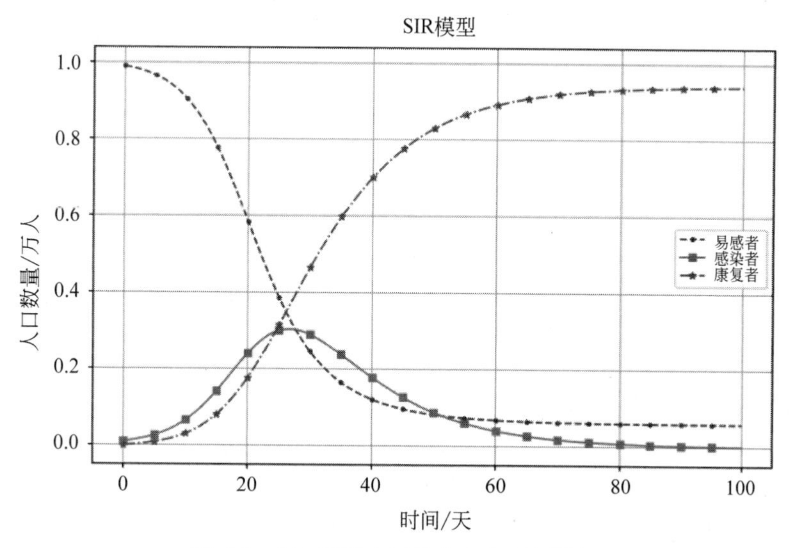

图 6-7 SIR 模型人口动态变化(见彩插)

从图 6-7 实验结果可以看出,易感人群曲线在初始时,易感者数量较大,但随着时间的推移逐渐减少,说明感染者不断传播疾病。感染人群曲线在初始时,感染者数量较小,随着时间的推移逐渐增加,并在某一点达到峰值。峰值的高度取决于传染率和康复率的比例。康复人群曲线在初始时,康复者数量为零,随着感染者康复逐渐增加。康复者的数量最终趋向一个稳定的状态,这取决于模型参数。

SIR 模型是一种经典的传染病传播模型,用于描述易感、感染和康复三个群体之间的动态关系。SIR 模型中有日接触(传染)率与日治愈(康复)率两个参数，还有两个初始条件，共有 4 个可以调整的参数条件，它们都会影响微分方程的解，也就是会影响感染者、易感者比例的时间变化曲线。其中的各种组合无穷无尽，如果没有恰当的研究方法、不能把握内在的规律，即使在几十、几百组参数条件下进行模拟，仍然不够充分。接下来将对 SIR 模型的参数设定及相空间进行详细的分析。

1. 初始条件的影响

如图 6-8 所示，在其他参数固定不变的前提下，针对不同初始条件进行单因素分析，可以观察到感染者及易感者比例的初始条件对疫情初始发生、峰值到达及疫情结束的时间具有直接影响，但对疫情曲线的形态及特征影响不大。其中，实线代表感染人群的变化率曲线，虚线表示易感人群的变化率曲线。显然，不同初始条件下的疫情曲线，几乎是沿时间轴平移的。这说明疫情传播过程与初始感染率无关。如果不进行疫情管控，疫情的传播过程将无法得以控制。

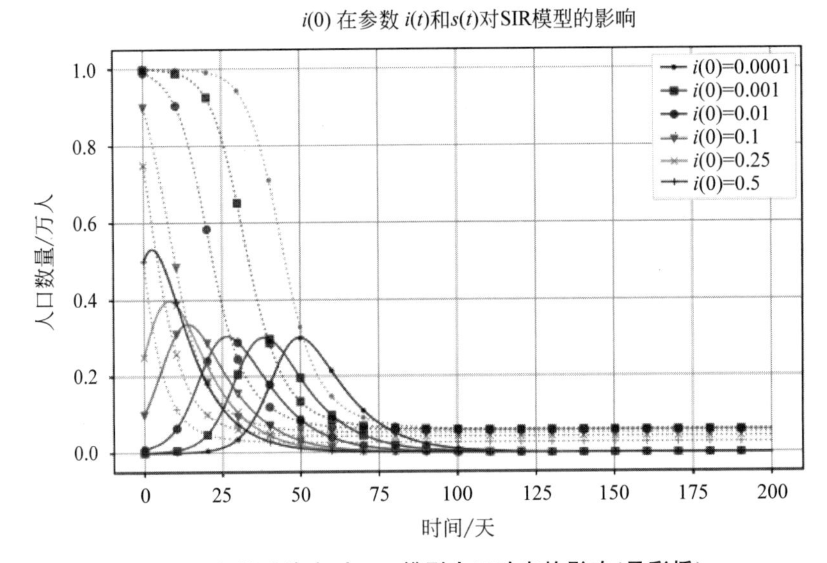

图 6-8　初始感染率对 SIR 模型人口动态的影响(见彩插)

2. 传染率和康复率的影响

首先，考察传染率 β 的影响。设定康复率 $\gamma=0.25$，初始感染率 $i(0)=0.002$，初始易感人群比率 $s(0)=1-i(0)$不变，变换不同的传染率。可以发现当设定 $\beta=[0.2,0.25,0.5,1.0,2.0]$时，$s(t)$，$i(t)$的变化曲线如图 6-9(a)所示。通过对该条件下日接触率的单因素分析，可以看到随着日接触率的增大，感染率比例出现的峰值更早、更强，而易感者比例从几乎不变到迅速降低，但最终都趋于稳定。

接下来，考察康复率 γ 的影响。设定传染率 $\beta=0.2$，初始感染率 $i(0)=0.002$，初始易感人群比率 $s(0)=1-i(0)$不变，变换康复率 $\gamma=[0.4,0.2,0.1,0.05,0.025]$时，$s(t)$，$i(t)$的变化曲线如图 6-9(b)所示。通过对该条件下日康复率的单因素分析，可以看到随着日康复率的减小，感染率比例出现的峰值更强、也稍早，而易感者比例从几乎不变到迅速降低，但最终都趋于稳定。

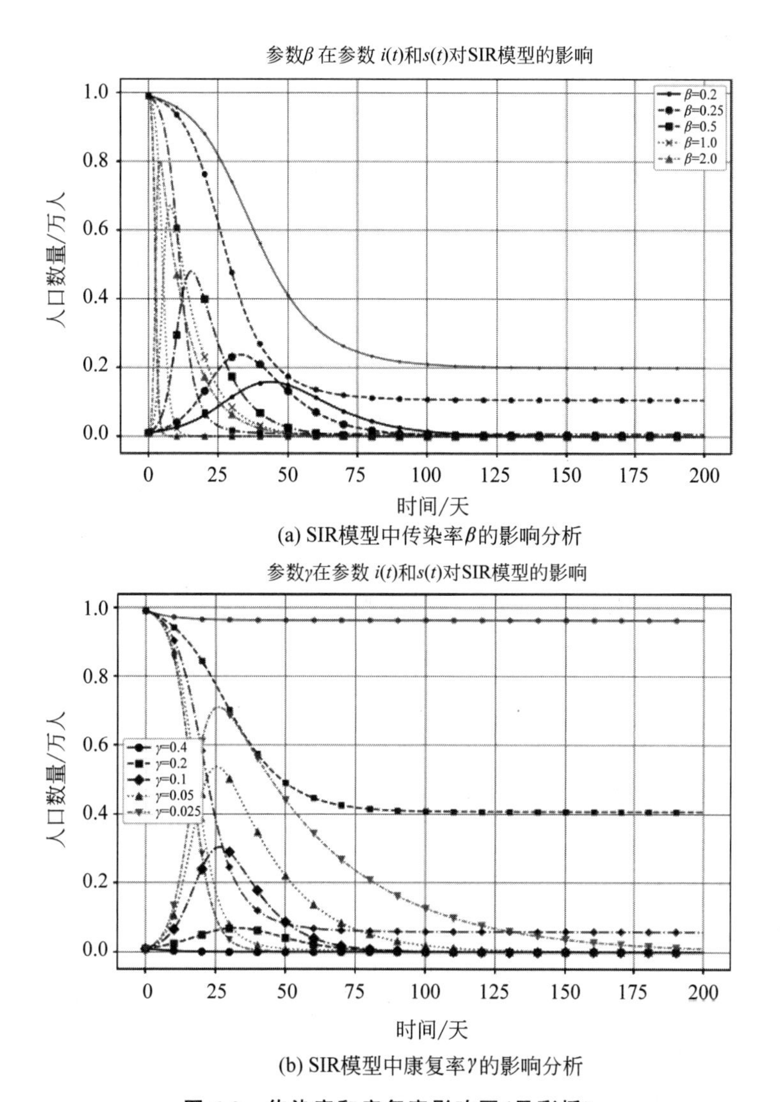

图 6-9　传染率和康复率影响图(见彩插)

从图 6-9 可以看出,对结果具有决定性影响的特征参数,往往不是模型中的某个参数,而是多个参数特定关系的组合,因此仅从单因素实验很难充分反映模型中的内在特征。

3. SIR 模型的相空间分析

SIR 模型不能求出解析解,可以通过相空间方法研究解的周期性、稳定性。由于感染者比例和易感者比例都是时间 t 的函数,因此当 t 取任意值时,都对应 i-s 平面上的一个点,当 t 连续变化时,对应 i-s 平面上的一条轨迹,称为相轨迹。通过相轨迹图可以分析微分方程的性质。对于 SIR 模型,消去 dt 可以得到$\frac{\mathrm{d}i}{\mathrm{d}s}=\frac{1}{\sigma s}-1,\sigma=\frac{\beta}{\gamma}$,该微分方程的解为 $i=s(0)+i(0)-s+\frac{1}{\sigma}\ln\frac{s}{s(0)}$。

图 6-10 所示为传染率变化,当参数 $\beta=0.2,\gamma=0.08,\frac{1}{\sigma}=0.4$ 的运行结果,是 SIR 模型

的相轨迹图。图中每一条 i-s 曲线，从直线 $i(t)+s(t)=1$ 上的某一初始点出发，最终收敛于 s 轴上的某一点，对应某一个初始条件下的感染者与易感者比例随时间的变化关系。

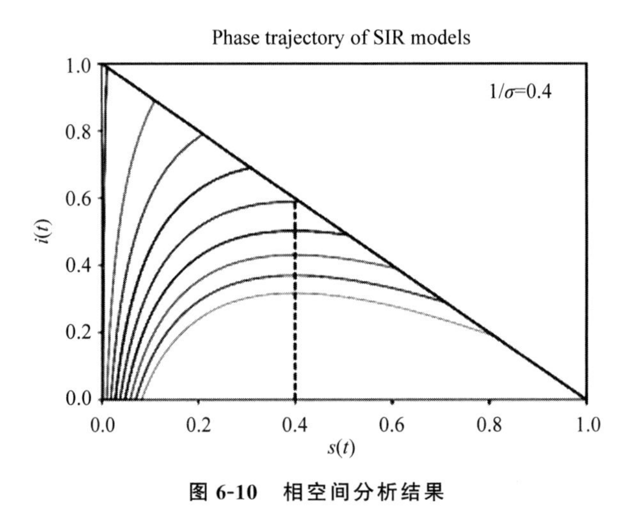

图 6-10 相空间分析结果

利用相轨迹图可以分析和讨论 SIR 模型的性质：任意一条 i-s 曲线都收敛于 s 轴上的一点，即 $i_\infty=0$，表明不论初始条件如何，感染者终将清零。感染者比例在 $s=\frac{1}{\sigma}$ 时达到峰值。若易感者比例的初值 $s(0)>\frac{1}{\sigma}$，感染者比例先增长，在 $s=\frac{1}{\sigma}$ 时达到峰值 $i_{\max}=\frac{(s(0)+i(0))-(1+\ln(\sigma s(0)))}{\sigma}$，然后下降，终将清零；若易感者比例的初值 $s(0)<\frac{1}{\sigma}$，感染者比例单调递减，终将清零。

易感者比例单调递减，易感者的最终比例是相轨迹与 s 轴在 $\left(0,\frac{1}{\sigma}\right)$ 内交点的横坐标。易感者最终比例虽然与初值有关，但集聚于靠近 i 轴的区域，表明不论初始条件如何，大部分人都会感染疫情并康复。

4. SIR 模型总结

给定初始条件 $s(0)=S_0$，随着时间的推移，易感者数 $s(t)$ 开始单调递减，感染者数比率 $i(t)$ 先达到峰值，随后一直回落，直到减为零，康复者数单调递增。

若 $\sigma>1$，则最终全部为康复者。若 $s(0)>\frac{1}{\sigma}$，则感染者比例 $i(t)$ 先增长，当 $s(0)=\frac{1}{\sigma}$ 时，达到峰值，然后下降，最终为 0；若 $s(0)<\frac{1}{\sigma}$，感染者比例 $i(t)$ 单调递减，最终为 0。

若 $\sigma\leqslant 1$，则剩余一部分易感者，而疾病波及的总人数为 t 趋于无穷大时的康复者人数 $R(t)$。其中，$\frac{1}{\sigma}$ 是传染病蔓延的阈值，满足 $s(0)>\frac{1}{\sigma}$ 才会发生传染病蔓延。因此，为了控制传染病的蔓延：一方面，要提高阈值 $\frac{1}{\sigma}$，可以通过提高卫生水平降低传染率 β、提高医疗水平提高康复率 γ；另一方面，要降低 $s(0)$，可以通过预防接种达到群体免疫实现。

6.2.5　SEIR 模型

在 SIR 模型中，考虑了易感者(S)、感染者(I)和康复者(R)。然而，在传染病的传播中，存在一个潜伏期，即个体已被感染但尚未表现出症状的时间段。为引入这一概念，SEIR 模型引入了额外的状态，即潜伏者(Exposed，E)。因此，SEIR 模型包含 4 个状态，分别为易感者(S)、潜伏者(E)、感染者(I)和康复者(R)。

在 SEIR 模型中，个体首先从易感状态进入潜伏状态，然后在潜伏期结束后进入感染状态，最终康复并进入免疫状态。这个模型更全面地考虑了传染病的传播动态，尤其是在病毒潜伏期内的状态转变。潜伏期的引入有助于更准确地描述传染病在人群中的传播过程，对于制定干预措施和预测疾病传播趋势都具有重要意义。

SEIR 模型是一种常用于描述传染病传播的数学模型，它包括 4 个主要人群状态，分别为易感、潜伏、感染和康复。该模型考虑了个体从感染到康复的多个阶段，允许更准确地模拟传染病的传播过程。以下是 SEIR 模型的基本原理。

人群分为 4 类：①易感人群，是尚未感染病毒的人群，但他们容易被感染。②潜伏人群，是已感染病毒但尚未表现出症状或传播给他人的人群。在潜伏期内，个体是感染者，但不传播疾病。③感染人群，是已感染疾病且能够传播给他人的人群。感染者会传播疾病给易感人群。④康复人群，是已经康复并具有免疫力的人群，他们不再感染或传播疾病。SEIR 模型的流程如图 6-11 所示。

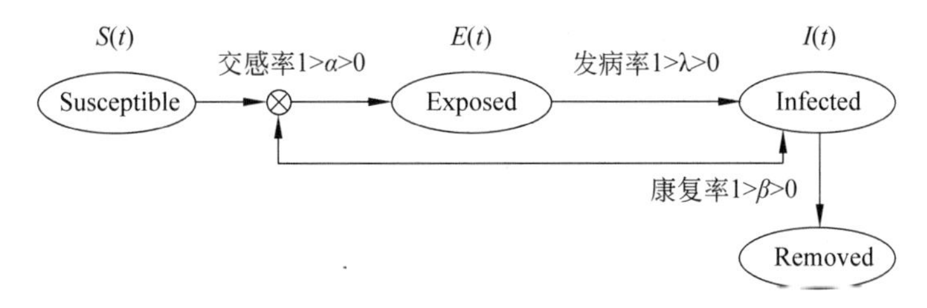

图 6-11　SEIR 简易模型

易感人群通过接触感染者发生感染过程，与 SIR 模型类似。感染者首先进入潜伏期，潜伏期后转化为感染状态。潜伏期表示感染者已感染但尚未表现出明显的症状或能力传播疾病给他人。康复过程表示感染者最终会康复，变成康复人群，具有免疫力。康复率表示单位时间内感染者康复的比例。

潜伏期是 SEIR 模型的独特特征，表示个体已感染但尚未表现出明显的症状或传播能力。潜伏期的持续时间通常由潜伏期参数表示。在 SEIR 模型中，人口总数保持不变，不考虑出生、死亡或新人加入。随着时间的推移，人群中的个体将不断在易感、潜伏、感染和康复状态之间转换。SEIR 模型通常使用微分方程描述易感人群、潜伏人群、感染人群和康复人群的变化。基本的 SEIR 模型微分方程包括 4 个方程，每个方程表示一个人群状态的变化。SEIR 模型的传播图如图 6-12 所示。

易感人群的变化：$\frac{\mathrm{d}S}{\mathrm{d}t}=-\frac{\beta SI}{N}+\alpha E$。

潜伏人群的变化：$\frac{\mathrm{d}E}{\mathrm{d}t}=\frac{\beta SI}{N}-\alpha E$。

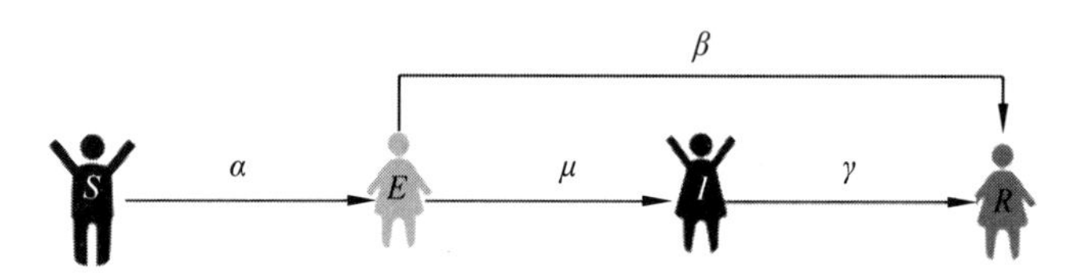

图 6-12 SEIR 模型的传播图

感染人群的变化：$\frac{\mathrm{d}I}{\mathrm{d}t}=\alpha E-\gamma I$。

康复人群的变化：$\frac{\mathrm{d}R}{\mathrm{d}t}=\gamma I$。

在这些方程中，t 表示时间，S、E、I 和 R 分别表示易感、潜伏、感染和康复人群的比例。β 是传染率，α 是潜伏期患者向易感人群的传染率，γ 是感染者康复的比率。这些参数可以根据特定 SEIR 模型允许研究者模拟传染病的传播过程，包括潜伏期的影响和康复对传染过程的影响。这使得它成为流行病学研究和传染病控制策略制定的有效工具。在实际应用中，这些微分方程可以通过数值模拟方法（如欧拉法或 Runge-Kutta 法）求解，以获得随时间变化的人群状态，根据传染病的性质和流行病学数据进行调整。

可以使用更加具体的微分方程例子表示 SEIR 模型。

$$\frac{\mathrm{d}S}{\mathrm{d}t}=-\frac{r_1\beta IS}{N}-\frac{r_2\beta_2 ES}{N} \tag{6-34}$$

$$\frac{\mathrm{d}E}{\mathrm{d}t}=\frac{r_1\beta_1 IS}{N}+\frac{r_2\beta_2 ES}{N}-\alpha E \tag{6-35}$$

$$\frac{\mathrm{d}I}{\mathrm{d}t}=\alpha E-\gamma I \tag{6-36}$$

$$\frac{\mathrm{d}R}{\mathrm{d}t}=\gamma I \tag{6-37}$$

下面进行迭代转换，以 $\frac{\mathrm{d}S}{\mathrm{d}t}=-\frac{r_1\beta IS}{N}-\frac{r_2\beta_2 ES}{N}$ 为例，对式(6-34)左右两边同时积分，可得

$$\int_{n-1}^{n}\frac{\mathrm{d}S}{\mathrm{d}t}\mathrm{d}t=\int_{n-1}^{n}\left(-\frac{r_1\beta IS}{N}-\frac{r_2\beta_2 ES}{N}\right)\mathrm{d}t \tag{6-38}$$

等号右边使用左矩形公式 $\int_a^b f(x)\mathrm{d}x\approx(b-a)f(a)$，即

$$S_n-S_{n-1}=-\frac{r_1\beta_1 I_{n-1}S_{n-1}}{N}-\frac{r_2\beta_2 E_{n-1}S_{n-1}}{N} \tag{6-39}$$

整理可得

$$S_n=S_{n-1}-\frac{r_1\beta_1 I_{n-1}S_{n-1}}{N}-\frac{r_2\beta_2 E_{n-1}S_{n-1}}{N} \tag{6-40}$$

同理，可以得到另外 3 个变量的表达式，即

$$E_n=E_{n-1}+\frac{r_1\beta_1 I_{n-1}S_{n-1}}{N}+\frac{r_2\beta_2 E_{n-1}S_{n-1}}{N}-\alpha E_{n-1} \tag{6-41}$$

$$I_n=I_{n-1}+\alpha E_{n-1}-\gamma I_{n-1} \tag{6-42}$$

$$R_n = R_{n-1} + \gamma I_{n-1} \tag{6-43}$$

其中，r_1 表示每个感染者每天接触的平均人数，r_2 表示每个潜伏者每天接触的平均人数，β_1 表示易感者被感染者感染的概率，β_2 表示易感者被潜伏者感染的概率，α 表示潜伏者转换为感染者的概率（潜伏期的倒数），γ 表示康复概率，N 表示总人数。

SEIR 模型用于模拟潜伏期疾病的传播，其中包括 4 个状态：易感(S)、潜伏(E)、感染(I)、康复(R)。该模型可以帮助研究者了解传染病在不同阶段的人群分布情况，特别适用于那些具有潜伏期的疾病。在本书的分析中，我们结合了来自约翰·霍普金斯大学的全球疫情数据统计的真实数据，通过这些数据对 SEIR 模型进行了参数拟合与仿真分析。该数据集提供了全球不同国家和地区的疫情动态，使得我们可以更好地理解传染病的传播过程，尤其是疾病的潜伏期和传播高峰。

通过这种方式，SEIR 模型不仅展示了理论分析的价值，还通过数据分析和现实应用增强了对潜伏期疾病传播的理解。然而，尽管 SEIR 模型能够较好地模拟这类疾病的传播，但它仍然是一个简化模型，未考虑人口流动、政府干预等现实因素，因此在实际应用中，可能需要更复杂的模型进行补充分析。代码示例如下。

```
import numpy as np
import matplotlib.pyplot as plt
from scipy.integrate import odeint

def seir_model(y, t, beta, sigma, gamma):
    S, E, I, R = y
    dSdt = -beta * S * I
    dEdt = beta * S * I - sigma * E
    dIdt = sigma * E - gamma * I
    dRdt = gamma * I
    return [dSdt, dEdt, dIdt, dRdt]

S0 = 0.99
E0 = 0.01
I0 = 0.0
R0 = 0.0
y0 = [S0, E0, I0, R0]

beta = 0.3
sigma = 0.1
gamma = 0.1

t = np.linspace(0, 100, 1000)

solution = odeint(seir_model, y0, t, args=(beta, sigma, gamma))
S, E, I, R = solution.T

plt.figure(figsize=(10, 6))
plt.plot(t, S, linestyle='-', marker='.', markersize=6, markevery=50, label=
'Susceptible')
plt.plot(t, E, linestyle='--', marker='o', markersize=6, markevery=50, label=
'Exposed')
plt.plot(t, I, linestyle='-.', marker='x', markersize=6, markevery=50, label=
'Infected')
```

```
plt.plot(t, R, linestyle=':', marker='s', markersize=6, markevery=50, label=
'Recovered')

plt.xlabel('Time')
plt.ylabel('Proportion of Population')
plt.title('SEIR Model')
plt.legend()
plt.grid(True)
plt.show()
```

SEIR 模型代码示例结果如图 6-13 所示。

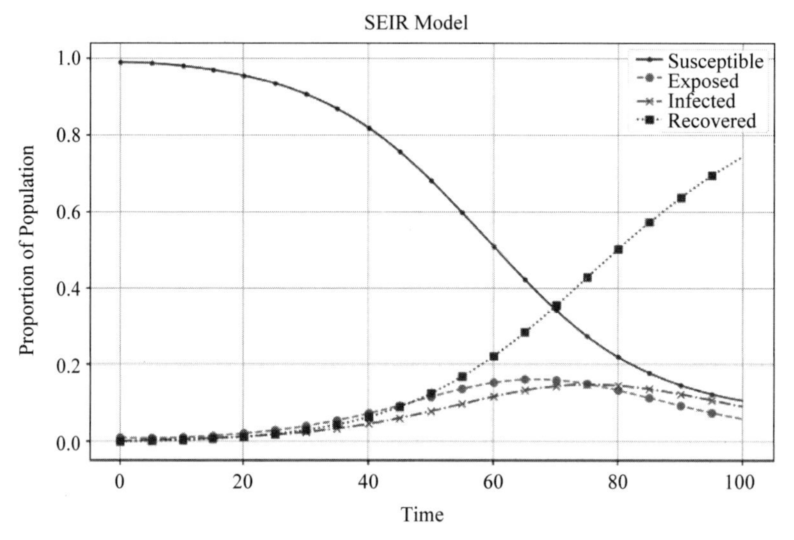

图 6-13 SEIR 模型结果表示(见彩插)

由图 6-13 可以看出,易感者曲线初始时易感者数量较大,这是由于初始条件设置了大部分人是易感者。随着时间的推移,易感者的数量逐渐减少,随着感染者不断康复,易感者通过与康复者接触而逐渐减少。传染率 β 对易感者的下降速度有影响,较高的传染率可能导致更快的下降。潜伏者曲线初始时潜伏者数量为零。潜伏者是在感染后潜伏一段时间的人群,因此初始时没有潜伏者。随着时间的推移逐渐增加,并在某一点达到峰值。潜伏者的增加是由于易感者被感染,进入潜伏期。潜伏者数量的峰值可能取决于潜伏期 α 的倒数,即感染后多久会变为感染者。感染者曲线初始时感染者数量为零。由于初始条件,感染者人数为零。随着时间的推移,感染者的数量逐渐增加,并在某一点达到峰值。感染者数量的增加是由于潜伏者进入感染期,同时易感者被感染。感染者数量的峰值可能取决于传染率 β 和潜伏期 α。康复者曲线初始时康复者数量为零。康复者是由感染者康复而产生的,因此初始时没有康复者。随着感染者康复,康复者的数量逐渐增加。感染者通过康复进入康复者群体,康复者数量的增加速度取决于康复率 γ。

6.2.6 其他传染病模型

除上述提到的传染病模型外,学者还针对不同传染病的特征提出许多不同的传染病模型。例如,在 MSEIR 模型中,M(Passive iMmute)表示被动免疫状态,S(Susceptible)表示易感者，E(Exposed)表示潜伏者，I(Infective)表示感染者，R(Recovered)表示康复者。除SIR、SEIR一些常见的传染病模型外，还存在对应这些模型的变体，例如SIRS(易感-感染-康复-易感)、SEIRS(易感-潜伏-感染-康复-易感)模型以及SIQR(易感-感染-隔离-康复)等，而这些模型相比较之前的，就是在一定的小世界网络中会形成一个循环，而这样的模型可以更加容易找到该模型的平衡系数和基础再生数，研究人员对此类模型更加容易分析和理解。而不同之处如式(6-44)，其中一个显著特征即允许康复者在一段时间后重新变为易感者，模拟免疫不是永久的情况。

$$\frac{\mathrm{d}R}{\mathrm{d}t}=\gamma I-\delta R \tag{6-44}$$

其中，δ 是失效免疫率，表示免疫力失效导致康复个体重新变得易感的速率，也是与SIR模型的不同之处，即康复后恢复健康的人有一定概率再次染病。总体而言，SIRS和SEIRS模型通过引入康复后失效免疫的概念，更好地捕捉了免疫力不是永久的情况。这使得模型更贴近一些疾病的实际传播情况。

SIQR模型是一种传染病模型，与传统的SIR模型相比，引入额外阶段，即"Quarantined"(隔离)阶段。这个模型考虑了以下4个主要人群。

(1) S(Susceptible)：易感染个体，尚未感染病毒人群。

(2) I(Infected)：感染个体，携带并传播病毒的人群。

(3) Q(Quarantined)：被隔离的个体，即已经感染但被隔离的人群，以阻止病毒传播。

(4) R(Recovered)：康复个体，曾经感染过病毒但现在已康复的人群。

SIQR模型的传播过程可以用以下方程式表示。

$$\frac{\mathrm{d}s}{\mathrm{d}t}=-\beta SI \tag{6-45}$$

$$\frac{\mathrm{d}I}{\mathrm{d}t}=\beta SI-\gamma I \tag{6-46}$$

$$\frac{\mathrm{d}Q}{\mathrm{d}t}=\gamma I-\delta Q \tag{6-47}$$

$$\frac{\mathrm{d}R}{\mathrm{d}t}=\delta Q \tag{6-48}$$

其中，β 是传染率，γ 是感染者康复的速率，δ 是被隔离个体康复的速率。该模型的动力学描述了人群在不同状态之间的流动。易感个体被感染后成为感染个体，一部分感染个体被隔离，然后康复成为康复个体。这个模型在传染病控制和防治方面有一定的应用，特别是在考虑隔离和控制措施的情境下。

在此部分中，我们介绍了SIR和SEIR模型的扩展版本，如SIRS模型和SIQR模型。SIRS模型通过引入免疫力失效的概念，模拟了某些疾病在康复后仍可能再次感染的情况。在本书的分析中，我们结合了约翰·霍普金斯大学的全球疫情数据统计的数据，利用这些扩展模型进行更为现实的传染病传播模拟。SIQR模型则引入了隔离(Quarantined)阶段，用来描述在疫情防控措施中，隔离如何影响疾病的传播与控制。通过全球疫情数据的支持，我们能够更加清晰地展示实际疫情中隔离措施对减少传播的效果，从而帮助研究者更好地理解隔离策略的作用与效果。

通过这些扩展模型，我们不仅能够深入分析疾病的不同传播机制，还能利用实际数据进行模型验证与优化,为应对传染病的传播提供科学依据。该模型的代码示例如下。

```
import numpy as np
from scipy.integrate import odeint
import matplotlib.pyplot as plt

def siqr_model(y, t, beta, gamma, delta):
    S, I, Q, R = y
    dSdt = -beta * S * I
    dIdt = beta * S * I - gamma * I
    dQdt = gamma * I - delta * Q
    dRdt = delta * Q
    return [dSdt, dIdt, dQdt, dRdt]

beta = 0.3
gamma = 0.1
delta = 0.05

S0 = 0.9
I0 = 0.1
Q0 = 0.0
R0 = 0.0
y0 = [S0, I0, Q0, R0]

t = np.linspace(0, 200, 1000)

solution = odeint(siqr_model, y0, t, args=(beta, gamma, delta))

S, I, Q, R = solution.T

plt.figure(figsize=(10, 6))
plt.plot(t, S, linestyle='-', marker='.', markersize=6, markevery=50, label=
'Susceptible')
plt.plot(t, I, linestyle='--', marker='o', markersize=6, markevery=50, label=
'Infectious')
plt.plot(t, Q, linestyle='-.', marker='x', markersize=6, markevery=50, label=
'Quarantined')
plt.plot(t, R, linestyle=':', marker='s', markersize=6, markevery=50, label=
'Recovered')

plt.xlabel('Time')
plt.ylabel('Proportion of Population')
plt.title('SIQR Model')
plt.legend()
plt.grid(True)
plt.show()
```

SIQR 示例代码结果如图 6-14 所示。

此处提供的只是一个简单的演示代码,实际应用中可能需要更多的参数调整和优化模型。此外,模型的准确性取决于模型参数的选择,这些参数可能需要通过实际数据拟合得到。除经典的 SI、SIR、SEIR、SIS、SIRS 模型外,还存在一些比较流行的传染病模型,下面使用经典模型和与其相似的传染病模型进行比较。

SEIR 模型与疫苗接种模型(SEIV,SIRV):SEIR 模型描述易感者、潜伏者、感染者和康复者的转变过程,而 SEIV 和 SIRV 模型分别结合疫苗接种效果、潜伏期的影响和引入了疫苗接种的状态,考虑了疫苗对免疫的影响。这些模型可以用于评估疫苗接种对疾病传播和流行的影响,帮助制定疫苗接种策略,减轻社会对传染病的负担。MSIR 模型考虑了母源

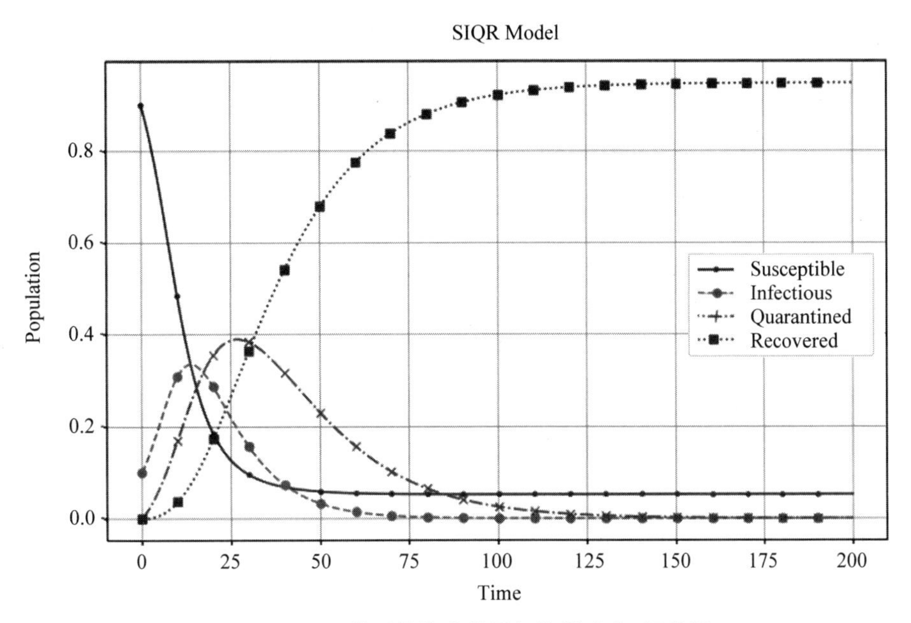

图 6-14　SIQR 模型传染病传播与控制动态(见彩插)

抗体在新生儿中的传递,用于研究母源抗体对传染病传播的影响,对婴儿健康和疫苗接种策略有重要意义。基于代理的模型(Agent-Based Models,ABM)和带有空间组成部分的模型(Compartmental Models with Spatial Components):ABM 强调个体层面的交互和移动,而带有空间组成部分的模型考虑了地理位置对传播的影响。具体来说,ABM 采用个体为基础的方法,模拟个体之间的直接交互和移动,更逼真地反映了人群中的个体差异和复杂性。这些模型更贴近现实的人群结构和行为,可用于模拟社交网络中的疾病传播,从而更好地指导社交隔离、旅行限制等社会干预措施。

通过结合这些模型,研究者能够更全面地理解疾病传播的动态,并制定更有效的公共卫生政策。这些模型在社会影响方面的应用有助于预测疾病传播趋势、评估干预措施的效果以及优化资源分配。

6.3　舆论传播及谣言检测

在当今时代,社交媒体的普及和网络技术的发展使得舆论传播变得越来越复杂。复杂网络中的舆论传播,涉及各种因素和力量的交织,包括但不限于公众的情绪、媒体报道的角度、政治和经济利益等。

首先,公众的情绪是影响舆论传播的重要因素。在社交媒体上,公众的情绪往往能够迅速传播和放大,形成一种"群体情绪"。这种情绪化的舆论往往会影响人们对事件的判断力,导致非理性思考和行为,甚至可能导致谣言的传播。因此,理解和把握公众情绪的变化,对有效引导舆论正能量,避免谣言传播至关重要。

其次,媒体报道的角度也是影响舆论传播的重要因素。媒体作为信息的传播者,其报道的角度、用词和语气等都会影响公众对事件的认知和判断。有时候,媒体为了追求点击率和关注度,可能会采用一些具有煽动性的标题和内容,从而加剧舆论的复杂性和矛盾性。因此，媒体应该承担起社会责任，以客观、公正的态度报道新闻，引导公众理性思考。

此外，政治和经济利益也是影响舆论传播的重要因素。在某些情况下，政治和经济利益集团可能会通过各种手段影响舆论的走向，以达到自己的目的。例如，通过控制媒体、雇佣水军等方式操纵舆论。这种行为不仅会损害公众的知情权和表达权，也会破坏社会的公正和公平。

由此可见，复杂网络中的舆论传播是一个多因素、多力量的交织过程。为了更好地应对这一挑战，需要深入研究这些因素和力量的作用机制，提高对舆论传播的认知和理解。政府、媒体和社会各界也应该共同努力，营造一个理性、客观、公正的舆论环境。同时，及时检测出舆论传播中的谣言，能够合理引导正确的舆论，有利于建设和谐社会，提高民众的道德水平，促进人与社会和谐发展。

在研究复杂网络舆论传播和谣言检测的领域里，算法扮演着举足轻重的角色。它就像一把锐利的钥匙，为我们开启了一扇深入探索舆论传播规律的大门。结合推荐算法、影响力传播模型、情感分析算法和机器学习等先进技术，我们对网络舆论的生成与演化机制有了更全面的认识。

影响力传播模型能够模拟信息传播路径，揭示关键节点或关键时刻。这为制定舆论引导策略提供了重要指导，有助于更好地把握信息传播的内在规律。通过了解信息传播的关键节点和关键时刻，可以更有效地进行谣言检测及谣言阻断，制定更合理的舆论引导策略，促进网络环境的健康发展。

情感分析算法在网络舆论监控中发挥着不可或缺的作用。通过自然语言处理技术，情感分析算法能够快速准确地判断文本情感倾向和强度，帮助我们了解公众的情绪和态度。这有助于及时调整应对策略，促进理性、健康的网络环境。在情感分析算法的帮助下，我们能够更好地理解公众的情绪和观点，从而采取更有针对性的措施应对各种网络舆论问题。

机器学习算法在舆论预测中展现出强大的潜力。通过训练模型学习历史数据中的模式，机器学习能够预测舆论发展趋势，提高预测准确性。分类、回归或时间序列分析等机器学习算法在舆论数据处理中具有广泛的应用前景。通过机器学习算法的应用，我们能够更好地把握舆论发展的趋势和规律，为相关决策提供科学依据。

通过运用推荐算法、影响力传播模型、情感分析算法和机器学习等技术，我们得以深入探索舆论传播规律，为引导和管理网络舆论提供科学依据。这些先进技术的应用不仅有助于更好地理解网络舆论和谣言传播的生成与演化机制，还能为网络环境的健康发展提供有力支持。

舆论传播和谣言检测的研究主要包括基于复杂网络的传播和基于用户属性的传播两方面。基于复杂网络的传播影响因素有很多，如网络结构、信息内容、时间点等因素都可能导致社交网络传播结构发生变化。而基于用户属性的传播影响因素主要包括用户的性格、性别、年龄、人际关系、爱好、受教育程度、微博的粉丝数量等方面，用户之间属性各不相同，存在异质性，这会影响用户在社交网络中的行为。例如，在选择购物时，消费者会产生不同的消费评价，针对不同的信息会产生对立的见解，针对网络上发布的信息会有不同的看法、观点，也会采取不同的行为措施。用户在判别舆论信息时，也会重点考虑其他用户与自身有无相同的兴趣爱好、职业、性别等。当然除上述两方面影响因素外，外界环境的差异或外界干扰也会对社交网络舆论传播带来影响。

下面将探讨舆论传播和谣言检测机制，研究信息是如何在复杂网络中传递以及网络结构如何影响信息的传播速度和范围，进一步理解动力学系统的信息传递机制。

6.3.1　信息传播

信息传播是指信息从一个源头传递到另一个地方或多个地方的过程。在过去，信息传播主要通过口耳相传、书信、报纸等方式进行。然而，随着互联网和社交媒体的崛起，信息传播的方式发生了革命性的变化。社交媒体平台如 Facebook、Twitter 和 Instagram 等，使信息能够在全球范围内快速传播，同时也带来虚假信息和信息过载的问题。这里考虑一个比较简单的信息传播，即 $I \to S \to R$，其中 I 代表信息的实例，S 代表信息的源，R 代表信息的接收者。这个箭头表示信息从源 S 传播到接收者 R 的过程。使用一个代码表示其过程如下。

```
class Information:
    def __init__(self, content):
        self.content = content
class Source:
    def __init__(self, information):
        self.information = information
class Receiver:
    def receive_information(self, source):
        received_information = source.information
        print("Received information:", received_information.content)
                                                   #创建信息实例
info = Information("This is a message.")           #创建信息源和接收者实例
source = Source(info)
receiver = Receiver()                              #信息传播
receiver.receive_information(source)
```

上述代码就是一个简单的信息传播过程，其具体结果如下所示。

```
Received information: This is a message.
```

在信息传播的研究中，学者提出了多种模型描述信息在网络中的传播过程。其中，病毒传播模型、影响力传播模型等都试图解释信息如何在社交网络中传播，并预测哪些节点会成为信息的传播中心。影响信息传播的因素包括网络拓扑结构、节点的影响力、信息的内容和情感等。信息传播的模型可以使用许多不同的方法表示，其中一种常见的模型是独立级联模型(Independent Cascade Model)。这个模型用概率描述信息在网络中传播的过程。以下是一个简化的描述，包含一些代码和相关的数学公式。

1. 独立级联模型基本公式

假设有一个图 $G=(V,E)$，其中 V 是节点集合，E 是边集合。每个节点 $v \in V$ 都有一个激活概率 P_v，表示节点接收到信息后被激活的概率。如果节点 u 被激活，它会尝试激活其邻居节点 v，并且这个激活过程以概率 P_{uv} 发生。

$$P(v\text{ 被激活}) = 1 - \prod_{u \in N(v)} (1 - P_{uv}) \tag{6-49}$$

其中，$N(v)$ 是节点 v 的邻居节点集合。

2. 信息传播的代码示例

```
import networkx as nx
import random
def independent_cascade_model(graph, activation_probabilities):
    active_nodes = set()
    for node in graph.nodes():
        if random.random() < activation_probabilities[node]:
            active_nodes.add(node)
    new_nodes_activated = True
    while new_nodes_activated:
        new_nodes_activated = False
        for node in graph.nodes():
            if node not in active_nodes:
                neighbors = list(graph.neighbors(node))
                for neighbor in neighbors:
                    If neighbor in active_nodes and random.random()
                    < activation_probabilities[(neighbor, node)]:
                        active_nodes.add(node)
                        new_nodes_activated = True
    return active_nodes
#创建一个简单的图
graph = nx.Graph()
graph.add_edges_from([(1, 2), (1, 3), (2, 4), (3, 4)])
activation_probabilities = {1: 0.2, 2: 0.3, 3: 0.4, 4: 0.1, (1, 2): 0.1, (1, 3):
0.2, (2, 4): 0.5, (3, 4): 0.3}#节点激活概率
#模拟信息传播
activated_nodes = independent_cascade_model(graph, activation_probabilities)
print("Activated nodes:", activated_nodes)
```

以上代码随机测试结果如下。

```
Activated nodes: {1, 2}
```

这段代码使用 NetworkX 库创建了一个简单的图,并模拟了基于独立级联模型的信息传播过程。激活的节点最终被打印出来。因为结果每次不一定相同,请读者自行尝试。

6.3.2 舆论传播

舆论是社会中公众对于各种现实社会现象和问题所持有的信念、态度、意见以及情感的综合体现,对社会发展和事态进展产生深远的影响。网络舆论传播作为现实舆论在网络平台上的延伸,具备其独特的形式和特征,混合了理性和非理性的成分。

首先,网络舆论呈现出多样的形式,其传播主体和渠道多种多样。一方面,由网络媒体主导的网络舆论和新闻跟帖引发的网络舆论在社会中占据重要地位。另一方面,通过电子公告、电子论坛、聊天室、留言板等形成的舆论,以及通过电子邮件、博客、播客、微博等自媒体传播的网络舆论,使得信息的传递方式更为灵活。随着技术的不断发展,新兴的传播渠道如音频和视频播客,也呈现出蓬勃的发展趋势,为网络舆论的表达提供了更多可能性。网络传播的匿名性使得许多人敢于在网上表达在现实中可能不敢言说的看法,进一步促使网络

舆论的多样化。

其次,网络舆论的形成很大程度上源于个人意见。许多个体首先感知到社会问题的存在,积极介入并形成自己的态度,随后在适当的场合表达个人见解。个人意见的传播成为舆论形成的起点,而当某一观点得到广泛认同时,便会引发更广泛的讨论,形成各种议论圈。随着议论圈的扩大,个人意见得以更广泛地传播,最终转换为大多数人所认同的舆论。

总体而言,网络舆论传播既是社会舆论的延伸,又因网络传播的特殊性而呈现出多样、灵活的形态。个人意见在这一过程中扮演着关键的角色,推动舆论的形成和发展。网络舆论的影响力不断扩大,成为社会各界关注的重要议题,同时也促使我们深入思考信息传播的合理性和可持续性。

舆论传播方法的研究是传播学领域的重要组成部分,随着社会信息化的不断发展,对各种传播手段和途径的深入探讨成为学术研究的热点之一。为了更好地理解和解释舆论传播的复杂性,研究者采用多种分类方法,将往年的相关研究分为不同的内容类别。以下是对往年论文中分类方法内容的概述。

① 媒体类型:研究者对舆论传播媒体进行了细致分类,主要包括传统媒体、社交媒体和新兴媒体。传统媒体研究侧重分析报纸、电视、广播等传统形式的传播,而社交媒体研究关注在线平台上信息的传播方式,包括微博、微信、Facebook 等。同时,新兴媒体如博客、播客、短视频等也成为研究的焦点,拓展了媒体类型的研究范围。

② 信息传播途径:在信息传播途径方面,研究者将研究重点分为单向传播和双向传播。单向传播强调信息的单一流向,从发起者到接收者,而双向传播研究更关注信息传播过程中的双方互动,特别是在社交媒体等平台上的评论、转发等互动形式。

③ 传播内容:舆论传播的内容涵盖新闻传播、娱乐传播和教育传播等多方面。新闻传播研究关注实时事件和事实报道,娱乐传播聚焦于以娱乐为主题的信息传播,而教育传播则着眼于知识和教育信息的传递。

④ 传播对象:研究者根据传播对象将舆论传播划分为个体传播和群体传播。个体传播更强调信息传递面向个体,通过个体间的交流传递;而群体传播更注重信息传递面向群体,通过群体内部的互动传递。

这些分类方法的细致分析为研究者提供了系统的框架,有助于更全面地理解舆论传播的多样性和复杂性。在未来的研究中,可以进一步深入挖掘每个分类下的具体问题,推动舆论传播研究领域的发展。

在深入研究舆论传播的过程中,不仅需要关注理论和实证研究,还应该考虑如何应用先进的技术手段更好地理解和分析网络舆论的特性。正是在这样的背景下,引入舆论传播代码成为一种独特而强大的方法。

下面将通过实际案例和详细分析,揭示舆论传播代码是如何帮助我们深入理解网络舆论的本质,如何为决策者提供更准确的社会反馈,以及如何引导舆论走向更加积极的方向。这将是一场关于信息时代舆论传播新思维的探索之旅,同时也是对技术与社会交融的深刻思考。

具体算法的代码解释如下。

```
import networkx as nx
import matplotlib.pyplot as plt
```

```
import random

#创建一个随机图,代表社交网络
def create_social_network(num_nodes):
    G = nx.erdos_renyi_graph(num_nodes, 0.2)
return G
#初始化节点的意见状态,0表示负面,1表示中立,2表示正面
def initialize_opinions(G):
    opinions = {node: random.choice([0, 1, 2]) for node in G.nodes()}
    return opinions
#选择一些节点作为初始信息传播源
def initialize_seed_nodes(opinions, num_seeds):
    nodes = list(opinions.keys())
    seeds = random.sample(nodes, num_seeds)
    return seeds
#模拟信息传播过程
def simulate_opinion_spread(G, opinions, seeds, num_steps):
    for step in range(num_steps):
        new_opinions = opinions.copy()
        for seed in seeds:
            neighbors = list(G.neighbors(seed))
            for neighbor in neighbors:
                if random.random() < 0.5:  #以一定概率传播意见
                    new_opinions[neighbor] = opinions[seed]
        opinions = new_opinions
        plot_network(G, opinions, f'Step {step + 1}')
#绘制社交网络
def plot_network(G, opinions, title):
    pos = nx.spring_layout(G)
    colors = {0: 'red', 1: 'gray', 2: 'green'}
    node_colors = [colors[opinions[node]] for node in G.nodes()]
    nx.draw(G, pos, node_color=node_colors, with_labels=True)
plt.title(title)
plt.show()

#参数设置
num_nodes = 30
num_seeds = 3
num_steps = 5

#创建社交网络并模拟信息传播
social_network = create_social_network(num_nodes)
opinions = initialize_opinions(social_network)
seeds = initialize_seed_nodes(opinions, num_seeds)
simulate_opinion_spread(social_network, opinions, seeds, num_steps)
```

具体的舆论传播流程图绘制如图 6-15～图 6-19 所示。

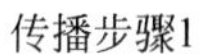

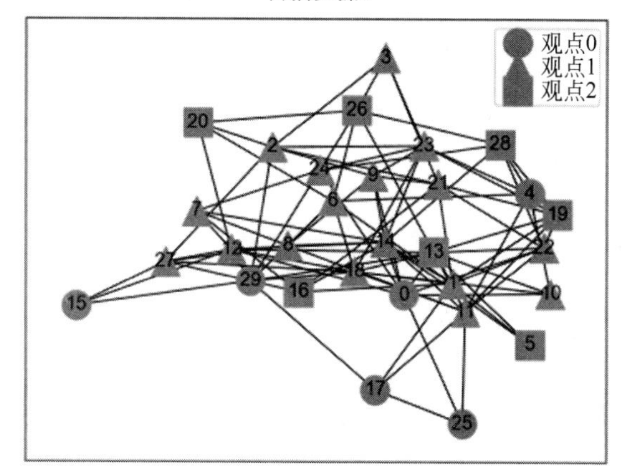

图 6-15　初始状态：表示在任何互动开始前的初始意见分布

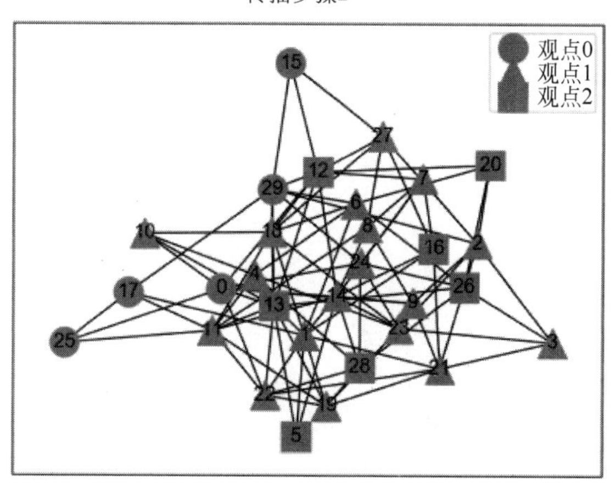

图 6-16　早期传播：指谣言传播的早期阶段，意见开始相互影响

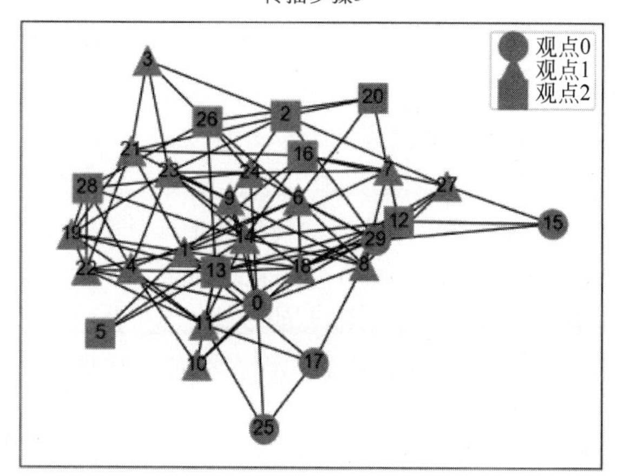

图 6-17　中期传播：展示传播过程的中期阶段，意见分布发生显著变化

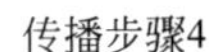

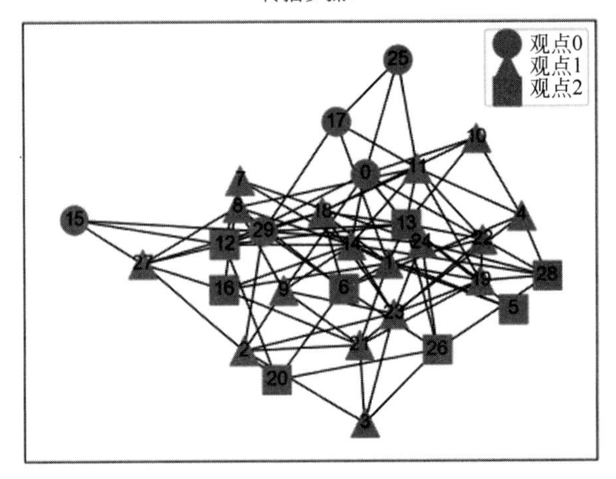

图 6-18　后期传播：表示传播的后期阶段，当大多数节点已经受到影响

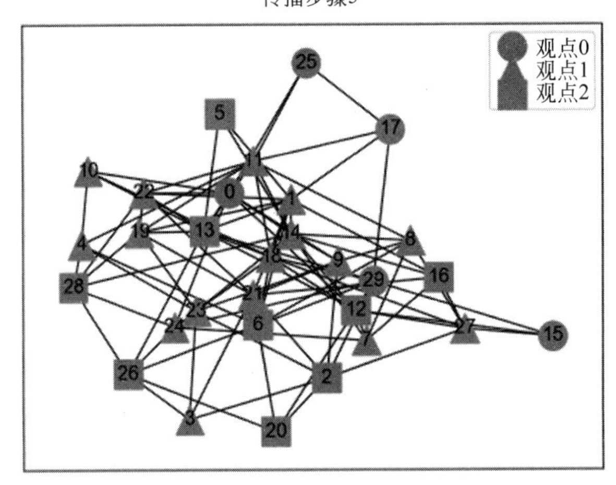

图 6-19　最终状态：展示传播过程稳定后的最终意见分布

在此例中，每个节点有一个意见状态，通过模拟信息在网络中的传播，可以观察到舆论在社交网络中的扩散过程。这是一个简化的模型，真实的舆论传播可能涉及更多的因素，如信息的内容、用户的影响力等。

谣言是指在社会中出现并流传的未经官方公开证实或已经被官方辟谣的信息，具有虚假性、匿名性、非官方性等特点，其实质是一种以信息传播为特征的集群行为。谣言传播是指虚假信息在社会中迅速传播的现象。谣言的传播会形成社会舆论，容易引发社会动荡，危害公共安全，影响金融市场等。作为一种典型的社会现象，谣言在现代社会中非但没有消失，而且其传播手段、传播途径等都发生了很大的变化，尤其在突发事件，乃至各种危机中，谣言的作用更是不可低估。因此，对谣言传播的内在机理和传播规律进行系统研究是十分必要的。

6.3.3　谣言传播模型

谣言传播模型的研究始于 20 世纪 60 年代。在社交网络中，由于谣言传播和病毒传播相似，因此，现有的大多数谣言传播模型都借鉴了传染病模型。谣言传播模型的发展过程始于1965年Daley和Kendall提出的经典的谣言传播数学模型，即DK模型。DK模型借助随机过程的方法，将相关人群分为三类，即知道并传播谣言的人、不知道谣言的人、接触谣言但拒绝传播谣言的人；随后，Maki和Thompson提出的MT模型在DK模型的基础上进行了修正。Kawachi在2008年首次讨论了年龄独立前提下的谣言传播模型。“年龄独立”通常指某个特定变量或现象与个体的年龄无关，即不受个体年龄影响。在研究或讨论中，当我们说某个特征或影响是“年龄独立”时，意味着这个特征在不同年龄段的个体中表现相似，没有明显的年龄相关性。例如，如果某项技能的学习速度是年龄独立的，那么无论个体的年龄如何，他们在学习这项技能方面的表现都应该是类似的。这个概念在研究中用来探讨某种现象是否受到年龄因素的影响，并引入4个模型，分别根据种群是否封闭、谣言是恒定还是可变进行分类，然后加入年龄相关的传播系数对谣言进行相关研究。2010年，Gu和Li等首次将遗忘-记忆机制引入谣言传播过程；Zhao和Wang等结合遗忘机制和流行病模型进行了实例研究。2012年，Zhao和Wang等在考虑遗忘-记忆机制的传统SIR模型中加入Hibernator（休眠者）角色，提出了改进的SIHR模型。2013年，Zhao和Qiu等对Zhao在2012年提出的SIHR模型进行了改进，指出模型中未知者转化为传播者和移出者的概率之和应为1。2015年，张亚明等提出合理利用兴趣衰减可以有效降低网络谣言的传播规模。2017年，Dong和Deng等提出一种新的SEIR谣言传播模型，并分析了社交网络中谣言传播过程的内在特征。

谣言在不同个体之间的传播概率存在差异，在不同拓扑结构的社交网络中，谣言的传播规律也不同。复杂网络为进一步解决这些问题提供了基础，使谣言传播研究取得新的进展。

Zanette首次将复杂网络理论应用到谣言传播研究中，建立小世界网络中的谣言传播模型。Moreno等在无标度网络中建立谣言传播模型，同时通过计算机模拟，并通过随机分析方法对结论进行比较。

1. Zanette的小世界网络谣言传播模型

Zanette使用SIR模型研究了谣言在小世界网络中的传播。他将人群分为三类，即谣言易感人群、感染人群和免疫人群，假定这三种人群数量为n_s、n_I和n_R，简化了复杂的谣言传播机制。根据SIR模型的传统设定，易感者在接触感染者后被感染，而感染者在一段时间后康复成为免疫者。这一过程通过SIR平均场方程描述。

$$n_s = -n_s \frac{n_I}{N} \tag{6-50}$$

$$n_I = n_S \frac{n_I}{N} - n_I \frac{n_I + n_R}{N} \tag{6-51}$$

$$n_R = n_I \frac{n_I + n_R}{N} \tag{6-52}$$

研究结果表明，随着谣言在人群中传播，人们最终分为两组：一组是听到谣言并对其免疫的人，另一组是从未听到过谣言的人、容易受谣言影响的人。当整个种群中的个体数N趋于无穷大时，免疫人群在人群中的比例r最终趋于稳定，平均约为0.796，这意味着近20%的人从未听说过谣言。结果还表明，当n_R在相对较小的数值区域内时，n_R与n_I，n_R以及灭绝时间T的相关性服从幂律分布；当n_R在一个相对较大的数值区域内时，如果p上升，T 下降，n_R 和 n_I 都增加，说明整个网络的传播过程变得非常高效。

下面是该模型的示例代码。

```
import networkx as nx
import matplotlib.pyplot as plt
import random
def create_small_world_network(nodes, k, p):#创建小世界网络
    G = nx.watts_strogatz_graph(nodes, k, p)
return G
def initialize_nodes(graph):#初始化节点状态
    node_states = {}
    for node in graph.nodes:
        node_states[node] = 'Normal'
    return node_states
def spread_rumor(graph, node_states, initial_infected, iterations):#传播谣言
    for _ in range(iterations):
        for node in graph.nodes:
            if node_states[node] == 'Infected':
                neighbors = list(graph.neighbors(node))
                for neighbor in neighbors:
                    if random.random() < 0.5:  #以一定概率传播给邻居节点
                        node_states[neighbor] = 'Infected'
    return node_states
```

该 Zanette 的小世界网络谣言传播示例代码结果如图 6-20 所示。

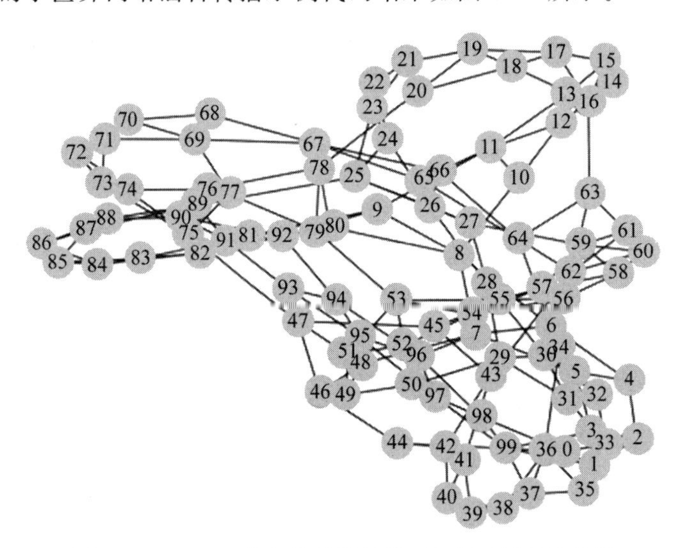

图 6-20　Zanette 的小世界网络谣言传播示例代码结果

2. Moreno 等的无标度网络谣言传播模型

Moreno 等在 1964 年改进了 Daley 等提出的谣言传播模型，首次在小世界网络中进行谣言传播。研究将人群分为未听到谣言的人（igorant，类似 Susceptible），传播者（spreaders）和听到谣言但不传播谣言的人（stiflers）3 种类型，用 $i(t)$，$s(t)$ 和 $r(t)$ 分别表示 3 种类型人群在总人数中的比例。定义两个参数 α 和 λ，α 表示传播者在转变为听到谣言但不传播的人之前，与其他传播者或知道但不传播的人平均相连的次数。这一参数在概念上反映了谣言传播者对于成为知道谣言但不传播的个体的兴趣和倾向程度。

谣言传播发生在传播者与未听过谣言的人之间。在每一步中，传播者向一个或多个邻居节点发布信息。如果接收者是一个未听过谣言的人，那么以概率 λ，该未听过谣言的个体成为传播者。参数 λ 表示在传播过程中信息丢失的可能性，即并非每次连接都会成功传播。

当谣言传播到另一个传播者或听到谣言但不传播的个体时，传播者以 $1/\alpha$ 的概率成为听到谣言但不传播谣言的人。这一机制有助于阻止谣言的进一步传播。通过这种正式的结构，该模型模拟了谣言在人群中的传播动态。需要注意的是，对该模型准确性的彻底验证需要进一步检查，并与实证数据或其他理论框架进行验证。

对于小世界网络模型，如指数均匀网络，Moreno 等引入了平均场方程，即

$$\frac{\mathrm{d}i(t)}{\mathrm{d}t}=-\lambda(k)i(t)s(t) \tag{6-53}$$

$$\frac{\mathrm{d}s(t)}{\mathrm{d}t}=\lambda(k)i(t)s(t)-s(t)\alpha(k)[s(t)+r(t)] \tag{6-54}$$

$$\frac{\mathrm{d}r(t)}{\mathrm{d}t}=\alpha(k)s(t)[s(t)+r(t)] \tag{6-55}$$

$\lambda(k)$是不知道谣言的人在遇到谣言传播者时被感染的概率；$\alpha(k)$是当传播者遇到不传播谣言的人时而变成不传播谣言的概率。结果表明，均匀网络中谣言传播不存在非零临界值。Moreno 等将均匀网络的谣言传播方程推广到幂律分布的非均匀网络，并得到相应的平均场方程，研究了非均匀网络谣言传播方程，用可靠性（非谣言传播者密度）和时间成本衡量谣言传播效率，指出在非均匀网络传播过程中，不传播谣言的人数与感染概率密切相关，与传播源程度无关。

Moreno 等的实验结果也表明，网络的拓扑结构和参数的设置对谣言传播会产生影响。小世界网络的传播可靠性大于无标度网络，即均匀网络拓扑结构优于有 Hub 节点的网络结构，具有较强的传输可靠性。因为 Hub 节点不仅具有较强的传输能力，而且具有较强的不稳定性，有了这一结构的小世界网络的传播可靠性相对较小。随着 α 的增加，无标度网络和小世界网络的传播可靠性也在增加。

无标度网络模型的传播效率高于小世界网络模型，因为 Hub 节点可以直连更多的邻居，因此它的传播能力更大，也更有效。随着 α 的增加，无标度网络和小世界网络的传播效率都有所减少。这是因为仅仅增加“无效”连接的数量反而会导致效率下降。

下面是一个无标度网络谣言传播模型的代码示例。

```
import networkx as nx
import matplotlib.pyplot as plt
import random
def create_scale_free_network(nodes, m):#创建无标度网络
    G = nx.barabasi_albert_graph(nodes, m)
    return G
def initialize_nodes(graph):#初始化节点状态
    node_states = {}
    for node in graph.nodes:
        node_states[node] = 'Normal'
return node_states
def spread_rumor(graph, node_states, initial_infected, iterations):#传播谣言
    for _ in range(iterations):
        for node in graph.nodes:
```

```
            if node_states[node] == 'Infected':
                neighbors = list(graph.neighbors(node))
                for neighbor in neighbors:
                    if random.random() < 0.5:  #以一定概率传播给邻居节点
                        node_states[neighbor] = 'Infected'
    return node_states

#绘制网络图
def draw_network(graph, node_states):
    colors = []
    for node in graph.nodes:
        if node_states[node] == 'Normal':
            colors.append('blue')
        else:
            colors.append('red')

    nx.draw(graph, with_labels=True, node_color=colors)
plt.show()

#测试
nodes = 100
m = 3
initial_infected = 1
iterations = 5

scale_free_graph = create_scale_free_network(nodes, m)
node_states = initialize_nodes(scale_free_graph)
node_states[random.choice(list(scale_free_graph.nodes))] = 'Infected'
                                                        #初始感染节点
node_states = spread_rumor(scale_free_graph, node_states, initial_infected,
iterations)
draw_network(scale_free_graph, node_states)
```

无标度网络谣言传播模型的示例代码结果如图 6-21 所示。

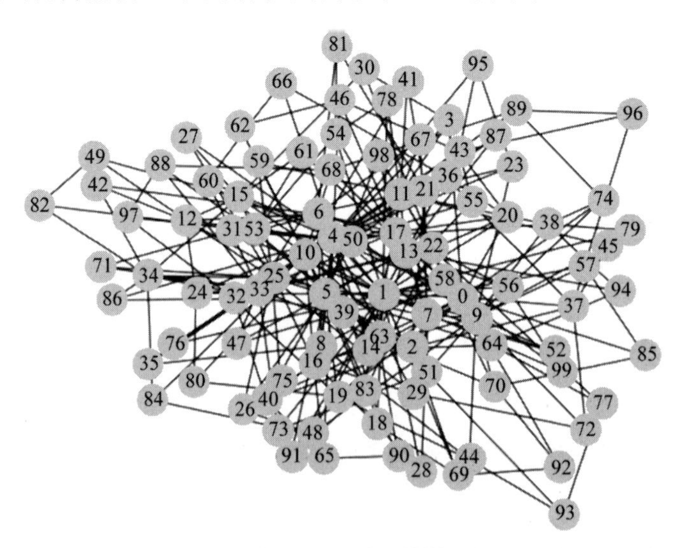

图 6-21　无标度网络谣言传播示例结果

3. 其他研究

2013 年，Zhao 和 Wang 等研究了 Barrat-Barthelemy-Vespignani（BBV）网络在遗忘机制下的谣言传播过程。2014 年，刘咏梅等基于传染病的基本模型，在小世界网络中将受众群体扩大为五类，即无知人群、接触人群、传播人群、沉默人群和失去兴趣人群。考虑到个体多次接触谣言时转发谣言的兴趣降低的状态，他们研究了微博谣言传播的演化过程。Wang 等在考虑网络媒体影响的基础上，利用平均场理论讨论了 SIR 谣言模型在均匀网络和非均匀网络上的动态行为。理论分析和仿真结果表明，在两种网络中，网络媒体的存在大大降低了临界阈值，扩大了谣言的最终传播范围。之后，Qiu 和 Zhao 等研究了 SIR 的谣言传播模型在不同复杂网络中，考虑外部力量（如权威）和现实的内部影响（如人类遗忘本性）时的传播过程。综上所述，可以看出，谣言的传播离不开复杂的网络背景，随着研究的不断深入，谣言传播的模型也越来越复杂。模型中角色的增加，角色之间转换条件的改变，以及进一步讨论谣言传播的各种影响因素，细化了谣言传播的过程，使得模型的描述更加真实。

4. 谣言数据

本书使用已经公开的从新浪微博不实信息举报平台抓取的中文谣言数据，分为两部分。一部分仅包含谣言原微博，不包含转发/评论信息，另一部分包含转发/评论信息的中文谣言数据集。

第一部分数据集共包含从 2009 年 9 月 4 日至 2017 年 6 月 12 日的 31 669 条谣言。文件中，每一行为一条 json 格式的谣言数据，字段释义如下。

（1）.rumorCode：该条谣言的唯一编码，可以通过该编码直接访问该谣言举报页面。

（2）.title：该条谣言被举报的标题内容。

（3）.informerName：举报者的微博名称。

（4）.informerUrl：举报者的微博链接。

（5）.rumormongerName：发布谣言者的微博名称。

（6）.rumormongerUr：发布谣言者的微博链接。

（7）.rumorText：谣言内容。

（8）.visitTimes：该谣言被访问次数。

（9）.result：该谣言审查结果。

（10）.publishTime：该谣言被举报的时间。

第二部分数据集包含与微博原文相关的转发/评论信息。数据集中共包含谣言 1538 条和非谣言 1849 条。该数据集分为两部分，分别是微博原文与其转发/评论内容。其中所有微博原文（包含谣言与非谣言）在 original-microblog 文件中，剩余两个文件 non-rumor-repost 和 rumor-repost 分别包含非谣言原文与谣言原文对应的转发/评论信息。该数据文件中，每条原文，转发或评论信息均为 json 格式的数据（该数据集中并不区分评论/转发信息），部分字段释义如下。

（1）微博原文信息。

① text：微博原文的文字内容。

② user：发布该条微博原文的用户信息。

③ time：用户发布该条微博原文的时间（时间戳格式）。

(2) 转发/评论信息。

① uid：发布该转发/评论信息的用户 ID。

② Text：转发/评论的文字内容(若部分用户转发时不添加评论内容,该项无内容)。

③ data：该转发/评论信息的发布时间(格式如 2014-07-24 14:37:38)。

1) 谣言数据分析

微博谣言涉及人类社会生活的方方面面,话题多种多样。与普通微博信息相比,微博谣言的主题有比较明显的倾向性。微博谣言的主题分类信息具有重要意义,有助于提高微博不实信息自动辟谣的效率。在上述带标注的谣言数据集的基础上,我们使用自然语言处理的建模方法,能够自动判别该文本信息是否为谣言,更进一步地将谣言分为 5 个类别。

(1) 政治类谣言：带有明显意识形态或者政治斗争目的的与国际、国内政治话题相关的谣言。

(2) 经济类谣言：涉及某些公司企业或者与经济贸易相关的谣言。

(3) 欺诈类谣言：利用人们同情或是逐利的心理,留下虚假的联系方式或是骗取人们大量关注的谣言,多含有“求转发”“转发有奖”等字。

(4) 社会生活类谣言：多为社会各界人物的花边新闻等。

(5) 常识类谣言：关于自然常识、历史常识、生活常识的谣言。

2) 对数据的可视化处理

首先对谣言数据进行处理,删除与建模无关的信息,并且将第二部分数据集统计后拼接到第一部分数据集,以此表示每条谣言对应的转发/评论次数,最后的数据形式如图 6-22 所示。

	text	comments	likes	reposts	spread_time	time
0	人间惨剧：今天下午约14点，宁波妇儿医院，一妇女携带一婴儿在住院楼跳楼，后抢救无效死亡。具体...	55	0	225	5 days 03:29:23	12563
1	再去武大，已无牌坊！非要拆掉? @章立凡 @袁裕来律师 @老徐时评 @徐昕 @杨锦麟 @左小祖...	170	0	395	45 days 10:46:26	38786
2	中国最美丽的乡村"江西婺源"一"教师打死学生" 昨晚，在被誉为中国最美丽的乡村江西省婺源县清...	466	0	685	74 days 16:50:20	60620
3	忍者QS：江苏省东海县女镇党委书记徐艳，因不愿陪县委书记关永健上床，竟然被警察毒打致子宫破裂...	15	6	120	9 days 01:24:27	5067
4	《北大猛男，持刀刺官！！！》"可歌可泣"的是王同学投案自首之后冷冷说了一句话是 "我并不后悔...	78	11	532	14 days 20:13:40	72820

图 6-22　数据集展示

通过下列各图可以观察到,大多数微博谣言的热度都比较小,转发/评论数在 500 次以下的微博占整体的绝大多数,只有极少量的微博谣言具有极广的传播范围和强大的影响力,如果可以借鉴最近微博信息流行度预测的工作,能够预测谣言的转发/评论数乃至传播范围,将能够有效遏制微博谣言的传播范围和负面影响。将各部分关键数据可视化后如图 6-23～图 6-26 所示。

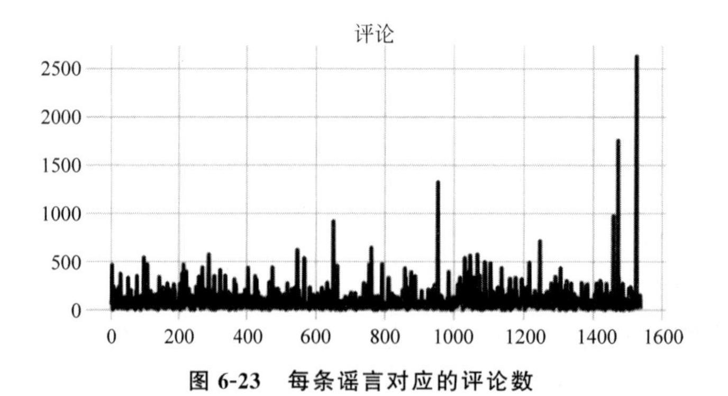

图 6-23　每条谣言对应的评论数

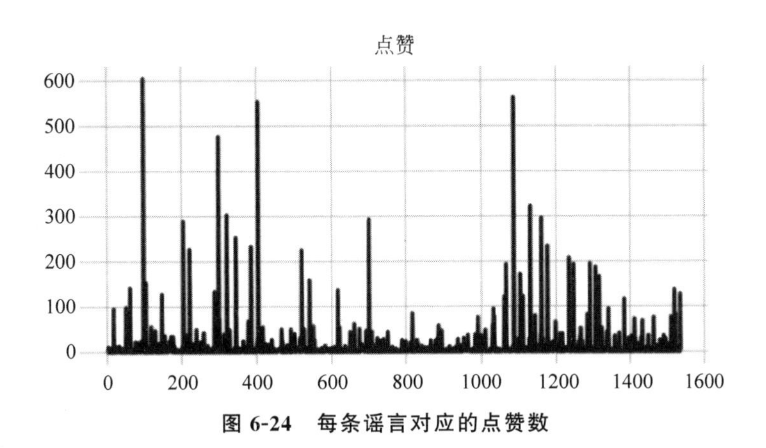

图 6-24　每条谣言对应的点赞数

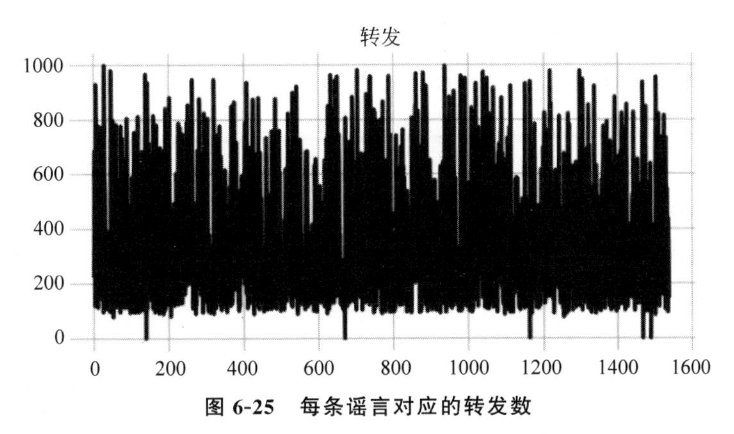

图 6-25　每条谣言对应的转发数

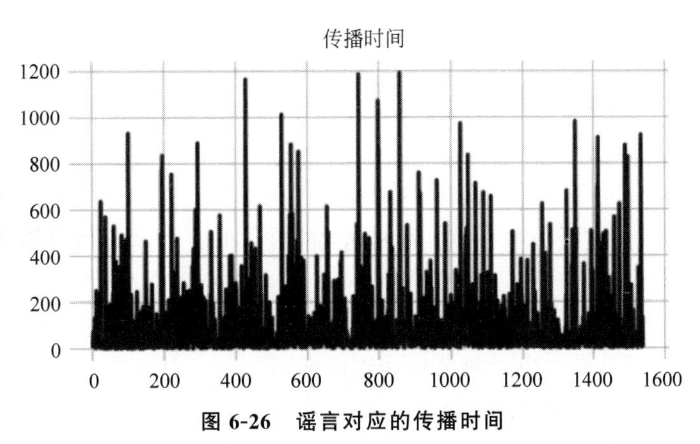

图 6-26　谣言对应的传播时间

通过图 6-26 可以看到，一条微博谣言通常需要一定的时间传播，被一定数量的用户看到后可能增加传播速度，也有可能减小传播速长度，同时，微博谣言由于其传播的速度较快，大部分的微博谣言会在其发布的一周内被举报并辟谣。

基于以上数据分析，总结如下。

(1) 由于谣言被用户举报的前提是微博谣言已经得到一定程度的传播，因此利用计算机尽快地自动检测谣言并辟谣，更具重要意义。有句谚语称"当真相还在穿鞋，谣言已经跑遍半个世界"，希望通过计算机的自动检测与辟谣，帮助"真相"把鞋穿得更快。

(2) 大部分微博谣言会在一周内被举报并辟谣的现实，要求计算机自动辟谣能够做到智能高效，否则无法起到辅助人工辟谣的作用。

微博谣言话题的内容主题类别与其时序类型存在一定联系，例如，常识类谣言由于受众广，辟谣难度较大，往往会反复被人们提及，出现多次暴发，而关于名人或知名机构的谣言，由于关注人数众多，辟谣难度较小，因此发布之初就会出现较大转发峰值，但很快会被辟谣，此类谣言一般会在一周内消亡。

6.3.4　谣言检测

在当今的社交网络环境中，谣言的检测与管理是一个极具挑战性的问题。大部分社交网络平台目前仍依赖传统的人工谣言检测方法。然而，随着人工智能技术的迅速发展，以机器学习和深度学习为基础的方法在社交网络谣言自动化检测领域逐渐兴起。本章将深入探讨三个主要方面：首先是传统的人工谣言检测方法，其次是基于机器学习的谣言检测技术，最后是利用自然语言处理技术进行的谣言检测。通过这种分类，旨在全面解析这些方法的原理、优势以及面临的挑战，从而为理解和应对社交网络中的谣言问题提供一个多角度的视角。

1. 人工谣言检测方法

在当今社交网络的生态系统中，谣言的甄别与管理是一个重要且复杂的议题。以新浪微博、Twitter 和 Facebook 等主流社交平台为例，它们主要依赖人工方式检测和辟谣。特别是在新浪微博，这种方法体现为两个主要策略：第一种是官方大 V 账号，如"微博辟谣"，通过发布经过验证的信息向平台用户推送辟谣内容。例如，在 2020 年年初的新型冠状病毒疫情期间，多个微博官方媒体账号开设了"疫情辟谣"话题，对当时流传的疫情谣言进行及时辟谣。第二种策略涉及"微博社区管理中心"的信息举报功能。这一机制允许用户主动举报可疑信息，随后由经验丰富的编辑或领域专家基于他们的专业知识进行内容审核，最终由这些专家判定信息是否属于谣言。这些方法展示了社交网络平台在谣言检测与管理方面采取的多层次、多角度的策略，同时也凸显了人工智能技术在这个领域潜在应用的必要性和迫切性。

尽管人工谣言检测方法以其较高的准确性而著称，但它在实际应用中面临几个关键性的挑战。

(1) 这种方法要求检测人员对用户或社交网络平台报告的每条信息进行逐一审核。这不仅耗费大量人力资源，同时也导致信息处理的滞后。由于社交网络上信息的实时性和流动性，这种滞后可能意味着关键时刻无法及时辟谣。

(2) 社交网络中的信息量庞大，仅依靠人工手段是难以处理所有数据的。这意味着需要进行信息筛选，而筛选过程中可能会遗漏重要的谣言信息。在处理大数据时，这种选择性的信息审查可能导致关键信息的遗漏。

(3) 谣言检测的准确性在很大程度上依赖用户的信息举报真实度，以及检测者的专业知识和个人经验。这种依赖可能会因个人偏差、知识限制或经验不足而导致误判。例如，一些微妙的或新兴的谣言类型可能超出某些检测者的专业范畴，从而增加误判的风险。

因此，虽然人工谣言检测方法在某些情况下效果显著，但在面对大规模和动态变化的社交网络环境时，其局限性变得尤为明显。这进一步强调了发展和整合更高级的自动化检测技术(如基于人工智能的方法)的必要性,以提高效率、准确性和响应速度。

2. 基于机器学习的谣言检测方法

在社交网络谣言检测的早期研究主要使用基于机器学习技术对谣言的自动检测,这类方法将谣言检测任务归结为二分类问题,该类方法通常包含以下 3 个流程。①特征选择:这一步骤涉及从谣言数据集中挑选出有助于区分真实信息与谣言的关键特征。这些特征可能包括文本内容的特性(如关键词的使用)、用户的行为特征(如发布频率)、信息的传播模式(如转发/评论的速度和规模)等。选择合适的特征对提高检测准确性至关重要。②模型训练:选定特征后,接下来的步骤是利用这些特征训练一个分类模型。常用的机器学习模型包括决策树、支持向量机(SVM)、随机森林、梯度提升机(GBM)等。这一过程涉及使用已标记的谣言和非谣言数据训练模型,以便它学会如何区分两者。③谣言预测:训练完成后,分类模型可以用来对新的疑似谣言信息进行预测。在实际应用中,这意味着模型会评估社交网络上的信息,并给出一个预测,指示该信息更可能是谣言还是真实信息。基于机器学习的谣言检测方法如图 6-27 所示。

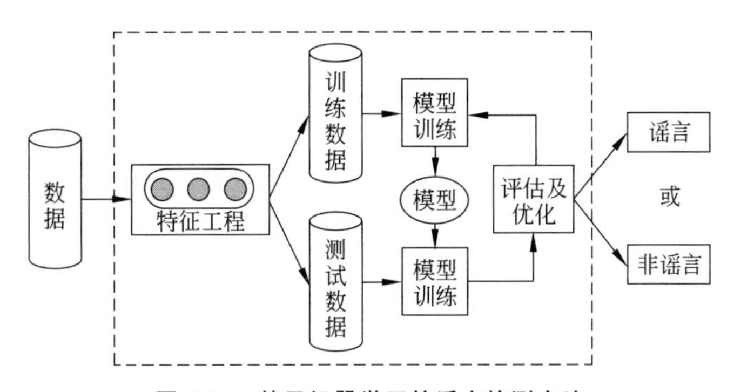

图 6-27　基于机器学习的谣言检测方法

基于传统机器学习的谣言检测方法主要依赖特征工程选择和处理特征,使用决策树、支持向量机、随机森林等不同类型的分类器判别谣言信息。此外,部分研究还专注于谣言的传播结构分析。这种方法在自动检测社交网络谣言方面取得了一定的进展,但也存在明显的局限性。①特征提取的局限性:在提取特征时,基于传统机器学习的方法通常难以处理高维度和复杂的特征数据,因此在鲁棒性方面表现不足。这意味着当遇到复杂或者未见过的谣言结构时,模型的性能可能会下降。②特征集的泛化性问题:在社交网络的不同平台上,信息的表征方式可能各不相同,这导致特征集合在泛化上存在挑战。例如,一个在 Twitter 上有效的谣言检测模型可能无法在 Facebook 或微博上同样有效地运行,因为这些平台上的信息表达方式和用户行为模式可能存在差异。因此,这些基于机器学习的方法在处理社交网络上大量和多样化的谣言信息时可能会受到限制。

深度学习技术已经在自然语言处理领域取得显著的成就,并在情感分析、语音识别、机器翻译等多个领域得到广泛应用。与传统机器学习方法相比,深度学习在谣言检测方面的主要优势在于其能够提取谣言数据的深层特征。这种深层特征提取能力使得基于深度学习的方法能更准确地表征原始谣言数据,从而在检测效果上获得显著的提升。

深度学习方法通过自动学习数据的复杂模式和特征,减少了对人工特征工程的依赖。这不仅提高了检测模型对于复杂谣言结构的理解和识别能力,而且在处理大量和变化多端的谣言数据方面更加有效。因此，基于深度学习的谣言检测方法成为一个重要的研究方向，预示着在社交网络谣言识别与管理领域的新的可能性和突破。

在社交网络谣言检测的领域中，谣言的顺序传播特征和广度散布特征被认为是非常关键的。因此，许多基于深度学习的谣言检测方法专注于研究谣言的传播结构，并利用这两种特征识别谣言。在某些研究中，研究人员采用循环神经网络(RNN)处理按时间片段划分的谣言评论内容，这种方法能有效捕捉谣言的顺序传播特征，并在谣言开始传播的最初72小时内有效识别谣言样本。除此之外，还有研究使用卷积神经网络(CNN)、递归神经网络(RNN)或图卷积神经网络(GCNN)等技术进行谣言检测。

基于深度学习的谣言检测方法主要具有以下特点。

(1) 大多数此类方法使用线性时间序列对谣言的传播过程进行建模，并通过RNN、CNN等深度神经网络模型获取谣言及其相关评论/转发信息间的深层关系表示。然而，这些方法通常更侧重谣言的顺序传播特征，而较少考虑谣言在广度层面的散布特征。使用树状、图状等复杂结构对谣言传播过程进行建模的方法，在某种程度上可以解决这个问题。

(2) 在谣言的早期检测方面，多数深度学习方法也是从谣言的传播结构入手，尤其是依靠谣言的评论特征进行检测。这些方法大多需要依赖大量的评论信息才能达到较好的检测效果。因此，现有的谣言检测方法在满足谣言早期检测的需求方面存在局限性。

3. 基于NLP的谣言检测

近年来，大量研究表明，在大型语料库上预训练的模型(PTM)能够学习通用的语言表征。这对于自然语言处理(NLP)的下游任务非常有益，因为它减少了从零开始训练新模型的需求[①]。随着计算能力的提升、深层网络模型(如Transformer)的出现，以及训练技术的持续进步，PTM已经从最初的浅层模型发展为更复杂、深入的架构。

第一代PTM主要专注于词嵌入的学习。它们通常采用浅层网络结构，如Skip-Gram和GloVe，主要因为这些模型的计算效率较高。虽然这些预训练的嵌入向量能够捕捉到词的语义信息，但它们通常不考虑上下文，主要是通过学习单词的共现频率实现。这种方法虽然能理解词汇层面的概念，但往往无法处理更复杂的文本特征，如句法结构、语义角色和指代等[②]。

第二代PTM则更加专注于学习上下文相关的词嵌入，如ELMo、GPT和BERT。这些模型不仅能够捕捉词的上下文信息，还能生成更加精确的词表征。这种表征对于问答系统、机器翻译等任务非常有用。同时，这些模型通过训练不同的语言任务提高PTM的通用性和适用性[①]。

谣言对社会造成的危害不容忽视，但手动检测谣言需要大量的人力、物力和时间。因此，自动化的谣言检测变得尤为重要。使用NLP技术对谣言进行自动检测是当前人工智能领域的一个新兴方向。通常，社交网络上的新闻包括新闻内容、社交上下文信息和外部知识三方面。新闻内容指的是文章中的文本或图片信息；社交上下文信息涵盖新闻的发布者、传

---

① Wu, Jianming, et al. Multi-Scale Feature Aggregation for Rumor Detection: Unveiling the Truth within Text. 2023 IEEE 22nd International Conference on Trust, Security and Privacy in Computing and Communications (TrustCom). IEEE, 2023.

② 吴建明. 基于大模型数据优化及检索增强的假新闻检测研究，广州大学. MA thesis.doi:10.27040/d.cnki.ggzdu.2024.001557,2024.

播网络以及其他用户的评论/转发；外部知识则是指客观事实知识，通常通过知识图谱表示。

基于文章信息的谣言检测将新闻文本作为输入，运用深度学习技术进行谣言识别[①][②]。在这个过程中，新闻的每个句子被输入到循环神经网络（如 RNN、LSTM 或 GRU）中，利用这些网络的隐藏层向量表示新闻内容。随后，这些隐藏层的信息被输入分类器中，以得出是否为谣言的判定结果，如图 6-28 所示。

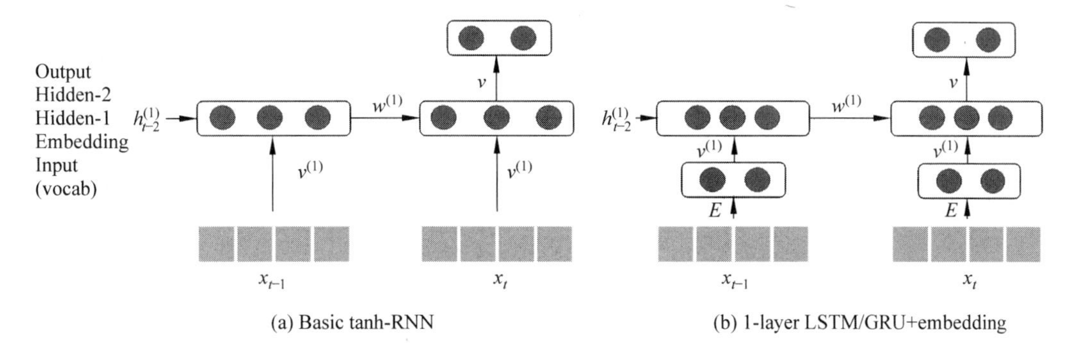

图 6-28　基于深度学习模型的谣言检测

以下是一个简单的谣言检测模型。

```
import pandas as pd
from sklearn.feature_extraction.text import TfidfVectorizer
from sklearn.model_selection import train_test_split
from sklearn.linear_model import LogisticRegression
from sklearn.metrics import classification_report
    #示例数据：包含文本和标签（0 代表真实，1 代表谣言）
data = {
    'text': [
        "这个疫苗可以治愈所有疾病!",
        "疫苗导致人口减少，政府在秘密实验。",
        "专家证实，疫苗对 COVID-19 有效。",
        "昨天有人在超市买到了过期的食品。",
        "流行病学家否认疫情会持续扩散。",
        "这是一个假新闻，别相信。"
    ],
    'label': [1, 1, 0, 0, 0, 1]
}
df = pd.DataFrame(data)
#划分训练集和测试集
X_train, X_test, y_train, y_test = train_test_split(df['text'], df['label'],
test_size=0.2, random_state=42)
#创建 TF-IDF 向量化器
vectorizer = TfidfVectorizer(max_features=1000)
X_train_tfidf = vectorizer.fit_transform(X_train)
X_test_tfidf = vectorizer.transform(X_test)
#训练逻辑回归模型
model = LogisticRegression()
```

① Wu, Jianming, et al. Multi-Scale Feature Aggregation for Rumor Detection: Unveiling the Truth within Text. 2023 IEEE 22nd International Conference on Trust, Security and Privacy in Computing and Communications (TrustCom). IEEE, 2023.

② 吴建明. 基于大模型数据优化及检索增强的假新闻检测研究，广州大学. MA thesis.doi:10.27040/d.cnki.ggzdu.2024.001557,2024.

```
model.fit(X_train_tfidf, y_train)

#在测试集上进行预测
y_pred = model.predict(X_test_tfidf)

#打印分类报告
print(classification_report(y_test, y_pred, target_names=['真实', '谣言'], zero
_division=1))
```

上述模型实验结果如图 6-29 所示。

```
              precision    recall  f1-score   support

          真实       0.00      1.00      0.00       0.0
          谣言       1.00      0.00      0.00       2.0

    accuracy                           1.00       2.0
   macro avg       0.50      0.50      0.00       2.0
weighted avg       1.00      0.00      0.00       2.0
```

图 6-29　一个简单的基于深度学习谣言检测模型

谣言传播模型分析的目的是理解和建模谣言在社交网络中的传播路径和影响因素，包括分析社交网络的拓扑结构、信息传播机制，以及个体的行为模式。为实现这一目标，可以采用以下几种常见的分析方法。

(1) 传播模型建模：通过数学模型(如 SIR、SEIR 等)描述谣言在社交群体中的传播过程，并预测其传播趋势。

(2) 网络拓扑分析：通过研究社交网络的结构，找出在信息传播过程中的关键节点和人群。

(3) 信息传播路径分析：追踪谣言的传播路径，分析谣言是如何从一个节点传播到另一个节点的。

(4) 传播速度和影响力分析：评估谣言在社交网络中的传播速度及其对人群造成的影响程度。

(5) 基于 NLP 的谣言检测：使用 NLP 技术识别和分类文本中的谣言内容，通常涉及以下步骤。

① 数据收集和标注：收集包含真实信息和谣言的数据集，并进行标注，以区分每个文本的真实性。

② 文本预处理：对文本数据进行清理和预处理，包括分词、去除停用词、词干化等操作。进行特征工程，将文本转换为特征向量，常用技术包括词袋模型、TF-IDF 等。也可以采用词嵌入技术(如 Word2Vec、BERT)捕捉词语间的语义关系。

③ 模型训练：采用机器学习或深度学习模型(如逻辑回归、支持向量机、循环神经网络、卷积神经网络、Transformer 等)对文本进行分类。

④ 模型评估：利用评估指标(如准确度、精确度、召回率、F1-Score)评估模型性能。

⑤ 调优和验证：根据评估结果对模型进行调优，并使用验证集验证模型在未见数据上的泛化性能。

⑥ 实时监测：将训练好的模型应用于实时文本，对新文本进行分类，以检测谣言。

⑦ 综合方法：结合多种特征、模型和技术(如图谱分析、情感分析等)，以提高谣言检测

的准确性。

以下是基于神经网络的谣言检测代码。

```
import numpy as np
import pandas as pd
import torch
import torch.nn as nn
import torch.optim as optim
from sklearn.model_selection import train_test_split
from sklearn.feature_extraction.text import CountVectorizer
from sklearn.metrics import classification_report

#示例数据:包含文本和标签(0 代表真实,1 代表谣言)
data = { 'text': ["这个消息是真实的。","疫苗导致人口减少,政府在秘密实验。", "专家证实,
疫苗对 COVID-19 有效。", "昨天有人在超市买到了过期的食品。","流行病学家否认疫情会持续
扩散。", "这是一个假新闻,别相信。"], 'label': [0, 1, 0, 0, 0, 1]}
df = pd.DataFrame(data)#对文本进行词袋表示
vectorizer = CountVectorizer(max_features=1000)
X = vectorizer.fit_transform(df['text'])
y = df['label']#划分训练集和测试集
X_train, X_test, y_train, y_test = train_test_split(X, y, test_size=0.2, random_
state=42)
#将稀疏矩阵转换为 PyTorch 张量
X_train_tensor = torch.tensor(X_train.toarray(), dtype=torch.float32)
y_train_tensor = torch.tensor(y_train.values, dtype=torch.float32)
X_test_tensor = torch.tensor(X_test.toarray(), dtype=torch.float32)
y_test_tensor = torch.tensor(y_test.values, dtype=torch.float32)
#构建神经网络模型
class NeuralNetwork(nn.Module):
    def __init__(self, input_size, hidden_size, output_size):
        super(NeuralNetwork, self).__init__()
        self.fc1 = nn.Linear(input_size, hidden_size)
        self.relu = nn.ReLU()
        self.fc2 = nn.Linear(hidden_size, output_size)
        self.sigmoid = nn.Sigmoid()
    def forward(self, x):
        out = self.fc1(x)
        out = self.relu(out)
        out = self.fc2(out)
        out = self.sigmoid(out)
        return out
input_size = X_train.shape[1]
hidden_size = 128
output_size = 1
model = NeuralNetwork(input_size, hidden_size, output_size)
#定义损失函数和优化器
criterion = nn.BCELoss()  #二分类交叉熵损失
optimizer = optim.Adam(model.parameters(), lr=0.001)
#训练模型
num_epochs = 10
batch_size = 4
for epoch in range(num_epochs):
    for i in range(0, len(X_train_tensor), batch_size):
```

```
            batch_X = X_train_tensor[i:i + batch_size]
            batch_y = y_train_tensor[i:i + batch_size]
            optimizer.zero_grad()
            outputs = model(batch_X)
            loss = criterion(outputs, batch_y.view(-1, 1))
            loss.backward()
            optimizer.step()
#在测试集上进行预测
model.eval()
with torch.no_grad():
    y_pred = model(X_test_tensor)
    y_pred = y_pred.round()  #四舍五入为 0 或 1
#打印分类报告
y_pred_numpy = y_pred.numpy().flatten().astype(int)
print(classification_report(y_test, y_pred_numpy, target_names=['真实', '谣言']))
```

使用 PyTorch 库进行谣言检测，实验结果如图 6-30 所示。

	Precision	Recall	Fl-Score	Support
真实	0.5	1.0	0.67	1
谣言	0.0	0.0	0.0	1
Acc			0.50	2
Micro avg	0.25	0.50	0.33	2
Weighted avg	0.25	0.50	0.33	2

图 6-30 谣言检测实验结果

4. 基于图神经网络的谣言检测

前面已经探讨了人工谣言检测方法、基于机器学习和 NLP 的技术，随着社交媒体的广泛普及，谣言的传播速度和影响范围已远超以往。尽管基于文本内容的谣言检测方法在某种程度上有效，但面对复杂的社交网络结构和动态信息流，这些传统方法显示出一定的局限性。近年来，图神经网络(GNN)作为一种有效的数据处理工具，已经在许多领域显示出强大的性能，尤其是在处理网络数据方面。因此，将 GNN 应用于谣言检测，对于理解和阻断谣言的传播具有重要意义。

GNN 是一种专门用于处理图结构数据的神经网络。与传统神经网络不同，GNN 能够直接在图结构上操作，捕捉节点间的复杂关系和依赖。这使得 GNN 特别适合分析社交网络，因为社交网络本质上是一个图，节点代表个体，边代表个体间的关系。

在谣言检测中，社交网络中的节点可以是用户账户，边可以表示用户间的交互(如评论、转发)。通过这样的图结构，GNN 能够学习和捕捉用户行为模式、信息传播路径，以及社交网络中的群体动态。

(1) 节点嵌入：GNN 通过学习节点嵌入(即将每个节点转换为一组数值向量)理解每个用户的特征和行为模式。这些嵌入能够反映用户在社交网络中的位置、他们的社交关系，以及他们参与的信息类型。

(2) 边预测：GNN 还可以用于预测节点间是否存在边，这在谣言检测中特别有用。例如，通过分析用户之间的交互模式，可以预测哪些用户更可能传播谣言。

(3) 群体分析：GNN 可以用于分析整个社交网络的结构，识别谣言传播的关键节点（如意见领袖或影响力大的账户），并监测这些节点的行为，从而有效地阻断谣言的传播。

与传统的基于文本分析的方法相比，GNN 能够更深入挖掘社交网络数据的潜在结构和动态变化，从而提供更加准确和全面的谣言识别。

(1) 社交网络结构分析：GNN 能够有效分析社交网络的复杂拓扑结构。在谣言检测的场景中，GNN 可以识别网络中的关键节点和边，这些节点可能是谣言的源头或关键传播者。通过分析节点之间的连接模式和强度，GNN 有助于揭示谣言的传播路径。

(2) 信息流动模式识别：GNN 在处理信息传播模式方面显示出独特的优势。它可以追踪谣言在社交网络中的流动过程，包括谣言是如何从一个节点扩散到另一个节点的。这种分析对于理解谣言如何在社交网络中迅速蔓延至关重要。

(3) 用户行为分析：GNN 能够分析个体用户的行为模式，识别那些更有可能参与谣言传播的用户。例如，某些用户可能更倾向分享未经验证的信息，而这种倾向性可以通过 GNN 模型进行识别和预测。

(4) 综合文本和网络信息：在谣言检测中，GNN 不仅分析网络结构，还能结合文本内容进行综合分析。通过联合考虑文本信息和用户之间的交互，GNN 可以更全面地理解和预测谣言的传播。

在实际应用中，多项研究已经展示了 GNN 在谣言检测中的有效性。例如，一些研究团队通过构建社交网络的图模型，使用 GNN 识别可能的谣言源或关键传播节点。这些研究通常结合用户的社交行为、信息传播模式以及文本内容，提高检测的准确率和效率。其他研究则侧重探索 GNN 模型的不同变体，如图卷积网络、图注意力网络（GAT）等，以适应不同的社交网络结构和谣言传播特征。这些研究不断推进了 GNN 技术在谣言检测方面的应用边界。

下面是基于 GNN 的谣言检测的代码示例。

此示例使用 PyTorch 和 DGL 库构建一个简单的 GCN，用于分析和分类社交网络中的节点（用户），以预测他们是否可能参与谣言的传播。假设已经有一个社交网络的图数据，其中节点表示用户，边表示用户间的交互（如转发、评论等）。每个节点有一个标签，表示该用户是否参与了谣言的传播。

GNN 的一个关键组成部分是图卷积层（如 GCNConv）。图卷积层可以理解为对邻接节点特征的聚合和更新操作，使得每个节点能够有效地学习其邻域的信息。

① 数据准备。这一部分生成了一个简单的有向图表示(G)，而这个图是由 DGL 包生成。这里使用了 DGL 的 graph 函数。该函数接受一个包含两个元素的元组，第一个元素是源节点（起始节点）的列表，第二个元素是目标节点（结束节点）的列表。每对源节点和目标节点表示图中的一条有向边，其中节点代表用户，边代表用户之间的关系。注意，这只是一个示例图，实际上需要根据数据构建图。features 是一个特征矩阵，表示每个节点的特征。在这里，每个节点有 64 维的特征，总共有 4 个节点。labels 是每个节点的类别标签，0 代表谣言，1 代表非谣言。

```
g = dgl.graph(([0, 1, 2, 3], [1, 2, 3, 0]))

#特征矩阵,表示每个节点的特征
features = torch.rand(4, 64)  #4个节点,每个节点64维特征

#标签,表示每个节点的类别,0代表谣言,1代表非谣言
labels = torch.tensor([0, 1, 1, 0])
g = dgl.graph(([0, 1, 2, 3], [1, 2, 3, 0]))

#特征矩阵,表示每个节点的特征
features = torch.rand(4, 64)  #4个节点,每个节点64维特征

#标签,表示每个节点的类别,0代表谣言,1代表非谣言
labels = torch.tensor([0, 1, 1, 0])
```

② 构建图卷积网络模型。定义一个名为RumorDetectionGNN的图卷积网络模型,其中包含两个图卷积层。

使用交叉熵损失函数(nn.CrossEntropyLoss())作为损失函数。使用Adam优化器进行参数优化。

```
model = RumorDetectionGNN(in_feats=64, hidden_feats=32, num_classes=2)
criterion = nn.CrossEntropyLoss()
optimizer = optim.Adam(model.parameters(), lr=0.01)
```

③ 训练和评估模型。

```
#开始训练
train(model, g, features, labels, optimizer, criterion)

#在测试集上进行预测
predicted_labels = test(model, g, features)
print("Predicted Labels:", predicted_labels)
```

调用train函数进行模型训练。该函数执行了多个训练周期(epochs),每个周期包括前向传播、计算损失、反向传播和参数更新。调用test函数对模型进行测试。该函数在测试模式下运行,执行前向传播并获取模型的预测标签。打印模型在测试集上的预测结果。

总体来说,这个代码实现了一个简单的图卷积网络模型,用于对用户之间的关系进行分类,其中每个节点都有相应的特征和类别标签。模型经过训练后,在测试集上进行预测并输出预测标签。具体完整的代码示例如下所示。

```
import torch
import torch.nn as nn
import torch.optim as optim
import dgl
from dgl.nn import GraphConv
import networkx as nx
import matplotlib
import matplotlib.pyplot as plt
matplotlib.use('Agg')

plt.rcParams['font.family'] = 'sans-serif'
plt.rcParams['font.sans-serif'] = 'DejaVu Sans'

class RumorDetectionGNN(nn.Module):
```

```
    def __init__(self, in_feats, hidden_feats, num_classes):
        super(RumorDetectionGNN, self).__init__()
        self.conv1 = GraphConv(in_feats, hidden_feats)
        self.conv2 = GraphConv(hidden_feats, num_classes)

    def forward(self, g, features):
        x = torch.relu(self.conv1(g, features))
        x = self.conv2(g, x)
        return x

#定义训练函数
def train(model, g, features, labels, optimizer, criterion, num_epochs=50):
    for epoch in range(num_epochs):
        #前向传播
        outputs = model(g, features)
        loss = criterion(outputs, labels)

        #反向传播和优化
        optimizer.zero_grad()
        loss.backward()
        optimizer.step()

        if (epoch + 1) % 10 == 0:
            print(f'Epoch [{epoch+1}/{num_epochs}], Loss: {loss.item()}')

#定义测试函数
def test(model, g, features):
    model.eval()
    with torch.no_grad():
        outputs = model(g, features)
        _, predicted_labels = torch.max(outputs, 1)
    return predicted_labels

g = dgl.graph(([0, 1, 2, 3], [1, 2, 3, 0]))

#特征矩阵,表示每个节点的特征
features = torch.rand(4, 64)  #4 个节点,每个节点 64 维特征

#标签,表示每个节点的类别,0 代表谣言,1 代表非谣言
labels = torch.tensor([0, 1, 1, 0])

#初始化模型、损失函数和优化器
model = RumorDetectionGNN(in_feats=64, hidden_feats=32, num_classes=2)
criterion = nn.CrossEntropyLoss()
optimizer = optim.Adam(model.parameters(), lr=0.01)

#开始训练
train(model, g, features, labels, optimizer, criterion)

#在测试集上进行预测
predicted_labels = test(model, g, features)
print("Predicted Labels:", predicted_labels)

#定义函数用于绘制图
```

```
def draw_graph(g, features, labels, predicted_labels=None):
    #将 DGL 图转换为 NetworkX 图
    nx_g = g.to_networkx()

    #设置节点的标签
    node_labels = {i: f'{i}\nLabel: {labels[i].item()}' for i in range(len
(labels))}

    #设置节点的颜色
    node_colors = ['red' if labels[i].item() == 0 else 'green' for i in range(len
(labels))]

    #如果有预测标签,将其加入节点标签和颜色中
    if predicted_labels is not None:
        for i in range(len(predicted_labels)):
            node_labels[i] += f'\nPredicted: {predicted_labels[i].item()}'
            if predicted_labels[i].item() == labels[i].item():
                node_colors[i] = 'blue'
            else:
                node_colors[i] = 'orange'

    #绘制图
plt.figure(figsize=(8, 8))
    nx.draw(nx_g, pos=nx.spring_layout(nx_g), with_labels=True, labels=node_
labels,
            node_color=node_colors, cmap=plt.cm.Blues, font_color='white',
font_size=8, font_weight='bold')
plt.savefig('graph.png')
    #plt.show()

#画出初始图
print("Original Graph:")
draw_graph(g, features, labels)

#开始训练
train(model, g, features, labels, optimizer, criterion)

#画出训练后的图以及预测标签
print("\nGraph after Training:")
#draw_graph(g, features, labels, test(model, g, features))
```

上面代码检测结果如下所示。

```
Predicted Labels: tensor([0, 1, 1, 0])
```

上述代码中谣言传播的拓扑结构如图 6-31 所示。

左侧图显示了初始图中节点的真实标签，其中白色表示谣言节点(标签为 0)，灰色表示非谣言节点(标签为 1)。右侧图展示了训练后模型的预测结果，节点标签包含了预测和真实标签，例如："Label：0 Predicted：0"。节点颜色依然是白色和灰色，表示预测正确，与真实标签一致。通过这两个图的对比，可以直观地看到模型对节点分类的准确性，表明预测与真实标签完全一致。

基于 GNN 的谣言检测方法提供了一种新颖的视角，可以深入分析和理解社交网络中

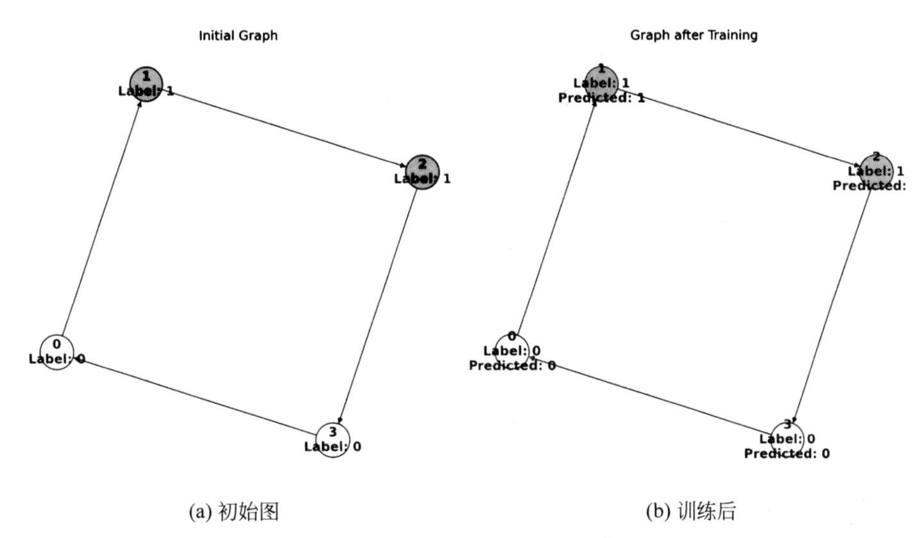

(a) 初始图　　(b) 训练后

图 6-31　谣言传播的拓扑结构图

的信息传播和用户行为。随着 GNN 技术的不断发展和优化，预计其未来在谣言检测领域将发挥更加重要的作用。

在本书的相关章节中，深入研究了 4 种不同的方法，用于检测谣言，这些方法分别基于人工检测、机器学习、NLP 以及 GNN。

人工检测是传统的谣言辨别方法，依赖专业人员的经验和判断。这种方法的优势在于专业性和灵活性，但受限于人力资源成本和主观性。虽然人工检测在某些情况下可以取得不错的效果，但它在处理大规模信息和快速传播的社交媒体环境中可能显得力不从心。

机器学习方法利用算法和模型从大量的数据中学习谣言的特征，并进行分类。这种方法的优势在于能够处理大规模数据和实现自动化，但其性能高度依赖训练数据的质量和特征的选择。机器学习方法在实践中取得了显著的成就，但也需要不断迭代和更新，以适应不断演变的谣言形式。

NLP 技术通过分析文本语言结构和语义信息，提供了一种理解和解释谣言的方式。这种方法具有对语境敏感的特点，能够更好地理解言辞和句子的含义。然而，NLP 方法也面临对复杂语境的挑战，尤其是在处理模糊性和歧义性较高的社交媒体文本时。

GNN 是一种强大的工具，特别适用于分析社交网络结构和信息传播模式。通过考虑用户之间的关系和信息流动，GNN 能够更全面地理解谣言在网络中的传播路径。然而，这种方法对于构建准确的图表示和处理大规模网络时的计算复杂性是有挑战性的。

综合而言，这 4 种方法各有优劣，可以在不同的场景和需求中进行选择和组合。未来的研究方向可能涉及整合多种方法，以提高谣言检测的准确性和鲁棒性。同时，随着技术的发展和社交媒体环境的变化，这些方法也需要不断更新和优化，以适应新的挑战和变化。

习题 6

1. 传播动力学的研究目的是什么？请简要解释该领域的核心目标和意义。
2. 在传播动力学中，为什么研究信息在社交网络中的传播？请提供一个具体的实例支持你的回答。

3. 如何通过传播动力学的研究目的改善疾病控制策略？请给出一个实际的应用案例。

4. 为什么研究社交网络中的个体行为对传播动力学的理解至关重要？请举例说明。

5. 在研究传播动力学时，社会学、网络科学和数学等学科的综合应用有何优势？请提供一个跨学科研究的例子。

6. 解释 SI 病毒传染模型的基本原理是什么，以及如何使用传播动力学的概念描述易感-感染者之间的交互。

7. 在 SI 模型中，感染者传播病毒的速度和程度受到哪些因素的影响？请使用传播动力学的术语进行解释。

8. 如何利用数学模型表示 SI 病毒传染的动力学过程？请提供一个简单的数学表达式，并解释其中的关键参数。

9. 基于 SI 模型，讨论在人群中病毒传播的长期趋势。如何使用传播动力学的理论解释病毒传播的稳态？

10. 传播动力学如何帮助我们理解 SI 模型中的控制策略？请提供一个例子说明如何减缓病毒传播的方法。

11. 简要解释 SIS 模型的基本原理，包括易感者、感染者和康复者之间的相互作用。如何用数学表达式表示这一过程？

12. 在 SIS 模型中，康复率对病毒传播有何影响？请使用传播动力学的概念解释康复率的作用。

13. SIS 模型中的基本再生数（basic reproduction number）是什么，它如何与传播动力学相关联？请提供一个计算基本再生数的例子。

14. 如何用 SIS 模型解释在人群中病毒的持续传播和周期性流行的现象？请使用传播动力学的术语进行解释。

15. 基于 SIS 模型，探讨一些可能的疾病控制策略。如何使用传播动力学的理论评估这些策略的有效性？

16. 简要解释 SIR 模型的基本原理，包括易感者、感染者和康复者之间的相互作用。如何用数学表达式表示这一过程？

17. 在 SIR 模型中，康复率对病毒传播有何影响？请使用传播动力学的概念解释康复率的作用。

18. SIR 模型中的基本再生数是什么，它如何与传播动力学相关联？请提供一个计算基本再生数的例子。

19. 如何用 SIR 模型解释在人群中病毒的爆发和衰减的现象？请使用传播动力学的术语进行解释。

20. 基于 SIR 模型，讨论一些可能的疾病控制策略。如何使用传播动力学的理论评估这些策略的有效性？

21. SEIR 模型相对于 SIR 模型有哪些区别？请简要解释“潜伏者”在传播动力学中的作用。

22. 在 SEIR 模型中，潜伏者向感染者的转变速度受到哪些因素的影响？请使用传播动力学的概念解释这些因素。

23. SEIR 模型中的基本再生数是什么，它如何与传播动力学相关联？请提供一个计算基本再生数的例子。

24. SEIR 模型如何解释病毒在人群中的传播和疫情的发展趋势？请使用传播动力学的术语进行解释。

25. 基于 SEIR 模型，探讨一些可能的疾病控制策略。如何使用传播动力学的理论评估这些策略的有效性？

26. SIRS 模型相较于 SIR 模型有哪些变化？请解释一下在该模型中易感者、感染者和康复者之间的动态转换，并提及模型中的关键参数。

27. 在 SEIRS 模型中，潜伏者的引入如何影响传播动力学？请解释一下潜伏者状态对传播速率和疫情的潜在影响。

28. 在 MSEIR 模型中，“M”代表什么？该模型如何考虑人群中的迁移和移动，并如何影响传播模式？

29. 在 SIQR 模型中，“Q”代表什么？该模型如何考虑康复者再次感染的情况，与其他模型有何不同？

30. 在 SIQS 模型中，“Q”和“S”分别代表什么？该模型如何考虑潜在感染者的存在，并对传播过程产生影响？

31. 信息传播的定义是什么？

32. 信息传播的要素有哪些？

33. 哪些因素影响信息传播的效果？

34. 社交媒体如何改变信息传播的动态？

35. 在信息传播中，如何确保有效的沟通？

36. 什么是网络搜寻，它在信息传播中有何作用？

37. 搜索引擎如何确定搜索结果的排名？

38. 在网络搜寻中，用户应该注意哪些搜索技巧以获取更准确的信息？

39. 网络搜寻如何影响信息传播的多样性？

40. 网络搜寻在信息传播中存在哪些隐私和伦理考虑？

41. 什么是舆论传播，它在社会中的作用是什么？

42. 媒体在舆论传播中扮演怎样的角色？

43. 虚假信息对舆论传播有何影响？

44. 社交媒体如何影响舆论传播的动态？

45. 如何提高舆论传播的质量和透明度？

46. 以 SIR 模型为基础，设计一个简化的信息传播模型。使用差分方程描述模型的演化过程，并考虑传播率、康复率等参数。使用 Python 或其他适当的工具编写代码，模拟模型在不同参数设置下的传播过程。

47. 假设你有一个社交网络图，其中包含节点和边。使用传播动力学的理论，解释如何计算网络中每个节点的影响力，并编写相应的算法。考虑节点的度、邻居节点的状态等因素。

48. 在一个社交网络中，如何确定一个初始节点集合，以便在整个网络中最大化信息传播的影响力？使用图算法和传播动力学的理论，编写一个算法寻找最优的初始节点集合。

49. 在谣言检测中，常用的机器学习模型有哪些？

50. BERT 在谣言检测中是如何发挥作用的?
51. 如何使用卷积神经网络进行图像谣言检测?
52. 文本嵌入在谣言检测中有何作用?
53. 社交网络分析模型如何应用于谣言检测?
54. 如何评估一个谣言检测模型的性能?
55. 深度学习模型在谣言检测中有哪些挑战?
56. 如何应对模型在谣言检测中的偏见和不公平性?
57. 谣言检测模型在实时环境中的挑战是什么?
58. 未来谣言检测领域可能的发展趋势有哪些?
59. 什么是谣言传播模型,它是如何描述信息在社交网络中传播的?
60. 谣言传播模型中节点的角色是什么?
61. 社交网络中哪些因素影响谣言的传播速度?
62. 图论中的哪些模型常用于研究谣言传播?
63. 如何使用计算模型预测谣言传播的趋势?

第 7 章 博弈论

7.1 博弈论的定义

提到博弈论(Game Theory),许多人可能联想到电影《美丽心灵》的主角数学家约翰·纳什。纳什从研究生开始就从事博弈论相关理论研究,在他的博士论文中提出一个重要的关于博弈的解的概念,被后来的研究者称为"纳什均衡"。

博弈论也被称为对策论或赛局理论,是以数学为基础,研究决策主体的行为发生直接相互作用时的决策,以及这种决策的均衡问题的学科,现代数学的一个新的分支,在经济学、政治学、军事学、计算机科学等许多学科都有广泛的应用。2005 年,诺贝尔经济学奖获得者罗伯特·约翰·奥曼定义博弈论为"交互的决策论",它是交互式条件下的"最优理性决策"。博弈论考虑游戏中个体的预测行为和实际行为,并研究它们的优化策略。游戏个体何时出招致胜不仅依赖自身的行为,也取决于对手的行动,个体之间的决策及行为将相互影响。因此,博弈论是在一定的游戏规则约束下,参与者基于相互作用的环境条件,依据各自掌握的信息选择各自的策略,以实现利益最大化的过程。博弈论为交互的决策提供了分析框架,在金融学、经济学、政治学、哲学、生物学、法学、军事学、国际关系学、社会学、计算机科学及其他很多学科都有广泛的应用。

1926 年,数学家约翰·冯·诺依曼(John von Neumann)提出极小极大值定理的证明。1928 年,他将这一结果发表在两篇论文中,宣告了博弈论的正式诞生。冯·诺依曼与经济学家奥斯卡·摩根斯特恩(Oskar Morgenstern)于 1944 年共同撰写出版了《博弈论与经济行为》,将二人博弈推广到 n 人博弈结构,并将博弈论系统地应用于经济领域,奠定了这一学科的基础和理论体系,成为博弈论作为一门学科创立的重要标志,冯·诺依曼也因此被称为博弈论之父。

加利福尼亚大学伯克利分校的约翰·海萨尼(J.Harsanyi)、普林斯顿大学约翰·纳什(J.Nash)和德国波恩大学的赖因哈德·泽尔滕(Reinhard Selten)三位为博弈论的相关研究做出了杰出贡献,于 1994 年获得诺贝尔经济学奖。迄今共有 7 届诺贝尔经济学奖与博弈论的研究有关。

7.2 博弈论的基本概念

博弈论的基本假设是个人理性,需要充分考虑人与人之间行为的相互作用及其可能的影响,做出合乎理性的选择,即参与者为了自己的目标选择使其收益最大化的策略。博弈论研究的是理性的行为(此处不涉及道德,情感等因素),假定每个个体都会理性地依据其他参与者的策略做出自己的最优反应,以最大化自身的利益。

7.2.1 博弈基本要素

博弈的基本要素如下。

(1) 博弈方(Player),指博弈的参与者,能独立决策、独立行动并承担决策结果的个人或组织。

(2) 策略(Strategy),指参与者的行动。在一局博弈中,每个参与者都有多个可选择的行动,每个行动成为这个参与者的一个策略,策略数量越多,博弈越复杂。

(3) 支付(Payoff),指参与者选择策略后所获得的收益,是进行判断和决策的依据。经济学家林德赫尔将收益解释为资本在不同时期的增值,把收益视为利息。每个参与者的支付不仅依赖自己的策略选择,同时也依赖其他参与者的策略选择。因此,它应该是所有参与者策略选择的支付函数,也被称为收益函数。它本身就是某种量值,或某种效用的量化。

(4) 效用(Utility),是指消费者拥有或消费某种商品或服务的过程中对欲望的满足程度,称这种满足程度为该商品或服务的效用。一种商品或服务效用的大小取决于消费者的主观心理评价,由消费者欲望的强度决定。效用分为总效用和边际效用。总效用是指消费者在一定时期内消费一种或几种商品所获得的效用之和,而边际效用则是指消费者在一定时间内增加单位商品所引起的总效用的增加量。

(5) 均衡,是所有参与者的最优策略形成的局势或行动的组合,是博弈最可能出现的结果。如二人囚徒困境问题中,{认罪,认罪}就是其博弈的均衡。

7.2.2 博弈的 3 种常用表示方式

以下是博弈的 3 种常用表示方式。

(1) 标准式:适用于表示二人、三人静态博弈的表格表述形式。此处,静态博弈是指博弈各参与方同时做出选择的博弈。囚徒困境问题的标准式如表 7-1 所示。

表 7-1 囚徒困境问题的标准式

		A	
		认罪	不认罪
B	认罪	3,3	0,5
	不认罪	5,0	1,1

(2) 扩展式:适用于表示二人或多人动态博弈的博弈树形式。与上述静态博弈相反,此处的动态博弈是指博弈参与各方的策略选择存在先后次序,因此,后面做出决策的参与者可以看到先前参与方已经选择的策略。棋类游戏就是典型的动态博弈。

约翰·冯·诺依曼提出,任何一个博弈如果可以表示成标准式,则一定可以表示成扩展式,反过来也是成立的。

囚徒困境问题的扩展式表示如图 7-1 所示。

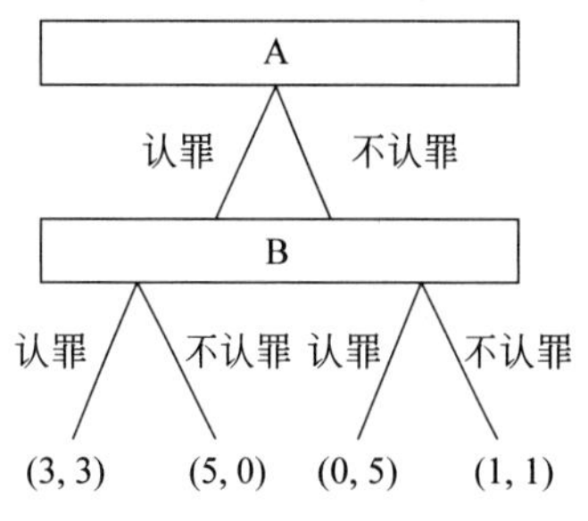

图 7-1　囚徒困境博弈扩展式

这里特别指出的是,对于如囚徒困境这种静态博弈,参与双方是在不知道对方选择策略的前提下,各方同时进行策略选择的。各方掌握的信息不完全,因此,此时用标准式描述策略空间更为方便。

(3) 特征函数式:用于在合作博弈的一般表示中。合作博弈及其特征函数式将在 7.6 节中详细介绍。

7.2.3　偏好关系

当一个参与者需要从选项集合 A 中做出一个或多个选择时,设 $a,b\in A$,则该参与者在决策过程中,可能会出现以下两种情况。

(1) 相对于选项 b,他更喜欢选项 a。

(2) 参与者对选项 a 和 b 持有同样的态度,不会特别偏爱其中一个。这两种情况都可以用表达式 $a\succsim b$ 表示,$\succsim$称为参与者在集合 A 中的偏序关系(Partial Order),或称为偏好关系(Preference Relation)。

对于任意给定的决策问题$(A,\succsim)$,若 $a,b\in A$,则 $a\succsim b$ 存在以下两种情况。

(1) 若 $a\succsim b$ 且 $b\not\succsim a$,则称为严格偏序(Strictly Partially Ordered),记为 $a\succ b$。

(2) 若 $a\succsim b$ 且 $b\succsim a$,则称为无偏(Unbiased),记为 $a\sim b$。

每个博弈参与者都会有一个偏好关系。若用$\succ_i$ 表示 i 在潜在结果集合 $O=\{a,b,c,\cdots\}$ 的偏好。因此,$\succ_i=a\succ b\succ c$ 表示参与者 i 在 a 和 b 中更偏好 a,在 b 和 c 中更偏好 b。

严格偏好具有如下性质。

(1) 完整性,唯一性:每个参与者在对比结果时有且仅有一种偏好,即 $a\succ b$ 或 $b\succ a$。

(2) 传递性:若对于潜在结果集合 $O=\{a,b,c,\cdots\}$,有 $a\succ b$ 及 $b\succ c$,则 $a\succ c$。

(3) 不对称性:若 $a\succ b$ 则 $b\not\succ a$。

无偏关系具有如下性质。

(1) 自反性,对称性:若 $a\sim b$,则 $b\sim a$。

(2) 传递性:若 $a\sim b$,$b\sim c$,则 $a\sim c$。

严格偏序和无偏不能同时出现在同一个二元关系中,即要么是严格偏序,要么是无偏。

7.3　囚徒困境问题

囚徒困境问题是由梅里尔·弗勒德和梅尔文·德雷希尔在 1950 年提出的,后来由艾伯特·塔克以囚徒方式阐述,因此得名。

囚徒困境涉及两名被捕的囚犯,他们面临合作与背叛的决策。每名囚犯都可以选择合作(坦白认罪)或者背叛(沉默不认罪),结果会影响各自的刑期。

7.3.1　囚徒困境问题的两种典型情境

以下是囚徒困境的两种情境。

(1) 情境一：不允许双方沟通，如图 7-2 所示。

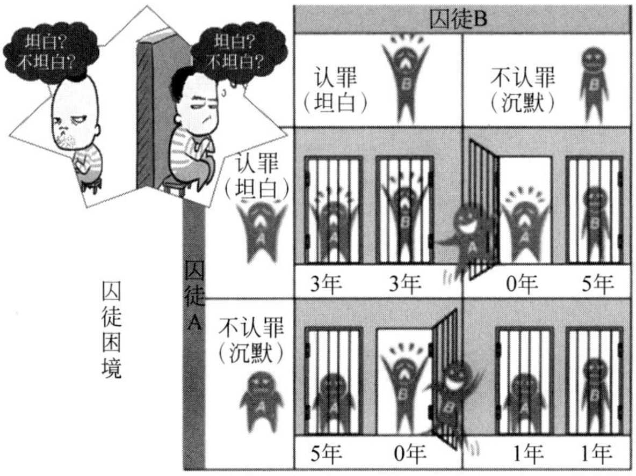

图 7-2 囚徒困境图示(见彩插)

① 如果两名囚犯都选择坦白认罪(合作)，意味着他们都承认自己的罪行，那么他们都会被判处较轻的刑期(如 3 年监禁)。

② 如果一名囚犯选择坦白认罪(合作)，而另一名囚犯选择保持沉默(不认罪)，坦白认罪的囚犯将被免于刑罚(释放)，而保持沉默的囚犯将面临最重的刑期(如 5 年监禁)。

③ 如果两名囚犯都选择保持沉默(不认罪)，他们都会被判处较轻的刑期(如 1 年监禁)。

处于困境下，双方都不知道对方的策略，每个人都会从自己的利益出发做出选择。因此，每个人最有可能的选择就是使自己的利益最大化。

如表 7-2 所示，在此例子中，A 可能这样分析：B 的两种选择分别是认罪与不认罪，若 B 认罪的同时 A 认罪，则 B 将被判 3 年，若 A 自己不认罪，则将被判 5 年，B 无罪释放。所以，A 的最佳选择是认罪。若 B 不认罪，此时，若 A 自己认罪，则将被立即释放，若 A 自己不认罪，则将被判 1 年。所以，A 的最佳选择仍然是认罪。同理，B 也会选择认罪。因此，最终结果是两者都会选择认罪，各被判 3 年。

表 7-2 囚徒困境情境一的收益矩阵

		A	
		认罪	不认罪
B	认罪	3,3	0,5
	不认罪	5,0	1,1

在此例中，最终会选择(认罪，认罪)的策略组合，两个囚徒都不能通过单方面改变策略增加自身的效益，因此，双方都没有放弃这个策略组合的动机，从而产生一种均衡状态。囚徒困境问题之所以称为困境问题，也正是因为这个博弈的最终结果是两者的最坏结果。这是因为这个问题隐含两个前提假设：①双方都是自利理性的个体。②双方无法沟通，需要独自进行策略选择。

(2) 情境二：允许双方沟通策略。

若两者中，只有一个人认罪，则认罪者释放，不认罪者终身监禁，如表 7-3 所示。

表 7-3 囚徒困境情境二的收益矩阵

		A	
		认罪	不认罪
B	认罪	3,3	0,∞
	不认罪	∞,0	1,1

此时,A可能这样分析:即使双方在沟通时协商过,但如果B认罪,A自己认罪,则将被判3年,若A自己不认罪,则将终身监禁。若B不认罪,此时,A自己认罪,则将被立即释放,若A自己不认罪,则将被判1年。所以,A的最佳选择仍然是认罪。同理,B也会选择认罪。因此,最终结果是两者都会选择认罪,各被判3年。虽然双方有口头协议,但是并没有摆脱双方的困境问题。

然而,如果从集体利益的角度考虑,最佳的结果却不应该是同时认罪各获得3年刑罚,而应该是同时不认罪各获得1年刑罚。因此,囚徒困境问题反映了个体理性与集体理性之间的冲突。以自我利益为目标的理性行为将导致两个囚徒得到相对劣势的收益。这也表明,个体理性通过市场机制导致社会福利最优的结论并不总是成立的。囚徒困境的一般化收益矩阵如表7-4所示。

表 7-4 囚徒困境的一般化收益矩阵

		A	
		认罪	不认罪
B	认罪	R,R	S,T
	不认罪	T,S	P,P

其中,R表示合作报酬,T表示背叛诱惑,P表示背叛惩罚,S表示受骗支付。一般来说,$T>R>P>S$,也就是说,无论对方选择什么,自己选择背叛都能得到更高的收益。因此,纳什均衡是双方都选择背叛,得到(P,P)的结果。但是,如果双方都选择合作,就能得到(R,R)的结果,这是帕累托最优(纳什均衡和帕累托最优后面会进一步解释)的结果,也就是说,没有其他的结果能让双方都更好。

7.3.2 重复囚徒困境

固定局数的囚徒困境是指两个参与者在有限次数的博弈中,每次博弈都面临合作或背叛的选择。假设双方都了解博弈的总次数,最优策略是从一开始就选择背叛,以确保在每轮博弈中获得最大利益。纳什均衡出现在双方选择背叛的情况下,带来一致的结果(P,P)。单次博弈的结果与固定局数的囚徒困境博弈相同。

不固定局数的囚徒困境描述了两位参与者在不确定次数的博弈中,每次博弈都必须在合作和背叛之间做出选择。假设两位参与者都不清楚博弈的总次数,此时最佳策略是基于对方的历史行为决定是否合作,从而通过奖惩机制维系他们之间的合作关系。在这种情况下,纳什均衡可能表现为双方都选择合作,带来相互受益的结果(R,R);或者是双方交替选择合作和背叛,导致一个混合的结果。多次博弈的结果与不固定局数的囚徒困境博弈相类似。

随机重复囚徒困境是一种重复博弈的变形,其中博弈的次数不固定,而是由一个随机过程决定。例如每次博弈后,以一定的概率继续进行下一次博弈,或者以一定的概率结束博弈。

假设有两个参与者A和B,他们在每一个周期($t=1,2,\cdots,T$)中进行一次囚徒困境博弈,其中T是一个随机变量,服从某种已知的分布。每个参与者在每一个周期可以选择合作(C)或背叛(D),并根据收益矩阵获得相应的回报。

每个参与者的目标是最大化自己的期望总收益,即

$$U_i=\sum_{t=1}^{T}u_i(a_i^t,a_j^t) \tag{7-1}$$

其中,$u_i(a_i^t,a_j^t)$表示参与者i在第t个周期的收益,a_i^t和a_j^t表示参与者i和j在第t个周期的选择,i和j可以是A或B。

每个参与者的策略是一个关于历史行为的条件概率分布,即

$$\sigma_i(a_i^t \mid h^t)=P(a_i^t \mid h^t) \tag{7-2}$$

其中,$\sigma_i(a_i^t \mid h^t)$表示参与者i在第t个周期选择a_i^t的概率,h^t表示第t个周期之前的所有历史信息,包括对方的选择和博弈是否结束。

随机重复囚徒困境的一个发现是,如果博弈的平均次数足够多,即使参与者都是自私和理性的,合作也可能成为一种均衡策略。这是因为在这种情况下,参与者需要考虑自己的行为对对方的激励和反应的影响,以及对方的行为对自己收益的影响。如果通过合作能够提高参与者的长期收益,或者通过施加惩罚阻止对方的背叛,那么双方就有动机选择合作。这里的关键是,无论另一名囚犯选择什么策略,对每名囚犯来说,背叛(沉默)都似乎是更有利的选择,因为它可以免除刑罚或减轻刑期。然而,当两名囚犯都选择背叛(沉默)时,他们都会陷入比两人都合作(坦白)更差的境地。

囚徒困境问题是博弈论的一个经典问题,从此例可以看出,博弈参与者之间的决策与行为是相互影响的,一方的决策必须考虑对方的反应。因此,换位思考是博弈论中很重要的思维方式。

7.3.3 多人囚徒困境

多人囚徒困境问题是二人囚徒困境问题的扩展,其中有多个参与者博弈,每个参与者可以选择合作或背叛,根据不同的收益矩阵获得相应的回报。多人囚徒困境的分析比二人囚徒困境更复杂,在多人博弈中,参与者需要考虑其他人的选择和影响,其中可能存在一些联盟或合作的关系。

多人囚徒困境的典型案例是"公地悲剧",涉及多个参与者对有限的公共资源(如牧场、渔场、森林等)的利用选择。当每个参与者都选择利用这些资源时,可以获取一定的收益。然而,若过度利用,公共资源可能会耗尽,导致所有人都遭受损失。如果每个参与者都选择保护这些公共资源,他们可能会获得较低但可持续的收益,同时确保对公共资源的保护。

"公地悲剧"反映了一个重要的道德问题:个体在追求自身利益最大化的同时,可能会损害整个团体的利益。它揭示了个体之间的合作和背叛之间的冲突,并展示了自私行为可能会导致集体损失。个体选择最有利于自己的策略,可能会导致整体的最优解无法实现。囚徒困境强调了合作的重要性,因为如果两名囚犯都选择合作(坦白),他们的总刑期最低。然而,由于彼此之间的不信任和个体利益的影响,合作并不总是容易实现。

囚徒困境的概念在社会、经济和生物学等领域有广泛的应用，如合作与竞争、国际关系、环境保护等。这个例子强调了在某些情况下，建立合作和信任机制对于实现长期共同利益是至关重要的。

7.4 博弈论的分类

按照参与者是否遵循具有约束力的协议，可将博弈分为合作博弈和非合作博弈。囚徒困境问题是非合作博弈，即囚犯之间没有协议规范，只能依靠其他参与者的决策对"背叛"行为进行惩罚。非合作博弈强调个人理性及个人最优决策，研究人们在利益相互影响的局势中如何决策以使自己的收益最大化，即研究参与者的策略选择问题。与之对应，合作博弈是指参与者之间遵循具有约束力的协议进行决策，违反协议受到某种机制的惩罚。例如，商业活动中，商业公司需要遵守合同法；社会活动中，个人需要遵守治安法等。合作博弈也称为正和博弈，指博弈双方的利益都有所增加，或者至少有一方的利益增加而另一方利益不受损害，从而整体利益是增加的。合作博弈研究收益分配问题，即人们达成合作将如何分配所得收益。

在博弈结束后，若各方利益总和为常数或零，该类博弈称为零和博弈(Zero-sum game)。注意，零和博弈并不是指各方利益总和只能为零，如剪刀石头布、下棋等属于零和博弈。若各方利益总和为一个变量，则该类博弈称为非零和博弈(Non-zero-sum game)，也叫变和博弈。囚徒困境属于非零和博弈，双方不同的选择可能导致利益总和变大或变小。

按照参与者是否清楚各种博弈策略的选择，对成败利益的得失是否充分了解，博弈可分为完全信息博弈和不完全信息博弈。在博弈中，若每一位参与者对其他参与者的特征、策略空间及收益函数有准确的信息，则称该种博弈为完全信息博弈。囚徒困境是一类完全信息博弈，警察告诉两个囚犯他们可做的选择。若在博弈中，参与者对其他参与者的特征、策略空间及收益函数信息了解得不够准确，或者不是对所有参与者的特征、策略空间及收益函数都有准确的信息，则称该种博弈为不完全信息博弈。例如斗地主，参与者有三个，无法仅根据自己手中的牌直接推知另外两人分别是什么牌。

从行为的时间序列性角度分析，按照参与者行动的先后顺序，博弈可分为静态博弈和动态博弈。在静态博弈中，参与者同时决策，如剪刀石头布，大家同时出拳，或参与者决策有先后顺序，但后行动者并不知道先行动者采取了什么具体行动。在动态博弈中，参与者的决策有先后顺序，且后行动者能够观察到先行动者所选择的行动。斗地主便是一类动态博弈，双方有顺序地交互出牌，能看到其他人出的什么牌。

另外，如果结构相同的博弈进行多次，则为重复博弈。在囚徒困境中，重复博弈的情况下，如果两个囚犯足够理性，并且认识到自己处于重复博弈的情境中，就有可能会达成合作。

按照参与者是否结盟，博弈可分为结盟博弈和不结盟博弈。将上述分类方法结合，可以将非合作博弈分为完全信息静态博弈(static games of complete information)、完全信息动态博弈(dynamic games of complete information)、不完全信息静态博弈(static games of incomplete information)和不完全信息动态博弈(dynamic games of incomplete information)。上述 4 种博弈对应的均衡问题分别为纳什均衡问题、子博弈精炼纳什均衡问题、贝叶斯纳什均衡问题和精炼贝叶斯纳什均衡问题。

如果仅有一个参与者，通常会产生划分明确的最优化问题。但是，在多人博弈中，一个参与者对结果的偏好等级并不一定是他的可能决策的等级，因为这个结果也取决于其他参与者的决策。

7.5 非合作博弈

合作博弈和非合作博弈是博弈论中两种不同类型的博弈模型，用于分析参与者之间的互动和决策。

合作博弈强调参与者之间的合作、协商和联盟，以达到共同的目标。在合作博弈中，参与者可以自愿合作并制定合作协议，以最大化整体收益。合作博弈通常涉及多人情境，其中参与者可以通过协商分配资源、收益等，以实现最大的共同利益。

非合作博弈关注每个参与者在不合作的情况下，通过制定个体策略达到自己的最佳利益。在非合作博弈中，参与者的决策是基于他们自己的利益和信息，而不考虑其他参与者的决策。

非合作博弈涉及一些经典的概念，如纳什均衡和最优回应策略。纳什均衡是一种策略组合，其中没有参与者有动机单独改变他们的策略，因为其他参与者已经采取最佳回应策略。最优回应策略是指每个参与者在其他参与者的策略下选择使其自身效用最大化的策略。

非合作博弈通常涉及竞争、冲突、竞价、拍卖等情境。参与者的目标是通过制定自己的策略获得最大利益，而不需要与其他参与者协商或合作。

综上所述，合作博弈和非合作博弈是博弈论中两种不同类型的模型，分别强调了参与者之间的合作和协商以及个体策略制定。它们在不同的情境中被应用，帮助理解参与者之间的互动和决策过程。

7.5.1 双人正则形式博弈

双人正则形式博弈(Two-player normal-form game)涉及两个参与者在一个已知的博弈框架中通过制定策略选择行动，以实现自身利益的最大化。在正则形式博弈中，参与者的策略集和效用函数都是明确定义的。这种博弈可以是零和博弈，也可以是非零和博弈。在零和博弈中，一个参与者的利益增加等于另一个参与者的利益减少，即一个参与者的收益正好是另一个参与者的损失。然而，在非零和博弈中，参与者的收益可以是正的、负的或零，不一定相互抵消。双人博弈的一种最简单形式是标准的二人零和博弈，其中一个参与者的利益增加等于另一个参与者的利益减少。在正则形式博弈中，每个参与者都有一组可能的行动，并且他们通常同时做出决策。参与者的策略是一个规则，定义了他们在所有可能情况下的行动选择。每个参与者都有一个策略集合，这些策略集合和相应的收益函数共同构成了正则形式博弈的完整描述。

在双人正则形式博弈中，每个参与者都有一组策略，这些策略定义了在对手可能采取的所有行动组合下，参与者应如何行动以最大化自己的收益。假设博弈只有两个参与者，且每个参与者都有两个可能的行动。参与者 1 的策略可以定义为：在参与者 2 选择行动 A 的情况下，参与者 1 选择行动 B 以最大化自己的收益；在参与者 2 选择行动 B 的情况下，参与者 1 选择行动 A 以最大化自己的收益。

在每个参与者的策略确定后，理论上每个参与者都可以计算出自己的最佳收益。如果存在一个策略组合，使得在给定其他参与者的策略时，没有一个参与者能通过改变自己的行动来增加自己的收益，则这个策略组合被称为纳什均衡。

7.5.2 纳什均衡

1. 占优策略和劣势策略

占优策略(Dominant Strategy)又称为支配策略。若对任何一个参与者来说,不论其他对手采取何种策略,他能找到一个策略的收益总是大于或等于(至少有一个大于)其他策略,则称该策略为占优策略,与之相对的其他策略则称为劣势策略(Dominated Strategy)。也就是说不管对手采取何种策略,占优策略的结果总要好于参与者手中的其他策略。

2. 严格占优策略和严格劣势策略

在每个博弈参与者各自的策略集中,如果存在一个与其他竞争对手可能采取的策略无关的最优选择,即在任何情况下该策略都优于手中的其他策略,则称该策略为严格占优策略(Strictly Dominant Strategy),与之相对的其他策略则称为严格劣势策略(Strictly Dominated Strategy)。

3. 均衡

在经济学中,稳定而且可测的互动行为模式称为均衡。在博弈论中,当一个博弈中的每位参与者都选择各自的占优策略时,就称为占优策略均衡,这是一个非合作均衡。

4. 纳什均衡

在多人的非合作博弈的情况下,如果每个博弈参与者都无法通过单方面的决策改善自己的处境,此时的局面达到非合作博弈平衡。冯·诺依曼已经证明零和博弈中必然存在这样的均衡点。美国数学家纳什于1951年发表论文*Non-Cooperative Games*,将冯·诺依曼证明的零和博弈均衡推广到非合作博弈情况下的均衡,并且证明这样的均衡点仍然存在。因此,非合作博弈均衡又被称为纳什均衡。

从上述介绍的囚徒困境问题的分析中可知,博弈双方最终会选择(认罪,认罪)的策略组合,从而达到均衡状态。对博弈双方来说,不管对方选择何种策略,"认罪"都是他们各自的"占优策略",而"不认罪"则为"劣势策略"。

虽然双方都不认罪是双赢的局面,但这个局面并不稳定,囚犯A或B都有动力单方面地改变自己的策略,取得一个更好的效果。所以均衡状态并不一定是双赢的状态。

$$\forall i \in 1,2,\cdots,n, \forall s^{-i} \in S^{-i}, u_i(s^i,s^{-i}) \geqslant u_i(s'^i,s^{-i}) \tag{7-3}$$

式(7-3)表示了纳什均衡的核心特性,其中$s=(s^1,s^2,\cdots,s^n)$是博弈Γ的策略组合,s^i是博弈参与者i的策略,s'^i是参与者i的替代策略,S^i是博弈参与者i的策略空间,$u_i(s)$是博弈参与者i在策略组合s下的收益,$u_i(s^i,s^{-i})$衡量了参与者i采取策略s^i而其他参与者采取策略s^{-i}时获得的收益。$u_i(s^i,s^{-i}) \geqslant u_i(s'^i,s^{-i})$意味着对于参与者$i$而言,在其他参与者选择任意策略$s^{-i}$的情况下,参与者$i$选择策略$s^i$所能获得的效用要大于或等于任何其他可能的策略$s'^i$所能给予的效用。

由所有参与者的最优策略组成的策略组合称为纳什均衡点。在该点上,每一个理性的参与者都不会愿意单方面改变策略,因为任何人都不会因为单方面改变自己的策略增加收益。

在上述囚徒困境问题中,双方都认罪的占优策略均衡是双方各自从自身的个体理性角度出发做的自身利益最大化的选择。但从总体收益上看,双方都认罪其实并不是最佳结果。相反,双方若合作商量选择都不认罪将是最佳结果。因此,在博弈论中,当博弈参与者各方合作协调,选择共同的收益最优化策略而达到的结果称为合作均衡。

5. 策略、纯策略和混合策略

策略是参与者在给定信息前提下选择行动的规则。在完全信息博弈中,若在给定信息前提下只能选择一种特定策略或行动,则该策略被称为纯策略(Pure Strategy),简称策略,即参与者在其策略空间中唯一选择确定的策略。例如,在剪刀石头布中,参与者只出剪刀。如果参与者随机地出剪刀、石头和布,则是一种混合策略(Mixed Strategy)。相对而言,在完全信息博弈中,若在给定信息前提下,策略选择是基于某种概率分布随机选择不同的行动策略,则该策略被称为混合策略。因此,参与者采取的并不是明确的唯一的策略,而是其策略空间上的一种概率分布。混合策略的形式化定义为:在 n 个参与者的博弈 $G=\{S_1, S_2,\cdots,S_n;u_1,u_2,\cdots,u_n\}$ 中,参与者 i 的策略空间 $S_i=\{S_{i1},S_{i2},\cdots,S_{ik}\}$,参与者 i 以概率分布 $p_i=\{p_{i1},p_{i2},\cdots,p_{ik}\}$ 随机在策略空间的 k 个可选策略中选择行动策略。其中,$1\leqslant p_{ij}\leqslant 1$,对 $j=1,2,\cdots,k$ 都成立,且 $p_{i1}+p_{i2}+\cdots+p_{ik}=1$。

纯策略的收益可以用效用表示,而混合策略的收益只能用预期效用表示。显然,纯策略是混合策略的特例,也就是在策略空间中选择该策略的概率为 1,选择其他策略的概率为 0,即等价于混合策略 $p_i=\{1,0,\cdots,0\}$。

参与者选择不确定性的混合策略而放弃确定性的纯策略,往往可能是因为参与者主观上的不确定和犹豫不决造成的,或是外在客观因素的不确定性造成应对策略的不确定性,也有可能是参与者为了让其对手无法清楚了解自己的策略选择而采取的应对方案。

6. 纳什均衡的多重性问题

对于有多个纳什均衡的博弈而言,无法肯定地证明哪一种纳什均衡一定会出现,甚至都无法确定一定会出现纳什均衡,这也正是博弈分析的难题,通常称这个问题为纳什均衡的多重性问题。

7. 谢林点

在现实生活中,博弈参与者可以从各自的文化及经验中找到线索,从而判断均衡,这种均衡发生的概率往往大于其他均衡发生的概率。为纪念托马斯·谢林(Thomas C. Schelling),人们将这种依据经验及文化线索为基础选择的均衡称为谢林点(Schelling Point)。

通常,在特定情况下,惯例及传统习俗能够帮助人们确定博弈的多重纳什均衡中哪个更容易出现。因此,虽然习俗和惯例看上去让人感觉似乎很随意,但往往却很稳定,这正是因为他们都是纳什均衡,能够自我强化。

8. 子博弈精炼纳什均衡

1994 年,诺贝尔经济学奖获奖者莱茵哈德·泽尔腾(Reinhard Selten)提出了"子博弈精炼纳什均衡"的概念,将纳什均衡概念引入动态分析,又称子对策完美纳什均衡。它要求参与者的决策在任何时点上都是最优的,因此,将纳什均衡中包含的不可置信的威胁策略去除,使得参与者能随机应变向前看,而不是固守成规。由于去除了不可置信的策略,因此在许多情况下,缩小了纳什均衡的个数。给定"历史",每个行动选择开始至博弈结束构成一个博弈,称为"子博弈"。当参与者的策略在每个子博弈中都构成纳什均衡时,则形成子博弈精炼纳什均衡。因此,组成精炼纳什均衡的策略必须在每个子博弈中都是最优的。

聚点均衡、帕累托最优标准、风险优势标准、相关均衡、抗共谋均衡、子博弈完美均衡、颤抖手完美均衡都是在纳什均衡的基础上发展起来的，它们的基本思路都是通过去除不合理均衡，从而得到更为精确及合理的均衡，通常称为纳什均衡的精炼。

7.5.3 雪堆博弈纳什均衡

雪堆博弈是一种多人博弈模型，用以描述多人合作与叛逃的困境。雪堆博弈的情景如下：在一个风雪交加的夜晚，两个人开车相向而行，被一个雪堆阻碍，需要铲除它才能通行。每个人都可以选择铲雪或者不铲雪，铲雪会带来一定的成本，不铲雪则没有成本。如果两个人都铲雪，则二人都可以开车出去，但是要分担铲雪的成本；如果只有一个人铲雪，也可以开车出去，但是铲雪人要承担全部的铲雪成本，而另一个人则可以免费享受铲雪的好处；如果两个人都不铲雪，则二人都无法开车出去，也没有成本。

假设收益矩阵元用(R、S、T、P)表示，如式(7-4)所示。

$$\begin{pmatrix} R & S \\ T & P \end{pmatrix} \tag{7-4}$$

收益矩阵元满足关系：$T>R>S>P$。

假定铲除雪堆使道路畅通需要付出的劳动量为 c，而道路畅通带给双方的好处量化为 $b(b>c)$。如果博弈双方一起动手铲除雪堆，则他们各自的收益为 $R=b-c/2$(分别承担劳动量 $c/2$)；若只有其中一个人下车铲雪，虽然双方都能及时回家，但是背叛者因为没有铲雪，没有付出劳动，因此收益 $T=b$。相反，合作者因为独自承担铲雪的工作，铲雪的劳动量 c 为其独自付出，因此其收益为 $S=b-c$。若两人都不合作，则两人都无法及时回家，其收益量化为 $P=0$。由此可得，雪堆模型的收益矩阵如表 7-5 所示。

表 7-5 雪堆模型的收益矩阵

	A		
		铲雪	不铲雪
B	铲雪	$b-c/2,b-c/2$	$b-c,b$
	不铲雪	$b,b-c$	0,0

雪堆博弈的均衡状态是一个混合策略均衡，两个人都以一定的概率选择铲雪或者不铲雪，使得二人期望收益相等。该概率可以通过求解以下方程组得到，其中 p 和 q 分别表示一个人和另一个人选择铲雪的概率，即

$$\begin{cases} p\left(b-\dfrac{c}{2}\right)+(1-p)b=p(b)+(1-p)(b-c) \\ q\left(b-\dfrac{c}{2}\right)+(1-q)(b-c)=q(b-c)+(1-q)b \end{cases} \tag{7-5}$$

求解得

$$\begin{cases} p=\dfrac{c}{2b-c} \\ q=\dfrac{c}{2b-c} \end{cases} \tag{7-6}$$

这意味着铲雪的成本越高，或者开车出去的收益越低时，两个人选择铲雪的概率越低；

反之,当铲雪的成本越低,或者开车出去的收益越高时,两个人选择铲雪的概率越高。

雪堆博弈是一种反映社会困境的模型,它揭示了个人理性与集体利益之间的矛盾。如果每个人都追求自己的最大收益,那么他们都会倾向不铲雪,从而导致社会效率的下降;如果每个人都考虑集体的最大收益,那么他们都会倾向铲雪,从而提高社会效率。但是,在没有约束或激励的情况下,个人理性往往会占据上风,导致合作的困难。

那么理性的个体的最优选择将会怎样呢?如果对方选择背叛策略(即待在车里不去铲雪),则自己的最佳策略是下车铲雪(因为按时回家的利益 $b-c$ 将大于待在车中的背叛收益0)。反之,如果对方选择下车铲雪,则自己的最佳策略是待在车中享受,不下车铲雪。

由此可见,不同于囚徒困境博弈问题,在雪堆博弈中存在两个纳什均衡状态,即(铲雪,不铲雪)和(不铲雪,铲雪),其最优解为(b,$b-c$)和($b-c$,b)。

雪堆模型与囚徒困境不同,雪堆博弈模型,是一种对称博弈模型,描述了博弈双方相遇时是彼此合作共同受益,还是彼此背叛欺骗。它揭示了个体理性和集体理性的矛盾对立。个体的最优选择与对手的策略相关联。遇到背叛者时,合作者的收益高于双方相互背叛的收益。因此,一个人的最佳策略取决于对手的策略;如果对手选择合作,他的最佳策略是背叛;反之,若对手选择背叛,那么他的最佳策略为合作,也就是说,个体选择与对手不同的策略能使自己的收益最大化。这样合作在系统中不会消亡,而与囚徒困境相比,合作更容易在雪堆博弈中涌现。

7.5.4 占优策略纳什均衡

占优策略纳什均衡是博弈论中的一个重要概念,用于描述博弈中的一种特殊均衡状态,其中每个参与者都选择了他们的占优策略,并且没有参与者愿意改变自己的策略,即使其他参与者的策略已知。这种均衡状态是基于每个参与者单独选择策略以最大化其自身利益的原则,而不考虑其他参与者的选择。

具体来说,在一个博弈中,如果一个参与者的占优策略与他的对手选择的策略无关,那么这个占优策略就构成该参与者的最优策略。在这种情况下,该参与者不会因为对手的策略改变而改变自己的策略。因此,占优策略纳什均衡是一种稳定的均衡状态,因为它使每个参与者都选择了自己的最优策略,而不受其他参与者策略的影响。

占优策略纳什均衡与纳什均衡有一定的区别。纳什均衡指的是在一个博弈中,如果每个参与者都选择了自己的最优策略,那么这个策略组合就构成一个纳什均衡。而占优策略纳什均衡则强调的是一个参与者的最优策略与他的对手选择的策略无关,因此它更加强调博弈中的个体理性。

下面通过一个示例详细解释占优策略纳什均衡。

例 7-1 假设有两名商店经营者,Alice 和 Bob,他们在同一个市场销售相似的商品。他们可以选择定价高(H)或定价低(L)两种策略。每个商店的目标是最大化自己的利润。

以下是商店的支付函数。

如果 Alice 选择 H,而 Bob 选择 H,Alice 的利润为 10,Bob 的利润为 10。

如果 Alice 选择 H,而 Bob 选择 L,Alice 的利润为 2,Bob 的利润为 15。

如果 Alice 选择 L,而 Bob 选择 H,Alice 的利润为 15,Bob 的利润为 2。

如果 Alice 选择 L,而 Bob 选择 L,Alice 的利润为 5,Bob 的利润为 5。

因此，其收益矩阵如表7-6所示。

表7-6 二人博弈收益矩阵

		Bob	
		H	L
Alice	H	10,10	2,15
	L	15,2	5,5

在这个例子中，如果Alice选择H，则她的利润最高为10，而如果选择L，则她的利润最高为15。无论Bob选择什么策略，对Alice来说，H都是占优策略。同样，对Bob来说，无论Alice选择什么策略，他的占优策略是H。

因此，占优策略纳什均衡是(H,H)，即Alice和Bob都选择定价高作为他们的策略。在这种情况下，每个商店经营者都已经选择了最优的策略，无论其他商店选择什么策略，他们都不愿意改变自己的策略，因为他们的利润已经达到最大化。

需要强调的是，占优策略纳什均衡并不总是存在于所有博弈中。在某些情况下，可能会存在多个博弈均衡，或者根本不存在均衡。博弈的策略集和支付函数的具体形式将决定是否存在占优策略纳什均衡，以及如何找到它。这个概念在研究参与者的最优选择和博弈均衡时具有重要意义。

对于囚徒困境问题，其占优策略均衡是双方都认罪，即(认罪，认罪)。但如果允许囚徒们合作共同选择策略，那他们必然都会选择"不认罪"，即(不认罪，不认罪)。此时形成的均衡为合作均衡。很明显，囚徒困境问题的占优策略均衡与合作均衡是完全相反的。这类博弈问题被称为"社会两难"博弈。

7.5.5 混合策略纳什均衡

在博弈论中，混合策略是一种策略选择方式，其中参与者以一定的概率分配在不同的纯策略之间，而不是单一地选择一个纯策略。纯策略是指参与者在博弈中选择一个确定性的行动，而混合策略则涉及在不同纯策略之间以一定概率进行随机选择。混合策略允许参与者在不同的情况下做出不同的选择，以应对对手的不同行为。通过使用混合策略，参与者可以在博弈中模糊化他们的策略，从而降低对手的预测能力，增加自己的不确定性。

混合策略纳什均衡(Mixed Strategy Nash Equilibrium)是指在n人博弈$G=\{S_1, S_2,\cdots,S_n;u_1,u_2,\cdots,u_n\}$中，如果存在一个混合策略组合，使得对于所有参与者($i=1,2\cdots,n$)而言，他们的策略(无论是混合策略还是纯策略)都是相对于其他参与者当前策略的最佳选择，那么这个混合策略组合就构成了一个纳什均衡。换句话说，如果一个策略组合下，没有任何参与者能够通过单方面改变自己的策略(包括从混合策略改为另一种混合策略或纯策略)获得更高的期望效用，那么这个策略组合就达到了纳什均衡状态，不论这个策略是混合策略还是纯策略。若由该最优的混合策略构成的混合策略组合表示为$\sigma^*=\{\sigma_1^*,\sigma_2^*,\cdots,\sigma_n^*\}$，则此时，对于所有的$i=1,2,\cdots,n$，都有$u_i(\sigma_i^*,\sigma_{-i}^*)\geqslant u_i(\sigma_i,\sigma_{-i}^*)$，$\forall \sigma_i\in S_i$。其中，$u_i$表示参与者$i$的期望效用。

下面用一个简单的例子说明混合策略。

假设有一个二人博弈，其中两名参与者可以选择合作(C)或者背叛(D)。在此例子中，如果参与者都选择纯策略 C 或都选择纯策略 D，结果都是确定性的。然而，如果参与者选择混合策略，比如以概率 p 选择 C，以概率 $1-p$ 选择 D，那么对手也不确定他们的选择。在这种情况下，参与者的预期效用将是一个关于概率 p 的函数。

混合策略纳什均衡是指在博弈中每个参与者都使用混合策略，而且不存在任何参与者愿意改变自己的混合策略，使得任何参与者在给定其他参与者的混合策略下，都无法通过改变自己的策略提高自己的期望效用。

需要注意的是，混合策略纳什均衡不一定在所有博弈中都存在，而且在一些情况下可能存在多个混合策略均衡。混合策略在博弈论中有广泛的应用，尤其是在现实生活中，参与者可能在不同的情况下选择不同的策略。

7.5.6　零和博弈

对于一个博弈中的两个参与者，其中任何一个参与者的所得即为另一个参与者的所失，也就是两者的得失之和为零，称为零和博弈。二人零和博弈的混合策略是以一定的概率在两个或多个纯策略中进行选择。任何一个给定的二人零和博弈一定存在混合策略下的纳什均衡。

例 7-2　设零和博弈 $G=\{S_A,S_B,R\}$，$S_A=\{A_1,A_2\}$，$S_B=\{B_1,B_2\}$，$\boldsymbol{R}=\begin{bmatrix}3 & 7\\ 5 & 1\end{bmatrix}$。

请问：该博弈是否存在纯策略下的纳什均衡。如若不存在，请给出一个该博弈在混合策略下的纳什均衡，并给出该博弈的值。

求解，得

$$\max_{1\leqslant i\leqslant 2}\min_{1\leqslant j\leqslant 2} r_{ij}=\max\{3,1\} \tag{7-7}$$

$$\min_{1\leqslant j\leqslant 2}\max_{1\leqslant i\leqslant 2} r_{ij}=\max\{5,7\}=5 \tag{7-8}$$

由此可见，该博弈不存在鞍点，因此也不存在纯策略下的纳什均衡。

设参与者 A 选择其两个可能的策略 A_1，A_2 的概率分别为 x 和 $1-x$，参与者 B 选择其两个可能的策略 B_1，B_2 的概率分别为 y 和 $1-y$。

这样，参与者 A 的期望值为

$$\begin{aligned}\mathrm{E}(x,y)&=3xy+7x(1-y)+5(1-x)y+(1-x)(1-y)\\&=-8\left(x-\frac{1}{2}\right)\left(y-\frac{3}{4}\right)+4\end{aligned} \tag{7-9}$$

因此，当 $x=\frac{1}{2}$ 时，参与者 A 分别以概率 $\frac{1}{2}$ 和 $\frac{1}{2}$ 选取纯策略 A_1，A_2 时，至少保证参与者 A 的收益为 4。

参与者 B 的期望值为

$$-\mathrm{E}(x,y)=8\left(x-\frac{1}{2}\right)\left(y-\frac{3}{4}\right)-4 \tag{7-10}$$

当 $y=\frac{3}{4}$ 时，参与者 B 分别以概率 $\frac{3}{4}$ 和 $\frac{1}{4}$ 选取纯策略 B_1，B_2 时，其损失最多为 -4。

因此，参与者 A 的最优混合策略为 $X^*=\left(\frac{1}{2},\frac{1}{2}\right)$，参与者 B 的最优混合策略为 $Y^*=\left(\frac{3}{4},\frac{1}{4}\right)$。

由此可得，混合策略下的纳什均衡为(X^*, Y^*)，相应博弈的值$V_G=4$。

7.5.7 非零和博弈

非零和博弈是非合作博弈中的一种，其各方的收益或损失的总和不为 0。参与者之间不再是完全对立，博弈参与者之间可能存在某种共同的利益，可以“双赢”甚至“多赢”。囚徒困境就是一种非零和博弈，它反映了一个现实生活中的困境：个体最佳选择并不等同于集体最佳选择。

例 7-3 现价折扣(在现行价格基础上打折)促销博弈。

假定博弈双方的收益矩阵如表 7-7 所示。

表 7-7 现价折扣促销博弈收益矩阵

消费者			
销售商		下周购买	本周购买
	下周打折	3,7	9,4
	本周打折	7,3	4,9

根据画线法可以看出，对于销售商来说，当消费者选择下周购买，则销售商选择本周打折将得到更高的收益，即 7，而消费者选择本周购买，销售商选择下周打折将得到更高的收益，即 9。反之，对于消费者来说，当销售商选择下周打折，他选择下周购买能得到更高的收益 7，当销售商选择本周打折，他选择本周购买能得到更高的收益 9。因此，该博弈没有纯策略纳什均衡。

约翰·纳什提出任何一个给定的二人博弈，无论是否为零和博弈，一定存在混合策略纳什均衡。

将双方收益矩阵分别列出可得：销售商的收益矩阵$\boldsymbol{S}=\begin{bmatrix}3 & 9\\ 7 & 4\end{bmatrix}$，而消费者的收益矩阵$\boldsymbol{C}=\begin{bmatrix}7 & 4\\ 3 & 9\end{bmatrix}$。博弈双方按照一定的概率随机选择各自策略集合中的任何一个策略。他们选择的合理性原则应该如下：任何一方选择该策略的概率应该能使双方对他的每一个纯策略的选择保持无所谓的态度，即使对方的每一个纯策略的期望收益相等。

设销售商选择下周打折的概率为x，则他选择本周打折的概率将为$1-x$，设消费者选择下周购买的概率为y，则他选择本周购买的概率则为$1-y$。由此可知，销售商选择下周打折的期望收益为$3y+9(1-y)$，而选择本周打折的期望收益为$7y+4(1-y)$。同理，消费者选择下周购买的期望收益为$7x+3(1-x)$，选择本周购买的期望收益为$4x+9(1-x)$。根据上述合理性原则可得

$$\begin{cases}7x+3(1-x)=4x+9(1-x)\\ 3y+9(1-y)=7y+4(1-y)\end{cases} \tag{7-11}$$

求解，可得$x=\dfrac{2}{3}, y=\dfrac{5}{9}$。

因此，销售商以混合策略$\left(\dfrac{2}{3},\dfrac{1}{3}\right)$的概率分别选择下周和本周打折，销售者以混合策略

$\left(\frac{5}{9},\frac{4}{9}\right)$的概率分别选择下周和本周购买。

在上述混合策略下，销售商的期望收益为 $3xy+9x(1-y)+7(1-x)y+4(1-x)(1-y)$，计算可得该值为$\frac{17}{3}$。

而消费者的期望收益为 $7xy+3(1-x)y+4x(1-y)+9(1-x)(1-y)$，计算可得该值为$\frac{17}{3}$。

此时，博弈双方都无法通过改变自己的混合策略与相应概率分布提高自己的收益，因此，该混合策略是稳定的。

7.5.8 反复去除严格劣策略

例 7-4 甲乙双方各有 4 个策略，策略收益矩阵如表 7-8 所示，对于甲，策略 A4 绝对优于策略 A2，所以，策略 A2 是绝对劣策略。

表 7-8 策略收益矩阵

		乙			
		B1	B2	B3	B4
甲	A1	3,2	4,1	2,3	0,4
	A2	4,4	2,5	1,2	0,4
	A3	1,3	3,1	3,1	4,2
	A4	5,1	3,1	2,3	1,4

因此，先删除策略 A2，从而得到表 7-9。

表 7-9 去除策略 A2 后的收益矩阵

		乙			
		B1	B2	B3	B4
甲	A1	3,2	4,1	2,3	0,4
	A3	1,3	3,1	3,1	4,2
	A4	5,1	3,1	2,3	1,4

此时，对于乙，策略 B4 严格优于策略 B3，因此去除策略 B3，得到表 7-10。

表 7-10 去除策略 A2 和 B3 后的收益矩阵

		乙		
		B1	B2	B4
甲	A1	3,2	4,1	0,4
	A3	1,3	3,1	4,2
	A4	5,1	3,1	1,4

此时，很明显看出，对于甲方，没有严格劣策略，但对于乙方，B2 为严格劣策略，所以去

除该策略，得到表7-11。

表7-11　去除策略A2、B2和B3后的收益矩阵

	乙		
甲		B1	B4
	A1	3,2	0,4
	A3	1,3	4,2
	A4	5,1	1,4

此时，对于甲，策略A4严格优于策略A1，所以删除策略A1，得到表7-12。

表7-12　去除策略A1、A2、B2和B3后的收益矩阵

	乙		
甲		B1	B4
	A3	1,3	4,2
	A4	5,1	1,4

接下来，用前面介绍的混合策略方法可以求得博弈双方此时的混合策略均衡为：甲分别以$\frac{3}{4}$和$\frac{1}{4}$的概率选择策略A3和A4，乙分别以$\frac{3}{7}$和$\frac{4}{7}$的概率选择策略B1和B4。而甲和乙对于各自去除的策略的选择概率均为0。也就是说混合策略均衡为(A^*,B^*)，其中，$A^*=\left(0,0,\frac{3}{4},\frac{1}{4}\right)$，$B^*=\left(\frac{3}{7},0,0,\frac{4}{7}\right)$。

从而甲的期望收益为

$$
\begin{aligned}
E_{甲}(A^*,B^*)&=\sum_{i=1}^{4}\sum_{j=1}^{4}M_{ij}A_i^*B_j^*\\
&=1\times\frac{3}{4}\times\frac{3}{7}+4\times\frac{3}{4}\times\frac{3}{7}+5\times\frac{1}{4}\times\frac{3}{7}+1\times\frac{1}{4}\times\frac{4}{7}\\
&=\frac{19}{7}
\end{aligned}
\tag{7-12}
$$

$$
\begin{aligned}
E_{乙}(A^*,B^*)&=\sum_{i=1}^{4}\sum_{j=1}^{4}N_{ij}A_i^*B_j^*\\
&=3\times\frac{3}{4}\times\frac{3}{7}+2\times\frac{3}{4}\times\frac{4}{7}+1\times\frac{1}{4}\times\frac{3}{7}+4\times\frac{1}{4}\times\frac{4}{7}\\
&=\frac{35}{14}
\end{aligned}
\tag{7-13}
$$

其中，$\boldsymbol{M}$和$\boldsymbol{N}$分别为甲乙双方各自的收益矩阵。

7.5.9　奇数定理及其应用

奇数定理是威尔逊在1971年提出的，他指出几乎所有有限策略的博弈都有奇数个纳什均衡，包括纯策略及混合策略纳什均衡。

依据奇数定理，可以得出结论：如果一个博弈有两个纯策略纳什均衡，则该博弈一定存在第 3 个混合策略纳什均衡。若一个博弈有多个纳什均衡或者没有任何纳什均衡，则需要考虑预期收益，然后依据奇数定理寻找该博弈的混合策略纳什均衡。

例如斗鸡博弈，其收益矩阵如表 7-13 所示。

表 7-13 斗鸡博弈收益矩阵

		乙	
		转向	前进
甲	转向	0,0	−10,10
	前进	10,−10	−100,−100

该博弈存在两个纯策略纳什均衡，即(前进，转向)及(转向，前进)。分析收益得失可知，甲方更倾向前者，而乙方更倾向后者。对于该类博弈，虽然存在纯策略纳什均衡，但这些纳什均衡都存在博弈双方单独偏离倾向某种均衡的动机。根据奇数定理，可以推断还存在混合策略均衡。而且，对于这种情况，往往认为混合策略均衡最优。

依据前述方法可以计算得到，甲和乙的混合策略均衡都为$\left(\frac{9}{10},\frac{1}{10}\right)$，即以$\frac{9}{10}$的概率转向，以$\frac{1}{10}$的概率向前。而此时，双方的期望收益均为−1。

在混合策略纳什均衡下，双方都不可能通过单方面偏离获得更好的期望收益。

7.5.10 战略合作联盟

例 7-5 如表 7-14 所示，要想控制整个海湾，至少需要两个国家联盟，此时会以牺牲第三国的利益为代价。若三国大联盟，每个国家的收益均为 6，总收益达到最大值。但由于非合作博弈条件下不存在具有约束力的国际制约机制能够迫使监督每个参与者按照约定选择相应策略，因此，该策略组合并非纳什均衡，从而无法实现三国大联盟。

表 7-14 战略合作联盟收益矩阵

		乙			
		岛屿陆地		岛屿近海	
		丙		丙	
		海湾东	海湾西	海湾东	海湾西
甲	海湾南	4,4,4	0,0,0	1,7,7	7,1,7
	海湾北	7,7,1	6,6,6	0,0,0	4,4,4

采用画线法分析可得表 7-15。

可见存在 3 个纳什均衡，即(海湾北，海湾东，陆地)、(海湾南，海湾东，近海)和(海湾北，海湾西，近海)，分别对应甲丙联盟、乙丙联盟和甲乙联盟。这些纳什均衡的产生都不需要外在强制力，因而形成联盟的国家均不会改变自己的策略。在此多重纳什均衡的博弈问题中，究竟哪个纳什均衡会出现取决于哪两个国家将会形成联盟。每两个国家之间形成的联盟都会对应一个谢林点，而究竟哪两者之间形成联盟还需要考虑政治、历史等国家之间的关系及收益。

表 7-15 战略合作联盟收益矩阵的画线法分析

		乙			
		岛屿陆地		岛屿近海	
		丙		丙	
		海湾东	海湾西	海湾东	海湾西
甲	海湾南	4,4,4	0,0,0	1,7,7	4,4,4
	海湾北	7,7,1	6,6,6	0,0,0	7,1,7

7.5.11 抗共谋纳什均衡

对于多人博弈,部分博弈参与者可能通过某种形式的默契或者串通形成小团体,借此可以获得比不串通时更多的利益,导致均衡情况发生变化。抗共谋纳什均衡是一种特殊的纳什均衡,在这种均衡状态下,即使参与者之间存在潜在共谋机会,他们也没有动机这样做,因为共谋并不会给任何一方带来更好的结果。

纳什均衡的根本着眼点在于,任何一个参与者单独改变其策略不会有任何好处。但此时仍然有可能存在若干参与者共谋,集体偏离的激励因素,这将是博弈的不稳定结果。为排除参与者共谋的可能性,需要借助"抗共谋纳什均衡"实现。抗共谋纳什均衡(Anti-Coalitional Nash Equilibrium,ACNE)指在一个非合作博弈中,对于所有博弈参与者的策略组合,无论其他博弈参与者如何合作,每个参与者都不会改变自己的策略。

在许多经济和博弈情景中,参与者可能通过合作(即共谋)提高自己的利益,通常是以牺牲社会福利或其他参与者的利益为代价。一个抗共谋纳什均衡的存在意味着,即便是在可以自由交流和协商的情况下,单个参与者也倾向遵守均衡策略,而不是偏离均衡以追求潜在的共谋利益。在实际应用中,例如反垄断法律就是为了防止市场上的共谋行为,确保市场的公平竞争。这些法律通过对潜在的共谋行为进行处罚,努力维持抗共谋的市场均衡。在拍卖或投标过程中,也会有相应的规则阻止参与者之间的不当合作,以确保公正和透明的过程,从而接近于一种抗共谋纳什均衡。

假设有两个公司,A 和 B,它们竞争同一市场。每个公司可以选择高价(H)或低价(L)策略。如果其中一家公司选择低价而另一家选择高价,则选择低价的公司将获得市场优势和更高的利润。如果两家公司都选择低价,会获得相同的正常利润。如果两家公司都选择高价,即(高价,高价),则会获得更高的行业垄断利润。收益矩阵如表 7-16 所示。

表 7-16 A、B 公司竞争收益矩阵

		B	
		高价	低价
A	高价	4,4	5,1
	低价	1,5	3,3

在这个游戏中,如果没有共谋,普通的纳什均衡会是两家公司都选择低价(L)策略,即

(低价,低价),因为这对于任何一方来说,单方改变策略都不会使自己的利润更高。

然而,为了使均衡抗共谋,可以添加一个监管机制:如果两家公司都选择高价,即(高价,高价),它们将会被市场监管机构处以罚款,导致他们的利润从4降低到0。新的收益矩阵如表7-17所示。

表7-17 引入监管机构后的竞争收益矩阵

		B	
		高价	低价
A	高价	0,0	5,1
	低价	1,5	3,3

在这个新的设置中,共谋选择高价变得不再吸引人,因为共谋将导致两家公司都没有利润。因此,(低价,低价)不仅是普通的纳什均衡,也是一个抗共谋纳什均衡,因为监管机构的存在,使得共谋成为最差的选择。

7.5.12 纳什存在定理

美国数学家约翰·纳什于1950年提出纳什存在定理(Nash Existence Theorem),并因此获得1994年的诺贝尔经济学奖。这一定理是博弈论领域的基石之一,探讨了非合作博弈中纳什均衡的存在性问题。纳什均衡是博弈中的一种状态,其中每个参与者都选择了最优的策略,考虑其他参与者的策略选择,没有动机单方面改变自己的策略。

该定理主要适用于有 n 个博弈方的博弈 $G=\{S_1,S_2,\cdots,S_n: u_1,u_2,\cdots,u_i\}$,其中 S_i 是第 i 个博弈方的策略集,u_i 是第 i 个博弈方的收益函数。该定理的前提是 n 是有限的,且每个 S_i 都是有限集。在这些条件下,纳什存在定理确保该博弈至少存在一个纳什均衡,即一个战略组合,在该组合中,每个博弈方都选择了自己的最优策略,使得其他博弈方无法通过单方面改变策略增加他们的收益。这个均衡可能是混合策略,即每个博弈方以一定的概率选择不同的策略。

简而言之,纳什存在定理证明了在满足一定条件的多重博弈中,总存在一种策略组合,使得每个参与者都无法通过单方面改变策略增加自己的收益。

对于一个有限的非合作博弈,至少存在一个纳什均衡。

这个定理的意义在于,对于几乎所有的有限非合作博弈,总是可以找到至少一个纳什均衡点,即使这个均衡可能不是唯一的。这个定理的证明是通过数学方法和拓扑学技巧实现的。

需要注意的是,纳什存在定理并没有给出寻找纳什均衡的具体方法,只是保证了其存在性。在实际应用中,寻找纳什均衡可能需要运用数学优化、博弈求解等技术。

总之,纳什存在定理是博弈论中的一个重要成果,它揭示了非合作博弈中至少存在一种状态,其中每个参与者的选择都是最优的,无论其他参与者如何选择。

7.5.13 选举机制

在博弈论中,选举机制是一种在特定情境下决定胜者的方式,通常涉及多个参与者,他们根据自己的策略进行投票或选择。选举机制可以用来解决各种问题,包括政治决策、公司决策、资源配置等。

在选举机制中,每个参与者都有一定的投票权,他们可以根据自己的利益和目标决定投票给哪个候选人或提案。投票的结果可能取决于投票方式、投票者的数量和影响力、候选人的数量和实力等因素。

博弈论中的选举机制通常有两种主要类型,即相对多数选举和孔多塞准则。

相对多数选举是最常见的选举机制之一,根据候选人在选票中获得相对多数的情况决定胜者。例如,在一个有 3 名候选人的选举中,如果候选人 A 获得超过候选人 B 和 C 的选票总数的一半,那么候选人 A 将获胜。

孔多塞准则是一种更复杂的选举机制,它考虑了所有可能的成对比较,并根据每个候选人赢得多数选票的次数决定胜者。这种机制可以避免相对多数选举可能出现的投票者循环问题。

除相对多数选举和孔多塞准则外,博弈论中还有其他选举机制,如 Borda 计数、单淘汰制等。这些选举机制都有各自的优点和缺点,适用于不同的情况和问题。

总之,博弈论中的选举机制是一种复杂的社会决策过程,需要考虑各种因素和条件。选择合适的选举机制可以有效地解决各种问题,并提高决策的效率和公正性。

7.5.14 Stackelberg 模型

Stackelberg 模型是博弈论中的一种博弈模型,用于描述两个或多个参与者在一个序列性的策略制定过程中的互动。在 Stackelberg 模型中,有一个主导者和一个或多个追随者,主导者在追随者之前制定决策,追随者根据主导者的决策制定自己的策略。这种模型通常用于分析市场、企业战略、政府政策等情境。

以下是 Stackelberg 模型的基本要点。

主导者(Leader):在 Stackelberg 模型中,主导者是第一个制定策略的参与者,他的决策对其他参与者产生影响。主导者的目标是最大化自己的利益。

追随者(Follower):追随者是在主导者之后制定决策的参与者,他们根据主导者的决策选择自己的策略。追随者的目标是在主导者的决策下最大化自己的利益。

信息不对称:主导者在制定决策时通常具有更多的信息,而追随者在制定决策时可能不清楚主导者的准确策略。这种信息不对称可以影响主导者和追随者的策略选择。

顺序性:Stackelberg 模型中的策略制定是序列性的,主导者首先制定策略,然后追随者根据主导者的策略进行反应性的策略制定。

反应函数:在 Stackelberg 模型中,追随者的策略通常是主导者策略的函数。这些函数被称为追随者的反应函数,它们描述了追随者如何根据主导者的决策制定自己的策略。

策略和利润:每个参与者在模型中选择策略,然后根据所选择的策略和市场条件计算出其利润。

Stackelberg 模型的研究旨在分析主导者和追随者之间的互动,以及他们的决策如何影响市场和利润分配。通过这种模型,可以更好地理解在某些情境下,一个参与者的先发优势如何影响其他参与者的行为,以及如何达到均衡状态。这种模型在经济学、管理学和工程学等领域中得到了广泛的应用。

7.6 合作博弈

合作博弈(Cooperative Game)是博弈论中的一个重要分支,主要研究在一定条件下,参与者可以通过达成合作协议(Coalition)获取更大的共同利益。合作博弈强调的是参与者之间的合作关系,通过合作可以使所有参与者获得更高的收益。

合作博弈的主要特点在于,参与者可以形成一个或多个联盟(Coalition),并通过协调和分配资源达到共同的目标。在合作博弈中,每个联盟都可以被看作是一个整体,其内部成员之间可以相互协调、分享收益,以实现共同的目标。

合作博弈是存在具有约束力的合作协议的博弈,它强调的是集体理性,公平与效率,合作博弈也称联盟博弈(Coalitional Game)。合作博弈形成的基本条件是整体利益大于每个参与者独立经营的收益之和。对于联盟内部的每个参与者,都能获得比不加入联盟时多一些的收益。

根据有无转移支付或旁支付(Side Payment),合作博弈分为可转移支付联盟博弈(Coalitional Game with Transferable Payoff)和不可转移支付联盟博弈(Coalitional Game with Non-Transferable Payoff)。前者假定参与者均用同样的尺度衡量收益,并且各联盟的收益可以按任意方式在联盟成员中分配。

合作博弈主要关注的是如何分配博弈中的总收益或资源,参与者需要协商并达成一致,以确定合理的分配方式。核心解是合作博弈中的一个重要概念,表示没有参与者可以通过违反合作协议获得收益。

合作博弈的另一个重要概念是 Shapley 值(Shapley Value)。Shapley 值是一种基于参与者贡献的收益分配方案,它考虑了每个参与者在不同联盟中的重要性和贡献程度。Shapley 值的概念可以帮助参与者公平地分配合作得到的收益,从而促进合作关系的稳定和发展。

合作博弈广泛应用于各种领域,如政治、经济、社会和生态环境等方面。在政治领域中,合作博弈可以用来研究国际关系、政治联盟和投票制度等;在经济领域中,合作博弈可以用来研究企业合作、供应链管理和资源分配等;在生态环境领域中,合作博弈可以用来研究生态保护、资源共享和协同管理等方面的合作问题。

总之,合作博弈强调的是参与者之间的合作关系,通过达成合作协议获取更大的共同利益。合作博弈的研究和应用范围广泛,可以为各种合作问题的解决提供理论支持和实践指导。

7.6.1 合作博弈的特征函数表达式

合作博弈的特征函数表达式可用来描述不同联盟的收益,表示为 $V(S)$,其中 S 是一个由参与者组成的子集,也就是一个联盟。对参与者集合 $P=\{P_1,P_2\cdots,P_n\}$,有任意子集 $S\subseteq P$,$V(S)$的值表示这个联盟在其他参与者的行动中能够得到的最大收益,效益实函数 $V(S)$满足以下条件。

① $V(\varnothing)=0$,表示空集合,即没有任何收益。

② 超可加性(经济学中也称协同效应)。当 $S_1\cap S_2=\varnothing$,$S_1\subset P$,$S_2\subset P$,并且 $V(S_1\cup$

$S_2) \geqslant V(S_1)+V(S_2)$，意味着合作比分离更有利。

此时，称$[P,V]$为n人合作博弈，$V(S)$为其特征函数。它对于每种可能的联盟都给出了相应的联盟收益总和。

对于n个参与者的集合$P=\{P_1,P_2\cdots,P_n\}$，若不计空集，则共有2^n-1种联盟结构。

合作博弈的基本原理为：从n个不相同元素中取出m个元素的有序组合个数为$\mathrm{A}_n^m=n(n-1)(n-2)\cdots(n-m+1)$；从$n$个不相同元素中取出$m$个元素的无序组合个数为$\mathrm{C}_n^m=\dfrac{\mathrm{A}_n^m}{m!}$。

合作博弈具有以下两个性质。

性质1：$\mathrm{C}_n^m=\mathrm{C}_n^{n-m}$

性质2：$\mathrm{C}_n^0+\mathrm{C}_n^1+\cdots+\mathrm{C}_n^n=2^n$

所有人不合作的结构称为单人联盟结构，实际上属于非合作博弈。当所有人同时参与，形成一个合作联盟，称为大联盟结构。合作博弈的解是指对大联盟所得收益的一个分配方案。

1. 大联盟结构

若用$\phi_i(V(P)),i\in P$，表示参与者i从n人组成的大联盟合作博弈中获得的收益。此时，$\phi_i(V(P)),i\in P$至少应该满足如下条件。

(1) 个体合理性：参与合作的个体从合作中获得的收益应该大于或等于不参与合作获得的收益。$\phi_i(V(P))\geqslant V(\{i\}),i\in P$，为方便起见，$V(\{i\})$可以简记为$V(i)$。

(2) 总体合理性：合作博弈中获得的收益应该全部分给所有参与者，即$\sum\limits_{i\in I}\phi_i(V(P))=V(P)$。

2. 其他联盟结构

存在子集$S=\{i_1,i_2\cdots,i_k\}\subseteq P$，相应的总收益为$V(S)$，分配方案如式(7-14)所示。

$$\phi(V(S))=(\phi_{i_1}(V(S)),\phi_{i_2}(V(S)),\cdots,\phi_{i_k}(V(S))) \tag{7-14}$$

满足前提条件：参与者在子集(小联盟)中获得的收益大于或等于在大联盟中将要获得的收益。

$$\phi_{i_1}(V(S))\geqslant\phi_{i_1}(V(P)) \tag{7-15}$$

$$\phi_{i_2}(V(S))\geqslant\phi_{i_2}(V(P)) \tag{7-16}$$

$$\phi_{i_k}(V(S))\geqslant\phi_{i_k}(V(P)) \tag{7-17}$$

且其中至少有一个严格不等式成立。

7.6.2 Shapley 值

合作博弈的两个非常重要的值，分别是Shapley值以及核仁(Nucleous)。

Shapley值是合作博弈中一种用于分配合作收益的方法，以博弈论的奠基人之一劳埃德·沙普利(Lloyd Shapley)的名字命名。Shapley值旨在为每个参与者分配他们在博弈中所做出的贡献的公平份额。

Shapley 值指所得与自己的贡献相等的一种分配方式，该利益分配方式体现了各位参与者对联盟总目标的贡献程度，避免了分配上的平均主义。但是，该方案没有考虑风险承担，因此，当各参与者风险分担不等或风险分担存在较大差异时，需要根据风险分担因素对该分配方案做出适当调整。

在 n 人博弈中，参与者 i 从 n 人大联盟博弈所分的收益 $\phi_i(V)$ 应当满足如下 3 条合理分配原则。

(1) 有效性。

① 没有贡献的参与者所得收益应为 0。

对于任意 $i\in S\subseteq I$，$V(S)=V(S\backslash\{i\})$，则 $\phi_i(V)=0$，其中 $V(S)$ 是所有参与者做的贡献，$V(S\backslash\{i\})$ 是除去参与者 i 的其余参与者所做的贡献。

②所有参与者分得的收益之和应该等于总收益，也就是所有收益应该完全分配给所有参与者。

(2) 对称性：每个参与者分得的收益与其在集合中的排列位置无关。地位等价(可以互相替代)的两位参与者所得的收益应该是一样的。

(3) 可加性：n 人同时进行两项互不影响的合作，则两项合作进行的收益分配也应该互不影响。每位参与者得到的收益总额应该是两项合作单独进行时分别分配的收益的和。即若同一批人完成两项任务，那么两项任务的收益一起分配应该和分开分配的结果一致。

在 n 人合作博弈中，Shapley 值是唯一存在的，且参与者 i 从 n 人大联盟博弈所分得的收益 $\phi_i(V)$ 可由式(7-18)计算得到。

$$\phi_i(V)=\sum_{i\in S\subseteq I}W(|S|)[V(S)-V(S\backslash\{i\})],\quad i=1,2,\cdots,n \tag{7-18}$$

其中，$|S|$ 为联盟集合 S 的元素个数 $W(|S|)=\dfrac{(n-|S|)!(|S|-1)!}{n!}$，它作为参与者 i 在联盟 S 的贡献 $V(S)-V(S\backslash\{i\})$ 的一个加权因子。

因此，参与者 i 的 Shapley 值就是他对他参加的联盟做出的贡献的加权平均，也就是贡献的期望值。

例 7-6 甲、乙、丙三家公司若独立经营，将各自获利 100 万美元。若甲、乙双方合作，可以获利 700 万美元。若甲、丙两公司合作，可获利 500 万美元。乙、丙两家公司合作，则可以获益 400 万美元。三方共同合作，可以获利 1000 万美元。试问，当三方合作时，应该如何分配所得收益？

三方经营的特征函数表达式如表 7-18 所示。

表 7-18 三方经营的特征函数表

S	甲	乙	丙	甲乙	甲丙	乙丙	甲乙丙	$\varnothing$
$V(S)$	100	100	100	700	500	400	1000	0

利用 Shapley 值计算甲的分配方案如表 7-19 所示。

表 7-19　甲的分配方案表

S	甲	甲乙	甲丙	甲乙丙
$V(S)$	100	700	500	1000
$V(S\backslash\{甲\})$	0	100	100	400
$V(S)-V(S\backslash\{甲\})$	100	600	400	600
$\|S\|$	1	2	2	3
$(n-\|S\|)!(\|S\|-1)!$	2	1	1	2
$W(\|S\|)$	1/3	1/6	1/6	1/3
$\phi_{甲}(V)$	400			

同理，可以计算得到乙方和丙方的收益分配值为 $\phi_{乙}(V)=350$，$\phi_{丙}(V)=250$。

例 7-7　利用 Shapley 值计算股权与控股：设某跨国公司具有 4 个股东甲、乙、丙、丁，其中丁占 4 成股份，其余 3 家均占 2 成股份。公司的任何决定必须由持有一半股份的股东同意方可通过。如何利用 Shapley 值计算各股东控制公司决定权的比重？

解：可能的有效联盟（即能够具有决定权的联盟，也就是拥有一半以上股份的联盟）如下：{甲、丁}，{乙、丁}，{丙、丁}，{甲、乙、丙}，{甲、乙、丁}，{甲、丙、丁}，{乙、丙、丁}，{甲、乙、丙、丁}。

$$联盟\ S\ 的效益\ V(S)=\begin{cases}1, & S\ 为有效联盟\\ 0, & S\ 为无效联盟\end{cases} \tag{7-19}$$

因此，甲分配的收益值可由表 7-20 所示的 Shapley 值计算方法求解。

表 7-20　甲的收益表

S	{甲、丁}	{甲、乙、丙}	{甲、乙、丁}	{甲、丙、丁}	{甲、乙、丙、丁}
$V(S)$	1	1	1	1	1
$V(S\backslash\{甲\})$	0	0	1	1	1
$V(S)-V(S\backslash\{甲\})$	1	1	0	0	0
$\|S\|$	2	3	3	3	4
$(n-\|S\|)!(\|S\|-1)!$	2	2	2	2	6
$W(\|S\|)$	1/12	1/12	1/12	1/12	1/4
$\phi_{甲}(V)$	1/6				

同理，可以计算得到乙方、丙方和丁方的收益分配值分别为：$\phi_{乙}(V)=1/6$，$\phi_{丙}(V)=1/6$，$\phi_{丁}(V)=1/2$。

因此，甲、乙、丙、丁 4 位股东对该公司形成决定影响的比重分别为 1/6，1/6，1/6，1/2。

从该例可以看出，股东丁虽然拥有 40%的股权，可是其影响比重占 50%。这说明股东拥有的股权与其决定权并不一致。从理论上分析，一个股东若拥有 1/3 以上的股权，而剩余股份分散于其他众多小股东手中,则该股东有可能获得该公司的控股权。

7.6.3 占优方法

占优方法(Dominance Method)是一种基于占优关系的谈判策略,主要用于解决谈判双方在不同方案中的利益分配问题。占优方法的基本思想是,如果一个方案比另一个方案更具有优势,那么应该选择这个方案。

占优方法主要分为两种类型,即直接占优和间接占优。直接占优是指在某个特定的谈判情境中,某个方案明显优于其他方案,因此应该选择这个方案。例如,在商业谈判中,如果一个产品价格比竞争对手更低,那么这个产品就具有直接优势。间接占优是指在某个特定的谈判情境中,某个方案虽然没有直接的优势,但是它具有一些特殊的优势,使得其他方案无法与其竞争。例如,在商业谈判中,如果一个产品具有独特的功能或者品牌效应,那么这个产品就具有间接优势。

在谈判中,如果一方具有直接优势,那么另一方可能会提出质疑或者反对。在这种情况下,占优方法并不是一个有效的谈判策略。但是,如果一方具有间接优势,那么另一方可能会更加愿意接受这个方案,因为这是一个更具有吸引力的选择。

具体来说,"占优方法"可以分为以下两种情况。

最大化占优方法:当想要最大化某种指标(如收益、效用、利润等)时,占优方法将帮助我们找到能够获得最高值的决策或策略。这可能涉及计算各种可能决策的指标值,然后选择具有最高值的决策。在数学和工程中,这种方法通常与最优化技术(如线性规划、动态规划等)一起使用,以找到最佳解决方案。

最小化占优方法:与最大化占优方法类似,当想要最小化某种成本、风险、损失等指标时,占优方法将帮助我们找到能够获得最低值的决策或策略。同样,这可能需要使用最优化技术找到最优解。

在博弈论中,占优方法可以用于分析博弈的策略,找到参与者的最佳响应或均衡策略,以达到最佳的博弈结果。在经济学中,占优方法通常用于分析消费者和生产者的最优决策,以及市场均衡。

7.6.4 帕累托最优

在一个博弈中,若存在多个纳什均衡点,则所有博弈者通过相互合作达到的总利益最大的纳什均衡点为帕累托最优(Pareto Optimality)。帕累托最优也称为帕累托效率(Pareto Efficiency),指资源分配的理想状态,是意大利经济学家、社会学家维弗雷多·帕累托提出的。帕累托最优状态就是不可能再有更多的帕累托改进的余地。

对于固有的一群人及相应的可分配资源,若从一种分配状态到另一种分配状态的变化过程中,在没有使任何人境况变坏的前提下,使得至少一个人变得更好,这就是帕累托改进或帕累托最优化。因此,帕累托改进是达到帕累托最优的路径和方法。

考虑一个简单的三人合作博弈,参与者分别为甲、乙、丙。他们面对如何分割一个总额为30元的资源。首先,可以列出各种可能的分配方案:①甲20元,乙10元,丙0元;②甲15元,乙15元,丙0元;③甲10元,乙10元,丙10元等。那么其中哪种方案代表帕累托最优呢?根据定义,如果在一个给定资源总量情况下,不能通过改变分配方案增加其中一个人的收益而不减少其他人的收益，那么这个分配方案就是帕累托最优的。判断方式很简单，我们发现方案③中三人各 10 元，而总资源是 30 元，这就是最优配置。因为任何改动都会减少其中一方或多方的收益。所以在此例中，甲、乙、丙各 10 元的分配情况代表帕累托最优。它符合资源效用最大化的条件，无法再提高一个人的收益而不损害其他人的收益。

求解"帕累托最优"的过程往往是管理决策的过程。企事业单位管理者力求在保证员工的利益不受损害的前提下，充分利用有限的人力、物力、财力，优化资源配置，争取实现以最小的成本创造最大的效率和效益，这个过程就是追求"帕累托最优"的过程。

在完全竞争条件下，市场经济中存在一个价格体系，使所有市场都处于均衡。如果这一价格恰好使交换、生产以及交换与生产同时符合帕累托最优条件，则说明完全竞争市场处于帕累托最优状态。

要达到生产和交换中的帕累托最优，需要满足以下 3 个条件。

(1) 交换的最优条件：假定消费者的效用函数相似，当任意两个消费者之间的任意两种商品的边际替代率(Marginal Rate of Substitution，MRS)相等时，交换是最优的。边际替代率是一个经济学中常用的概念，用于衡量消费者在保持总效用不变的前提下，愿意放弃一种商品的数量，以增加对另一种商品的消费数量。两个消费者之间的任意两种商品的边际替代率相等时，意味着消费者之间的交换已经达到最大的效用，没有更多的交换机会可以使某个消费者更好而不使另一个消费者更差。假设你是一位消费者，有限的预算下要在两种商品之间做选择，如苹果和橙子。如果更喜欢苹果，那么边际替代率指的是你愿意放弃多少个橙子获取一个额外的苹果，同时保持总体的满意度不变。例如，如果你愿意放弃两个橙子获取一个苹果，那么你的边际替代率就是 2∶1。

(2) 生产的最优条件：当任意两个生产者之间的任意两种生产要素的边际技术替代率(Marginal Rate of Technical Substitution，MRTS)相等时，生产配置是最优的。边际技术替代率表示当一个生产要素的使用量增加或减少时，需要替代的另一个生产要素的数量。具体而言，它衡量了当一个生产要素的使用量发生微小变化时，需要增加或减少的另一个生产要素的数量，以保持产出不变。任意两个生产者之间的任意两种生产要素的边际技术替代率相等，意味着生产者之间的要素分配已经达到最大的产出，没有更多的要素重新分配可以使某个生产者生产更多而不使另一个生产者生产更少。在一个工厂里，生产商品需要使用两种要素，即劳动力和机器。边际技术替代率指当增加一单位的机器使用，减少一单位的劳动力使用时，可以保持生产总量不变的比率。假设用一台机器替代两个工人可以保持生产不变，那么机器和劳动力的边际技术替代率就是 2∶1。

(3) 生产和交换的最优条件：当交换和生产同时满足边际效用相等和边际技术替代率相等的条件时，交换和生产的配置达到帕累托最优。边际效用相等的条件要求在交换过程中，个体之间的资源分配满足边际效用相等，个体之间无法通过重新分配资源使某个个体的效用提高而不损害其他个体的效用。换句话说，资源的分配已经达到最优，无法通过交换改善个体的福利。边际技术替代率相等的条件要求在生产过程中，不同的生产者之间的资源配置满足边际技术替代率相等，任意两个生产者之间的任意两种生产要素的边际技术替代率相等，无法通过重新分配要素增加总产出。当交换和生产都满足边际效用相等和边际技术替代率相等的条件时，资源的配置既满足了个体效用的最大化，也满足了总产出的最大化。这就达到了帕累托最优的状态，即不能通过重新分配资源使某个个体或产出增加而不损害其他个体或产出。综上所述，要达到生产和交换中的帕累托最优，需要同时满足边际效用相等和边际技术替代率相等的条件。这样可以实现资源的最优利用和社会福利的最大化。

例 7-8 在一个小岛上，人们只消费两种商品，椰子(X)和花生(Y)。唯一的投入要素是土地，小岛上共有 60 亩土地。每亩土地能够生产 10 斤椰子或 20 斤花生。有些居民有大量的土地，而另一些居民只有少量土地。居民之间可以自由交换。岛上所有居民的效用函数都是 $U(X,Y)=XY$。

达到帕累托最优时，求所有居民消费的椰子和花生之间的数量关系？

解：在帕累托最优点时，需要满足的条件是：对于消费者来说，所有人满足边际替代率相等，否则他们就可以通过交换使各自境况变好。记岛上所有的居民为 $1,2,3,\cdots,n$，则有

$$\mathrm{MRS}_{XY}^{1}=\mathrm{MRS}_{XY}^{1}=\cdots=\mathrm{MRS}_{XY}^{n} \tag{7-20}$$

$$\frac{\dfrac{\partial U_1}{\partial X_1}}{\dfrac{\partial U_1}{\partial Y_1}}=\frac{\dfrac{\partial U_2}{\partial X_2}}{\dfrac{\partial U_2}{\partial Y_2}}=\cdots=\frac{\dfrac{\partial U_n}{\partial X_n}}{\dfrac{\partial U_n}{\partial Y_n}} \tag{7-21}$$

生产椰子(X)和花生(Y)的价值总和不能超过资源的限制，生产可能性曲线方程为

$$\frac{X}{10}+\frac{Y}{20}=60 \tag{7-22}$$

$$2X+Y=1200 \tag{7-23}$$

式(7-23)即为生产可能性曲线，表述了在现有资源条件下，两种产品所有可能的生产组合。

帕累托用于多目标优化领域中，多目标优化的难点在于，不同的目标函数之间可能存在冲突或者权衡，导致没有一个单一的最优解，而是一组相对最优的解，这一组相对最优解的集合称为帕累托前沿，表示在不同目标函数之间的最佳平衡。多目标优化的目的是找到帕累托前沿上的解，或者根据一些额外的标准，如偏好或公平，从中选择一个最合适的解。例如，在工程设计中优化产品的成本、性能、利润和售价等指标，帕累托前沿可以指导最佳方案选择。

假设有多个目标函数 $f_i(x)$，$i=1,2,\cdots,n$，其中 x 是决策变量。帕累托最优解需要满足非支配性。如果存在另一个解 x，对于所有的 i，有 $f_i(x^*)\leqslant f_i(x)$，并且至少存在一个 j 使得 $f_j(x^*)<f_j(x)$，则称解 x^* 为非支配性的。如果在某个决策变量的取值下，无法进一步增加一个目标函数的值而不损害其他目标函数的值，那么该决策变量的取值就被认为是帕累托最优的。

帕累托最优在多任务学习领域中也有应用。多任务学习的目的是利用不同任务之间的共性和互补性，提高每个任务的性能或者减少所需的资源。多任务学习的难点在于，不同的任务之间可能存在不同的难度和重要性，以及不同程度的相互影响，所以需要合理地分配和平衡不同任务的学习目标和资源，寻求在多个目标或任务之间达到最佳的平衡。对于多任务学习来说，想要解决冲突的一种策略就是找到其帕累托最优解。

多任务学习可定义为，$L_i(\theta)$为第 i 个任务的损失函数，即

$$\min_{\theta} L(\theta)=(L_1(\theta),L_2(\theta),\cdots,L_i(\theta),\cdots L_m(\theta)) \tag{7-24}$$

对于多任务学习下的帕累托最优求解问题，Lin 等用一组偏好向量（Preference Vectors，PV）将给定的多任务学习问题分解为多个子问题，每个多任务学习子问题旨在一个受限子空间中寻找一个帕累托解。用一组分布良好的偏好向量，将多任务学习的目标空间分解为 K 个子区域 $\mathrm{PV}=\{\boldsymbol{u}_1,\boldsymbol{u}_2,\boldsymbol{u}_3,\cdots,\boldsymbol{u}_k,\cdots\boldsymbol{u}_K\}$，其中，$\boldsymbol{u}_K\in R_+^m$。

得到

$$\begin{aligned}&\min_\theta L(\theta)=(L_1(\theta),L_2(\theta),\cdots,L_i(\theta),\cdots L_m(\theta))\\&\text{s.t.}L(\theta)\in\Omega_k,k=1,2,\cdots,K\end{aligned}\tag{7-25}$$

$$\Omega_k=\{\boldsymbol{v}\in R_+^m\mid\boldsymbol{u}_j^{\mathrm{T}}\boldsymbol{v}\leqslant\boldsymbol{u}_k^{\mathrm{T}}\boldsymbol{v},\forall j=1,2,\cdots,K\}\tag{7-26}$$

其中，Ω_k 为目标空间的子区域，区域 Ω_k 是由所有满足以下条件的向量 $\boldsymbol{v}$ 组成的。

（1）$\boldsymbol{v}$ 是一个非负的 m 维向量，其中 m 是目标的个数。

（2）$\boldsymbol{v}$ 在 $\boldsymbol{u}_K$ 的方向上的投影不小于 $\boldsymbol{v}$ 在任何其他偏好向量的方向上的投影，即 $\boldsymbol{u}_j^{\mathrm{T}}\boldsymbol{v}\leqslant\boldsymbol{u}_k^{\mathrm{T}}\boldsymbol{v}$，对于所有的 $j=1,2,\cdots,K$。这个条件可以理解为 $\boldsymbol{v}$ 在 $\boldsymbol{u}_K$ 的方向上最优的，或者至少不比其他方向上的解差。这样，每个偏好向量 $\boldsymbol{u}_K$ 就可以找到一个在它的方向上最优的解 $\boldsymbol{v}_K$，从而构成一组帕累托最优解。

将多目标优化问题分解为一组具有不同权衡偏好的受限子问题。通过并行解决这些子问题，可以找到一组对所有任务之间有不同权衡的帕累托解的集合，使用者可以根据实际需求选择不同的帕累托解。

7.7 演化博弈

在传统博弈理论中，常常假定参与者是完全理性的，且是在完全信息条件背景下进行的，但对现实生活中的参与者来说，参与者的完全理性与完全信息的条件很难实现。

演化博弈是将博弈论分析与动态演化过程相结合的一种理论，不要求完全理性，也不要求完全信息。在演化博弈理论中，生物个体通过与其他个体相互作用，竞争资源和生存机会，以便在漫长的进化过程中传递其基因。

7.7.1 演化博弈简介

演化博弈论是一种研究生物种群中个体行为如何随时间演化的理论，结合进化生物学和博弈论，旨在描述和预测不同策略在种群中的演化。演化博弈通常涉及模拟个体之间相互作用，并根据其成功或失败调整策略。演化博弈论的主要假设认为成功的策略将更有可能在群体中传播，从而影响群体整体的性质和行为。

演化博弈论和传统博弈论的区别在于：①与传统博弈论相比，演化博弈论着眼于描述和解释群体内个体策略的演化过程，而不是关注单个博弈中的策略选择和结果。传统博弈论主要关注在特定环境下个体之间的互动和决策，着重分析个体的最佳策略。而演化博弈论更关注策略在群体中的传播和演化，考虑的是策略的长期效果以及在群体中的传播能力。②传统博弈论通常侧重静态策略和稳定的解，如纳什均衡，而演化博弈论更关注策略的动态演化和变化。演化博弈模型中的策略可以随时间改变，通过模拟个体之间的相互作用和竞争，观察在群体中哪些策略更有可能生存和传播。③纳什均衡是传统博弈论中的核心概念，指在给定其他参与者策略不变的条件下，任何一方改变自己的策略都不能获得更大的收益。

演化博弈论中的核心概念是演化稳定策略(Evolutionarily Stable Strategy,ESS),最早由约翰·梅纳德·史密斯(John Maynard Smith)和乔治·R·普里斯(George R. Price)在1973年提出。演化稳定策略是一种在种群中长期占据主导地位的策略,不容易被其他潜在策略替代。演化稳定策略考虑整个种群的竞争和演化过程,而纳什均衡主要考虑特定博弈中的参与者之间的策略选择。

复杂网络上的演化博弈是由复杂网络和演化博弈两者结合而形成的新型交叉研究领域,以复杂网络和演化博弈动力学分别刻画个体间的交互关联结构以及决策范式,通过网络群体上策略的形成和演化探讨生物、社会等群体中的策略演化行为。复杂网络上的演化博弈与传统演化博弈的区别在于:前者采用自下而上的科学范式,它通过对个体之间的交互方式和结构,以及个体的行为规则等进行建模,探讨由此衍生的群体行为的形成和演化机制。复杂网络上的演化博弈为理解和分析复杂交互环境下群体的决策行为提供了一个新的研究模式,对其展开深入的研究可以为理解集群行为的形成和演化模式,洞察文化变迁、社会规范,以及公共意见的形式和发展过程,提供新的帮助。

从研究内容上看,复杂网络上的演化博弈研究可以从两方面出发:一方面以个体层面的视角,探讨群体层面的策略演化机制,即通过对个体间的交互关系和策略更新规则进行分析和建模,分析集群决策的动力学机制与演化行为。另一方面以群体层面的需求的视角,探讨关于个体层面的策略更新方式的设计和干预。具体地说,依据对群体整体策略需要达成的目标,设计个体间的交互结构或者个体的决策方式以及调整干预方法,使得最终由个体组成的群体行为能够达成预先设定的目标。

7.7.2 鹰鸽博弈

雄鹰凶猛好斗,从不妥协。而鸽温顺善良,避免冲突,热衷和平。两种动物截然相反的习性,哪种更适合生存呢?约翰·梅纳德·史密斯根据两种动物的习性提出了著名的鹰鸽博弈。

当两只鹰同时发现食物时,它们天性决定要战斗,最终会两败俱伤,收益都是−5。当两只鸽相遇时,它们会共同分享食物,各自收益都是3。当鹰和鸽相遇时,鸽会逃走,鹰独得全部食物,故鹰的收益是5,鸽的收益是0。由此可以得到鹰鸽博弈的收益矩阵,如表7-21所示。

表7-21 鹰鸽博弈的收益矩阵

动　物	鹰	鸽
鹰	−5,−5	5,0
鸽	0,5	3,3

鹰对应一种攻击性策略,表示个体为了争夺资源而发生冲突,可能进行激烈的战斗。鹰在资源争夺中会取得更大的利益,但也会受伤。鸽对应一种避免冲突的策略,表示个体更倾向和平共处,避免争斗。鸽不愿意激烈的竞争,而是寻求避免损伤和资源浪费。鹰对鹰的冲突可能导致双方都面临损失,鸽对鸽的策略导致小收益。鹰对鸽的情况可能导致鹰获得资

源的大收益，而鸽面临损失。

假设鹰和鸽它们为争夺价值为 V 的资源而展开竞争。参与竞争的个体将只采取以下两种策略中的一种。

(1) 鹰(H)策略，战斗，仅当自己受伤或对手撤退时才停止战斗。

(2) 鸽(D)策略，避免冲突，当对手开始战斗时立刻撤退。

如果两种动物都采取战斗策略，假设其中的某种动物迟早将受伤而被迫撤退，且受伤将以支付冲突成本 C 为其代价。由此可知，收益矩阵如表 7-22 所示。

表 7-22　鹰鸽博弈一般化收益矩阵

动　物	鹰	鸽
鹰	$\left(\frac{V}{2}-\frac{C}{2}\right),\left(\frac{V}{2}-\frac{C}{2}\right)$	$V,0$
鸽	$0,V$	$\left(\frac{V}{2}\right),\left(\frac{V}{2}\right)$

在这个博弈中，有两个纯策略的纳什均衡，分别是(鹰，鸽)和(鸽，鹰)，即一方采取鹰策略，另一方采取鸽策略。这时，鹰方不愿意变成鸽而放弃全部资源，鸽方也不愿意变成鹰而冒着受伤的风险。

设种群中有比例为 p 的个体采取鹰策略，则有比例为 $1-p$ 的个体采取鸽策略。

鹰策略的期望收益为

$$E(H)=p\cdot\frac{(V-C)}{2}+(1-p)\cdot V \tag{7-27}$$

鸽策略的期望收益为

$$E(D)=p\cdot 0+(1-p)\cdot\frac{V}{2} \tag{7-28}$$

使两个策略收益相等，即

$$E(H)=E(D) \tag{7-29}$$

得到

$$p\cdot\frac{(V-C)}{2}+(1-p)\cdot V=p\cdot 0+(1-p)\cdot\frac{V}{2} \tag{7-30}$$

解方程得 $p=\frac{V}{C}$。

这意味着稳定状态下种群中有 $\frac{V}{C}$ 比例的个体采取鹰策略，其余 $\left(1-\frac{V}{C}\right)$ 比例的个体采取鸽策略。只有当达到这种策略比例时，系统才是在演化上稳定的。然而，如果 C 是足够大的，使得 $\frac{V}{C}$ 接近 0，那么鹰策略几乎不会出现，鸽策略将成为种群中的主导策略。相反，如果 C 接近 V，那么鹰策略和鸽策略会以大约相等的比例共存。

在演化博弈的背景中，个体之间的交互和策略结果影响个体的生存和繁殖。如果群体中的鹰太多，可能导致频繁的冲突，损失较多。如果群体中的鸽太多，鹰可能会占据上风，获取更多资源。这种动态的变化可以用进化过程中适应性的变化解释，即适应性高的策略更有可能在群体中传递。

7.8 博弈论的应用

生成对抗网络(Generative Adversarial Networks, GAN),其基本思想来源于博弈论中的零和博弈理论。生成对抗网络自 2014 年提出以来,一直是人工智能领域的研究热点,在语音、文本、图像、网络安全等诸多领域都有广泛应用。

7.8.1 生成对抗网络

生成对抗网络是一种深度学习模型,其基本思想是通过两个神经网络模型的零和博弈生成新的数据。其中一个神经网络模型称为生成器,它的目标是生成看起来和真实数据一样的新数据。另一个神经网络模型称为判别器,它的目标是尽可能地区分生成的数据和真实数据。两个模型通过反复博弈优化自己的参数,以达到更好的生成效果。生成对抗网络结构如图 7-3 所示。

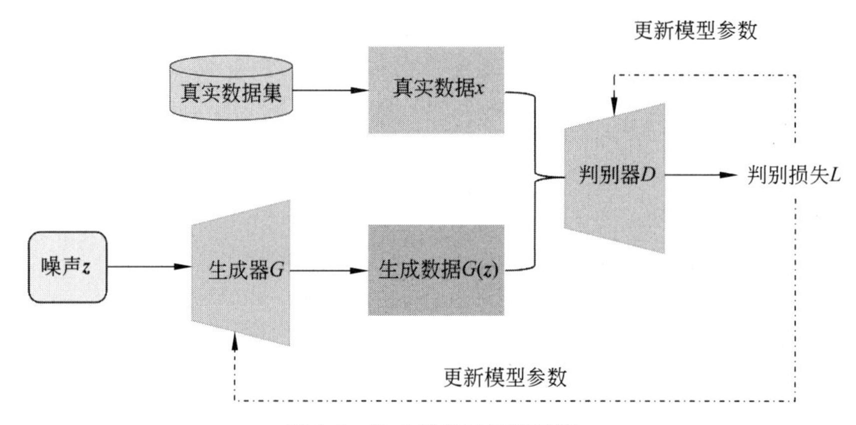

图 7-3 生成对抗网络结构图

生成对抗网络由生成器和判别器两部分组成。生成器接收随机噪声作为输入,生成假数据作为输出。判别器的输入包括两部分,一部分来自真实数据集,另一部分来自生成器生成的假数据。通常判别器是一个二分类器,输出是一个概率值,表示判别器认为输入符合真实分布的概率。判别器的输出会反过来指导生成器的训练,让生成器向拟合真实数据集分布的方向前进。理想情况下,判别器无法判断输入来自生成器还是真实数据样本输入,此时判别器的输出稳定在 1/2 左右,模型达到最优状态。

从博弈的角度看,先固定生成器 G,调整优化判别器 D,调整的方向是使价值函数最大,即判别器要提高自身的判别能力。再固定判别器 D,调整优化生成器 G,调整的方向是使价值函数最小,即生成器要不断优化输出,让判别器无法鉴别自身输出的样本和真实样本的区别。生成对抗网络结构完整目标函数定义如式(7-31)所示,其中 p_{data} 表示真实数据分布,$E_{x\sim p_{\text{data}}(x)}[\log D(x)]$表示对于来自真实数据分布 $p_{\text{data}}(x)$的数据 x,判别器 D 正确分类真实数据的期望,p_z 表示生成数据分布,$E_{z\sim p_z(z)}[\log(1-D(G(z)))]$表示对于生成器 G 生成的数据 $G(z)$,判别器 D 正确分类是生成的数据而非真实数据的期望。

$$\min_G \max_V V(D,G)=E_{x\sim p_{\text{data}}(x)}[\log D(x)]+E_{z\sim p_z(z)}[\log(1-D(G(z)))] \tag{7-31}$$

从概率分布角度看,判别器的作用是度量生成分布和真实数据样本分布之间的差异。

生成器不断调整生成样本的分布，与真实数据样本分布的距离最小。因此，与之前的许多生成模型不同，生成对抗网络显然更加暴力，将生成分布和度量分布之间的距离都用神经网络完成，充分利用神经网络的拟合能力。它省去许多生成模型需要用马尔可夫链采样的步骤，也不再需要先假定一个分布，再用极大似然估计调整这个假定分布向真实数据分布拟合的过程。

博弈论中的均衡概念可以帮助我们理解生成对抗网络中的优化过程。纳什均衡可以用来描述博弈中两个参与者达到一种稳定状态的策略选择，使得其中任何一方改变自己的策略都不会对另一方造成优劣影响。在生成对抗网络中，通过不断博弈优化生成器和判别器的策略，可以得到一个稳定的状态，使得生成器生成的数据尽可能逼近真实数据的分布，同时判别器也能够尽可能地区分生成的数据和真实数据。生成对抗网络的收敛问题是一个纳什均衡问题，收敛点是纳什均衡点。

7.8.2　基于多层感知机的生成对抗网络

本节将演示一个使用 TensorFlow 和 Keras 实现基于多层感知机生成对抗网络的手写数字图像生成的简单示例代码。代码清单如下所示。

```
import tensorflow as tf
import matplotlib
import matplotlib.pyplot as plt
import numpy as np
#设置字体为 SimHei,解决中文显示问题
matplotlib.rcParams['font.sans-serif'] = ['SimHei']  #指定默认字体
matplotlib.rcParams['axes.unicode_minus'] = False     #解决负号显示为方块的问题

EPOCHS = 50
NOISE_DIM = 64
#批量大小
BATCH_SIZE = 128
num_samples = 20  #每个 epoch 生成 20 个样本
seed = tf.random.normal([num_samples, NOISE_DIM])     #随机噪声,用于生成图像

#加载 MNIST 数据集
(train_imgs, train_labels), (_, _) = tf.keras.datasets.mnist.load_data()
train_imgs = tf.expand_dims(train_imgs, axis=-1)
train_imgs = tf.cast(train_imgs, tf.float32)
#train_imgs = (train_imgs - 127.5)/127.5                #归一化到[-1,1]
train_imgs = (train_imgs / 255.0) * 2.0 - 1.0          #归一化到 [-1, 1]
print("训练图像的形状:", train_imgs.shape)


#创建数据集
data_pipeline = tf.data.Dataset.from_tensor_slices(train_imgs)
data_pipeline = data_pipeline.shuffle(buffer_size=100000) \
                                    .batch(BATCH_SIZE, drop_remainder=True) \
                                    .prefetch(tf.data.experimental.AUTOTUNE)

#生成器模型定义
def create_generator():
    net = tf.keras.Sequential()

    net.add(tf.keras.layers.Dense(256, input_shape=(NOISE_DIM,), use_bias=
False))
    net.add(tf.keras.layers.BatchNormalization())
```

```
    net.add(tf.keras.layers.LeakyReLU())

    net.add(tf.keras.layers.Dense(512, use_bias=False))
    net.add(tf.keras.layers.BatchNormalization())
    net.add(tf.keras.layers.LeakyReLU())

    net.add(tf.keras.layers.Dense(28 * 28 * 1, use_bias=False, activation='tanh'))
    net.add(tf.keras.layers.BatchNormalization())

    net.add(tf.keras.layers.Reshape((28, 28, 1)))

    return net

#判别器模型定义
def create_discriminator():
    net = tf.keras.Sequential()

    #将输入图像展平为一维向量
    net.add(tf.keras.layers.Flatten())

    #第一隐藏层,输出 512 个神经元
    net.add(tf.keras.layers.Dense(512, use_bias=False))
    net.add(tf.keras.layers.BatchNormalization())
    net.add(tf.keras.layers.LeakyReLU())

    #第二隐藏层,输出 256 个神经元
    net.add(tf.keras.layers.Dense(256, use_bias=False))
    net.add(tf.keras.layers.BatchNormalization())
    net.add(tf.keras.layers.LeakyReLU())

    #输出 1 维,表示真假分类
    net.add(tf.keras.layers.Dense(1))

    return net

#定义损失函数
bce_loss = tf.keras.losses.BinaryCrossentropy(from_logits=True)

#判别器的损失函数
def loss_discriminator(real_output, generated_output):
    real_loss = bce_loss(tf.ones_like(real_output) - 0.05, real_output)
    fake_loss = bce_loss(tf.zeros_like(generated_output), generated_output)
    return real_loss + fake_loss

#生成器的损失函数
def loss_generator(fake_output):
    return bce_loss(tf.ones_like(fake_output), fake_output)

#定义优化器
gen_optimizer = tf.keras.optimizers.Adam(learning_rate=0.0003)
disc_optimizer = tf.keras.optimizers.Adam(learning_rate=0.0003)
#实例化生成器和判别器
gen_model = create_generator()
```

```
disc_model = create_discriminator()

#绘制生成器生成的图像
def plot_generated_images(model, test_input):
    pred_images = model(test_input, training=False)
    fig = plt.figure(figsize=(20, 1))

    for i in range(pred_images.shape[0]):
        plt.subplot(1, 20, i+1)
        plt.imshow((pred_images[i, :, :, 0] + 1) / 2, cmap='binary')     #显示生成图像
        plt.axis('off')

    plt.show()

#单步训练过程
@tf.function
def train_on_batch(images):
    noise = tf.random.normal([BATCH_SIZE, NOISE_DIM])

    with tf.GradientTape() as gen_tape, tf.GradientTape() as disc_tape:
        generated_imgs = gen_model(noise, training=True)

        real_output = disc_model(images, training=True)
        fake_output = disc_model(generated_imgs, training=True)

        gen_loss = loss_generator(fake_output)
        disc_loss = loss_discriminator(real_output, fake_output)

    gradients_of_gen = gen_tape.gradient(gen_loss, gen_model.trainable_variables)
    gradients_of_disc = disc_tape.gradient(disc_loss, disc_model.trainable_
variables)

    gen_optimizer.apply_gradients(zip(gradients_of_gen, gen_model.trainable_
variables))
    disc_optimizer.apply_gradients(zip(gradients_of_disc, disc_model.
trainable_variables))

    return gen_loss, disc_loss

#训练循环,增加记录损失的部分
def train_loop(data, num_epochs):
    gen_losses = []
    disc_losses = []
    step = 0  #用于记录步长

    for epoch in range(num_epochs):
        epoch_gen_loss = 0
        epoch_disc_loss = 0
        num_batches = len(data)

        for batch_imgs in data:  #每个批次的图像
            gen_loss, disc_loss = train_on_batch(batch_imgs)

            #累积每个批次的损失到 epoch 级别
```

```
            epoch_gen_loss += gen_loss
            epoch_disc_loss += disc_loss

            #记录以步长为单位的损失
            gen_losses.append(gen_loss)
            disc_losses.append(disc_loss)

            step += 1  #每处理完一个批次,步长加 1

        #计算每个 epoch 的平均损失
        avg_gen_loss = epoch_gen_loss / num_batches
        avg_disc_loss = epoch_disc_loss / num_batches

        #输出每个 epoch 的平均损失和生成的图像
        print("轮次 {}/{} - 生成器损失: {:.4f}, 判别器损失: {:.4f}".format(
            epoch + 1, num_epochs, avg_gen_loss, avg_disc_loss))

        plot_generated_images(gen_model, seed)  #每个 epoch 输出生成图像

    #绘制损失曲线(以步长为单位)
    plt.plot(range(1, step+1), gen_losses, label="生成器损失")
    plt.plot(range(1, step+1), disc_losses, label="判别器损失")
    plt.xlabel('步长', fontsize=14)
    plt.ylabel('损失值', fontsize=14)
    plt.title('生成器和判别器的损失曲线 (步长)', fontsize=16)
    plt.legend()
    plt.show()

#开始训练
train_loop(data_pipeline, EPOCHS)
```

以下分模块对上述代码进行解析。原始的生成对抗网络使用多层感知机(Multilayer Perceptron,MLP)搭建生成器和判别器。生成器接收一段 100 维的噪声作为输入,经过两个全连接层同时放大维度,再将一维向量整理为二维图像。每个全连接层后接一个批量归一化(Batch Normalization)层和一个 Leaky ReLU 激活函数。输入的噪声通常是对常见分布(如高斯分布、均匀分布等)采样得到。

```
#生成器模型定义
def create_generator():
    net = tf.keras.Sequential()

    net.add(tf.keras.layers.Dense(256, input_shape=(NOISE_DIM,), use_bias=False))
    net.add(tf.keras.layers.BatchNormalization())
    net.add(tf.keras.layers.LeakyReLU())

    net.add(tf.keras.layers.Dense(512, use_bias=False))
    net.add(tf.keras.layers.BatchNormalization())
    net.add(tf.keras.layers.LeakyReLU())

    net.add(tf.keras.layers.Dense(28 * 28 * 1, use_bias=False, activation='tanh'))
    net.add(tf.keras.layers.BatchNormalization())

    net.add(tf.keras.layers.Reshape((28, 28, 1)))

    return net
```

判别器是一个二分类器，对生成器产生的生成样本尽可能判断为假，对真实的数据样本输入尽可能判断为真。判别器的输入为28×28像素的图像，通道数为1(灰度图像)，使用Flatten层将输入展平为一维数组，即784维向量。再经过两个全连接层，将向量维度依次减小为512维和256维。每个全连接层后接Batch Normalization层和Leaky ReLU激活函数。最后一个全连接层只有一个单元，没有Batch Normalization层和激活函数。最终，函数返回一个包含以上层次结构的Sequential模型对象，即完整的判别器模型。

```
#判别器模型定义
def create_discriminator():
    net =tf.keras.Sequential()

    #将输入图像展平为一维向量
    net.add(tf.keras.layers.Flatten())

    #第一隐藏层，输出512个神经元
    net.add(tf.keras.layers.Dense(512, use_bias=False))
    net.add(tf.keras.layers.BatchNormalization())
    net.add(tf.keras.layers.LeakyReLU())

    #第二隐藏层，输出256个神经元
    net.add(tf.keras.layers.Dense(256, use_bias=False))
    net.add(tf.keras.layers.BatchNormalization())
    net.add(tf.keras.layers.LeakyReLU())

    #输出1维，表示真假分类
    net.add(tf.keras.layers.Dense(1))

    return net
```

训练函数 (train_loop)如下。

(1) 对数据集中的每个图像批次执行训练步骤，即调用train_on_batch函数。

(2) 在train_on_batch函数内，随机初始化噪声(noise)，并通过调用生成器生成虚假图像(generated_imgs)。

(3) 计算判别器对真实图像和生成图像的输出(real_output和fake_output)。

(4) 使用定义的损失函数(loss_generator和loss_discriminator)计算生成器和判别器的损失(gen_loss和disc_loss)。

(5) 分别计算生成器和判别器损失相对于可训练变量的梯度。

(6) 使用各自的优化器更新模型权重。

(7) 在train_loop函数中，累积每个batch的损失以得到每个epoch的损失。

```
#训练循环，增加记录损失的部分
def train_loop(data, num_epochs):
    gen_losses = []
    disc_losses = []
    step =0  #用于记录步长

    for epoch in range(num_epochs):
        epoch_gen_loss =0
        epoch_disc_loss =0
        num_batches =len(data)
```

```
        for batch_imgs in data:  #每个批次的图像
            gen_loss, disc_loss =train_on_batch(batch_imgs)
            #累积每个批次的损失到 epoch 级别
            epoch_gen_loss +=gen_loss
            epoch_disc_loss +=disc_loss

            #记录以步长为单位的损失
            gen_losses.append(gen_loss)
            disc_losses.append(disc_loss)

            step +=1  #每处理完一个批次,步长加 1

        #计算每个 epoch 的平均损失
        avg_gen_loss =epoch_gen_loss / num_batches
        avg_disc_loss =epoch_disc_loss / num_batches

        #输出每个 epoch 的平均损失和生成的图像
        print("轮次 {}/{} -生成器损失: {:.4f}, 判别器损失: {:.4f}".format(
            epoch +1, num_epochs, avg_gen_loss, avg_disc_loss))

        plot_generated_images(gen_model, seed)  #每个 epoch 输出生成图像

    #绘制损失曲线(以步长为单位)
    plt.plot(range(1, step+1), gen_losses, label="生成器损失")
    plt.plot(range(1, step+1), disc_losses, label="判别器损失")
    plt.xlabel('步长', fontsize=14)
    plt.ylabel('损失值', fontsize=14)
    plt.title('生成器和判别器的损失曲线 (步长)', fontsize=16)
    plt.legend()
    plt.show()
```

generator_plot_image 函数用于可视化生成器产生的图像，使用生成器模型和输入的噪声向量生成预测图像 pred_images。pred_images 是模型根据噪声生成的图像集合。使用该函数生成的图像如图 7-4 和图 7-5 所示。

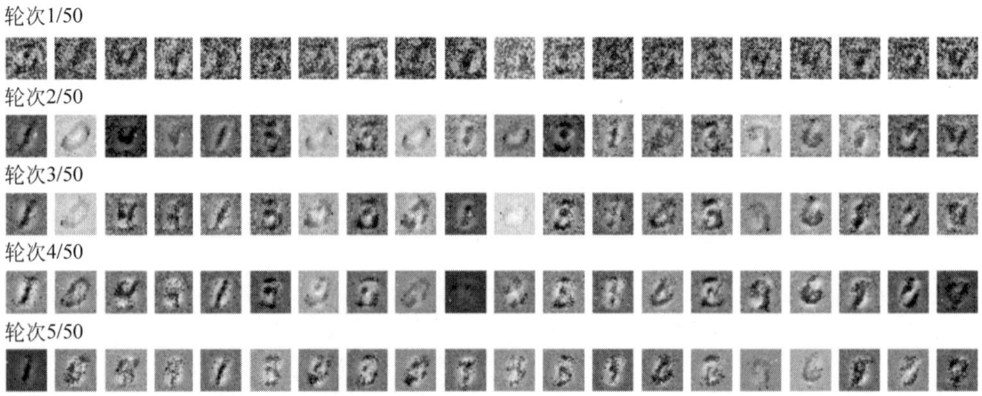

轮次1/50

轮次2/50

轮次3/50

轮次4/50

轮次5/50

图 7-4 原始生成对抗网络生成器生成数据可视化(前 5 轮)

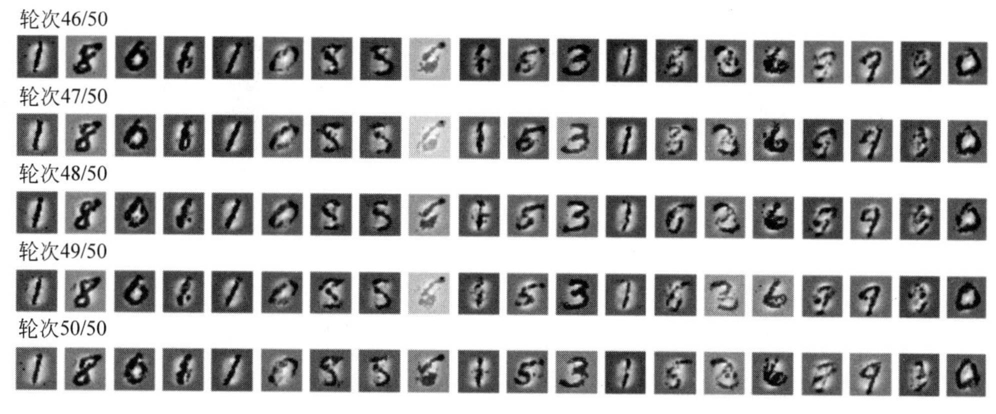

图 7-5 原始生成对抗网络生成器生成数据可视化(后5轮)

与其对应的损失函数曲线可视化如图 7-6 所示。在训练初始阶段,生成器损失很高,此时生成器产生的样本可能与真实样本差别很大。判别器容易区分真实和生成的样本,其损失较低。在训练的后半段,生成器损失逐渐下降,表明生成器正在学习生成更逼真的数据,以欺骗判别器。判别器损失可能会上升,生成器不断改进,使得判别器更难以区分真实和生成的样本。最后,生成器和判别器的损失在一定范围内波动,接近纳什均衡状态。

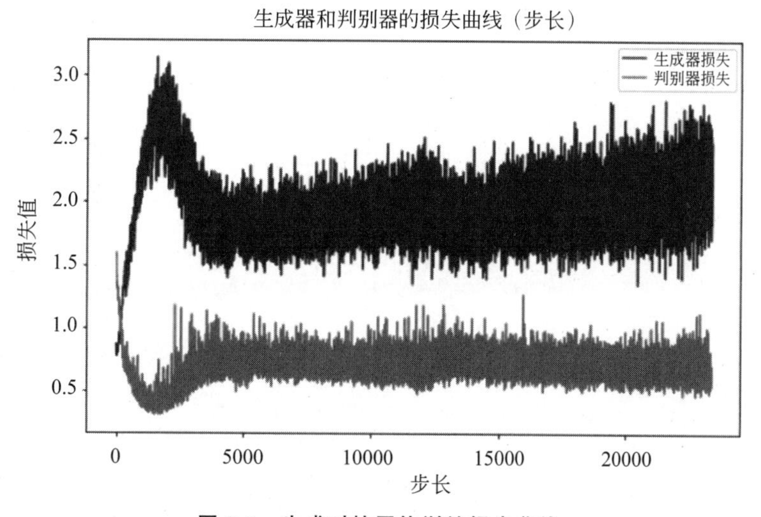

图 7-6 生成对抗网络训练损失曲线

7.8.3 基于卷积的生成对抗网络

深度卷积生成对抗网络(Deep Convolutional Generative Adversarial Network,DCGAN)模型最早发表于 2015 年,对后续生成对抗网络的演化起到很大的推动作用。原始的生成对抗网络模型使用多层感知机搭建生成网络和判别网络,如图 7-7 所示,深度卷积生成对抗网络则将生成对抗网络和卷积神经网络(Convolutional Neural Network,CNN)结合,提供了将卷积、池化、Batch Normalization 层等结构应用到生成对抗网络中的建议,包括以下内容。

(1) 使用卷积层和反卷积层代替全连接层:使用卷积层和反卷积层可以有效地减少模型的参数数量,并且能够在图像生成任务中更好地处理空间信息。

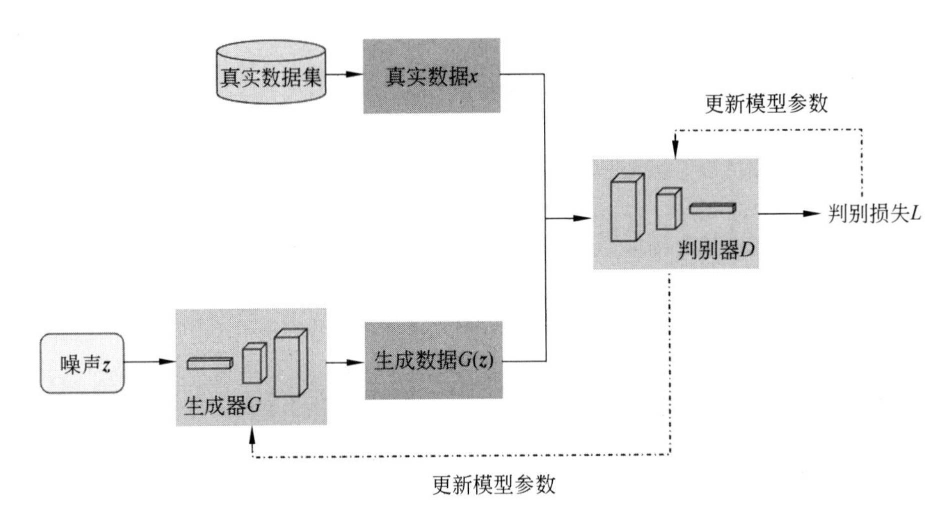

图 7-7 卷积生成对抗网络结构图

(2) 全局平均池化(Global Average Pooling)层提高了模型的稳定性，但损害了收敛速度。

(3) 不将 Batch Normalization 层应用于生成器输出层和判别器的输入层等。

下面的代码定义了一个生成器模型，用于生成 MNIST 数字图像。生成器使用一个 100 维的噪声向量作为输入，传递给一个全连接层，全连接层输出大小为一个 7×7×256 维的向量，随后整理为一个(7,7,256)形状的向量。最后是 3 个反卷积层，第 1 个反卷积层的输出大小为(7,7,128)，第 2 个反卷积层的输出大小为(14,14,64)，最后一个反卷积层的输出大小为(28,28,1)，这是一个 28×28 像素的单通道灰度图像。

```
#生成器模型定义(使用卷积转置层)
def create_generator():
    model = tf.keras.Sequential()

    #全连接层 -> Reshape -> 卷积转置层
    model.add(tf.keras.layers.Dense(7 * 7 * 256, use_bias=False, input_shape=
(NOISE_DIM,)))
    model.add(tf.keras.layers.BatchNormalization())
    model.add(tf.keras.layers.LeakyReLU())

    model.add(tf.keras.layers.Reshape((7, 7, 256)))

    model.add(tf.keras.layers.Conv2DTranspose(128, kernel_size=5, strides=1,
padding='same', use_bias=False))
    model.add(tf.keras.layers.BatchNormalization())
    model.add(tf.keras.layers.LeakyReLU())

    model.add(tf.keras.layers.Conv2DTranspose(64, kernel_size=5, strides=2,
padding='same', use_bias=False))
    model.add(tf.keras.layers.BatchNormalization())
    model.add(tf.keras.layers.LeakyReLU())

    model.add(tf.keras.layers.Conv2DTranspose(1, kernel_size=5, strides=2,
padding='same', activation='tanh'))

    return model
```

接着定义一个判别器网络，用于判断输入的图像是否真实。判别器模型包含 3 个卷积层。第 1 个卷积层的输入大小为(28,28,1)，输出大小为(14,14,64)；第 2 个卷积层的输入大小为(14,14,64)，输出大小为(7,7,128)；第 3 个卷积层的输入大小为(7,7,128)，输出大小为(4,4,256)。最后，将特征图拉平为一维向量，输入全连接层中，输出一个标量值。输出值越接近 1，表示输入图像越真实，越接近 0，表示输入图像越假。

```
#判别器模型定义(使用卷积层)
def create_discriminator():
    model = tf.keras.Sequential()

    model.add(tf.keras.layers.Conv2D(64, kernel_size=5, strides=2, padding=
'same', input_shape=[28, 28, 1]))
    model.add(tf.keras.layers.LeakyReLU())

    model.add(tf.keras.layers.Conv2D(128, kernel_size=5, strides=2, padding=
'same'))
    model.add(tf.keras.layers.BatchNormalization())
    model.add(tf.keras.layers.LeakyReLU())

    model.add(tf.keras.layers.Flatten())
    model.add(tf.keras.layers.Dense(1))

    return model
```

卷积生成对抗网络训练过程中生成器生成数据如图 7-8 和图 7-9 所示。

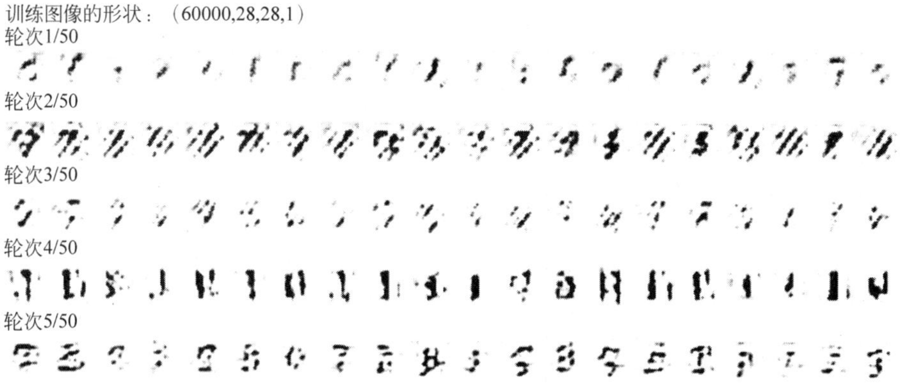

训练图像的形状：(60000,28,28,1)
轮次1/50
轮次2/50
轮次3/50
轮次4/50
轮次5/50

图 7-8　卷积生成对抗网络生成器生成数据可视化(前 5 轮)

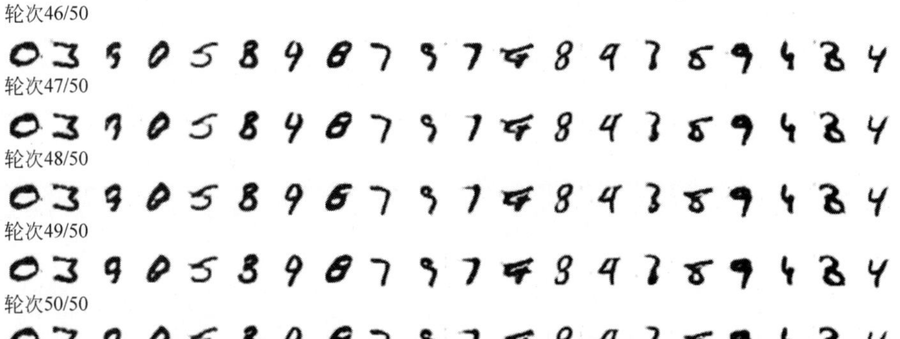

轮次46/50
轮次47/50
轮次48/50
轮次49/50
轮次50/50

图 7-9　卷积生成对抗网络生成器生成数据可视化(后 5 轮)

7.8.4 条件生成对抗网络

无条件的生成对抗网络(Unconditional-GAN),即原始的生成对抗网络结构,生成器的自由度较高,无法控制数据的生成过程。条件生成对抗网络(Conditional Generative Adversarial Nets,CGAN)在原始生成对抗网络的基础上增加约束条件,限制数据生成空间,引导数据的生成过程。如式(7-32)所示,条件生成对抗网络在原始生成对抗网络的价值函数基础上,将条件概率加入期望中。

$$\min_G \max_V V(D,G) = E_{x \sim p_{\text{data}}(x)}[\log D(x \mid y)] + E_{z \sim p_z(z)}[\log(1 - D(G(z \mid y)))] \tag{7-32}$$

条件生成对抗网络的网络结构如图 7-10 所示,约束项 y,可以是图像的标签,也可以是图像的一些属性数据。

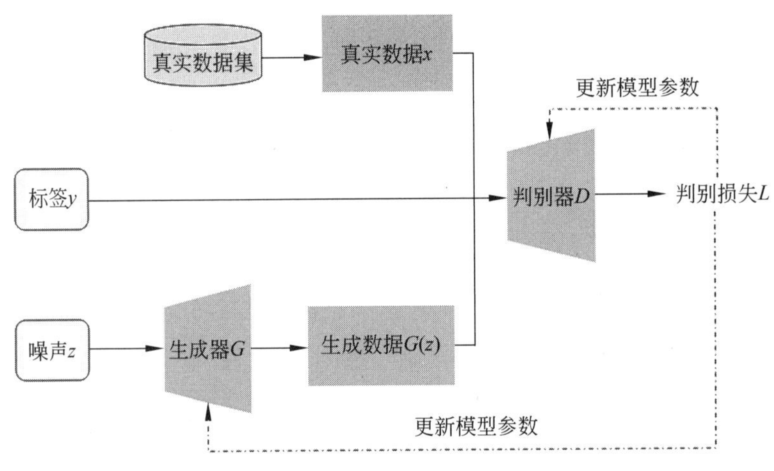

图 7-10 条件生成对抗网络结构图

假定以样本的标签作为输入生成器的额外信息,结合卷积生成对抗网络,给出一个生成器和判别器实例。生成器接受标签和噪声向量作为输入,标签经过 Embedding 层的结果和噪声向量拼接在一起,得到一个新向量。

```
#生成器模型定义(条件 GAN)
def create_generator():
    noise_input =tf.keras.layers.Input(shape=(NOISE_DIM,))
    label_input =tf.keras.layers.Input(shape=(1,), dtype=tf.int32)

    #标签嵌入层,将标签嵌入与噪声同样的维度
    label_embedding =tf.keras.layers.Embedding(10, NOISE_DIM)(label_input)
    label_embedding =tf.keras.layers.Flatten()(label_embedding)

    #噪声和标签拼接
    combined_input =tf.keras.layers.Concatenate()([noise_input, label_embedding])

    net =tf.keras.Sequential()

    net.add(tf.keras.layers.Dense(256, input_shape=(NOISE_DIM * 2,), use_bias=
False))
```

```
    net.add(tf.keras.layers.BatchNormalization())
    net.add(tf.keras.layers.LeakyReLU())

    net.add(tf.keras.layers.Dense(512, use_bias=False))
    net.add(tf.keras.layers.BatchNormalization())
    net.add(tf.keras.layers.LeakyReLU())

    net.add(tf.keras.layers.Dense(28 * 28 * 1, use_bias=False, activation='
tanh'))
    net.add(tf.keras.layers.Reshape((28, 28, 1)))

    model = tf.keras.models.Model([noise_input, label_input], net(combined_
input))
    return model
```

判别器接收生成器的输出和标签作为输入，标签经 Embedding 层映射为与生成器输出维度相同的矩阵，再将其与生成器的输出拼接起来。

```
#判别器模型定义(条件 GAN)
def create_discriminator():
    image_input =tf.keras.layers.Input(shape=(28, 28, 1))
    label_input =tf.keras.layers.Input(shape=(1,), dtype=tf.int32)

    #将标签嵌入为与图像大小相同的向量
    label_embedding =tf.keras.layers.Embedding(10, 28 * 28)(label_input)
    label_embedding =tf.keras.layers.Flatten()(label_embedding)
    label_embedding =tf.keras.layers.Reshape((28, 28, 1))(label_embedding)

    #将图像和标签拼接
    combined_input = tf.keras.layers.Concatenate()([image_input, label_
embedding])

    net =tf.keras.Sequential()

    #输入展平
    net.add(tf.keras.layers.Flatten(input_shape=(28, 28, 2)))

    #判别器的隐藏层
    net.add(tf.keras.layers.Dense(512, use_bias=False))
    net.add(tf.keras.layers.BatchNormalization())
    net.add(tf.keras.layers.LeakyReLU())

    net.add(tf.keras.layers.Dense(256, use_bias=False))
    net.add(tf.keras.layers.BatchNormalization())
    net.add(tf.keras.layers.LeakyReLU())

    #输出层,表示真假分类
    net.add(tf.keras.layers.Dense(1))

    model = tf.keras.models.Model([image_input, label_input], net(combined_
input))
    return model
```

条件生成对抗网络训练过程中，生成器生成图像可视化如图 7-11 和图 7-12 所示，通过随机生成的标签控制生成的图像，对比原始生成对抗网络，训练时间需要更久。

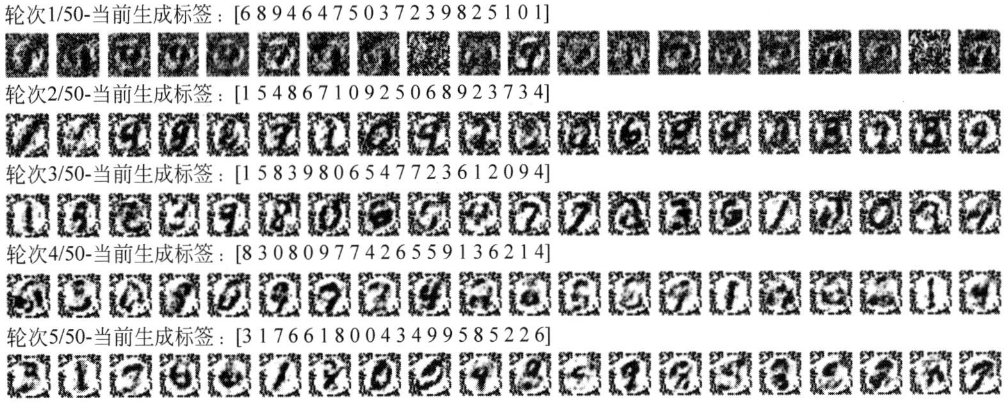

轮次1/50-当前生成标签：[6 8 9 4 6 4 7 5 0 3 7 2 3 9 8 2 5 1 0 1]

轮次2/50-当前生成标签：[1 5 4 8 6 7 1 0 9 2 5 0 6 8 9 2 3 7 3 4]

轮次3/50-当前生成标签：[1 5 8 3 9 8 0 6 5 4 7 7 2 3 6 1 2 0 9 4]

轮次4/50-当前生成标签：[8 3 0 8 0 9 7 7 4 2 6 5 5 9 1 3 6 2 1 4]

轮次5/50-当前生成标签：[3 1 7 6 6 1 8 0 0 4 3 4 9 9 5 8 5 2 2 6]

图 7-11 条件生成对抗网络生成器生成数据可视化（前 5 轮）

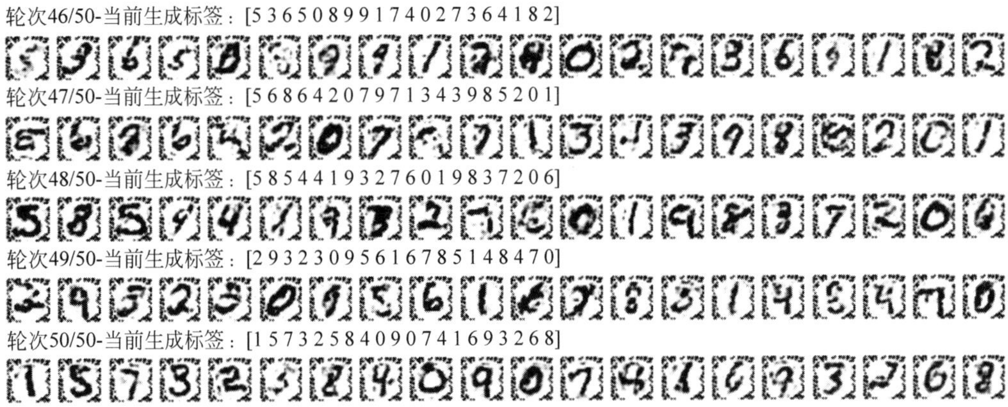

轮次46/50-当前生成标签：[5 3 6 5 0 8 9 9 1 7 4 0 2 7 3 6 4 1 8 2]

轮次47/50-当前生成标签：[5 6 8 6 4 2 0 7 9 7 1 3 4 3 9 8 5 2 0 1]

轮次48/50-当前生成标签：[5 8 5 4 4 1 9 3 2 7 6 0 1 9 8 3 7 2 0 6]

轮次49/50-当前生成标签：[2 9 3 2 3 0 9 5 6 1 6 7 8 5 1 4 8 4 7 0]

轮次50/50-当前生成标签：[1 5 7 3 2 5 8 4 0 9 0 7 4 1 6 9 3 2 6 8]

图 7-12 条件生成对抗网络生成器生成数据可视化（后 5 轮）

7.9 总结

博弈论是一门研究参与者在相互关联的决策环境下进行策略选择的数学理论，通过建立数学模型和分析策略选择的结果，帮助人们理解和解决各种决策问题。博弈论研究参与者之间的相互作用，并探讨在不同策略选择下可能出现的结果。

博弈论可以分为非合作博弈和合作博弈两大类。非合作博弈是指参与者之间缺乏直接合作关系，每个参与者根据自身利益进行策略选择。合作博弈则是指参与者可以通过协商和合作实现共同利益。

非合作博弈是博弈论中最常研究的领域之一。它考虑每个参与者追求自身利益的情况下做出策略选择的结果。囚徒困境是非合作博弈中的一个经典例子，描述了两个被捕囚犯面临的决策问题。在囚徒困境中，虽然合作可以带来更好的结果，但由于彼此之间的不信任，最终双方往往选择不合作的策略，导致次优的结果。

纳什均衡问题研究在非合作博弈中每个参与者选择策略时的最佳响应状态。具体来说，纳什均衡是指在给定其他参与者的策略时，没有任何参与者有动机单方面改变自己的策略。纳什均衡的作用在于帮助我们理解和预测参与者在博弈中的行为。它提供了一个基准，用于确定每个参与者可能采取的最佳策略。通过研究纳什均衡，可以分析博弈的稳定性、均衡点和可能的结果。

在本章最后，研究了博弈论在人工智能领域的应用，即生成对抗网络。在生成对抗网络中，生成器和判别器之间存在一种博弈关系。生成器的目标是生成尽可能逼真的样本，而判别器的目标是尽可能准确地区分真实样本和生成样本。生成器通过生成样本欺骗判别器，而判别器通过判别样本区分真实和生成的样本。这种博弈的目标是达到一个纳什均衡，即生成器和判别器都无法单方面改善自己的性能。在纳什均衡下，生成器生成的样本足够逼真，以至于判别器无法准确判断其真伪；而判别器能够在生成器生成的样本和真实样本之间保持较高的判别准确率，即使它也无法完全确定样本的来源。值得注意的是，纳什均衡并不意味着生成器生成的样本完全等同于真实样本，而是在判别器的能力范围内尽可能接近真实样本。这种博弈过程是一个动态的平衡，生成器和判别器的能力也会随着训练的进行而改进。

习题 7

1. 假设两位玩家正在玩剪刀石头布，获胜的玩家得1分，失败的玩家失去1分，平局则两者都不得分。两位玩家分别是 Alice 和 Bob。已经知道，Alice 出剪刀、石头、布的概率分别是1/3。

(1) 如果 Bob 也随机出招，那么他最优的策略是什么？

(2) 如果 Bob 总是选择石头，Alice 的期望得分是多少？

2. 在一次网球比赛中，有两位球员，记为 A 和 B。球员 A 可以选择左边(L)或右边(R)发球，而球员 B 可以选择左边(L)或右边(R)接球。表7-23描述了当球员 A 选择 L 或 R 时，以及球员 B 选择 L 或 R 时双方的得分情况，请计算球员 A 和 B 选择 L 和 R 的概率分别是多少？

表 7-23 网球比赛得分表

		B	
		L	R
A	L	50,50	80,20
	R	90,10	20,80

3. 有两个消费者 Carmen 和 David，他们想要分配两种商品，苹果(A)和香蕉(B)。两个消费者的效用函数不仅取决于他们拥有的商品数量，而且还受到边际效用递减的影响。效用函数如下。

Carmen 的效用函数为

$$U_C = \text{sqrt}(A_C) + 2 \times \text{sqrt}(B_C)$$

David 的效用函数为

$$U_D = 2 \times \text{sqrt}(A_D) + \text{sqrt}(B_D)$$

其中，A_C 和 B_C 表示 Carmen 拥有的苹果和香蕉的数量，A_D 和 B_D 表示 David 拥有的苹果和香蕉的数量，sqrt 表示平方根。

现在，假设最初的商品分配如下。

(1) Carmen 拥有 4 个苹果和 1 个香蕉。

(2) David 拥有 1 个苹果和 4 个香蕉。

问题：

(1) 计算初始分配下两位消费者的效用。

(2) 如果允许他们之间进行交易，是否存在帕累托改进的交易方式？

4. 三名员工甲、乙 和丙，三人完成一项项目，最高奖金为 3000 元。甲独自完成项目时获得的奖金为 1000 元。乙独自完成项目时获得的奖金为 1200 元。丙独自完成项目时获得的奖金为 1500 元。

甲和乙一起完成项目时获得的奖金为 1800 元。

甲和丙一起完成项目时获得的奖金为 2200 元。

乙和丙一起完成项目时获得的奖金为 2500 元。

甲、乙和丙一起完成项目时获得的奖金为 3000 元。

在这个项目中，三个人各自的工作贡献不同，因此需要根据三个人的贡献分配奖金。

第 8 章

网络同步与控制

随着计算机和互联网的推广与普及，人类社会生活日渐与互联网息息相关，世界也因此变得更加复杂和彼此关联。从互联网到万维网、从电力网到交通网、从生态网到人类社会关系网，复杂网络的概念已经不仅限于科学研究，还渗透到政治、经济等各方面。复杂网络同步与控制是网络科学和控制理论领域的交叉研究，旨在理解和控制复杂网络中节点之间的相互作用、信息传输以及整体行为。

同步现象的研究最早可追溯到 20 世纪初期，同步现象的早期研究主要集中在物理学领域，尤其是振动现象的研究。例如，亨利·普安加雷(Henri Poincaré)在 19 世纪末对天体力学问题的研究中首次提出同步现象的概念。20 世纪 70—80 年代，研究者开始在非线性动力学领域中研究同步现象。物理学家和数学家对耦合振荡器、混沌系统等进行了探索。20 世纪 90 年代，复杂网络同步现象的研究逐渐扩展到计算机科学和工程领域。研究者开始使用图论和网络科学的方法研究网络同步。21 世纪初是复杂网络同步现象研究的黄金时期，研究者提出了各种同步方法和理论模型，包括小世界网络、无标度网络等。另外，社交网络和生物网络等领域的研究也崭露头角。21 世纪 10 年代之后，复杂网络同步现象的研究继续发展，涵盖更多领域，包括社交媒体网络、大规模互联网网络、生态网络等。同时，同步在实际应用中的重要性也逐渐增加，例如在控制系统、通信系统、智能交通系统等领域。

尽管网络科学为复杂网络系统的结构和动力学提供了深刻的见解，但仍然缺乏有效控制复杂网络动态的工具。根据控制论，如果适当的外部输入能够在有限的时间间隔内使系统的内部状态从任意初始状态移动到任意可达的最终状态，那么动态系统就是可控的。尽管控制理论提供了数学工具引导工程和自然系统走向理想状态，但缺乏控制复杂自组织系统的框架。Liu 等于 2011 年在 *Nature* 上发表题为《复杂网络的可控性》的文章，将网络科学和控制理论的工具结合起来，从而精确地分析任意网络的可控性，为深化我们对复杂系统的理解开辟了新的途径。

近年来，复杂网络同步与控制领域已经取得显著的进展，并涵盖多方面的研究。针对同步现象的研究，研究者深入探讨了不同类型的同步现象，包括完全同步、部分同步、双周期同步等，通过这些研究帮助人们理解复杂网络中节点之间的信息传输和协调。同步与控制领域的发展促进了控制策略研究的发展。研究者提出多种控制策略，实现或干扰网络中的同步。这些策略包括基于自适应控制、基于最优化算法和基于机器学习的方法。在实际应用中，复杂网络同步与控制的研究也已经应用于多个领域解决实际问题并提高系统性能，如电力系统控制、社交网络影响力传播、生物网络同步等。复杂网络同步与控制领域涵盖物理学、工程学、社会科学、生物学等多个学科,极大地促进了不同领域之间的合作和交流。

8.1 同步现象

本节从生活中的同步现象出发,帮助读者理解什么是同步现象,之后详细阐述同步的定义。

8.1.1 生活中的同步现象

为方便读者理解复杂网络的同步与控制现象,我们会从生活中存在的种种案例出发,研究复杂网络中的同步现象。生活中的同步现象无时无刻不在发生,只要我们善于观察。

时钟随处可见,时钟的同步摆动就是一种同步现象。在一个网络中的多个时钟节点通过彼此的相互作用,会逐渐趋向相同的频率和相位。这种同步现象对许多实际应用都至关重要,如通信网络、分布式计算和物联网等。可以通过调整节点之间的相互作用规则,实现时钟的同步,确保网络中的各个节点能够按照统一的时间进行协调操作。

除时钟同步现象外,生活中偶尔可以看到萤火虫以同步的频率发光。这就是萤火虫同步发光现象,在一个群体中的萤火虫通过彼此的相互作用,逐渐趋向同步发光。这种同步现象在生物学和生态学中具有重要意义,因为其可以帮助萤火虫实现交配和捕食等行为。萤火虫之间的相互作用规则基于它们的视觉感知、生物钟和环境刺激等因素而产生,通过调整这些规则,可以研究和模拟萤火虫的同步行为。

同节奏掌声是在一个人群中的观众通过相互的协调和调整,以相同的节奏鼓掌的现象。这种同步现象在音乐会、演讲和体育比赛等场合中经常出现。观众之间的相互作用规则可以基于他们的视觉和听觉感知,以及对表演的情感和认同等因素。通过调整这些规则,可以研究和模拟人群中的同步行为,进一步了解人类集体行为的动力学特征。

这些同步现象有助于我们更清楚地了解同步与控制。可以通过建立数学模型和计算模拟,对这些同步现象的机制和规律进行深入研究,从而指导实际应用,同时帮助我们理解复杂网络中的集体行为和自组织现象。

8.1.2 同步的定义

通常同步的定义根据研究对象、研究领域的不同,也会产生不同,可以是相位同步、电力系统频率同步、无线通信频率同步。而从广义上来说,同步是指网络中的节点或子系统在相互作用下,逐渐趋向相同的状态或行为。

由此可以逐渐理解,同步的定义就是网络中的一组节点在某种条件下协调其状态或行为,以达到一种有序的一致性状态。这意味着在同步状态下,网络中的节点将在时间上或空间上以某种方式协调,以便彼此之间的关系或行为表现出某种规律性或相似性。

在复杂网络中同步现象的应用也可以用于不同的方面。首先,同步现象可以反映网络系统的稳定性,通过对节点之间同步行为的研究,从而评估网络系统的鲁棒性。其次,在进行信息传输和通信时,通过实现节点之间的同步,从而确保信息的准确传输和可靠接收,从而提高通信的效率和可靠性。同样,同步现象是复杂网络中子组织行为的重要表现形式。可以通过研究节点之间的同步行为,揭示网络系统中的自组织机制和规律,进一步理解和模拟复杂系统的演化和行为。

因此，同步的定义和研究对于理解复杂网络的行为特征、设计控制策略以及解决实际问题都具有重要的意义。通过深入研究同步现象，可以推动复杂网络科学的发展，促进各领域的创新和应用。其中，动力系统同步是一个引人深思的领域，涉及自旋、振子和混沌等复杂系统的协调行为。本章将探讨这些系统在不同情境下的同步现象，以及这些现象对于科学、工程和实际应用的重要性。本节从动力系统同步出发，对自旋系统同步、振子系统同步和混沌系统同步三方面进行介绍。

1. 自旋系统同步

自旋是描述粒子或原子核磁矩方向的概念，常用于磁共振成像(MRI)等领域。自旋系统的同步现象在核磁共振等应用中具有重要意义。当自旋系统中的多个自旋相互影响时，它们的自旋方向可能趋于一致，形成同步现象。这种同步可以通过调控外部磁场和自旋间相互作用实现，对于增强信号检测和精确成像至关重要。

自旋系统的同步在物理学中有重要的应用，尤其在磁共振和自旋电子学领域。一个简单的自旋系统可以由多个自旋元件组成，它们之间通过相互作用导致自旋状态趋向同步。考虑一个包含 N 个自旋元件的系统，每个自旋可以用一个二进制变量表示，即 $S_i \in \{1, -1\}$，其中 $i = 1, 2, \cdots, N$。自旋之间的相互作用可以通过 Ising 模型描述，其能量表示为

$$E = -J \sum_{i=1}^{N-1} S_i S_{i+1} \tag{8-1}$$

其中，J 是相互作用强度。系统的演化可以通过蒙特卡罗模拟等方法进行。以下是一个简单的 Python 代码，其演示了自旋系统的同步。在这个例子中，使用 Metropolis 算法进行蒙特卡罗模拟。

```
import numpy as np
import matplotlib.pyplot as plt
#参数设置
N = 100        #自旋元件数量
J = 1          #相互作用强度
T = 2.0        #温度
#初始化自旋状态
spins = np.random.choice([-1, 1], size=N)
#Metropolis 算法进行蒙特卡罗模拟
def metropolis(spins, J, T):
    i = np.random.randint(0, N)
    delta_E = 2 * J * spins[i] * (spins[(i+1)%N] + spins[(i-1)%N])
    if delta_E < 0 or np.random.rand() < np.exp(-delta_E / T):
        spins[i] *= -1
#模拟演化
num_steps = 10000
configs = [np.copy(spins)]
for _ in range(num_steps):
    metropolis(spins, J, T)
    configs.append(np.copy(spins))
#绘制自旋状态
plt.figure(figsize=(10, 6))
plt.imshow(np.array(configs).T, cmap='viridis', aspect='auto')
plt.title('Spin Configuration Over Time')
```

```
plt.xlabel('Time Steps')
plt.ylabel('Spin Index')
plt.show()
```

这段代码通过 Metropolis 算法模拟了自旋系统的演化过程，结果如图 8-1 所示。在实际应用中，自旋同步通常涉及更复杂的系统和相互作用，但这个简单的例子可以帮助理解自旋系统的基本特性。

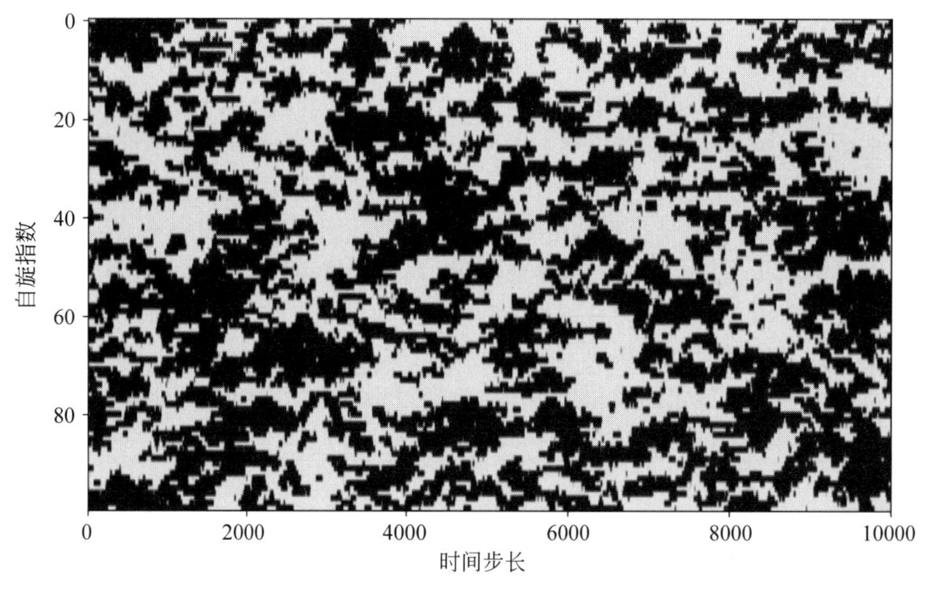

图 8-1 自旋系统演示

自旋系统的同步和振子系统的同步在动力学的研究中有一些相似之处，因为它们都涉及一个系统中的元素在时间上的协同行为。然而，它们的具体特点和应用场景有所不同。

自旋系统通常用于描述自旋磁矩相互作用的物理过程。在自旋系统中，自旋可以采用不同的方向（上或下），并且相邻自旋之间存在相互作用。自旋系统的同步意味着系统中的自旋趋向相邻自旋之间的一致方向。自旋系统的同步可以在物理学、量子力学等领域中应用，例如在磁性材料的研究中。同步的性质使得整个系统在一些情况下可以表现出集体行为，这在某些磁性材料的阶段转变中具有重要意义。振子系统涉及一组元素，这些元素以振荡的方式相互作用。振子系统的同步意味着这些振荡元素在时间上趋于协同振荡，即它们的振荡周期和相位逐渐趋于一致。

虽然自旋系统和振子系统的同步有不同的物理基础，但它们之间存在一些相似性。两者都涉及动力学系统中元素之间的协同行为，都可以通过数学模型和理论框架进行描述。同时，同步的概念在二者中都强调系统中元素之间的协同和协调。总之，自旋系统和振子系统的同步之间存在某种联系，因为它们都涉及集体行为和动力学的协同现象，尽管具体的物理机制和应用领域有所不同。下面将介绍振子系统的同步。

2. 振子系统同步

振子是一类周期性运动的系统，如钟摆、电路振荡器等。在某些情况下，多个振子系统可以通过耦合作用，实现彼此的同步。这种同步现象在生物节律调控、电力系统稳定性等领域具有重要应用。例如，心脏中的多个起搏器细胞可以通过电耦合实现同步跳动，确保心脏的正常节律。振子同步是指在一个包含多个振子的系统中，这些振子通过相互耦合或相互作用，导致它们的振动状态趋于同步。下面是一个简单的振子同步的模拟代码，使用的是耦合的简谐振子模型。

下面是振子同步模拟代码。

```
import numpy as np
import matplotlib.pyplot as plt
#参数设置
N = 5               #振子数量
omega = 1.0         #振子的自然频率
K = 0.5             #耦合强度
#初始化振子状态
theta = np.random.rand(N) * 2 * np.pi
omega_i = omega + 0.1 * np.random.randn(N)
#模拟演化
num_steps = 1000
dt = 0.1
thetas = [np.copy(theta)]
for _ in range(num_steps):
    delta_theta = omega_i * dt + K * np.sin(theta[:, np.newaxis] - theta) * dt
    theta += delta_theta.sum(axis=1)
    thetas.append(np.copy(theta))
#绘制振子同步
t = np.arange(0, (num_steps + 1) * dt, dt)
plt.figure(figsize=(10, 6))
for i in range(N):
    plt.plot(t, np.cos(thetas)[:, i], label=f'Oscillator {i+1}')
plt.title('Oscillator Synchronization')
plt.xlabel('Time')
plt.ylabel('Cosine of Phase')
plt.legend()
plt.show()
```

实验结果如图 8-2 所示。

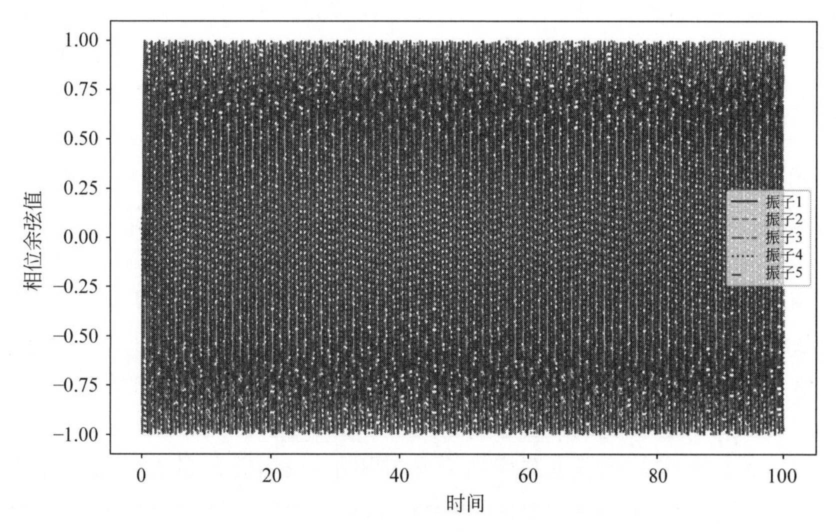

图 8-2　振子同步图表示

上述代码使用了一个简单的耦合简谐振子模型。每个振子的演化由以下微分方程描述，即

$$\frac{\mathrm{d}\theta_i}{\mathrm{d}t}=w_i+K\sum_{j=1}^{N}\sin(\theta_j-\theta_i) \tag{8-2}$$

其中，θ_i 是第 i 个振子的相位，w_i 是其自然频率，K 是耦合强度。这个方程表示振子的相位随时间的变化，受到自身的自然频率和与其他振子的相互作用的影响。在模拟中，每个振子的相位随时间变化，通过相互作用导致它们的相位趋于同步。模拟结果显示了振子同步的演化过程。

3. 混沌系统同步

混沌是指具有高度不规则、非周期性行为的动力系统。尽管混沌系统看似杂乱无章，但某些情况下，多个混沌系统可以实现同步。混沌同步在通信、保密传输和控制等领域中有广泛应用。

在复杂网络中，混沌同步与控制是研究混沌系统中稳定性和可预测性的重要问题。混沌同步是指通过调节网络节点之间的耦合方式和强度，使网络中的节点在时间上逐渐趋于同步的状态。混沌控制通过选择适当的控制参数和引入反馈机制，使网络中的节点在特定的目标状态或轨道上演化，并抑制混沌行为。

不同类型的网络拓扑结构对混沌同步有不同的影响。节点之间的耦合方式（如全耦合、局部耦合、无标度网络）对同步的影响也有所不同。研究表明，具有小世界和无标度特性的网络更容易实现混沌同步。这是因为这些网络结构具有较短的路径和较高的聚集度，有利于信息的传递和节点之间的相互作用。在节点之间的耦合方式中，全耦合是指所有节点之间都有直接的连接，这种情况下同步较容易实现；局部耦合是指节点仅与附近的几个节点相连，这种情况下同步的实现可能受到距离和局部拓扑结构的限制；无标度网络耦合则涉及中心节点或枢纽节点，这些节点在网络中起关键性的作用，对同步起重要的推动作用。

振子系统的同步和混沌系统的同步在动力学研究中有明显的区别和联系。两者的区别主要表现在动力学特性和可预测性方面。首先从动力学特征看，振子系统同步通常表现为元素之间的振荡频率和相位逐渐趋于一致。振子同步是一种稳定、有序的动力学行为，常伴随着周期性的运动。而混沌系统同步相对更为复杂。混沌系统的行为通常是非周期性的、无序的，同步可能呈现局部同步和全局同步，其中局部同步是相对稳定的同步形式。针对可预测性，振子同步通常在特定的初始条件下形成，而且在系统参数保持稳定的情况下，同步行为是可预测的。混沌系统对初始条件极为敏感，微小的差异可能导致系统轨迹的巨大偏离，使长期的预测变得困难。振子系统的同步和混沌系统的同步也存在一定的联系。振子系统和混沌系统都涉及同步现象，即系统中的元素在时间上的协同行为。在振子系统中，同步表现为振荡频率和相位的协同；而在混沌系统中，同步可能表现为在某种意义上的相似性或协调。振子系统的同步在通信、生物学中的生物节律等领域有广泛应用；混沌系统的同步则被用于安全通信、混沌加密等领域，利用混沌系统的非线性和复杂性提高信息传输的安全性。

总体来说，振子系统的同步和混沌系统的同步在动力学行为和应用上存在差异，但都涉及系统中元素之间的协同行为。在科学研究和应用中，两者之间的联系提供了对复杂系统行为更深入理解的途径。混沌系统的同步会在 8.3.2 节混沌同步与控制中进行更详细的阐述。

8.2 分形理论

分形理论的起源可以追溯到 20 世纪 70 年代。1975 年，波兰数学家伯努瓦・曼德尔布罗(Benoit Mandelbrot)在他的著作《分形几何学》中首次引入分形这一概念。当曼德尔布罗开始深入研究自然界的复杂形态时，他仿佛打开一扇通往微观世界的奇妙之门。在他的观察中，云朵的蓬勃生长、山脉的峻峭层次、树木的错落分枝，都呈现出神秘而迷人的几何形状。曼德尔布罗发现，无论观察这些自然景象的整体还是细微之处，都展现出相似的纹理和形态，仿佛是自然界编织的一幅幅精致的艺术画卷。在曼德尔布罗的眼中，这种神秘之美并非是偶然的，而是一种深深根植于自然法则的几何奇迹。他的研究揭示了这些自然形态的自相似性，无论观察的尺度是宏观的山峰还是微观的树叶，都呈现出相似而迷人的图案。这就像自然界在不同尺度上用同一种几何语言诉说她的故事，展现出一种无尽的美感。在曼德尔布罗的观察中，分形几何学诞生了，成为一门独特的数学领域。这不仅是对自然之美的一次深刻解读，更是人类理解复杂性和混沌之美的一次启示。分形几何学的发现让我们看到，自然界的神秘之美并非是混乱无序的，而是蕴含一种深刻而有序的几何规律，让我们重新审视并沉浸在这神秘的数学画卷中。曼德尔布罗将这种部分与整体以某种方式相似的形体称为分形。

分形的原意是不规则的、支离破碎的，它可以表现为具有自相似特征的图形、现象或物理过程等。然而对于什么是分形，到目前为止，还没有人能够给出确切的定义。在分形的研究与应用中，使用较为广泛的是曼德尔布罗对分形的定义，以及英国数学家法尔科内仿照生物学家对生命定义的方式给分形下的定义。

分形又称碎形、残形，它指一个粗糙或零碎的几何形状，可以分成数个部分，且每一部分都(至少近似地)是整体缩小后的形状，即具有自相似的性质。如图 8-3 所示的帕斯卡三角形，将其无限放大后可以看到其每一块的结构都与最初的大三角形同构。在我们的生活中，分形的现象也非常多，如树枝、菠萝等，如图 8-4 所示。这个定义强调了分形的自相似性，反映了自然界中广泛存在的一类对象的基本属性，即局部与整体在形态、功能、信息、时间以及空间等方面具有一定自相

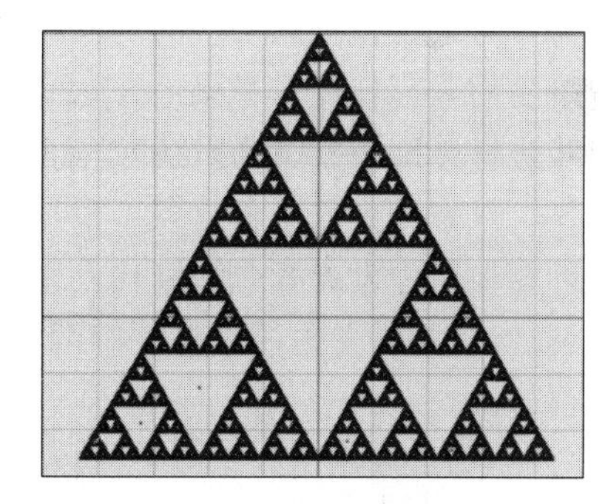

图 8-3 帕斯卡三角形

图 8-4 生活中常见的分形现象

似性。这个定义仍然很难概括分形丰富多彩的内容，部分分形被排除在外，因此要给分形下一个严格而确切的定义不是一件简单的事，这也正是分形的魅力所在。

分形理论中的自相似性是其认识事物的主要角度。自相似性指复杂系统的总体与部分、不同部分之间的精细结构或性质具有相似性。一般来说，具有自相似性的系统，从整体中取出的局部能够体现整体的基本特征，即几何或线性变换下的不变性。自相似性的数学表示为 $f(\lambda r)=\lambda^{\alpha}f(r)$ 或 $f(r)\sim r^{\alpha}$，其中 r 是空间研究对象的量化特征，λ 为标度因子，α 为标度指标（分维），它描述了结构的空间性质，函数 $f(r)$ 是面积、体积、质量等具有数量性质的测度。

分形生成过程常具有递归性，表现为在生成一个复杂的整体结构时，使用相似的规则和操作构建其中的局部部分。这意味着无论是大自然中的统计分形结构，还是几何数学中的严格分形，在其生成过程中，均通过重复应用相同的生成规则于不同的部分，不断深入递归。这种递归性贯穿各个层次，使得最终生成的分形具有自相似的特性，无论是在整体上还是在细节上都呈现出相似的形态，创造出复杂而美妙的几何图形。如图 8-5 所示，树形分形在形成过程中，同一分叉规则反复出现在树干与树枝的形成中；社会管理分形结构中，三元管理规则既出现在底层的村民之间，也存在于顶层的政治安排中。这种递归生成的方式为分形提供了一种迭代的结构，使得观察者在任何尺度上都能发现相似之美，窥探到自然和数学之间奇妙的共谋。

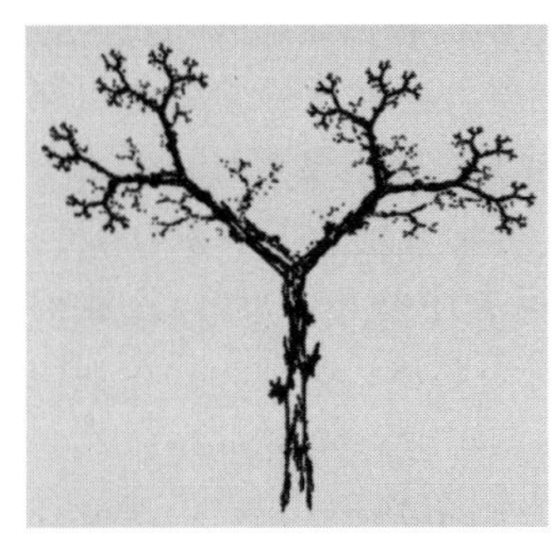

图 8-5 树形分形的递归

从系统角度看，分形对象呈现出明显的层次性。判断系统或图形是否具有分形结构，通常需要对系统内不同层次间的关系进行全面的归纳。如果仅限于单一层次的观察，很难发现事物的分形特征。举例而言，在现代地图绘制技术出现之前，人们仅能对视野范围内的海岸线进行详细观察。通过比较两个不同位置视野范围内的两段海岸线，难以察觉它们的相似性。只有当人们具备从多个尺度观察海岸线形状特征的能力后，才能从海岸线不同层次间的相似性中发现其分形结构。基于分形对象的层次性，在分析分形系统时必须采用跨层次的方法，同时考虑多个层次间的关系。具备跨越较大尺度的认知能力是研究分形系统的重要基础。

此外，从更广泛的角度看，自仿射性是分形系统的一个重要衍生属性。自仿射性是自相似性的延伸，自相似系统在不同方向上的缩放、拉伸复制的比例是相同的，是常数。而自仿射系统在各方向上的缩放、拉伸复制的比例是不同的。严格自相似的分形对象具有一个分形维数，是线性分形，只有一个均匀线性变换群。相比之下，统计自相似的分形对象具有多重分形维数，具备多个变换群，更能够展现大自然中形状的多样性与复杂性。

分形理论是复杂网络中重要性质之一。在复杂网络同步与控制中，分形理论是一种用来描述和分析复杂系统中自相似性和尺度不变性的数学工具和概念。而分形理论的核心思想是通过观察系统在不同尺度上的结构和行为，揭示其隐藏的规律和特征。

在测量海岸线的过程中，我们面临一场有趣而具有挑战性的测量之旅。这个挑战的本质在于海岸线的不规则性和复杂性，它不是一个简单的直线，而是一个充满曲折、波浪和岩石嶙峋的边界。为了理解这个复杂的地形，使用不同的测量尺度审视海岸线。假设用一条直尺测量海岸线，会错过很多小尺度的曲线和细微特征，测量到的只是大致的长度。这时，得到的测量值相对较小。然而，当转而使用更小的尺度，例如沿着每一块岩石、每一朵浪花的曲线进行测量，会发现海岸线的长度迅速增加，就好像在地图上用放大镜突显了每一个微小的细节。这种尺度敏感性引入了分形维数的概念。分形维数允许我们理解海岸线的复杂几何结构，因为它考虑了在不同尺度下的自相似性。海岸线的分形特性意味着需要用一个非整数维数描述它，而不是简单的一维或二维。因此，从整体到局部，海岸线呈现出多样的形状和曲线，揭示了自然界中分形特性的生动例证。这种综合测量方式不仅使我们更深入地了解海岸线，也为地理学、地貌学等领域的研究提供了更为精细和生动的工具。

总体来说，分形维数是描述分形对象复杂性的一个量度，用来衡量分形对象在空间中占据的尺度。通过分形维数的计算和分析，可以更好地理解网络的空间特征和自相似性，从而为网络建模和分析提供更多的信息。

在分形几何研究中，有多种方法用于计算图形的分形维数。分规法通过在图形上放置规则的网格来估计分形维数，测量所需的最小规格尺寸以达到全覆盖。面积-周长法通过比较图形的面积和周长之间的关系，通过一定的缩放比例推断分形维数。均方根法依赖计算图形的均方根长度，通过不同尺度上的均方根长度之间的关系估计分形维数。结构函数法使用结构函数，通过分析图形在不同尺度上的统计性质推断分形维数。这些方法各具特色，适用于不同形状和结构的图形，为研究分形几何提供了多样的工具和途径。

深入研究分形理论时，我们不得不窥探迭代函数系统(Iterated Function System，IFS)的奥秘。IFS 作为分形几何的关键组成部分，以其数学严谨的特性而著称。通过对一组自相似的函数进行迭代应用，IFS 构建出丰富多彩、具有分形结构的图形。这一过程，就如同在数学的世界中进行精密的建构，每次迭代都是对分形规则的深入发掘。IFS 的显著之处在于，它以数学的方式展现自相似性的魔法。每个函数都是数学语言中的一段规则，而整个 IFS 则以协调的方式将这些规则组合，形成具有深度和复杂性的分形图形。在这一形式化的表达中，我们发现分形理论蕴含的丰富内涵，以及数学在揭示自然和艺术之美方面的强大作用。通过对 IFS 的深入研究，我们超越了抽象的数学概念，进入一个结构化、有序的数学领域。IFS 的引入为我们提供了一种系统性的方式来理解和刻画分形的自相似特性，为数学的深邃魅力增添了一抹新的光彩。

一个基本的 IFS 可以由一组仿射变换(Affine Transformations)组成。仿射变换是包括平移、旋转、缩放等线性变换的一类变换。IFS 中的每个仿射变换都有一个权重，表示它在整体生成过程中的贡献程度。假设有 n 个仿射变换，每个变换由一个矩阵表示，并且有一个对应的权重。IFS 的数学描述如式(8-3)，其中，$f_i(x)$是第 i 个仿射变换，$\boldsymbol{A}_i$ 是一个线性变换的矩阵，b_i 是平移变量，x 是输入点的坐标。

$$f_i(x)=\boldsymbol{A}_i \cdot x+b_i \tag{8-3}$$

整个 IFS 可以表示为一组这样的变换，即

$$F(x)=\omega_1 \cdot f_1(x)+\omega_2 \cdot f_2(x)+\cdots+\omega_n \cdot f_n(x) \tag{8-4}$$

其中，$F(x)$是整个 IFS 的变换；ω_i 是第 i 个变换的权重，满足 $\sum_{i=1}^{n} \omega_i=1$。

在分形理论的广泛应用中，IFS 成为一种具有普遍意义的方法，可以产生各俱形态的植物、丛林、山川、烟云等自然景物。从原则上讲，不管多复杂的图形，只要能够获得它的 IFS

代码，就能够应用计算机生成它。不仅如此，IFS还具有很高的图形数据压缩能力，IFS已经实现1：500的压缩比，甚至更高的压缩比。这说明分形理论的引入，使得IFS更加广泛、高效地应用于科学研究中事物的简化问题。

通过以下代码实现了一个基于IFS的三角形分形的可视化。首先，定义一个IFSTriangle类，其中包含3个不同的仿射变换，每个变换都由一组系数和一个权重构成。通过随机选择这些变换之一，对初始坐标进行迭代，生成一系列的点坐标。在可视化部分，初始化一个初始坐标，然后通过调用iterate_value方法，迭代地计算新的坐标，并将这些坐标记录下来。最后，通过Matplotlib库的scatter函数，将这些坐标绘制成散点图，呈现IFS三角形的形态。在创建IFSTriangle实例后，还可以通过调用set_param_a和set_param_b方法，为仿射变换中的参数进行设置，以调整生成的分形形状。在此例中，设置了两个参数0.1和0.8。整体而言，这段代码通过可视化的方式展示了IFS三角形的生成过程，如图8-6所示，帮助读者直观地理解分形几何中的迭代和自相似性概念。

```
import random
import numpy as np
import matplotlib.pyplot as plt
plt.rcParams['font.sans-serif'] = ['Microsoft YaHei']  #设置中文显示
plt.rcParams['axes.unicode_minus'] = False
class IFSTriangle:
    def __init__(self):
        self.m_StartX = 0.0
        self.m_StartY = 0.0
        self.m_StartZ = 0.0

        self.m_ParamA = 0.0
        self.m_ParamB = 0.5

        #IFS码赋值
        self.m = [
            [0.5, 0, 0, 0.5, 0, 0, 0.333],
            [0.5, 0, 0, 0.5, 0.5, 0, 0.333],
            [0.5, 0, 0, 0.5, 0.25, 0.5, 0.334]
        ]

    def iterate_value(self, x, y, z):
        R = random.random()

        if R <= self.m[0][6]:
            a, b, c, d, e, f = self.m[0][:6]
        elif R <= self.m[0][6] + self.m[1][6]:
            a, b, c, d, e, f = self.m[1][:6]
        else:
            a, b, c, d, e, f = self.m[2][:6]

        outX = a * x + b * y + e
        outY = c * x + d * y + f
        outZ = z

        return outX, outY, outZ

    def is_valid_param_a(self):
        return True
```

```
    def is_valid_param_b(self):
        return True

    def set_param_a(self, v):
        self.m_ParamA = v
        self.m[2][1] = v

    def set_param_b(self, v):
        self.m_ParamB = v
        self.m[2][0] = v
        self.m[0][3] = v

def visualize_ifs_triangle(ifs, iterations):
    #初始化坐标
    x, y, z = 0.0, 0.0, 0.0
    x_vals, y_vals = [], []

    #迭代计算新的坐标并记录
    for _ in range(iterations):
        x, y, z = ifs.iterate_value(x, y, z)
        x_vals.append(x)
        y_vals.append(y)

    #绘制可视化图形
    plt.scatter(x_vals, y_vals, s=1)  #设置点的大小为 1,可以调整
    plt.title('IFS 三角形')
    plt.show()

#创建 IFSTriangle 实例
ifs_triangle = IFSTriangle()

#设置参数(如果需要)
ifs_triangle.set_param_a(0.1)
ifs_triangle.set_param_b(0.8)

#可视化 IFS 三角形
visualize_ifs_triangle(ifs_triangle, iterations=10000)
```

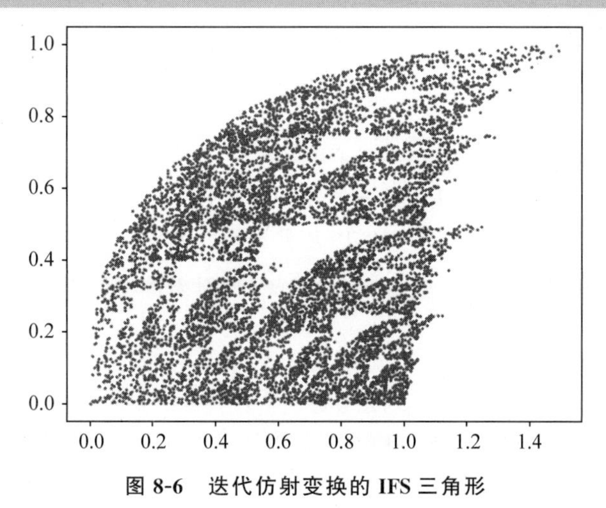

图 8-6　迭代仿射变换的 IFS 三角形

随着分形理论的出现,该领域的研究主要集中于3部分,即如何覆盖网络、如何选择合适的维数和如何应用分形维数。

对于如何覆盖网络,可以学习Song等提出的贪心着色算法和Wei等提出的基于节点度预先确定覆盖序列的改进算法。除此之外,还有如中心节点覆盖方法、基于抽样的方法、最小分区覆盖方法和多目标算法等帮助学习如何覆盖网络。

对于如何选择合适的维数,研究者利用分形维数和其他分形特征描述复杂网络的结构和特性。在不同领域和问题中,特定的维度选择会更有针对性地服务问题的解决和研究的深入。对于医学影像分析,可能关注的特征维度包括图像的纹理、密度、边缘信息等,以提取患者病变的重要特征。在金融领域,可以考虑时间序列数据的维度,如趋势、周期性、波动等,以便预测市场走势。

那么如何应用分形维数呢?通过结合局部维数和分形维数,精确度量节点的复杂性和相似性,进而构建出基于多维特征的推荐系统。在其他领域中,Jacquin提出基于迭代收缩图像变换的分形理论的图像编码,Higuchi提出基于分形理论的不规则时间序列分析。在生态系统中也普遍发现了分形几何特性,可以使用分形分析了解生物系统的结构和时空复杂性。

在复杂网络的应用中,分形理论可以应用于以下几方面。首先,如图8-7所示,复杂网络通常具有分形的结构特征,即在不同尺度上都存在相似的拓扑结构。通过分形维度和分形特征的计算,可以揭示网络的自相似性和层级性,对网络的构建、演化和稳定性等方面具有重要意义。其次,复杂网络的动态行为可以通过时间序列进行描述,分形理论可以应用于分析网络动态行为的分形特性,如分形维度、Hurst指数等,揭示网络的长程依赖性、自相似性及其背后的动力学机制。最后,基于分形理论,可以设计和开发分形控制策略,实现复杂网络的同步和控制。分形控制通过在不同尺度上调节系统的自适应性和反馈机制,实现对网络行为的优化和控制。

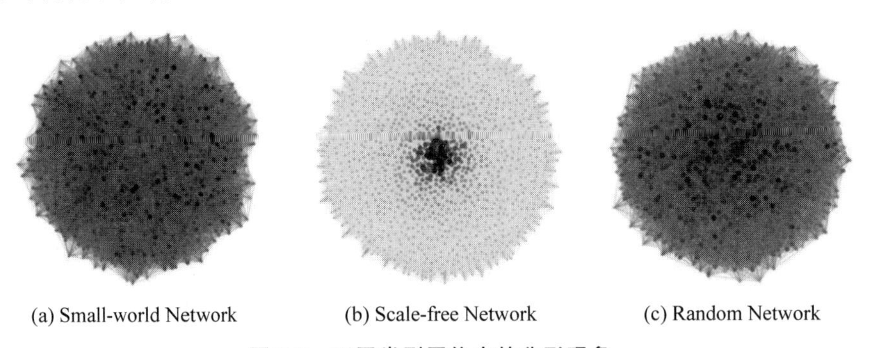

图8-7 不同类型网络中的分形现象

综上所述,分形理论在复杂网络同步与控制中提供了一种独特的视角和工具,帮助我们理解和揭示网络的自相似性、尺度不变性以及其动力学特征。通过应用分形理论,可以实现对复杂网络的建模、分析和控制,进而推动对网络行为的深入认识和应用研究。

8.3 混沌理论

混沌理论的起源可以追溯到20世纪60年代,由美国气象学家、数学家爱德华·洛伦兹(Edward Lorenz)首次提出,当时洛伦兹在研究大气环流模型,发现微小的初始条件变化可以导致系统演化出不同的结果。而这一发现也颠覆了传统线性动力学的概念,揭示了非线性系统中存在的复杂、不可预测行为。而混沌现象的发展也得益于计算机技术的进步,使得人们能够进行大规模的数值模拟和实验,从而使研究者发现了许多混沌现象,如洛伦兹吸引子、费根鲍姆吸引子等。并且随着对混沌现象的深入研究,人们逐渐意识到混沌不是一种随机行为,而是一种具有内在结构和规律的复杂行为。混沌学为解释和理解自然界中的复杂现象提供了新的思路和工具,因此被称为 20 世纪继相对论、量子力学之后的第三次物理学革命。混沌现象的发现推翻了牛顿科学关于确定性系统完全可预见性的设想。

洛伦兹吸引子作为混沌理论的经典案例,是一个描述动态系统行为的数学概念。经典的洛伦兹方程包含 3 个非线性微分方程,即

$$\frac{\mathrm{d}x}{\mathrm{d}t}=\sigma(y-x),\quad \frac{\mathrm{d}y}{\mathrm{d}t}=x(\rho-z)-y,\quad \frac{\mathrm{d}z}{\mathrm{d}t}=xy-\beta \tag{8-5}$$

X 方程描述了 x 变量随时间的变化,其中 σ 是控制变量之间相互影响程度的参数。当 y 大于 x 时,x 将增加;反之亦然。Y 方程描述了 y 变量的时间演化,其中 ρ 是另一个控制参数。它表达了 x 和 z 之间的相互作用,以及 y 本身的衰减。系统的演化取决于这种复杂的非线性耦合。Z 方程描述了 z 变量随时间的变化,其中 β 是另一个参数,它展现了 x 和 y 之间的乘积效应,并表达了 z 的增长和衰减。这使得系统在 3 个维度上的演化呈现富有变化的动力学行为。

这些方程模拟了对流层中气体对流的过程。通过对洛伦兹方程进行数值计算,洛伦兹观察到了令人惊奇的现象:微小的初始条件变化会导致系统状态的巨大变化。他通过绘制状态变量 x、y 和 z 的轨迹图发现,这些轨迹呈现出一个复杂的、看似随机的结构,形如蝴蝶的翅膀。这个复杂的结构被称为洛伦兹吸引子。洛伦兹吸引子表现出灵敏依赖初始条件、无周期性和分形结构等混沌特征。它的发现引起研究者对非线性动力系统行为的广泛关注,开启了混沌理论研究的新篇章。

8.3.1　混沌理论的定义

混沌是指一种看似随机、无序,但实际上具有确定性规律的动力学系统行为。例如,在金融市场中价格波动、汇率的变化均会展现出混沌现象,股市中的价格变化通常被认为是一个非常复杂的系统,会受到各种因素的影响,在这些因素的相互影响下股票价格的波动也呈现出混沌特性。而在生物系统中,心脏的跳动也可以被认为是混沌现象的一个例子,心脏跳动的间隔时间并不是完全规律的,而是呈现一定的不规则性。尽管心脏跳动受神经系统和激素等因素的调控,但其具有混沌特性意味着其跳动间隔时间可能对微小的初始条件变化非常敏感,这使得心脏跳动的长期行为难以完全预测。

混沌是一种非线性动力系统的行为,具有如下典型特征:①对初始条件敏感。微小的初始条件变化会导致混沌系统长期的系统行为差异。即使两个混沌系统的初始条件非常接近,随着时间的推移,它们的轨迹也会逐渐分离。②无周期性。混沌系统的行为是无规律且无周期的,没有明确的重复模式或周期性振荡。③确定性和随机性。尽管混沌系统的行为看起来随机,但它实际上是由确定性的非线性方程规律驱动的,其后续状态可以根据当前状态和系统方程计算得出,而不是完全随机生成的。④分形结构。混沌系统的轨迹通常具有分形结构,即具有自相似的特点。这意味着无论观察系统的整体还是细节部分,都能发现相

似的模式和结构。

在复杂网络的同步与控制中，混沌理论被广泛应用于分析网络动力学行为。复杂网络中节点之间的连接关系可以看作为一个非线性动力系统，而混沌理论就是用于描述该系统中节点之间的相互作用和演化规律。

那么混沌在复杂网络中出现的原因又是什么呢？可以归结为以下几个元素。

(1)网络结构：复杂网络通常具有复杂的拓扑结构，如小世界网络、无标度网络等。而这些网络结构具有高度连接性和异质性，使得节点之间的相互作用变得复杂。这种复杂的相互作用可以导致节点状态的不可预测和混沌行为。

(2)节点动力学：网络中的节点通常具有自身的动力学规律，节点之间通过相互作用传播信息或影响彼此的状态。当节点的动力学规律具有非线性特性时，节点之间的相互作用可能会引发混沌行为。

(3)初始条件和外部扰动：与混沌系统类似，复杂网络中的混沌行为也对初始条件和外部扰动非常敏感。微小的初始条件变化或外部扰动可以导致节点状态的巨大差异，从而引发混沌行为。

下面将介绍两个常用的混沌模型。

1. Kaneko 模型

Kaneko 模型是由日本物理学家 Kaneko 提出的一种离散时间混沌网络模型。它基于局部规则和全局耦合的映射，其中每个节点的状态由一维映射函数决定。节点之间的相互作用通过耦合强度和拓扑结构定义。该模型具有丰富的动力学行为，包括周期轨道、混沌吸引子等。Kaneko 模型动力学规则如式(8-6)所示。

$$x(t+1)=f(x(t))+\varepsilon g(x(t)) \tag{8-6}$$

$$f(x)=\begin{cases} a, & 0\leqslant x<\dfrac{1}{2} \\ 2x, & \dfrac{1}{2}\leqslant x<1 \\ 2-2x, & 1\leqslant x<\dfrac{3}{2} \\ a-2, & \dfrac{3}{2}\leqslant x<2 \end{cases} \tag{8-7}$$

其中，$x(t)$是节点在时间 t 的状态变量，$x(t+1)$是节点在时间 $t+1$ 的状态变量，$f(x(t))$是一个非线性函数，$g(x(t))$是一个控制耦合强度的函数，ε 是耦合强度。如式(8-7)所示，Kaneko 映射的非线性函数 $f(x)$通常采用的是一个分段线性函数，其中，a 是一个控制参数，可以调节系统的混沌行为。当 a 取不同的值时，系统的混沌行为会发生变化。

如式(8-8)所示，Kaneko 映射的耦合函数 $g(x)$通常采用的是一个阶梯函数，其中 θ 是一个控制耦合强度的阈值参数。当节点之间的相互作用超过阈值时，耦合函数取值为 1，表示节点之间的相互作用强度较大。否则，耦合函数取值为 0，表示节点之间的相互作用强度较小。具体形式如下。

$$g(x)=\begin{cases} 0, & x<\theta \\ 1, & x\geqslant\theta \end{cases} \tag{8-8}$$

最终，通过调节非线性函数 $f(x)$ 和耦合函数 $g(x)$ 中的参数，可以控制 Kaneko 模型的混沌行为和同步现象。通过调整耦合强度和拓扑结构，可以观察到周期轨道、混沌吸引子等不同的行为。这使得 Kaneko 模型成为研究复杂网络中混沌行为的重要工具。Kaneko 模型的研究揭示了复杂网络中的自组织行为和相变现象。

2. CML(Coupled Map Lattice)模型

CML 模型是一种连续时间混沌网络模型，由一系列耦合的动力学单元组成。每个单元的状态由局部动力学规则和相邻单元之间的相互作用决定。CML 模型可以模拟空间上的局部相互作用和全局耦合效应，产生丰富的混沌行为和空间结构。其动力学规则可以表示为以下形式。

$$x_i(t+1)=(1-\varepsilon)f(x_i(t))+\frac{\varepsilon}{2}[f(x_{i-1}(t))+f(x_{i+1}(t))] \tag{8-9}$$

其中，$x_i(t)$ 表示第 i 个单元在时间 t 的状态；$f(\cdot)$ 是单元的局部映射，描述了单元自身的动力学行为；ε 是相邻单元之间的耦合强度，表示相邻单元之间的相互作用强度。

这个方程表示每个单元的下一个时刻状态是由其自身状态和相邻两个单元状态的加权平均得到的，其中权重由耦合强度 ε 控制。这种局部的、相邻单元之间的相互作用构成了整个空间混沌系统的演化规则。

CML 模型的动力学规则可以理解为节点在局部动力学规则的基础上，通过与邻居节点的相互作用更新自身状态，节点之间的耦合通过反馈连接实现。通过 CML 模型可以展现出空间上的局部和全局耦合效应。通过调整局部动力学规则、耦合强度和空间核函数，可以观察到丰富的混沌行为和空间结构，如周期倍增、空间分岔等。空间核函数的作用至关重要，它定义了相邻单元之间的耦合关系。其中，耦合强度 ε 控制相互作用的强度，而空间核函数 $K(x-x_j)$ 描述了节点之间的空间关联性。这个函数在空间上调整了相邻节点之间的耦合权重，具体形式可以根据系统的特性而变化。通过引入空间核函数，CML 模型更全面地考虑了节点之间的位置关系和相互作用强度。CML 模型的研究有助于理解复杂网络中的空间耦合效应和模式形成机制。

8.3.2　混沌同步与控制

1. 混沌同步

当我们参加一场令人激动的音乐会时，或许你曾注意到，全场观众似乎在同一节拍下舞动。这种现象并非偶然，而是一种生动的混沌同步。当音乐的节奏深深打动每个人的心灵时，观众的心跳和情感会在共享的音律中达到一种奇妙的同步状态。人们的情感共鸣形成一种微妙的同步，仿佛每个人都成为音乐的一部分，共同演绎这场美妙的音乐会。

另一个生动的例子可以在城市的繁忙街头找到。想象一下，当红绿灯交替变换时，人行道上的行人竟然形成一种不经意的步伐同步。或许是因为大家都急于越过马路，步伐加快；或者是因为悠扬的音乐从街头传来，让人们在不自觉间达成一种微妙的步调共鸣。这个瞬间，仿佛变成一个大型的、自发形成的舞蹈表演聚集地，展示了混沌同步在生活中的奇妙之处。

混沌同步通过调节网络节点之间的耦合方式和强度，使得网络中的节点在时间上逐渐趋于同步的状态。

假设在一个系统$\begin{cases}X=f(X,Y,t)\\Y=g(X,Y,t)\end{cases}$中，其中两个子系统 $X=(X_1,X_2,\cdots,X_N)$，$T\in R_n$，$Y=(Y_1,Y_2,\cdots,Y_m)$，$T\in R_m$。系统的轨道关于性质 g_x、g_y 同步。如存在与时间无关的映射 $h:R_n\times R_m\rightarrow R_k$，使得 $\lim\limits_{t\rightarrow+\infty}\|h(g_x,g_y)\|=0$。对于上述的统一定义，根据系统 X 和 Y 的不同情况，可以给出 4 种不同同步的相应定义。

(1) 完全同步：两个耦合的相同系统，随着时间的演化，若同步表现为两个系统的状态变量完全相等，称为完全同步，即 $\lim\limits_{t\rightarrow+\infty}\|X(t)-Y(t)\|=0$。

(2) 相位同步：由于混沌运动在相空间里的体积是有限的，也就是混沌运动是被限制在某一局域范围内的振荡运动。对于这种运动，可以从相位和振幅两个侧面描述系统的状态。1996 年，Rosenblum 等发现了一种相位同步，即耦合的混沌振子在一定的条件下，其相位会达到同步，但其振幅几乎没有关联。当某系统的解为振荡型时，它们具有相位 φ_x 和 φ_y，则称两个子系统达到相位同步，如果存在两个正整数 p、q，使得 $|p\cdot\varphi_x-q\cdot\varphi_y|<\varepsilon$，其中 ε 是一个很小的正数，那么认为两个系统的相位达到同步，即它们之间存在一种整数倍关系，相位差在一个可接受的小范围内。

(3) 滞后同步：混沌系统的两个子系统达到滞后同步（延时同步），需要满足两个条件，即两个子系统的规模 $m=n$，且存在与时间无关的常数 τ，使得 $\lim\limits_{t\rightarrow+\infty}\|X(t)-Y(t-\tau)\|=0$，其中 τ 表示主系统和响应系统之间的固定时间延迟。

(4) 广义同步：如果存在连续映射 $h:R^n\rightarrow R^m$，使得对于给定的时间延迟 τ，有 $\lim\limits_{t\rightarrow+\infty}\|h(X(t))-Y(t-\tau)\|=0$，则称混沌系统的两个子系统达到关于映射 h 的广义同步。在混沌同步中，通常称两个耦合系统中的一个为驱动系统，另一个为响应系统。完全同步的结果是驱动系统和响应系统的所有变量都相等。混沌耦合系统实现广义同步后，耦合系统便退化到系统相空间的一个子空间上，此时和完全同步相似，但不像完全同步那样局限在驱动系统上的同步流形。和完全同步一样，响应系统的性质已经由驱动系统决定，失去对初值敏感的混沌特性。判断系统是否达到广义同步的方法有辅助系统法、相互伪近邻法和条件熵法。

2. 混沌控制

实现混沌同步需要通过混沌控制实现。混沌控制包括主动控制方法和被动控制方法。

1)主动控制方法

(1) 反馈控制：该方法通过测量混沌系统的状态变量，并根据预定的控制策略对系统施加控制输入实现同步。反馈控制基于当前系统状态与目标状态之间的误差，通过调节控制输入消除误差并实现同步。

(2) 滑模控制：该方法是一种强非线性控制方法，通过构造一个滑模面，使得系统状态在滑模面上运动，并通过滑模面上的控制律实现同步。这种方法对于系统参数的变化和外部干扰具有较好的鲁棒性。

2) 被动控制方法

(1) 自适应控制：该方法通过在线估计系统参数的变化，并相应地调整控制输入实现同步。这种方法对于系统参数未知或参数变化较大的情况下仍能实现同步。

(2) 共振控制：该方法利用非线性系统的共振特性实现同步。通过对混沌系统施加一个驱动信号，使得两个或多个混沌系统在共振频率上同步。

下面以例子与代码说明混沌同步的原理和实现。此时考虑以下两个洛伦兹系统。

第一个洛伦兹系统的状态方程为

$$\begin{cases}\frac{dx}{dt}=\sigma(y-x)\\\frac{dy}{dt}=x(\rho-z)-y\\\frac{dz}{dt}=xy-\beta z\end{cases} \tag{8-10}$$

第二个洛伦兹系统的状态方程为

$$\begin{cases}\frac{dx'}{dt}=\sigma(y'-x')\\\frac{dy'}{dt}=x'(\rho-z')-y'\\\frac{dz'}{dt}=x'y'-\beta z'\end{cases} \tag{8-11}$$

要实现两个洛伦兹系统的同步，可以采用反馈控制方法。首先，测量第一个系统的状态变量(x,y,z)，并通过控制律计算出控制输入(u_x,u_y,u_z)；然后，将这些控制输入应用于第二个系统，即将其状态方程中的(u_x,u_y,u_z)替换成对应的值。这样，第二个系统就会被控制，以与第一个系统保持同步。

下面是一个简单的混沌同步模拟代码，使用的是 Logistic Map 这一经典的混沌系统。

```
import numpy as np
import matplotlib.pyplot as plt

#设置支持中文的字体
plt.rcParams['font.sans-serif'] =['SimHei']          #使用黑体字体显示中文
plt.rcParams['axes.unicode_minus'] =False            #解决坐标轴负号显示问题

#Logistic Map 方程
def logistic_map(x, r):
    return r * x * (1 -x)

#初始化参数
r =3.8                                               #控制参数
x0 =0.2                                              #初始条件
#初始化两个混沌系统
x1, x2 =x0, x0 +0.05                                 #增大初始差异
#模拟演化
num_steps =500
alpha =0.2                                           #增大耦合强度
xs1, xs2 =[x1], [x2]
differences =[abs(x1 -x2)]                           #记录两个系统差异

for _ in range(num_steps):
    x1 =logistic_map(x1, r)
    x2 =logistic_map(x2, r) +alpha * (x1 -x2)        #耦合项
    xs1.append(x1)
    xs2.append(x2)
    differences.append(abs(x1 -x2))                  #记录差异

#绘制混沌同步
```

```
plt.figure(figsize=(12, 8))

#绘制两个系统的演化轨迹
plt.subplot(2, 1, 1)
plt.plot(xs1, label='系统 1', color='b')
plt.plot(xs2, label='系统 2', color='r', linestyle='--')
plt.title('混沌同步 -两个系统的状态变量')
plt.xlabel('时间步数')
plt.ylabel('状态变量')
plt.legend()

#绘制两个系统的差异
plt.subplot(2, 1, 2)
plt.plot(differences, label='差异 |x1 -x2|', color='g')
plt.title('系统 1 和 系统 2 之间的差异')
plt.xlabel('时间步数')
plt.ylabel('差异')
plt.legend()

plt.tight_layout()
plt.show()
```

程序运行结果如图 8-8 所示。

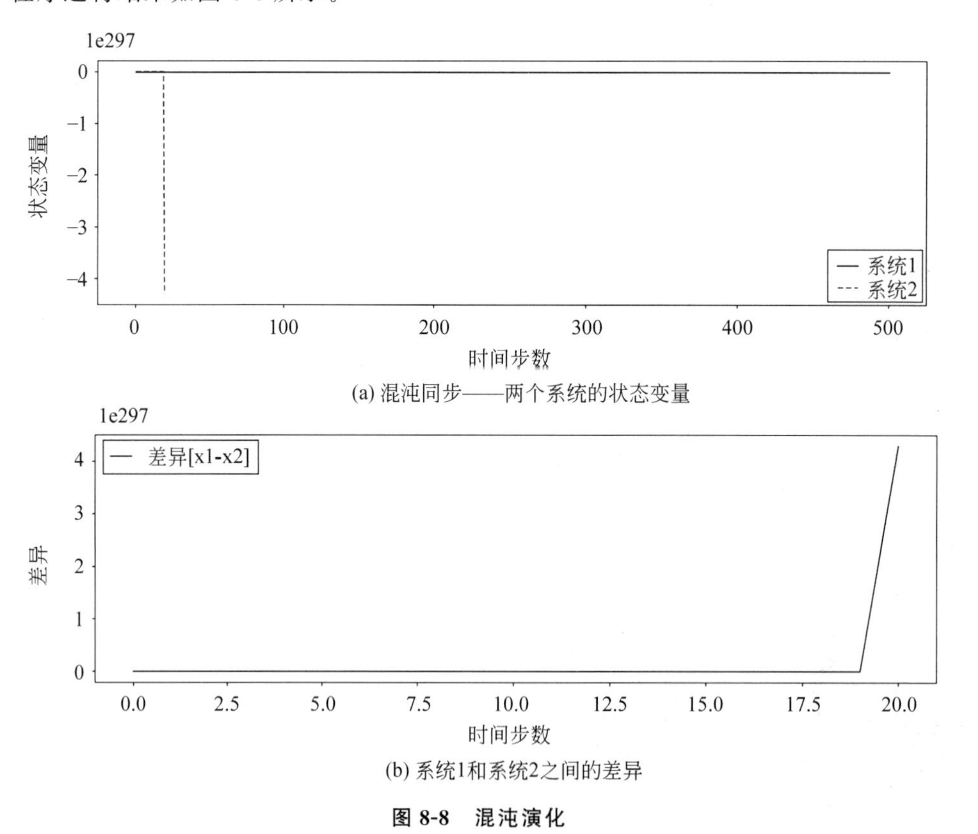

(a) 混沌同步——两个系统的状态变量

(b) 系统1和系统2之间的差异

图 8-8 混沌演化

上述代码使用经典的 Logistic Map 方程描述混沌系统的演化。两个混沌系统通过相互作用实现同步。每个系统的演化由以下方程描述。

$$x_{n+1} = r \times x_n \times (1 - x_n) \tag{8-12}$$

如图 8-8 所示，当 $r=3.8$ 时，系统会进入混沌状态，这意味着系统的演化轨迹在时间推移中变得高度不可预测，且对初始条件极为敏感，这种现象被称为混沌现象，其特点是即便初始条件仅有微小差异，但经过一段时间后，系统的状态将会产生巨大变化。在这段代码中，两个系统的初始状态略有不同，一个系统的初始值为 $x_1=0.2$，另一个为 $x_2=0.25$。虽然这两个系统的最初状态相似，但由于系统处于混沌状态，若无外界干预，则这些微小的初始差异将迅速放大。

8.3.3 混沌理论的应用

混沌理论可以用来模拟和预测经济系统的行为，如股票市场的波动、货币汇率的变化和通货膨胀率等。混沌理论揭示了经济系统中存在的非线性动力学行为，即初始条件的微小变化可能导致结果的巨大差异。因此，混沌理论可以帮助我们更好地理解经济系统的行为和预测其未来的趋势。使用 Logistic 映射模型对金融时间序列进行建模，以捕捉市场的非线性动态，可以帮助分析市场波动、识别趋势和制定投资策略。利用分形几何的原理，分析股票价格图表的自相似性，揭示价格变动的统计性质，有助于更好地理解市场的长期趋势和短期波动。使用混沌理论，研究货币政策的非线性动力学行为，有助于制定更灵活、适应性强的货币政策，以缓解通货膨胀和经济波动。

同样，混沌理论在计算机科学中的应用也非常广泛，如生成加密密钥、图像处理和模式识别等。利用混沌映射生成的伪随机数序列，设计密码学中的混沌加密算法，用于生成安全的加密密钥和保护通信内容。利用混沌同步的原理，设计安全的通信协议。这种方法对于保护信息免受窃听和攻击尤为重要。混沌理论可以用来设计和控制复杂的计算机系统，如电子电路、机械设备和机器人控制系统等。混沌现象还可以用来生成伪随机数，以模拟复杂的系统行为。在机器人领域，使用混沌理论进行轨迹规划，以实现机器人在复杂环境中的自主移动和路径规划。

8.4 混沌映射

复杂网络中的混沌映射是指将混沌系统的动力学映射应用于网络节点之间的耦合关系，从而产生网络的混沌行为。其中，每个节点都可以被看作一个混沌映射的实例，节点之间通过耦合函数进行相互作用。这种相互作用可以是节点之间的直接连接，也可以是通过网络拓扑结构进行的间接传递。通过节点之间的相互作用，网络中的混沌映射可以表现出一系列复杂的行为，包括混沌吸引子、周期轨道、分岔现象等。

混沌行为是指系统对初始条件的微小变化极其敏感，导致系统的演化轨迹呈现不可预测的、随机的、复杂的行为。在复杂网络中，每个节点都有自己的局部映射函数，这些映射函数通常具有非线性项和非线性参数，通过调整参数的值可以改变节点的混沌行为。每个节点的局部映射函数可以是不同的混沌映射模型，如 Logistic 映射、Henon 映射、洛伦兹映射等。

Logistic 映射是一种简单而著名的混沌映射模型，其典型特征是在一定参数范围内产生双周期吸引子，展示了混沌行为。Logistic 映射函数如式(8-13)所示。

$$x_{\{n+1\}} = r \times x_n \times (1 - x_n) \tag{8-13}$$

其中，花括号表示离散时间序列中的特定时刻，如式中的$\{n+1\}$即为$n+1$时刻。其中x_n表示第n个时刻的状态变量；r为非线性参数，控制系统的混沌行为。式(8-13)表示系统在第n个时刻的状态变量x_n通过该映射关系得到第$n+1$个时刻的状态变量$x_{\{n+1\}}$。当参数r取不同的值时，系统的演化轨迹会呈现出不同的行为特点。

Henon映射是一种二维的非线性映射模型，如式(8-14)所示。

$$\begin{cases} x_{\{n+1\}} = 1 - a \times x_n^2 + y_n \\ y_{\{n+1\}} = b \times x_n \end{cases} \tag{8-14}$$

其中，x_n和y_n表示第n个时刻的状态变量，a和b是非线性参数。Henon映射对于一些特定的参数取值，其系统的演化轨迹会呈现分形结构和奇异吸引子的特点。

洛伦兹映射是一种三维的非线性映射模型，用于描述大气对流的运动，如式(8-15)所示。

$$\begin{cases} x_{\{n+1\}} = x_n + \mathrm{d}t \times a(y_n - x_n) \\ y_{\{n+1\}} = y_n + \mathrm{d}t \times (x_n \times (b - z_n) - y_n) \\ z_{\{n+1\}} = z_n + \mathrm{d}t \times (y_n \times x_n - c \times z_n) \end{cases} \tag{8-15}$$

其中，x_n、y_n、z_n表示第n个时刻的状态变量，a、b、c是非线性参数，$\mathrm{d}t$是时间步长。在洛伦兹映射中，当参数取特定的值时，系统会呈现复杂的混沌行为，包括奇异吸引子和初始条件敏感依赖等现象。

在混沌映射中，节点之间的相互作用是通过耦合函数描述的，节点之间的耦合方式取决于具体的模型和系统结构。耦合函数通常是一个非线性函数，定义了节点之间的相互作用规律，描述了节点之间的相互作用方式。这个函数可以是简单的线性关系，如简单的乘法关系，也可以是非线性的映射关系，如指数函数、正弦函数等。耦合函数的形式取决于系统的特性和研究目的。例如，在一维混沌映射模型中，节点之间的耦合可以通过线性或非线性的函数描述。

通过模拟节点之间的相互作用，有助于学习和理解耦合函数。首先需要定义描述节点自身动态行为的局部映射函数。该函数可以是非线性的映射函数，如Logistic映射或Henon映射等，每个节点可以根据自身状态和局部映射更新自己的状态。之后，需要定义耦合函数，描述节点之间的相互作用。最后，根据节点的局部映射函数和耦合函数，逐步更新每个节点的状态。下面用一个简单的案例进行分析。

假设考虑一个简单的混沌映射模型，如Logistic映射。该模型中每个节点的局部映射函数为$f(x)=r\times x\times(1-x)$，其中，$x$是节点的状态，$r$是一个控制参数。节点之间的相互作用通过耦合函数描述。假设选择一个线性的耦合函数，即$g(x_i, x_j)=k\times(x_j - x_i)$，其中，$x_j$和$x_i$分别是节点$j$和节点$i$的状态，$k$是耦合强度。将步骤分解如下。

(1) 初始化节点状态：为每个节点i生成一个初始状态$x_{i(0)}$。

(2) 迭代节点状态：对于每个节点i，根据局部映射函数进行迭代更新节点状态，即$x_{i(t+1)}=f(x_{i(t)})$。

(3) 计算节点之间的相互作用：对于每对节点i和节点j，根据耦合函数计算节点之间的相互作用，$\Delta_x = g(x_i, x_j)$。

(4) 更新节点状态：根据节点之间的相互作用，更新节点状态，即$x_{i(t+1)}=x_{i(t+1)}+\Delta_x$。

重复步骤(2)～(4)，直到达到所需的模拟时间或稳定状态。

在此例中，使用 Logistic 映射作为局部映射函数，线性函数作为耦合函数。通过迭代更新节点状态和计算节点之间的相互作用，可以模拟节点之间的相互作用过程。具体的参数设置和迭代次数取决于具体的研究目的和系统特性。

以下 Python 代码演示了混沌理论中的一维 Logistic 映射，并通过改变参数 r 的取值，展示了不同 r 值下系统的演化过程。该代码中设定了 3 个不同的 r 值：3.8、3.0 和 3.99，并对每个 r 值进行了 1000 次迭代。迭代过程中，每个变量 x_n 都按照 Logistic 映射的规则更新。最终，通过绘制迭代次数与映射值的散点图，展示了每个 r 值下的系统行为。

```
import numpy as np
import matplotlib.pyplot as plt

plt.rcParams['font.sans-serif'] =['Microsoft YaHei']  #使用微软雅黑字体
plt.rcParams['axes.unicode_minus'] =False              #解决负号显示问题

#参数设置
r_values =[3.8, 3.0, 3.99]                             #r 的取值
MaxCycle =1000
N =3
x =np.zeros((MaxCycle, N))
x[0, :] =0.5                                           #初始值

#迭代计算
for cycle in range(MaxCycle -1):
    for i in range(N):
        #一维 Logistic 映射
        x[cycle +1, i] =x[cycle, i] * r_values[i] * (1 -x[cycle, i])

#绘图
y =np.arange(1, MaxCycle +1)

#使用不同形状标记三个 r 值的结果
markers =['o', 's', '^']                               #圆圈, 方块, 三角形

plt.scatter(y, x[:, 0], marker=markers[0], label='r=3.80')
plt.scatter(y, x[:, 1], marker=markers[1], label='r=3.00')
plt.scatter(y, x[:, 2], marker=markers[2], label='r=3.99')

#设置中文标题和标签
plt.title("Logistic 映射")
plt.xlabel("迭代次数(x0=0.5)")
plt.ylabel("Logistic 映射")

#显示图例
plt.legend()

#展示图像
plt.show()
```

通过观察图形可以发现，当 r 值接近 4 时，整体图像呈现一种伪随机分布的特征，类似在区间[0,1]上的均匀分布。而当 r 值处于其他范围时，函数最终会收敛到某个特定的值，呈现混沌系统的特性。这种对不同参数值的敏感性正是混沌系统的重要特征之一。最终的图形通过散点图(见图 8-9)清晰地展示了 Logistic 映射在不同条件下的演化行为。

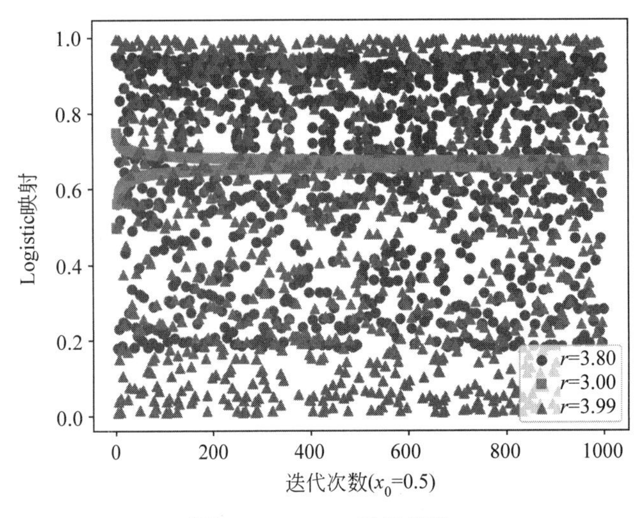

图 8-9 Logistic 映射模拟

8.5 涌现现象

8.5.1 涌现现象的定义

在复杂网络同步与控制中,涌现(Emergence)是指一种系统整体行为或性质的出现,这种行为或性质并不是由系统中个体单独决定的,而是由系统整体的相互作用和动力学演化产生的,即由大量相对简单的单元构成的系统,在单元之间的局部相互作用下,会在整体上出现一些在局部观察不到的新的属性、规律或模式。涌现现象常表现为系统出现新的结构、功能、模式或行为。这些新的特征是通过个体之间的相互作用和反馈机制产生,也就是说,整体不等于简单的部分之和。涌现的性质由于往往无法由其组成部分的性质与规律推导出来,因而具有不可预测性。

1986 年,发生在墨西哥世界杯上的"墨西哥人浪"("La Ola"人浪)现象就是一个典型的涌现现象。球迷在看台上有次序地举手站起再坐下,形成波浪在看台上舞动,不仅让现场观众热血沸腾,也极大程度感染了电视机前的球迷观众。科学家研究发现,人浪以大约每秒 20 个座位的速度以顺时针方向前行。通过用数学模型"激励介质"进行建模,对其趋势做出了准确预测。然而单独研究某个人的动作,无法理解人浪的原因及本质,因为它不是某个指挥者统一指挥行动产生的,而是在场观众自组织行为形成的。

鱼群、鸟群、蚁群的群体运动也同样不存在中央控制机制,但是他们的群体行动却能表现出惊人的群体智慧,这种群体智慧就是涌现的群体属性,每个个体本身并不具有,也不是个体属性简单叠加可以产生的,它是个体之间的非线性互动合作后涌现出来的群体属性。蚁群活动中蚂蚁通过简单的局部规则相互通信和合作,实现了复杂的任务,如寻找最短路径、资源分配等。虽然单只蚂蚁视力范围非常有限,然而当数以千万计的蚂蚁协作共同行动时,相互传递信息,就会发现最短最优的搬运食物路径,这是任何单只蚂蚁无法实现的,是集体合作的涌现行为。鸟群和鱼群的迁徙也是经典的集体涌现行为现象。每只鸟或鱼只能感知周围的邻居,并通过简单的规则调整自己的运动方向和速度,最终形成整个群体的有序运动。

由此可见，群体的新特性可以从个体之间的互动协作涌现产生。涌现的 3 个必要条件是：网络中存在大量个体节点；有一组简单的适用于网络中个体遵循的规则；并且个体间存在非线性互动关系。

在已有的涌现现象模型和理论中，离散动力学模型和网络动力学模型是较为常用的，下面将以此为基点进行展开。

离散动力学模型通常用于描述系统中个体或节点之间的相互作用和状态变化。这些模型通常基于简单的规则，模拟个体的行为和状态转换。通过模拟大量个体的相互作用，离散动力学模型可以展现出复杂的集体行为和涌现现象。例如，Conway 生命游戏就是一个经典的离散动力学模型，它展示了简单的细胞自动机规则如何产生复杂的模式和结构。

而网络动力学模型用于描述复杂网络中节点之间的相互作用和信息传播。这些模型考虑节点之间的连接结构和信息传递规则，模拟网络中节点的状态变化和相互影响。通过模拟网络的演化和节点之间的交互，网络动力学模型可以揭示涌现现象的发生机制。例如，短程传播模型（Short-range Propagation Model）可以解释信息在社交网络中的快速传播，而优势传播模型（Preferential Propagation Model）可以解释无标度网络中节点的度分布。

这些模型通过简单的规则和假设，模拟了复杂系统中的行为和相互作用。它们可以帮助理解涌现现象的产生机制，预测系统的演化趋势，以及设计和优化系统的性能。通过调整模型参数和网络结构，可以探索不同条件下涌现现象的变化和演化。

通过理解同步和控制系统中的涌现现象，可以设计更有效的同步和控制策略，实现期望的网络行为和性能优化。

8.5.2　涌现现象的应用

涌现现象在复杂网络领域中扮演着关键的角色，它是系统中个体简单规则相互作用的结果，形成了复杂而有序的整体性质。在研究复杂网络的涌现现象时，可以通过一维元胞自动机、Conway 生命游戏、蚂蚁系统等具体案例，深入探讨网络结构和个体行为之间的微妙关系。这些计算模型展示了系统中简单元素的协同作用如何引发复杂而富有结构的全局行为。

（1）一维元胞自动机是一维的方格世界，每个方格代表一个元胞，其颜色只有黑白两种，下一时刻的颜色仅由它左右两侧的元胞颜色决定。Jims Crutchfield 运用遗传算法对所有可能的一维元胞自动机进行搜索，通过不断进化，系统能够完成对初始黑白元胞的比例（密度）进行分类的任务。

（2）Conway 提出的二维细胞自动机把平面分割成很多方格，每个方格都代表有“生”或“死”两种状态之一的一个细胞。Conway 生命游戏用于模拟细胞生存进化，在细胞的基础上，加入存活、死亡、繁殖的数学规则集合，根据初始方案的不同，细胞会在整个游戏过程中形成各种图案。

（3）蚂蚁群体觅食行为的涌现计算不同于蚁群算法，它是在二维空间抽象一个蚂蚁群体觅食虚拟环境（巢穴、食物源、蚂蚁、障碍物）。蚂蚁通过信息素在它们之间以及它们与环境之间进行信息交互，按照制定的觅食行为、避障和播撒信息素规则进行觅食，最终在环境中涌现出从蚁穴到食物源的一条最短路径。

（4）Autolife 是由一群完成自主决策的数字生命体 Agent 组成的复杂适应系统。

Autolife 生命体具有自繁殖能力，具有适应性的组织自构建、自修复能力。Autolife 通过能量资源隐性地、自发地实现自然选择。将 Autolife 和环境耦合在一起就能构成图灵机模型，具有作为隐喻构造某种涌现计算的潜在能力。

通过如下代码实现一维元胞自动机的模拟，并通过 Matplotlib 库绘制其演化过程。元胞自动机的运行规则由所选的规则集定义，其中最经典的是 Wolfram 规则集。在 Wolfram 规则集中，一维元胞自动机的演化规则基于局部邻居状态的组合，决定每个元胞在下一个时刻的状态。这个规则集中的规则共有 256 种，每种规则对应一个 8 位二进制数。对于一维元胞自动机，每个元胞的状态由其本身及左、中、右邻居的状态决定。Wolfram 规则集将每种可能的邻居状态组合映射到该组合下元胞的下一个状态(0 或 1)。例如，对于规则号 110，它的二进制表示是 01101110，表示当邻居状态组合为 000、001、010、011、101、110、111 时，元胞的下一个状态分别为 0、1、1、1、0、1、0。通过这种方式，一维元胞自动机按照所选规则集，根据每个元胞及其邻居的状态演化，从而产生复杂的图案和涌现现象。

代码实现由一维排列的单元格组成的计算模型，每个单元格可以处于两种状态(一般为 0 和 1)，并通过预定义的规则进行演化。在这里，使用规则号 110，初始状态是一个长度为 101 的数组，其中仅中间的单元格被设置为 1，其余为 0。

代码中的 elementary_cellular_automaton 函数用于计算元胞自动机的演化过程。它接收 3 个参数：规则号(一个介于 0～255 的整数)、初始状态(包含 0 和 1 的数组)和演化的代数。演化过程通过遍历每个代数，根据规则对每个单元格的邻居进行计算，然后根据规则的定义确定新的状态。这个过程迭代进行，产生了演化的序列，保存在 evolution_states 中。plot_cellular_automaton 函数用于绘制演化过程。它使用 plt.imshow 在二维图像中显示演化的状态，其中横轴表示单元格的位置，纵轴表示演化的代数。初始状态在图像的第一行显示为一条纵向的线，随着演化的进行，根据规则的作用，出现了复杂的涌现现象，如图 8-10 所示。

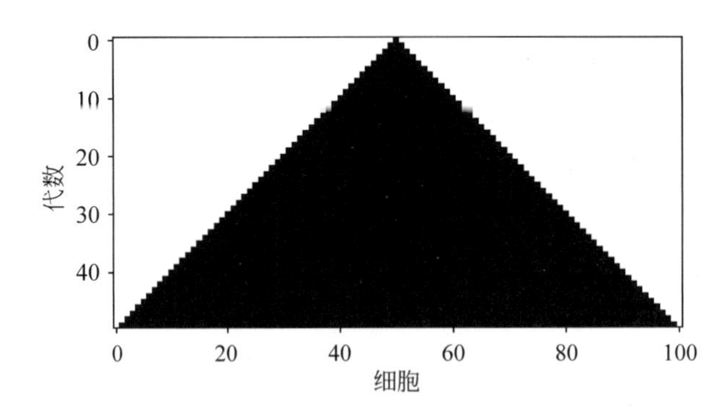

图 8-10　一维元胞自动机的涌现演化

在这里，规则号 110 被选择是因为它展示了元胞自动机中的一种经典的涌现行为，即从简单的初始条件演化出复杂的结构。通过运行这段代码，可以观察到元胞自动机如何根据简单的规则生成复杂的、看似随机的图案，这种现象被称为“涌现”。这种复杂性是由于局部规则的简单重复作用导致的，是元胞自动机和其他涌现现象的核心特征之一。

```
import numpy as np
import matplotlib.pyplot as plt
```

```
plt.rcParams['font.sans-serif'] = ['Microsoft YaHei']  #使用微软雅黑字体
plt.rcParams['axes.unicode_minus'] = False              #解决负号显示问题

def elementary_cellular_automaton(rule, initial_state, generations):
    """
    一维元胞自动机的涌现计算
    :param rule: 元胞自动机的规则(0~255 的整数)
    :param initial_state: 初始状态,一个包含 0 和 1 的数组
    :param generations: 演化的代数
    :return: 演化过程的列表
    """
    states = [initial_state]
    for _ in range(generations - 1):
        new_state = np.zeros(len(initial_state), dtype=int)
        for i in range(1, len(initial_state) - 1):
            neighbors = (initial_state[i - 1], initial_state[i], initial_state[i + 1])
            new_state[i] = (rule >> int(sum(neighbors))) & 1
        initial_state = new_state.copy()
        states.append(new_state)
    return states

def plot_cellular_automaton(states):
    """
    绘制元胞自动机的涌现演化过程
    :param states: 元胞自动机演化过程的列表
    """
    plt.imshow(states, cmap='binary', interpolation='nearest')
    plt.title('一维元胞自动机的涌现演化')
    plt.xlabel('细胞')
    plt.ylabel('代数')
    plt.show()

#设置元胞自动机的规则、初始状态和代数
rule_number = 110
initial_state = np.zeros(101)
initial_state[50] = 1
generations = 50

#计算并绘制涌现演化过程
evolution_states = elementary_cellular_automaton(rule_number, initial_state,
generations)
plot_cellular_automaton(evolution_states)
```

8.6　关键词共现分析

当应用关键词共现分析于文本数据时,往往能够观察到有趣的涌现现象,这些现象有时呈现一种混沌的特性。这种混沌并非负面,反而是信息的一种富有趣味性的表达。

在复杂网络中,关键概念之间的关系和共现往往不是事先规定好的,而是在文本中逐渐浮现。这种涌现现象类似混沌理论中描述的系统对初始条件的高度敏感性,微小的变化可能引发出复杂的、难以预测的结果。

当通过 NLTK 和 NetworkX 库进行关键词共现分析时，实际上是在一张网络中描绘概念之间的链接，这种链接的形成是由文本中词汇的共现关系推导出来的。这种过程就像是在混沌中找到了某种规律，发现了潜在的信息结构，而这种结构往往不是人为设定的。

关键词共现网络的生成是一个动态的、自适应的过程，就如同混沌理论中系统状态的演变。在这个网络中，节点代表关键词，边表示关键词之间的共现关系。有时候，可能会发现一些节点成为网络的枢纽，而这些节点往往是在文本中具有重要性的关键概念。这种涌现的网络结构有助于更好地理解文本的内在结构，以及潜在的主题和关联。

通过关键词共现分析，不仅能在文本中发现隐藏的信息，还能构建一个复杂网络，为信息检索、主题建模等任务提供更有深度和广度的视角。下面的代码示例将演示如何运用 NLTK 和 NetworkX 库，通过实际的例子体现关键词共现分析的过程。

(1) 导入必要的库。

```
import nltk
import networkx as nx
from nltk.corpus import stopwords
from nltk.tokenize import word_tokenize
#下载 NLTK 库的停用词和 punkt 分词器
#使用 nltk.download 函数下载 NLTK 库所需的停用词和分词器数据
nltk.download('stopwords')
nltk.download('punkt')
```

(2) 定义示例英文文本数据。

```
#示例英文文本数据
text_data = [
    "Keyword co-occurrence analysis is an important text mining task.",
    " Co - occurrence analysis can help us understand relationships between
keywords.",
    "Keyword co-occurrence networks can be used for information retrieval and
topic modeling.",
    "Text mining is an interesting research field involving the processing and
analysis of text data."
]
```

text_data 是一个包含 4 个示例文本句子的列表，用于进行关键词共现分析。

(3) 分词和去停用词。

使用 NLTK 库的 word_tokenize 函数将每个文本句子分词，并将单词转换为小写，去除停用词。停用词是指在文本分析中通常忽略的常见单词，如"the""and"等。所有处理后的单词都被添加到名为 corpus 的列表中，以便后续的共现分析。

```
#分词和去停用词
stop_words = set(stopwords.words('english'))
corpus = []
for text in text_data:
    words = word_tokenize(text.lower())  #分词并转换为小写
    words = [word for word in words if word.isalnum()]  #去除非字母数字字符
    words = [word for word in words if word not in stop_words]  #去除停用词
    corpus.extend(words)
```

(4) 构建关键词共现网络。

使用 NetworkX 库创建一个空的无向图 G(Graph 对象)，用于表示关键词之间的共现关系。定义共现窗口大小为 2,表示将考虑每个单词与其相邻的两个单词之间的共现关系。使用两层循环遍历 corpus 中的单词,找到共现的单词对,并在图中添加边,记录它们的共现次数。

```
#构建关键词共现网络
G = nx.Graph()
window_size = 2  #共现窗口大小

for i in range(len(corpus)):
    for j in range(i + 1, min(i + window_size + 1, len(corpus))):
        word1 = corpus[i]
        word2 = corpus[j]
        if not G.has_edge(word1, word2):
            G.add_edge(word1, word2, weight=1)
        else:
            G[word1][word2]['weight'] += (5)结果分析:
```

可视化关键词共现网络,使用 Matplotlib 库进行可视化,将关键词共现网络绘制成一个图形,如图 8-11 所示。使用 Spring Layout 算法排列节点,设置节点的颜色、大小、标签和其他可视化属性。最后,通过 plt.show()显示图形。

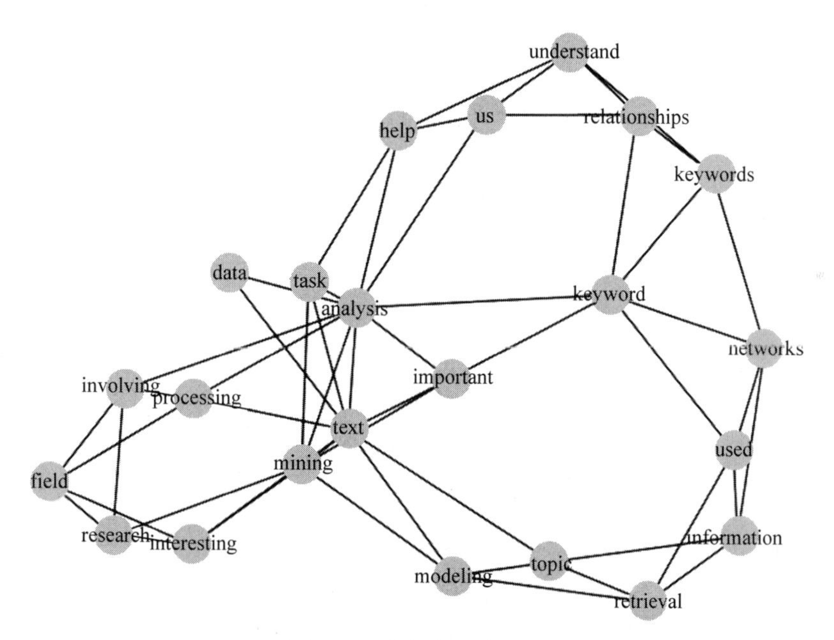

图 8-11　关键词共现网络

```
import matplotlib.pyplot as plt
pos = nx.spring_layout(G, k=0.2)
nx.draw(G,pos,with_labels=True,font_size=8,node_color='lightblue', node_size
=300, font_color='black', font_weight='bold')
plt.show()
```

打印图的节点数和边数,了解网络的规模。

```
print("节点数:", len(G.nodes()))     #节点数: 23
print("边数:", len(G.edges()))       #边数: 53
```

获取节点的度分布,计算每个节点的度(即与该节点相连的边数),并将结果存储在 degree_dict 字典中。

```
degree_dict = dict(G.degree(G.nodes()))
print("节点度分布:", degree_dict)
```

获取中心节点,使用 NetworkX 库的 betweenness_centrality 函数计算节点的介数中心性,以确定网络中的中心节点,并打印介数中心性最高的 5 个节点。

```
centrality = nx.betweenness_centrality(G)
central_nodes = sorted(centrality, key=centrality.get, reverse=True)[:5]
print("中心节点:", central_nodes)
#中心节点: ['analysis', 'keyword', 'text', 'mining', 'topic']
```

8.7 Boid 模型

1987 年,Craig W.Reynolds 构造了一个数学模型来模仿鸟群和鱼群的运动,简称 Boid 模型,描述了一种非常简单的、以面向对象思维模拟群体类行为的方法。

Boid 模型假设每个个体(称为 Boid)都遵循一些简单的规则,以在群体中表现出协调的行为。这些规则包括避免碰撞其他个体、与邻近个体保持一定距离、与邻近个体保持一定的速度和方向一致等,如图 8-12 所示。以下用 Python 代码进行模型演示。

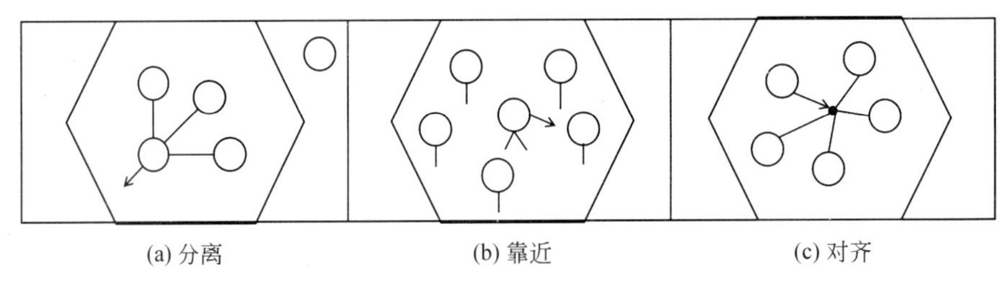

(a) 分离　　(b) 靠近　　(c) 对齐

图 8-12　Boid 核心规则

```
import numpy as np
import matplotlib.pyplot as plt

#Boid 模型参数
num_boids = 50                  #群体中的节点数量
speed_limit = 1.0               #速度限制
neighbor_radius = 10.0          #邻居半径
alignment_factor = 0.01         #邻居对齐因子
cohesion_factor = 0.01          #邻居凝聚因子
separation_factor = 0.05        #避障因子

#创建节点
boids = np.random.rand(num_boids, 2) * 200
velocities = np.random.rand(num_boids, 2) - 0.5

#模拟时间步长
num_steps = 200
for step in range(num_steps):
    #计算每个节点的平均速度和凝聚中心
```

```
    avg_velocity = np.mean(velocities, axis=0)
    center_of_mass = np.mean(boids, axis=0)

    for i in range(num_boids):
        #计算节点与邻居的距离
        distances = np.linalg.norm(boids - boids[i], axis=1)
        neighbors = np.where(distances < neighbor_radius)[0]

        #计算对齐向量
        alignment_vector = np.mean(velocities[neighbors], axis=0)

        #计算凝聚向量
        cohesion_vector = center_of_mass - boids[i]

        #计算避障向量(避免与其他节点过于靠近)
        separation_vector = np.zeros(2)
        for j in neighbors:
            if j != i:
                separation_vector += (boids[i] - boids[j]) / (distances[j] + 1e-5)

        #更新节点速度
        velocities[i] += alignment_factor * alignment_vector
        velocities[i] += cohesion_factor * cohesion_vector
        velocities[i] += separation_factor * separation_vector

        #限制速度
        speed = np.linalg.norm(velocities[i])
        if speed > speed_limit:
            velocities[i] = velocities[i] / speed * speed_limit

        #更新节点位置
        boids[i] += velocities[i]

    #绘制节点位置
    plt.clf()
    plt.scatter(boids[:, 0], boids[:, 1])
    plt.xlim(0, 200)
    plt.ylim(0, 200)
    plt.pause(0.01)
plt.show()
```

这段代码模拟了 Boid 模型中节点之间的相互作用以及节点的行为。例如，节点如何调整自身的速度和位置，以实现对齐、凝聚和避障行为。以下是代码的详细解释。

导入必要的库，这里导入 NumPy 库用于数值计算，导入 Matplotlib 库用于可视化。

```
import numpy as np
import matplotlib.pyplot as plt
```

定义 Boid 模型的参数，这些参数控制模型的行为，包括节点数量、速度限制、邻居半径以及对齐、凝聚和避障因子。

```
boids = np.random.rand(num_boids, 2) * 200
velocities = np.random.rand(num_boids, 2) - 0.5
```

创建节点和速度数组，这里创建一个包含 num_boids 个节点的随机位置矩阵 boids 和随机速度矩阵 velocities。

```
boids = np.random.rand(num_boids, 2) * 200
velocities = np.random.rand(num_boids, 2) - 0.5
```

计算所有节点的平均速度和凝聚中心。

```
avg_velocity = np.mean(velocities, axis=0)
center_of_mass = np.mean(boids, axis=0)
```

遍历每个节点更新它们的速度和位置，计算节点与邻居的距离，对齐、凝聚和避障向量。

alignment_vector：计算邻居节点的平均速度，以实现对齐行为。

cohesion_vector：计算节点朝向凝聚中心的向量，以实现凝聚行为。

separation_vector：计算避免与其他节点过于靠近的向量，以实现避障行为。

```
for i in range(num_boids):
        #计算节点与邻居的距离
        distances = np.linalg.norm(boids - boids[i], axis=1)
        neighbors = np.where(distances < neighbor_radius)[0]

        #计算对齐向量
        alignment_vector = np.mean(velocities[neighbors], axis=0)

        #计算凝聚向量
        cohesion_vector = center_of_mass - boids[i]

        #计算避障向量(避免与其他节点过于靠近)
        separation_vector = np.zeros(2)
        for j in neighbors:
            if j != i:
                separation_vector += (boids[i] - boids[j]) / (distances[j] + 1e-5)
```

更新节点的速度，并对节点速度进行限制，以确保节点不会超过指定的速度限制。

```
#更新节点速度
        velocities[i] += alignment_factor * alignment_vector
        velocities[i] += cohesion_factor * cohesion_vector
        velocities[i] += separation_factor * separation_vector

        #限制速度
        speed = np.linalg.norm(velocities[i])
        if speed > speed_limit:
            velocities[i] = velocities[i] / speed * speed_limit
```

更新节点位置。

```
boids[i] += velocities[i]
```

以上代码使用 Matplotlib 库绘制节点位置，用于可视化节点的运动和位置，图 8-13 展示了随机初始化节点位置的结果。

在模拟运行中，节点之间会相互作用，以实现对齐、凝聚和避障行为。

图 8-14 展示了迭代到第 50 个时间步(step = 50)时的运行结果。

图 8-15 展示了在运行 200 个时间步(step=200)后的运行结果。

随着时间的推移，可以观察到群体中的节点逐渐形成一种集体的运动模式，这是因为节点根据邻居节点的信息进行了相应的调整。这种模拟可以用来研究群体行为、集体智慧等问题，也可以应用于虚拟环境中的群体行为仿真等领域。

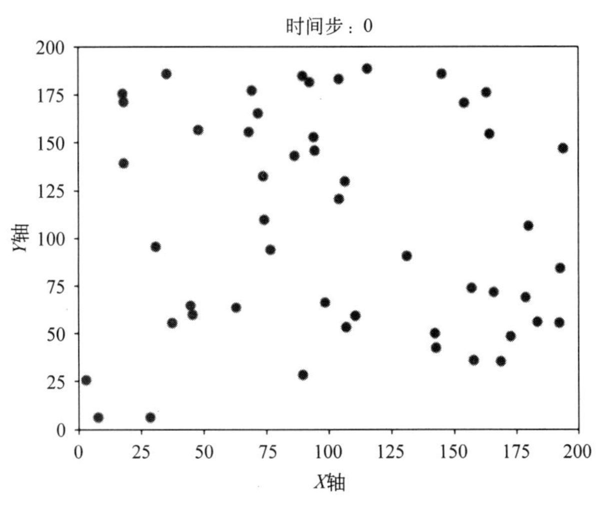

图 8-13　随机初始化节点位置

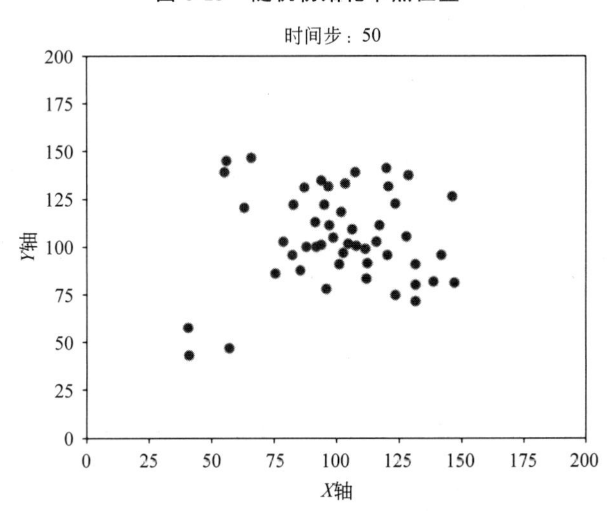

图 8-14　第 50 个时间步时节点位置

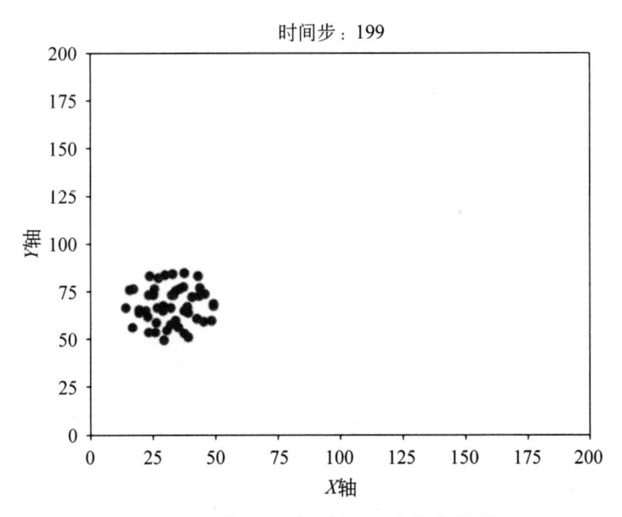

图 8-15　第 200 个时间步时节点位置

8.8 粒子群优化算法

1989 年提出的群体智能(SI)的概念,用于在没有集中控制或提供全局模型的情况下解决问题,主要是优化领域的问题。在此背景下,人工智能框架中存在的许多局限性可能是由于假设智能以个体思维为基础,而忽视了社会性。因此,受鸟类、鱼类、蚂蚁、蜜蜂等社会动物集体行为的启发,群体的概念被引入多智能体分布式智能系统。

粒子群优化(Particle Swarm Optimization,PSO)是一种基于群体智能的优化算法。如图 8-16 所示,其思想源于鸟群觅食这种集体行为,鸟群通过集体的信息共享找到最优的目的地(最优解)。在一个鸟群觅食的场景中,随机在森林中搜索食物,然而每只鸟沿自己判定的方向进行搜索,并在搜索的过程中记录自己曾经找到食物且量最多的位置,同时鸟群之间进行共享,这样鸟群就知道在哪个位置食物的量最多,从而不断调整自己的位置与搜索方向。根据下面的速度式(8-16)与位移式(8-17)进行更新(实际也就是粒子下一步迭代移动的距离和方向,即一个位置向量)。粒子下一步迭代的移动方向=惯性方向+个体最优方向+群体最优方向,如图 8-17 所示。

$$V_{id}^{k+1}=V_{id}^{k}+c_1r_1(p_{id}-x_{id}^{k})+c_2r_2(p_{gd}-X_{id}^{k}) \tag{8-16}$$

$$X_{id}^{k+1}=X_{id}^{k}+V_{id}^{k+1} \tag{8-17}$$

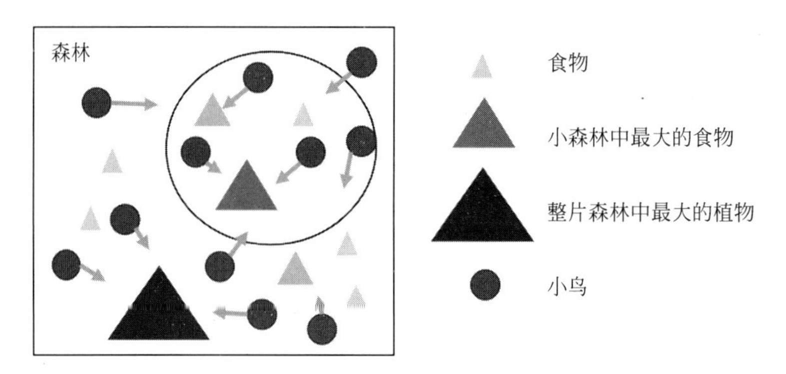

图 8-16 鸟群觅食

图 8-17 粒子移动方向

如表 8-1 所示,假定小鸟为区域中粒子,森林为求解空间,食物的量为目标函数值,每只鸟所处的位置为空间中的一个解,食物量最多的位置为全局最优解。

在粒子群优化中,优化问题的候选解决方案集被定义为粒子群,粒子群可以在参数(搜索)空间中流动,并根据自身和邻近粒子的最佳表现确定轨迹。事实上,与其他受自然启发的算法不同,粒子群优化的进化是基于个体间通过迭代进行的合作与竞争:粒子间的信息流可以局限于局部邻域(部分粒子群优化),也可以扩展到整个粒子群(全局粒子群优化)。

表 8-1 鸟群觅食与粒子群优化算法的对比

鸟群觅食	粒子群优化算法
鸟	粒子
森林	求解空间
食物的量	目标函数值
食物量最多的位置	全局最优解

粒子群优化算法以如下步骤进行。

(1) 随机初始化每个粒子,并且评估每个粒子。

(2) 判断是否达到全局最优。

(3) 若达到全局最优,则结束算法;若未达到全局最优,则不断更新每个粒子的速度和位置。

(4) 更新每个粒子的历史最优位置。

(5) 更新群体的全局最优位置,并进入步骤(2),再次进行判断。

8.8.1 粒子群优化算法的应用

粒子群优化算法在计算机科学和应用数学的许多领域中得到了广泛的应用,如神经网络权重计算、时间序列分析、业务优化等,或者用在全局路径搜索、网络路由规划、寻找复杂函数的最值点等应用。在数据量大、复杂度高、目标函数复杂的情况下,要求解最优值的问题,也可将其作为辅助模型搭配主流模型。

下面通过 Python 代码进行演示。

```
import numpy as np
import matplotlib.pyplot as plt
#定义网络参数
N = 5
A = np.random.rand(N, N)  #随机生成邻接矩阵
f = lambda x:  0.7 * np.sin(x) + 0.7 * np.cos(x)  #节点内部动力学函数
h = lambda x: np.sin(x) * np.cos(x)  #耦合函数

#定义目标函数
def objective_function(x):
    return np.sum((x - np.mean(x)) * * 2)

#粒子群优化算法
def particle_swarm_optimization(objective_function, n_particles = 30, n_iterations=100, inertia=0.5, c1=2.0, c2=2.0):
    n_dimensions = N  #每个粒子的维度等于节点数
    particles_position = np.random.rand(n_particles, n_dimensions) * 10 - 5
    #初始化粒子位置
    particles_velocity = np.random.rand(n_particles, n_dimensions)
    #初始化粒子速度
    personal_best_positions = particles_position.copy()
    personal_best_values = np.zeros(n_particles)

    global_best_position = None
    global_best_value = float('inf')
```

```
    for _ in range(n_iterations):
        for i in range(n_particles):
            current_value = objective_function(particles_position[i])
            personal_best_values[i] = current_value

            if current_value < global_best_value:
                global_best_value = current_value
                global_best_position = particles_position[i].copy()

        for i in range(n_particles):
            r1, r2 = np.random.rand(), np.random.rand()
            particles_velocity[i] = inertia * particles_velocity[i] \
                + c1 * r1 * (personal_best_positions[i] - particles_position[i]) \
                + c2 * r2 * (global_best_position - particles_position[i])
            particles_position[i] += particles_velocity[i]

    return global_best_position

#模拟网络同步与控制
def network_sync_control():
    #初始化节点状态
    initial_state = np.random.rand(N)

    #粒子群优化得到最优控制策略
    optimal_control = particle_swarm_optimization(objective_function)

    #仿真节点状态演化
    time_steps = 200
    states = [initial_state]
    for _ in range(time_steps):
        new_state = np.zeros(N)
        for i in range(N):
            new_state[i] = f(initial_state[i]) + np.sum(A[i, j] * h(initial_
            state[j] - initial_state[i]) for j in range(N)) + optimal_control[i]
        initial_state = new_state
        states.append(initial_state)
    return states

#运行结果
states = network_sync_control()

#打印结果
for i, state in enumerate(states):
    print(f"Time Step {i}: {state}")

#可视化节点状态随时间演变的情况
node_states = np.array(states)
plt.figure(figsize=(10, 5))
for i in range(N):
    plt.plot(node_states[:, i], label=f'Node {i+1}')

plt.xlabel('Time Step')
plt.ylabel('Node State')
plt.legend()
plt.title('Node States Over Time')
plt.show()
```

以下是本节代码示例中定义的网络参数，其中 N 表示网络中的节点数量，$\boldsymbol{A}$ 是随机生成的 5×5 的邻接矩阵，用于描述节点之间的连接关系。$f(x)$和 $h(x)$分别是节点的内部动力学和耦合函数，影响节点的状态演变。

```
#定义网络参数
N = 5
A = np.random.rand(N, N)  #随机生成邻接矩阵
f = lambda x:  0.7 * np.sin(x) + 0.7 * np.cos(x)  #节点内部动力学函数
h = lambda x: np.sin(x) * np.cos(x)  #耦合函数
```

(1) 定义目标函数。

目标函数是粒子群优化算法的关键部分之一。粒子群优化的目标是通过最小化或最大化目标函数找到问题的最优解。

```
def objective_function(x):
    return np.sum((x - np.mean(x))**2)
```

objective_function 函数用于计算节点状态的评估值，目的是在后续的粒子群优化中找到最优的控制策略。

(2) 实现粒子群优化算法。

下面主要在 particle_swarm_optimization 函数中实现粒子群优化算法，函数定义如下所示。

```
Def particle_swarm_optimization(objective_function, n_particles=30, n_
iterations=100, inertia=0.5, c1=2.0, c2=2.0):
```

以下是 particle_swarm_optimization 函数的参数。

- objective_function 即目标函数，也就是需要进行优化的函数。在算法运行过程中，将会用此函数评估粒子的适应度。
- n_particles 表示粒子的数量。
- n_iterations 表示算法运行的总循环次数。
- inertia 为惯性系数，控制粒子移动时保持上一次循环时的速度的比例，默认为 0.5。
- c1 为个体认知系数，用于控制粒子受个体经验影响的程度。
- c2 为群体社会系数，用于控制粒子受全局信息影响的程度。

```
n_dimensions = N  #每个粒子的维度等于节点数
    particles_position = np.random.rand(n_particles, n_dimensions) * 10 - 5
    #初始化粒子位置
    particles_velocity = np.random.rand(n_particles, n_dimensions)
    #初始化粒子速度
    personal_best_positions = particles_position.copy()
    personal_best_values = np.zeros(n_particles)

    global_best_position = None
    global_best_value = float('inf')
```

以上这段代码是粒子群优化算法的初始化部分。

- n_dimensions 表示每个粒子在解空间中的维度，通常对应问题的自变量数量。
- particles_position 表示初始化的粒子的位置。
- np.random.rand(n_particles, n_dimensions)函数定义了一个形状为(n_particles, n_

dimensions)的随机数组,数组元素的值在0～1,随后通过运算将数组的值缩放到－5～5。

- particles_velocity 表示粒子速度,也是一个形状为(n_particles,n_dimensions)的随机数组,数组元素的值在0～1。
- personal_best_positions 数组的每个元素记录粒子在搜索过程中的最佳位置。personal_best_values 数组的每个元素对应粒子群中每个粒子的个体最优值,这个值反映了粒子在搜索过程中达到的最佳状态,也就是在目标函数上的表现。粒子在迭代过程中会不断地尝试更新自身的最优位置和最优值,以使其更加接近最优解。当粒子的位置更新导致其在目标函数上的适应度值变得更好时,它会更新自己的个体最优位置和最优值。
- global_best_position、global_best_value 分别用来记录算法运行时的全局最优位置和全局最优值。

```
for _ in range(n_iterations):
    for i in range(n_particles):
        current_value = objective_function(particles_position[i])
        personal_best_values[i] = current_value

        if current_value < global_best_value:
            global_best_value = current_value
            global_best_position = particles_position[i].copy()

    for i in range(n_particles):
        r1, r2 = np.random.rand(), np.random.rand()
        particles_velocity[i] = inertia * particles_velocity[i] \
            + c1 * r1 * (personal_best_positions[i] - particles_position[i]) \
            + c2 * r2 * (global_best_position - particles_position[i])
        particles_position[i] += particles_velocity[i]
```

上面一段代码是粒子群优化算法的运行部分,第一个循环中的最外层循环控制粒子群优化算法的迭代次数,也就是进行优化搜索的总轮数。内层循环遍历粒子群中的每一个粒子,调用目标函数 objective_function 计算其当前位置的适应度值(目标函数值),将计算得到的目标函数值更新到 personal_best_values 数组中,以记录每个粒子在其搜索历史中取得的最佳状态。第二个循环用于更新例子的速度和位置,$r1$ 和 $r2$ 是0～1的随机数,用于引入随机性。

具体的更新代码如下。

```
new_velocity = inertia * old_velocity
             + c1 * r1 * (personal_best_position - current_position)
             + c2 * r2 * (global_best_position - current_position)
```

速度更新公式综合了以下3个因素。

- 惯性项:参考粒子之前的速度,使其在搜索空间中保持一定的“惯性”。
- 个体认知项:$c1$ 为个体认知系数,根据个体历史经验调整速度,使粒子朝个体最优位置的方向前进。
- 群体社会项:$c2$ 为历史认知系数,根据全局历史经验调整速度,使粒子朝全局最优位置的方向前进。

最后，根据新的速度更新粒子的位置。

(3)网络同步与控制模拟。

```
def network_sync_control():
#初始化节点状态
initial_state = np.random.rand(N)

#粒子群优化得到最优控制策略
optimal_control = particle_swarm_optimization(objective_function)

#仿真节点状态演化
time_steps = 200
states = [initial_state]
for _ in range(time_steps):
    new_state = np.zeros(N)
    for i in range(N):
        new_state[i] = f(initial_state[i]) + np.sum(A[i, j] * h(initial_state[j]
- initial_state[i]) for j in range(N)) + optimal_control[i]
    initial_state = new_state
    states.append(initial_state)

return states
```

network_sync_control 函数用于网络同步和控制，initial_state 数组为随机生成的长度为 N 的一维数组，表示节点的初始状态，即节点的初始值。这段代码实现了一个基于粒子群优化的网络同步控制算法，首先初始化节点值，再通过粒子群优化算法得到一个最优的控制策略，最后对节点状态进行模拟演化，记录节点状态随时间的变化。

(4) 结果的打印与可视化。

```
#运行结果
states = network_sync_control()

#打印结果
for i, state in enumerate(states):
    print(f"Time Step {i}: {state}")

#可视化节点状态随时间演变的情况
node_states = np.array(states)
plt.figure(figsize=(10, 5))
for i in range(N):
    plt.plot(node_states[:, i], label=f'Node {i+1}')

plt.xlabel('Time Step')
plt.ylabel('Node State')
plt.legend()
plt.title('Node States Over Time')
plt.show()
```

这段代码用于打印网络同步控制模拟的结果(见图 8-18)，可视化节点状态随时间的变化情况。

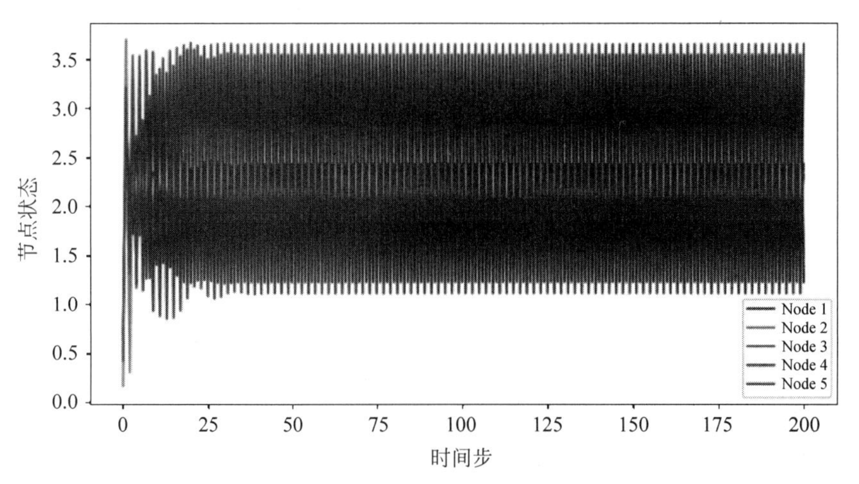

图 8-18 可视化节点状态随时间变化情况

8.8.2 混沌粒子群优化算法

混沌粒子群优化算法是一种基于粒子群优化算法和混沌理论结合的优化算法，常用于复杂网络同步与控制中的参数优化和最优化问题。该算法结合了粒子群优化算法的全局搜索能力以及混沌系统的随机性和无序性，可以提高搜索过程的收敛速度和搜索质量。

混沌粒子群优化算法的基本思想是在粒子群优化算法中引入混沌序列，增加搜索的多样性和随机性。具体而言，该算法在每次迭代过程中，通过使用混沌序列调整粒子的位置和速度，以增加搜索空间的探索范围和可能性。

如式(8-18)所示，混沌粒子群算法进行对惯性权重的改进。惯性权重 ω 表示上一代粒子的速度对当代粒子的速度的影响，或者说粒子对当前自身运动状态的信任程度，粒子依据自身的速度进行惯性运动。惯性权重使粒子保持运动的惯性和搜索扩展空间的趋势。ω 值越大，探索新区域的能力越强，全局寻优能力越强，但是局部寻优能力越弱。在解决实际优化问题时，往往希望先采用全局搜索，使搜索空间快速收敛于某一区域，然后采用局部精细搜索以获得高精度的解。因此提出自适应调整的策略，即随着迭代的进行，线性地减小 ω 的值。

$$\omega^k = \omega_{\max} - \frac{\omega_{\max} - \omega_{\min}}{K} \times k \tag{8-18}$$

在混沌粒子群优化算法中，通过引入混沌映射或混沌函数生成混沌序列，如 Logistic 映射、Tent 映射、洛伦兹映射等。这些混沌序列可以用来调整粒子的速度和位置更新公式，从而增加搜索的随机性和多样性。

通过引入混沌序列，混沌粒子群优化算法可以更好地摆脱局部最优解，增加全局搜索的能力，并加速算法的收敛速度。这对于复杂网络同步与控制中的问题求解是非常有益的。

需要注意的是，混沌粒子群优化算法的性能很大程度上依赖混沌序列的选择和参数的设置。合适的混沌映射或混沌函数以及对应的参数选择，可以提高算法的搜索效果。因此，在使用混沌粒子群优化算法时，需要对其参数进行仔细调试和优化，同时结合具体问题的特点进行适当改进。

8.9　人工萤火虫群优化算法

人工萤火虫群优化算法是一种启发式优化算法，受到萤火虫群体行为的启发。在这个算法中，萤火虫通过发光吸引其他萤火虫，距离近的萤火虫会感受到更强的吸引力。通过模拟这种行为，人工萤火虫群优化算法寻找一个在搜索空间中的最优解。

类似 8.8 节的粒子群优化算法代码，下面定义 firefly_algorithm 函数替代 particle_swarm_optimization 函数，实现人工萤火虫群优化算法。

```
def firefly_algorithm(objective_function, n_fireflies=30, n_iterations=100,
alpha=1.0, beta=0.2, gamma=1.0):
    n_dimensions = N  #每个萤火虫的维度等于节点数
    fireflies_position = np.random.rand(n_fireflies, n_dimensions) * 10 - 5
    #初始化萤火虫位置
    global_best_position = None
    global_best_value = float('inf')
    for _ in range(n_iterations):
        for i in range(n_fireflies):
            for j in range(n_fireflies):
                if objective_function(fireflies_position[j]) < objective_
                function(fireflies_position[i]):
                    attractiveness = np.exp(-gamma * np.linalg.norm(fireflies_
                    position[i] - fireflies_position[j]))
                    fireflies_position[i] += alpha * attractiveness * (
                            fireflies_position[j] - fireflies_position[i]) +
                            beta * np.random.randn(n_dimensions)
        for i in range(n_fireflies):
            current_value = objective_function(fireflies_position[i])
            if current_value < global_best_value:
                global_best_value = current_value
                global_best_position = fireflies_position[i].copy()
    return global_best_position
```

函数定义如下。

```
def firefly_algorithm(objective_function, n_fireflies=30, n_iterations=100,
alpha=1.0, beta=0.2, gamma=1.0):
```

- objective_function：是一个用于评估解的目标函数。在优化问题中，试图找到最小化或最大化这个函数的输入值。
- n_fireflies：萤火虫的数量，默认为 30。
- n_iterations：算法的迭代次数，默认为 100。每次迭代中，萤火虫会在搜索空间内移动。
- alpha：控制吸引力的参数，默认为 1.0。
- beta：控制随机扰动的参数，默认为 0.2。
- gamma：控制吸引力的参数，默认为 1.0。

随机初始化萤火虫位置。

```
n_dimensions = N
fireflies_position = np.random.rand(n_fireflies, n_dimensions) * 10 - 5
#初始化萤火虫位置
```

- n_dimensions 被设置为节点数 N。它代表问题的维度，用于指示每个萤火虫的位置具有多少个维度。

- fireflies_position 为初始化的萤火虫的位置。生成一个形状为(n_fireflies, n_dimensions)的随机数组，然后将取值范围调整到[−5,5]。

开始循环。

```
for _ in range(n_iterations):
    for i in range(n_fireflies):
        for j in range(n_fireflies):
            if objective_function(fireflies_position[j]) < objective_function
            (fireflies_position[i]):
                attractiveness = np.exp(-gamma * np.linalg.norm(fireflies_
                position[i] - fireflies_position[j]))
               fireflies_position[i] += alpha * attractiveness * (
                         fireflies_position[j] - fireflies_position[i]) +
                         beta * np.random.randn(n_dimensions)
```

最外层循环控制优化算法迭代的次数，第二层循环遍历所有萤火虫，在最内层循环中，检查第 j 个萤火虫的位置是否比第 i 个萤火虫的位置更优。基于两个萤火虫的位置之间的欧式距离计算萤火虫之间的吸引力，距离越近，吸引力越大。

更新萤火虫位置。

```
for i in range(n_fireflies):
            current_value = objective_function(fireflies_position[i])

            if current_value < global_best_value:
                global_best_value = current_value
                global_best_position = fireflies_position[i].copy()
```

在这段代码中，最外层循环遍历所有萤火虫，计算当前萤火虫位置的目标函数值，如果当前萤火虫位置的目标函数值比全局最优值更小(表示更优)，则更新全局最优值和对应的位置，函数最终返回找到的全局最优位置。

网络同步与控制模拟。

```
#模拟网络同步与控制
def network_sync_control():
    #初始化节点状态
    initial_state = np.random.rand(N)

    #人工萤火虫群优化得到最优控制策略
    optimal_control = firefly_algorithm(objective_function)

    #仿真节点状态演化
    time_steps = 200
    states = [initial_state]
    for _ in range(time_steps):
        new_state = np.zeros(N)
        for i in range(N):
            new_state[i] = f(initial_state[i]) + np.sum(
                A[i, j] * h(initial_state[j] - initial_state[i]) for j in range
                (N)) + optimal_control[i]
        initial_state = new_state
        states.append(initial_state)

    return states
```

结果打印与可视化。

```
#运行结果
states = network_sync_control()

#打印结果
for i, state in enumerate(states):
    print(f"时间步 {i}: {state}")

#可视化节点状态随时间演变的情况
node_states = np.array(states)
plt.figure(figsize=(10, 5))
for i in range(N):
plt.plot(node_states[:, i], label=f'Node {i + 1}')

plt.xlabel('Time step')
plt.ylabel('Node status')
plt.legend()
plt.title('Node States Over Time')

#保存图片到本地
plt.savefig('node_states_over_time.png')
plt.show()
```

可视化结果如图 8-19 所示。

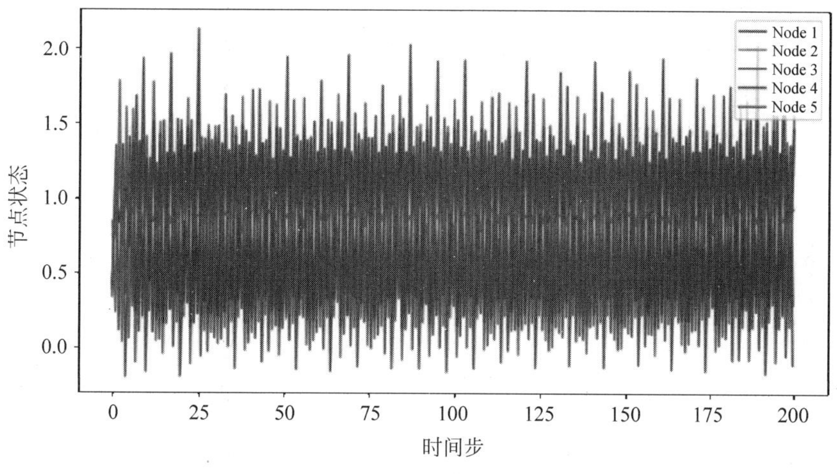

图 8-19　萤火虫节点随时间变化情况

由于初始位置是随机生成的结果，代码中有随机扰动的引入，所以每次算法每次运行结果会有差异。

习题 8

一、选择题

1. 什么是同步现象？(　　)

A. 单一系统内部的随机变化　　B. 多个系统按照相同的节奏变化

C. 网络节点的失效　　D. 多个系统的完全独立运行

2. 混沌系统同步是否意味着系统变得完全可预测？(　　)

A. 是的，同步使系统高度可预测　　B. 不是，同步仅表示部分有序

C. 不同步才能使系统可预测　　D. 混沌系统无法同步

3. 生活中的一个同步现象是什么？（　　）

A. 太阳系中行星的运动　　B. 人类心脏的跳动

C. 路口的交通流动　　D. 打乒乓球时的击打力度

4. 在以下哪种情况下更容易发生网络同步？（　　）

A. 节点之间耦合强度低　　B. 节点之间耦合强度高

C. 节点度数越低越好　　D. 网络中节点数量少

5. 什么是同步的稳定性？（　　）

A. 同步发生的频率　　B. 同步维持的时间长短

C. 同步的强度　　D. 节点度数的平均值

6. 复杂网络的分形理论主要关注（　　）。

A. 网络节点的度分布　　B. 网络的层次结构

C. 节点之间的连接模式　　D. 网络的直径

7. 分形维数用来描述什么特性？（　　）

A. 网络中节点的数量　　B. 网络结构的复杂性和层次性

C. 节点的度分布　　D. 网络中的最短路径

8. 复杂网络的分形特性意味着（　　）。

A. 网络的结构在不同尺度上都呈现相似性

B. 网络的结构具有明显的中心性

C. 网络的直径较大

D. 节点的度分布呈指数分布

9. 分形维数越高表示（　　）。

A. 网络越简单　　B. 网络结构越复杂

C. 网络中的节点越少　　D. 节点的度分布越均匀

10. 混沌理论主要关注系统的（　　）。

A. 稳定性　　B. 可预测性　　C. 随机性　　D. 周期性

11. Kaneko 模型是一种基于什么原理的混沌网络模型？（　　）

A. 随机连接　　B. 局部规则和全局耦合

C. Small-World 模型　　D. 高度稳定性

12. CML 模型中的节点之间的耦合是通过什么实现的？（　　）

A. 随机连接　　B. 固定连接　　C. 反馈连接　　D. 中心连接

13. 混沌同步指什么？（　　）

A. 系统进入周期运动

B. 系统的状态变得高度不可预测

C. 多个系统的状态相互影响并趋于一致

D. 系统的稳定状态被打破

14. 混沌控制的基本思想通过什么手段调节系统状态？（　　）

A. 随机扰动　　B. 负反馈控制　　C. 固定连接　　D. 高度耦合

15. 混沌同步的实际应用之一是什么？（　　）

A. 信息加密　　B. 财务建模

C. 电力系统稳定性控制　　D. 以上都是

16. 洛伦兹映射用来描述什么类型的系统？（　　）

A. Logistic 映射　　B. Henon 映射

C. 混沌系统的连续时间演化　　D. 混沌系统的离散时间演化

17. Logistic 映射的典型特征是（　　）。

A. 分形维数为 2　　B. 双周期吸引子

C. 突变的系统状态　　D. Logistic 映射没有混沌行为

18. 粒子群优化算法的灵感来源于（　　）。

A. 生物进化　　B. 社会行为观察　　C. 物理运动　　D. 以上都是

19. 在粒子群优化算法中，粒子的位置表示（　　）。

A. 目标函数值　　B. 速度

C. 最优解　　D. 参数空间中的一个解

20. 粒子群优化算法中，局部最优和全局最优的区别是（　　）。

A. 局部最优是整个搜索空间中的最优解，全局最优是局部搜索空间中的最优解

B. 局部最优是当前粒子所在区域的最优解，全局最优是整个粒子群的最优解

C. 没有区别，两者是同义词

D. 局部最优是最终找到的最优解，全局最优是中间过程中的最优解

21. 粒子群优化算法中的惯性权重的作用是（　　）。

A. 控制粒子速度　　B. 控制粒子的搜索范围

C. 控制局部搜索　　D. 以上都是

22. 在粒子群优化算法中，何时更新粒子的最优位置？（　　）

A. 当粒子的当前位置更优时　　B. 当粒子的新位置更优时

C. 当局部最优位置更新时　　D. 当全局最优位置更新时

23. 粒子群优化算法是否适用于解决离散问题？（　　）

A. 是　　B. 否

24. 粒子群优化算法的收敛性与什么因素有关？（　　）

A. 粒子数量　　B. 惯性权重　　C. 目标函数形式　　D. 以上都是

25. 在粒子群优化算法中，何时终止迭代过程通常取决于（　　）。

A. 预定的迭代次数　　B. 粒子群的性能指标

C. 目标函数值的变化趋势　　D. 以上都可能

二、简答题

1. 混沌同步的基本原理是什么？请提供一个实际案例进行说明。
2. 简述 Kaneko 模型的基本原理和模拟过程。
3. 混沌控制中负反馈控制的作用是什么？
4. 什么是混沌映射？简要描述 Logistic 映射、Henon 映射和洛伦兹映射的特点。
5. CML 模型中的局部规则和全局耦合如何影响网络的混沌行为？
6. 解释粒子群优化算法中粒子的速度和位置更新过程。
7. 详细描述粒子群优化算法的收敛性及其影响因素。
8. 讨论粒子群优化算法在解决高维问题时可能面临的挑战。

第 9 章 复杂网络的鲁棒性

在我国，网络安全被视为国家安全的重要组成部分，习近平总书记于 2014 年 2 月 27 日在中央网络安全和信息化领导小组第一次会议上的讲话表示"没有网络安全就没有国家安全，没有信息化就没有现代化。建设网络强国，要有自己的技术，有过硬的技术；要有丰富全面的信息服务，繁荣发展的网络文化；要有良好的信息基础设施，形成实力雄厚的信息经济；要有高素质的网络安全和信息化人才队伍；要积极开展双边、多边的互联网国际交流合作。建设网络强国的战略部署要与'两个一百年'奋斗目标同步推进，向着网络基础设施基本普及、自主创新能力显著增强、信息经济全面发展、网络安全保障有力的目标不断前进"。复杂网络的鲁棒性问题与网络安全直接相关，攻击者可能利用网络的复杂结构找到潜在的漏洞和攻击点，威胁国家的信息基础设施和敏感数据。因此需要通过学习复杂网络的鲁棒性，了解如何强化网络安全防御措施。

9.1 鲁棒性的概念及度量指标

9.1.1 鲁棒性的概念

鲁棒性是指网络在面对外部干扰、攻击或随机故障时保持正常运行的能力。而复杂网络中的鲁棒性旨在理解网络结构和功能之间的关系，并开发具有高鲁棒性的网络设计和管理策略。通过研究网络鲁棒性，从而揭示网络对各种内外因素的响应能力，增强网络的可靠性、稳定性和适应性。如今，鲁棒性广泛应用于信息传播、网络安全与抗攻击以及物流与交通优化等领域。在信息传播方面，通过对网络的鲁棒性进行研究，能够预测和控制信息的传播，识别网络中的脆弱节点，并设计有效的干预测试。在网络安全与抗攻击方面，通过深入研究鲁棒性，可以应对网络攻击引发的功能瘫痪或故障。通过识别网络中的脆弱节点和关键路径，能够设计更加健壮、抗攻击的网络拓扑结构和防御机制。在物流与交通优化领域，通过分析网络中的脆弱节点，能够优化物流路径和交通流量，从而提高系统的鲁棒性与效率。这些应用展示了鲁棒性在不同领域中的重要性，并为设计更可靠、安全、高效的系统提供了有力支持。

如今，在复杂网络鲁棒性的研究中，越来越多的关注点放在动态网络和多层网络。其中，动态网络关注网络结构的演化和节点之间的时空关系，研究网络在不同时间尺度上的鲁棒性。而多层网络研究不同类型网络之间的相互作用与依赖关系，从而综合研究不同网络层面的鲁棒性。此外，随着人工智能、机器学习的发展，通过与复杂网络鲁棒性的结合，可以对网络鲁棒性进行改进、预测、识别。

9.1.2　网络的鲁棒性与抗毁性

网络的鲁棒性与抗毁性是评估网络结构稳定性的关键概念。鲁棒性指网络在随机错误或节点/边的随机删除下的稳定性，而抗毁性则考察网络在面对有目的攻击或有选择性的节点/边删除时的适应能力。鲁棒性关注整体结构在面对随机性事件时保持稳定运行的能力，而抗毁性更侧重网络的快速恢复和维持功能。维持两者之间的平衡对于确保网络在面对各种挑战时能够保持可靠性至关重要。

一个鲁棒性强的网络，即使部分节点或边受到破坏，仍能够保持其结构和功能。鲁棒性的提高使网络能够更好地应对自然灾害、硬件故障或随机性事件。抗毁性考虑网络的适应性和恢复能力，以保障网络的基本功能。

1. 鲁棒性

为确保网络系统在面对各种异常情况、随机干扰或不同形式的攻击时能够保持稳定性和可靠性，关键的策略之一是引入全面的鲁棒性措施，包括有效的错误处理机制、冗余设计和自愈能力等技术手段。通过建立强大的错误处理机制，系统可以及时检测和处理局部故障，防止其扩散为系统范围的问题。冗余设计则通过在关键组件上应用硬件或软件冗余，确保即使某个组件发生故障，系统仍能够继续提供服务。此外，具备自愈能力的网络能够在检测到问题时迅速做出调整和修复，降低故障对整个系统的影响。这种全面的鲁棒性措施使网络不仅能够抵御各种意外事件和恶意行为，而且能够在面对挑战时保持稳定运行，避免因局部故障导致整个系统崩溃的风险。

鲁棒性的重要性不仅体现在网络系统中，在其他领域也具有广泛的应用。例如，在深度学习领域，通过增加数据增强技术可以有效提高模型的鲁棒性。以图像分类任务为例，引入旋转、翻转和缩放等变换能够生成更多多样性的训练样本，使模型更好地适应各种输入情况。这种应用方式突显了鲁棒性在机器学习和人工智能中的关键作用，有助于提升模型对复杂环境的适应能力。

再如，设计一座鲁棒性强的桥梁意味着，该桥能够在地震发生时保持结构完整，不至于坍塌。在这种情况下，工程师可能采用先进的结构设计，使用高强度材料，考虑冗余设计，以及利用智能感知系统监测结构状态。这样一座鲁棒性强的桥梁能够在面对不可预测的自然灾害时保持稳定，为社会提供可靠的基础设施。

因此，鲁棒性的概念不仅适用于计算机科学和技术领域，它在各个工程和设计领域都是一个重要的考虑因素，确保系统、结构或设计在面对各种挑战时都能够保持稳健和可靠。

在实际应用中，对鲁棒性的讨论不仅停留在理论层面，也涉及代码实践。通过引入相关的代码示例，能够更直观地理解和应用鲁棒性的概念。下面通过一个具体的编程案例，探讨如何在代码设计中考虑鲁棒性，以及如何通过技术手段提升系统或模型的稳定性和适应性。

在深度学习中，可以通过增加数据增强技术提高模型的鲁棒性。例如，在图像分类任务中，可以使用旋转、翻转和缩放等变换生成更多的训练样本。

代码示例如下。

```
from keras.preprocessing.image import ImageDataGenerator

#创建图像数据增强生成器
datagen = ImageDataGenerator(rotation_range=40,
width_shift_range=0.2, height_shift_range=0.2, shear_range=0.2, zoom_range=
0.2,
horizontal_flip=True, fill_mode='nearest')
#应用数据增强到训练集
augmented_images = datagen.flow(X_train, y_train)
```

鲁棒性可以通过模型的泛化性能衡量,即在未见过的数据上的表现。泛化误差(generalization error)可以表示为 $E_{\text{generalization}}=E_{\text{training}}+E_{\text{variance}}+E_{\text{bias}}$,其中 E_{training} 代表训练集上的误差,E_{variance} 是模型对于输入变化的敏感性,E_{bias} 是模型的偏差。

2. 抗毁性

抗毁性指的是网络系统在遭受攻击或者灾难性事件后,能够快速、有效地恢复正常运行状态的能力。与鲁棒性不同,抗毁性更强调在灾难性事件后的快速恢复和适应能力。为确保网络系统在面对攻击、灾难性事件时既能够保持鲁棒性,又能够迅速有效地恢复正常运行状态,综合的应对策略是至关重要的。首先,通过实施备份与恢复策略,网络可以定期备份关键数据,并建立有效的恢复计划,以便在数据丢失或损坏时能够快速还原。而分布式系统设计也是一项关键举措,将系统分布在不同地理位置,减小单点故障的风险,提高整体系统的抗毁性。其次,精心制订灾难恢复计划也是至关重要的,以确保在紧急情况下有清晰的操作步骤和明确的责任分工。最后,通过自动化系统监控与管理,利用自动化工具实时监控网络状态,快速检测并响应异常,有助于减少人为介入的时间,提高整体的抗毁性。这种全面的综合策略强调在网络系统设计中同时考虑鲁棒性和抗毁性的重要性,以确保网络在面对各种挑战时都能够稳健运行,并在最短时间内实现快速恢复。

在计算机领域,考虑到网络系统的抗毁性,可以以数据库管理系统为例。在数据库设计中,采用定期备份数据、建立灾难恢复计划以及实施分布式系统架构,可以有效增强数据库系统的抗毁性。当系统遭受攻击、数据损坏或其他灾难性事件时,这些策略可以快速恢复数据库的运行状态,确保数据的完整性和可用性。

而在其他领域中,以城市规划和建设为例。通过采取建筑结构的防灾设计、建设抗震设施、建立紧急疏散计划等措施,城市可以提高对地震、洪水等自然灾害的抵御能力。这样的设计和规划能够确保城市在面临自然灾害时能够更加迅速、有效地进行紧急响应和灾后恢复,保障居民生命安全和城市基础设施的稳固。

这些实例生动展示了抗毁性在计算机和非计算机领域中的关键应用,强调了在面对攻击、自然灾害等灾难性事件时迅速恢复正常运行的重要性。下面通过一些具体的代码示例,深入探讨如何在计算机系统中实现抗毁性,以及如何通过编程技术提高系统的灾后恢复能力。

在网络安全中,可以使用防火墙、入侵检测系统(IDS)和漏洞扫描工具提高系统的抗毁性,代码示例如下。

```
#例子:使用 Python 中的防火墙工具
import iptc
#创建防火墙规则
rule = iptc.Rule()
```

```
rule.in_interface = "eth0"
rule.src = "192.168.1.0/24"
target = rule.create_target("DROP")
#将规则添加到防火墙
chain = iptc.Chain(iptc.Table(iptc.Table.FILTER), "INPUT")
chain.insert_rule(rule)
```

抗毁性可以通过系统的可用性(availability)衡量,即系统在面对攻击或故障时能够维持正常运行的能力。可用性可以表示为 $\text{availability}=\frac{\text{正常运行时间}}{\text{正常运行时间}+\text{停机时间}}$,其中,停机时间是系统由于攻击或故障而无法正常运行的时间。

9.1.3 鲁棒性度量指标

鲁棒性的度量指标可分为 3 种,即基于图论、基于邻接矩阵和基于拉普拉斯矩阵。下面以基于图论的角度讲述鲁棒性的衡量指标。

(1) 二元连通性:一个图是否为连通的,连通则为 1,否则为 0。与网络鲁棒性相关性不大,仅用于判断是否为连通图。

(2) 点连通性:计算使连通图变为非连通图需要移除的最小节点数。当该值变大时,该图更难变成非连通图,即要攻击更多的节点才能使网络失效。

(3) 边连通性:计算使连通图变为非连通图需要移除的最小边数。当该值变大时,该图更难变成非连通图,即要攻击更多的边才能使网络失效。

(4) 直径:图中各点之间最短路径的最大值。当最大值越小,距离较远的顶点经历的路径少,网络耦合强度越高,鲁棒性越好。

(5) 平均距离:点与点之间最短距离的平均值。平均距离越小,图的鲁棒性越好。

(6) 点介数:详细定义请参考第 2 章。高点介数节点的移除可能导致网络的分离或断裂,从而影响信息的传播。因此,高点介数节点的存在可以提高网络的鲁棒性。

(7) 全局群聚系数:详细定义请参考第 2 章。高全局群聚系数有助于保持网络的稳定性。具有高全局群聚性的网络更能抵抗随机节点故障或攻击。

9.2 渗流理论

9.2.1 渗流基本原理

众所周知,移除单一节点对网络完整性的影响是有限的。然而,如果移除网络中的多个节点,就可以把一个网络拆分成多个独立的连通分支。要移除多少个节点,才能把一个网络分解成一些相互独立的连通分支呢?例如,在互联网中,要破坏多少个路由器,才能把互联网分解成相互不能连通的计算机集群(簇)呢?

渗流理论最初是数学和物理领域中研究随机图上簇的性质的一套理论。例如,将一个充满孔隙的石头丢入水中,水流在这些孔隙中可能会随机地表现为通畅与受阻的状态。而我们所关心的是水是否能够流经石头中的某个点?从直觉看,孔隙表现为通畅的概率越大,水流经石头某个中心点的概率就越大。而渗流理论关心的基本问题即孔隙表现为通畅的概率变化时,石头的整体连通性结构是否会发生很大的变化,其中是否会出现一个孔隙表现为通畅概率的临界值,使得连通性结构在临界概率左右呈现根本的不同。将其抽象为数学问题,即建立一个 $n\times n\times n$ 个顶点的三维网格模型,相邻顶点连接的是概率 p,即不连接的概率是 $1-p$,每条边连接与否相互独立。渗流理论的基本问题是,当 n 很大以至于体系可以近似为无限网格时,求至少存在一条贯穿整个格点网络的路径(称为渗流)对应的 p 的范围。p 的下界 p_c 称为渗流阈值。该问题由布罗德本特(Broadbent)和汉默斯利(Hammersley)于 1957 年提出,其后相关问题被广泛研究。

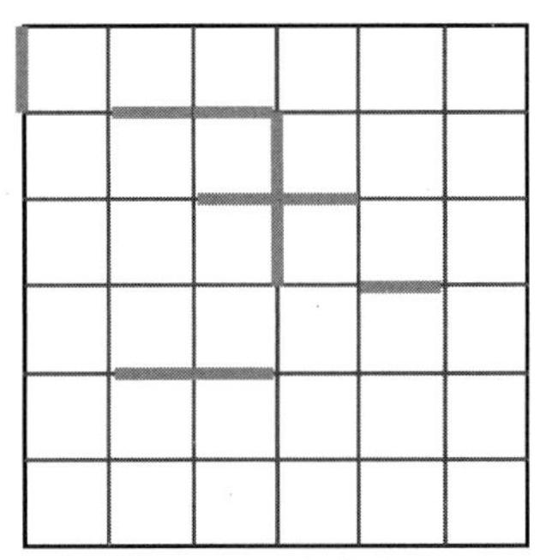
图 9-1 边渗流

如图 9-1 所示,相邻点之间以概率 p 相连(即以概率 $(1-p)$ 不相连),那么至少存在一条上下贯穿整个格点网络的路径对应的 p 值范围是多少?以一维为例,当想要其贯穿整个链条时,那么相邻点必须相连,即链条 $p_c=1$。当以二维为例进行讨论时,可以知道格点有两个路径可以选择,即链条 $p_c=0.5$。同时,衍生出一个反问题,假设给定一个完整的连通格点网络,以概率 $1-p$ 移除每一条边,让液体无法通过。此时可以提出以下两个问题。

(1) 至少存在一条上下贯穿整个格点网络的路径对应的 p 值范围是多少?

为确保至少存在一条上下贯穿整个格点网络的路径,可以考虑使用横切边。横切边是一条横跨整个网络并连接上下边界的边。如果能确保至少存在一条横切边是未被移除的,那么就能确保存在一条路径。每条横切边的移除概率是 $1-p$,因为我们希望边保持不变。在整个网络中,有多条横切边,所以可以通过考虑它们的联合概率找到液体至少能够穿过一条路径的概率。假设有 n 条横切边,那么液体至少能够穿过一条路径的概率为 1 减去所有横切边都被移除的概率,即 $p_{路径存在}=1-(1-p)^n$。在这个表达式中,$1-p$ 是每条横切边未被移除的概率,n 是横切边的数量。因此,至少存在一条上下贯穿整个格点网络的路径对应的 p 值范围为 $0<p\leqslant 1$,即当概率 p 小于或等于 1 时,液体至少存在一条路径贯穿整个格点网络的可能性。

(2) 受攻击后最大连通子簇有多大?

一个网络簇是指网络中的节点和边形成的一个连通的子图。在这种情况下,最大连通子簇是指在受攻击后,剩余网络中节点和边形成的最大连通子图。对于给定的概率 $p_{移除}=1-p$,可以考虑不同的簇是否仍然保持连通。当 $p_{移除}$ 较小时,保持连通的簇可能是整个网络。但随着 $p_{移除}$ 的增加,移除的边会增多,导致网络分成更多的簇。当 $p_{移除}$ 达到某个阈值时,整个网络可能分裂成多个不再连通的子簇。因此,最大连通子簇的大小会随 $p_{移除}$ 的增加而减小。在最坏的情况下,当 $p_{移除}$ 达到某个阈值时,最大连通子簇可能只包含一个节点。这个阈值取决于网络的拓扑结构和边的移除概率。

渗流研究发展的短短几十年,有两位数学家因此获得数学上的最高奖——菲尔兹奖。法国数学家沃纳(Werner)因在随机 Loewner 演化(Schramm-Loewner Evolution,SLE)理论、二维布朗运动的几何理论与共形域理论(即求解二维网格上非匀渗流临界指数的理论方法)等渗流相关问题上的杰出工作,获得 2006 年的菲尔兹奖。沃纳打破了物理与数学的界限,结合概率论与复杂性分析,引入新的思想和概念解释某些相变中的临界现象(如从液体到气体的过渡),做出了突出贡献。沃纳还获得欧洲数学学会奖(2000 年)、费马奖(2003 年)和 Loève 奖(2005 年)等多项国际大奖。2001 年,俄罗斯数学家斯米尔诺夫(Smirnov)证明了三角形网格上临界节点渗流的 Cardy 公式，进而推导出该渗流的共形不变性，并因此获得 2010 年的菲尔兹奖。斯米尔诺夫的工作涉及复杂性分析、动力系统和概率论的交叉。

渗流理论的基础是达西定律和渗流方程。达西定律描述了渗流过程中流体的速度与渗透率、梯度和黏度之间的关系。其单位时间内通过多孔介质的流体体积 Q、渗透率 k、流体流动的截面面积 A、流体压力∇h 之间的关系如式(9-1)所示。

$$Q=-k\times A\times \nabla h \tag{9-1}$$

渗流方程是在达西定律的基础上得出的微分形式的方程，描述了流体在多孔介质中的流动。它的数学表达式如式(9-2)所示。

$$\nabla(k\times \nabla h)=\rho\times g \tag{9-2}$$

其中，∇是梯度算子，k 是渗透率，h 是流体压力，ρ 是流体密度，g 是重力加速度。

下面通过 Python 代码模拟渗流过程。

```
import tkinter as tk
import numpy as np

N = 100  #网格大小
p = 0.6  #渗流概率
grid = np.zeros((N, N))
running = False

def percolate():
    global grid
    grid[0, :] = 1
    for i in range(1, N):
        for j in range(N):
            if grid[i-1, j] == 1:
                if np.random.rand() < p:
                    grid[i, j] = 1

def start():
    global running
    if not running:
        running = True
        update()

def stop():
    global running
    running = False

def reset():
    global grid
    grid = np.zeros((N, N))
    canvas.delete("rect")

def handle_click(event):
    x = event.x //5
    y = event.y //5
    if grid[y, x] == 0:
        grid[y, x] = 1
        x1, y1 = x * 5, y * 5
        x2, y2 = x1 + 5, y1 + 5
        canvas.create_rectangle(x1, y1, x2, y2, fill="blue", tags="rect")

def update():
```

```
        if not running:
            return
        percolate()
        canvas.delete("rect")
        for i in range(N):
            for j in range(N):
                if grid[i, j] == 1:
                    x1, y1 = j * 5, i * 5
                    x2, y2 = x1 + 5, y1 + 5
                    canvas.create_rectangle(x1, y1, x2, y2, fill="blue", tags="rect")
                elif grid[i, j] == -1:
                    x1, y1 = j * 5, i * 5
                    x2, y2 = x1 + 5, y1 + 5
                    canvas.create_rectangle(x1, y1, x2, y2, fill="red", tags="rect")

        root.after(200, update)

    root = tk.Tk()
    canvas = tk.Canvas(root, width=N * 5, height=N * 5)
    canvas.pack()

    canvas.bind("<Button-1>", handle_click)

    start_button = tk.Button(root, text="Start", command=start)
    start_button.pack(side=tk.LEFT)
    stop_button = tk.Button(root, text="Stop", command=stop)
    stop_button.pack(side=tk.LEFT)
    reset_button = tk.Button(root, text="Reset", command=reset)
    reset_button.pack(side=tk.LEFT)

    root.mainloop()
```

这段代码可以通过手动添加渗流点，帮助更加直观地观察渗流的过程。多孔介质由一个网格组成，每个单元格的填充状态(即是否被液体填充)用 0 或 1 表示。定义 percolate 函数，用于模拟液体在网格中的扩散过程。这个函数首先将网格的第一行填充为 1(表示液体)，然后迭代填充其他行和列。在填充过程中，每个单元格被填充为 1 的概率为 p，即渗流概率。图 9-2 展示了渗流过程中某一时刻的状态。

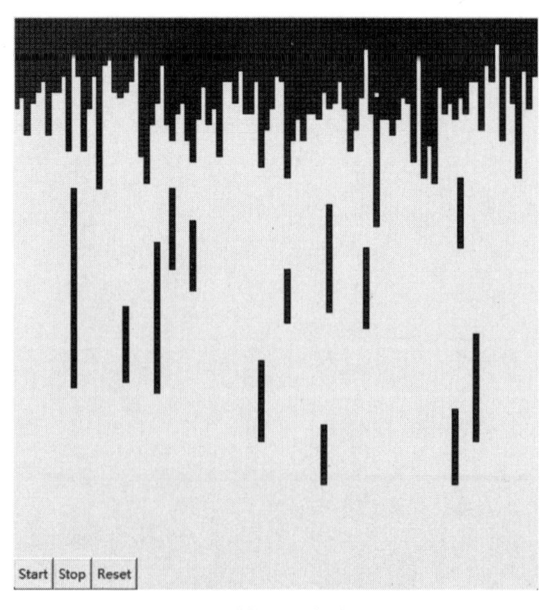

图 9-2　模拟二维渗流图

9.2.2　渗流阈值

渗流阈值是指流体开始在多孔介质中流动的最小压力差。当流体压力差小于渗流阈值时，流体无法通过多孔介质流动。其中，渗流阈值取决于多孔介质的孔隙结构、渗透率以及流体的黏度。在复杂网络中，当传播速率超过该阈值时，信息或病毒会从一个节点迅速传播到整个网络。当然这本质是一个数学概念，代表在给定的随机网络中形成无限簇的概率。它是系统从断开状态转变为连接状态的关键点，通常用符号 p_c 表示，可以用节点的平均度数 k（即与节点相连的平均连接数）与整个网络的平均度数 $\langle k \rangle$ 计算。超过这个点，网络中预期会形成一个无限的连接节点簇。

$$p_c = \frac{k}{\langle k \rangle} \tag{9-3}$$

9.2.3　渗流临界指数

渗流临界指数是描述渗流过程中系统性质变化的指数。在复杂网络中，渗流临界指数可能涉及网络的拓扑结构、节点的连接性等方面。而这个指数通常用来衡量网络的稳定性，以及在何种程度上网络容易受到某一传播现象的影响。较高的渗流临界指数可能表示网络相对稳定，较低的渗流临界指数则可能表示网络更容易受到传播现象的影响。

渗流临界指数是描述多孔介质中渗流特性的一个重要参数，表示渗透率对孔隙度变化的敏感程度。渗流临界指数 $\beta = \frac{\mathrm{d}(\log k)}{\mathrm{d}(\log \theta)}$，通过渗透率 k 与孔隙 θ 计算。在复杂网络中，用渗流临界指数描述渗流过程中网络连通性变化的指数，此时渗透率 k 表示网络中被渗透的节点数，θ 表示传播速率。

9.2.4　小结

渗流理论在信息传播、疾病传播、网络攻击和恢复等领域都有广泛的应用。

在社交网络、互联网和其他信息传播网络中，渗流理论被用来研究消息、观点或信息的传播过程。渗流阈值可用于描述在网络中需要多少比例的节点接受某一信息，以触发整个网络中的信息传播。渗流临界指数则可以衡量网络的稳定性，对于设计更有效的信息传播策略具有重要意义。

在流行病学中，渗流理论被用于建模和分析疾病在人口中的传播过程。渗流阈值可以表示在人群中需要多少比例的个体接种疫苗或采取其他预防措施，以阻止疾病的大规模传播。渗流临界指数可以帮助评估社区的抵抗力，指导疾病控制和预防措施的实施。

在网络安全领域，渗流理论可以用来研究网络遭受攻击时的恢复过程。渗流阈值可以表示网络中的关键节点或边，攻击这些关键部分可能导致整个网络崩溃。通过理解渗流临界指数，可以评估网络对攻击的鲁棒性，进而设计更具抗攻击性的网络拓扑结构。

9.3　随机攻击与蓄意攻击

复杂网络是由大量的节点和边组成的网络结构，它可以用来描述各种自然界和人工系统中的复杂现象，如生物网络、社交网络、交通网络等。随机攻击和蓄意攻击是两种常见的攻击模型，它们分别模拟了网络遭受随机故障或有针对性的破坏的情况。随机攻击是指从网络中随机选择一定比例的节点或边进行删除，而不考虑它们在网络中的重要性。蓄意攻击是指根据某种标准(如节点的度、介数、聚类系数等)从网络中选择最重要或最具影响力的节点或边进行删除。

例如，在网络安全领域，网络攻击方法已经从早期的数据包欺骗、洪泛攻击、垂直扫描等发展到社交攻击，如水平扫描和垃圾邮件，以及最近的网络应用攻击、网络注入攻击、渗透攻击和勒索软件。在社交网络中，垃圾信息检测也是一个重要的问题，例如，NetSpam 框架就利用垃圾邮件特征对评论数据集进行建模，将垃圾邮件检测过程映射为网络中的分类问题。

复杂网络中随机攻击与蓄意攻击层出不穷，研究者针对随机攻击和蓄意攻击的防御策略也在不断探索更多的防御方法。例如，一种名为 FlexIPS 的可扩展网络功能设计和实现，可以实时监控网络状态和网络数据包的传输行为，并实时中断、调整或隔离异常或恶意的网络数据包传输行为。在社交网络垃圾信息检测方面，研究者提出一种基于深度学习的多阶段和弹性检测框架，该框架在移动终端和服务器上分别设置检测系统，并设计一个检测队列，根据该队列，服务器可以在计算资源有限时弹性地检测信息。当有更多的计算资源时，该框架可以用于检测更多的可疑信息。

9.3.1 随机攻击

随机攻击是指选择复杂网络中的节点或边进行攻击。例如，网络流量泛洪(Flooding)是一种常见的随机攻击，攻击者通过发送大量无效的请求或数据包淹没网络，使网络服务变得不可用。这种随机性攻击旨在消耗网络资源，攻击者可能并不关心特定的目标。再如随机病毒传播，病毒程序通过随机感染方式传播，不选择特定的目标。这种随机性使病毒更具传染性，但对特定系统的破坏性相对较小。随机攻击主要包含随机节点攻击与随机边攻击两种方式。

1. 随机节点攻击

在随机节点攻击中，攻击者以随机的方式选择网络中的节点，并将选定的节点从网络中移除。攻击者可能使用不同的随机选择策略，例如纯随机选择或按照节点度进行概率选择。而移除节点可能会导致网络中的一些关键节点丧失，从而对整个网络的结构和性能产生不同程度的影响。这可能导致网络分离、信息传递中断，或者对网络的鲁棒性和连通性产生负面影响。网络设计者可以采取一些策略提高网络对随机节点攻击的鲁棒性，例如，通过设计容错性较强的网络拓扑结构，加强关键节点的保护，或者使用复杂网络的修复机制。

2. 随机边攻击

在随机边攻击中，攻击者以随机的方式选择网络中的边，并将选定的边断开。这可能导致网络分割成多个不连通的部分，破坏网络的整体结构。移除边会影响网络的连通性，使信息传递受阻。较为关键的边可能是网络中的桥梁，连接不同的部分。随机边攻击可能导致网络中断、隔离，降低网络的可用性。类似随机节点攻击，提高网络对随机边攻击的鲁棒性的策略包括采用更为容错的拓扑结构，强化一些重要边的保护，以及实施网络修复和恢复机制。

当应用随机攻击到不同的网络模型时，如小世界网络、无标度网络和 ER 随机图，它们对攻击的响应截然不同。当面对随机攻击时，小世界网络表现出一定的韧性，虽然局部聚类可能受到部分影响，但短平均路径相对保持稳定。然而，无标度网络较为脆弱，攻击度较高的节点可能立即破坏网络的整体连通性。在 ER 随机图中，攻击呈现更为均匀的影响，因为节点度分布相对均匀。这个对比揭示了不同复杂网络结构在应对随机攻击时的独特特性，其中鲁棒性的表现受网络的结构和连接方式的影响。

在面对随机攻击时，网络的鲁棒性成为至关重要的考量。随机攻击可能导致网络节点的断裂和失效，因此，为了维持网络的连通性，需要确定一定数量的控制节点。这个控制节点增量表示在受到随机攻击后，通过标记一些节点为受控制节点，以确保网络的可控性和连通性。随机攻击的强度和网络拓扑结构将在决定所需的控制节点增量上起关键作用。网络控制理论的研究旨在找到最小化控制节点数量的方法，以在随机攻击情境下维持网络的整体控制。这样的研究对于设计具有高鲁棒性的网络架构和防御机制具有重要意义。

9.3.2　蓄意攻击

与随机攻击不同的是，蓄意攻击会选择自认为最有效的攻击对象进行攻击。因此，蓄意攻击产生的效果通常比随机攻击效果更加明显。一般情况下，假设攻击者已经具有一些关于被攻击网络的必要知识，如最大度数节点、最大介数边等，并且该知识会在攻击后对知识进行更新。但是对复杂网络节点和边的把控仍然是困难且复杂的，尤其是对大规模网络，一些单一特征的攻击无法带来持续、有效的破坏。

以铁路网络为例，攻击者可以使用移除节点和移除边这两种主要机制攻击网络。攻击者的目标是选择网络中重要的节点和边（如关键的变电站或电力线路）。为实现这一目标，攻击者通常依赖对节点和边的中心性的度量。任何中心性度量都可以用来生成要删除的前 k 个节点和边的列表。为方便讲解，此处以两个传统度量指标即度中心性和介数中心性为例进行阐述。

1. 基于最大度数的攻击

最大度数攻击是一种有选择性的复杂网络攻击策略，重点在于有针对性地破坏网络中连接最多的核心节点。攻击者通过计算节点的度中心性确定网络中度数最大的节点，然后有目的地移除这些节点，以快速削弱网络的核心结构。相对于随机攻击，最大度数攻击更有可能导致网络的严重破坏，因为它有选择性地瞄准具有更大影响力的核心节点。选择最大度数的节点作为攻击目标是一种直观而简便的方法。然而，实际网络鲁棒性受到多种因素的影响，包括网络结构、节点间关系的复杂性以及其他攻击方法，因此在网络设计和防御中，需要考虑多种攻击方法和相应的防御策略。

2. 基于最大介数的攻击

在复杂网络的鲁棒性研究中，基于边介数的攻击策略通过深入分析网络结构中边的关键性，精准选择具有高边介数的连接作为攻击目标。边介数衡量了每条边对网络中不同节点最短路径的影响程度，因此攻击这些关键边有望迅速削弱网络的鲁棒性。这种攻击方式的优势在于其高效破坏网络结构的特性，针对性地摧毁关键桥梁，有可能导致网络的分裂或中断。攻击者通常在计算边介数、选择攻击目标以及删除或破坏目标边的过程中展开行动，通过精心设计的攻击策略迅速威胁网络的稳定性。这一攻击方法的衍生形式包括多轮攻击，其中攻击者在每一轮中重新评估网络结构，选择新的高介数边进行进一步的破坏，以及与其他攻击策略的结合，形成更为复杂而具有挑战性的攻击手段。

除上述两种类型的攻击外，研究人员还提出基于破坏力的攻击(Damage-based attack)、基于模块的攻击、关键连边攻击策略和层级攻击(Hierarchical attack)。基于破坏力的攻击通过找到破坏程度最大的节点，这类基于破坏程度的攻击，要求攻击者具备更多的攻击对象背景知识。基于模块的攻击旨在攻击具有多社区结构网络中的公共边，从而破坏整体性能。在关键连边攻击策略与层级攻击中，针对其中的连边信息进行收集与攻击。

在蓄意攻击中，不同的复杂网络模型同样存在不同的特性。面对蓄意攻击时，小世界网络可能表现出相对强大的鲁棒性，其短平均路径和局部聚类的特性意味着，攻击者需要有针对性地破坏一些关键的桥梁节点，才能显著影响整体连通性。然而，无标度网络在蓄意攻击下可能更为脆弱，攻击度数较高的节点可能导致网络迅速崩溃，因为这些节点对整个网络的重要性相对较强。相反，对于 ER 随机图，由于其结构的随机性，蓄意攻击可能会相对均匀地分布在整个网络中，不容易集中在某些节点或边上，这或许提高了网络的整体鲁棒性。综合而言，不同复杂网络结构在面对蓄意攻击时呈现明显的差异，这为更深入理解网络鲁棒性和设计防御策略提供关键的参考。

9.3.3 随机攻击与蓄意攻击的代码示例

接下来，针对一个无标度网络进行随机攻击和蓄意攻击，并分析其鲁棒性变化的过程。无标度网络是一类具有幂律分布的复杂网络，它表现出小世界效应和无尺度特征，即在网络中存在少数具有很高度数的节点(称为中心节点或者 hubs)，而大多数节点只有很少的连接。无标度网络可以描述许多真实世界中的复杂系统，如互联网、蛋白质相互作用网络、引文网络等。

下面先给出完整的代码清单，再详细分析具体代码。

```
import networkx as nx
import random
import matplotlib.pyplot as plt
import numpy as np
#创建一个随机图(这里用无标度网络作为示例)
G = nx.barabasi_albert_graph(100, 3)

#随机攻击函数
def random_attack(G, percentage):
    num_nodes = int(len(G.nodes()) * percentage)
    nodes_to_remove = random.sample(G.nodes(), num_nodes)
    G.remove_nodes_from(nodes_to_remove)
    return G

#蓄意攻击函数(移除度中心性最高的节点)
def targeted_attack(G, percentage):
    num_nodes = int(len(G.nodes()) * percentage)
    nodes_to_remove = sorted(G.nodes(), key=lambda x: G.degree(x), reverse=
True)[:num_nodes]
    G.remove_nodes_from(nodes_to_remove)
    return G

#模拟随机攻击
```

```
random_percentages = [0, 0.2, 0.4, 0.6, 0.8]
#存储最大连通子图大小
max_connected_sizes_random = []
max_connected_sizes_targeted = []

#存储各个攻击策略下的平均路径长度
avg_path_lengths_random = []
avg_path_lengths_targeted = []

for random_percentage in random_percentages:
    #print(random_percentage)
    G_after_random_attack = random_attack(G.copy(), random_percentage)
    #计算最大连通子图大小
    max_connected_size_random = len(max(nx.connected_components(G_after_
random_attack), key=len))
    max_connected_sizes_random.append(max_connected_size_random)

    #计算连通子图的平均路径长度
    connected_components = list(nx.connected_components(G_after_random_
attack))
    avg_path_lengths_connected = [nx.average_shortest_path_length(G_after_
random_attack.subgraph(component)) for component in connected_components]

    #如果网络有多个连通子图,则按照各个子图大小加权平均
    if len(connected_components) > 1:
        sizes = [len(component) for component in connected_components]
        total_size = sum(sizes)
        avg_path_length = sum(avg * size / total_size for avg, size in zip(avg_
path_lengths_connected, sizes))
        else:
            avg_path_length = avg_path_lengths_connected[0]

        avg_path_lengths_random.append(avg_path_length)

    pos_random = nx.spring_layout(G_after_random_attack)
    nx.draw(G_after_random_attack, pos=pos_random, with_labels=False, node_
color='skyblue', node_size=100, edge_color='gray', alpha=0.7)
    plt.title("Network After Random Attack")
    plt.show()

#模拟蓄意攻击
targeted_percentages = [0, 0.2, 0.4, 0.6, 0.8]
for targeted_percentage in targeted_percentages:
    #print(targeted_percentage)
    G_after_targeted_attack = targeted_attack(G.copy(), targeted_percentage)

    #计算最大连通子图大小
    max_connected_size_targeted = len(max(nx.connected_components(G_after_
targeted_attack), key=len))
    max_connected_sizes_targeted.append(max_connected_size_targeted)

   #计算连通子图的平均路径长度
    connected_components = list(nx.connected_components(G_after_targeted_
attack))
    avg_path_lengths_connected = [nx.average_shortest_path_length(G_after_
targeted_attack.subgraph(component)) for component in connected_components]
```

```
    #如果网络有多个连通子图,则按照各个子图大小加权平均
    if len(connected_components) > 1:
        sizes = [len(component) for component in connected_components]
        total_size = sum(sizes)
        avg_path_length = sum(avg * size / total_size for avg, size in zip(avg_
path_lengths_connected, sizes))
    else:
        avg_path_length = avg_path_lengths_connected[0]

    avg_path_lengths_targeted.append(avg_path_length)

    pos_random = nx.spring_layout(G_after_targeted_attack)
    nx.draw(G_after_targeted_attack, pos=pos_random, with_labels=False, node_
color='skyblue', node_size=100, edge_color='gray', alpha=0.7)
    plt.title("Network After Target Attack")
    plt.show()
#可视化随机攻击和蓄意攻击下存储最大连通子图大小
plt.figure(figsize=(10, 5))
plt.plot(random_percentages, max_connected_sizes_random, label='Random Attack',
marker='o')
plt.plot(targeted_percentages, max_connected_sizes_targeted, label='Targeted
Attack', marker='o')
plt.xlabel('Attack Percentage')
plt.ylabel('Max Connected Component Size')
plt.title('Max Connected Component Size vs. Attack Percentage')
plt.legend()
plt.show()

#查看攻击后网络的大小
print(f"随机攻击后的网络大小: {len(G_after_random_attack.nodes())} 节点")
print(f"蓄意攻击后的网络大小: {len(G_after_targeted_attack.nodes())} 节点")

#可视化随机攻击和蓄意攻击下的平均路径长度
plt.figure(figsize=(10, 5))
plt.plot(random_percentages, avg_path_lengths_random, label='Random Attack',
marker='o')
plt.plot(targeted_percentages, avg_path_lengths_targeted, label='Targeted
Attack', marker='o')
plt.xlabel('Attack Percentage')
plt.ylabel('Average Shortest Path Length')
plt.title('Average Shortest Path Length')
plt.legend()
plt.show()
```

(1) 导入需要的库,NetworkX 库用于构建和分析复杂网络,Random 库用于生成随机数,matplotlib.pyplot 用于绘制图形,NumPy 库用于数学运算。

```
import networkx as nx
import random
import matplotlib.pyplot as plt
import numpy as np
```

(2) 构建一个无标度网络,网络包括 100 个节点,每个新节点连接到现有网络中的 3 个节点。

```
G = nx.barabasi_albert_graph(100, 3)
```

构建的网络图如图 9-3 所示。

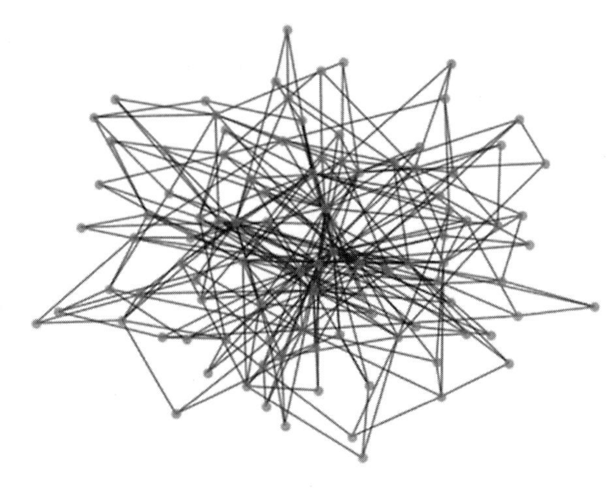

图 9-3　初始化构建网络图

(3) 定义随机攻击函数 random_attack，函数接收两个参数，即网络 G 和攻击的百分比。函数首先计算要移除的节点数量，然后从网络中随机选择这些节点并将其移除，最后返回修改后的网络 G。

```
def random_attack(G, percentage):
    num_nodes = int(len(G.nodes()) * percentage)
    nodes_to_remove = random.sample(G.nodes(), num_nodes)
    G.remove_nodes_from(nodes_to_remove)
return G
```

(4) 定义蓄意攻击函数 targeted_attack，与随机攻击不同，蓄意攻击会移除具有最高度中心性的节点。函数接收两个参数，即网络 G 和攻击的百分比。它首先计算要移除的节点数量，然后按照节点的度中心性从高到低进行排序，并选择前 num_nodes 个节点进行移除，最后返回修改后的网络 G。

```
def targeted_attack(G, percentage):
    num_nodes = int(len(G.nodes()) * percentage)
    nodes_to_remove = sorted(G.nodes(), key=lambda x: G.degree(x), reverse=
True)[:num_nodes]
    G.remove_nodes_from(nodes_to_remove)
return G
```

(5) 模拟随机攻击，random_percentages 是一个列表，取值为 0～0.8，表示从图中删除节点的比例，循环遍历这些百分比，对网络进行随机攻击，并记录对应的最大连通子图大小和平均路径长度。

```
random_percentages = [0, 0.2, 0.4, 0.6, 0.8]
max_connected_sizes_random = []
avg_path_lengths_random = []

for random_percentage in random_percentages:
    G_after_random_attack = random_attack(G.copy(), random_percentage)
    max_connected_size_random = len(max(nx.connected_components(G_after_
random_attack), key=len))
    max_connected_sizes_random.append(max_connected_size_random)
```

```
    connected_components = list(nx.connected_components(G_after_random_attack))
    avg_path_lengths_connected = [nx.average_shortest_path_length(G_after_random_attack.subgraph(component)) for component in connected_components]
    if len(connected_components) > 1:
        sizes = [len(component) for component in connected_components]
total_size = sum(sizes)
        avg_path_length = sum(avg * size / total_size for avg, size in zip(avg_path_lengths_connected, sizes))
    else:
        avg_path_length = avg_path_lengths_connected[0]
    avg_path_lengths_random.append(avg_path_length)
    pos_random = nx.spring_layout(G_after_random_attack)
    nx.draw(G_after_random_attack, pos=pos_random, with_labels=False, node_color='skyblue', node_size=100, edge_color='gray', alpha=0.7)
    plt.title("Network After Random Attack")
    plt.show()
```

随机攻击比例为 0.2 时，网络图如图 9-4 所示。

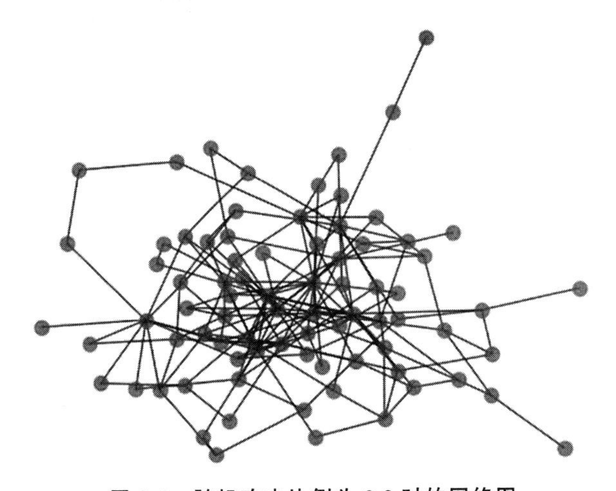

图 9-4　随机攻击比例为 0.2 时的网络图

随机攻击比例为 0.4 时，网络图如图 9-5 所示。

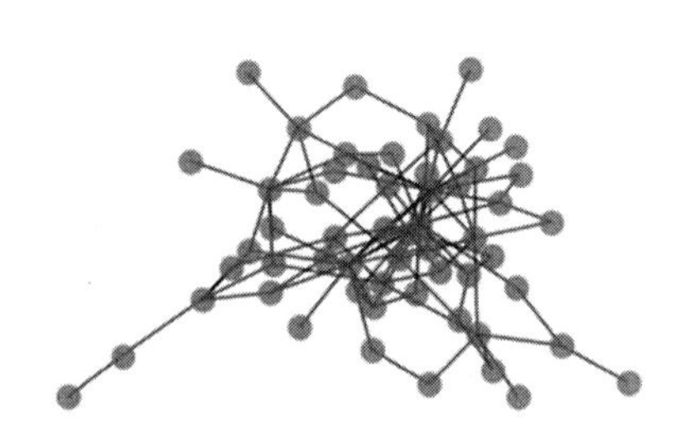

图 9-5　随机攻击比例为 0.4 时的网络图

随机攻击比例为 0.6 时，网络图如图 9-6 所示。

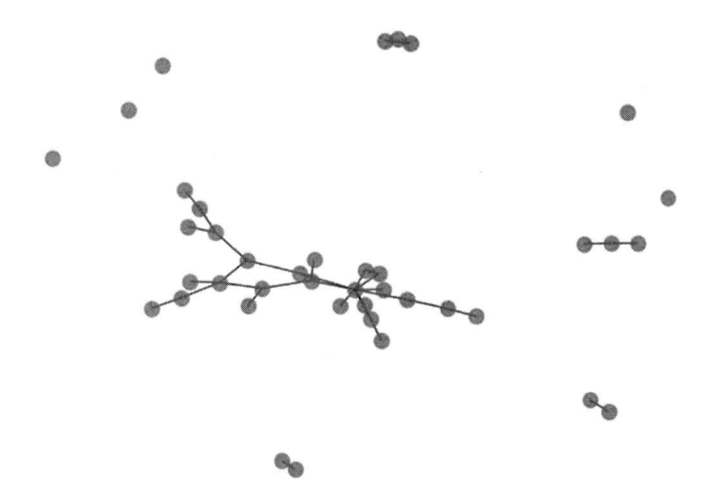

图 9-6　随机攻击比例为 0.6 时的网络图

随机攻击比例为 0.8 时，网络图如图 9-7 所示。

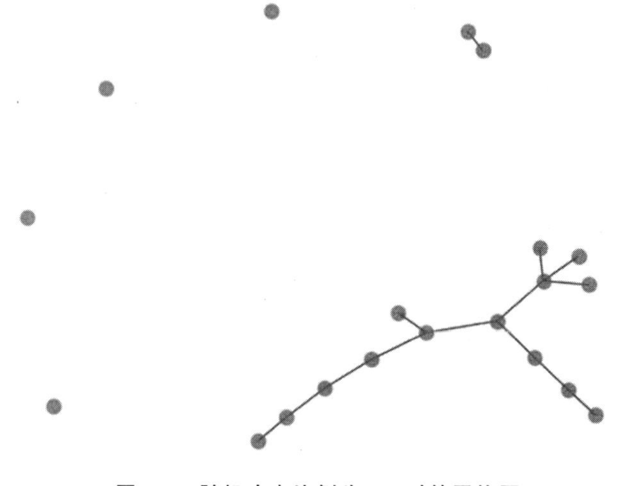

图 9-7　随机攻击比例为 0.8 时的网络图

（6）这一部分与前面的循环类似，模拟蓄意攻击，记录最大连通子图大小和平均路径长度。

```
targeted_percentages = [0, 0.2, 0.4, 0.6, 0.8]
max_connected_sizes_targeted = []
avg_path_lengths_targeted = []

for targeted_percentage in targeted_percentages:
    G_after_targeted_attack = targeted_attack(G.copy(), targeted_percentage)
    max_connected_size_targeted = len(max(nx.connected_components(G_after_
targeted_attack), key=len))
    max_connected_sizes_targeted.append(max_connected_size_targeted)
    connected_components = list(nx.connected_components(G_after_targeted_
attack))
```

```
    avg_path_lengths_connected = [nx.average_shortest_path_length(G_after_
targeted_attack.subgraph(component)) for component in connected_components]
    if len(connected_components) > 1:
        sizes = [len(component) for component in connected_components]
        total_size = sum(sizes)
        avg_path_length = sum(avg * size / total_size for avg, size in zip(avg_
path_lengths_connected, sizes))
    else:
        avg_path_length = avg_path_lengths_connected[0]
    avg_path_lengths_targeted.append(avg_path_length)
    pos_random = nx.spring_layout(G_after_targeted_attack)
    nx.draw(G_after_targeted_attack, pos=pos_random, with_labels=False, node_
color='skyblue', node_size=100, edge_color='gray', alpha=0.7)
    plt.title("Network After Target Attack")
plt.show()
```

蓄意攻击比例为 0.2 时，网络图如图 9-8 所示。

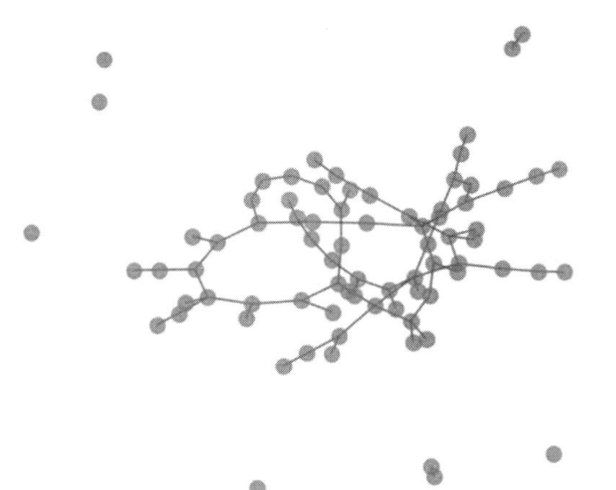

图 9-8 蓄意攻击比例为 0.2 时的网络图

蓄意攻击比例为 0.4 时，网络图如图 9-9 所示。

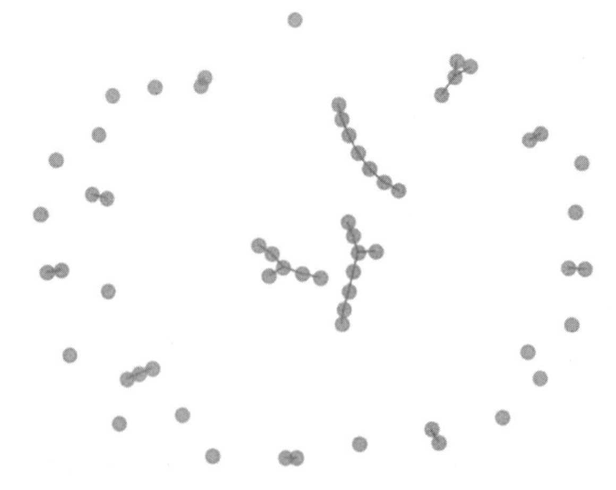

图 9-9 蓄意攻击比例为 0.4 时的网络图

蓄意攻击比例为 0.6 时，网络图如图 9-10 所示。

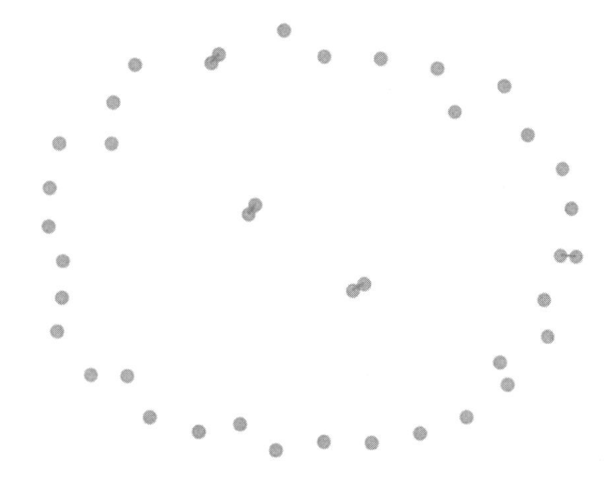

图 9-10　蓄意攻击比例为 0.6 时的网络图

蓄意攻击比例为 0.8 时，网络图如图 9-11 所示。

图 9-11　蓄意攻击比例为 0.8 时的网络图

(7) 使用 Matplotlib 绘制图表，可视化随机攻击和蓄意攻击下最大连通子图大小随攻击节点比例变化的情况，如图 9-12 所示。

```
plt.figure(figsize=(10, 5))
plt.plot(random_percentages, max_connected_sizes_random, label='Random Attack',
marker='o')
plt.plot(targeted_percentages, max_connected_sizes_targeted, label='Targeted
Attack', marker='o')
plt.xlabel('Attack Percentage')
plt.ylabel('Max Connected Component Size')
plt.title('Max Connected Component Size vs. Attack Percentage')
plt.legend()
plt.show()
```

最大连通子图是指一个子图中任意两个节点之间都有路径相连，并且包含最多节点的连通子图。最大连通子图的大小反映了网络的连通性和稳定性，即当网络受到攻击时，能够

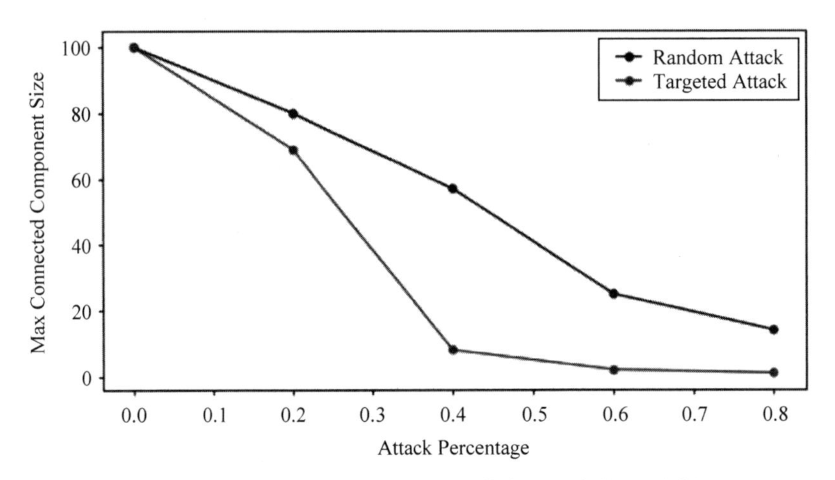

图 9-12 最大连通子图大小随攻击节点比例变化(见彩插)

保持其功能和性能的能力。

一般来说,无标度网络对随机攻击具有较强的鲁棒性,即使众多节点被摧毁也不一定导致网络的瘫痪或崩溃;但是,若众多中心节点被攻击,整个网络将会崩溃。这是因为无标度网络中中心节点起关键的作用,它们连接了大部分其他节点,维持了网络的连通性和效率。

(8) 可视化随机攻击和蓄意攻击下,平均最短路径长度随攻击节点比例变化的情况如下。

```
#可视化随机攻击和蓄意攻击下的平均路径长度
plt.figure(figsize=(10, 5))
plt.plot(random_percentages, avg_path_lengths_random, label='Random Attack',
marker='o')
plt.plot(targeted_percentages, avg_path_lengths_targeted, label='Targeted
Attack', marker='o')
plt.xlabel('Attack Percentage')
plt.ylabel('Average Shortest Path Length')
plt.title('Average Shortest Path Length')
plt.legend()
plt.show()
```

如图 9-13 所示,随机攻击对无标度网络的平均路径长度影响较小,因为大部分被删除的节点都是低度节点,对整个网络结构没有太大影响。蓄意攻击对无标度网络的平均路径长度影响较大,因为被删除的节点都是高度节点,会导致网络分裂成多个子图,增加子图内部和子图之间的平均路径长度。随着攻击比例的增加,无标度网络的平均路径长度会逐渐增加,但蓄意攻击下增加的速率会比随机攻击快很多。当攻击比例达到一定的阈值时,无标度网络会出现断裂现象,即最大连通子图大小迅速下降,平均路径长度迅速增加或变为无穷大。

这段代码可以帮助理解不同类型的网络攻击对网络结构和功能的影响。一般来说,蓄意攻击会造成更大的破坏,因为它针对网络中最重要的节点。从结果中可以看到,随着攻击节点比例的增加,蓄意攻击下的最大连通子图大小迅速下降,而随机攻击下的最大连通子图大小则相对缓慢下降。同时,蓄意攻击下的平均路径长度也迅速增加,而随机攻击下的平均路径长度则相对缓慢增加。这说明,蓄意攻击会导致网络的连通性和效率大幅降低,而随机攻击则相对较小。

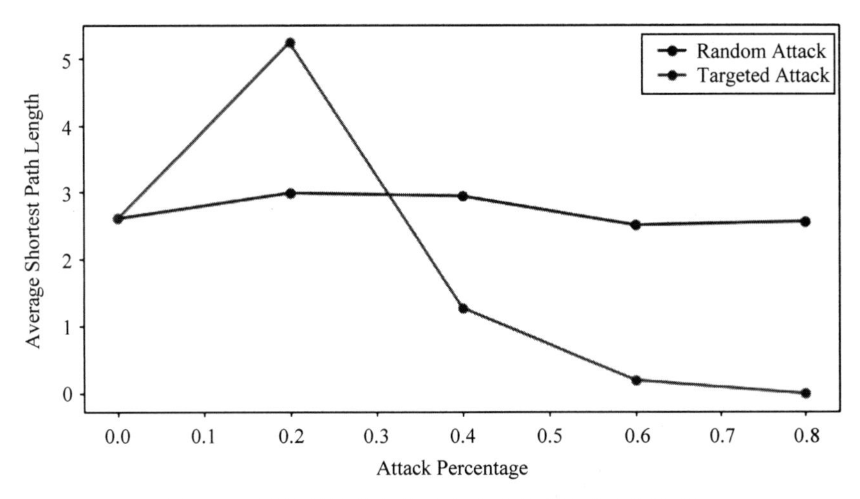

图 9-13 平均最短路径随攻击节点比例变化(见彩插)

9.4 级联失效

9.4.1 级联失效基本概念

骨牌,是牌上有两个骰子点数的牌具,由骰子演变而来,中国传统的骨牌又称为天九牌或牌九。传说它最早产生的时间大约在中国北宋宣和年间,因此也被称为“宣和牌”。图 9-14 (a)是中国的牌九照片。1849 年 8 月 16 日,一位名叫多米诺的意大利传教士把这种骨牌带回米兰。不久,骨牌就在欧洲迅速传播,人们为了感谢多米诺给他们带来这么好的一项运动,就把这种骨牌游戏命名为“多米诺”。

如图 9-14 (b)所示,数以千计的骨牌矗立在一片宽广的平面上。这些骨牌代表程序中的不同组件或模块,它们紧密相连,仿佛一个庞大而井然有序的代码体系。突然间,有人轻轻推倒第一块骨牌,开启这场奇妙的骨牌效应。当第一块骨牌倒下时,它碰倒旁边的一块,然后是另一块,如此连续。这种效应是因为当骨牌竖着时其重心较高,但当其倒下时重心迅速下降,其重力势能转换为动能。在它触碰第二张骨牌时,该动能又转移到第二张骨牌上,并和第二张骨牌倾倒过程中自身的重力势能转换而来的动能叠加,这个叠加之后的动能又继续传递到第三张骨牌上,如此反复叠加,导致每张骨牌倒下的时候,具有的动能都比前一块骨牌的动能更大,倾倒速度也因此一个比一个快。因此,多米诺骨牌效应的能量呈指数形式增长。这种过程就如同程序中的级联失效,一个组件的崩溃引发相邻组件的失效,依次传导开来。在真实的多米诺骨牌游戏中,能够清晰地看到骨牌沿着精心设计的路径迅速倒下,形成一道视觉上的奇观。一连串的骨牌倒下仿佛是程序中一个模块崩溃引发另一个模块的连锁反应。整个过程呈现的是一个高度关联的系统,一个小小的变化就足以引发整个系统的崩溃。

多米诺骨牌是一项集智力和体力为一体的运动,能培养人的想象力和创造力。如图 9-14 (c)所示,2018 年 4 月 27 日联想誓师大会上,多米诺世界指导老师带领 1300 名联想员工码放了 520 台联想笔记本电脑,共同完成多米诺骨牌团队大挑战,从而创造了笔记本电脑多米诺吉尼斯世界纪录。

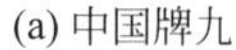

(a) 中国牌九　(b) 多米诺骨牌　(c) 联想笔记本电脑多米诺吉尼斯纪录

图 9-14　多米诺骨牌

想象一家大型云服务提供商，其数据中心中有许多服务器，每台服务器都充当网络的一个节点。这些服务器通过复杂的网络结构相互连接，以提供稳定的云服务。现在，假设其中一台服务器由于某种原因过载而失败，可能是由于异常的数据流量、硬件故障或者网络攻击。一旦这台服务器失效，其相邻的服务器可能会因为额外的负载而变得不稳定，因为它们需要处理原本由那台失败的服务器处理的数据。这就是级联失效开始的地方。这些相邻的服务器可能也因为过载而失效，将负载传递给它们相邻的服务器，从而导致更多的服务器失效。类似连锁反应，整个数据中心可能会因为最初的一台服务器的失效而陷入混乱。用户可能会经历服务中断，而整个云服务提供商的系统稳定性可能会受到极大的影响。这种情况强调在复杂网络中，一个节点的失效可能导致级联效应，影响整个系统的正常运行。

由于系统中的互联性和相互依赖性，当其中一个系统的部分失效，可能会导致整个系统的连锁反应，这就是级联失效。这种现象在很多复杂系统中都有出现，包括著名的 2003 年美国和加拿大东北部大停电，由几个故障引发，最后在电网中迅速传播，导致大面积停电。而在复杂网络中的网络级联故障指网络中一个节点连接的失效引发其他节点连接的连锁反应失效，进而导致整个网络的崩溃。这种级联故障在复杂网络中是非常常见的，对网络的稳定性和可靠性产生了重大影响。一个节点的失效可能触发级联失效，影响相邻节点，使整个网络经历连锁反应的故障过程。这种级联失效现象强调了网络中节点间相互依赖的复杂动态，其中一个节点的故障可能对整个网络产生广泛而持续的影响。

假设有一个图 $G=(V,E)$，其中 V 是节点集合，E 是边集合。此图表示一个系统、网络或复杂结构的拓扑状态。对于每个节点 $i\in V$，引入一个状态变量 x_i 表示节点的状态。通常状态是二元的，比如 $x_i=1$ 表示节点 i 正常，$x_i=0$ 表示节点 i 失效。定义一个失效传播规则，描述节点失效的条件以及失效如何传播到相邻节点，可以使用概率、阈值等方式描述。以基于阈值的失效传播模型为例，可以表现为差分方程，即

$$x_i(t+1)=\begin{cases}1, & \sum\limits_{j\in N(i)} x_j(t)\geqslant\theta_i \\ 0, & \sum\limits_{j\in N(i)} x_j(t)<\theta_i\end{cases} \tag{9-4}$$

其中，$N(i)$表示节点 i 的邻居集合，θ_i 是节点 i 的阈值。差分方程的右侧规定了下一个时间步的节点状态取决于节点本身和其邻居节点的当前状态之和是否超过阈值。

9.4.2　级联失效代码示例

对于复杂网络级联失效的学习，我们应当学会理解网络的拓扑结构，如随机网络、小世界网络和无标度网络。在文章《复杂网络中的级联失效》中研究随机网络和无标度网络中受到随机攻击和定向攻击时级联故障的特性，文章发现无标度网络尤其容易受到定向攻击的影响，因为在定向攻击中，连接最多的节点会首先被移除。这是因为剩下的节点连接较少，因此处理额外负载的能力较弱。相比之下，随机网络更能抵御此类攻击。这里用 Python 生成一个随机网络中的级联失效现象，动态地展示级联失效的过程，图 9-15 展示了级联失效的过程，并表明失效概率。

```
import networkx as nx
import matplotlib.pyplot as plt
import random
import matplotlib.animation as animation
#创建一个空的有向图
G = nx.DiGraph()
#添加节点
num_nodes = 10
for i in range(1, num_nodes + 1):
    G.add_node(i)
#添加随机边
for i in range(1, num_nodes + 1):
    for j in range(1, num_nodes + 1):
        if i != j and random.random() < 0.4:  #随机选择一些节点之间添加边
            G.add_edge(i, j)

#创建一个图形对象
fig, ax = plt.subplots()
#定义更新函数
def update(num):
    ax.clear()
    #失效节点的数量
    num_failures = num + 1
    #随机选择失效的节点
    failed_nodes = random.sample(range(1, num_nodes + 1), num_failures)
    labels = {}
    node_colors = []
    for node in G.nodes:
        if node in failed_nodes:
            labels[node] = "Fail ({:.2f})".format(random.random())
            #使用随机失效概率作为标签
            node_colors.append('red')
        else:
            labels[node] = "Node {}".format(node)
            node_colors.append('lightblue')
    #可视化网络拓扑
    pos = nx.spring_layout(G)
    nx.draw(G, pos, with_labels=True, labels=labels, node_color=node_colors,
node_size=500, font_size=10)
#创建动画对象
ani = animation.FuncAnimation(fig, update, frames=num_nodes, interval=1000,
repeat=False)
#显示动画
plt.show()
```

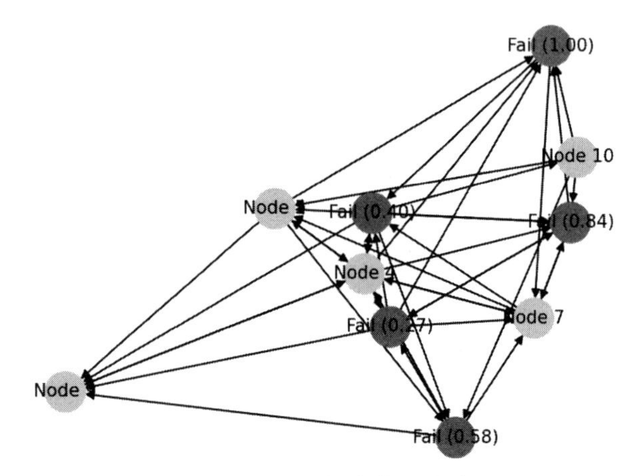

图 9-15　随机网络中的级联失效

网络中一个节点或边发生故障时,为什么故障会传播到其他节点或边呢？首先节点之间的资源依赖是一定的,当一个节点失效时,无法提供所需资源,导致依赖该节点的其他节点也无法正常工作;或者在负载均衡的网络中,节点和边需要动态调整从而平衡流量,当节点或边失效时,其负载将分布到其他节点或边上,从而导致超负荷。除这些外,还可能导致信号传递的失败。

在研究和模拟级联失效时,可以通过一些网络传播模型,类似 SIR 模型、SIS 模型;网络演化模型,类似 Barabási-Albert 模型、Watts-Strogatz 模型;优化模型,类似最小生成树、最短路径,同时包括 Dijkstra 算法、Kruskal 算法等;社交网络模型,类似小世界模型、重叠社区检测模型等。

级联失效发生时,可能导致系统瘫痪、经济损失等灾难性后果,那么同样应当学习如何应对级联失效。传统上,通过增加备用节点、冗余路径的方法增强鲁棒性,以便在节点失效时能够自动切换到备用节点或路径;还可以设计容错机制,如冗余计算、错误纠正码、容错算法等,使节点失效时仍可以正常运行;除了这些,定期的预测和监控,及时的网络修复都可以很好地减少风险的产生,从而提高网络系统的稳定性和可靠性。

9.4.3　沙堆模型

沙堆模型的概念来自物理学中的自组织临界性理论,用于描述网络中节点失效和故障扩散的理论模型。可以将网络看作一个沙堆,其中每个节点都代表一个沙粒。当一个节点失效时,就像在沙堆中移除一个沙粒,从而引发周边节点的重新分布。而这种重新分布很可能会导致其他节点失效,从而形成连锁反应。

沙堆模型的关键思想也就是网络中的节点具有相互依赖性和相互作用。当一个节点失效时,其相邻节点遭受额外的负荷,从而超过相邻节点的容量限制,导致它们失效。这种失效的连锁反应在网络中传播,最终导致整个网络的崩溃。可以通过沙堆模型,研究网络中节点失效和故障扩散的规律,从而探索网络鲁棒性的强弱和网络结构的影响。

沙堆模型和级联失效的概念很相似,那么二者有什么联系和区别呢？

(1) 二者的联系。首先,沙堆模型与级联失效都展示了自组织性的特征,在沙堆模型中,当沙粒不断添加到沙堆上时,会形成自组织的堆结构;在级联失效中,当一个节点或组件失效时，会引发其他节点或组件的失效，从而形成级联的失效过程。自组织性是指系统中的个体或组件通过相互作用和适应性行为，以一种无须外部控制或指导的方式形成有序的整体结构或行为，类似平常所见的蚁群行为、鸟群飞行等。其次，两者都表现出系统的非线性响应，在沙堆模型中，当沙粒添加到沙堆上时，堆的形态会发生突然的、不可预测的变化；在级联失效中，当一个节点或组件失效时，可能会引发系统的大规模失效，这种失效往往是非线性的，不可预测的。

(2) 二者的区别。首先是应用场景不同，沙堆模型是一种物理模型，描述沙粒堆积过程中的行为；而级联失效是一种系统模型，用于描述网络或复杂系统中节点和连边失效的过程。其次，二者的失效机制不同，沙堆模型中的失效是由于沙粒的堆积过程中的平衡性破坏导致的，而级联失效是由于网络或系统中的节点或组件的失效导致的。最后，沙堆模型主要用于研究物理系统中的堆积现象和自组织性质，帮助我们理解级联失效；而级联失效更多地关注网络和系统中节点或组件的失效过程，以及这种失效对整个系统的影响。

最后介绍沙堆模型在不同领域的一些应用和扩展。比如沙堆模型在地震、金融市场和社交网络中的应用。沙堆模型在地震研究中被用来模拟地壳的应力释放和地震的发生，通过在沙堆上施加外力，模拟地壳中的应力积累，当积累的应力超过一定阈值时，会引发沙堆的塌陷，类似地震的发生。这种模型可以帮助研究地震的产生机制和地震活动的统计性质。又如沙堆模型在社交网络中被用来研究信息传播和网络的稳定性。通过在沙堆上添加和移除沙粒，模拟社交网络中的信息传播和节点的失效，可以研究信息传播的速度和范围，以及网络的鲁棒性和脆弱性。除此之外，沙堆模型还有很多应用等着我们探索。

以下用 Python 实现沙堆模型的“塌陷”过程。这段代码实现了沙堆模型的模拟演化过程。在这个模型中，考虑一个二维网格表示的沙堆，初始时在沙堆中心位置添加一定数量的沙粒。模拟的主要目标是观察沙堆在添加沙粒和崩溃的相互作用下，如何逐步演化到一个稳定状态。

在每次模拟迭代中，程序首先检查沙堆中是否存在某个位置的沙堆高度达到或超过预设的临界高度。如果存在，就进行一轮沙堆的演化过程。这个演化过程模拟了沙堆中的崩溃现象，其中高度超过临界值的位置会将多余的沙粒传递到周围的 4 个相邻位置，以实现一种自组织的平衡。

每次迭代结束后，程序将沙堆的当前状态可视化为一个热图，其中不同高度的沙堆用不同的颜色表示。这样，可以通过多次迭代观察沙堆如何动态演化，以及最终达到的稳定状态。通过调整初始添加的沙粒数量和临界高度，可以探索不同参数下沙堆模型的行为。

```
import numpy as np
import matplotlib.pyplot as plt
import matplotlib.font_manager as fm

#设置中文字体
prop = fm.FontProperties(fname='C:/Windows/Fonts/simsun.ttc')
#请根据实际路径调整
plt.rcParams['font.family'] = prop.get_name()
#沙堆模型参数
grid_size = 50              #网格大小
sand_to_add = 5000          #初始添加的沙粒数量
```

```
critical_height = 5          #临界高度,调整为较大值
iterations = 20              #模拟的迭代次数

#初始化沙堆
sandpile = np.zeros((grid_size, grid_size))
sandpile[grid_size //2, grid_size //2] = sand_to_add

#模拟沙堆模型的演化过程
for iteration in range(iterations):
    iterations_per_step = 0
    while np.any(sandpile >= critical_height):
        row, col = np.where(sandpile >= critical_height)
        for i in range(len(row)):
            sandpile[row[i], col[i]] -= 4
            if row[i] > 0:
                sandpile[row[i] - 1, col[i]] += 1
            if row[i] < grid_size - 1:
                sandpile[row[i] + 1, col[i]] += 1
            if col[i] > 0:
                sandpile[row[i], col[i] - 1] += 1
            if col[i] < grid_size - 1:
                sandpile[row[i], col[i] + 1] += 1
        iterations_per_step += 1

#显示沙堆的演化过程
plt.imshow(sandpile, cmap='jet')
plt.title(f'沙堆模型 - 迭代{iteration + 1}')
plt.colorbar()
plt.show()

#为下一次迭代准备沙堆
sandpile = np.zeros((grid_size, grid_size))
sandpile[grid_size //2, grid_size //2] = sand_to_add
```

图 9-16 展示了沙堆模型的自组织演化过程。沙堆模型是一种用于模拟自组织临界现象的复杂系统模型,通过不断添加沙粒和触发崩溃的过程中,形成一种自组织的平衡状态。

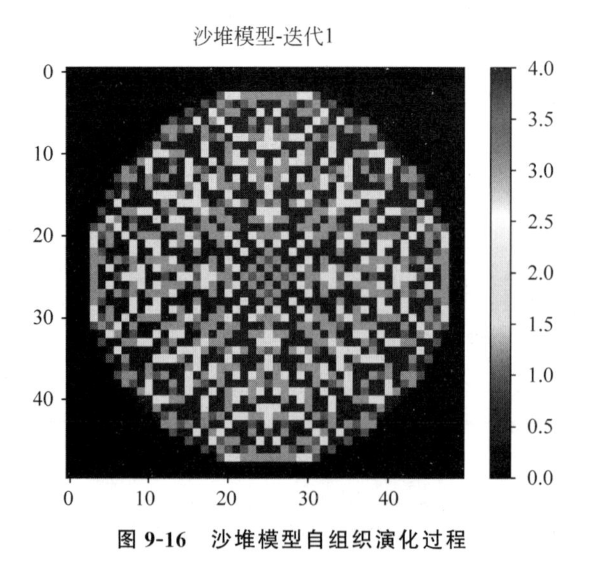

图 9-16 沙堆模型自组织演化过程

最开始时是一个空网格。接下来，会观察到随机添加沙粒的过程，这些沙粒不断积累在不同位置。当某个位置的沙粒数量超过阈值时，该位置会发生崩溃，并导致周围区域的沙粒增加。这个过程将不断循环，每次崩溃都会引起扩散，形成一个类似自然临界现象的状态。随着沙粒的堆积，可以观察到模型的自组织性质。即使在模型中引入随机性，系统也能够达到一种平衡状态，其中沙粒的堆积和崩溃相互平衡，形成一个复杂而有序的结构。

9.4.4　Cascade 模型

Cascade 模型是一种用于模拟信息在复杂网络中传播和扩散过程的模型。它基于网络中节点之间的相互作用和信息传递，通过模拟节点的激活和传播规则模拟信息的传播过程。而 Cascade 模型的核心也就是节点的激活和传播规则。在 Cascade 模型中，当一个节点被激活时，其可以通过网络连接将信息传播给其他邻居节点，从而使它们也被激活。这种激活和传播的过程可以一直持续下去，直到没有新节点被激活为止。而节点的激活规则通常基于节点自身的状态和邻居节点的状态确定。例如，一个节点可能只在它自身处于激活状态时才能激活其邻居节点，或者只有在大多数邻居节点都处于激活状态时才能激活。Cascade 模型的传播规则描述了信息在网络中的传播方式。例如，信息可以按照固定的路径传播，或者可以根据节点之间的连接强度进行传播。传播规则的选择也取决于研究的问题和网络的结构。

在现实生活中，Cascade 模型可以用来模拟社交网络中的信息传播过程。通过观察和模拟节点的激活和传播规则，研究信息在社交网络中的传播路径、传播速度以及影响力等因素，或者研究疾病在人群中的传播过程。通过模拟节点的激活和传播规则，可以预测疾病传播的路径、速度和规模。除此之外，该模型在许多领域都有广泛的应用，如社会科学、网络科学、经济学等。通过模拟信息的传播和扩散过程，Cascade 模型可以帮助我们更好地理解和预测复杂网络中的各种现象和行为。

用以下 Python 代码通过 NetworkX 库创建一个包含 10 个节点的随机相连图，每个节点随机分配了渗流阈值。节点的颜色映射其渗流阈值，随着阈值的增加，颜色变得更深。采用 Spring 布局将节点可视化，并在图上添加 Colorbar，展示节点渗流阈值的分布。这个简单的图例模拟了复杂网络中的渗流过程，强调节点对外部刺激的响应程度。

```
import networkx as nx
import matplotlib.pyplot as plt
import random
def generate_cascade_model_graph():
    #创建一个随机相连的图例
    num_nodes = 10  #设置节点数量
    G = nx.erdos_renyi_graph(num_nodes, p=0.3)  #随机连接的图
    #设定部分节点的渗流阈值
    threshold_values = {node: random.uniform(0, 1) for node in G.nodes}
    #根据渗流阈值设置节点颜色
    node_colors = [threshold_values[node] for node in G.nodes]
    #绘制图形
    pos = nx.spring_layout(G)  #使用 spring 布局
    nx.draw_networkx_nodes(G, pos, node_color=node_colors, cmap=plt.cm.Blues)
```

```
    nx.draw_networkx_edges(G, pos)
    nx.draw_networkx_labels(G, pos)
    #显示颜色条,并在指定坐标轴上放置 Colorbar
    sm = plt.cm.ScalarMappable(cmap=plt.cm.Blues, norm=plt.Normalize(vmin=0,
vmax=1))
    sm.set_array([])
    #明确指定 Colorbar 要放置的坐标轴(ax 参数)
    cbar = plt.colorbar(sm, orientation='vertical', ax=plt.gca())
    cbar.set_label('Threshold Values')
    plt.title('Cascade Model ')
    plt.show()
#生成图例
generate_cascade_model_graph()
```

图 9-17 展示了一个随机相连的 Cascade 模型图例。图中圆形节点代表网络中的个体元素,边代表元素之间随机连接的关系。这些连接可以是社交关系、传播路径等,反映了网络的随机相连性。并且每个节点都有一个随机生成的渗流阈值,用颜色表示。较深的颜色表示较高的渗流阈值,较浅的颜色表示较低的渗流阈值。通过渗流阈值,展示了信息是如何在网络中传播的。具有较高渗流阈值的节点更容易激活其邻居节点,从而引发级联效应。

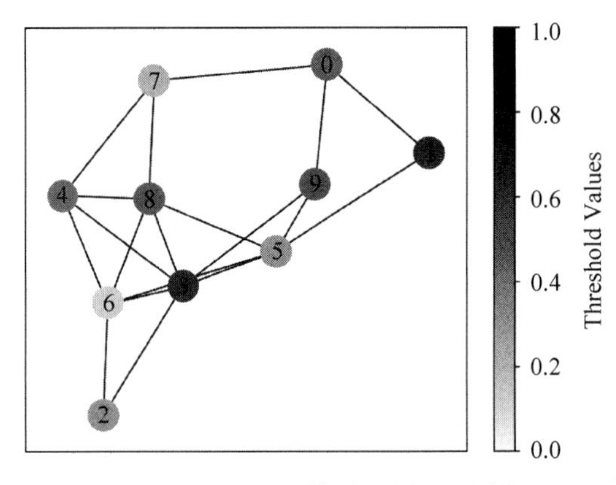

图 9-17 Cascade 模型图例(见彩插)

9.5 相依网络

想象一座独特的小城,居民之间的社交网络不仅是独立的个体,而是构成一个相依网络的生动样本。这座城市中存在各种相依网络的子网络,其中家庭成员形成一个子网络,商业伙伴组成另一个子网络,而朋友关系则构成第三个子网络。这些子网络通过相依边交织在一起,展现出居民之间错综复杂的相互依赖关系。在这座城市的相依网络中,相依边扮演着关键的角色,连接不同子网络之间的节点。例如,某家庭的成员可能同时是商业伙伴,这种相依边揭示了家庭子网络和商业子网络之间的关联。这样的相互依赖边界创造了一个更为紧密、错落有致的社交网络结构。这些子网络之间的组合方式则展现了城市社交网络的整体结构。家庭、商业和友谊子网络并非孤立存在,而是通过一定的组合方式相互交融。这种组合方式决定了整个城市社交网络的形态和动态。例如,某家庭的社交活动可能与他们的商业合作伙伴有机地结合,创造独特的社交体验。因此,现实世界中每个网络都或多或少地与其他网络之间存在各种关联，如物理依附、逻辑依赖、能量或信息交换。

由此可知，相依网络可以形象描述相互依赖的系统，由两个网络 A 和 B 组成，每个网络内部的节点由连接边连在一起，表示网络内部节点的连接关系，而跨网络的节点由相依边连在一起，表示网络之间节点的相依关系。

相依网络中存在 3 个要素，分别为相依网络的子网络、相依边和组合方式。

9.5.1　相依网络的子网络

相依网络的子网络包括 ER(Erdös-Rényi)网络、RR(Random Regular)网络、SF(Scale-Free)网络、BA(Barabási-Albert)网络、WS(Watts-Strogatz)网络等。子网对相依网络鲁棒性的影响主要通过子网络类型及节点数、平均度等特性体现。

网间相似性(inter-similarity)：指子网络内部节点度高的节点间倾向产生相依关联。例如，世界范围内的港口和机场网络组成的相依系统，重要的港口节点倾向同重要的机场连接(这里，相依关联指地理位置相同)。

ER 网络是一个随机网络，相对脆弱，意味着在随机节点删除或添加的情况下，网络的鲁棒性较低。随机性使得网络中的连接比较均匀分布，而节点的度分布相对正态；RR 网络是一个随机正则网络，其中每个节点具有相同的度。由于每个节点都有相同的度，RR 网络对于随机节点删除的情况具有较高的鲁棒性。然而，对于有选择性地攻击高度连接的节点，鲁棒性较差；SF 网络具有幂律分布的度分布，即存在少数节点具有极高的度，而大多数节点的度较低。其对于随机节点删除的情况具有较好的鲁棒性，但对于有选择性地攻击高度连接的节点则较为脆弱；BA 网络是一个无标度网络，节点的连接是逐步添加的，每个新节点选择连接已有节点的概率与其度数成正比。其对于随机节点删除的情况较为脆弱，但对于有选择性地攻击高度连接的节点具有较好的鲁棒性；WS 网络是一个小世界网络，节点之间的连接是通过随机重连边实现的，从而在保持局部结构的情况下提高网络的全局连接性。其在一定的随机性重连下对于随机节点删除具有较好的鲁棒性，但在面对有选择性攻击时，其性能可能介于无标度网络和随机网络。总体来说，不同类型的网络在鲁棒性上有各自的特点。网络模型的选择取决于具体应用和系统需求。

现有研究表明，在除子网络类型外的其他条件相同时，RR-RR 相依网络的鲁棒性比 ER-ER 相依网络好，ER-ER 相依网络的鲁棒性优于 SF-SF 相依网络。这几种相依网络的鲁棒性比较，结果为 RR-RR＞ER-ER＞SF-ER＞SF-SF。

9.5.2　相依边

相依网络的相依边是指网络中节点之间的相互依赖关系，表示一个节点的状态或行为可能受其他节点的影响。相依边用于捕捉节点之间的相互作用，从而更全面地描述整个相依网络的结构和行为。在两个子网 A、B 组成的相依模型中，A 中的节点 u 支持 B 中的节点 v，v 又反过来支持 A 中的节点 w($w \neq u$)，如此往复形成的相依点集即为相依链。相依链上节点的故障会通过相依链在子网间传播，还有可能扩散到与相依链相连的其他节点 L 中，引起故障级联，降低系统鲁棒性。

相依边的类型包括连接边(Connectivity links)与依赖边(Dependency links)。

连接边：连接每个网络内部的节点，表示网络内部节点的连接关系。

依赖边：将跨网络的节点连接在一起，表示网络之间节点的相依关系。

相依强度 q：指相依网络中有相依关系的节点所占的比例。

$q=0$，表示网络间无相依关系；$q=1$，表示子网络间完全相依，即节点之间具有一一对应的关系。当网络之间的连接强度从 0 到 1 逐渐增加时，相依网络的渗流相变过程会由连续的二阶相变演化为跳变的一阶相变。

一阶相变(First-order Phase Transitions)即在相变点，热力学函数本身是连续的，但是其一阶导数不连续，比如体积、熵有跃变，对应的相变即为一阶相变。

二阶相变(Second-order Phase Transitions)即热力学函数和它的一阶导数在相变点都是连续的，只是二阶导数不连续、有跃变，对应的相变即为二阶相变。

9.5.3 相依网络的组合方式

相依网络的组合方式中，目前研究较多的是 ER、RR 等网络作为子网络，以链形、树形和环形组合方式组成的多层网络(Network of Networks，NON)的性质。图中每个节点都表示一个子网络，边表示子网络之间的相依关系。

多层网络是相依网络的一种扩展形式，它通过引入不同类型的层或子网络描述系统中的多种相依关系。每一层可以代表系统中的一个特定类型的相依关系，从而更全面地捕捉复杂系统中的多层次、多模态的相互作用。多种网络互相耦合相互作用，比如生活中的不同运输工具之间存在航空网、铁路网、公路网这类交通网络。

通常研究一个网络的同步与扩散时，可以用网络的邻接矩阵或者 Laplacian 矩阵表示。Laplacian 矩阵的第二小特征值 λ_2 和最大特征值 λ_n 与 λ_2 之比 $r=\frac{\lambda_n}{\lambda_2}$ 均为重要指标，一个网络如果其 λ_2 较大或者 r 较小，则网络的结构更容易同步。对于多层网络的整体 Laplacian 矩阵，矩阵可以分为层内 Laplacian 矩阵和层间 Laplacian 矩阵两部分。多层网络整体同步与扩散能力由其整体 Laplacian 矩阵的特征值决定。

全球金融危机引发的“多米诺效应”，高度耦合和依存的工业系统、基础设施间的连锁故障，彰显了多层网络在面对鲁棒性问题时的重要性。“多米诺效应”指在一个相互联系的系统中，即使是微小的初始能量，也可能引发一系列连锁反应，将整个系统推向混乱。人们将这种现象形象地称为“多米诺骨牌效应”，强调一个小的触发事件可能会导致系统中的级联崩溃。在全球金融危机中，金融体系的相互联系和复杂交织使得一国经济的问题可能迅速传播到其他国家。这表现为金融市场中的“多米诺效应”，一国金融体系的崩溃可能迅速引发其他国家的金融不稳定。这种高度耦合的金融网络使得世界各地的经济系统相互依存，对全球经济造成巨大影响。

此外，在工业系统和基础设施中，各部分之间的紧密联系也可能导致连锁故障。例如，一个地区的电力系统故障可能会影响其他相关的基础设施，如通信、交通等，从而引发更大范围的连锁效应。这种多层网络的依存性和耦合性使得整个系统更加脆弱，对突发事件的响应能力较低。因此，多层网络的鲁棒性问题是当前社会、经济和技术系统中亟须解决的挑战之一。对于这些复杂系统，深入理解多层网络结构，研究其脆弱性和鲁棒性，对于制定应对措施和提高系统抗干扰能力至关重要。

9.6　鲁棒性分析案例

将复杂系统的组成组件用顶点表示，组件之间的连接用相应顶点之间的边表示，复杂系统便可抽象为复杂网络的形式。复杂网络的鲁棒性指网络中的节点或边发生随机故障或遭受蓄意攻击的条件下，网络维持其功能的能力。由于网络系统退化时，其继续运行的程度通常取决于底层网络的完整性，网络鲁棒性问题可以通过分析网络结构在顶点去除时的变化解决。大多数研究考虑复杂网络的结构如何随着顶点被随机去除，或者根据度的降序或介数中心性的降序去除时，目标顶点对网络结构的影响。本节的目的是利用复杂网络理论评估航空运输网络鲁棒性的时间演变。复杂网络理论将航空旅行系统视为网络，其中机场是节点，航线是边。研究者进行了网络分析和鲁棒性研究，以了解网络在全球或区域范围内的拓扑特性和动态特征。通过将不断演变的网络视为一系列静态快照评估机场网络的时间演变，每个快照代表特定时间实例的复杂网络。

美国商业航空曾在很大程度上受到“9・11”事件和随后的剧烈重组的影响。研究的结果表明，“9・11”事件引发了网络在效率和安全性方面的大规模重组。随着新机场和航线的引入，空中交通量不断扩大，网络迅速恢复并变得更加高效，网络鲁棒性显著提高。对于运营商而言，分析网络结构可以帮助他们评估当前商业模式。对于美国政府而言，分析网络变化可保护美国航空运输网络免受未来的破坏性事件影响，包括恶劣天气现象、自然灾害、网络组件故障、航空工作人员的罢工和事故。虽然这些情况很少见，但它们一旦发生便可能产生严重的影响。运输系统需要具备鲁棒性，以在受外部冲击后快速恢复和正常发挥功能。

由于以美国航空运输网络为代表的交通网络可以从网络分析中受益，能够帮助政府和企业理解其健壮程度，统计关键设施，防止运输网络在遭受攻击时崩溃，所以研究航空网络的拓扑结构和稳定性具有重要的现实意义，是鲁棒性理论在现实网络中的典型应用。为此，以代码案例研究动态变化的美国航空运输网络属性随时间的演化情况。西奥佐斯-鲁苏利斯(Siozos-Rousoulis)等收集了 1996—2016 年的美国航空数据，研究了其节点数、边数、介数、短程航班数、小世界属性等随时间的变化，引入基尼系数判断美国航空网络稳定性随时间的变化，从国家安全和空中交通管理的角度评估“9・11”事件后美国航空网络拓扑结构和鲁棒性的变化，以及其对破坏性事件的容忍度。

对美国航空运输网络的研究是基于美国运输统计局(BTS)提供的数据集实现的，该数据集可以通过官方网站获得。下载 1996—2016 年每年的美国商业航班数据，输入的原始数据包括机场出发地和目的地信息、航班数量和乘客数量。美国航空运输网络每次都被建模为二元定向网络(Binary Directed Network)，采用复杂的网络分析方法，节点表示机场，边表示航线连接。如果两个机场之间至少有一条直飞的商业航线，则认为它们是相连的。

其中一年的部分航班数据的截图如图 9-18 所示。

行 ∨ 〉 >| 5 行 × 6 列　　pd.DataFrame ↗

PASSENGERS ^	FREIGHT ÷	DISTANCE ÷	RAMP_TO_RAMP ÷	ORIGIN_AIRPORT_ID ÷	DEST_AIRPORT_ID ÷
0	0	733	163	13930	14814
0	0	585	113	13931	10693
0	0	438	189	13931	10792
0	0	396	86	13931	10874
0	0	453	98	14100	11433

图 9-18　航班数据

数据分析如下。

读取 2016 年数据如下。

```
fileName = "../data/"+str(2016)+"/T_T100D_SEGMENT_ALL_CARRIER.csv"
df=pd.read_csv(fileName,index_col=None)
```

检查列数据类型,判断是否有数据缺失。

```
#判断是否有缺失数据
df.isnull().any()

#PASSENGERS          False
#FREIGHT             False
#DISTANCE            False
#RAMP_TO_RAMP        False
#ORIGIN_AIRPORT_ID   False
#DEST_AIRPORT_ID     False
#dtype: bool

df.dtypes
#PASSENGERS          int64
#FREIGHT             int64
#DISTANCE            int64
#RAMP_TO_RAMP        int64
#ORIGIN_AIRPORT_ID   int64
#DEST_AIRPORT_ID     int64
#dtype: object
```

查看每列数据的统计信息,包括以下内容,数据统计结果如图 9-19 所示。

	PASSENGERS	FREIGHT	DISTANCE	RAMP_TO_RAMP	ORIGIN_AIRPORT_ID	DEST_AIRPORT_ID
count	382397.000000	3.823970e+05	382397.000000	382397.000000	382397.000000	382397.000000
mean	1911.370390	6.656850e+04	678.519520	2797.484120	12724.256134	12719.394608
std	3961.056851	4.118075e+05	609.337908	5164.424056	1578.299570	1575.151267
min	0.000000	0.000000e+00	0.000000	0.000000	10005.000000	10005.000000
25%	8.000000	0.000000e+00	223.000000	140.000000	11292.000000	11292.000000
50%	235.000000	0.000000e+00	528.000000	744.000000	12889.000000	12868.000000
75%	2220.000000	1.441000e+03	956.000000	3598.000000	14057.000000	14057.000000
max	80830.000000	2.110407e+07	[illegible]	196506.000000	16760.000000	16761.000000

图 9-19 数据统计结果

- count：非空值的数量。
- mean：平均值。
- std：标准差。
- min：最小值。
- 25%：第 1 四分位数(Q1)。
- 50%：中位数(第 2 四分位数或中位数)。
- 75%：第 3 四分位数(Q3)。
- max：最大值。

```
#显示统计数据
df.describe()
```

相关性分析如下。

```
#相关性矩阵
corr=df.corr()
print(corr)
sns.heatmap(corr)
```

- corr＝df.corr()：这行代码计算了 DataFrame df 中各列之间的相关性。corr() 方法返回一个相关性矩阵，其中的每个元素表示两个变量之间的相关性。这个矩阵是一个对称矩阵，对角线上的值始终为 1，因为一个变量与自身的相关性是最大的。
- print(corr)：这行代码单独执行时，会输出相关性矩阵的数值形式，以便于直接查看各个变量之间的相关性系数，如图 9-20 所示。

	PASSENGERS	FREIGHT	DISTANCE	RAMP_TO_RAMP	ORIGIN_AIRPORT_ID	DEST_AIRPORT_ID
PASSENGERS	1.000000	-0.055901	0.179909	0.851147	-0.010862	-0.009509
FREIGHT	-0.055901	1.000000	0.169673	0.070108	0.002297	0.017234
DISTANCE	0.179909	0.169673	1.000000	0.319549	0.030112	0.035792
RAMP_TO_RAMP	0.851147	0.070108	0.319549	1.000000	-0.001344	0.008639
ORIGIN_AIRPORT_ID	-0.010862	0.002297	0.030112	-0.001344	1.000000	0.027814
DEST_AIRPORT_ID	-0.009509	0.017234	0.035792	0.008639	0.027814	1.000000

图 9-20　相关性矩阵

- sns.heatmap(corr)：这行代码使用 Seaborn 库中的 heatmap 函数可视化相关性矩阵，如图 9-21 所示。heatmap 函数会以颜色的方式表示矩阵中的数值，从而使相关性的模式更容易观察。由图可知，RAMP_TO_RAMP 与乘客数强正相关，与 DISTANCE 正相关。

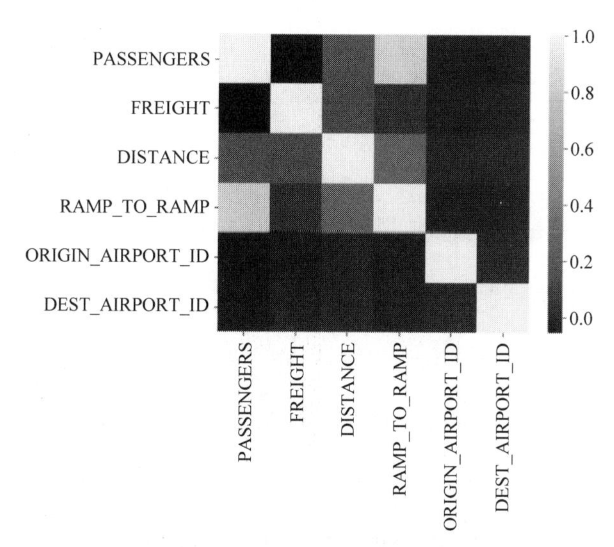

图 9-21　可视化相关性矩阵

使用 NetworkX 库构建一个有向图。

```
#从表格中获取图
G = nx.DiGraph()
#筛掉距离和乘客为 0 的航班，即没有起飞的航班，()很关键
e=zip(newdf['ORIGIN_AIRPORT_ID'],newdf['DEST_AIRPORT_ID'])
#e = zip(df['ORIGIN_AIRPORT_ID'][(df['PASSENGERS']!=0)&(df['DISTANCE']!=0)],
df['DEST_AIRPORT_ID'][(df['PASSENGERS']!=0)&(df['DISTANCE']!=0)])
G.add_edges_from(e)
```

- G=nx.DiGraph()：创建一个有向图对象，用变量名 G 表示。
- e=zip(newdf['ORIGIN_AIRPORT_ID'],newdf['DEST_AIRPORT_ID'])：创建一个由起始机场 ID 和目的机场 ID 组成的元组的列表，其中这些数据来源于名为 newdf 的 DataFrame 对象。这个操作将会筛掉那些乘客数和距离为零的航班记录。
- G.add_edges_from(e)：将从上一步中创建的起始机场 ID 和目的机场 ID 的元组列表 e 添加到图 G 中，作为有向边。

输出图的顶点数、边数、介数中心性和平均聚类系数如下。

```
#边数
G.number_of_edges() #20096

#顶点数
G.number_of_nodes() #1135

#采样 100 个节点近似计算介数中心性
score = nx.betweenness_centrality(G)

#平均聚类系数
score1= nx.average_clustering(G) $ 0.4946893984477783
```

鲁棒性分析如下。

```
#初始化空列表,用于存储数据
Nodes = []              #存储飞机场数量
Edges = []              #存储航线数量
Passengers = []         #存储乘客数量(在代码中未使用到,可能会在后续添加相关功能)
Avg_Betweens = []       #存储节点介值中心性的均值
Mean_dises = []         #存储平均飞行里程
Short_haul = []         #存储短途航班数量(航程小于 700 英里(1 英里约为 1.609km))
Long_haul = []          #存储长途航班数量(航程大于或等于 700 英里)

#循环遍历 1996—2016 年的数据
for year in range(1996, 2017):
    #构建文件名路径
    fileName = "../data2/" + str(year) + "/T_T100D_SEGMENT_ALL_CARRIER.csv"

    #从 CSV 文件中读取数据
    df = pd.read_csv(fileName, index_col=None)

    #创建有向图对象 G
    G = nx.DiGraph()

    #构建边集合 e 并将其加入图 G 中
    e = zip(df['ORIGIN_AIRPORT_ID'], df['DEST_AIRPORT_ID'])
    G.add_edges_from(e)

    #获取节点数和边数
    node = G.number_of_nodes()
    edge = G.number_of_edges()

    #计算节点的介值中心性
    score = nx.betweenness_centrality(G)
    score = sorted(score.items(), key=lambda item: item[1], reverse=True)
```

```
    score = np.array([y for (x, y) in score])  #只取出介值中心性作为列表
    Avg_Between = score.mean()

    #获取航班距离并统计短途和长途航班数量
    distance = np.array(df['DISTANCE'])
    shaul = sum(distance < 700)
    lhaul = len(distance) - shaul
    Mean_dis = distance.mean() * 1.609344      #将平均里程从英里转换成千米

    #将计算结果添加到相应的列表中
    Nodes.append(node)                         #记录飞机场数
    Edges.append(edge)                         #记录路线数
    Mean_dises.append(Mean_dis)                #记录平均飞行里程
    Avg_Betweens.append(Avg_Between)           #记录节点的介值中心性的均值
    Short_haul.append(shaul)                   #记录短途航班数
    Long_haul.append(lhaul)                    #记录长途航班数
```

以上代码是一个循环，用于遍历 1996—2016 年的数据。读取每一年对应的 csv 文件数据，再构建一个有向图 G，将机场间的航线作为图的边。再计算有向图的介数中心性，统计短途和长途航班数量，并计算平均飞行里程。最后，将这些结果添加到对应的列表中。

接下来用可视化方法分析航空网络中节点数和边数随时间变化的情况，代码如下。

```
#定义年份范围
years = range(1996, 2017)

#创建一个 5×4 英寸(1 英寸= 2.54cm)的画布和一个子图
fig, ax = plt.subplots(figsize=(5, 4))

#创建一个共享 x 轴的双坐标轴
ax_sub = ax.twinx()

#设置字体为 SimHei,支持中文显示
plt.rcParams["font.family"] = "SimHei"

#在左侧坐标轴上绘制节点数随年份的变化,使用蓝色方形标记
l1, = ax.plot(years, Nodes, 's-', color='b', label="Nodes")  #s-: square marker
#在右侧坐标轴上绘制边数随年份的变化,使用红色圆形标记
l2, = ax_sub.plot(years, Edges, 'o-', color='r', label="Edges")  #o-:
circular marker

#设置两个坐标轴的刻度方向为内向
ax.tick_params(axis="both", direction="in")
ax_sub.tick_params(axis="both", direction="in")

#设置 x 轴的范围为 1996 到 2016
ax.set_xlim(1996, 2016)
#设置左侧 y 轴的范围为 400 到 1400
ax.set_ylim(400, 1400)
#设置右侧 y 轴的范围为 5000 到 30000
ax_sub.set_ylim(5000, 30000)

#设置 x 轴的刻度为 2000,2005,2010,2015
ax.set_xticks(np.linspace(2000, 2015, 4))
#设置左侧 y 轴的刻度为 400,600,800,1000,1200,1400
```

```
ax.set_yticks(np.linspace(400, 1400, 6))
#设置右侧 y 轴的刻度为 5000,10000,15000,20000,25000,30000
ax_sub.set_yticks(np.linspace(5000, 30000, 6))

#设置 x 轴的标签为"年份"
ax.set_xlabel("Year")
#设置左侧 y 轴的标签为"节点数(N)"
ax.set_ylabel("Number of Nodes (N)")
#设置右侧 y 轴的标签为"边数(E)"
ax_sub.set_ylabel("Number of Edges (E)")

#设置左侧坐标轴的颜色为浅蓝色
ax.spines["left"].set_color("#59d1e6")
#设置右侧坐标轴的颜色为橙色
ax_sub.spines["right"].set_color("#de632d")
#设置左侧坐标轴的线宽为 1
ax.spines["left"].set_linewidth(1)
#设置右侧坐标轴的线宽为 1
ax_sub.spines["right"].set_linewidth(1)

#在右下角添加图例,显示两条折线的标签
plt.legend(handles=[l1, l2], labels=['Number of Nodes', 'Number of Edges'], loc=4)

#将图像保存到../imgs/mine2_1.png 文件中,设置边距为 2 英寸
plt.savefig("../imgs/mine2_1.png", pad_inches=2)

#显示图像
plt.show()
```

这段代码使用 Matplotlib 库绘制一个双坐标轴的折线图,使用 ax 和 ax_sub 两个子图对象,分别表示左侧和右侧的坐标轴。两个子图对象共享 x 轴,但有不同的 y 轴范围和刻度。图 9-22 显示了不同年份的节点数和边数的变化。

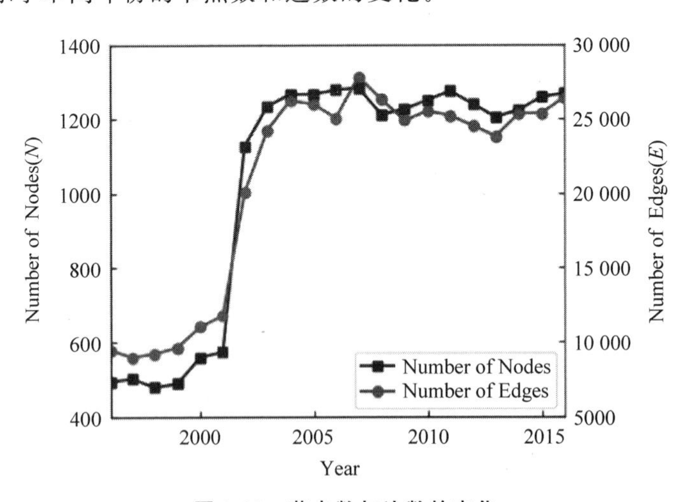

图 9-22 节点数与边数的变化

根据图 9-22 可知,美国航空运输网络总节点数和边数都呈现波动增长的趋势,反映了航空运输业的发展和变化。1996—2016 年,美国航空运输网络总节点数从 400 左右增加到 1200 左右,边数从 5000 左右增加到 25000 左右,表明这段时间内的航空业的扩张和发展,

其中可能包括新机场的建设以及航线的增加。在这期间，美国航空运输网络经历了一些重要的事件和变化，如“9·11”事件、航空公司破产和合并、新机场和航线的开通等，这些都影响了网络的结构和规模。

习题 9

1. 什么是复杂网络的鲁棒性？(　　)
   A. 网络的大小　　B. 网络的稳定性
   C. 网络的密度　　D. 网络的直径
2. 在复杂网络中，鲁棒性通常指的是网络对于什么样的变化或攻击的抵抗力？(　　)
   A. 网络节点数量的增加　　B. 随机噪声的增加
   C. 网络密度的减小　　D. 节点之间连接的减少
3. 复杂网络中的渗流理论主要关注(　　)。
   A. 节点的度数　　B. 信息或影响的传播
   C. 节点的位置　　D. 网络的密度
4. 在渗流理论中，渗流阈值是指(　　)。
   A. 网络的大小　　B. 节点的度数
   C. 信息或影响传播的阈值　　D. 网络的直径
5. 渗流模型中的渗流阈值越高，意味着节点对信息或影响的传播越(　　)。
   A. 不敏感　　B. 敏感
   C. 稳定　　D. 频繁
6. 在渗流模型中，节点的度数与渗流阈值有什么关系？(　　)
   A. 正相关　　B. 负相关
   C. 无关　　D. 取决于节点的颜色
7. 什么是渗流临界指数？(　　)
   A. 描述网络的直径　　B. 描述渗流过程的速度
   C. 描述节点的颜色　　D. 描述网络的密度
8. 在复杂网络中，随机攻击是指(　　)。
   A. 针对网络中所有节点的攻击　　B. 针对网络中特定节点的攻击
   C. 以随机顺序删除节点或连接的攻击　　D. 仅攻击网络中度数最高的节点
9. 随机攻击会导致网络的鲁棒性(　　)。
   A. 提高　　B. 降低
   C. 无影响　　D. 取决于网络的大小
10. 蓄意攻击是指(　　)。
    A. 随机删除网络中的节点　　B. 针对网络中特定节点的有目的攻击
    C. 提高网络中所有节点的度数　　D. 无规律地删除节点
11. 与随机攻击相比，蓄意攻击对网络的影响更容易(　　)。
    A. 预测　　B. 控制
    C. 忽略　　D. 衡量

12. 随机攻击与蓄意攻击的主要区别在于(　　)。

A. 攻击的目标　　B. 攻击的强度

C. 攻击的速度　　D. 攻击的时机

13. 什么是级联失效?(　　)

A. 单个节点的失效

B. 链式节点的失效

C. 多个节点相继失效,引发系统范围内的连锁反应

D. 随机节点的失效

14. 在级联失效中,失效可能通过什么途径传播?(　　)

A. 仅通过节点　　B. 仅通过连接

C. 通过节点或连接　　D. 通过网络中心

15. 级联失效可能导致系统的哪种性质?(　　)

A. 稳定性增加　　B. 鲁棒性提高

C. 失效的节点得到修复　　D. 系统崩溃或失效

16. 在网络中,什么因素可能增加级联失效的风险?(　　)

A. 高度集中的节点　　B. 随机连接的节点

C. 节点的度数越低越好　　D. 节点的颜色

17. 沙堆模型的基本思想是(　　)。

A. 描述沙滩上的浪潮形成过程　　B. 模拟沙漠沙丘的形成

C. 模拟沙粒在网格上的积累和崩溃　　D. 描述沙滩上的潮汐变化

18. 在沙堆模型中,当一个格子中的沙粒数量达到一定阈值时,会发生什么?(　　)

A. 沙堆中的沙粒开始减少　　B. 沙堆中的沙粒增加

C. 沙堆中的沙粒保持不变　　D. 沙堆会转移到相邻的格子

19. 沙堆模型的应用领域通常涉及什么类型的系统?(　　)

A. 天气系统　　B. 金融系统

C. 生态系统　　D. 自组织临界系统

20. Cascade 模型是用来描述什么现象的?(　　)

A. 复杂网络的结构

B. 信息或影响的传播导致节点激活或失活

C. 节点之间的连接断裂

D. 网络的稳定性指标

21. 在 Cascade 模型中,节点的状态改变是由什么触发的?(　　)

A. 节点度数　　B. 渗流阈值　　C. 网络密度　　D. 节点的颜色

22. 在级联过程中,渗流阈值表示(　　)。

A. 信息传播的速度　　B. 影响传播的概率

C. 节点失效的临界条件　　D. 网络的稳定性指标

第 10 章 二分网络

10.1 二分网络的定义

二分网络，也称为二分图或二部图，是图论中的一个重要概念，是一种具有特殊构成特征的网络。一个简单网络 $G=(V,E)$ 为二分网络，网络节点集合 V 中存在一对节点集合 X 和 Y，且满足以下条件。

① $X \cap Y = \varnothing$。

② $X \cup Y = V$。

③ E 中任意边一定恰有一个顶点在集合 X 中，另一个顶点在 Y 中。

那么就称 G 为一个二分图，记为 $G=(X,Y,E)$。

二分网络具有广泛的应用，可以用于推荐系统、文献引用网络、零售与供应链，以及生物网络研究等领域。例如，在推荐系统中，二分网络可用于建模用户和物品之间的关系。通过分析用户对物品的交互模式，可以使用推荐算法为用户提供个性化的推荐。在文献引用网络中，二分网络可以用于作者和论文之间的关系建模，通过分析作者与论文的连接模式，可以研究学术合作网络、引用关系、作者影响力等问题。在零售与供应链网络中，二分网络可以用于表示供应商和产品之间的关系。通过分析供应商与产品的交易记录，可以进行供应链管理、库存优化和销售预测等任务。在生物网络研究中，用二分网络研究蛋白质相互作用网络、基因调控网络等有助于理解生物演变过程和疾病发展机理。

例 10-1 下面用 Python 代码创建一个二分网络图。

首先，通过以下命令安装 NetworkX 库和 Matplotlib 库。

```
pip install networkx matplotlib
```

然后，可以使用以下 Python 代码创建和可视化一个简单的二分网络。

```
import networkx as nx
import matplotlib.pyplot as plt
#创建一个二分网络
G = nx.Graph()
#添加节点集合 A 和 B
nodes_a = ['A1', 'A2', 'A3']
nodes_b = ['B1', 'B2', 'B3']
G.add_nodes_from(nodes_a, bipartite=0)   #bipartite=0 表示节点属于集合 A
G.add_nodes_from(nodes_b, bipartite=1)   #bipartite=1 表示节点属于集合 B
```

```
#添加边
edges = [('A1', 'B1'), ('A1', 'B2'), ('A2', 'B2'), ('A3', 'B3')]
G.add_edges_from(edges)
#可视化二分网络
pos = nx.spring_layout(G)  #使用布局算法确定节点的位置
#分别绘制节点集合 A 和 B
nodes_a = [node for node in G.nodes() if G.nodes[node]['bipartite'] == 0]
nodes_b = [node for node in G.nodes() if G.nodes[node]['bipartite'] == 1]
#绘制节点集合 A
nx.draw_networkx_nodes(G, pos,
    nodelist=nodes_a, node_color='g', label='Set A')
#绘制节点集合 B
nx.draw_networkx_nodes(G, pos,
    nodelist=nodes_b, node_color='y', label='Set B')
#绘制边
nx.draw_networkx_edges(G, pos)
nx.draw_networkx_labels(G, pos)
#将绘制的图像进行组合
plt.legend()
plt.axis('off')
#显示标题
plt.title('Bipartite Network')
#显示整个图像
plt.show()
```

这段代码首先创建一个简单的二分网络，其中有两个节点集合 A 和 B，然后添加一些边。接下来，使用 NetworkX 库的布局算法确定节点的位置，并使用 Matplotlib 库进行可视化。代码运行结果如图 10-1 所示，节点集合 A 用黑色表示，节点集合 B 用灰色表示，$A2$ 节点与 $B2$ 节点相连，$A1$ 节点与 $B1$、$B2$ 节点相连，$A3$ 节点与 $B3$ 节点相连。

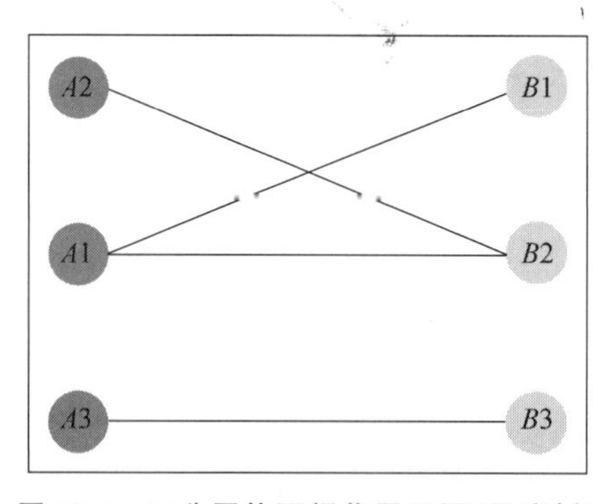

图 10-1　二分网络可视化展示图(见彩插)

10.2　二分网络的矩阵表达

二分网络可以使用邻接矩阵表示，邻接矩阵是一个二维矩阵，其中的行和列分别对应网络中的两个不相交的节点集合。二分网络图 $G=(U,V,E)$ 的邻接矩阵 $\mathbf{A}=(a_{ij})_{N\times M}$ 是一个 $N\times M$ 阶矩阵，其中 i 表示邻接矩阵的行，指节点来自其中一个节点集合 $U=\{u_1, u_2, \cdots, u_i, \cdots, u_N\}$，$j$ 表示邻接矩阵的列，指节点来自另一个节点集合 $V=\{v_1, v_2, \cdots,$

$v_j,\cdots,v_M\}$，第 i 行第 j 列上的元素 a_{ij} 定义如下。

（1）无权二分网络。

$$a_{ij}=\begin{cases}1, & \text{节点 } i \text{ 和节点 } j \text{ 之间有边}\\ 0, & \text{节点 } i \text{ 和节点 } j \text{ 之间没有边}\end{cases} \tag{10-1}$$

（2）加权二分网络。

$$a_{ij}=\begin{cases}w_{ij}, & \text{节点 } i \text{ 和节点 } j \text{ 之间有权值为 } w_{ij} \text{ 的边}\\ 0, & \text{节点 } i \text{ 和节点 } j \text{ 之间没有边}\end{cases} \tag{10-2}$$

无权二分图示例如下。

$$\boldsymbol{A}=\begin{bmatrix}1 & 0 & 1 & 0\\ 0 & 1 & 0 & 1\\ 1 & 1 & 0 & 1\end{bmatrix}$$

在这个无权二分网络示例中，u_1 与 v_1、v_3 相连，u_2 与 v_2、v_4 相连，u_3 与 v_1、v_2、v_4 相连。加权二分图示例如下。

$$\boldsymbol{A}=\begin{bmatrix}2 & 0 & 3 & 0\\ 0 & 5 & 0 & 1\\ 3 & 0 & 7 & 0\end{bmatrix}$$

在这个加权二分网络示例中，u_1 与 v_1 相连边权重为 2，u_1 与 v_3 相连边权重为 3，u_2 与 v_2 相连边权重为 5、u_2 与 v_4 相连边权重为 1，u_3 与 v_1 相连边权重为 3，u_3 与 v_3 相连边权重为 7。

10.3　二分网络的投影方式

将二分网络投影到单一节点集合上的过程通常称为网络投影。在二分网络中，存在两个不相交的节点集合，可以通过投影将其转换为一个更简化的网络。

在二分网络中，存在两种常见的投影方式，分别为无权投影和加权投影。这些投影方式可以帮助我们在分析二分网络时降低复杂性，并聚焦于特定的节点集合之间的关系。具体的投影方式会根据问题的需求而有所不同，选择合适的投影方式可以使网络分析更加精确和有效。

10.3.1　无权投影

对于无权二分网络 $G=(U,V,E)$，其中 U 和 V 分别是它的两个节点集合，$U=\{u_1,u_2,\cdots,u_i,\cdots,u_N\}$，$V=\{v_1,v_2,\cdots,v_j,\cdots,v_M\}$，将二分网络投影到节点集合 U 或节点集合 V 中，构成的单分图，称为该无权二分图到单分图的投影。在二分网络 G 到节点集合 U 的投影过程中，如果在原网络 G 中，U 集合的两个节点 u_i 和 u_j 同时与集合 V 的节点 v_k 存在连边，则在对节点集合 U 的投影构成的单分图中，u_i 和 u_j 将存在连边。以此类推，在二分网络 G 到节点集合 V 的投影过程中，如果在原网络 G 中，V 集合的两个节点 v_i 和 v_j 同时与集合 U 的节点 u_k 存在连边，则在对节点集合 V 的投影构成的单分图中，v_i 和 v_j 将存在连边。具体的一个实例如图 10-2 所示。

例 10-2　假设有一个无权二分网络 $G=(U,V,E)$，其中 U 和 V 分别是图 G 的两个节点集合，其中节点集合 $U=\{u_1,u_2,u_3\}$，节点集合 $V=\{v_1,v_2,v_3\}$，网络中的边 e_{ij} 表示 $u_i(u_i\in U)$ 连接 $v_j(v_j\in V)$ 的一条边，边集 $E=\{e_{12},e_{21},e_{23},e_{32}\}$，用 Python 代码实现将二

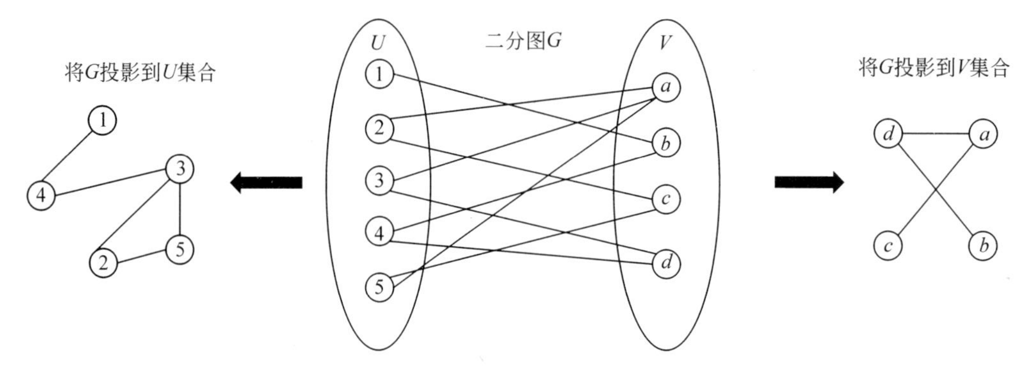

图 10-2 一个二分图可以投影为两个单分图

分网络 G 投影到节点集合 U 中。

示例代码如下。

```
import networkx as nx
import matplotlib.pyplot as plt
#创建一个二分图
G = nx.Graph()
U = ["u1", "u2", "u3"]
V = ["v1", "v2", "v3"]
edges = [("u1", "v2"), ("u2", "v1"), ("u2", "v3"), ("u3", "v2")]
G.add_nodes_from(U, bipartite=0)
G.add_nodes_from(V, bipartite=1)
G.add_edges_from(edges)
#可视化二分网络
pos = nx.circular_layout(G)  #使用布局算法确定节点的位置
#分别绘制节点集合 A 和 B
nodes_a = [node for node in G.nodes() if G.nodes[node]['bipartite'] == 0]
nodes_b = [node for node in G.nodes() if G.nodes[node]['bipartite'] == 1]
nx.draw_networkx_nodes(G, pos, nodelist=nodes_a, node_size=2000)
nx.draw_networkx_nodes(G, pos, nodelist=nodes_b, node_size=2000)
nx.draw_networkx_edges(G, pos)
nx.draw_networkx_labels(G, pos)
plt.show()
#进行无权投影
projection = nx.bipartite.projected_graph(G, U)
#创建一个图布局
layout = nx.spring_layout(projection)
#绘制节点
nx.draw(projection, layout, with_labels=True, node_size=1000)
#显示图
plt.show()
```

代码运行结果如图 10-3 所示，图中显示了集合 U 与集合 V 的节点相连情况，即 v_2 节点与 u_3、u_1 节点相连，u_2 节点与 v_1、v_3 节点相连。

如图 10-4 所示，将所有二分图节点投影到 U 节点集合后的图像，由于 u_1 和 u_3 节点在投影前原网络中的两个节点在同一个集合中存在边相连，所以投影后 u_1 与 u_3 存在一条边。

NetworkX 库中的无权投影函数 projected_graph 源代码解析如下。

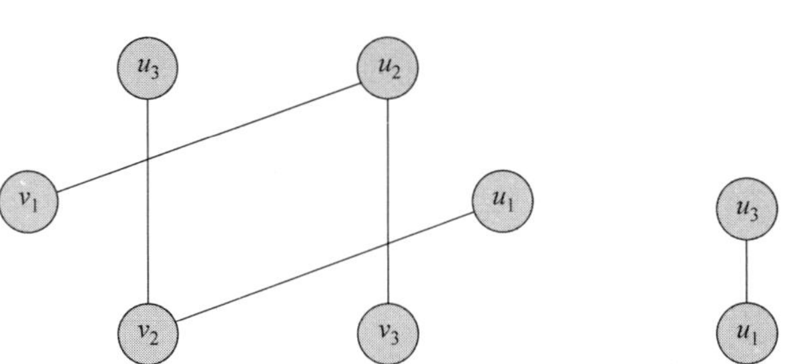

图 10-3 无权投影前可视化图

图 10-4 无权投影后可视化图

```
def projected_graph(B, nodes, multigraph=False):
#检查B是否为多重图
if B.is_multigraph():
    raise nx.NetworkXError("not defined for multigraphs")
#检查B是否为有向图
if B.is_directed():
    directed = True
    #如果multigraph为True,则创建MultiDiGraph,否则创建DiGraph
    if multigraph:
        G = nx.MultiDiGraph()
    else:
        G = nx.DiGraph()
else:
    directed = False
    #如果multigraph为True,则创建MultiGraph,否则创建Graph
    if multigraph:
        G = nx.MultiGraph()
    else:
        G = nx.Graph()

#使用B的属性更新图形属性
G.graph.update(B.graph)
#将B中的节点添加到G中
G.add_nodes_from((n, B.nodes[n]) for n in nodes)
#将B中的边添加到G中
for u in nodes:
    nbrs2 = {v for nbr in B[u] for v in B[nbr] if v != u}
    if multigraph:
        for n in nbrs2:
    if directed:
        links = set(B[u]) & set(B.pred[n])
    else:
        links = set(B[u]) & set(B[n])
    for l in links:
        if not G.has_edge(u, n, l):
            G.add_edge(u, n, key=l)
    else:
        G.add_edges_from((u, n) for n in nbrs2)
#返回添加注释后的图形
return G
```

例 10-3 一个电影推荐平台中包含大量用户、电影和演员,这个平台可以建模为一个演员-电影的二分网络,其中演员和电影分别属于两个不同的节点集合,而边则表示演员参演了某部电影。通过对这个二分网络进行无权投影,可以得到演员-演员关系网络。如果他们参演了同一部电影,则两个演员之间存在一条边,这个投影后的网络反映了演员之间的合作关系。也可以投影为一个电影-电影关系网络,如果两部电影都有同一个演员参演,两部电影之间就存在一条边,请用 Python 代码绘制二分网络投影到单一节点集合后的演员-演员网络图和电影-电影网络图。

示例代码如下。

```
import networkx as nx
import matplotlib.pyplot as plt
#创建一个二分图
G = nx.Graph()
U = ["演员 1", "演员 2", "演员 3", "演员 4", "演员 5", "演员 6", "演员 7"]
V = ["电影 1", "电影 2", "电影 3", "电影 4", "电影 5",]
edges = [("演员 1", "电影 1"), ("演员 1", "电影 2"), ("演员 2", "电影 3"),
         ("演员 3", "电影 1"),
         ("演员 3", "电影 4"), ("演员 4", "电影 2"), ("演员 4", "电影 5"),
         ("演员 5", "电影 2"), ("演员 5", "电影 4"), ("演员 6", "电影 2"),
         ("演员 6", "电影 3"),
         ("演员 6", "电影 5"), ("演员 7", "电影 1"), ("演员 7", "电影 3")]
G.add_nodes_from(U, bipartite=0)
G.add_nodes_from(V, bipartite=1)
G.add_edges_from(edges)
#可视化二分网络
pos = nx.bipartite_layout(G, U)  #使用布局算法确定节点的位置
#分别绘制节点集合 A 和 B
nodes_a = [node for node in G.nodes() if G.nodes[node]['bipartite'] == 0]
nodes_b = [node for node in G.nodes() if G.nodes[node]['bipartite'] == 1]
nx.draw_networkx_nodes(G, pos, nodelist=nodes_a, node_size=1000)
nx.draw_networkx_nodes(G, pos, nodelist=nodes_b, node_size=1000)
nx.draw_networkx_edges(G, pos)
nx.draw_networkx_labels(G, pos)
plt.rcParams['font.sans-serif'] = ['SimHei']  #选择合适的中文字体
plt.rcParams['axes.unicode_minus'] = False  #解决负号显示问题
plt.show()
#进行无权投影
projection = nx.bipartite.projected_graph(G, U)
#创建一个图布局
layout = nx.spring_layout(projection)
#绘制节点
nx.draw(projection, layout, with_labels=True, node_size=1000)
#显示图
plt.show()
#进行无权投影
projection = nx.bipartite.projected_graph(G, V)
#创建一个图布局
layout = nx.spring_layout(projection)
#绘制节点
nx.draw(projection, layout, with_labels=True, node_size=1000)
#显示图
plt.show()
```

演员-电影二分网络图如图 10-5 所示,一共有 7 位演员,图中展示了他们与 5 部电影之间的关系,演员与电影相连表示该演员参演了这部电影。

演员-演员关系图如图 10-6 所示,将演员-电影二分网络投影到演员节点集合中,演员与演员之间的连边表示两个演员共同参演过电影。

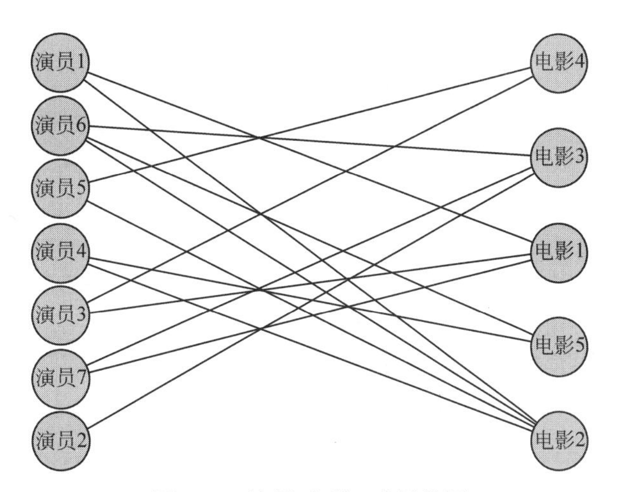

图 10-5 演员-电影二分网络图

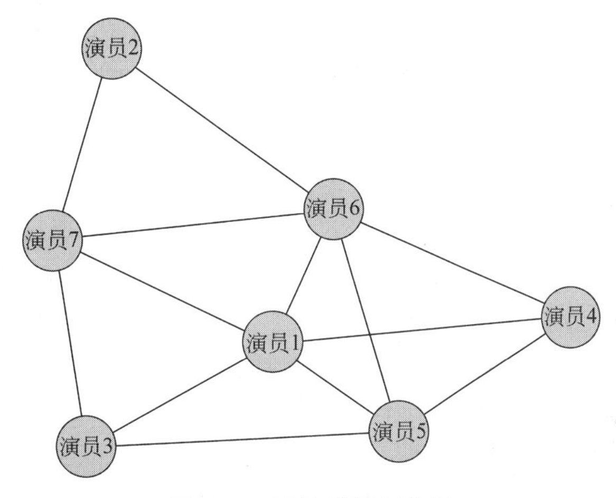

图 10-6 演员-演员网络图

电影-电影关系图如图 10-7 所示，将演员-电影二分网络投影到电影节点集合中，电影与电影之间的连边表示两部电影有相同的演员参演。

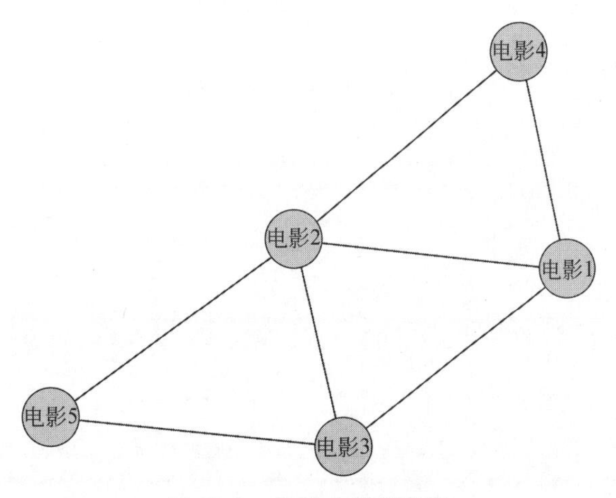

图 10-7 电影-电影网络图

10.3.2 加权投影

一个简单无向加权二分网络记为 $G=(U,V,E,W)$，其中 U 和 V 分别是它的两个节点集合，即 $U=\{u_1,u_2,\cdots,u_i,\cdots,u_N\}$，$V=\{v_1,v_2,\cdots,v_j,\cdots,v_M\}$；$E$ 是边的集合，$E=\{e_{12},e_{13},\cdots,e_{ij},\cdots,e_{HK}\}$；$W$ 是一个赋权函数。其中任意一条边对应一个节点的二元组，即 $e_{ij}=\{u_i,v_j\}$，且对于 $W:E\rightarrow\mathbf{R}^+$，记 $W(e_{ij})=w_{ij}$，其中正实数 w_{ij} 表示 u_i 和 v_j 之间连接的权重。若 u_i 和 v_j 之间没有连边，则 $w_{ij}=0$。简单无向加权网络满足以下 3 个条件。

（1）节点不能自己和自己连接，即不允许存在诸如 $e_{ij}=\{v_i,v_j\}$ 这样的边。

（2）节点之间最多只能有一条连边，不允许出现多条连边。对于任意两条边 e_{ij},e_{kh}，不会出现诸如 $e_{ij}=e_{kh}=\{u_i,v_j\}=\{u_k,v_h\}$ 这样的情况。注意，当两个节点之间存在多条连边时，可以将其表示为一条含权的边，边的数目即为权重。

（3）连边没有方向性，即 $\{u_i,v_j\}\equiv\{v_j,u_i\}$。

在加权投影中，除了将节点集合投影到新的网络中，还考虑了原网络中边的权重。如果原网络中的同一集合中两个节点存在连接相同的另一个集合的节点，那么在投影后的网络中，对应的节点之间将存在一条连边，且该边被赋予的权重可以是依据这些边重新赋予的新权重。

例 10-4 一个简单无向加权二分网络，记为 $G=(U,V,E,W)$，其中 U 和 V 分别是它的两个节点集合，$U=\{u_1,u_2,u_3\}$，$V=\{v_1,v_2,v_3\}$；E 是边的集合，$E=\{e_{12},e_{21},e_{23},e_{32}\}$，网络中的边 e_{ij} 表示 $u_i(u_i\in U)$ 到 $v_j(v_j\in V)$ 的一条边；W 是权重函数，可设置为指定原图相连边之和，网络中的权重 w_{ij} 表示边 e_{ij} 边上的权重，假设原图 G 中 u_c 与 u_f 相连接，共同节点为 v_j，将原图 G 投影到集合 U 中，投影后新生成的边为 e_{cf}，新生成投影的连边的权重 $w_{cf}=w_{cj}+w_{jf}$，将二分网络 G 投影到节点集合 U 中。

示例代码如下。

```
import networkx as nx
import matplotlib.pyplot as plt
#创建一个带权重的二分图
G = nx.Graph()
U = ["u1", "u2", "u3"]
V = ["v1", "v2", "v3"]
edges = [("u1", "v2", {"weight": 3}),
         ("u2", "v1", {"weight": 5}),
         ("u2", "v3", {"weight": 2}),
         ("u3", "v2", {"weight": 4})]
G.add_nodes_from(U, bipartite=0)
G.add_nodes_from(V, bipartite=1)
G.add_edges_from(edges)
#创建一个图布局
layout = nx.circular_layout(G)
#提取边的权重
edge_weights = [data["weight"] for u, v, data in G.edges(data=True)]
#绘制节点
nx.draw(G, layout, with_labels=True, node_size=1000)
#绘制边的权重
edge_labels = {(u, v): d["weight"] for u, v, d in G.edges(data=True)}
nx.draw_networkx_edge_labels(G, layout, edge_labels=edge_labels, font_size=10)
#显示图
```

```
plt.show()
#进行二分图的加权投影
projection = nx.bipartite.weighted_projected_graph(G, U)
#提取边的权重
edge_weights = [data["weight"] for u, v, data in projection.edges(data=True)]
#创建一个图布局
layout = nx.spring_layout(projection)
#绘制节点
nx.draw(projection, layout, with_labels=True, node_size=1000)
#绘制边的权重
edge_labels = {(u, v): d["weight"] for u, v, d in projection.edges(data=True)}
nx.draw_networkx_edge_labels(projection, layout, edge_labels=edge_labels,
font_size=10)
#显示图
plt.show()
```

代码运行结果如图 10-8 所示，节点及相对应的权重显示在其边上，节点 u_2 与 v_1 连接边的权重为 5，节点 u_2 与 v_3 连接边的权重为 2，节点 v_2 与 u_3 连接边的权重为 4，节点 v_2 与 u_1 连接边的权重为 3。

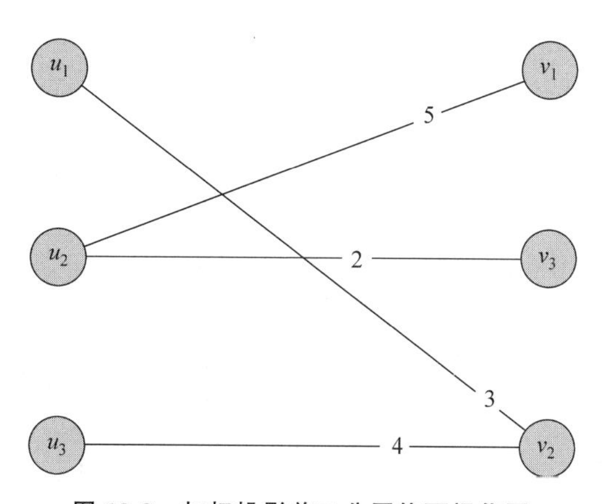

图 10-8　加权投影前二分网络可视化图

类似无权投影的投影方式，不同之处在于相连边被赋予新的权值 7，运行结果如图 10-9 所示。投影前同一集合 U 中，节点 u_3 与 u_1 之间连接，有共同的节点 v_2，所以投影后会有新的边，以及其赋予的权重为原两边权值之和 7，投影前节点 u_2 没有与其相连接的节点，所以投影后为单独的节点。

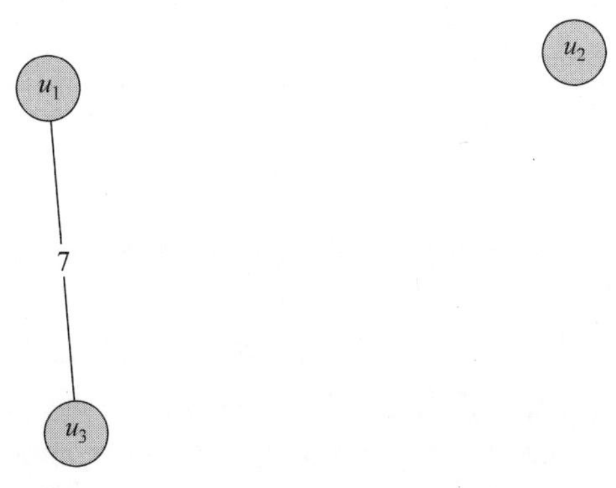

图 10-9　二分网络加权投影后的可视化图

二分网络加权投影代码解析如下。

```
#检查图 B 是否是有向图
def weighted_projected_graph(B, nodes, ratio=False):
if B.is_directed():
    #如果是有向图,使用 DiGraph 创建一个新的有向图 G
    pred = B.pred
    G = nx.DiGraph()
else:
    #如果是无向图,使用 Graph 创建一个新的无向图 G
    pred = B.adj
    G = nx.Graph()
#更新 G 的图属性,将其属性更新为与 B 相同
G.graph.update(B.graph)
#将节点添加到 G 中,这些节点是来自 B 的 nodes 集合
G.add_nodes_from((n, B.nodes[n]) for n in nodes)
#计算未被投影的节点数
n_top = len(B) - len(nodes)
#如果 n_top 小于 1,则抛出一个异常,表示无法进行投影
if n_top < 1:
    raise NetworkXAlgorithmError(
        f"要进行投影的节点数({len(nodes)})大于图的节点数({len(B)}).\n"
        "这可能是无效的二分图划分或包含重复节点"
    )
#遍历所有的节点 u
for u in nodes:
    #获取节点 u 的邻居节点集合
    unbrs = set(B[u])
    #初始化一个空集合,用于存储节点 u 的邻居节点
    nbrs2 = {n for nbr in unbrs for n in B[nbr]} - {u}
    #遍历节点 v,它是节点 u 的邻居节点
    for v in nbrs2:
    #获取节点 v 的前驱节点集合
    vnbrs = set(pred[v])
    #计算节点 u 的邻居节点和节点 v 的前驱节点之间的交集
    common = unbrs & vnbrs
    #如果 ratio 为 False,将权重设置为交集的大小
    if not ratio:
        weight = len(common)
    #如果 ratio 为 True,将权重设置为交集大小除以 n_top
    else:
        weight = len(common) / n_top
    #向图 G 中添加从节点 u 到节点 v 的带权边
    G.add_edge(u, v, weight=weight)
#返回构建的图 G
return G
```

例 10-5 基因与疾病的关联网络是一个典型的二分网络,其中基因和疾病分别属于两个节点集合,边表示基因与疾病之间的关联。在这个网络中,一个基因可能与多个疾病相关,而一个疾病也可能与多个基因相关。通过二分加权投影,可以得到基因-基因网络和疾病-疾病网络,进而分析基因之间或疾病之间的关系。其生成的新边的权值为原图相连同一节点的边的权值之和。对于基因-基因网络,两个基因之间的边表示这两个基因与相同的疾病有关系,边上的权重表示这两个基因之间的相关联强度。同样,对于疾病-疾病网络,两个疾病之间的连边表示这两个疾病与相同的基因有关系,边上的权重表示两个疾病相关联强度,请用 Python 代码绘制二分网络投影到单一节点集合后的基因-基因网络图和疾病-疾病

网络图。

```
import networkx as nx
import matplotlib.pyplot as plt
#创建一个带权重的二分图
G = nx.Graph()
U = ["疾病 1", "疾病 2", "疾病 3", "疾病 4", "疾病 5"]
V = ["基因 1", "基因 2", "基因 3", "基因 4", "基因 5", "基因 6", "基因 7", "基因 8"]
edges = [("疾病 1", "基因 1", {"weight": 3}),
         ("疾病 1", "基因 2", {"weight": 5}),
         ("疾病 2", "基因 2", {"weight": 6}),
         ("疾病 2", "基因 5", {"weight": 4}),
         ("疾病 2", "基因 7", {"weight": 2}),
         ("疾病 3", "基因 4", {"weight": 2}),
         ("疾病 3", "基因 6", {"weight": 4}),
         ("疾病 4", "基因 3", {"weight": 3}),
         ("疾病 4", "基因 4", {"weight": 2}),
         ("疾病 4", "基因 5", {"weight": 7}),
         ("疾病 5", "基因 1", {"weight": 6}),
         ("疾病 5", "基因 6", {"weight": 2}),
         ("疾病 5", "基因 8", {"weight": 4})]
G.add_nodes_from(U, bipartite=0)
G.add_nodes_from(V, bipartite=1)
G.add_edges_from(edges)
#创建一个图布局
layout = nx.bipartite_layout(G,V)
#提取边的权重
edge_weights = [data["weight"] for u, v, data in G.edges(data=True)]
#创建颜色列表
colors = ["green" if node in U else "yellow" for node in G.nodes()]
#绘制节点
nx.draw(G, layout, with_labels=True, node_size=1000, node_color=colors)
#绘制边的权重
edge_labels = {(u, v): d["weight"] for u, v, d in G.edges(data=True)}
nx.draw_networkx_edge_labels(G, layout, edge_labels=edge_labels, font_size=
10)
plt.rcParams['font.sans-serif'] = ['SimHei']      #选择合适的中文字体
plt.rcParams['axes.unicode_minus'] = False        #解决负号显示问题
plt.axis('off')
#显示图
plt.show()
#进行二分图的加权投影
projection = weighted_projected_graph(G, U)
#提取边的权重
edge_weights = {(u, v): data["weight"] for u, v, data in projection.edges(data=
True)}
#创建一个图布局
layout = nx.spring_layout(projection, k=1.5)      #调整 k 值以改变节点之间的距离
#绘制节点
nx.draw(projection, layout, with_labels=True, node_size=2000, node_color=
"green")
#绘制边的权重
edge_labels = {(u, v): d["weight"] for u, v, d in projection.edges(data=True)}
nx.draw_networkx_edge_labels(projection, layout, edge_labels=edge_labels,
font_size=10)
#显示图
plt.show()
projection = weighted_projected_graph(G, V)
#提取边的权重
```

```
edge_weights = {(u, v): data["weight"] for u, v, data in projection.edges(data=
True)}
#创建一个图布局
layout = nx.spring_layout(projection, k=1.5)  #调整 k 值以改变节点之间的距离
#绘制节点
nx.draw(projection,layout,with_labels=True,node_size=2000,node_color=
"green")
#绘制边的权重
edge_labels = {(u, v): d["weight"] for u, v, d in projection.edges(data=True)}
nx.draw_networkx_edge_labels(projection, layout, edge_labels=edge_labels,
font_size=10)
#显示图
plt.show()
```

疾病-基因加权关系图如图 10-10 所示，是由 5 种疾病与 8 个基因组成的二分图，其中的连边表示基因与疾病的相关程度，数值越大表示关联越紧密。

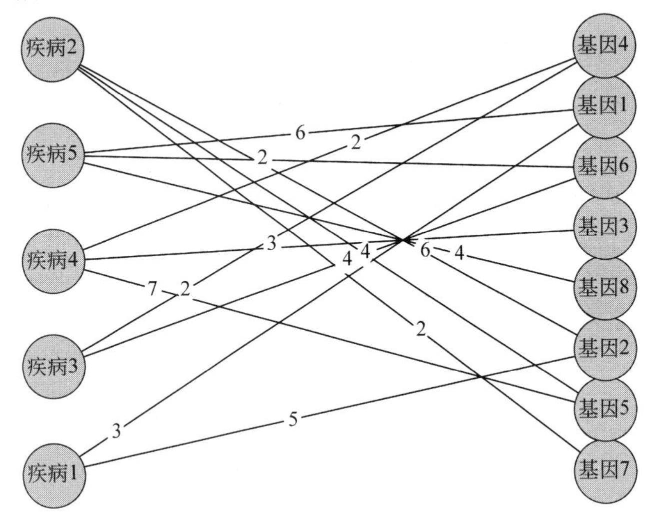

图 10-10　基因-疾病加权二分图

疾病-疾病加权关系图如图 10-11 所示，疾病之间的连边表示两种疾病之间有相同的基因影响，其边上的权值表示其疾病之间的关联程度。

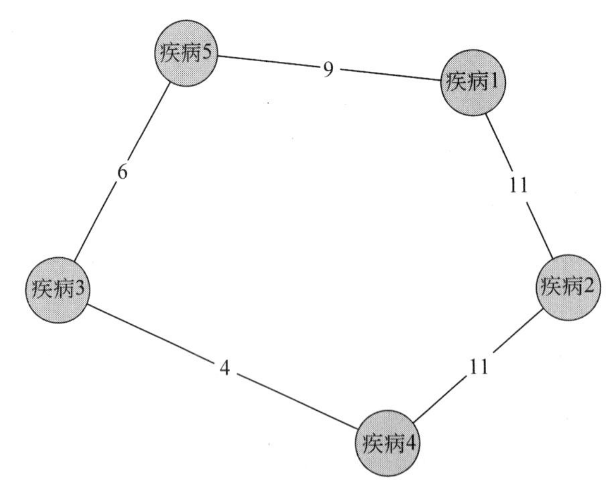

图 10-11　疾病-疾病加权关系图

基因-基因关系图如图10-12所示,不同基因之间的相连边表示两个基因之间影响相同的疾病,其边上的权值表示基因之间联系的关联强度。

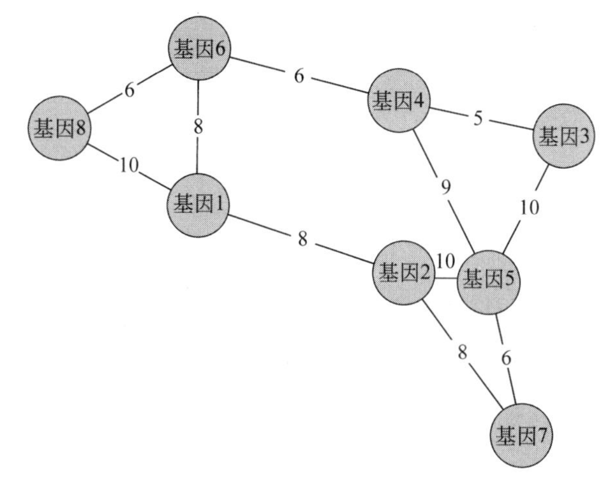

图10-12　基因-基因关系图

10.4　二分图的匹配

设$G=(U,V,E)$为二分图,F为边集E的一个子集,即$F\subseteq E$。如果F中的任意两条边都没有公共节点,那么就称子集F为二分图G的一个匹配。在二分图中,匹配问题是一个经典的组合优化问题,常见的匹配有最大匹配和完美匹配。

10.4.1　最大匹配

在一个二分图中,最大匹配是指找到一个包含尽可能多的边以及边相连的节点的匹配,使得无法再添加更多边构成匹配。最大匹配不一定包含所有的节点,但是它是所有可能匹配中包含边最多的一个匹配,即该二分图的所有匹配中边数最多的匹配。

例10-6　假设有一个二分网络$G=(U,V,E)$,其中U和V分别是它的两个节点集合,$U=\{u_1,u_2,u_3\}$,$V=\{v_1,v_2,v_3\}$,边的集合$E=\{e_{12},e_{21},e_{23},e_{32}\}$,用代码实现二分网络的最大匹配。

示例代码如下。

```
import networkx as nx
import matplotlib.pyplot as plt
#创建一个二分图
G = nx.Graph()
U = ["u1", "u2", "u3"]
V = ["v1", "v2", "v3"]
edges = [("u1", "v2"), ("u2", "v1"), ("u2", "v3"), ("u3", "v2")]
G.add_nodes_from(U, bipartite=0)
G.add_nodes_from(V, bipartite=1)
G.add_edges_from(edges)

pos = nx.circular_layout(G)  #使用布局算法确定节点的位置
```

```
nodes_a = [node for node in G.nodes() if G.nodes[node]['bipartite'] == 0]
nodes_b = [node for node in G.nodes() if G.nodes[node]['bipartite'] == 1]
nx.draw_networkx_nodes(G, pos, nodelist=nodes_a, node_size=2000)
nx.draw_networkx_nodes(G, pos, nodelist=nodes_b, node_size=2000)
nx.draw_networkx_edges(G, pos)
nx.draw_networkx_labels(G, pos)
plt.show()
#计算最大匹配
matching_edges = []
u = [n for n in G.nodes if G.nodes[n]['bipartite'] == 0]
max_matching = nx.bipartite.maximum_matching(G, top_nodes=u)
print("Max Matching:")
for u, v in max_matching.items():
    if G.nodes[u]["bipartite"] == 0:
        matching_edges.append((u, v))
        print(f"{u} -> {v}")
nodes_a = [node for node in G.nodes() if G.nodes[node]['bipartite'] == 0]
nodes_b = [node for node in G.nodes() if G.nodes[node]['bipartite'] == 1]
nx.draw_networkx_nodes(G, pos, nodelist=nodes_a, node_size=2000)
nx.draw_networkx_nodes(G, pos, nodelist=nodes_b, node_size=2000)
nx.draw_networkx_labels(G, pos)
nx.draw_networkx_edges(G, pos, edgelist=matching_edges, edge_color='r', width=2)
plt.show()
```

最大匹配前初始的二分网络图如图 10-13 所示，集合 U 与集合 V 之间存在对应连边。最大匹配运行结果如图 10-14 所示，集合 U 和集合 V 之间的匹配边用黑色实线绘出。

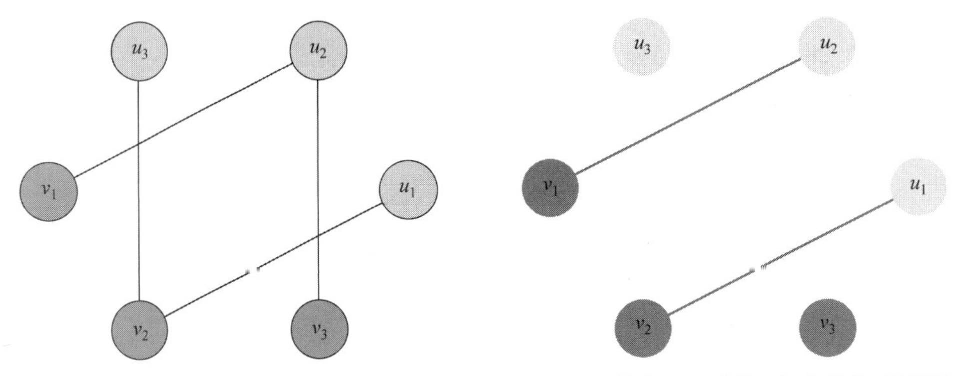

图 10-13 最大匹配前初始的二分网络图 **图 10-14 最大匹配后的可视化图像(见彩插)**

在这个示例中，首先创建了一个简单的二分图，并使用 NetworkX 库里面的函数 bipartite.maximum_matching 计算了最大匹配。

最大匹配源码解释如下。

```
import collections
import itertools
import networkx as nx
from networkx.algorithms.bipartite import sets as bipartite_sets
from networkx.algorithms.bipartite.matrix import biadjacency_matrix
INFINITY = float("inf")
def hopcroft_karp_matching(G, top_nodes=None):
#hopcroft_karp_matching(G, top_nodes=None): 这是主函数，输入是一个二分图 G 和一个
#可选参数 top_nodes，输出是这个二分图的最大匹配
```

```
def breadth_first_search():
    for v in left:
        if leftmatches[v] is None:
            distances[v] = 0
            queue.append(v)
        else:
            distances[v] = INFINITY
    distances[None] = INFINITY
    while queue:
        v = queue.popleft()
        if distances[v] < distances[None]:
            for u in G[v]:
                if distances[rightmatches[u]] is INFINITY:
                    distances[rightmatches[u]] = distances[v] + 1
                    queue.append(rightmatches[u])
    return distances[None] is not INFINITY
#breadth_first_search():这是一个广度优先搜索函数,它在二分图中寻找增广路径。如
#果找到增广路径,它返回 True,否则返回 False

def depth_first_search(v):
    if v is not None:
        for u in G[v]:
            if distances[rightmatches[u]] == distances[v] + 1:
                if depth_first_search(rightmatches[u]):
                    rightmatches[u] = v
                    leftmatches[v] = u
                    return True
        distances[v] = INFINITY
        return False
    return True
#depth_first_search(v):这是一个深度优先搜索函数,它试图沿着给定节点 v 的增广路
#径找到匹配。如果找到匹配,它返回 True,否则返回 False

left, right = bipartite_sets(G, top_nodes)
#这行代码将二分图的节点分为两个集合 left 和 right

leftmatches = {v: None for v in left}
rightmatches = {v: None for v in right}
#这两行代码初始化匹配,开始时没有任何边被匹配
distances = {}
queue = collections.deque()
#这两行代码初始化广度优先搜索所需的距离字典和队列

num_matched_pairs = 0
while breadth_first_search():
    for v in left:
        if leftmatches[v] is None:
            if depth_first_search(v):
                num_matched_pairs += 1
#这个循环在找到增广路径时持续进行深度优先搜索以找到匹配

leftmatches = {k: v for k, v in leftmatches.items() if v is not None}
rightmatches = {k: v for k, v in rightmatches.items() if v is not None}
```

```
    return dict(itertools.chain(leftmatches.items(), rightmatches.items()))
  #这行代码返回最大匹配,它是一个字典,键是节点,值是与之匹配的节点
```

例 10-7 招聘公司和求职者可以被看作二分图中的两个集合,两个集合的连边表示公司是否愿意雇佣某个求职者。通过解决二分图最大匹配问题,可以优化求职者和公司之间的匹配,从而提高职业满意度。

```
import networkx as nx
import matplotlib.pyplot as plt
#创建一个二分图
G = nx.Graph()
U = ["求职者 1", "求职者 2", "求职者 3", "求职者 4", "求职者 5" ]
V = ["公司 1","公司 2","公司 3"]
edges = [("求职者 1", "公司 1"), ("求职者 1", "公司 2"),
         ("求职者 2", "公司 1"), ("求职者 2", "公司 3"),
         ("求职者 3", "公司 2"), ("求职者 4", "公司 3"),
         ("求职者 5", "公司 1")]
G.add_nodes_from(U, bipartite=0)
G.add_nodes_from(V, bipartite=1)
G.add_edges_from(edges)

pos = nx.bipartite_layout(G, U)   #使用布局算法确定节点的位置
nodes_a = [node for node in G.nodes() if G.nodes[node]['bipartite'] == 0]
nodes_b = [node for node in G.nodes() if G.nodes[node]['bipartite'] == 1]
nx.draw_networkx_nodes(G, pos, nodelist=nodes_a, node_size=2000,node_color="y")
nx.draw_networkx_nodes(G, pos, nodelist=nodes_b, node_size=2000,node_color="g")
nx.draw_networkx_edges(G, pos)
nx.draw_networkx_labels(G, pos)
plt.rcParams['font.sans-serif'] = ['SimHei']  #选择合适的中文字体
plt.rcParams['axes.unicode_minus'] = False    #解决负号显示问题
plt.axis('off')
plt.show()
#计算最大匹配
matching_edges = []
u = [n for n in G.nodes if G.nodes[n]['bipartite'] == 0]
max_matching = nx.bipartite.maximum_matching(G, top_nodes=u)
print("Max Matching:")
for u, v in max_matching.items():
    if G.nodes[u]["bipartite"] == 0:
        matching_edges.append((u, v))
        print(f"{u} -> {v}")
nodes_a = [node for node in G.nodes() if G.nodes[node]['bipartite'] == 0]
nodes_b = [node for node in G.nodes() if G.nodes[node]['bipartite'] == 1]
nx.draw_networkx_nodes(G, pos, nodelist=nodes_a, node_size=2000,node_color="y")
nx.draw_networkx_nodes(G, pos, nodelist=nodes_b, node_size=2000,node_color="g")
nx.draw_networkx_labels(G, pos)
nx.draw_networkx_edges(G, pos, edgelist=matching_edges, edge_color='r', width=2)
plt.rcParams['font.sans-serif'] = ['SimHei']  #选择合适的中文字体
plt.rcParams['axes.unicode_minus'] = False    #解决负号显示问题
plt.axis('off')
plt.show()
```

如图 10-15 所示为求职者-公司二分图,有 5 位求职者与 3 家公司,求职者与公司的连边

表示求职者的意向,但每个公司只招收一名员工。尽可能地帮求职者找到公司。

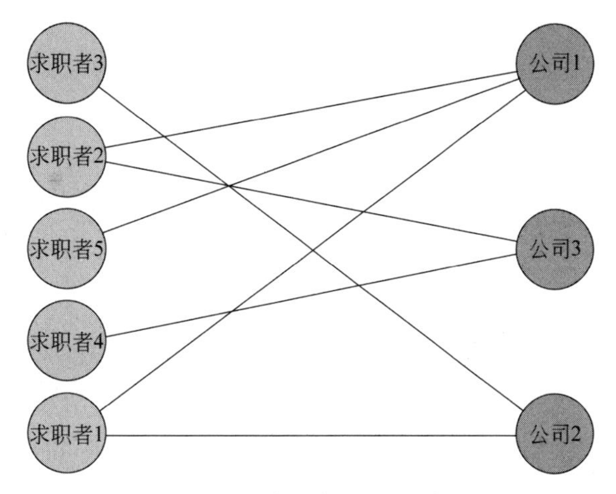

图 10-15　求职者-公司二分图

经过最大匹配算法的匹配之后,求职者 3 与公司 2 匹配成功,求职者 4 与公司 3 匹配成功,求职者 1 与公司 1 匹配成功,如图 10-16 所示。

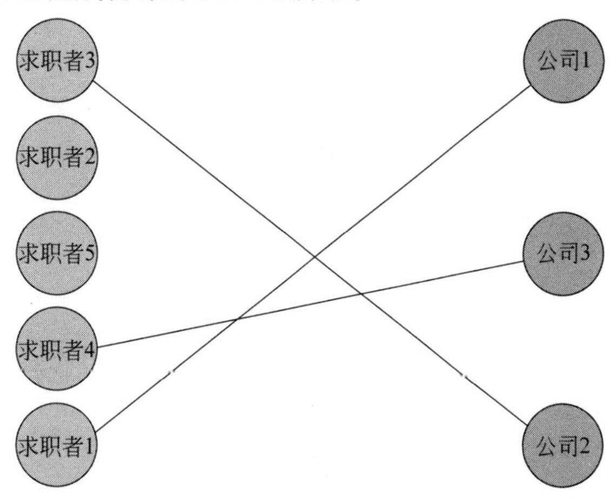

图 10-16　求职者-公司最大匹配之后的图

10.4.2　最大匹配之匈牙利算法

匈牙利算法起源于 1955 年 Kuhn 提出的匈牙利方法(Hungarian Algorithm)。1956 年,Merrill M. Flood 给出了匈牙利算法的实现步骤。1957 年,Munkres 针对该方法做了改进,后来大家习惯称其为匈牙利算法或 Kuhn-Munkres 算法。匈牙利算法是解决最大匹配问题的经典算法。它基于增广路径的思想,通过在匹配中寻找增广路径不断扩展匹配,直到无法找到增广路径为止。

在二分图中,从一个未匹配点出发,依次经过非匹配边、匹配边、非匹配边,以此循环,形成的路径称为交替路径。增广路径是指一条从未在匹配中的边和在匹配中的边交替出现的路径,这条路径的起点和终点分别属于两个不同的子集,且路径的长度为奇数。

匈牙利算法的实质就是不断寻找当前匹配中存在的任一条增广路径,然后对该增广路径中的边进行取反操作(即非匹配边变成已匹配边,已匹配边变成非匹配边。因为增广路径中非匹配边总是比已匹配边多1条,故而取反后整个匹配中已匹配边就比非匹配边数多1条),不断执行上述操作直到匹配中不存在增广路径,说明此时达到最大匹配。

匈牙利算法的具体步骤如下。

(1) 初始化一个空匹配。

(2) 对于每个未匹配的左集合节点,尝试在其邻接右集合节点中找到一个未匹配的节点,如果找到,则进行匹配。

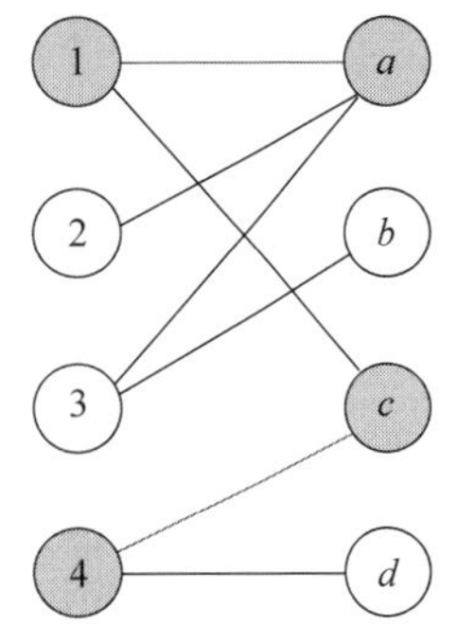

图 10-17 二分网络图(见彩插)

(3) 如果无法找到增广路径,算法终止;否则,标记增广路径上的节点,交替改变路径上的匹配状态。

(4) 重复步骤(2)和(3),直到无法找到增广路径为止。

如图 10-17 所示,左侧集合的 1 号节点与右侧集合的 a 节点以及 c 节点相连,左侧集合的 2 号节点与右侧的 a 节点相连,左侧集合的 3 号节点与右侧集合的 a、b 节点相连,左侧集合的 4 号节点与右侧集合的 c、d 节点相连。灰色节点是已经匹配好的节点,相对应的连边为匹配边,1 号节点已经与 a 节点匹配成功,4 号节点已经与 c 节点匹配成功。

图 10-18 展示了图 10-17 中的一条增广路径,从节点 d 开始到达节点 4,依次经过非匹配边 e_{d4}、匹配边 e_{4c}、非匹配边 e_{c1}、匹配边 e_{1a}、非匹配边 e_{a2},到达未匹配节点 2,即图 10-18 中虚线表示的一条路径。

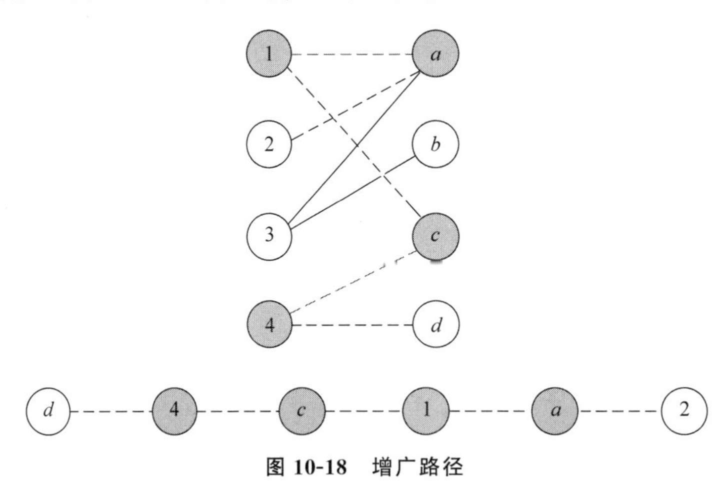

图 10-18 增广路径

图 10-19 演示了使用匈牙利算法寻找二分网络中最大匹配的执行过程。

首先,从未匹配点 a 开始寻找增广路径,显然 $a \to d$ 即为增广路径,进行取反操作,将非匹配边变为已匹配边,于是边 e_{ad} 为已匹配边。接下来,从未匹配点 b 开始寻找增广路径,显然 $b \to d \to a \to e$ 为增广路径,进行取反,于是此时匹配边为 e_{bd}、e_{ae}。最后,从未匹配点 c 开始寻找增广路径,显然 $c \to d \to b \to f$ 为增广路径,进行取反,于是匹配边变为 e_{cd}、e_{bf}、e_{ae}。此时已经找不到更多增广路径,所以实现了此二分图的最大匹配。

例 10-8 输入二分网络的矩阵形式,使用匈牙利算法求解该二分网络的最大匹配,并输出其匹配结果。

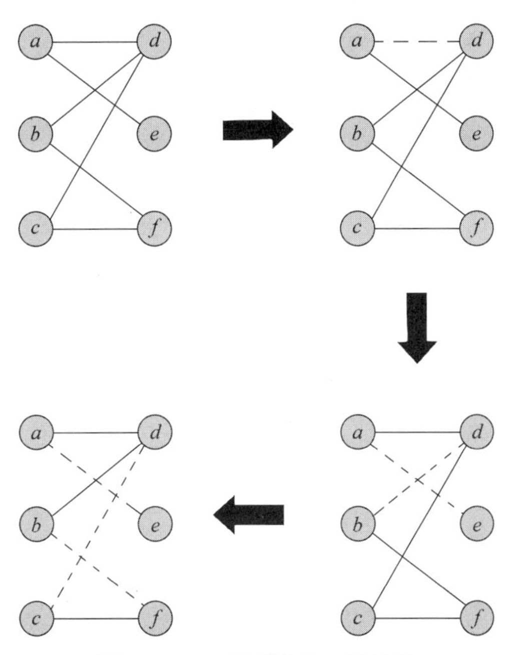

图 10-19　匈牙利算法匹配过程

示例代码如下。

```
def hungarian_algorithm(graph):
    #获取左右节点的数量
    num_left = len(graph)
    num_right = len(graph[0])
    #初始化与-1的匹配,表示没有匹配
    matching = [-1] * num_right
    def find_augmenting_path(node, visited):
        for right_neighbor in range(num_right):
            if (graph[node][right_neighbor] and
                    not visited[right_neighbor]):
                visited[right_neighbor] = True
                if (matching[right_neighbor] == -1
                        or find_augmenting_path(matching[right_neighbor],
                                                visited)):
                    matching[right_neighbor] = node
                    return True
        return False
    #对每个左节点应用该算法
    for left_node in range(num_left):
        visited = [False] * num_right
        find_augmenting_path(left_node, visited)
    return matching
#示例用法
graph = [
    [1, 1, 0, 0],
    [1, 0, 1, 0],
    [0, 1, 0, 1],
    [1, 0, 0, 1]
]
matching = hungarian_algorithm(graph)
#这将显示匹配的结果
```

```
dic={'0':'a','1':'b','2':'c','3':'d'}
for i in range(len(matching)):
    if matching[i] != -1:
        print("二分网络左侧节点", i, "匹配右侧节点", dic[str(matching[i])])
    else:
        print("二分网络左侧节点", i, "没有匹配的右侧节点")
这将显示匹配的结果
```

初始化二分网络展示图如图 10-20 所示。

运行结果如下。

二分网络左侧节点 0 匹配右侧节点 d。

二分网络左侧节点 1 匹配右侧节点 a。

二分网络左侧节点 2 匹配右侧节点 b。

二分网络左侧节点 3 匹配右侧节点 c。

可视化匹配关系如图 10-21 所示。

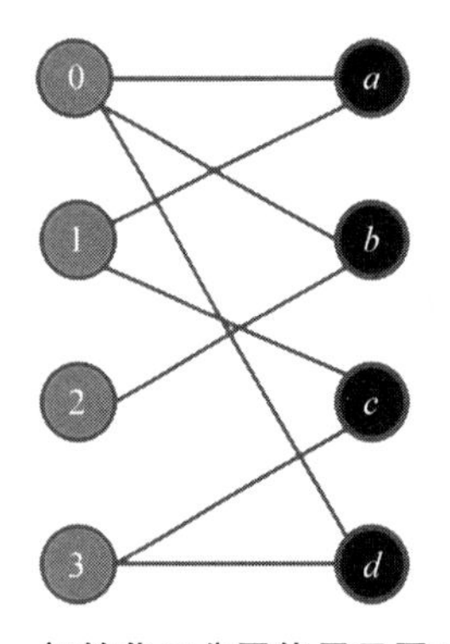

图 10-20　初始化二分网络展示图(见彩插)

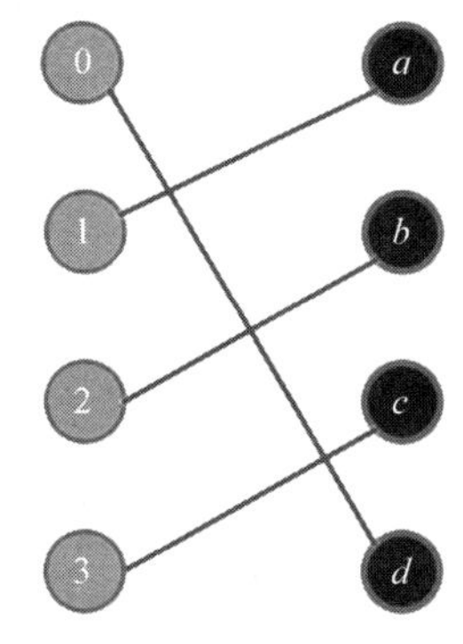

图 10-21　经过匈牙利算法匹配后的二分图(见彩插)

10.4.3　完美匹配

在一个二分图中，如果一个匹配包含图中的所有节点，那么它被称为完美匹配。设 $G=(U,V,E)$为二分图，F 为边集 E 的一个子集，即 $F\subseteq E$。如果 F 中任意两条边都没有公共顶点，那么就称 F 为图 G 的一个匹配。如果集合 U 中任意一个顶点均为匹配 F 中边的端点，则为 U-完美匹配。反之，如果集合 V 中任意一个顶点均为匹配 F 中边的端点，则为 V-完美匹配。如果 F 既是 U-完美匹配又是 V-完美匹配，此时，集合 U 与集合 V 中的节点恰好一一对应，则称其为完美匹配。

例 10-9　假设有一个二分网络 $G=(U,V,E)$，其中 U 和 V 分别是它的两个节点集合，其中节点 $U=\{u_1,u_2,u_3\}$，$V=\{v_1,v_2,v_3\}$，边的集合 $E=\{e_{11},e_{13},e_{21},e_{32}\}$。实现完美匹配需要注意的是，两个集合中的节点数量要相等，才有可能存在完美匹配。以下是使用代码实现完美匹配的简单示例代码。

```
import networkx as nx
import matplotlib.pyplot as plt
#创建一个二分图
G = nx.Graph()
U = ["u1", "u2", "u3"]
```

```
V = ["v1", "v2", "v3"]
edges = [("u1", "v1"),("u1", "v3"), ("u2", "v1"), ("u3", "v2")]
G.add_nodes_from(U, bipartite=0)
G.add_nodes_from(V, bipartite=1)
G.add_edges_from(edges)
#可视化二分网络
pos = nx.circular_layout(G)  #使用布局算法确定节点的位置
#分别绘制节点集合 A 和 B
nodes_a = [node for node in G.nodes() if G.nodes[node]['bipartite'] == 0]
nodes_b = [node for node in G.nodes() if G.nodes[node]['bipartite'] == 1]
nx.draw_networkx_nodes(G, pos, nodelist=nodes_a, node_size=2000)
nx.draw_networkx_nodes(G, pos, nodelist=nodes_b, node_size=2000)
nx.draw_networkx_edges(G, pos)
nx.draw_networkx_labels(G, pos)
plt.show()
#检查两个集合的节点数量是否相等,只有相等时才有可能存在完美匹配
if len(U) == len(V):
    matching_edges = []
    #计算完美匹配
    u = [n for n in G.nodes if G.nodes[n]['bipartite'] == 0]
    perfect_matching = nx.bipartite.maximum_matching(G, top_nodes=u)
    print("Perfect Matching:")
    for u, v in perfect_matching.items():
        if G.nodes[u]["bipartite"] == 0:
            matching_edges.append((u, v))
            print(f"{u} -> {v}")
    nodes_a = [node for node in G.nodes() if G.nodes[node]['bipartite'] == 0]
    nodes_b = [node for node in G.nodes() if G.nodes[node]['bipartite'] == 1]
    nx.draw_networkx_nodes(G, pos, nodelist=nodes_a, node_size=2000)
    nx.draw_networkx_nodes(G, pos, nodelist=nodes_b, node_size=2000)
    nx.draw_networkx_labels(G, pos)
    nx.draw_networkx_edges(G, pos,
                           edgelist=matching_edges, edge_color='r', width=2)
    plt.show()
else:
    print("Number of nodes in both sets must be"
          "equal for a perfect matching.")
```

其实现原理同匈牙利算法,区别在于需要判断两个集合的节点是否相等。

完美匹配前的展示图如图 10-22 所示。

完成完美匹配后的展示图如图 10-23 所示。

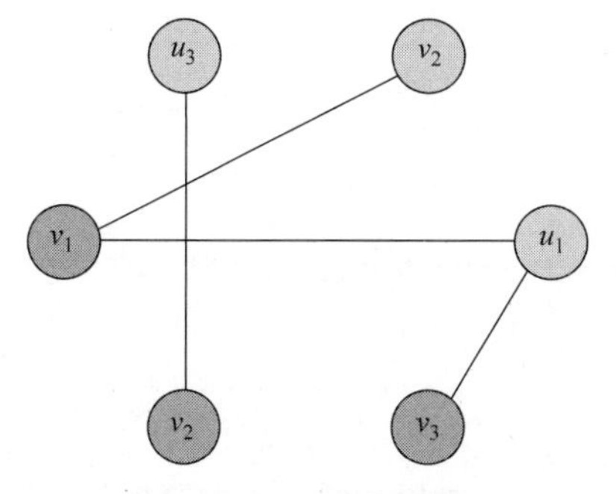

图 10-22　完美匹配前的展示图

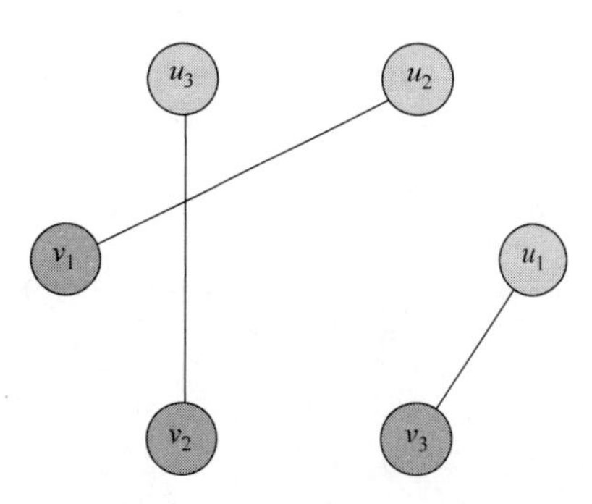

图 10-23　完美匹配后的展示图

在这个示例中，首先检查两个集合的节点数量是否相等。如果节点数量相等，则使用 nx.bipartite.maximum_matching 函数计算完美匹配，并将结果打印出来。如果节点数量不相等，则无法找到完美匹配。

例 10-10 在研究生招生或导师指导学生的过程中，可以将导师和学生分别看作一个集合，二分图中的边表示某位导师是否愿意指导某个学生，也表示某个学生想得到某位导师的指导。二分图最大匹配可用于最优化导师和学生之间的匹配，以确保最大化学生的满意度和导师的指导效果。

```
import networkx as nx
import matplotlib.pyplot as plt
#创建一个二分图
G = nx.Graph()
U = ["研究生 1", "研究生 2", "研究生 3", "研究生 4", "研究生 5", "研究生 6"]
V = ["导师 1", "导师 2", "导师 3", "导师 4", "导师 5", "导师 6"]
edges = [("研究生 1", "导师 1"),("研究生 1", "导师 5"),
        ("研究生 2", "导师 3"),("研究生 2", "导师 2"),
        ("研究生 3", "导师 6"),("研究生 3", "导师 4"),
        ("研究生 4", "导师 2"),("研究生 4", "导师 1"),
        ("研究生 5", "导师 4"),("研究生 5", "导师 6"),
        ("研究生 6", "导师 5"),("研究生 6", "导师 3")]
G.add_nodes_from(U, bipartite=0)
G.add_nodes_from(V, bipartite=1)
G.add_edges_from(edges)
#可视化二分网络
pos = nx.bipartite_layout(G, U)  #使用布局算法确定节点的位置
#分别绘制节点集合 A 和 B
nodes_a = [node for node in G.nodes() if G.nodes[node]['bipartite'] == 0]
nodes_b = [node for node in G.nodes() if G.nodes[node]['bipartite'] == 1]
nx.draw_networkx_nodes(G, pos, nodelist=nodes_a, node_size=1700, node_color="y")
nx.draw_networkx_nodes(G, pos, nodelist=nodes_b, node_size=1700, node_color="g")
nx.draw_networkx_edges(G, pos)
nx.draw_networkx_labels(G, pos)
plt.rcParams['font.sans-serif'] = ['SimHei']  #选择合适的中文字体
plt.rcParams['axes.unicode_minus'] = False     #解决负号显示问题
plt.axis('off')
plt.show()
#检查两个集合的节点数量是否相等,只有相等时才有可能存在完美匹配
if len(U) == len(V):
    matching_edges = []
    #计算完美匹配
    u = [n for n in G.nodes if G.nodes[n]['bipartite'] == 0]
    perfect_matching = nx.bipartite.maximum_matching(G, top_nodes=u)
    print("Perfect Matching:")
    for u, v in perfect_matching.items():
        if G.nodes[u]["bipartite"] == 0:
            matching_edges.append((u, v))
            print(f"{u} -> {v}")
    nodes_a = [node for node in G.nodes() if G.nodes[node]['bipartite'] == 0]
    nodes_b = [node for node in G.nodes() if G.nodes[node]['bipartite'] == 1]
    nx.draw_networkx_nodes(G, pos, nodelist=nodes_a, node_size=1700, node_
color="y")
    nx.draw_networkx_nodes(G, pos, nodelist=nodes_b, node_size=1700, node_
color="g")
```

```
    nx.draw_networkx_labels(G, pos)
    nx.draw_networkx_edges(G, pos,
                           edgelist=matching_edges, edge_color='r', width=2)
    plt.rcParams['font.sans-serif'] = ['SimHei']  #选择合适的中文字体
    plt.rcParams['axes.unicode_minus'] = False     #解决负号显示问题
    plt.axis('off')
    plt.show()
else:
    print("Number of nodes in both sets must be"
          " equal for a perfect matching.")
```

研究生-导师图如图 10-24 所示，有 6 位研究生与 6 位导师要进行匹配，每个研究生有自己喜欢的导师，每位导师也都有自己中意的研究生。尽可能地匹配导师与研究生，使每位导师都能找到研究生，每位研究生也都能找到导师。

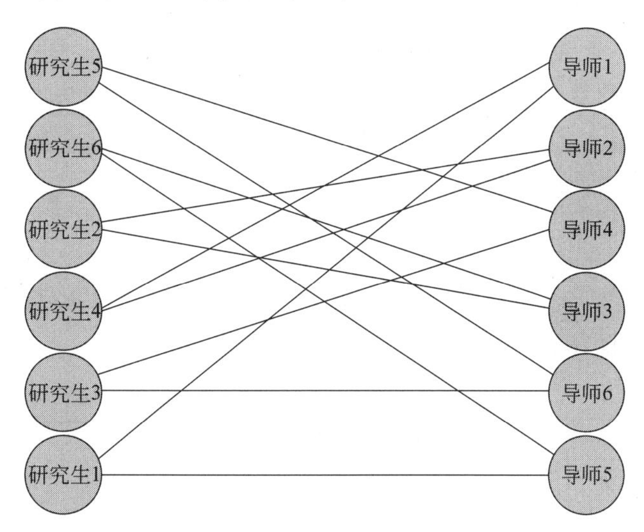

图 10-24　研究生-导师图

经过完美匹配后的研究生-导师图，如图 10-25 所示。

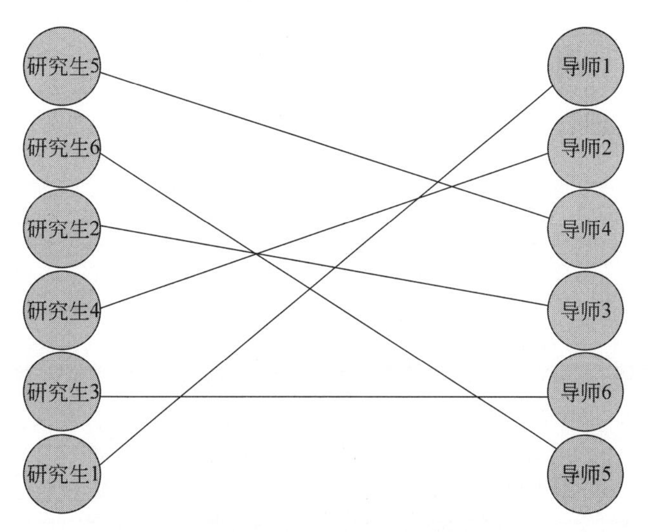

图 10-25　完美匹配后的研究生-导师图

习题 10

1. 假设有一个社交网络，其中存在两类节点，即用户和活动。共有 4 个用户与 5 个活动，用户可以参加不同的活动，而用户之间以及用户与活动之间存在关系。请用二分网络的无权投影分析用户-用户，活动-活动之间的关系，以及其代表的含义。

2. 假设有一个科学研究的二分网络，其中左侧的节点代表研究者，右侧的节点代表研究项目。边表示研究者参与了某个项目或是合作发表了论文。每条边上的权重可以表示研究者在项目中的贡献度或者论文的共同作者之间的合作频率。假设有 5 个研究者与 4 个研究项目，其合作频率各不相同，可以读者自己进行设置，请分析研究者-研究者，研究项目-研究项目之间的关系，以及其权值代表的含义。

3. 在一些工业生产线上，有可能将任务分配给不同的工作组。这个问题可以建模为一个二分图，其中左侧的节点代表任务，右侧的节点代表工作组，边表示任务分配给某个工作组的可能性。假设有 4 个任务与 3 个工作组，其相连关系可以由读者自行设置，请编写代码，用最大匹配的思想进行设计，使得任务能尽可能分配到工作组。

4. 在在线广告领域中，广告商和广告位可以被建模为一个二分图。广告商与广告位之间的匹配可以通过二分图完美匹配最大化广告效益。假设有 5 个广告商与 5 个广告位，连边表示广告商想要投放的广告位。边的关系可由读者自行设置，请编写代码，使用完美匹配的思想进行设计，使得每个广告位都有一个广告商。

第 11 章 复杂网络的搜索

11.1 广度优先搜索

在复杂网络搜索中，广度优先搜索（Breadth-First Search，BFS）是一种基本的搜索算法。它是一种盲目搜索算法，用于在图或树等数据结构中搜索目标节点。

广度优先搜索从起始节点开始，依次遍历该节点的所有邻居节点，然后再遍历邻居节点的邻居节点，依次类推，直到搜索到目标节点或遍历完整个图。具体步骤如下。

（1）将起始节点放入队列（FIFO 队列，即先进先出）。

（2）从队列中取出一个节点，检查它是否是目标节点。如果是目标节点，则搜索结束；否则，继续下一步。

（3）将该节点的所有未访问的邻居节点放入队列中，并标记为已访问。

（4）重复步骤（2）和步骤（3），直到队列为空。

广度优先搜索保证了搜索的完备性，即如果目标节点存在于图中，该算法一定能找到它。同时，由于它逐层地搜索，从起始节点到目标节点的路径长度通常较短，因此广度优先搜索在找出最短路径等问题上非常有效。

在复杂网络搜索中，广度优先搜索可以用于查找与起始节点具有特定关系的节点，或者查找两个节点之间的最短路径等任务。

11.1.1 例题讲解

如图 11-1 所示，使用广度优先搜索算法遍历图中无向图的过程如下。

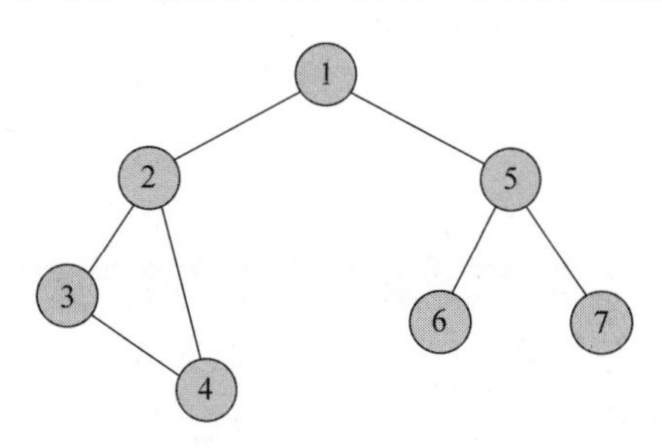

图 11-1 节点分布图

（1）初始状态下，图 11-1 中所有顶点都标记为尚未访问，因此任选一个顶点出发，开始遍历整张图。

（2）比如，从节点 1 出发，先访问 1，并将 1 入队，如图 11-2 所示。

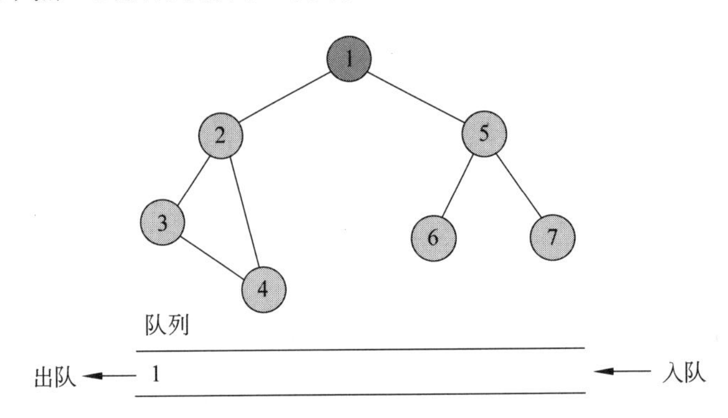

图 11-2　从节点 1 开始访问图

（3）将队头节点 1 出队，且标记为已访问。依次找出 1 的邻居节点 2 和 5，它们都没有被访问，所以将节点 2 和 5 依次入队，如图 11-3 所示。

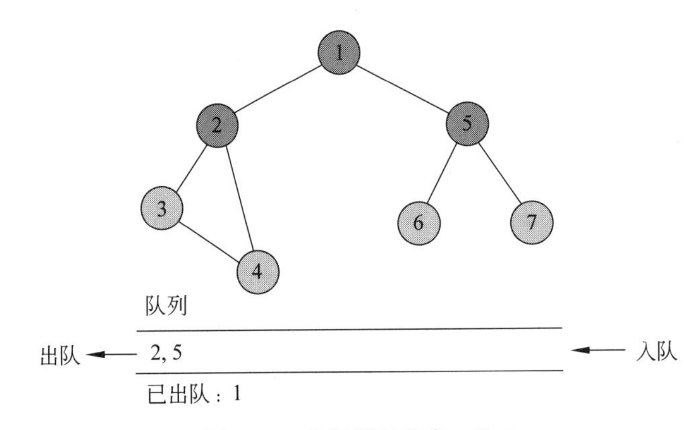

图 11-3　访问邻居节点 2 和 5

注意，本图中先访问的是节点 2，也可以先访问节点 5。当可以访问的节点有多个时，访问的顺序是不唯一的，可以根据找到各个节点的先后次序依次访问它们。后续过程也会遇到类似情况，不再赘述。

（4）将队头节点 2 出队，并标记为已访问。然后依次找到节点 2 的邻居节点 1、3、4，因为 1 被访问过，所以直接舍弃。节点 3 和 4 都没有被访问，所以将节点 3 和 4 依次入队，如图 11-4 所示。

（5）将队头节点 5 出队，并标记为已访问节点。从节点 5 出发，可以找到节点 5 的邻居节点 1、6、7，尚未访问的有节点 6 和 7，因此将节点 6 和 7 入队，如图 11-5 所示。

（6）以此类推，广度优先搜索算法先后从节点 3、4、6、7 出发，寻找和它们相邻且尚未访问的节点，直至所有节点都已标记为已访问，队列为空，如图 11-6 所示。

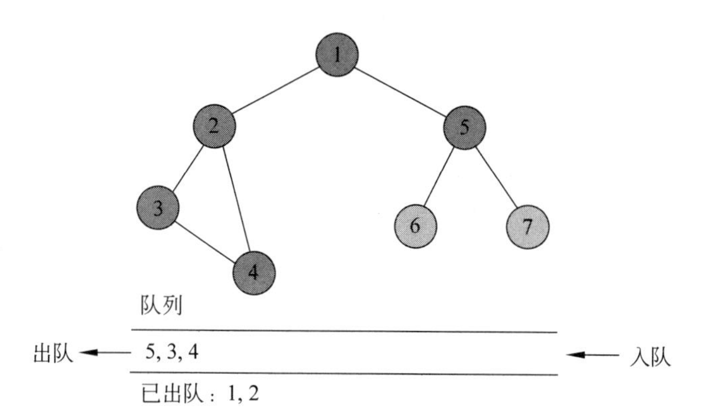

图 11-4　访问节点 2 的邻居节点 3,4

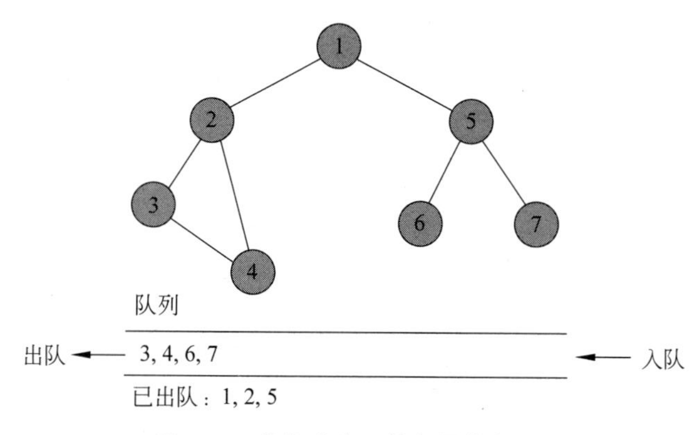

图 11-5　访问节点 5 的邻居节点 6,7

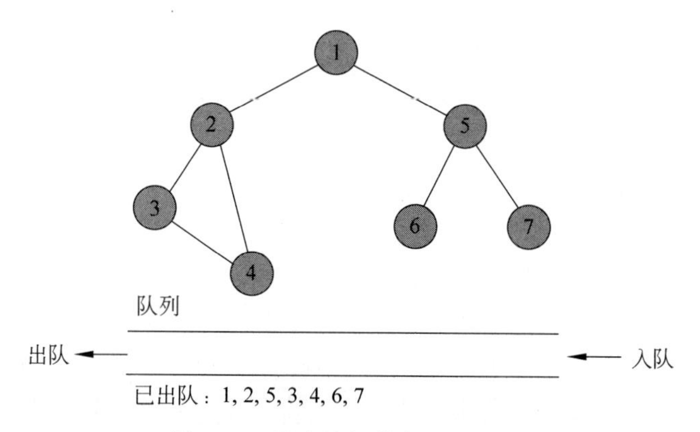

图 11-6　无未访问节点,队列为空

11.1.2　代码实现

```
def bfs(graph, start, target):
    queue = [(start, [start])]  #队列中每个元素都是一个元组(current_node, path)
    visited = set()

    while queue:
        current_node, path = queue.pop(0)
```

```
        visited.add(current_node)

        if current_node == target:
            return path

        for neighbor in graph[current_node]:
            if neighbor not in visited:
                queue.append((neighbor, path + [neighbor]))

    return None   #没有找到目标节点

#Example usage:
if __name__ == "__main__":
    #用邻接表表示样本图
    graph = {
        'A': ['B', 'C'],
        'B': ['A', 'D', 'E'],
        'C': ['A', 'F'],
        'D': ['B'],
        'E': ['B', 'F'],
        'F': ['C', 'E']
    }

    start_node = 'A'
    target_node = 'F'

    path = bfs(graph, start_node, target_node)
    if path:
        print(f"从{start_node}到{target_node}的路径: {path}")
    else:
        print(f"找不到从{start_node}到{target_node}的路径")
```

输出结果如下。

```
从 A 到 F 的路径:['A', 'C', 'F']
```

11.2　随机游走搜索

复杂网络搜索中的随机游走搜索是一种基于概率的搜索策略，用于在图或网络结构中进行探索和采样。它模拟了一个随机行走者在网络中的随机移动过程。

首先，随机游走搜索需要一个起始节点作为搜索的起点。在搜索开始时，随机行走者位于起始节点。然后，在每一步中，随机行走者以一定的概率从当前节点选择下一个节点进行探索。这种选择通常是基于节点之间的连边或邻居关系。在简单的随机游走搜索中，行走者在当前节点的邻居节点中随机选择下一个节点，也就是说，每个邻居节点被选择的概率是相等的。搜索过程将持续进行指定的步数，或直到满足某个终止条件(如到达目标节点或达到最大步数)为止。

随机游走搜索具有以下特点。

(1) 随机性：由于在每一步中随机选择下一个节点，搜索路径的具体走向是不确定的，这使得随机游走搜索具有一定的随机性。

(2) 探索性：随机游走搜索可以用于在网络中探索未知区域，发现全局或局部特征。

由于其随机性,它有可能覆盖整个网络,而不会陷入局部最优解。

(3) 采样:随机游走搜索可以用于在大型复杂网络中采样样本。通过生成多个随机游走路径,可以获得网络节点的分布式样本,用于分析和建模。

随机游走搜索在许多领域有重要的应用,如社交网络分析、图数据挖掘、推荐系统、蛋白质相互作用网络研究等。在实际应用中,通常需要根据具体任务调整搜索策略和参数,比如引入更复杂的转移概率、控制搜索的长度或次数等,以满足特定的需求。

在网络搜索中,人们通常假设每个节点只认识自己的邻居节点,且源节点在网络中寻找目标节点时,可以应用如下 3 种不同的行走策略。

(1) 无限制的随机游走(Unrestricted Random Walk,URW)搜索策略,在每一步中,当前节点不加任何限制地在其所有邻居节点中随机选择一个邻居节点把查询传递过去,直到目标节点的任意一个邻居节点为止。

(2) 不走回头路的随机游走(No-Retracing Random Walk,NRRW)搜索策略,除上一步节点外,在每一步中,当前节点从其余的所有邻居节点中随机选择一个邻居节点把查询传递过去,直到目标节点的任意一个邻居节点为止。

(3) 节点不重复访问的随机游走(Self-Avoiding Random Walk,SARW)搜索策略,在每一步中,已经被查询过的节点不再被查询,而且当前节点在其所有未被查询过的邻居节点中随机选择一个邻居节点把查询传递过去,直到目标节点的任意一个邻居节点为止。

11.2.1 例题讲解

如图 11-7 所示,采用节点不重复访问的随机游走策略,从起始节点 S 出发,寻找目标节点 E 的搜索过程如下。

(1) 从节点 S 开始,往下搜索第一步,有一条路径且未访问过,如图 11-7 所示。

(2) 如图 11-8 所示,未搜索到邻居节点中存在目标节点 E,继续进行搜索,随机选择一条路径,已访问的节点标记为 2。

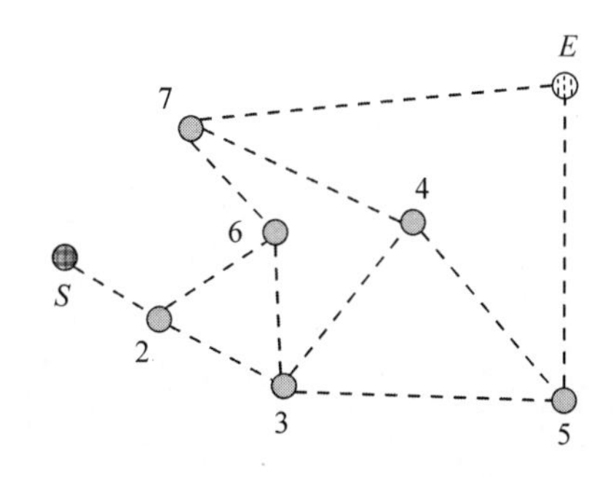

图 11-7　从节点 S 开始进行搜索,有一个邻居节点,其搜索方向唯一

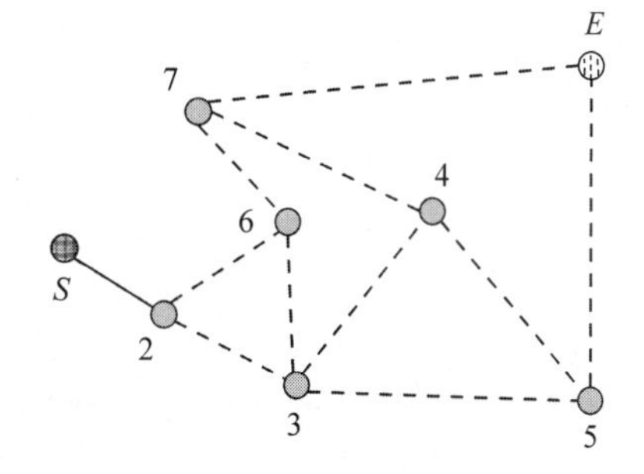

图 11-8　有两个邻居节点可以选择

(3) 如图 11-9 所示,未搜索到邻居节点中存在目标节点 E,有 4 条路径可选择,其中未访问路径有 3 条,由于采用节点不重复访问的随机游走策略,因此这里只对未经访问的 3 条路径进行选择,已访问的节点标记为 3。

(4) 如图 11-10 所示,未搜索到邻居节点中存在目标节点 E,继续搜索,有一条已访问路径和两条未访问路径,同上对未访问路径进行搜索,已访问节点标记为 4。

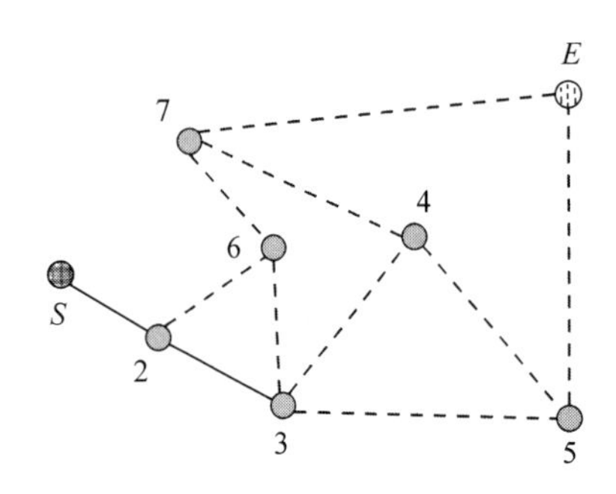

图 11-9 有 3 个邻居节点可选择

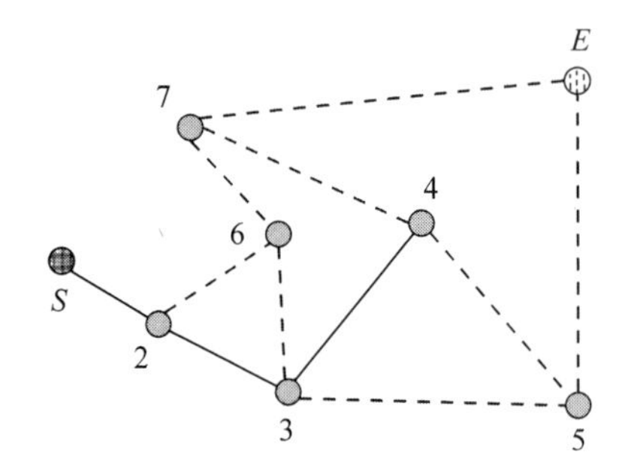

图 11-10 有两个邻居节点可选择

(5) 如图 11-11 所示，发现邻居节点中存在目标节点 E，停止搜索，已访问节点标记为 5。

(6) 如图 11-12 所示，目标达成，搜索到目标节点 E，一共“走”了 5 步。

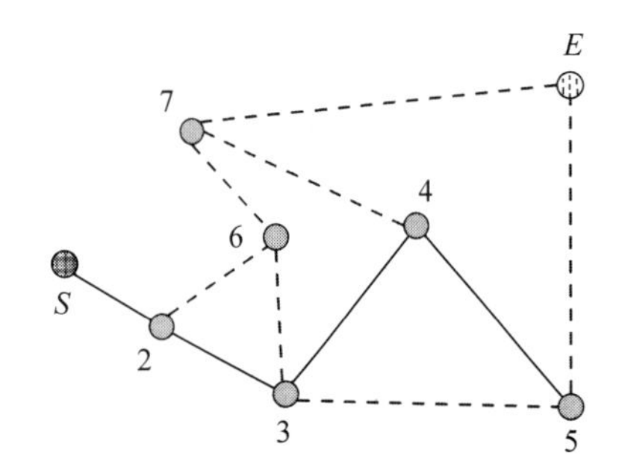

图 11-11 其邻居节点包含目标节点 E，停止搜索

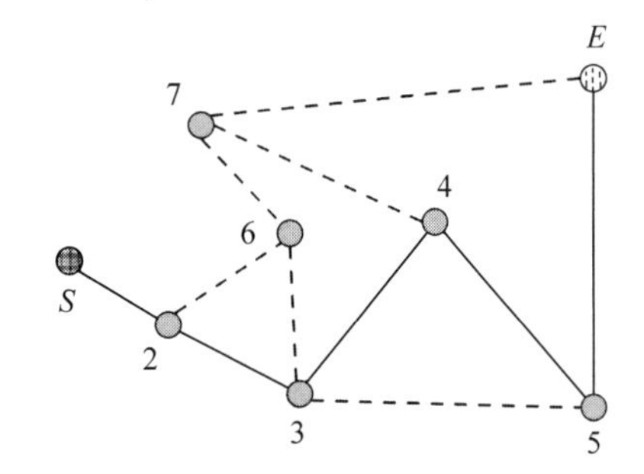

图 11-12 完成搜索后的图

11.2.2 代码实现

```
import random

def self_avoiding_random_walk(graph, start_node, num_steps):
    current_node = start_node
    walk = [current_node]
    visited_nodes = {current_node}

    for _ in range(num_steps):
        neighbors = [node for node in graph[current_node] if node not in visited_
nodes]

        if not neighbors:
            break

        next_node = random.choice(neighbors)
        walk.append(next_node)
        visited_nodes.add(next_node)
        current_node = next_node

    return walk

#示例使用:
if __name__ == "__main__":
```

```
#用邻接表表示的样本图
graph = {
    'A': ['B', 'C'],
    'B': ['A', 'D', 'E'],
    'C': ['A', 'F'],
    'D': ['B'],
    'E': ['B', 'F'],
    'F': ['C', 'E']
}

start_node = 'A'
num_steps = 5

walk = self_avoiding_random_walk(graph, start_node, num_steps)
print(f"从{start_node}以{num_steps}步开始的节点不重复随机访问游走:")
print(walk)
```

输出结果如下。

```
从 A 以 5 步开始的节点不重复随机访问游走:
['A', 'C', 'F', 'E', 'B', 'D']
```

11.3 最大度搜索

复杂网络搜索中的最大度搜索是一种基于节点度的搜索策略，它的目标是在网络中寻找具有最大度(即连接的边数最多)的节点作为起点，并沿着其邻居节点进行深入探索。

首先，最大度搜索会计算网络中每个节点的度，即该节点与其他节点之间的连接数。然后，从所有节点中选择具有最大度的节点作为搜索的起点。

在搜索开始时，起始节点是具有最大度的节点。接下来，在每一步中，最大度搜索会沿着当前节点的邻居节点进行探索。与随机游走搜索不同，最大度搜索始终选择与当前节点相邻的度最大的节点作为下一步的探索方向。

搜索过程会持续进行指定的步数，或直到满足某个终止条件为止，如达到目标节点、达到最大步数或无法继续探索时。

最大度搜索具有以下特点。

(1) 选择优先：最大度搜索优先选择具有最大度的节点，使得搜索路径更有可能延伸到网络中较为“重要”或“中心”的节点。

(2) 局部优势：最大度搜索在搜索起点时就能确定一个度较大的节点，从而有可能在网络中的局部区域找到更大度的节点。

(3) 避免随机性：与随机游走搜索不同，最大度搜索是一种确定性的搜索策略，每一步都有明确的选择方向，不涉及随机性。

最大度搜索在一些特定的复杂网络问题中有应用，如社交网络中的节点中心性分析、寻找网络的关键节点等。它的优势在于可以快速找到具有最大度的节点，但同时也存在一些局限性，例如可能陷入局部最大度节点而无法探索整个网络的情况，因此在实际应用中需要根据具体任务和需求选择适当的搜索策略。

11.3.1 例题讲解

如图 11-13 所示，假设起始节点为 A，采用最大度搜索算法，寻找图中度值最大的节点的过程如下。

(1) 从节点 A 出发，将节点 A 入队，初始化当前最大度值为 A 的度值，如图 11-13 所示。

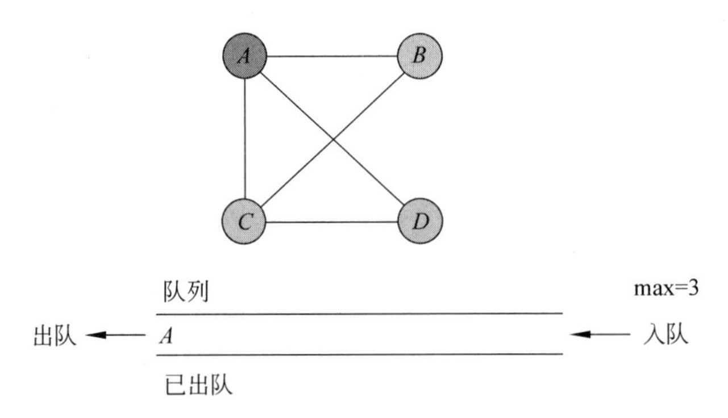

图 11-13 从节点 A 开始搜索最大度节点，此时最大度节点为 A

(2) 如图 11-14 所示，将头节点 A 出队，其邻居节点 C、B 入队。

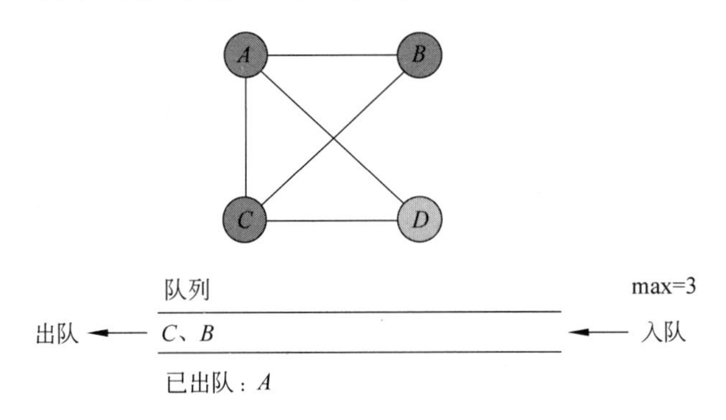

图 11-14 搜索节点 A 的邻居节点 C、B

(3) 将队列头节点 C 出队，将其度和当前最大度比较，与最大度相同，不进行更新。将其邻居节点 D 入队，如图 11-15 所示。

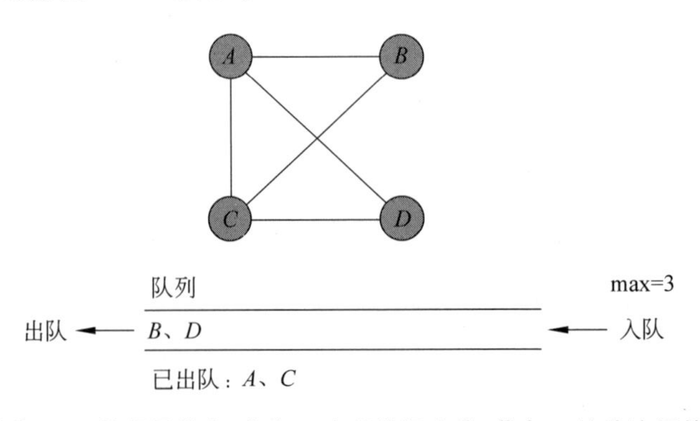

图 11-15 搜索 C、B 的邻居节点，节点 B 全部访问完毕，节点 C 继续访问其邻居节点 D

（4）最后所有节点出队，并与当前最大度进行比较，都未超过当前最大度且无未访问节点，停止搜索，如图 11-16 所示。

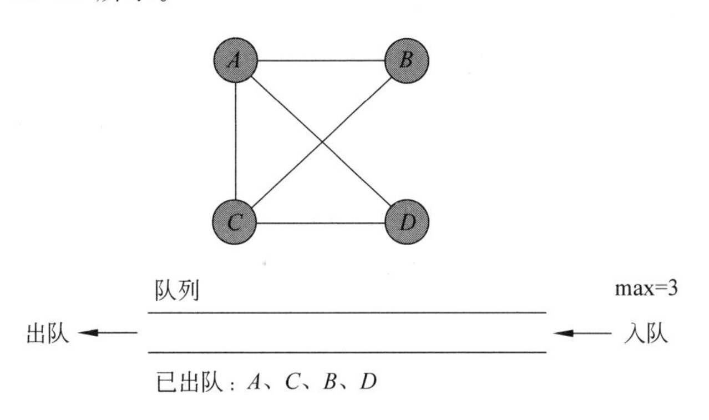

图 11-16　搜索结束，所有节点出队

11.3.2　代码实现

```
#定义网络的邻接表表示,用字典表示节点及其邻居节点
graph = {
    'A': ['B', 'C'],
    'B': ['A', 'C'],
    'C': ['A', 'B', 'D'],
    'D': ['A', 'C']
}

def max_degree_search(graph, start_node):
    visited = set()  #记录已访问的节点
    max_degree_node = start_node  #初始时将起始节点设置为度最大节点
    max_degree = len(graph[start_node])  #初始时将起始节点的度设置为最大度

    #使用队列实现广度优先搜索
    queue = [start_node]
    while queue:
        node = queue.pop(0)
        if node not in visited:
            visited.add(node)
            if len(graph[node]) > max_degree:
            #如果当前节点的度大于最大度,则更新最大度及对应节点
                max_degree = len(graph[node])
                max_degree_node = node

            #将当前节点的邻居节点加入队列继续搜索
            queue.extend(graph[node])

    return max_degree_node

#示例使用
start_node = 'A'  #设置起始节点为'A'
result = max_degree_search(graph, start_node)
print("最大度节点为:", result)
```

输出结果如下。

```
最大度节点为: A
```

11.4 蒙特卡罗树搜索

蒙特卡罗树搜索(Monte Carlo Tree Search,MCTS)算法可以实现社交网络中的分散式搜索。蒙特卡罗树搜索是一种用于求解具有巨大状态空间的问题的启发式搜索算法,它通过随机模拟搜索状态空间并评估节点的价值,以找到最优解。

在社交网络中,蒙特卡罗树搜索可以用于寻找一些特定目标,例如在社交网络中找到影响力最大的节点、寻找社区结构、进行节点分类或链接预测等任务。

采用蒙特卡罗树搜索算法寻找社交网络中影响力最大节点的步骤如下。

(1) 初始化根节点,并将其设置为当前节点。

(2) 重复以下步骤,直到达到搜索的终止条件。

① 如果当前节点还有未探索的子节点,则随机选择一个未探索的子节点进行扩展,并将其设置为当前节点;否则,根据某种策略(如上界置信区间算法)选择当前节点的子节点中具有最高价值的节点。

② 在当前节点的子节点中执行蒙特卡罗模拟(模拟随机游走)并评估其影响力,得到模拟结果。

③ 更新当前节点及其所有祖先节点的统计信息。例如,更新子节点的访问次数和模拟结果。

(3) 返回具有最高影响力的子节点作为结果。

在蒙特卡罗树搜索中,通过多次模拟随机游走估计节点的影响力,从而在巨大的状态空间中寻找到潜在的重要节点。算法可以通过增加模拟次数、优化选择策略和剪枝等方法进行优化。

需要注意的是,蒙特卡罗树搜索的性能和效果取决于问题的复杂性和搜索空间的大小,适当的参数设置和策略选择是保证算法有效性的关键。在实际应用中,可以根据具体的社交网络问题进行定制化的实现和优化。

11.4.1 例题讲解

蒙特卡罗树搜索可划分为 4 个主要步骤,分别是模拟(Simulation)、选择(Selection)、扩展(Expansion)和反向传播(Back Propagation)。在搜索的初始阶段,搜索树仅包含一个节点,即表示需要做决策的当前局面。每个搜索树节点都包含 3 个关键信息,分别为代表的局面、被访问的次数以及累计评分。

下面以井字棋为例,构建一个游戏树。

游戏树的根节点代表游戏的初始状态。游戏树的终端节点是没有子节点的节点,至此游戏结束,无法再进行移动。终端节点的状态也就是游戏的结果(即输/赢/平局)。

接下来以图 11-17 为例阐述蒙特卡罗树搜索的 4 个步骤。

1. 模拟

模拟是一个动态的序列,从当前节点开始一直演进到终端节点。换言之,从当前游戏状态出发,按照某种随机方式,不断进行游戏操作,直至游戏达到胜负结果。在这个过程中,模拟需要根据 Rollout 策略函数选择每一步的移动方案。

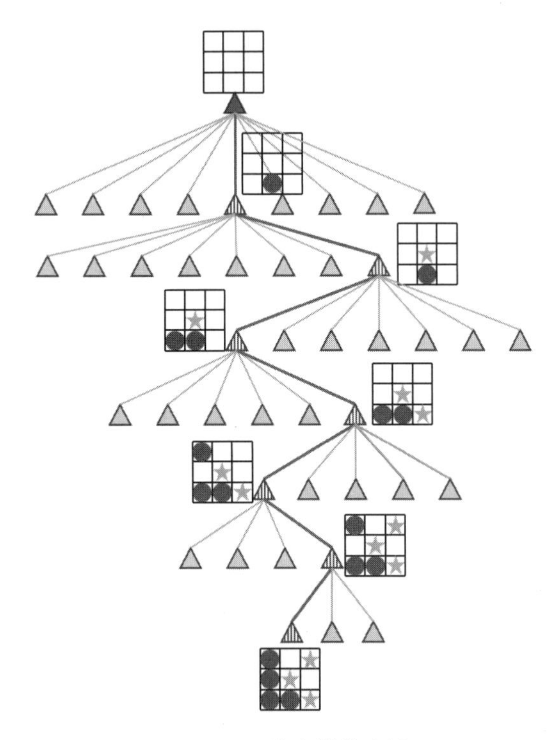

图 11-17　井字棋游戏树

$$\text{RolloutPolicy}: s_i \rightarrow a_i \tag{11-1}$$

即根据当前的博弈状态 s_i，决策下一次行动选择 a_i。Rollout 策略是一种指导模拟的方法，它可以是简单的随机选择，也可以是经过精心设计的启发式策略。这个策略影响模拟中每一步的决策，决定模拟的走法。在蒙特卡罗树搜索中，Rollout 策略的选择直接影响对每个可能走法的胜率估计。一般来说，Rollout 策略的设计取决于具体的问题和博弈规则。在一些简单的情境下，可以采用随机移动的方式。

如图 11-17 所示，这是模拟结果的一种，假如一个节点模拟 10 次，其中赢了 4 次，则该节点得分记为 4/10。

2. 选择

节点可以被划分为以下 3 个类别。

(1) 未访问节点：这些节点表示尚未评估过的局面，即在搜索树中没有关于这个局面的信息。

(2) 未完全展开节点：这些节点已经被评估过至少一次，但它们的子节点(即下一步可能的局面)并没有全部被访问过。这种节点可以继续扩展，以进一步了解下一步可能的情况。

(3) 完全展开节点：这些节点是已经被完全评估过的节点，即它们的所有子节点都已经被访问过。

图 11-18 给出了完全展开节点和非完全展开节点的示例。

在选择下一步要探索的节点时，我们寻找目前认为在双方都采取最优决策的情况下最有可能走到的节点。直接根据节点的胜率(即赢的次数/访问次数)选择节点可能是一种直

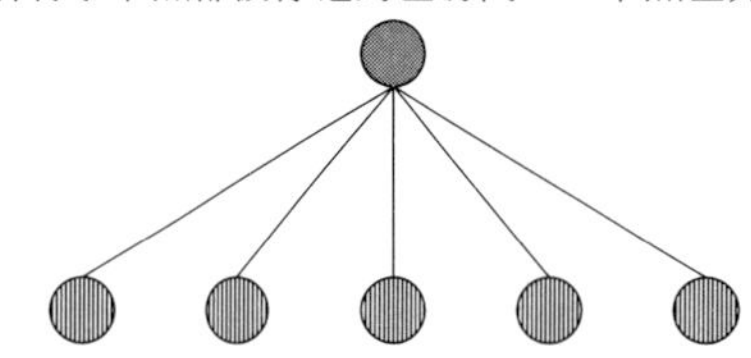

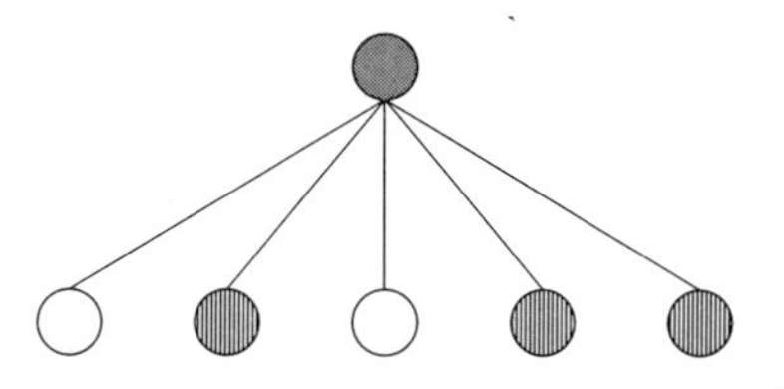

图 11-18　完全展开节点和非完全展开节点

观的想法，但不够准确。这是因为在模拟的初始阶段，即使节点并不是最优选择，如果它在随机走子的情况下赢得一局，就有可能被过度选择。因此，在选择节点时，需要综合考虑节点的评估次数和胜率，以更准确地反映节点的潜在价值。

因此，提出一种称为 UCT(Upper Confidence Bound for Trees)的函数。UCT 函数是蒙特卡罗树搜索的核心，用于在已访问的节点中选择下一个节点，以进行进一步的遍历。

$$\mathrm{UCT}(v_i, v) = \frac{Q(v_i)}{N(v_i)} + c\sqrt{\frac{\log(N(v))}{N(v_i)}} \tag{11-2}$$

UCT 函数是关于节点 v 和其子节点 v_i 的函数，$Q(v)$ 是该节点赢的次数，$N(v)$ 是该节点模拟的次数，$N(v_i)$ 是该节点的子节点模拟的次数，c 是一个常数。

UCT 函数通过选择具有最高 UCT 值的子节点进行搜索，这使得算法在未完全探索的情况下更有可能选择探索性的动作。UCT 函数的优势在于它不需要事先对问题有深入的领域知识，而是通过不断地搜索和学习提高性能。这使得 UCT 函数在博弈树搜索、路径规划等领域都有广泛的应用。

3. 扩展

将刚刚选择的节点(未完全展开的节点)生成新的子节点，代表下一步可能的走法。这些子节点包含游戏中的新局面。

4. 反向传播

完成对一个节点的模拟后，其结果已准备好传播回当前游戏树的根节点，然后模拟开始的节点被标记为已访问。反向传播是从叶子节点(模拟开始)到根节点的遍历。模拟结果被传送到根节点，并更新反向传播路径上每个节点的统计信息。反向传播保证每个节点的统计信息能够反映该节点所有后代的模拟结果。

11.4.2　代码实现

根据上面井字棋的例题，下面进行代码实现。

蒙特卡罗树搜索的代码部分如下。

```
import math
import copy
import random

class Board:
    def __init__(self, s):
```

```
        self.s = s

    def step(self, x, y, value):
        if self.s[x][y] != '*':
            return False
        self.s[x][y] = value
        return True

    #棋盘可视化
    def render(self, ):
        print("现在的棋盘局势为:")
        for i in self.s:
            for j in i:
                print(j, end="")
            print()

    @staticmethod
    def done_util(char1, char2, char3):
        if char1 == char2 and char1 == char3 and char1 != '*':
            return 2 if char1 == 'O' else 3
        return 0

    #游戏未结束返回 0, 平局返回 1, 'O'胜返回 2, 'X'胜返回 3
    def done(self, ):
        tag = 0
        #检查斜线
        tag = tag or self.done_util(self.s[0][0], self.s[1][1], self.s[2][2])
        tag = tag or self.done_util(self.s[0][2], self.s[1][1], self.s[2][0])
        for i in range(3):
            #检查横行
            tag = tag or self.done_util(self.s[i][0], self.s[i][1], self.s[i][2])
            #检查竖行
            tag = tag or self.done_util(self.s[0][i], self.s[1][i], self.s[2][i])
        #检查是否棋盘还有空间下棋
        empty = False
        for i in self.s:
            for j in i:
                empty = empty or j == '*'
        #棋盘满且没有检测到赢家,则返回平局
        if (not empty) and (tag == 0):
            return 1
        return tag

    def get_empty_pos(self, ):
        empty_poses = []
        for i in range(len(self.s)):
            for j in range(len(self.s[i])):
                if self.s[i][j] == '*':
                    empty_poses.append((i, j))
        return empty_poses


class TreeNode:
    def __init__(self, board, father, pos_from_father):
        self.board = board
        self.child = []
        self.father = father
        self.value = 0
        self.times = 0
```

```
        self.pos_from_father = pos_from_father

    #value 记录的是'X'胜利的次数,而轮到'O'落子时需要计算'O'胜利的次数
    def uct_score(self, iter, piece, c=2):
        if self.times == 0:
            return float("inf")
        if piece == 'X':
             return self.value / self.times + c * math.sqrt(math.log(iter) /
self.times)
        else:
            return 1 - self.value / self.times + c * math.sqrt(math.log(iter) /
self.times)

    def expand(self, piece):
        empty_poses = self.board.get_empty_pos()
        for pos in empty_poses:
            new_board = copy.deepcopy(self.board)
            new_board.step(pos[0], pos[1], piece)
            self.child.append(TreeNode(new_board, self, pos))

    def select(self, iter, piece):
        max_uct_score = self.child[0].uct_score(iter, piece)
        select_node = self.child[0]
        for i in range(1, len(self.child)):
            child_uct_score = self.child[i].uct_score(iter, piece)
            if child_uct_score > max_uct_score:
                max_uct_score = child_uct_score
                select_node = self.child[i]
        return select_node

    def rollout(self, piece):
        rollout_board = copy.deepcopy(self.board)
        while(1):
            value = self.convert_done2value(rollout_board.done())
            if value is not None:
                return value
            random_pos = random.choice(rollout_board.get_empty_pos())
            rollout_board.step(random_pos[0], random_pos[1], piece)
            piece = 'O' if piece == 'X' else 'X'

    def update(self, value):
        self.value += value
        self.times += 1

    def is_leaf_node(self, ):
        return len(self.child) == 0

    def is_done(self, ):
        return self.board.done() > 0

    @staticmethod
    def convert_done2value(done_tag):
        if done_tag == 0:
            return None
        elif done_tag == 1:
            return 0
        elif done_tag == 2:
            return -1
        elif done_tag == 3:
```

```
            return 1

class MCTS:
    def __init__(self, board, max_iter=1000):
        self.root = TreeNode(copy.deepcopy(board), None, None)
        self.max_iter = max_iter

    def run(self, ):
        for i in range(self.max_iter):
            #第一步先出'X'
            piece = 'X'
            now = self.root
            #选择
            while(not now.is_leaf_node()):
                now = now.select(i, piece)
                piece = 'O' if piece == 'X' else 'X'
            #扩展
            value = TreeNode.convert_done2value(now.board.done())
            if value is None:
                now.expand(piece)
                #模拟
                now = now.select(i, piece)
                piece = 'O' if piece == 'X' else 'X'
                value = now.rollout(piece)
            #反向传播
            while(now.father != None):
                now.update(value)
                now = now.father
            now.update(value)

    def opt_step(self, ):
        max_times = 0
        opt_pos = None
        for i in self.root.child:
            if i.times > max_times:
                max_times = i.times
                opt_pos = i.pos_from_father
        return opt_pos[0], opt_pos[1]
```

游戏主体代码如下。

```
from mcts import Board, MCTS

class TicTacToe:
    #人类为'O', ai为'X', 未落子为'*'
    def __init__(self, person_first=False):
        self.first = person_first
        self.board = Board([['*' for i in range(3)] for j in range(3)])

    def person_step(self, ):
        while(1):
            inputs = input("'O'代表你,'X'代表对手,输入下一次落子位置: ").split(",")
            try:
                x = int(inputs[0])
                y = int(inputs[1])
                success = self.board.step(x, y, 'O')
                if success:
                    break
```

```
                else:
                    print("input is not valid")
            except:
                print("input is not valid")


    def check_game_over(self, ):
        tag = self.board.done()
        if tag == 0:
            return False
        if tag == 1:
            print("平局")
            return True
        if tag == 2:
            print("你赢了")
            return True
        if tag == 3:
            print("你输了")
            return True

    def run(self, ):
        if self.first:
            self.person_step()

        while(1):
        mcts = MCTS(self.board)
        mcts.run()
            x, y = mcts.opt_step()
            self.board.step(x, y, 'X')
            self.board.render()
            if self.check_game_over():
                break
            self.person_step()
            if self.check_game_over():
                self.board.render()
                break

if __name__ == "__main__":
    game = TicTacToe(person_first=False)
game.run()
```

因为结果是根据个人输入计算的，所以结果并不唯一，此处只给出一种结果输出。

```
现在的棋盘局势为:
***
*X*
***
'O'代表你,'X'代表对手,输入下一次落子位置: 2,2
现在的棋盘局势为:
***
*XX
**O
'O'代表你,'X'代表对手,输入下一次落子位置: 1,0
现在的棋盘局势为:
***
OXX
X*O
'O'代表你,'X'代表对手,输入下一次落子位置: 0,2
现在的棋盘局势为:
```

```
 * XO
OXX
X * O
'O'代表你,'X'代表对手,输入下一次落子位置: 2,1
现在的棋盘局势为:
XXO
OXX
XOO
平局
```

11.5　启发式搜索

在复杂网络中,启发式搜索算法如贪婪优先搜索和 A* 搜索可以用来寻找路径或解决特定问题。下面将探讨在复杂网络中如何应用这两种启发式搜索算法。

在复杂网络中,节点可以表示位置、状态、任务或问题的状态,边可以表示连接或移动的成本或距离。启发式搜索算法的目标是在网络中找到一条路径或者解决问题的方法,该路径或方法既满足特定的约束条件,又能够在某种意义上尽可能地优化某个指标(如路径长度、成本、时间等)。

11.5.1　贪婪优先搜索

在复杂网络中,贪婪优先搜索是一种基于启发函数的优先搜索算法。它在每一步都选择最有希望的节点进行扩展,而不考虑之前走过的路径的实际代价。贪婪优先搜索很适合在大规模网络中进行快速探索,但它可能会陷入局部最优解而无法找到全局最优解。在贪婪优先搜索中,启发函数通常是节点到目标节点的估计距离或代价。这种启发式函数可能是不一致的,因此贪婪优先搜索并不保证找到最优解。接下来将给出贪婪优先搜索的代码示例。

例 11-1　假设有一个迷宫,其中 0 表示可以通过的空格,1 表示墙壁,start()表示起始点,target()表示目标点。我们的目标是找到从起始点(0,0)到目标点(4,4)的路径。迷宫如下所示。

[0,1,0,0,0],
[0,0,0,1,0],
[1,1,0,0,0],
[0,0,0,1,0],
[0,0,0,0,0]

```
import heapq

def heuristic(node, target):
#启发函数,计算节点到目标节点的曼哈顿距离
    return abs(node[0] - target[0]) + abs(node[1] - target[1])

def greedy_best_first_search(maze, start, target):
    #使用堆实现优先队列
    queue = []
heapq.heappush(queue, (heuristic(start, target), start))
```

```
    visited = set()
    visited.add(start)

    #用于存储节点的父节点
    parents = {start: None}

    directions = [(0, 1), (0, -1), (1, 0), (-1, 0)]  #右、左、下、上

    while queue:
        _, current = heapq.heappop(queue)

        if current == target:
            #找到路径,回溯路径并打印
            path = []
            while current is not None:
                path.append(current)
                current = parents[current]
            path.reverse()
            return path

        for dx, dy in directions:
            x, y = current[0] + dx, current[1] + dy
            if 0 <= x < len(maze) and 0 <= y < len(maze[0]) and (x, y) not in
            visited and maze[x][y] == 0:
                heapq.heappush(queue, (heuristic((x, y), target), (x, y)))
                visited.add((x, y))
                #记录父节点
                parents[(x, y)] = current

    return None  #没有找到路径

if __name__ == "__main__":
    maze = [
        [0, 1, 0, 0, 0],
        [0, 0, 0, 1, 0],
        [1, 1, 0, 0, 0],
        [0, 0, 0, 1, 0],
        [0, 0, 0, 0, 0]
    ]
    start = (0, 0)
    target = (4, 4)

    path = greedy_best_first_search(maze, start, target)

    if path:
        print("找到路径!")
        print("路径为:", path)
    else:
        print("未找到路径。")
```

输出结果如下。

```
找到路径!
路径为:[(0, 0), (1, 0), (1, 1), (1, 2), (2, 2), (2, 3), (2, 4), (3, 4), (4, 4)]
```

11.5.2 A* 搜索

A* 搜索算法在复杂网络中非常常用,因为它综合了实际代价和启发函数的信息,能够

在满足一定条件下保证找到最优解。在 A* 搜索中，节点的优先级由 $f(n)=g(n)+h(n)$ 确定，其中 $g(n)$ 表示从起始节点到节点 n 的实际代价，$h(n)$ 是启发函数估计从节点 n 到目标节点的剩余代价。在复杂网络中，$h(n)$ 通常是一种启发式的估计，用于指导搜索方向。如果启发函数 $h(n)$ 满足以下两个条件，A* 搜索将保证找到最优解。

(1) 启发函数 $h(n)$ 是对剩余代价的一种"乐观估计"，即 $h(n)$ 永远不会高估从节点 n 到目标节点的代价。这被称为"启发式函数的一致性"或"Monotonicity"。

(2) 启发函数 $h(n)$ 不应该为负值。

通过合适的启发函数，A* 搜索可以高效地在复杂网络中找到最优解或者最优路径，使得它成为一种常用的搜索算法。

1. A* 搜索例题讲解

依然以迷宫为例，(0,0)为起始节点，(4,4) 为目标节点，即

[0,1,0,0,0],
[0,0,0,1,0],
[1,1,0,0,0],
[0,0,0,1,0],
[0,0,0,0,0]

(1) 节点之间的连边权值为它们之间的路径长度，例如，从(0,0)到(1,0)的路径长度为 $c((0,0),(1,0))=1$。

(2) 节点计算得到的 h 值是当前节点到达目标节点(4,4)的预估值，如 $h(3,2)=3$，表示从当前节点(3,2)到达目标节点(4,4)的估计路径长度为 3，此处 $h(x)$ 即为启发函数。

(3) 从起始节点(0,0)到达当前节点 x 的路径长度表示为 $g(x)$。

(4) 从起始节点(0,0)到达目标节点(4,4)。并经过节点 x 的估计的综合代价表示为 $f(x)=g(x)+h(x)$，该公式是 A* 搜索的核心公式。

(5) A* 搜索不断通过选择综合代价 f 最小的节点，逐渐构建最短路径。

需要注意的是，启发式搜索算法的性能与所选择的启发函数密切相关。在复杂网络中，设计一个合适的启发函数是非常重要的，它可以大大影响算法的搜索效率和找到的解的质量。在实际应用中，通常需要根据具体问题，选择合适的启发函数。

2. A* 搜索代码实现

例 11-2　仍以贪婪优先搜索代码实现中的迷宫问题为例。

代码实现如下。

```
import heapq

def heuristic(node, target):
    #启发函数,计算节点到目标节点的曼哈顿距离
    return abs(node[0] - target[0]) + abs(node[1] - target[1])

def astar_search(maze, start, target):
    #使用堆实现优先队列
    queue = []
    heapq.heappush(queue, (0, start))

    #用于存储节点的实际代价
```

```
    g_scores = {start: 0}

    #用于存储节点的父节点
    parents = {start: None}

    #用于存储每个节点的综合代价
    cost_matrix = {}

    directions = [(0, 1), (0, -1), (1, 0), (-1, 0)]  #右、左、下、上

    while queue:
        _, current = heapq.heappop(queue)

        if current == target:
            #找到路径,回溯路径并返回
            path = []
            while current is not None:
                path.append(current)
                current = parents[current]
            path.reverse()
            return path, cost_matrix

        for dx, dy in directions:
            x, y = current[0] + dx, current[1] + dy
            if 0 <= x < len(maze) and 0 <= y < len(maze[0]) and maze[x][y] == 0:
                new_g_score = g_scores[current] + 1
                if (x, y) not in g_scores or new_g_score < g_scores[(x, y)]:
                    g_scores[(x, y)] = new_g_score
                    f_score = new_g_score + heuristic((x, y), target)
                    cost_matrix[(x, y)] = f_score
                    #将综合代价保存到 cost_matrix 中 print(f"点({x},{y})的综合代价
                    #为{f_score},其中实际代价为{new_g_score},估计代价为{heuristic
                    #((x, y), target)}")
                    #heapq.heappush(queue, (f_score, (x, y)))
                    #记录父节点
                    parents[(x, y)] = current

    return None, cost_matrix  #没有找到路径

if __name__ == "__main__":
    maze = [
        [0, 1, 0, 0, 0],
        [0, 0, 0, 1, 0],
        [1, 1, 0, 0, 0],
        [0, 0, 0, 1, 0],
        [0, 0, 0, 0, 0]
    ]
    start = (0, 0)
    target = (4, 4)

    path, cost_matrix = astar_search(maze, start, target)

    if path:
        print("找到路径!")
        print("路径为:", path)
    else:
        print("未找到路径。")

    print("\n综合代价矩阵:")
```

```
    for row in range(len(maze)):
        for col in range(len(maze[0])):
            if (row, col) in cost_matrix:
                print(f"{cost_matrix[(row, col)]:.0f}", end="\t")
            else:
                print("NA", end="\t")
        print()
```

输出结果如下。

```
点(1,0)的综合代价为 8,其中实际代价为 1,估计代价为 7
点(1,1)的综合代价为 8,其中实际代价为 2,估计代价为 6
点(1,2)的综合代价为 8,其中实际代价为 3,估计代价为 5
点(2,2)的综合代价为 8,其中实际代价为 4,估计代价为 4
点(0,2)的综合代价为 10,其中实际代价为 4,估计代价为 6
点(2,3)的综合代价为 8,其中实际代价为 5,估计代价为 3
点(3,2)的综合代价为 8,其中实际代价为 5,估计代价为 3
点(2,4)的综合代价为 8,其中实际代价为 6,估计代价为 2
点(3,4)的综合代价为 8,其中实际代价为 7,估计代价为 1
点(1,4)的综合代价为 10,其中实际代价为 7,估计代价为 3
点(3,1)的综合代价为 10,其中实际代价为 6,估计代价为 4
点(4,2)的综合代价为 8,其中实际代价为 6,估计代价为 2
点(4,4)的综合代价为 8,其中实际代价为 8,估计代价为 0
点(4,3)的综合代价为 8,其中实际代价为 7,估计代价为 1
点(4,1)的综合代价为 10,其中实际代价为 7,估计代价为 3
找到路径!
路径为:[(0, 0), (1, 0), (1, 1), (1, 2), (2, 2), (2, 3), (2, 4), (3, 4), (4, 4)]

综合代价矩阵:
NA	NA	10	NA	NA
8	8	8	NA	10
NA	NA	8	8	8
NA	10	8	NA	8
NA	10	8	8	8
```

11.6　对抗搜索

对抗搜索(也称为博弈搜索)是一类用于博弈类问题的搜索算法。在这类问题中,两个对手交替进行决策,一个追求最大化收益,另一个追求最小化损失。对抗搜索的目标是找到最优的决策或者下一步走法,以在游戏中获得最好的结果。对抗搜索通常应用于两人零和博弈中,其中一方的收益是另一方的损失,总和为零。例如,象棋、围棋、五子棋等都是零和博弈。

常见的对抗搜索算法包括最大最小搜索(Minimax Search)和 Alpha-Beta 剪枝(Alpha-Beta Pruning)搜索,这两种算法都是基于搜索树的搜索策略。在实际应用中,最大最小搜索和 Alpha-Beta 剪枝搜索都是非常重要的算法,它们在博弈类问题中具有广泛的应用。不过,在复杂网络中应用这些算法可能需要更多的优化和改进,以应对更大规模的搜索空间和更复杂的问题。

对抗搜索在博弈类问题中具有广泛的应用,它能够帮助决策者找到最优策略或者最佳的走法,从而在游戏或决策过程中取得更好的结果。不过,随着问题规模的增大,搜索空间将会变得非常庞大,这时可能需要更高效的算法和优化技术进行搜索。

11.6.1 最大最小搜索

最大最小搜索是一种零和博弈的搜索算法,其中两个对手交替进行决策,一个追求最大化收益,另一个追求最小化损失。最大最小搜索通过递归的方式遍历博弈树,为每个节点计算它的最大值(Max)或最小值(Min),以找到最优策略。

在最大最小搜索中,用评估函数评估叶子节点的价值,并将这个值向上传递,直到根节点。在叶子节点上,使用评估函数估算局面的好坏。在中间节点,Max 参与者选择产生最大值的节点,Min 参与者选择产生最小值的节点。通过不断地进行最大化和最小化操作,可以找到最佳决策路径。

1. 最大最小搜索算法例题讲解

现在有这样一个游戏:有 3 个盘子 A、B 和 C,每个盘子分别放有 3 张纸币。A 放的是 1、20、50,B 放的是 5、10、100,C 放的是 1、5、20,单位均为"元"。甲、乙两人对 3 个盘子和上面放置的纸币可以任意查看。游戏分为以下 3 步。

(1) 甲从 3 个盘子中选取 1 个。

(2) 乙从甲选取的盘子中拿出两张纸币交给甲。

(3) 甲从乙所给的两张纸币中选取一张,拿走。

其中,甲的目标是最后拿到的纸币面值尽量大,乙的目标是让甲最后拿到的纸币面值尽可能小。

一般解决博弈类问题的自然想法是将格局组织成一棵树,树的每一个节点表示一种格局,而父子关系表示由父格局经过一步可以到达子格局。最大最小搜索也不例外,它通过对以当前格局为根的格局树搜索确定下一步的选择。而一切格局树搜索算法的核心都是对每个格局价值的评价。

从甲的角度分析。

(1) 首先,如图 11-19 所示初始化甲的格局树,其中圆形节点表示轮到我方(甲),而三角形表示轮到对方(乙)。经过三轮对弈后(我方—对方—我方),将进入终局。叶子节点表

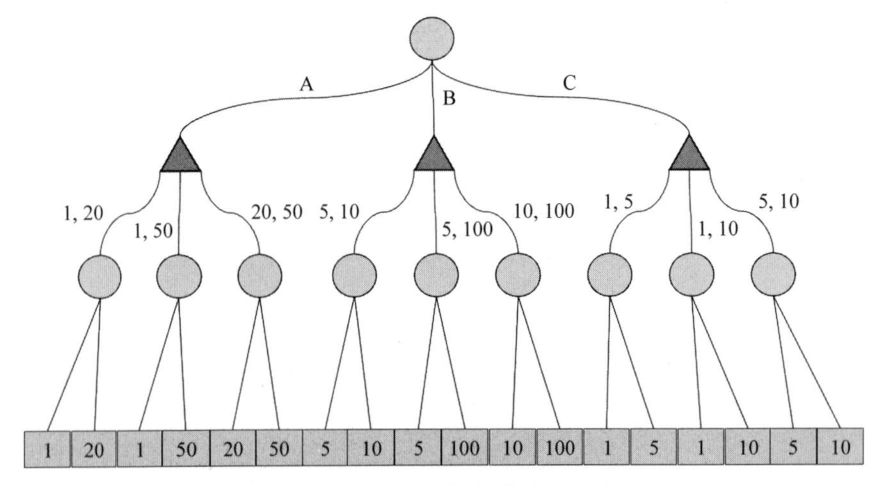

图 11-19 上述示例问题的格局树

示所有可能的结局。从甲方看，由于最终的收益可以通过纸币的面值评价，自然可以用结局中甲方拿到的纸币面值表示最终格局的价值。

（2）如图 11-20 所示，接下来考虑倒数第二层节点，在这些节点上，轮到我方选择，所以应该引入可选择的最大价值格局，因此每个节点的价值为其子节点的最大值。

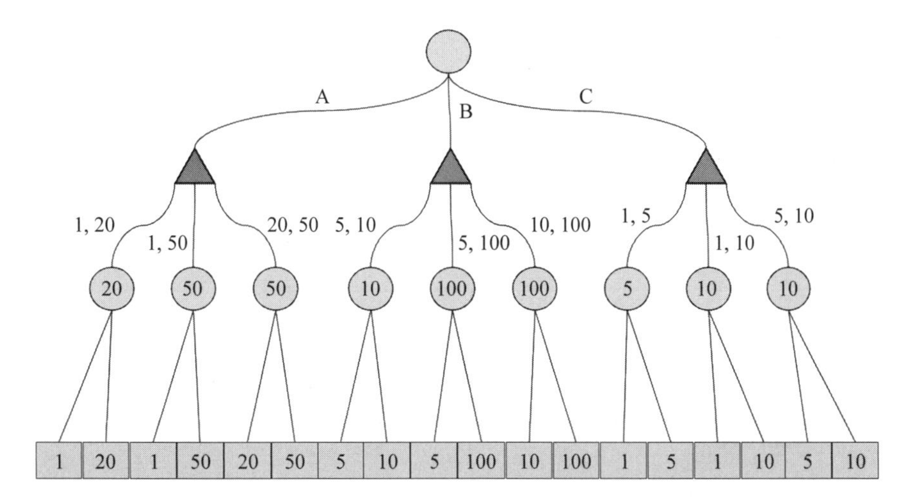

图 11-20　引入可选择的最大价值格局后更新的格局树

这些轮到我方的节点称为 Max 节点，Max 节点的值是其子节点最大值。

（3）如图 11-21 所示，倒数第三层轮到对方选择，假设对方会尽力将局势引入让我方价值最小的格局，因此这些节点的价值取决于子节点的最小值。这些轮到对方的节点称为 Min 节点。

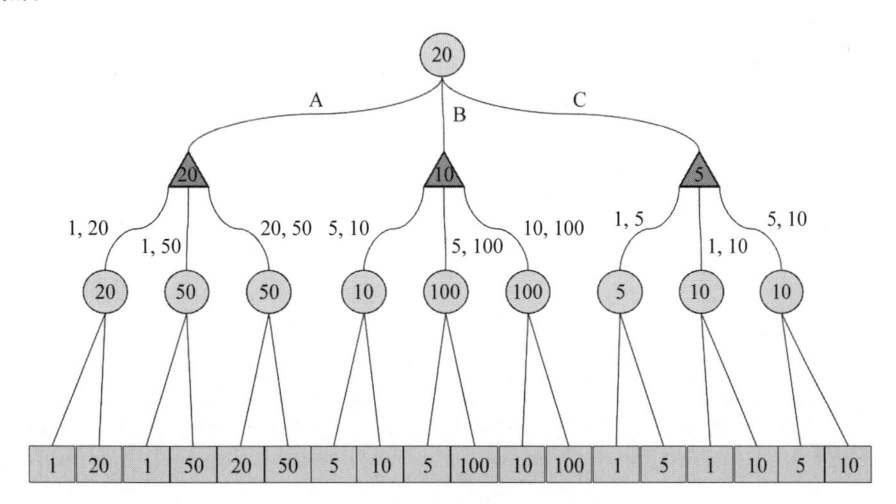

图 11-21　完整赋值的格局树

（4）最后，根节点是 Max 节点，因此价值取决于叶子节点的最大值。最终完整赋值的格局树如图 11-21 所示。

总结最大最小搜索算法的步骤如下。

（1）首先确定最大搜索深度 D，D 可能达到终局，也可能是一个中间格局。

（2）在最大深度为 D 的格局树叶子节点上，使用预定义的价值评价函数对叶子节点的价值进行评价。

(3) 自底向上为非叶子节点赋值。其中 Max 节点取子节点最大值，Min 节点取子节点最小值。

(4) 每次轮到我方时(此时必处在格局树的某个 Max 节点)，选择价值等于此 Max 节点价值的那个子节点路径。

在此例中，根节点的价值为 20，表示如果对方每一步都完美决策，则我方按照上述算法可最终拿到 20 元，这是我方在最大最小搜索算法下最好的决策。

2. 最大最小搜索代码实现

例 11-3 假设有一个 3×3 的井字棋盘，当前的棋盘局势如下。

['','','']
['','O','X']
['X','','O']

试用最大最小搜索算法寻找下一步最优解。在井字棋游戏中，参与者 X 和参与者 O 交替下棋，参与者 X 追求最大化收益(即赢得比赛)，参与者 O 追求最小化损失(即防止参与者 X 赢得比赛)。

```
#定义棋盘大小
BOARD_SIZE = 3

def evaluate(board):
    #评估函数,用于评估当前棋盘局面的分数
    #在这个简单的示例中,假设参与者 X 胜利,则返回+1;参与者 O 胜利,则返
    #回-1;平局,则返回 0
    for row in range(BOARD_SIZE):
        if all(board[row][col] == 'X' for col in range(BOARD_SIZE)):
            return 1
        if all(board[row][col] == 'O' for col in range(BOARD_SIZE)):
            return -1

    for col in range(BOARD_SIZE):
        if all(board[row][col] == 'X' for row in range(BOARD_SIZE)):
            return 1
        if all(board[row][col] == 'O' for row in range(BOARD_SIZE)):
            return -1

    if all(board[i][i] == 'X' for i in range(BOARD_SIZE)):
        return 1
    if all(board[i][i] == 'O' for i in range(BOARD_SIZE)):
        return -1

    if all(board[i][BOARD_SIZE - 1 - i] == 'X' for i in range(BOARD_SIZE)):
        return 1
    if all(board[i][BOARD_SIZE - 1 - i] == 'O' for i in range(BOARD_SIZE)):
        return -1

    return 0

def minimax(board, depth, is_maximizing):
    score = evaluate(board)

    if score == 1:
```

```
            return score
        if score == -1:
            return score
        if all(all(cell != '' for cell in row) for row in board):
            return 0

        if is_maximizing:
            best_score = -float('inf')
            for row in range(BOARD_SIZE):
                for col in range(BOARD_SIZE):
                    if board[row][col] == '':
                        board[row][col] = 'X'
                        score = minimax(board, depth + 1, False)
                        board[row][col] = ''
                        best_score = max(score, best_score)
            return best_score
        else:
            best_score = float('inf')
            for row in range(BOARD_SIZE):
                for col in range(BOARD_SIZE):
                    if board[row][col] == '':
                        board[row][col] = 'O'
                        score = minimax(board, depth + 1, True)
                        board[row][col] = ''
                        best_score = min(score, best_score)
            return best_score

    def find_best_move(board):
        best_score = -float('inf')
        best_move = None

        for row in range(BOARD_SIZE):
            for col in range(BOARD_SIZE):
                if board[row][col] == '':
                    board[row][col] = 'X'
                    score = minimax(board, 0, False)
                    board[row][col] = ''

                    if score > best_score:
                        best_score = score
                        best_move = (row, col)

        return best_move

    if __name__ == "__main__":
        board = [['', '', ''],
                 ['', 'O', 'X'],
                 ['X', '', 'O']]

        best_move = find_best_move(board)

        if best_move:
            print(f"最优走法: ({best_move[0]}, {best_move[1]})")
        else:
            print("当前局面下无合法走法。")
```

输出结果如下。

```
最优走法：(0, 0)
```

11.6.2 Alpha-Beta 剪枝搜索

Alpha-Beta 剪枝搜索是对最大最小搜索的改进，它可以更有效地减少搜索空间，从而提高搜索效率。Alpha-Beta 剪枝在搜索的过程中，设置了两个值 Alpha 和 Beta，剪枝不必要的搜索。

Alpha 表示 Max 参与者已经找到的当前最大值，Beta 表示 Min 参与者已经找到的当前最小值。在搜索过程中，如果某个节点的值超过 Beta(对于 Max 参与者)或者小于 Alpha(对于 Min 参与者)，那么该节点及其子节点就不再需要继续搜索，因为对手不会选择这个分支。这样可以大大减少搜索的节点数，提高搜索效率。

Alpha-Beta 剪枝搜索利用先验信息减少搜索空间，但仍然保持了最大最小搜索的最优性。

Alpha-Beta($\alpha-\beta$)剪枝的名称来自计算过程中传递的两个边界，这些边界基于已经看到的搜索树部分限制可能的解决方案集。其中，Alpha(α)表示目前所有可能解中的最大下界(即搜索到的最好值，任何比它更小的值就没用了(我方最少要得到的值))，Beta(β)表示目前所有可能解中的最小上界(即对于对手来说最坏的值(对方最多能给的值))。

因此，如果搜索树上的一个节点被考虑作为最优解的路径上的节点(或者说是这个节点被认为是有必要进行搜索的节点)，那么它一定满足以下条件(N 是当前节点的估价值)，即 $\alpha \leqslant N \leqslant \beta$。

在进行求解的过程中，α 和 β 会逐渐逼近。如果对于某一个节点，出现 $\alpha > \beta$ 的情况，那么，说明这个点一定不会产生最优解，所以，就不再对其进行扩展(也就是不再生成子节点)，这样就完成了对博弈树的剪枝。

1. Alpha-Beta 剪枝搜索例题讲解

对图 11-22 的树结构进行 Alpha-Beta 剪枝搜索，过程如下。

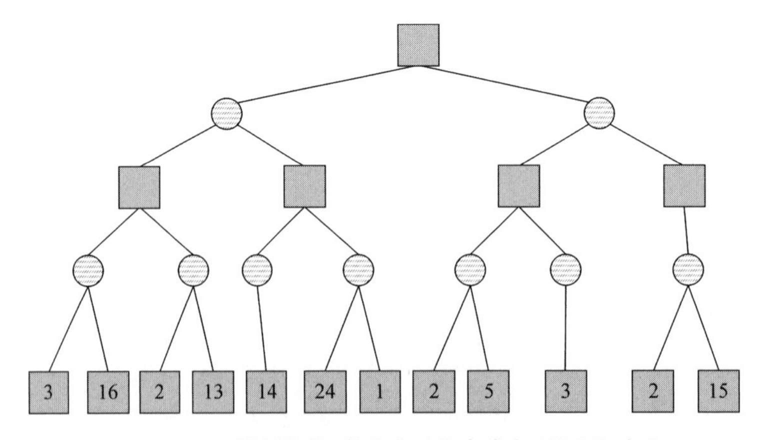

图 11-22 原始树结构，其中方形代表我方，圆形为对手

(1) 初始化 $\beta=+\infty$，$\alpha=-\infty$。从根节点开始向下进行深度优先搜索，直至叶子节点，因此需要进行 4 步搜索。如图 11-23 所示，每个节点上方的序号代表搜索顺序。

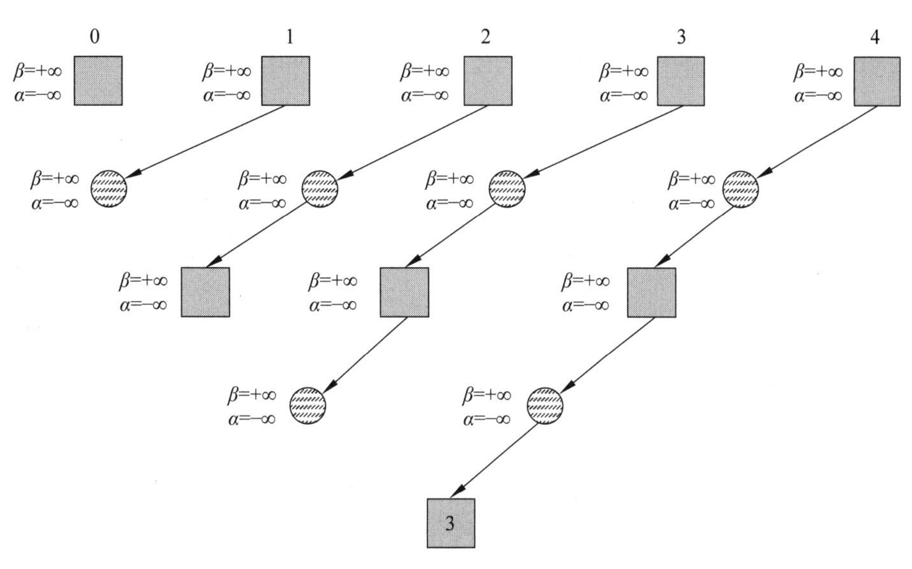

图 11-23　搜索到第一个叶子节点

(2) 当搜索到第一个叶子节点时，其权值是 3，并且其父节点是 Min 节点(对手节点)，又因为此时该 Min 节点的最小上界 $\beta=+\infty>3$，所以更新该 Min 节点的 β 值为 3，即 $\beta=3$，如图 11-24 所示。然后继续从该 Min 节点出发向下深度优先搜索至叶子节点。

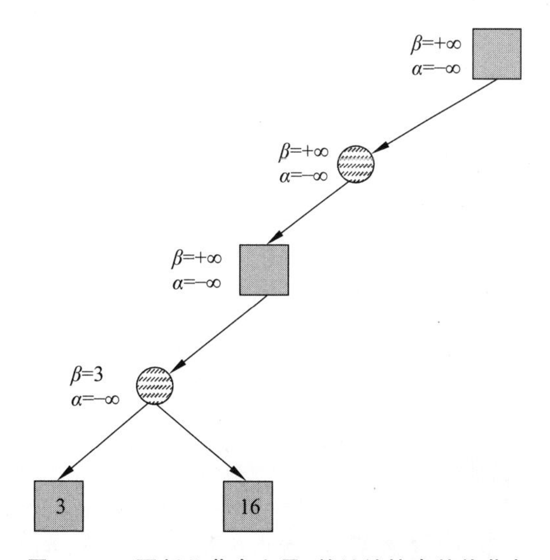

图 11-24　更新父节点上界，并继续搜索其他节点

(3) 如图 11-25 所示，因为 16 比当前 β 值 3 大，所以这个节点可以忽略。至此，已经搜索完当前 Min 节点的所有子节点，所以返回其节点值给它的父节点(Max 节点)，尝试更新父节点的 α 值为当前该父节点的所有子节点的 β 值的最大值，即 $\alpha=3$。然后继续进行深度优先搜索至叶子节点，注意新生成的子节点的 α、β 值继承自父节点。

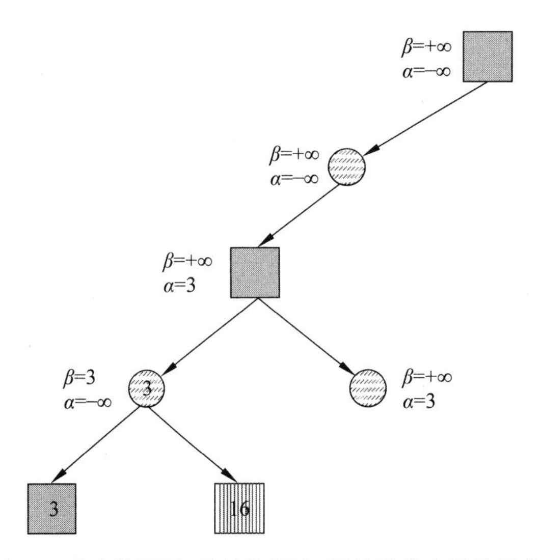

图 11-25　更新 Max 节点的下界，并继续搜索，新的子节点继承父节点的上下界值

(4) 如图 11-26 所示，此时搜索到的新的叶子节点权值为 2，并且它的父节点是 Min 节点，又因为父节点的最小上界 $\beta=+\infty>2$，所以更新父节点的 β 值为 2。然后此时发现父节点出现 $\alpha>\beta$ 的情况，说明最优解不可能从这个节点的子节点中产生，所以不再继续搜索它的其他子节点，这就是 β 剪枝。继续返回其节点值，尝试更新父节点。因为父节点的 $\alpha=3>2$，所以更新失败。

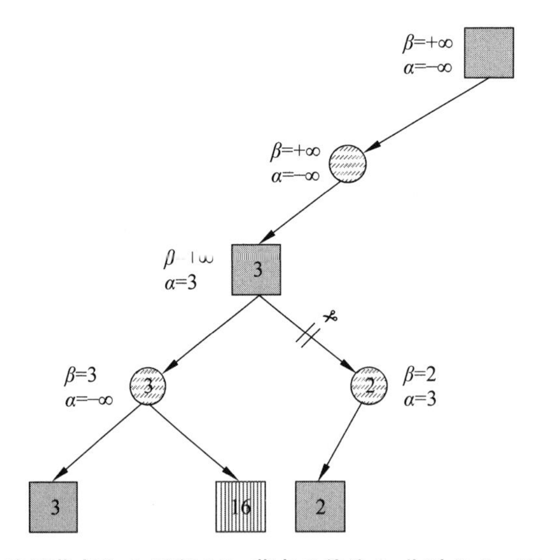

图 11-26　继续搜索叶子节点为 2，更新 Min 节点 β 值为 2，此时 $\beta<\alpha$，不满足条件，进行剪枝

(5) 至此，已经搜索完当前这个 Max 节点的所有子节点，所以返回其节点权值，并尝试更新它的父节点的 β 值。因为父节点的 $\beta=+\infty>3$，所以令 $\beta=3$。并继续向下深度优先搜索至新的叶子节点，注意新生成的子节点的 α、β 值继承自父节点。

(6) 如图 11-27 所示，此时新叶子节点 14 并不能更新当前节点的 β 值，所以令当前节点权值为 14，并返回其权值，尝试更新其父节点(Max 节点)的 α 值。因为其父节点的 $\alpha<14$，

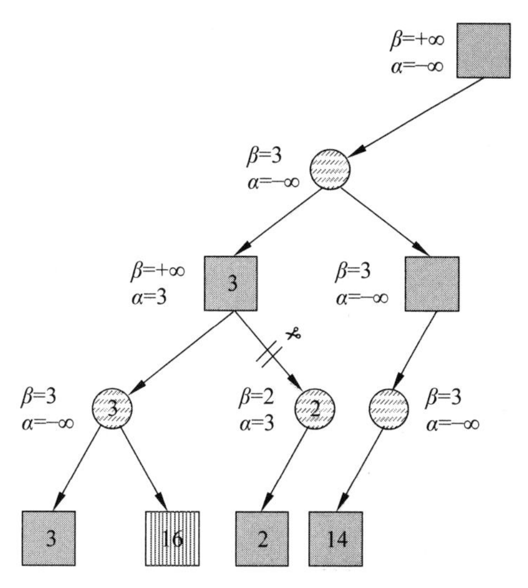

图 11-27　更新 Max 父节点的上界,并继续向下搜索至叶子节点

所以令 $\alpha=14$。此时,该节点 $\alpha=14,\beta=3,\alpha>\beta$,则说明其子节点并不包含最优解,不需要再进行搜索。所以返回其节点权值给父节点(Min 节点),尝试对父节点的 β 值进行更新。父节点的 $\beta<14$,则不需要进行更新。同时可确定父节点的权值为 3,如图 11-28 所示。

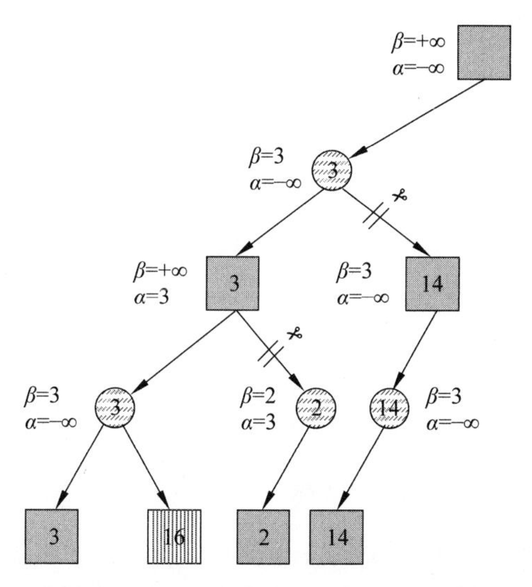

图 11-28　叶子节点并不能更新父节点(Min 节点),返回其值更新 Max 节点,$\alpha=14$,此时 $\beta<\alpha$,不满足条件,进行剪枝,无须搜索这个分支的其他节点

(7) 如图 11-29 所示,继续返回权值给父节点,尝试更新父节点的 α,发现父节点 $\alpha=-\infty<3$,所以更新 α 值为 3,并继续深度优先搜索直至叶子节点。注意新生成的子节点的 α、β 值继承自父节点。

(8) 从叶子节点返回权值给父节点(Min 节点),并尝试更新其父节点的 β 值,因为父节点 $\beta=+\infty>2$,所以,令 $\beta=2$,同时确认父节点权值为 2,此时有 $\alpha>\beta$,说明其子节点并不包含最优解,不需要再进行搜索。所以返回其节点权值给父节点(Max 节点),尝试对父节点

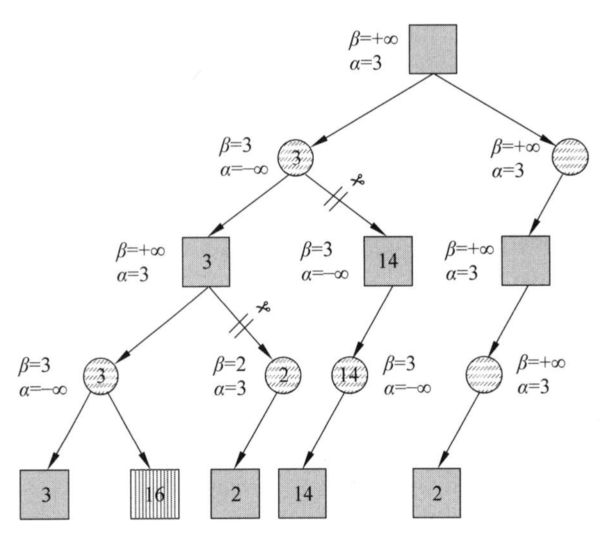

图 11-29　返回权值给父节点，更新父节点（Max 节点）α 值，并继续向下进行搜索，直至叶子节点

的 α 值进行更新。因为父节点 $\alpha>2$，无须更新，继续搜索其子节点至叶子节点，如图 11-30 所示。

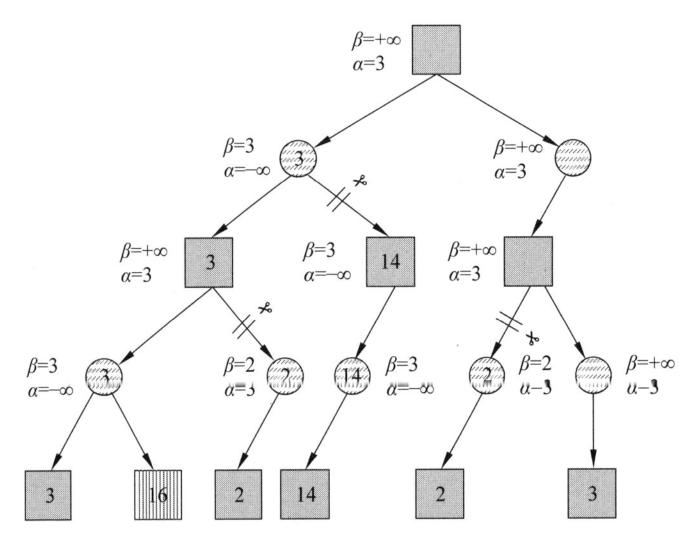

图 11-30　叶子节点返回权值，更新其父节点（Min 节点）的 β 值，此时 $\alpha>\beta$，不满足条件，说明并不包含最优解，进行剪枝

（9）从叶子节点返回权值给父节点（Min 节点），并尝试更新其父节点的 β 值，因为父节点 $\beta>3$，所以，令 $\beta=3$，同时确认父节点权值为 3。继续返回权值给父节点，并尝试更新其父节点的 α 值，因为父节点 $\alpha=3$，所以无须更新，同时确定该节点权值为 3。因为该节点的所有子节点全部搜索完毕，所以返回该点权值给父节点，并尝试更新其父节点的 β 值，因为父节点 $\beta>3$，所以，令 $\beta=3$，同时确认父节点权值为 3。因为此时有 $\alpha=\beta=3$，所以无须再搜索其子节点，直接返回权值给根节点，并尝试更新根节点的 α 值，因为根节点 $\alpha=3$，所以无须更新，如图 11-31 所示。根节点的所有子节点搜索完毕，则得出最优解为 3。

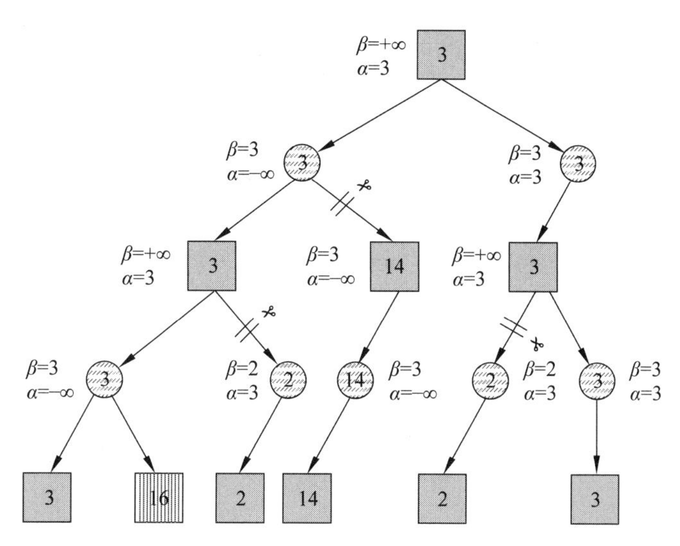

图 11-31　最终搜索结果图

2. Alpha-Beta 剪枝搜索代码实现

例 11-4　同样以井字棋游戏为例,代码如下。

```
#定义棋盘大小
BOARD_SIZE = 3

def evaluate(board):
    #评估函数,用于评估当前棋盘局面的分数
    #在这个简单的示例中,假设参与者 X 胜利,则返回+1;参与者 O 胜利,则返回-1;平局,则返回 0
    for row in range(BOARD_SIZE):
        if all(board[row][col] == 'X' for col in range(BOARD_SIZE)):
            return 1
        if all(board[row][col] == 'O' for col in range(BOARD_SIZE)):
            return -1

    for col in range(BOARD_SIZE):
        if all(board[row][col] == 'X' for row in range(BOARD_SIZE)):
            return 1
        if all(board[row][col] == 'O' for row in range(BOARD_SIZE)):
            return -1

    if all(board[i][i] == 'X' for i in range(BOARD_SIZE)):
        return 1
    if all(board[i][i] == 'O' for i in range(BOARD_SIZE)):
        return -1

    if all(board[i][BOARD_SIZE - 1 - i] == 'X' for i in range(BOARD_SIZE)):
        return 1
    if all(board[i][BOARD_SIZE - 1 - i] == 'O' for i in range(BOARD_SIZE)):
        return -1

    return 0

def alphabeta(board, depth, alpha, beta, is_maximizing):
    score = evaluate(board)

    if score == 1 or score == -1:
```

```
        return score

    if all(all(cell != '' for cell in row) for row in board):
        return 0

    if is_maximizing:
        best_score = -float('inf')
        for row in range(BOARD_SIZE):
            for col in range(BOARD_SIZE):
                if board[row][col] == '':
                    board[row][col] = 'X'
                    score = alphabeta(board, depth + 1, alpha, beta, False)
                    board[row][col] = ''
                    best_score = max(score, best_score)
                    alpha = max(alpha, best_score)
                    if beta <= alpha:
                        break
        return best_score
    else:
        best_score = float('inf')
        for row in range(BOARD_SIZE):
            for col in range(BOARD_SIZE):
                if board[row][col] == '':
                    board[row][col] = 'O'
                    score = alphabeta(board, depth + 1, alpha, beta, True)
                    board[row][col] = ''
                    best_score = min(score, best_score)
                    beta = min(beta, best_score)
                    if beta <= alpha:
                        break
        return best_score

def find_best_move(board):
    best_score = -float('inf')
    best_move = None
    alpha = -float('inf')
    beta = float('inf')

    for row in range(BOARD_SIZE):
        for col in range(BOARD_SIZE):
            if board[row][col] == '':
                board[row][col] = 'X'
                score = alphabeta(board, 0, alpha, beta, False)
                board[row][col] = ''

                if score > best_score:
                    best_score = score
                    best_move = (row, col)

    return best_move

if __name__ == "__main__":
    board = [['', '', ''],
             ['', 'O', 'X'],
             ['X', '', 'O']]

    best_move = find_best_move(board)

    if best_move:
        print(f"最优走法: ({best_move[0]}, {best_move[1]})")
```

```
    else:
        print("当前局面下无合法走法。")
```

输出结果如下。

```
最优走法：(0, 0)
```

11.7　社会网络的分散式搜索

11.7.1　Kleinberg 模型

在哈佛大学 Milgram 教授做的小世界网络实验中，人们搜索目标对象时采用的方法实际上是一种简单的分散式搜索(Decentralized Search)，也就是基于局部信息，以最可能到达目标的方式选择中间人传递信件，这实际上是一种贪婪算法。在寄信过程中，每个人都重复同样的操作，即如果不认识目标对象就转发邮件给当前转发人自认为离目标对象最近的人。虽然每一个中间人都期望信件能尽快送达目标对象，但如果他(她)并不认识目标对象，则只能估计自己朋友中谁最可能接近(空间上距离最近或社会距离最近)目标对象。WS 小世界网络无法实现这个目标，因为其体现弱关系的边过于随机，无法实现有意识接近目标对象的这种转发需求。要解决该问题需要设计一种网络模型，既能反映任意节点对之间短路径的存在性，又能实现在这种尽可能接近目标对象的转发方式下寻找最短路径的搜索问题。

小世界网络主要需要解决的两个问题是：①如何构建既具有较大的聚类特征，又具有较短的平均距离的小世界网络。该问题可以构建 NW 小世界网络模型解决。②什么样的小世界网络才能实现有效搜索，也就是怎样的小世界网络上任意两个节点之间具有较短的平均传递步数，是否存在具有较短平均传递步数的最优网络结构？

要实现有意识地尽可能接近目标地转发，网络模型应该具备两个结构特征：①节点之间无论相距多远，都有机会很快地到达对方。②节点间距离越近，存在直接连接的机会越大。

美国计算机科学家，康奈尔大学计算机科学教授 Jon Kleinberg(乔恩·克莱因伯格)率先研究了复杂网络的快速搜索方法，提出 Kleinberg 模型。Kleinberg 教授以解决重要实际问题，并且从中发现深刻数学思想而著称，于 2006 年获得国际数学联盟的 Nevanlina 奖。他的研究从计算机网络路由，数据挖掘，到生物结构对比等，跨越多个领域，其中，最著名的理论是小世界网络理论和万维网搜索算法。他设计的 HITS 算法启发了谷歌的 PageRank 算法的诞生。

Kleinberg 模型是基于含有 $n \times n$ 个节点的二维网格。在该网络中，任意两个节点 u 和 v 之间的网格距离 $d(u,v)$ 为两节点之间的网格步数，即 $d(u,v)=|i-k|+|j-l|$，其中，(i,j) 为 u 的坐标，(k,l) 为 v 的坐标。

在 Kleinberg 模型中，每个节点通过有向边连接与其网格距离不超过某个给定常量 α 的所有节点，$\alpha \geqslant 1$。这些连接称为该节点的短程连接。同时，还有 b 条有向边从该节点分别连接到网络中 b 个其他节点。这些连接被称为该节点的长程连接。对于长程连接，引入一个参数 ϑ，也称为聚合指数。任意两个节点 u 和 v 之间的长程连接的概率 $p_{u\to v}$ 与它们之间的网格距离 $d(u,v)$ 的 $-\vartheta$ 次方成正比，即

$$p_{u \to v} = \frac{[d(u,v)]^{-\vartheta}}{\sum_{v}[d(u,v)]^{-\vartheta}} \tag{11-3}$$

图 11-32 给出一个 8×8 的 Kleinberg 二维网格示例，其中短程连接距离限制在 $\vartheta=1$ 以内，长程连接节点数 $b=2$。可以看出，当 $\vartheta=0$ 时，长程连接服从均匀随机分布。此时，Kleinberg 模型等同于 NW 小世界模型。由此可见，Kleinberg 模型可以看成是 NW 小世界模型的一般化形式。随着 ϑ 值增加，网格上相距较远的节点之间有长程连接的概率变小。

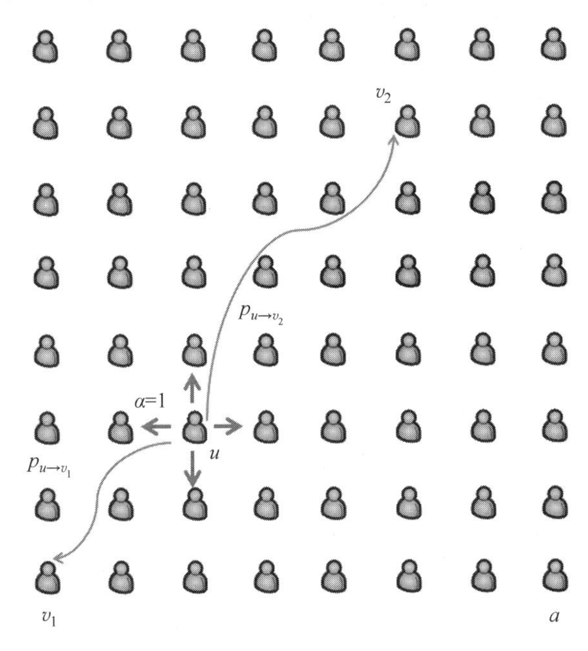

图 11-32 Kleinberg 二维网格模型($n=8, \alpha=1, b=2$)

ϑ 用来控制长程连接概率随距离递减的强度。ϑ 越小，连接概率递减的强度就越小，ϑ 越大，连接概率递减的强度就越大，越往远处连接的概率就越低。ϑ 较小时，随机边倾向较远，对距离的“惩罚”较小，远程的节点多，带来的优势明显。反之，ϑ 较大时，随机边倾向较近。在 WS 小世界网络模型中，ϑ 值为 0。

因此这个问题就转换为，研究最优路径的小世界网络的性质，只需要知道这个网络中的长程连接，即研究长程连接的聚合指数 ϑ 即可。

11.7.2 代码实现

Kleinberg 模型的基本思想源于以下理念：远距离连接并非随机生成，而是根据节点的地理位置分布而产生。因此，可以通过引入距离衰减的机制模拟每个节点之间的随机边的生成过程。下面将用 Python 代码进行 Kleinberg 模型的简单实现。

```
import networkx as nx
import numpy as np
import matplotlib.pyplot as plt
from random import choice

#定义在网格上的距离函数
def grid_distance(u, v):
```

```
    return abs(u[0] - v[0]) + abs(u[1] - v[1])

#定义用于扁平化网格的距离函数
def distance_1D(u, v, n):
    return grid_distance((u//n, u%n), (v//n, v%n))

def create_kleinberg_graph(n, alpha, b, theta):

    #创建一个大小为 n×n 的二维网格图
    G = nx.grid_2d_graph(n, n, periodic=False, create_using=nx.DiGraph)

    #为了简化长程连接,将网格扁平化为 1D
    nodes_1D = list(range(n * n))

    #根据 alpha 添加短程连接
    for u in G.nodes():
        for v in G.nodes():
            if grid_distance(u, v) <= alpha and u != v:
                G.add_edge(u, v)

    #为每个节点添加 b 个长程连接
    for u_1D in nodes_1D:
        #计算每个节点成为长程连接端点的概率
        probabilities = [distance_1D(u_1D, v_1D, n) ** (-theta) if u_1D != v_1D
else 0 for v_1D in nodes_1D]
        prob_sum = sum(probabilities)
        normalized_probabilities = [p / prob_sum for p in probabilities]

        #从概率分布中选择 b 个不同的节点作为长程连接的端点
        long_range_targets_1D = np.random.choice(nodes_1D, size=b, p=
normalized_probabilities, replace=False)

        #将长程连接添加到图中
        for v_1D in long_range_targets_1D:
            G.add_edge((u_1D//n, u_1D%n), (v_1D//n, v_1D%n))

    return G

#Kleinberg 模型的参数
n = 8  #网格大小
alpha = 1  #短程连接限制
b = 2  #每个节点的长程连接数
theta = 1  #长程连接的衰减指数

#创建 Kleinberg 图
kleinberg_graph = create_kleinberg_graph(n, alpha, b, theta)

#根据网格位置定位节点
pos = {(x, y): (y, -x) for x, y in kleinberg_graph.nodes()}

#随机选择一个节点 u
u = choice(list(kleinberg_graph.nodes()))

#展示连接
def show_connections(u, G, pos):
    #获取节点 u 的所有相邻边
    edges = G.edges(u)

    #突出显示短程连接
```

```
    short_range_edges = [edge for edge in edges if grid_distance(u, edge[1]) <=
alpha]
    #突出显示长程连接
    long_range_edges = [edge for edge in edges if grid_distance(u, edge[1]) >
alpha]

    #绘制图像
plt.figure(figsize=(8, 8))
    nx.draw_networkx_nodes(G, pos, node_size=100, node_color='skyblue')
    nx.draw_networkx_edges(G, pos, edgelist=short_range_edges, edge_color=
'green', arrows=True)

    for edge in long_range_edges:
    plt.plot(*zip(*[pos[edge[0]], pos[edge[1]]]), color='red', linestyle='-',
linewidth=2)

    #突出显示节点 u
    nx.draw_networkx_nodes(G, pos, nodelist=[u], node_color='yellow', node_
size=200)

plt.axis('off')  #关闭坐标轴
plt.show()

show_connections(u, kleinberg_graph, pos)
```

结果如图 11-33 所示。

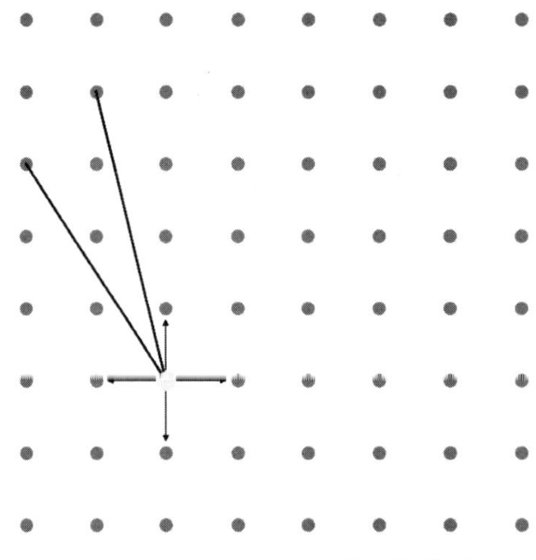

图 11-33　Kleinberg 二维网格模型

11.7.3 Kleinberg 模型上的分散式搜索

Kleinberg 的分散式搜索模型基于一个特定的网络结构，其中节点既有短程连接（与邻近节点的连接），也有长程连接（基于概率与远程节点的连接）。长程连接的概率与节点间的网格距离的负 ϑ 次幂成比例。在 Kleinberg 的 *The Small-World Phenomenon: An Algorithmic Perspective* 论文中，关于在不同参数设置下的平均传递步数的上下界，提出以下定理。

定理 1：当参数 $\vartheta=0$ 时，任何分散式算法的预期传递时间至少为 $c_0 n^{2/3}$，其中 c_0 是一个依赖 p 和 q，但与 n 无关的常数。这意味着预期传递时间在预期最短路径长度的指数级别。

定理 2：当参数 $\vartheta=2$ 且 $p=q=1$ 时，存在一个分散式算法 A 和一个与 n 无关的常数

c_2，使得该算法的预期传递时间最多为 $c_2(\log n)^2$。

定理 3：①当 $0<\vartheta<2$ 时，任何分散式算法的预期传递时间至少为 $c_r n^{(2-r)/3}$，其中 c_r 是一个依赖 p 和 q，但与 n 无关的常数。②当 $\vartheta>2$ 时，任何分散式算法的预期传递时间至少为 $c_r n^{(r-2)/(r-1)}$，其中 c_r 是一个依赖 p 和 q，但与 n 无关的常数。

这些定理表明，小世界网络的传递效率高度依赖网络的几何结构和长距离的分布方式。特别地，当 $\vartheta=2$ 时，能够找到效率最高的分散式算法。

Kleinberg 的分散式搜索模型对理解和设计现代网络结构有重要意义。例如，在设计数据中心网络、社交网络平台、甚至是城市规划时，考虑如何优化信息或资源的传递效率都至关重要。Kleinberg 的研究提供了一个理论框架，帮助我们理解在不同类型的网络中信息传递的效率如何受到网络拓扑结构的影响。

习题 11

1. 给定一个无向图，使用广度优先搜索算法找到从起点节点到目标节点的最短路径。请编写一个函数 bfs_shortest_path(graph, start, end)，其中 graph 是邻接表表示的图，start 是起始节点，end 是目标节点。函数应返回从起始节点到目标节点的最短路径。

2. 在一个有向图中，每个节点有若干邻居节点。设计一个随机游走算法，从给定的起始节点开始，每一步随机选择一个邻居节点进行移动。重复该过程，直到到达目标节点。请描述该随机游走算法，并讨论其性能和应用场景。

3. 在一个无向图中，定义一个节点的度为与其相邻的边的数量。请设计一个算法，找到图中度最大的节点，并输出其节点编号及对应的度数。

4. 假设你正在设计一个人工智能程序，玩一个双人博弈游戏，如国际象棋或井字游戏。你决定使用蒙特卡罗树搜索算法帮助程序做出决策。

请描述一个简化版的双人博弈游戏规则，然后设计一个问题，要求使用蒙特卡罗树搜索算法，找到在某个游戏状态下的最佳决策。游戏规则包括以下要素。

(1) 游戏规则的简要描述。

(2) 游戏状态的表示方式。

(3) 蒙特卡罗树搜索算法如何在该游戏中应用，包括模拟、选择、展开和反向传播的过程。

5. 在一个迷宫中，有一个机器人位于起始点，需要找到通往目标点的最短路径。迷宫由空格和墙壁组成，机器人只能沿着空格移动。机器人每次只能朝上、下、左、右四个方向之一移动一步。

设计一个贪婪优先搜索算法，使机器人能够以最短路径尽快到达目标点。请注意，贪婪优先搜索算法的特点是每次选择看似最接近目标的路径进行探索。

给定一个迷宫的地图(用 0 表示空格，1 表示墙壁)，编写一个程序，输出机器人从起始点到目标点的最短路径，并显示机器人的移动过程。

[0,0,0,0,0]
[0,1,0,1,0]
[0,1,0,0,0]
[0,0,1,1,0]
[0,0,0,0,0]

第 12 章 聚类分析

复杂网络聚类方法的研究对分析复杂网络的拓扑结构、理解复杂网络的功能、发现复杂网络中的隐藏规律，以及预测复杂网络的行为不仅具有十分重要的理论意义，而且具有广泛的应用前景，目前已被应用于恐怖组织识别、组织结构管理等社会网络分析、新陈代谢网络分析、蛋白质交互网络分析和未知蛋白质功能预测、基因调控网络分析和主控基因识别等各种生物网络分析，以及 Web 社区挖掘和基于主题词的 Web 文档聚类和搜索引擎等众多领域。

12.1 基于优化的复杂网络聚类方法

在基于优化的复杂网络聚类方法中，把一个网络划分成多个社团就是把一个图划分成多个图。图的划分问题是图论中一个比较难的问题，也是研究比较多的问题，理论上是 NP-hard 的。因此，人们通常研究比较简单的情况：图的二划分，即把一个图分成两个（一般要求大小相等）图，比较有名的算法是 Kernighan-Lin 算法和谱平分法。

12.1.1 Kernighan-Lin 算法

针对图分割问题，Kernighan 和 Lin 在 1970 年提出 Kernighan-Lin 算法，该方法也可用于复杂网络聚类。Kernighan-Lin 算法是一种试探优化法。它是一种利用贪婪算法将复杂网络划分为两个社团的二分法。该算法引入增益值 P，并将 P 定义为两个社团内部的边数减去连接两个社团之间的边数，然后再寻找使 P 值最大的划分方法。由于 Kernighan-Lin 算法在初始化时采用随机的方式或根据网络已知的先验信息将网络分成两个社团的方式，导致这种初始化方式会对最终正确的结果产生直接的影响。另外，Kernighan-Lin 算法的最终结果只能产生两个社团结构，对算法的实用性有很大的限制，只适用于具有两个社团结构的网络。

代码实现

```
import networkx as nx
import matplotlib.pyplot as plt
import random
```

```
def initial_partition(graph):
    #将节点随机分配到两个分区
    nodes = list(graph.nodes())
    random.shuffle(nodes)
    mid_point = len(nodes) //2
    partition1 = set(nodes[:mid_point])
    partition2 = set(nodes[mid_point:])
    return partition1, partition2

def calculate_cut_cost(graph, partition1, partition2):
    #计算两个分区之间的分割成本
    cut_cost = 0
    for edge in graph.edges():
         if (edge[0] in partition1 and edge[1] in partition2) or (edge[0] in
         partition2 and edge[1] in partition1):
            cut_cost += graph[edge[0]][edge[1]].get('weight', 1)
            # 使用边的权重,如果没有指定则默认值
    return cut_cost

def kernighan_lin(graph, max_iterations=10):
    best_partition1, best_partition2 = initial_partition(graph)
    best_cut_cost = calculate_cut_cost(graph, best_partition1, best_partition2)

    for _ in range(max_iterations):
        partition1, partition2 = initial_partition(graph)
        cut_cost = calculate_cut_cost(graph, partition1, partition2)

        while True:
            #计算每对节点交换的增益
            node_gains = {}
            for node1 in partition1:
                for node2 in partition2:
                    gain = cut_cost - (graph[node1].get(node2, {}).get('weight',
                    1) + graph[node2].get(node1, {}).get('weight', 1))
                    node_gains[(node1, node2)] = gain

            #找到具有最大增益的节点对
            max_gain_pair = max(node_gains, key=node_gains.get)
            max_gain = node_gains[max_gain_pair]

            #更新分区和分割成本
            partition1.remove(max_gain_pair[0])
            partition2.remove(max_gain_pair[1])
            partition1.add(max_gain_pair[1])
            partition2.add(max_gain_pair[0])
            cut_cost += max_gain

            #检查是否获得改进
            if cut_cost >= best_cut_cost:
                break

            #更新最佳解
            best_partition1 = partition1.copy()
            best_partition2 = partition2.copy()
            best_cut_cost = cut_cost

    return best_partition1, best_partition2
```

```
def visualize_partition(graph, partition1, partition2, title):
    pos = nx.spring_layout(graph)
    nx.draw(graph, pos, with_labels=True, font_weight='bold', node_color=['r'
if node in partition1 else 'skyblue' for node in graph.nodes()], node_size=700,
font_size=20)
    plt.title(title)
    plt.show()

#示例用法
#创建一个图(可以用自定义图替换)
G = nx.Graph()
G.add_edges_from([(1, 2), (1, 3), (2, 3), (2, 4), (3, 4), (4, 5), (5, 6)])

#可视化原始图
visualize_partition(G, set(), set(), "Original Graph")

#运行 Kernighan-Lin 算法
partition1, partition2 = kernighan_lin(G)

#可视化最终分区
visualize_partition(G, partition1, partition2, "Final Partition")
```

原图如图 12-1 所示。

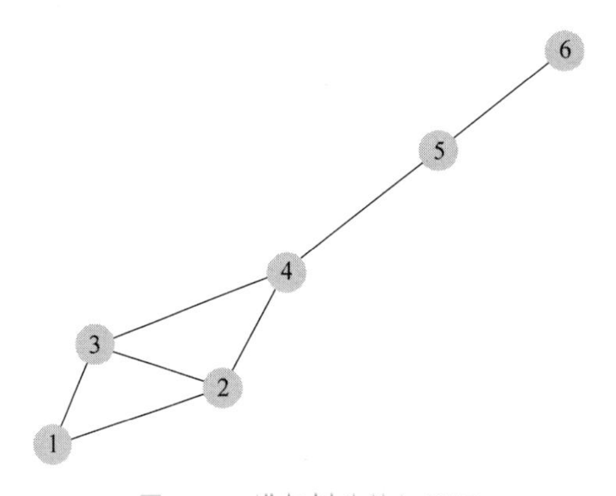

图 12-1　进行划分的初始图

输出结果如图 12-2 所示。

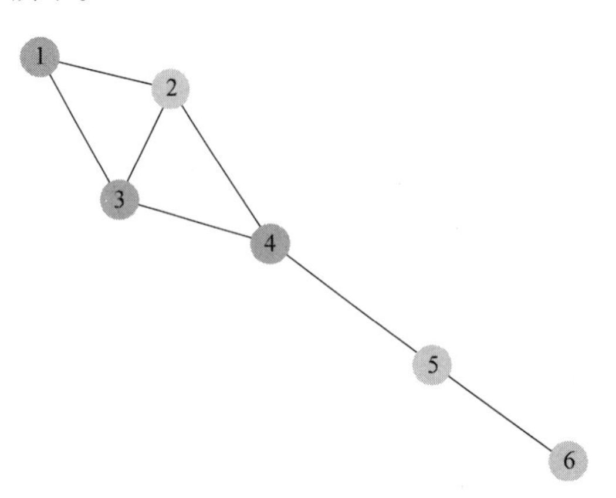

图 12-2　使用 Kernighan-Lin 算法划分后的图

12.1.2 谱平分法

谱平分法具有严密的数学理论，已发展成数据聚类的一种重要方法(称为谱聚类法)，被广泛应用于图分割和空间点聚类等领域。在谱平分法中，采用 Laplacian 矩阵具有的谱特性进行复杂网络的社团检测。因为 Laplacian 矩阵是实对称矩阵，经过计算矩阵的特征向量就能将网络划分成两个社团。谱平分法也是一种二分算法，需要预先知道网络中社团的数量，在网络划分到确切的社团数目时算法终止，对于社团结构很明显的复杂网络很高效，然而当网络的社团结构不是很明显时，往往很难得到理想的社团结构。同时，谱平分法虽然对只有两个社团结构的网络划分比较有效，但是当网络存在更多社团时，算法需要重复对二分划分的结果再次进行划分。因此，前面划分结果的好坏对于后续的划分有直接的影响，导致谱平分法在多社团结构的网络中不能得到很好地划分结果。一般情况下，由于无法预先知道网络的社团结构和网络社团的数量，会导致很难利用谱平分法对网络进行划分。

代码实现

```
import networkx as nx
import scipy.linalg
import numpy as np
import matplotlib.pyplot as plt

def spectral_bisection(graph):
    laplacian_matrix = nx.laplacian_matrix(graph).toarray()
    eigenvalues, eigenvectors = scipy.linalg.eigh(laplacian_matrix)
    second_smallest_eigenvalue_index = np.argsort(eigenvalues)[1]
    separator = eigenvectors[:, second_smallest_eigenvalue_index]

    partition_A = []
    partition_B = []

    for idx, value in enumerate(separator):
        if value < 0:
            partition_A.append(idx)
        else:
            partition_B.append(idx)

    return partition_A, partition_B

if __name__ == "__main__":
    #创建一个随机图
    G = nx.erdos_renyi_graph(20, 0.3)

    #可视化原始图
    nx.draw(G, with_labels=True, font_weight='bold', node_color='grey', node_
size=700, font_size=15)
    plt.title('Original Graph')
    plt.axis('on')
    plt.xticks([])
    plt.yticks([])
    plt.show()

    #使用谱平分来划分图
```

```
    partition_A, partition_B = spectral_bisection(G)

    #可视化划分后的图
    pos = nx.spring_layout(G)
    nx.draw(G, pos, with_labels=True, font_weight='bold', node_color=['r' if
node in partition_A else 'skyblue' for node in G.nodes()], node_size=700, font_
size=15)
    plt.title('Partitioned Graph')
    plt.axis('on')
    plt.xticks([])
    plt.yticks([])
    plt.show()

    print("分区 A:", partition_A)
    print("分区 B:", partition_B)
```

创建的随机图如图 12-3 所示。

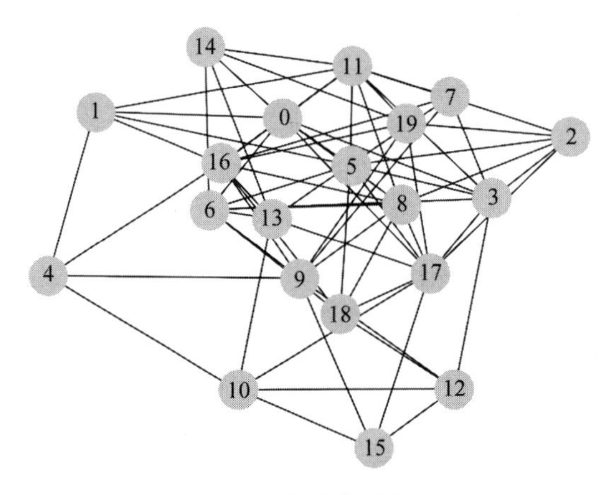

图 12-3 创建的随机图

输出结果如下,使用谱平分法划分后的图如图 12-4 所示。

```
分区 A: [0, 1, 2, 3, 5, 6, 7, 8, 11, 13, 14, 16, 18, 19]
分区 B: [4, 9, 10, 12, 15,17]
```

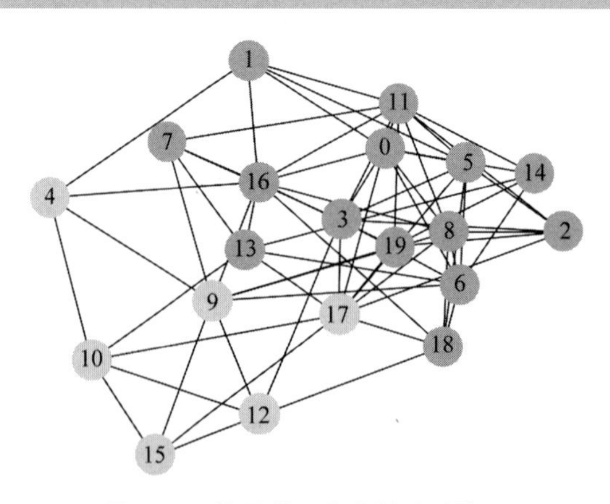

图 12-4 使用谱平分法划分后的图

12.2　启发式复杂网络聚类算法

MFC(Maximum Flow Community)算法、HITS(Hyperlink-Induced Topic Search)算法、GN(Girvan-Newman)算法及其改进、WH(Wu-Huberman)算法和 CPM(Clique Percolation Method)算法和 FEC(Finding and Extracting Communities)算法是典型的启发式复杂网络聚类算法。这一类算法的共同特点在于它们基于直观的假设,巧妙地设计了启发式策略。对于大多数网络,它们能够迅速发现最优解或者近似最优解。然而,需要注意的是,从理论角度看,这些算法无法严格保证对于任何输入网络都能找到令人满意的解。在实际应用中,这些启发式算法提供了一种有效的方式处理复杂网络的聚类问题。GN 算法已经在第 4 章中做了详细介绍,本章将以 HITS、CPM 算法为例展开介绍启发式复杂网络聚类算法。

12.2.1　HITS 算法

在 HITS 算法中,每个网页都被分配了两个关键属性,即 Hub 属性和 Authority 属性。根据这两种属性的不同,网页被划分为两类,分别为 Hub(枢纽)页面和 Authority(权威)页面。

(1) Hub 页面类似分类器,它包含指向许多高质量 Authority 页面的链接。例如,网站 hao123 首页集结了全网优质网址,因此可以被视为典型的高质量 Hub 网页。

(2) Authority 页面则类似聚类器,它包含与某个领域或主题相关的高质量网页。例如,京东首页、淘宝首页等是与网络购物领域相关的高质量网页。

HITS 算法的目标是通过特定技术手段,在海量网页中找到与用户查询主题相关的高质量 Authority 页面和 Hub 页面,尤其是 Authority 页面。这些 Authority 页面代表能够满足用户查询需求的高质量内容,搜索引擎以此作为搜索结果返回给用户。

1. 算法中心思想

HITS 算法基于以下两个重要的假设。

(1) 一个高质量的 Authority 页面会受到许多高质量的 Hub 页面的指向。

(2) 一个高质量的 Hub 页面会指向许多高质量的 Authority 页面。

在这两个假设中,页面的质量由其自身的 Hub 值或 Authority 值决定,具体如下。

(1) 页面的 Hub 值等于它所指向的所有页面的 Authority 值之和。如图 12-5(a)所示,Hub 1 页面指向 5、6、7 这 3 个 Authority 页面,因此,$H(1)=A(5)+A(6)+A(7)$。

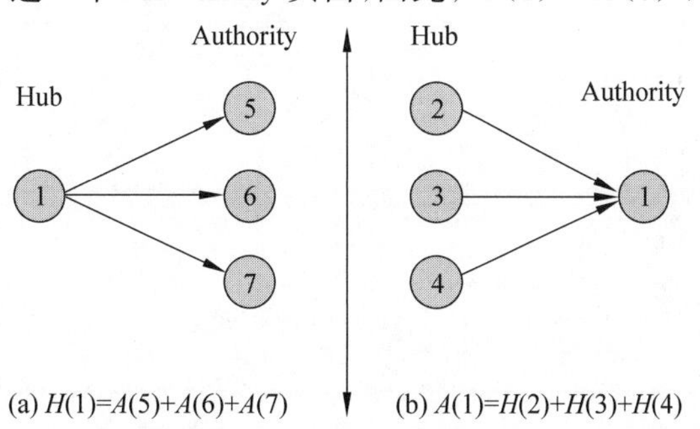

图 12-5　页面的质量由其自身的 Hub 值或 Authority 值决定

(2) 页面的 Authority 值等于指向它的所有页面的 Hub 值之和，如图 12-5(b)所示，2、3、4 这 3 个 Hub 页面都指向 Authority 1 页面，因此，$A(1)=H(2)+H(3)+H(4)$。

这意味着 Hub 页面和 Authority 页面相互迭代增强。每轮迭代中，通过算法计算并更新每个页面的 Hub 值和 Authority 值，直到这些值稳定不再发生明显变化为止。这个迭代过程反映了页面之间相互引用的复杂网络结构，使得 HITS 算法能够逐步收敛到每个页面的稳定质量评估。

2. HITS 算法的基本步骤

HITS 算法的基本步骤如下。

(1) 初始化：为网络中的每个页面分配初始的 Hub 值和 Authority 值。通常，可以将它们初始化为相等的常数。

(2) 迭代计算：这是 HITS 算法的核心步骤。通过反复迭代计算每个页面的 Hub 值和 Authority 值，直到达到收敛条件(例如，达到一定的迭代次数或权值的变化小于某个阈值)。

① 计算 Hub 值：对于每个页面 i，计算其 Hub 值为指向页面 i 的所有页面的 Authority 值之和。即 $H(i)=\sum jA(j)$，其中 j 是指向页面 i 的页面。

② 计算 Authority 值：对于每个页面 j，计算其 Authority 值为指向页面 j 的所有页面的 Hub 值之和。即 $A(j)=\sum kH(k)$，其中 k 是由页面 j 指向的页面。

(3) 归一化：在每次迭代后，通常对 Hub 值和 Authority 值进行归一化，以防止数值过大或过小。

(4) 收敛判定：判断算法是否收敛，即页面的 Hub 值和 Authority 值是否在后续迭代中保持稳定。

(5) 输出排序：最终，可以根据页面的 Hub 值或 Authority 值对页面进行排序，以确定页面的质量。通常，Authority 值更能反映页面的主题相关性。

总体而言，HITS 算法通过页面之间的相互关联关系进行迭代计算，最终产生一组 Hub 值和 Authority 值，使得 Hub 值高的页面指向 Authority 值高的页面，形成一种相互强化的网络结构。这使得算法能够捕捉网络中的主题结构，并为搜索引擎提供有关页面质量的信息。

3. 代码实现

```
def hits_algorithm(adjacency_matrix, max_iterations=100, tolerance=1e-6):
    num_pages = len(adjacency_matrix)

    #初始化 Hub 和 Authority 值
    hub_values = [1.0] * num_pages
    authority_values = [1.0] * num_pages

    for iteration in range(max_iterations):
        #更新 Authority 值
        new_authority_values = [sum(hub_values[j] for j in range(num_pages) if
adjacency_matrix[j][i] == 1) for i in range(num_pages)]

        #归一化 Authority 值
```

```
        norm_authority = sum(val * * 2 for val in new_authority_values) ** 0.5
        authority_values = [val / norm_authority for val in new_authority_values]

        #更新 Hub 值
        new_hub_values = [sum(authority_values[j] for j in range(num_pages) if
adjacency_matrix[i][j] == 1) for i in range(num_pages)]

        #归一化 Hub 值
        norm_hub = sum(val * * 2 for val in new_hub_values) * * 0.5
        hub_values = [val / norm_hub for val in new_hub_values]

        #判断收敛
        if sum((new - old) * * 2 for new, old in zip(new_authority_values,
authority_values)) < tolerance:
            break

    return hub_values, authority_values

#示例使用
#假设有 4 个页面,构建邻接矩阵(0 表示无连接,1 表示有连接)
adjacency_matrix = [
    [0, 1, 1, 1],
    [1, 0, 0, 1],
    [1, 0, 0, 0],
    [1, 1, 0, 0]
]

hub_values, authority_values = hits_algorithm(adjacency_matrix)

print("中心值:", hub_values)
print("权威值:", authority_values)
```

输出结果如下。

```
中心值:[0.6116284573553772, 0.5227207256439814, 0.2818451988548684,
0.5227207256439814]
权威值:[0.6116284573553772, 0.5227207256439814, 0.2818451988548684,
0.5227207256439814]
```

12.2.2 CPM 算法

1. 算法的中心思想

CPM 算法的核心思想是基于 k-团(k-clique)发现网络中的社群结构。k-团是完全图的一种子图,其中包含 k 个节点,每两个节点都有一条边相连。CPM 通过找到相互共享 $k-1$ 个节点的 k-团,然后将它们连接,最终形成社群结构。

2. CPM 算法的基本步骤

步骤 1：寻找 k-团。

通过遍历网络中的节点组合,找到所有的 k-团。

步骤 2：建立相邻 k-团的边。

如果两个 k-团共享 $k-1$ 个节点,就在它们之间建立一条边。

步骤 3：社群的发现。

通过找到相邻 k-团的最大连通子图,识别网络中的社群结构。

步骤 4：调整参数。

根据问题需求调整 k 的值，以影响 k-团的大小，从而影响社群的发现。

3. 代码实现

```
import networkx as nx
import matplotlib.pyplot as plt

def clique_percolation_method(G, k):
    cliques = list(nx.find_cliques(G))

    k_cliques = [clique for clique in cliques if len(clique) == k]

    communities = []
    while k_cliques:
        current_clique = k_cliques.pop(0)
        community = set(current_clique)

        #查找与当前团有重叠的团
        overlapping_cliques = [clique for clique in k_cliques if any(node in
current_clique for node in clique)]

        #将重叠的团合并到当前社区中
        for clique in overlapping_cliques:
            community.update(clique)
            k_cliques.remove(clique)

        communities.append(list(community))

    return communities

#示例用法
if __name__ == "__main__":
    #创建一个简单的图
    G = nx.Graph()
    G.add_edges_from([(1, 2), (1, 3), (2, 3), (3, 4), (4, 5), (4, 6), (5, 6), (5, 7),
(6, 7)])
    nx.draw(G, with_labels=True, font_weight='bold', node_color='skyblue',
node_size=700, font_size=15)
plt.show()
    #设置参数 k,表示检测 k-团
    k = 3

    #运行 CPM 算法
    result = clique_percolation_method(G, k)

    #打印结果
    print("发现社区:")
    for community in result:
        print(community)
```

创建的随机图如图 12-6 所示。

输出结果如下。

```
发现社区:
[1, 2, 3]
[4, 5, 6, 7]
```

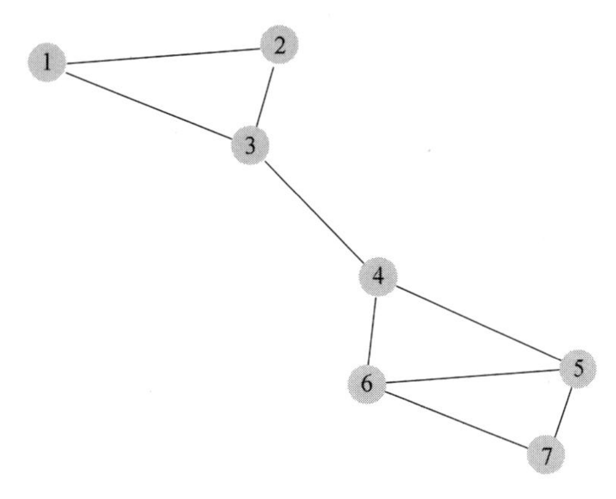

图 12-6　创建的随机图

习题 12

1. 使用 Kernighan-Lin 算法对一个简化的电路进行二分划分。考虑以下电路，其中包含一些门和连接。

```
A---|     |--- B
    |  G  |
C---|  A  |--- D
    |  T  |
E---|  E  |--- F
```

其中，字母表示电路中的节点，竖线表示连接，门的类型为"Gate"（如 Gate A）。使用 Kernighan-Lin 算法，将电路分为两部分，使得划分后的两部分之间的连接最小化。

2. 启发式复杂网络聚类算法中有哪些典型的算法。

3. 假设有一个小型网络，包含以下节点和边。

节点(Nodes)：A,B,C,D,E

边(Edges)：

- A→B
- A→C
- B→A
- B→D
- C→E
- D→B
- E→D

将使用 HITS 算法计算每个节点的 Hub 值和 Authority 值。

初始化所有节点的 Hub 值和 Authority 值为 1。

```
Hub(A) = Hub(B) = Hub(C) = Hub(D) = Hub(E) = 1
Authority(A) = Authority(B) = Authority(C) = Authority(D) = Authority(E) = 1
```

第 13 章 影响力分析

随着在线社交网络的蓬勃发展和线上用户的急剧增长，以交友、信息共享等为目的的社交网络迅速成长为人们传播信息、推销商品、表达观点从而产生影响力的理想平台。对影响力进行分析既能够从社会学角度加深理解人们的社会行为，同时对公共决策，舆情导向，政治、经济和文化活动等多个领域具有重要的社会意义和应用价值。

影响力分析中的一个经典问题就是影响力最大化问题。影响力最大化问题是指在图中找出 k 个最有影响力的顶点，使得信息最大化传播。

13.1 节点中心性的经典指标

在复杂网络影响力分析中，节点中心性是一组用于衡量网络中节点重要性的经典指标。这些中心性指标帮助我们理解节点在网络中的影响力、传播能力，以及在信息传播和影响扩散过程中的作用。以下是几个常用的节点中心性指标。

1. 度中心性

度中心性(Degree Centrality)衡量节点的连接数量，即节点的度。一个节点的度是指与该节点直接相连的边的数量。在一个社交网络中，度中心性可以理解为一个人的朋友数量，一个网站的链接数量等。具有高度度中心性的节点在信息传播中可能具有更大的潜在影响，因为它们可以更快地将信息传递给其邻居节点。

2. 介数中心性

介数中心性(Betweenness Centrality)衡量节点在网络中连接其他节点的最短路径数量。一个节点的介数中心性越高，意味着它在网络中连接不同部分的路径上起到更重要的作用。介数中心性高的节点在信息传播时可能充当重要的桥梁，连接不同社区或子图，促进信息的传递。

3. 接近中心性

接近中心性(Closeness Centrality)衡量节点到其他节点的平均最短路径长度。节点的接近中心性越高，意味着它距离其他节点的平均距离更短，可能更容易在信息传播中成为信息的传播者。这个指标适用于需要在网络中快速传递信息的节点。

4. 特征向量中心性

特征向量中心性(Eigenvector Centrality)衡量节点在网络中与其他高中心性节点的连接程度。节点与高中心性节点连接的数量和质量会影响该节点的特征向量中心性。这种中心性指标考虑了与高中心性节点的连接,因此具有高特征向量中心性的节点可能具有更大的影响力。

这些节点中心性指标可以在不同的情境中帮助我们理解网络中节点的重要性和影响力。在实际应用中,根据问题的需求,可以选择适当的中心性指标分析网络中的节点。

13.2 节点重要性的判别方法

13.2.1 基于节点近邻的方法

基于节点近邻的方法是在复杂网络中评估节点重要性的一类方法,它们关注节点及其直接邻居之间的连接关系。这些方法能够揭示节点在网络中的相对影响力和传播能力。

1. 基于节点近邻方法的常用度量指标

1) 度中心性

度中心性衡量节点的连接数量,即节点的度。节点的度越高,它在信息传播中的潜在影响力越大,因为它能够更快地将信息传递给其邻居节点。某个节点的度中心性计算公式如式(13-1)所示。

$$\mathrm{DC}_i = \frac{k_i}{N-1} \tag{13-1}$$

其中,k_i 表示现有的与节点 i 相连的边的数量,N 表示节点 i 所在网络中的总节点数。

2) 半局部中心性

半局部中心性(Semi-Local Centrality)衡量节点到其邻居节点的平均最短路径长度。它考虑了节点与其邻居节点之间的连接距离。节点的半局部中心性越高,意味着它与邻居节点之间的联系越紧密,可能更容易在信息传播中充当关键角色。其计算公式如下。

$$\begin{cases} Q(j) = \sum\limits_{w \in \Gamma(j)} N(w) \\ \mathrm{SLC}(i) = \sum\limits_{w \in \Gamma(i)} Q(w) \end{cases} \tag{13-2}$$

其中,$N(w)$为节点 v_w 的两层邻居度,其值等于从 v_w 出发两步内可到达的邻居节点的数目,$\Gamma(j)$表示节点 v_j 的一阶邻居节点的集合,最终节点 v_i 的半局部中心性定义为 $\mathrm{SLC}(i)$。

3) K 壳分解

K 壳分解(K-shell Decomposition)是将网络分解为一系列 K 壳(或 K 核),每个 K 壳包含至少 K 个邻居节点。这可以帮助识别在网络中与其他节点紧密连接的节点群集。更高的 K 壳值可能表示节点在更大的局部群集中扮演更重要的角色。

K-shell 方法递归地剥离网络中度数小于或等于 K 的节点。具体划分过程如下:假设网络中不存在度数为 0 的孤立节点。从度指标的角度分析,度数为 1 的节点是网络中最不重要的节点,因此首先将度数为 1 的节点及其连边从网络中删除。进行删除操作后的网络中会出现新的度数为 1 的节点,接着将这些新出现的度数为 1 的节点及其连边删除。重复上述操作,直到网络中不再新出现度数为1的节点为止。此时所有被删除的节点构成第1层,即1-shell,节点的Ks值等于1。剩余的网络中,每个节点的度数至少为2。继续重复上述删除操作,得到Ks值等于2的第2层,即2-shell。依次类推,直到网络中所有的节点都被赋予Ks值。

4) H-index

H-index是一种衡量节点在网络中的连接强度和广泛性的方法。对于一个节点,它的H-index是指有h个邻居的节点的度至少为h。H-index的值越高,节点连接的广泛性和强度越高,从而具有更高的影响力。

这些方法通常用来在复杂网络中用于评估节点的重要性和影响力。在具体应用中,可以根据问题的需求选择适当的方法分析网络中的节点。值得注意的是,这些方法可能在不同类型的网络和问题上表现不同,需要根据具体情况进行调整和解释。下面给出代码示例解释这些指标的计算。

2. 代码实现

```
#创建一个示例网络
G = nx.gnp_random_graph(10, 0.4)  #20 nodes, edge probability 0.4
nx.draw(G, with_labels=True)
plt.show()

#度中心性
degree_centralities = nx.degree_centrality(G)
print("度中心性:")
for node, centrality in degree_centralities.items():
    print(f"节点{node}: {centrality}")

#半局部中心性
semi_local_centralities = {}

for node in G.nodes():
    neighbors = list(G.neighbors(node))
    node_degree = G.degree[node]
    neighbor_degrees = [G.degree[neighbor] for neighbor in neighbors]
    semi_local_centralities[node] = node_degree + sum(neighbor_degrees)

print("\n半局部中心性:")
for node, centrality in semi_local_centralities.items():
    print(f"节点{node}: Semi-Local Centrality {centrality}")

#K壳分解
k_shells = nx.core_number(G)
print("\nK-Shells:")
for node, k_shell in k_shells.items():
    print(f"节点{node}: {k_shell}")

#H-index
h_indexes = nx.hits(G)[1]
print("\nH-Index:")
for node, h_index in h_indexes.items():
    print(f"节点{node}: {h_index}")
```

创建的示例网络如图13-1所示。

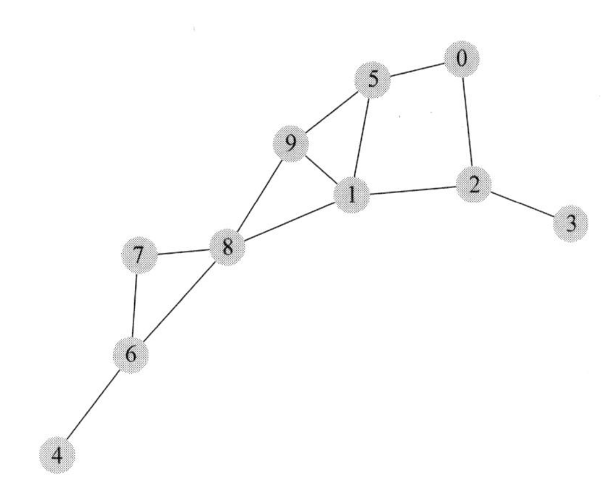

图 13-1　创建的示例网络

输出结果如下。

```
度中心性:
节点 0: 0.2222222222222222
节点 1: 0.4444444444444444
节点 2: 0.3333333333333333
节点 3: 0.1111111111111111
节点 4: 0.1111111111111111
节点 5: 0.3333333333333333
节点 6: 0.3333333333333333
节点 7: 0.2222222222222222
节点 8: 0.4444444444444444
节点 9: 0.3333333333333333

半局部中心性:
节点 0: Semi-Local Centrality 8
节点 1: Semi-Local Centrality 17
节点 2: Semi-Local Centrality 10
节点 3: Semi-Local Centrality 4
节点 4: Semi-Local Centrality 4
节点 5: Semi-Local Centrality 12
节点 6: Semi-Local Centrality 10
节点 7: Semi-Local Centrality 9
节点 8: Semi-Local Centrality 16
节点 9: Semi-Local Centrality 14

K-Shells:
节点 0: 2
节点 1: 2
节点 2: 2
节点 3: 1
节点 4: 1
节点 5: 2
节点 6: 2
节点 7: 2
节点 8: 2
节点 9: 2

H-Index:
节点 0: 0.0709506703514959
节点 1: 0.17256560713297764
```

```
节点 2: 0.08889866663857576
节点 3: 0.02900000292875364
节点 4: 0.028829308266360366
节点 5: 0.12859855247747062
节点 6: 0.08837540710903838
节点 7: 0.08128414791818774
节点 8: 0.1607987873395763
节点 9: 0.15069884983756374
```

13.2.2 基于路径的方法

基于路径的方法是复杂网络中评估节点重要性的一类方法，它们关注节点之间的路径和连接。以下是这些方法的简要介绍。

1. 基于路径方法的常用度量指标

1）接近中心性

接近中心性通过计算节点与网络中其他所有节点的距离的平均值，消除特殊值的干扰。一个节点与网络中其他节点的平均距离越小，该节点的接近中心性就越大。接近中心性也可以理解为利用信息在网络中的平均传播时长确定节点的重要性。平均来说，接近中心性最大的节点对于信息的流动具有最佳的观察视野。对于有 n 个节点的连通网络，可以计算任意一个节点 v_i 到网络中其他节点的平均最短距离，即

$$d_i = \frac{1}{n-1}\sum_{j \neq i} d_{ij} \tag{13-3}$$

d_i 越小，意味着节点 v_i 更接近网络中的其他节点，于是把 d_i 的倒数定义为节点 v_i 的接近中心性，即

$$\mathrm{CC}(i) = \frac{1}{d_i} = \frac{n-1}{\sum\limits_{j \neq i} d_{ij}} \tag{13-4}$$

2）介数中心性

通常提到的介数中心性一般指最短路径介数中心性(Shortest Path BC)，它认为网络中所有节点对的最短路径中(一般一对节点之间存在多条最短路径)，经过一个节点的最短路径数越多，这个节点就越重要。介数中心性刻画了节点对网络中沿最短路径传输的网络流的控制力。节点 v_i 的介数定义为

$$\mathrm{BC}(i) = \sum_{i \neq s, i \neq t, s \neq t} \frac{g_{st}^i}{g_{st}} \tag{13-5}$$

其中，g_{st} 为从节点 v_s 到 v_t 的所有最短路径的数目，g_{st}^i 为从节点 v_s 到 v_i 的 g_{st} 条最短路径中经过 v_i 的最短路径的数目。显然，当一个节点不在任何一条最短路径上时，这个节点的介数中心性为 0，如星形图的外围节点。对于一个包含 n 个节点的连通网络，节点度的最大可能值为 $n-1$。节点介数的最大可能值是星型网络中心节点的介数值。因为所有其他节点对之间的最短路径是唯一的并且都会经过该中心节点，所以该节点的介数就是这些最短路径的数目，即为$(n-2)(n-1)/2$，于是得到一个归一化的介数，即

$$\mathrm{BC}'(i) = \frac{2}{(n-1)(n-2)} \sum \frac{g_{st}^i}{g_{st}} \tag{13-6}$$

3）离心中心性

在连通网络中，定义 d_{ij} 为节点 v_i 与 v_j 之间的最短路径长度，也称最短距离，一个节点 v_i 的离心中心性（Eccentricity Centrality）为它与网络中所有节点的距离的最大值，即

$$\mathrm{ECC}(i)=\max_j(d_{ij}) \quad j=(1,2,\cdots,n) \tag{13-7}$$

网络直径定义为网络 G 中所有节点的离心中心性值中的最大值，网络半径定义为所有节点的离心中心性值中的最小值。显然，网络的中心节点就是离心中心性值等于网络半径的节点。一个节点的离心中心性与网络半径越接近就越中心。

4）流介数中心性

流介数中心性仅考虑网络流通过最短路径的传输。流介数中心性（Flow Betweenness Centrality）认为网络中所有不重复的路径中，经过一个节点的路径的比例越大，这个节点就越重要。由此得到，节点 v_i 的流介数中心性为

$$\mathrm{FBC}(i)=\sum_{s<t}\frac{\tilde{g}_{st}^{i}}{\tilde{g}_{st}} \tag{13-8}$$

其中，$\tilde{g}_{st}$ 为网络中节点 v_s 与 v_t 之间的所有路径数（不包含回路），$\tilde{g}_{st}^{i}$ 为节点对 v_s 与 v_t 之间经过 v_i 的路径数。介数中心性和流介数中心性考虑的是两个极端，前者只考虑最短路径，后者考虑所有路径并认为每条路径作用相同。

5）Katz 中心性

Katz 中心性（Katz Centrality）考虑了节点之间不同距离的路径，并对较长的路径进行衰减。它允许通过考虑多步路径评估节点的重要性。具有更多短路径和较少长路径的节点可能具有较高的 Katz 中心性。Katz 中心性认为短路径比长路径更加重要，它通过一个与路径长度相关的因子对不同长度的路径加权。一个与 v_i 相距有 p 步长的节点，对 v_i 的中心性的贡献为 s^p（$s\in(0,1)$ 为一个固定参数）。设 $l_{ij}^{(p)}$ 为从节点 v_i 到 v_j 经过长度为 p 的路径的数目。显然 $\boldsymbol{A}^2=(l_{ij}^{(2)})=\left(\sum_k a_{ik}a_{kj}\right)$，其中 $l_{ij}^{(2)}$ 元素即从节点 v_i 到 v_j 经过的边数为 2 的路径的数目，同理可以得到 $\boldsymbol{A}^3,\boldsymbol{A}^4\cdots\boldsymbol{A}^p\cdots$，将这些值赋予不同权重然后相加，便可以得到一个描述网络中任意节点对之间路径关系的矩阵，即

$$\boldsymbol{K}=s\boldsymbol{A}+s^2\boldsymbol{A}^2+\cdots+s^p\boldsymbol{A}^p+\cdots=(\boldsymbol{I}-s\boldsymbol{A})^{-1}-\boldsymbol{I} \tag{13-9}$$

其中，$\boldsymbol{I}$ 为单位矩阵。$\boldsymbol{K}$ 矩阵中第 i 行 j 列对应的元素 k_{ij} 实际上就是节点 v_i 和 v_j 的 Katz 相似性。为保证 $\boldsymbol{K}$ 可写成式（13-9）右侧的矩阵形式，要求参数 s 小于邻接矩阵的最大特征值的倒数。由此可定义一个节点 v_j 的 Katz 中心性为矩阵 $\boldsymbol{K}$ 第 j 列元素的和，即

$$\mathrm{Katz}(j)=\sum_i k_{ij} \tag{13-10}$$

6）连通介数中心性

连通介数中心性（Communicability Betweenness Centrality）是一种用于衡量网络中节点重要性的指标，它基于节点在网络中的路径的数量。节点的连通介数中心性取决于其在网络中连接其他节点的最短路径数量。连通介数中心性依然考虑节点对之间的所有路径，并且赋予较长的路径较小的权值。首先，定义节点对（v_p，v_q）之间的连通度为

$$G_{pq}=\frac{1}{s!}P_{pq}^{(s)}+\sum_{k>s}\frac{1}{k!}W_{pq}^{(k)} \tag{13-11}$$

其中，$P_{pq}^{(s)}$ 为从节点 v_p 到 v_q 的最短路径的数目，s 为最短路径的长度，$W_{pq}^{(k)}$ 是从 v_p 到 v_q 的

非最短路径中路径长度为k的路径的数目。连通度用邻接矩阵的形式可表示为

$$G_{pq}=\sum_{k=1}^{\infty}\frac{(\boldsymbol{A}^k)pq}{k!}=(e^{\boldsymbol{A}})_{pq} \tag{13-12}$$

基于连通度的概念,可定义节点v_r的连通介数中心性为

$$\mathrm{CBC}(r)=\frac{1}{C}\sum_p\sum_q\frac{G_{prq}}{G_{pq}},\quad p\neq q\neq r \tag{13-13}$$

其中,$C=(n-1)^2-(n-1)$是归一化常数,G_{prq}为考虑过节点v_r的路径得到的连通度。定义$\boldsymbol{A}(r)$为邻接矩阵$\boldsymbol{A}$中第r行和第r列上的元素均为0的矩阵,则上式可写为

$$\mathrm{CBC}(r)=\frac{1}{C}\sum_p\sum_q\frac{G_{prq}}{G_{pq}}=\frac{1}{C}\sum_p\sum_q\frac{(e^{\boldsymbol{A}})_{pq}-(e^{\boldsymbol{A}(r)})_{pq}}{(e^{\boldsymbol{A}})_{pq}} \tag{13-14}$$

这些方法在复杂网络中有不同的应用,根据问题的需求选择适当的方法,有助于揭示节点在网络中的影响力和传播能力。每种方法都关注节点之间的路径和连接,以不同的方式衡量节点的重要性。

2. 代码实现

```
#创建一个示例网络
G = nx.gnp_random_graph(10, 0.5)
nx.draw(G, with_labels=True)
plt.show()
#接近中心性
closeness_centralities = nx.closeness_centrality(G)
print("接近中心性:")
for node, centrality in closeness_centralities.items():
    print(f"节点{node}: {centrality}")

#介数中心性
betweenness_centralities = nx.betweenness_centrality(G)
print("\n 介数中心性:")
for node, centrality in betweenness_centralities.items():
    print(f"节点{node}: {centrality}")

#离心中心性
eccentricity_centralities = nx.eccentricity(G)
print("\n 离心中心性:")
for node, centrality in eccentricity_centralities.items():
    print(f"节点{node}: {centrality}")

#流介数中心性
flow_betweenness_centralities = nx.current_flow_betweenness_centrality(G)
print("\n 流介数中心性:")
for node, centrality in flow_betweenness_centralities.items():
    print(f"节点{node}: {centrality}")

#Katz 中心性
alpha = 0.1
katz_centralities = nx.katz_centrality(G, alpha=alpha)
print("\n Katz 中心性:")
for node, centrality in katz_centralities.items():
    print(f"节点{node}: {centrality}")

#连通介数中心性
```

```
communicability_betweenness_centralities = nx.communicability_betweenness_
centrality(G)
print("\n连通介数中心性:")
for node, centrality in communicability_betweenness_centralities.items():
    print(f"节点{node}: {centrality}")
```

原始图如图 13-2 所示。

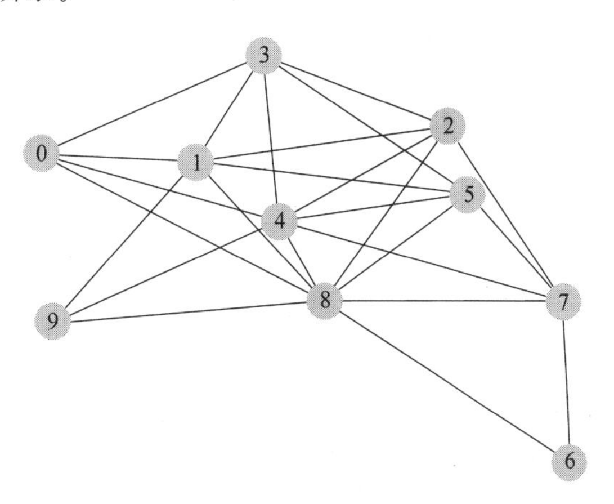

图 13-2　原始图

输出结果如下。

```
接近中心性:
节点 0: 0.6428571428571429
节点 1: 0.75
节点 2: 0.6923076923076923
节点 3: 0.6428571428571429
节点 4: 0.8181818181818182
节点 5: 0.6923076923076923
节点 6: 0.5294117647058824
节点 7: 0.6923076923076923
节点 8: 0.9
节点 9: 0.6

介数中心性:
节点 0: 0.013657407407407408
节点 1: 0.07013888888888888
节点 2: 0.03564814814814815
节点 3: 0.024074074074074074
节点 4: 0.11064814814814815
节点 5: 0.03564814814814815
节点 6: 0.0
节点 7: 0.05763888888888889
节点 8: 0.23124999999999996
节点 9: 0.004629629629629629

离心中心性:
节点 0: 2
节点 1: 2
节点 2: 2
节点 3: 3
节点 4: 2
节点 5: 2
```

```
节点 6: 3
节点 7: 2
节点 8: 2
节点 9: 2

流介数中心性:
节点 0: 0.1035421974090739
节点 1: 0.2066339036743938
节点 2: 0.1504566643178490 7
节点 3: 0.1463676140230425 7
节点 4: 0.2418699297161545
节点 5: 0.1504566643178491 8
节点 6: 0.0410711812142783 8
节点 7: 0.1972277931354303 5
节点 8: 0.3325820128763375
节点 9: 0.0709101968790840 9

Katz 中心性:
节点 0: 0.2894047433468845 4
节点 1: 0.33762420795164
节点 2: 0.3204424673433272
节点 3: 0.3121350137948776
节点 4: 0.3686619319480826 7
节点 5: 0.3204424673433272
节点 6: 0.2186003905527748 3
节点 7: 0.3103773487813019 6
节点 8: 0.3908518893890167 7
节点 9: 0.2581912532396709

连通介数中心性:
节点 0: 0.2671061521186869 3
节点 1: 0.4366402756689812
节点 2: 0.3866433141424533
节点 3: 0.3333485246172069 3
节点 4: 0.5661152552675744
节点 5: 0.3866433141424536
节点 6: 0.0691625843329532 6
节点 7: 0.3589999636055517 5
节点 8: 0.6680739958629563
节点 9: 0.1702556501938632 7
```

13.2.3 基于特征路径的方法

基于特征路径的方法是复杂网络中用于评估节点重要性的一类方法，它们基于节点之间的连接关系和网络结构。以下是这些方法的简要介绍。

1. 基于特征路径方法的常用度量指标

1）特征向量中心性

特征向量中心性衡量节点与高中心性节点的连接程度。节点与高中心性节点连接的数量和质量会影响节点的特征向量中心性。这种中心性指标考虑了与高中心性节点的连接，因此具有高特征向量中心性的节点可能具有更大的影响力。记 x_i 为节点 v_i 的重要性度量值，则

$$\mathrm{EC}(i)=x_i=c\sum_{j=1}^{n}a_{ij}x_j \tag{13-15}$$

其中，c 为一个比例常数。记 $\boldsymbol{x}=[x_1,x_2,\cdots,x_n]^{\mathrm{T}}$，经过多次迭代到达稳态时可写成如下的

矩阵形式，即

$$\boldsymbol{x} = c\boldsymbol{A}\boldsymbol{x}$$

这表示 $\boldsymbol{x}$ 是矩阵 $\boldsymbol{A}$ 的特征值 c^{-1} 对应的特征向量。计算向量 $\boldsymbol{x}$ 的基本方法是给定初值 $\boldsymbol{x}(0)$，然后采用如下迭代算法，即

$$\boldsymbol{x}(t) = c\boldsymbol{A}\boldsymbol{x}(t-1), t = 1,2,\cdots$$

直到归一化 $\boldsymbol{x}'(t)=\boldsymbol{x}'(t-1)$ 为止。

2）PageRank 中心性

PageRank 是一种用于网页排名的算法，也可以应用于复杂网络中。它考虑了网络中的链接结构，节点的重要性取决于指向该节点的链接数量和链接质量。PageRank 中心性认为指向一个节点的链接来自具有高 PageRank 值的节点，因此具有高 PageRank 值的节点在信息传播中可能具有更大的影响力。具体的计算方法将在 13.5.1 节进行阐述。

3）LeaderRank 中心性

LeaderRank 是一种改进的 PageRank 算法，它在计算节点的重要性时考虑了节点的领袖属性。领袖属性表示节点在网络中的影响力和传播能力，具有高领袖属性的节点被认为更有可能在信息传播中充当领导角色。初始时刻给定网络中除背景节点 v_g 外的其他节点单位资源，即 $\mathrm{LR}_i(0)=1, \forall i \neq g$；$\mathrm{LR}_s(0)=0$。经过以下的迭代过程直到稳态，即

$$\mathrm{LR}_i(t) = \sum_{j=1}^{n+1} \frac{a_{ji}}{k_j^{\mathrm{out}}} \mathrm{LR}_j(t-1) \tag{13-16}$$

注意，迭代过程中邻接矩阵为 $n+1$ 阶（包含背景节点）。稳态时将背景节点的分数值 $\mathrm{LR}_g(t_c)$ 平分给其他 n 个节点，于是得到节点 v_i 的最终 LeaderRank 分数值为

$$\mathrm{LR}_i = \mathrm{LR}_i(t_c) + \frac{\mathrm{LR}_g(t_c)}{n} \tag{13-17}$$

4）HITS 中心性

HITS（Hyperlink-Induced Topic Search）算法是一种用于分析超链接网络的算法，可以应用于复杂网络中。HITS 中心性将节点分为“Authority”和“Hub”两类，“Authority”节点被许多“Hub”节点指向，而“Hub”节点链接到许多“Authority”节点。具体的计算已经在 12.2.1 中进行了阐述。

这些基于特征路径的方法可以揭示节点在网络中的重要性和影响力，从不同的角度考虑了节点之间的连接和结构。可以根据问题的需求选择适当的方法分析网络中的节点。

2. 代码实现

```
#创建一个示例网络
G = nx.gnp_random_graph(10, 0.5)
nx.draw(G, with_labels=True)
plt.show()

#特征向量中心性
eigenvector_centralities = nx.eigenvector_centrality(G)
print("特征向量中心性:")
for node, centrality in eigenvector_centralities.items():
    print(f"节点{node}: {centrality}")
```

```
#PageRank 中心性
pagerank_centralities = nx.pagerank(G)
print("\n PageRank 中心性:")
for node, centrality in pagerank_centralities.items():
    print(f"节点{node}: {centrality}")


#计算 LeaderRank 中心性
def leader_rank_centrality(G, alpha=0.85, max_iter=100, tol=1e-6):
    num_nodes = G.number_of_nodes()
    pr = {node: 1 / num_nodes for node in G.nodes()}  #初始化 PageRank 值
    lr = {node: 1 / num_nodes for node in G.nodes()}  #初始化 LeaderRank 值

    for _ in range(max_iter):
        prev_lr = lr.copy()
        for node in G.nodes():

            lr[node] = (1 - alpha) + alpha * sum(prev_lr[nbr] / G.degree(nbr) for
nbr in G.neighbors(node))
        #检查收敛
        max_diff = max(abs(lr[node] - prev_lr[node]) for node in G.nodes())
        if max_diff < tol:
            break

return lr

leader_rank_centralities = leader_rank_centrality(G)

print("\n LeaderRank 中心性:")
for node, centrality in leader_rank_centralities.items():
    print(f"节点{node}: {centrality}")

#Hits 中心性
hubs, authorities = nx.hits(G)
print("\n HITS 中心性:")
print("Hubs:")
for node, centrality in hubs.items():
    print(f"节点{node}: {centrality}")
print("\n Authorities:")
for node, centrality in authorities.items():
print(f"节点{node}: {centrality}")
```

创建的示例图如图 13-3 所示。

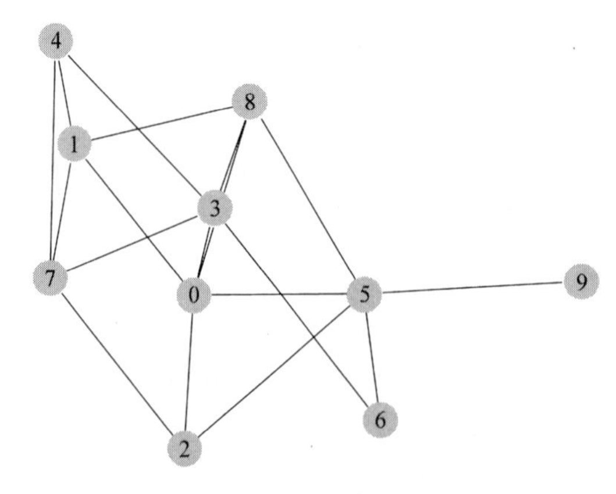

图 13-3 创建的示例图

输出结果如下。

```
特征向量中心性:
节点 0: 0.4305735485505849
节点 1: 0.34733632079931603
节点 2: 0.2710980614023757
节点 3: 0.3928147253119995
节点 4: 0.2645507251234834
节点 5: 0.33577738733685
节点 6: 0.18203051494146363
节点 7: 0.3187423613869522
节点 8: 0.37638191228711604
节点 9: 0.0838906848504098

PageRank 中心性:
节点 0: 0.1315705363991834
节点 1: 0.10663087252481379
节点 2: 0.08479324544510944
节点 3: 0.1330316251671168
节点 4: 0.08319669633813055
节点 5: 0.14413941272046205
节点 6: 0.062118467015468
节点 7: 0.10787132389627543
节点 8: 0.10714445528358896
节点 9: 0.03950336520985158

LeaderRank 中心性:
节点 0: 1.3157033104754037
节点 1: 1.0663005587812981
节点 2: 0.8479298354182252
节点 3: 1.3303045408105256
节点 4: 0.8319661394327482
节点 5: 1.441381022843963
节点 6: 0.6211862215566046
节点 7: 1.078710518357274
节点 8: 1.0714443288137905
节点 9: 0.39503461175114446

HITS 中心性:
Hubs:
节点 0: 0.14337148951855466
节点 1: 0.11565602563673813
节点 2: 0.09026959817549025
节点 3: 0.13079920851821464
节点 4: 0.0880904766233456
节点 5: 0.11180588005726748
节点 6: 0.060611989113337435
节点 7: 0.10613504041764901
节点 8: 0.12532692572425128
节点 9: 0.02793336621515149

Authorities:
节点 0: 0.14337148951855472
节点 1: 0.11565602563673809
节点 2: 0.09026959817549021
节点 3: 0.13079920851821464
节点 4: 0.08809047662334563
```

```
节点 5: 0.11180588005726746
节点 6: 0.060611989113337456
节点 7: 0.10613504041764904
节点 8: 0.12532692572425128
节点 9: 0.027933366215151502
```

13.2.4 基于节点移除或收缩的方法

在节点重要性排序的过程中，网络的形态会不断产生变化。节点的重要性往往可以通过衡量网络中移除它们后产生的影响评估。从评估网络的健壮性的角度分析，一些关键节点一旦失效或者被移除后，可能会导致整个网络陷入瘫痪，或者分裂成不相连的多个子网络。许多现实生活中的基础设施网络，如电力网络、交通网络、水和天然气供应网络等，都存在"一个节点故障导致整个网络瘫痪"的风险。为预防这些风险，研究者提出多种方法研究节点移除或收缩后网络结构和功能的变化，以支持新系统的设计和构建，为此提供了理论依据。

1. 基于节点删除的最短距离法

该方法的核心思想是测量从其他节点到剩余节点之间的最短路径长度。当删除一个节点后，原本经过该节点的最短路径可能会变得更长，这会反映在整体网络的连接性和效率上。通过比较节点删除前后的最短路径长度，可以识别那些对网络内部连接和信息流动至关重要的节点。

在实际操作中，首先计算在原始网络中所有节点对之间的最短路径长度。然后，删除特定节点并重新计算所有节点对的最短路径。通过对比两个步骤中的最短路径长度，可以得出删除该节点后网络连接性的变化情况。

这种方法适用于探索节点对于网络内部通信和信息传递的关键作用。通过分析最短路径的变化，可以获得有关特定节点在整个网络结构中的重要性和影响的信息。

2. 节点收缩法

该方法旨在评估在将一个或多个节点，以及与其相关的边合并为一个超级节点后，网络的性质如何变化。这个方法对于了解网络的弹性和鲁棒性，以及节点的关键性非常有用。它模拟了网络中的节点故障或集成，从而使我们能够更好地理解节点的作用。

在节点收缩法中，首先选择一个或多个节点，然后将这些节点及其连接的边收缩成一个超级节点。这意味着与这些节点直接相连的节点将与新的超级节点相连。这个过程模拟了节点失效或移除的情况，以及网络在此情况下的行为。

通过节点收缩法，可以观察以下几方面。

(1) 鲁棒性分析：可以了解网络在节点失效时是否会保持其功能和连接性。如果合并后的超级节点不会显著影响网络的连接性，说明网络具有一定的鲁棒性。

(2) 网络分割：通过观察是否会将网络分割成不连通的子网络，可以了解哪些节点对于保持网络的整体连通性至关重要。

(3) 网络结构变化：通过比较节点收缩前后的网络结构，可以了解合并节点对于网络中的社区结构、路径长度等是否产生重要影响。

总之，节点收缩法提供了一种有效的手段，可以帮助我们理解网络中节点的重要性、网络的弹性和鲁棒性，以及网络结构在节点故障或移除情况下的变化。这对于设计健壮性更强的网络、识别关键节点以及预测网络行为变化都具有重要意义。

3. 代码实现

```
#创建一个示例图
G = nx.Graph()
G.add_edges_from([(1, 2), (2, 3), (3, 4), (4, 5), (5, 1)])
nx.draw(G, with_labels=True)
plt.show()

#节点删除的最短距离法
def node_removal_shortest_path(graph):
    result = {}
    for node in graph.nodes():
        copy_graph = graph.copy()
        copy_graph.remove_node(node)
        largest_connected_component = max(nx.connected_components(copy_graph),
        key=len)
        diameter = nx.diameter(copy_graph.subgraph(largest_connected_component))
        result[node] = diameter
    return result

#节点收缩法
def node_contraction(graph):
    result = {}
    for node in graph.nodes():
        copy_graph = graph.copy()
        neighbors = list(copy_graph.neighbors(node))
        if len(neighbors) > 1:
            #创建一个代表邻居的新节点
            copy_graph.add_node("contracted_node")
            for neighbor in neighbors:
                copy_graph.add_edge("contracted_node", neighbor)
                copy_graph.remove_edge(node, neighbor)
            copy_graph.remove_node(node)
             largest_connected_component = max(nx.connected_components(copy_
             graph), key=len)
            diameter = nx.diameter(copy_graph.subgraph(largest_connected_component))
            result[node] = diameter
    return result

#执行分析
node_removal_result = node_removal_shortest_path(G)
node_contraction_result = node_contraction(G)

#打印结果
print("节点删除的最短距离法结果: ", node_removal_result)
print("节点收缩法结果: ", node_contraction_result)
```

创建的示例图如图 13-4 所示。

输出结果如下。

```
节点删除的最短距离法结果: {1: 3, 2: 3, 3: 3, 4: 3, 5: 3}
节点收缩法结果: {1: 2, 2: 2, 3: 2, 4: 2, 5: 2}
```

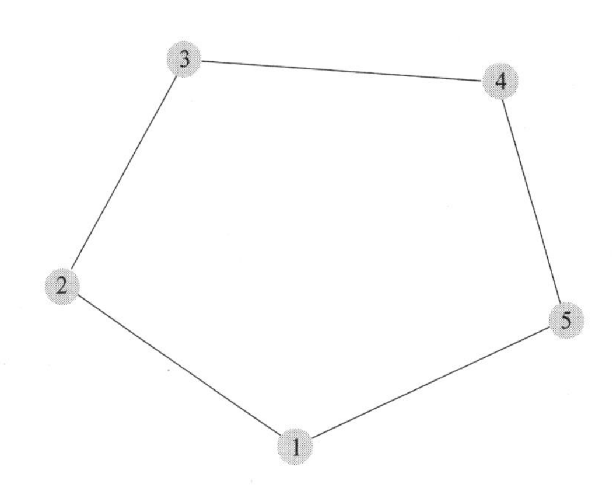

图 13-4 创建的示例图

节点删除的最短距离法结果：表示对于每个节点，删除该节点后，计算新图的最大连通分量的直径。结果表明，在删除每个节点后，新图的直径都是 3。

节点收缩法结果：表示对于每个节点，将其邻居节点合并为一个新的节点（称为"contracted_node"），然后计算新图的最大连通分量的直径。结果表明，在执行节点收缩后，新图的直径都变成 2。

13.3 利用网络动力学识别重要节点

在复杂网络中，识别重要节点是一个关键问题，因为这些节点通常在网络的结构和功能中发挥重要作用。利用网络动力学识别重要节点是一种有效的方法，它考虑了节点在网络中的行为和影响，而不仅仅是网络的静态拓扑结构。

以下是一些常见的方法，用于利用网络动力学识别重要节点。

(1) 节点的度和度分布：度是一个节点在网络中的连接数。由节点的度分布可知，哪些节点在网络中连接最多。在某些情况下，高度连接的节点可能是网络的关键节点。

(2) 中心性指标：用来度量节点在网络中的中心性或重要性的指标。常见的中心性指标包括介数中心性、接近中心性、特征向量中心性等。这些指标可以帮助识别网络中的关键节点。

(3) 节点的影响力传播：利用网络动力学模型，可以模拟信息、疾病或其他影响在网络中的传播过程。在这些模拟中，那些能够较快速地传播影响的节点通常被认为是重要节点。

(4) 网络的稳定性分析：通过改变或移除节点，观察网络的稳定性变化可以帮助识别重要节点。一些节点可能对网络的稳定性有重要影响，一旦被移除，网络可能会变得更不稳定。

(5) 社交网络中的节点活跃度：在社交网络中，节点的活跃度是一个重要指标。节点的活跃度可以通过观察其发布的内容数量、与其他节点的互动等衡量。

(6) 节点的复杂度：可以通过多种因素衡量，包括其在不同社区中的地位、其连接的多样性等。节点的复杂度较高通常表示其在网络中具有重要地位。

(7) 节点的自适应性：一些节点可以根据网络中的动态情况自适应地调整其行为。这种自适应性可以使其在网络中发挥更重要的作用。

利用网络动力学识别重要节点是一个复杂而有挑战性的问题，通常需要综合考虑多种因素。不同的网络和应用领域可能需要不同的方法和指标识别重要节点。因此，在进行节点重要性分析时，需要根据具体情况选择合适的方法和工具。

13.4 VoteRank 算法

VoteRank 算法是一种用于社交网络中节点重要性评估的方法。它的核心思想是通过节点之间的投票确定节点的重要性。这个算法通常用于发现社交网络中有影响力的用户或节点。

以下是 VoteRank 算法的基本原理。

(1) 节点之间的投票：在社交网络中，用户可以互相关注或连接。VoteRank 假设，如果一个节点被其他节点关注或连接，那么它就会获得这些节点的投票。投票的数量可以根据节点之间的连接强度加权，也可以是二元的(即存在连接就是 1，不存在连接就是 0)。

(2) 计算投票得分：对于每个节点，VoteRank 算法计算它从其他节点获得的投票得分。这个得分可以通过对其他节点的投票进行加权求和计算。得分越高，表示节点越有影响力。

(3) 迭代计算：VoteRank 算法通常通过迭代的方式计算节点的得分。具体来说，它会多次更新每个节点的得分，每次更新都基于上一轮的得分和节点之间的投票关系。迭代通常会持续一定的次数或直到收敛为止。

(4) 节点排序：最后，VoteRank 算法根据节点的得分对节点进行排序，得分高的节点排名靠前。这些排名靠前的节点被认为在社交网络中具有重要性。

VoteRank 算法的优点在于它简单而直观，适用于一般的社交网络分析。然而，它也有一些局限性，例如，它仅考虑节点之间的连接关系，没有考虑节点的内容或活动，因此可能无法捕捉到某些特定场景下的节点重要性。因此，在使用 VoteRank 算法时，需要根据具体问题和数据集的特点确定其是否合适。此外，也可以将 VoteRank 算法与其他节点重要性评估方法结合使用，以获取更全面的信息。

VoteRank 算法代码实现如下。

```
#创建一个示例图
G = nx.Graph()
G.add_edges_from([(1, 2), (1, 3), (2, 3), (2, 4), (3, 4), (4, 5)])
nx.draw(G, with_labels=True)
plt.show()

#初始化节点得分
node_scores = {node: 1.0 for node in G.nodes()}

#迭代次数
iterations = 5

#VoteRank 算法迭代
for _ in range(iterations):
    new_scores = {}
    for node in G.nodes():
        score = 0
```

```
        for neighbor in G.neighbors(node):
            #假设每个邻居节点的投票得分相等
            score += node_scores[neighbor]
        new_scores[node] = score
    node_scores = new_scores

#对节点得分进行排序
sorted_nodes = sorted(node_scores.items(), key=lambda x: x[1], reverse=True)

#输出排序后的节点
for node, score in sorted_nodes:
    print(f"节点{node}: VoteRank Score {score:.2f}")
```

创建的示例图如图 13-5 所示。

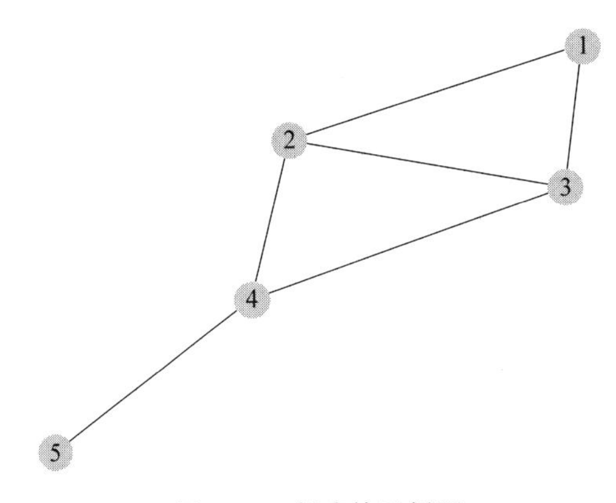

图 13-5　创建的示例图

输出结果如下。

```
节点 2: VoteRank Score 147.00
节点 3: VoteRank Score 147.00
节点 4: VoteRank Score 131.00
节点 1: VoteRank Score 112.00
节点 5: VoteRank Score 49.00
```

这个示例中,首先构建了一个简单的社交网络图 G,并初始化每个节点的得分为 1.0。然后,进行指定次数的迭代计算,每次迭代都根据邻居节点的得分更新节点的得分。最后,根据得分对节点进行排序,并输出结果。

请注意,上述示例中的投票计算非常简单,假设每个邻居节点的投票得分相等。在实际应用中,可以根据具体情况进行加权或设计更复杂的投票模型。此外,还可以使用更大规模的实际社交网络数据应用 VoteRank 算法。

13.5　社交网络影响力最大化

社交网络是由个体及其之间存在的关系组成的复杂网络。在社交网络中,信息传播成为一种较为普遍的现象,例如各类新闻、最新科技、时尚内容等的传播。信息传播通常也被称为信息扩散或影响传播,是客观存在于社交网络中的现象。信息传播是病毒式营销的基础,即通过"口口相传"的效应进行内容营销。社交网络通常被刻画为一个复杂图结构,图中的节点代表社交网络中的个体,而边则代表个体之间存在的联系。影响力最大化(Influence Maximization,IM)问题是指在给定的社交网络结构和一种信息传播模型的情况下,选择最多包含 k 个节点的种子节点集 S,最大化 S 产生的影响力扩散范围。

本节主要对解决影响力最大化问题的各种主流算法进行介绍,从传统的启发式算法和贪心算法及其改进算法进行介绍。

13.5.1　基于 PageRank 的启发式算法

在社交网络中,我们经常希望找到具有重要影响力的节点。为解决这个问题,可以借鉴 PageRank(PR)算法的思想,该算法最初是为了计算网页的重要性而设计的。PageRank 算法的关键思想是,一个网页的重要性取决于指向它的其他重要网页的数量和质量。可以将社交网络视为一个类似网页之间链接的网络,其中节点之间的连接表示人们之间的关系。而影响力最大化问题的核心目标是选择社交网络中影响力大的节点,因此可以使用 PageRank 的思想解决影响力最大化问题。为衡量一个网页的重要程度,研究人员使用 PageRank 值对重要程度进行计算和表示。在含有 N 个节点的社交网络中,基于 PageRank 算法的影响力最大化启发式算法的具体步骤如下。

(1) 需要初始化社交网络中每个节点的 PageRank 值。可以将每个节点的初始 PageRank 值设置为相等的数值,即每一个节点的 PageRank 值设置为 $PR(v_i)=\frac{1}{N}$。

(2) 迭代更新。首先,考虑指向该节点的其他节点,也就是节点的入邻居节点集合。检查每个入邻居节点的出邻居节点数,这个数值表示该邻居节点的连接数量。然后,将每个入邻居节点的 PageRank 值除以它的出邻居节点数,并将这些值相加。这表示节点的 PageRank 值是由指向它的邻居节点的贡献决定的。最后,乘以一个阻尼系数 d,并将其与一个补偿项相加,得到节点的新 PageRank 值,计算公示如下。

$$PR(v_i)=d\sum_{v_j\in M(v_i)}\frac{PR(v_j)}{L(v_j)}+\frac{1-d}{N} \tag{13-18}$$

其中,$M(v_i)$是节点 v_i 的入邻居节点集合,$L(v_j)$是节点 v_j 的出邻居节点数,d 是阻尼系数,一般取 0.85。

一旦计算出每个节点的 PageRank 值,可以根据这些值从大到小依次选择前 k 个节点作为种子节点。这些节点被认为具有较高的影响力,并且在进一步的影响力传播中起重要的作用。

1. 代码实现

```
import networkx as nx
import numpy as np
import matplotlib.pyplot as plt

def pagerank_influence_maximization(graph, damping_factor, k):
    pr = nx.pagerank(graph, alpha=damping_factor)
    seed_nodes = sorted(pr, key=pr.get, reverse=True)[:k]
    return seed_nodes

#使用 karate_club_graph 创建图对象
```

```
graph = nx.karate_club_graph()

damping_factor = 0.85
k = 4

seed_nodes = pagerank_influence_maximization(graph, damping_factor, k)

print("选择的种子节点: ", seed_nodes)

pos = nx.spring_layout(graph)
nx.draw_networkx_nodes(graph, pos, node_color='lightblue')
nx.draw_networkx_edges(graph, pos, alpha=0.5)
nx.draw_networkx_labels(graph, pos, font_size=10, font_color='black')
nx.draw_networkx_nodes(graph, pos, nodelist=seed_nodes, node_color='red')
plt.title('PageRank Influence_Maximization ')
plt.axis('off')
plt.show()
```

2. 可视化结果

图 13-6 展示了在空手道俱乐部图(Karate Club Graph)上运行 PageRank 算法,通过改变选定的种子节点数目 k 获得的不同的种子节点结果。

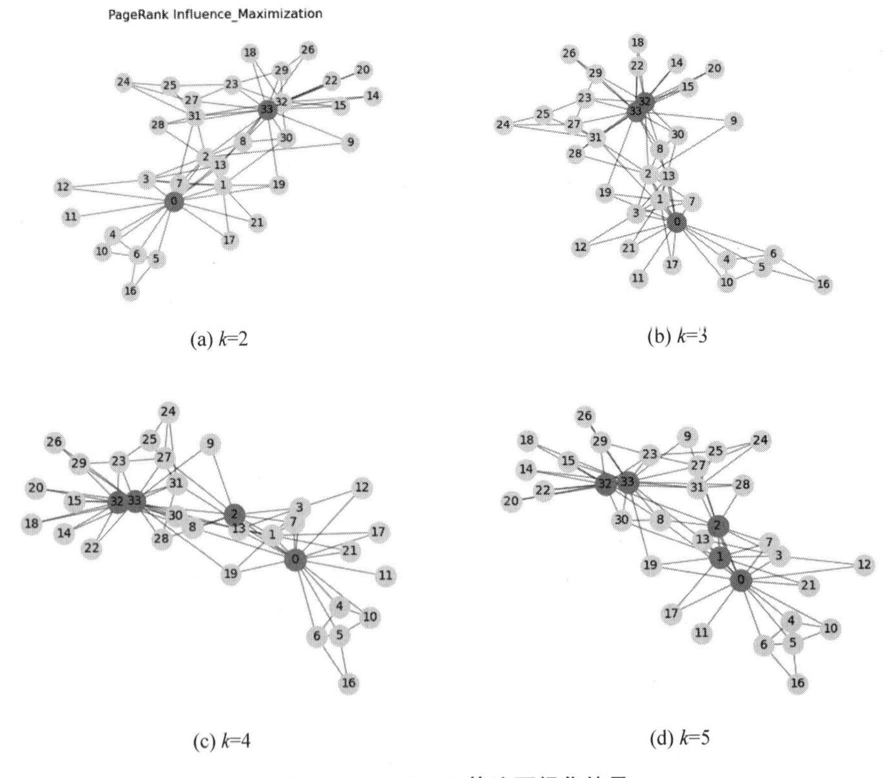

(a) k=2　(b) k=3

(c) k=4　(d) k=5

图 13-6 PageRank 算法可视化结果

除基本的 PageRank 算法外,还有一些变体算法。Topic-Specific PageRank 是一种根据特定主题或领域计算节点重要性的 PageRank 变体。它考虑了节点与特定主题相关的链接和重要性，以获得更加专业化的结果。Personalized PageRank 是一种根据个人兴趣和偏好计算节点重要性的 PageRank 变体。它使用个人化的随机游走模型度量节点对个人的重要性。这些变体算法扩展了 PageRank 算法的应用范围，使其能够适应不同的需求和场景。

13.5.2　基于节点度的启发式算法

在社交网络中，节点的度是一个非常重要的结构信息，节点度的大小在很大程度上决定了节点在整个网络中的地位，根据节点的度选择重要节点也是一种常见的解决影响力最大化问题的方式。

基于度的启发式算法也有几种不同的变种，包括带权度算法、折扣度算法等，下面对这几种算法进行介绍。

1. 基于度的启发式算法

以节点的出度作为节点的重要性，并选择 k 个度最大的节点作为种子节点。

1）代码实现

```
import networkx as nx
import matplotlib.pyplot as plt

def degree_heuristic(graph, k):
    #计算每个节点的出度
    degrees = graph.degree()
    #按照节点的出度从大到小进行排序
    sorted_nodes = sorted(degrees, key=lambda x: x[1], reverse=True)
    #选择排名靠前的 k 个节点作为种子节点
    seeds = [node[0] for node in sorted_nodes[:k]]
    return seeds
#创建一个空手道俱乐部图
G = nx.karate_club_graph()

#使用基于度的启发式算法选择种子节点
k=5
seeds = degree_heuristic(G, k)
#绘制图形
pos = nx.spring_layout(G)
nx.draw_networkx(G, pos=pos, with_labels=True, node_color='lightblue', edge_
color='gray')
nx.draw_networkx_nodes(G, pos=pos, nodelist=seeds, node_color='red')

#显示图形
plt.show()
```

2）可视化结果

图 13-7 展示了在空手道俱乐部图上运行基于度的启发式算法，通过改变选定的种子节点数目 k 获得的不同的种子节点结果。

2. 基于带权度的启发式算法

考虑每条有向边对目标节点的影响权重，对节点所有的出边进行加权求和得到带权度，然后对带权度从大到小进行排序，并选择 k 个带权度最大的节点作为种子节点。

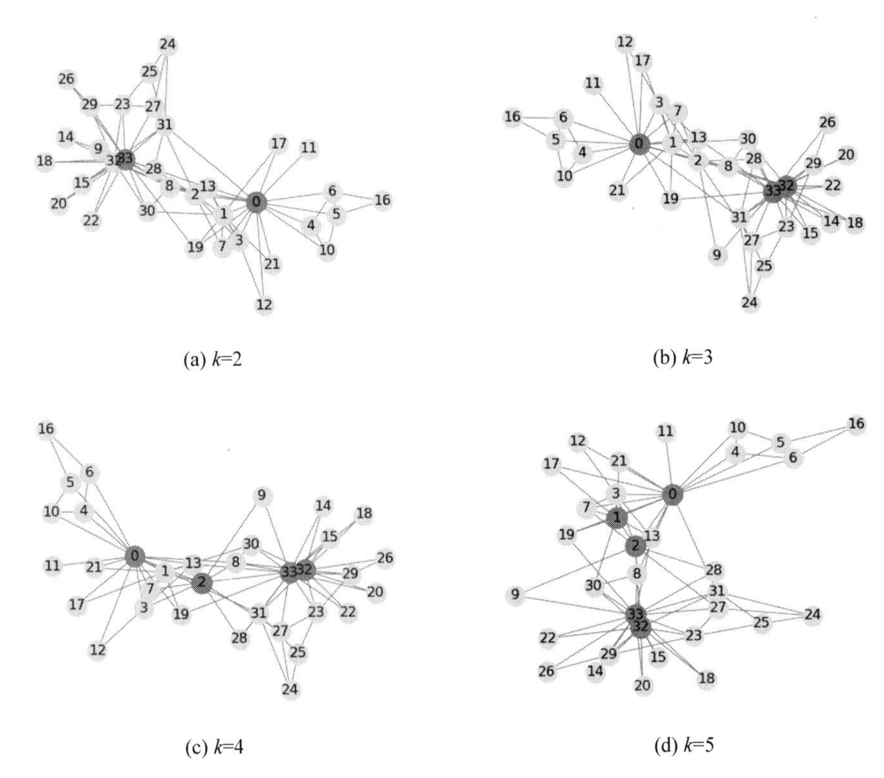

(a) k=2　　(b) k=3

(c) k=4　　(d) k=5

图 13-7　度的启发式算法可视化结果

1）代码实现

```
import networkx as nx
import random
import matplotlib.pyplot as plt

def normalize_weights(graph):
    #获取边权重的最大值和最小值
    weights = [graph.edges[edge]['weight'] for edge in graph.edges()]
    max_weight = max(weights)
    min_weight = min(weights)

    #遍历每条边,将边权重归一化
    for edge in graph.edges():
        weight = graph.edges[edge]['weight']
        normalized_weight = (weight - min_weight) / (max_weight - min_weight)
        graph.edges[edge]['weight'] = normalized_weight

def weighted_degree_heuristic(graph, k):
    #初始化带权度字典
    weighted_degrees = {}

    #计算每个节点的带权度
    for node in graph.nodes():
        weighted_degree = 0
        for neighbor in graph.neighbors(node):
            #获取边的权重,这里假设权重存储在边的属性中,属性名为 'weight'
```

```
            weight = graph.edges[node, neighbor]['weight']
            weighted_degree += weight
        weighted_degrees[node] = weighted_degree

    #按照带权度从大到小进行排序
    sorted_nodes = sorted(weighted_degrees.items(), key=lambda x: x[1], reverse=
True)

    #选择排名靠前的 k 个节点作为种子节点
    seeds = [node[0] for node in sorted_nodes[:k]]
    return seeds
#创建一个示例俱乐部图
G = nx.karate_club_graph()

#随机初始化边的权重
for edge in G.edges():
    weight = random.uniform(0, 1)
    G.edges[edge]['weight'] = weight

#归一化边的权重
normalize_weights(G)

#使用基于带权度的启发式算法选择种子节点
seeds = weighted_degree_heuristic(G, 2)

#绘制图形
pos = nx.spring_layout(G)
edge_weights = [G.edges[edge]['weight'] for edge in G.edges()]
nx.draw_networkx(G, pos=pos, with_labels=True, node_color='lightblue', edge_
color=edge_weights, edge_cmap=plt.cm.Blues)
nx.draw_networkx_nodes(G, pos=pos, nodelist=seeds, node_color='red')

#显示图形
plt.show()
```

2）可视化结果

图 13-8 展示了在空手道俱乐部图上运行基于带权度的启发式算法，通过改变选定的种子节点数目 k 获得的不同的种子节点结果。

基于折扣度(Discount Degree)的启发式算法：在社交网络中，选择一个节点作为种子节点后，就不再考虑其他节点对这个节点的影响。因此，在使用基于折扣度的算法选择 k 个种子节点的过程中，每选择一个节点 v，就重新计算 v 的出边邻居节点的度，这个迭代更新过程可以借助斐波那契堆高效实现。

13.5.3 贪心算法

Kempe 等给出一个针对影响力最大化问题的贪心算法，并证明其最优近似比为$(1-1/e)$。贪心算法每次选取影响力增益 Δ 最大的节点加入种子集，然后重新计算影响力增益 Δ，直至最后选取的节点数量达到限制数量。算法步骤如下。

(1) 给定社交网络 $G(V,E)$，S 代表选择的种子节点的集合，I 代表节点集的影响范围函数(即在传播停止后被激活的节点数量的期望值)，初始化 $S=\varnothing$，且有 $I(S)=0$。

(2) 对所有未被选择的节点 v，使用蒙特卡罗模拟计算节点集的影响范围 I，并计算节

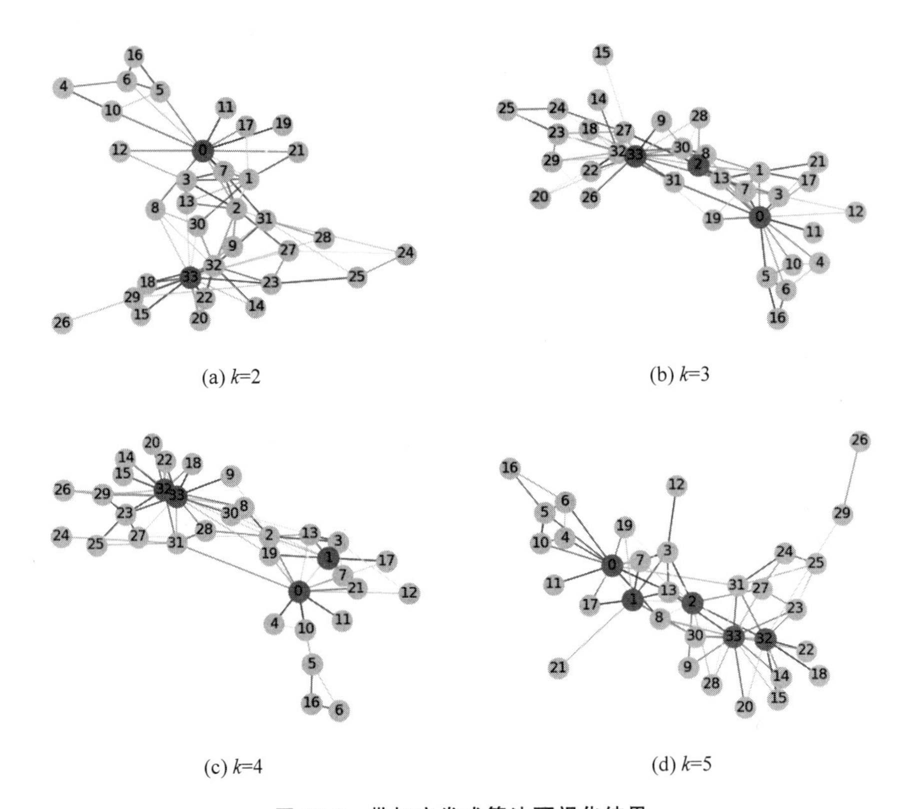

(a) k=2　(b) k=3

(c) k=4　(d) k=5

图 13-8　带权启发式算法可视化结果

点 v 的影响增益 Δ,即 $\Delta=I(S+\{v\})-I(S)$。

(3) 将网络中具有最大影响增益 Δ 的节点 v 加入 S。

(4) 重复以上的步骤(2)(3),S 中有 k 个节点。

1. 代码实现

```
import networkx as nx
import random
import matplotlib.pyplot as plt


def monte_carlo_simulation(graph, seeds, iterations):
    #初始化被激活节点集合
    activated_nodes = set(seeds)

    #进行蒙特卡罗模拟
    for _ in range(iterations):
        newly_activated_nodes = set()

        #遍历已激活节点集合
        for node in activated_nodes:
            #遍历节点的邻居节点
            for neighbor in graph.neighbors(node):
                #如果邻居节点未被激活,则以一定概率激活
                if neighbor not in activated_nodes:
                    activation_prob = graph.edges[node, neighbor]['weight']
```

```
                if random.random() < activation_prob:
                    newly_activated_nodes.add(neighbor)

        #将新激活的节点加入已激活节点集合
        activated_nodes.update(newly_activated_nodes)

    return len(activated_nodes)

def greedy_algorithm(graph, k, iterations):
    #初始化种子节点集合
    seeds = []

    #迭代选择 k 个种子节点
    for _ in range(k):
        max_gain = 0
        max_node = None

        #遍历未选择的节点
        for node in graph.nodes():
            if node not in seeds:
                #模拟计算节点集的影响范围
                activated_count = monte_carlo_simulation(graph, seeds + [node],
                iterations)

                #计算节点的影响增益
                gain = activated_count - len(seeds)

                #更新最大增益和对应的节点
                if gain > max_gain:
                    max_gain = gain
                    max_node = node

        #将具有最大影响增益的节点加入种子节点集合
        seeds.append(max_node)

    return seeds

#创建一个示例俱乐部图
G = nx.karate_club_graph()

#随机初始化边的权重
for edge in G.edges():
    weight = random.uniform(0, 1)
    G.edges[edge]['weight'] = weight

#使用贪心算法选择种子节点
seeds = greedy_algorithm(G, 3, 100)

#绘制图形
pos = nx.spring_layout(G)
edge_weights = [G.edges[edge]['weight'] for edge in G.edges()]
nx.draw_networkx(G, pos=pos, with_labels=True, node_color='lightblue', edge_
color=edge_weights, edge_cmap=plt.cm.Blues)
nx.draw_networkx_nodes(G, pos=pos, nodelist=seeds, node_color='red')

#显示图形
plt.show()
```

2. 可视化结果

图 13-9 展示了在空手道俱乐部图上运行贪心算法，选取 3 个种子节点的结果。

图 13-9　贪心算法可视化结果

13.5.4　基于 RIS 的贪心算法

影响力最大化问题的贪心算法基于蒙特卡罗模拟实现对节点影响增益 Δ 的计算，而一般情况下要保证准确地计算一个节点的增益需要的蒙特卡罗模拟次数达到上万的级别，因此基础的贪心算法时间复杂度非常高，并不适用于大规模的社交网络计算。

为解决这个问题，Borgs 等针对影响力最大化问题提出反向影响采样(Reverse Influence Sampling)算法。其基本思想是，在一个社交网络 $G(V,E)$ 的可能性事件集 g 中，对一个节点 v 进行反向影响采样，得到一个反向可达集 R，在这个反向可达集上的节点代表在一个可能性事件集中能够影响节点 v 的节点。可以通过反向可达集 R 计算节点的影响增益 Δ，即 $\Delta=\mathrm{Cov}(S+\{v\})-\mathrm{Cov}(S)$，其中 $\mathrm{Cov}(S)$ 表示集合 S 在集合 R 上的覆盖范围。具体的，$\mathrm{Cov}(S)=\sum_{R\in\mathcal{R}}\min\{|S\cap R|,1\}$，也就是说，一个反向可达集 R 最多提供 1 的影响增益。通过采样大量的反向可达集，可以实现较为准确的影响增益 Δ 的快速计算。下面介绍 LT 模型和 IC 模型反向影响采样方法。

在 LT 模型中，随机选择一个节点 v，根据 v 的每条入边 $e=(u,v)\in E$ 以概率 $w(u,v)$ 随机选择一条边，并且以概率 $1-\sum_{u\in N(v)}w(u,v)$ 不选择任何一条 v 的入边。若选择了一条边 $e=(u,v)$，且节点 u 不是之前选择过的节点，则在节点 u 上通过上述方式重复选择。通过这种方式选择的一组节点就是节点 v 的反向可达集，这个过程就是反向影响采样过程。

在 IC 模型中，随机选择一个节点 v，根据 v 的每条入边 $e=(u,v)\in E$ 以概率 $w(u,v)$ 进行保留，并选择所有保留的边的对应的另一个端点 u，对该入边进行判断和保留，直到没有新的边可以被选择，其中每条有向边只会进行一次判断，所有通过这种方式选择的一组节点就是节点 v 的反向可达集。

目前基于 RIS 的贪心算法，主要考虑的问题是如何选取反向可达集，以及选取多少的反向可达集以保证理论上尽量小的误差，比如算法 TIM/TIM++、IMM 和 SSA/D-SSA 都在不同程度上对理论误差进行了限制。

13.5.5　三明治算法框架

贪心算法针对目标函数为单调递增且具有子模性或超模性特征的影响力最大化问题，能够得到$(1-1/e)$的近似比，但是对于不具备子模性或超模性特征的问题，贪心算法不能对算法结果有理论上的近似度保证。子模性指的是，对于任意元素 c 和任意集合 A、集合 B，在满足 $B\subset A, c\notin A$ 的情况下，目标函数 F 具有 $F(A+\{c\})\leqslant F(B+P\{c\})$的性质。同理，当满足条件 $F(A+\{c\})\geqslant F(B+\{c\})$时，目标函数 F 具备超模性。

三明治算法框架就是为了解决这类非子模的离散目标函数优化问题而提出的。三明治算法框架主要包含三步：①对目标函数进行分析，得到目标函数的一个下界函数和一个上界函数；②对下界函数和上界函数分别使用贪心算法进行求解；③对求解出的两个解，判断两个解在原始目标函数中的函数值，选择能够获得更大结果的解作为三明治算法的解。三明治算法框架结构如图 13-10 所示。

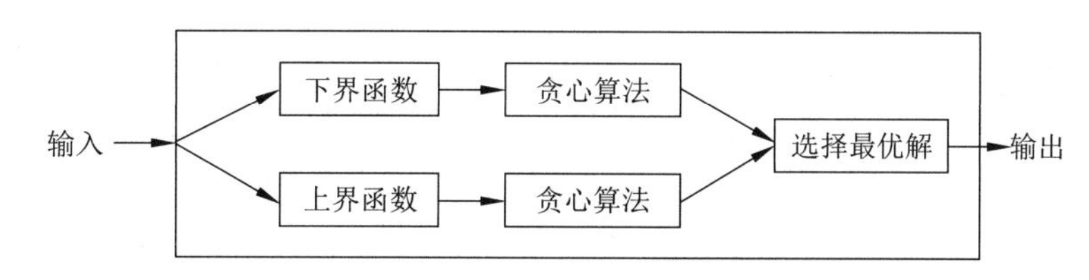

图 13-10　三明治算法框架

习题 13

1. 节点中心性的经典指标有哪些？节点重要性的判别方法有哪些？

2. 在一个社交网络中，用户之间相互关联，并通过投票的方式表达对其他用户的认可程度。每个用户都有一个初始的影响力值，然后根据其他用户的投票行为进行更新。设计一个 VoteRank 算法，通过考虑投票者的影响力和被投票者的当前影响力，计算每个用户的最终影响力值。

3. 请详细描述基于 PageRank 的启发式算法。考虑社交网络的特点，如用户之间的连接关系，用户的活跃度等因素，你会如何权衡这些因素计算 PageRank？考虑社交网络的独特性，如群组关系、话题趋势等，你是否会将这些因素纳入推荐算法中？如何平衡这些因素和个人连接关系？

第 14 章 链路预测

14.1 Jaccard 系数

链路预测是复杂网络分析中的一个重要任务，旨在预测网络中尚未建立但可能会出现的连接(或边缘)。Jaccard 系数(Jaccard Coefficient)，也称为 Jaccard 相似系数或 Jaccard 指数，是链路预测中常用的一种度量方法，用于衡量两个节点集合的相似性。

Jaccard 系数通常用于评估两个节点之间的共同邻居节点数量，从而衡量它们之间的连接可能性。它的计算公式如下。

$$\mathrm{J}(A,B)=(A\cap B)/(A\cup B) \tag{14-1}$$

(1) $\mathrm{J}(A,B)$是节点集合 A 和 B 的 Jaccard 系数。

(2) $A\cap B$ 表示节点集合 A 和 B 的交集，即它们共同拥有的邻居节点数量。

(3) $A\cup B$ 表示节点集合 A 和 B 的并集，即它们的邻居节点总数(包括重复的节点)。

Jaccard 系数的取值范围在 0～1，具有以下含义。

(1) $\mathrm{J}(A,B)=0$ 表示节点集合 A 和 B 完全不相似，没有共同的邻居节点。

(2) $\mathrm{J}(A,B)=1$ 表示节点集合 A 和 B 完全相同，具有相同的邻居节点。

在链路预测中，Jaccard 系数通常用于解决以下问题。

(1) 生成节点对的相似性矩阵：对于每一对节点，计算其 Jaccard 系数，构建一个节点对的相似性矩阵，矩阵中的元素表示节点对之间的相似性。

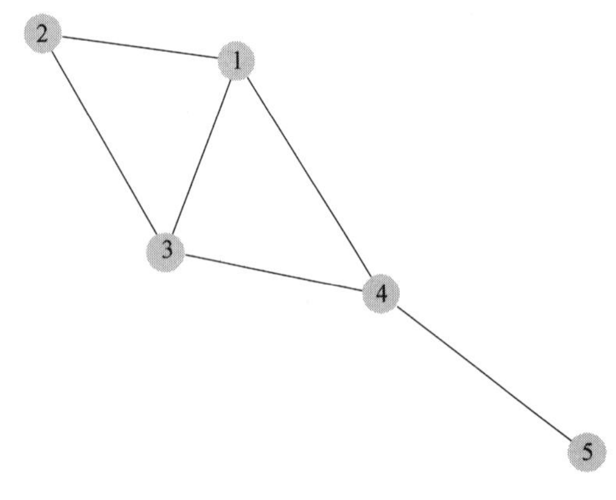

图 14-1　创建的示例图 1

(2) 预测连接：基于节点对的相似性矩阵，预测尚未出现的连接。当两个节点之间的 Jaccard 系数较大时，它们更有可能建立连接。

Jaccard 系数是链路预测中的一种简单但有效的相似性度量方法，特别适用于基于共同邻居节点的预测任务。然而，它也有一些局限性，例如无法处理节点的重要性等因素，因此在实际应用中通常会与其他方法结合使用，以提高链路预测的准确性。

如图 14-1 所示，求所有非直连的节点对之间的 Jaccard 系数,代码如下。

```
import networkx as nx
import matplotlib.pyplot as plt

#创建一个示例图
G = nx.Graph()
G.add_edges_from([(1, 2), (1, 3), (1, 4), (2, 3), (3, 4), (4, 5)])
nx.draw(G, with_labels=True)
plt.show()

#jaccard_coefficient 为系统内置函数
def jaccard_coefficient(G, ebunch=None):
        def predict(u, v):
        union_size = len(set(G[u]) | set(G[v]))
        if union_size == 0:
            return 0
        return len(list(nx.common_neighbors(G, u, v))) / union_size
    return _apply_prediction(G, predict, ebunch)

#计算节点对的 Jaccard 系数
jaccard_coefficient = nx.jaccard_coefficient(G)

#打印结果
for u, v, coeff in jaccard_coefficient:
    print(f"J({u}, {v}) = {coeff:.4f}")
```

输出结果如下。

```
J(1, 5) = 0.3333
J(2, 4) = 0.6667
J(2, 5) = 0.0000
J(3, 5) = 0.3333
```

这段代码首先创建了一个简单的无向图,然后使用 nx.jaccard_coefficient 函数计算所有节点对的 Jaccard 系数,并打印结果。可以根据实际需求替换图的结构和节点对。

14.2 Adamic-Adar 指标

Adamic-Adar 指标是链路预测中一种常用的相似性度量方法,用于评估两个节点之间存在连接的可能性。该指标的基本思想是,如果两个节点之间有共同的邻居节点,那么它们之间建立连接的可能性更高。

Adamic-Adar 指标的计算方式如下。

(1) 对于给定的两个节点 i 和 j,找到它们的邻居节点集合,分别表示为 $N(i)$ 和 $N(j)$。

(2) 计算它们的共同邻居节点集合,即 $N(i)$ 和 $N(j)$ 的交集。

(3) 对于每个共同邻居节点 k,计算其度数(即 k 的邻居节点数量),表示为 $|N(k)|$。

(4) 计算 Adamic-Adar 指标的值,通常是对共同邻居节点的度数取倒数并求和,如式(14-2)所示。

$$\text{Adamic-Adar}(i,j)=\sum\frac{1}{\log(|N(k)|)} \tag{14-2}$$

(5) Adamic-Adar 指标的值越高,表示节点 i 和节点 j 之间建立连接的可能性越大。

Adamic-Adar 指标的优点是对于度数较大的共同邻居节点给予较小的权重，因此它更注重那些在较小邻域内共同出现的节点，这与现实世界中的社交网络等情境更为符合。

在链路预测任务中，可以使用 Adamic-Adar 指标为节点对排序，按照指标值的降序排列，越高的节点对被认为建立连接的可能性越大。这可以帮助识别潜在的链接或社交关系。

如图 14-2 所示，求所有非直连的节点对之间的 Adamic-Adar 指标，代码如下。

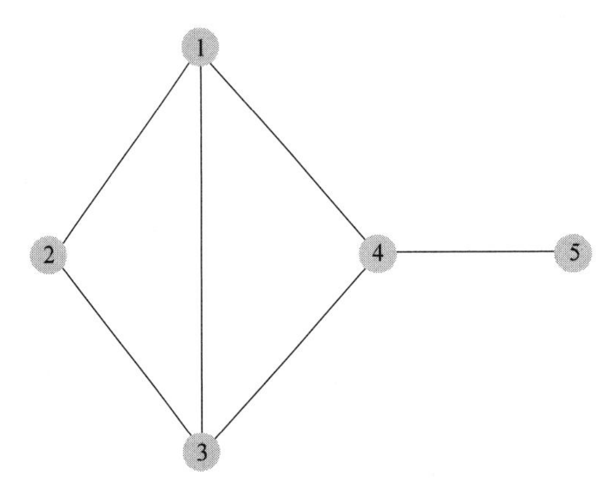

图 14-2 创建的示例图 2

```
import networkx as nx
import matplotlib.pyplot as plt

#创建一个示例图
G = nx.Graph()
G.add_edges_from([(1, 2), (1, 3), (1, 4), (2, 3), (3, 4), (4, 5)])
nx.draw(G, with_labels=True)
plt.show()

#adamic_adar_index 函数为系统内置函数
def adamic_adar_index(G, ebunch=None):
        def predict(u, v):
        return sum(1 / log(G.degree(w)) for w in nx.common_neighbors(G, u, v))
    return _apply_prediction(G, predict, ebunch)

#计算节点对的 Adamic-Adar 指标
adamic_adar_coefficient = list(nx.adamic_adar_index(G))

#打印结果
for u, v, coeff in adamic_adar_coefficient:
    print(f"Adamic-Adar({u}, {v}) = {coeff:.4f}")
```

输出结果如下。

```
Adamic-Adar(1, 5) = 0.9102
Adamic-Adar(2, 4) = 1.8205
Adamic-Adar(2, 5) = 0.0000
Adamic-Adar(3, 5) = 0.9102
```

这段代码首先创建一个简单的图，然后使用 nx.adamic_adar_index 函数计算所有节点对的 Adamic-Adar 指标，并打印结果。

14.3　Katz 指标

Katz 指标是一种用于链路预测任务的网络相似性指标，旨在度量两个节点之间建立链接的可能性。与其他指标不同，Katz 指标不仅考虑直接连接的节点，还考虑间接连接的节点。

Katz 指标的核心思想是，两个节点之间的路径越短，它们建立连接的可能性越大。因此，Katz 指标通过对不同长度的路径分配不同的权重评估节点之间的相似性。通常，较短的路径获得较高的权重，较长的路径获得较低的权重。

Katz 指标的计算方式如下。

对于给定的两个节点 i 和 j，计算它们之间所有可能长度的路径的数量。

为每个路径分配一个权重，通常使用参数 β 表示，较短的路径获得较大的权重，较长的路径获得较小的权重。路径长度为 d 的权重为 β^d。

计算节点 i 和节点 j 之间的 Katz 指标值，通常是对所有路径的权重求和，具体如式(14-3)。

$$\text{Katz}(i,j)=\sum_{d=1}^{\infty}\beta^d \cdot N_i^d \cdot A^d \cdot N_j^d \tag{14-3}$$

其中，N_i^d 表示从节点 i 出发，经过 d 步到达的节点数量，A^d 表示所有长度为 d 的路径的数量，N_j^d 表示从节点 j 出发，经过 d 步到达的节点数量。

调整参数 β 的值，以平衡路径长度对 Katz 指标的影响。较大的 β 值强调较短的路径，而较小的 β 值则更平衡不同路径长度的影响。

Katz 指标的应用范围包括社交网络分析、推荐系统、生物信息学等领域，它可以帮助识别潜在的链接、预测用户兴趣、发现蛋白质相互作用等任务。在实际应用中，通常需要进行参数调优，以找到最适合特定任务的 β 值。此外，由于 Katz 指标涉及对所有路径的计算，对于大规模网络，计算成本可能很高，因此需要考虑性能优化和近似计算的方法。

如图 14-3 所示，求节点对 2，5 之间的 Katz 指标，代码如下。

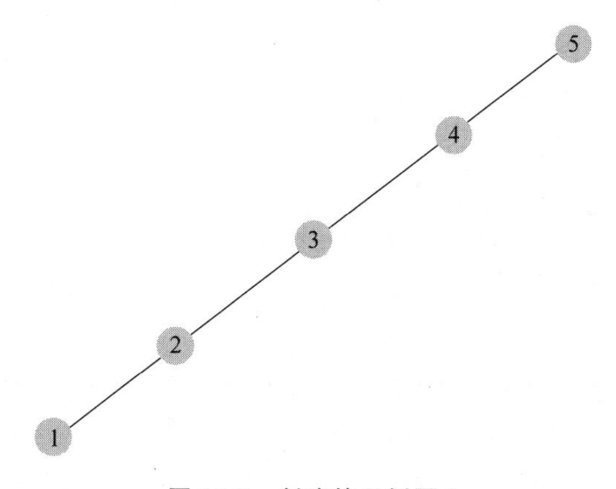

图 14-3　创建的示例图 3

```
#创建一个示例图
G = nx.Graph()
G.add_edges_from([(1, 2), (2, 3), (3, 4), (4, 5)])
nx.draw(G, with_labels=True)
plt.show()


def katz_similarity(graph, node_i, node_j, beta):
    #初始化 Katz 指标
katz_score = 0

    #遍历不同的路径长度
    for path_length in range(1, 6):  #假设考虑路径长度为 1 到 5 的路径
        #获取所有从 node_i 到 node_j 的长度为 path_length 的路径
        all_paths = list(nx.all_simple_paths(graph, source=node_i, target=node
_j, cutoff=path_length))

        #计算路径的数量
        num_paths = len(all_paths)

        #更新 Katz 指标
        katz_score += (beta * * path_length) * num_paths

    return katz_score

#设置参数 beta
beta = 0.1

#计算节点 1 和节点 5 之间的 Katz 指标
node_i = 1
node_j = 5
katz = katz_similarity(G, node_i, node_j, beta)

print(f"Katz 指标(节点{node_i}和节点{node_j}之间): {katz}")
```

输出结果如下。

```
Katz 指标(节点 1 和节点 5 之间): 0.00011000000000000002
```

在上述代码中,首先创建一个示例图,然后定义一个名为 katz_similarity 的函数计算 Katz 指标。该函数遍历不同路径长度,计算每个路径长度下从 node_i 到 node_j 的路径数量,并根据 Katz 公式计算 Katz 指标。最后,使用示例数据进行了演示。

14.4 基于机器学习的链路预测

无论是基础的机器学习链路预测算法,还是集成方法,它们都遵循一个通用框架,如图 14-4 所示。

下面介绍其包含的具体步骤。

(1) 图形表示:首先,将网络以图形结构的方式呈现出来。在这个图中,节点代表网络中的个体,而边代表节点之间的连接关系。这个图实际上就是数据集。

(2) 特征提取:针对链路预测,需要将节点对转换为特征向量。可以通过不同的方式实现,包括节点的度数、节点之间的共同邻居节点数量、节点的属性等,都可以用作特征。

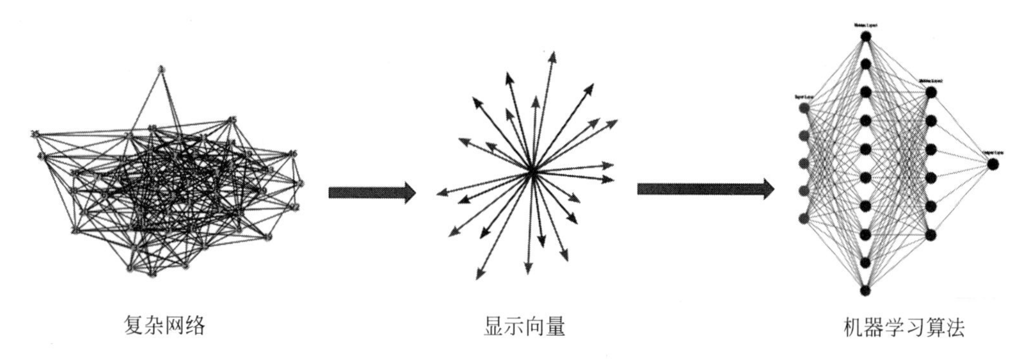

图 14-4　基于机器学习链路预测框架基本路线

（3）标签生成：对于链路预测任务，需要为每一对节点对生成标签，标识它们是否存在连接（正例）或不存在连接（负例）。这一步可以基于图中的边完成。

（4）训练数据准备：将特征和标签组合成一个训练数据集。对于每一对节点对，将它们的特征与相应的标签关联。

（5）分类器构建：基于准备好的训练数据，建立一个分类器模型。这个分类器可以是传统的机器学习模型，如决策树、朴素贝叶斯、支持向量机等，也可以是深度学习模型，如神经网络。

（6）模型训练：使用训练数据集训练这个分类器。这个模型的目标是，通过对未来时刻的节点对进行有/无连接的预测，实现对时序网络结构的预测。

14.4.1　基础机器学习链路预测算法

基础机器学习链路预测算法是一类用于预测网络中节点对之间是否存在边（或连边）的方法。这些方法通常基于节点对之间的特征和网络拓扑结构进行预测。以下是一些常见的基础机器学习链路预测算法。

1. 决策树

（1）决策树（Decision Trees）是一种基于树状结构的监督学习算法，用于分类和回归任务。

（2）在链路预测中，决策树可以使用节点对之间的特征构建树，然后根据节点对的特征预测它们之间是否存在连边。

2. 朴素贝叶斯

（1）朴素贝叶斯（Naive Bayes）是一种基于贝叶斯定理的分类算法，它假设特征之间是相互独立的。

（2）在链路预测中，朴素贝叶斯用于估计节点对之间是否存在连边的概率。

3. 神经网络

（1）神经网络（Neural Networks）是一类深度学习模型，可以用于链路预测。

（2）在神经网络中，节点对的特征可以被输入到多层神经网络中，然后通过训练预测它们之间是否存在连边。

4. 支持向量机

（1）支持向量机（Support Vector Machine，SVM）是一种二元分类器，可以用于链路预测。

(2) SVM 试图找到一个最优的决策边界,以最大化节点对的分类间隔。

5. K 最近邻

(1) K 最近邻(K-Nearest Neighbors,KNN)是一种基于实例的学习方法,用于链路预测。

(2) 在 KNN 中,节点对之间的相似度可以通过计算它们之间的距离度量,然后根据 K 个最近邻节点对的标签进行预测。

这些方法可以根据问题的特点和数据集的性质进行选择。它们通常需要特征工程构建节点对的特征,然后使用训练数据训练模型,最终进行链路预测。这些基础机器学习算法是链路预测领域的重要组成部分,可以用于各种网络应用,如社交网络分析、推荐系统和生物信息学。

以下是一个使用决策树模型进行链路预测的示例代码。

```
#加载网络数据
G = nx.read_edgelist("network_data.txt")
nx.draw(G, with_labels=True)
plt.show()

#构建节点对和标签
node_pairs = []
labels = []
for node1 in G.nodes():
    for node2 in G.nodes():
        if node1 != node2:
            node_pairs.append((node1, node2))
            if G.has_edge(node1, node2):
                labels.append(1)  #正例
            else:
                labels.append(0)  #负例

#提取特征(这里示意性地使用节点度作为特征)
features = []
for node_pair in node_pairs:
    node1, node2 = node_pair
    degree1 = G.degree[node1]
    degree2 = G.degree[node2]
    features.append([degree1, degree2])

#数据划分为训练集和测试集
X_train, X_test, y_train, y_test = train_test_split(features, labels, test_size
=0.2, random_state=42)

#训练决策树模型
model = DecisionTreeClassifier()
model.fit(X_train, y_train)

#预测
y_pred = model.predict(X_test)

#评估模型性能
accuracy = accuracy_score(y_test, y_pred)
print("准确率:", accuracy)
```

创建的示例图如图 14-5 所示。

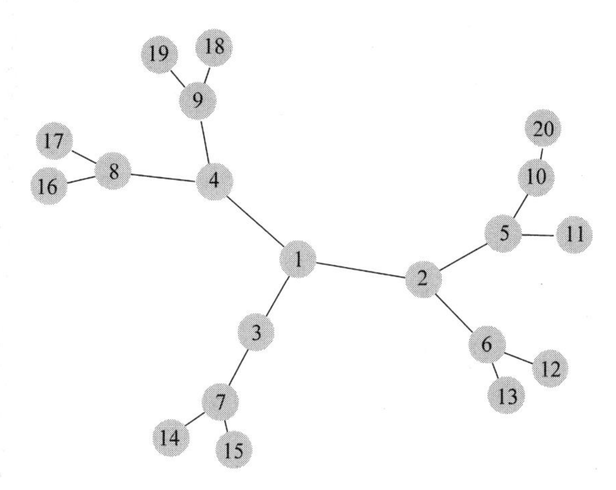

图 14-5 创建的示例图

输出结果如下。

```
准确率: 0.8289473684210527
```

14.4.2 集成机器学习链路预测算法

集成机器学习链路预测算法是一种将多个基础机器学习模型组合在一起以提高链路预测性能的方法。它通常比单一模型更强大，因为它能够克服单一模型的局限性，并从多个模型的预测中受益。

以下是一些集成机器学习链路预测算法的详细介绍。

1. Bagging

(1) Bagging(Bootstrap Aggregating)是一种使用多个基础分类器并取其投票结果做出决策的方法。它通过自助采样(Bootstrap Sampling)从训练数据集中生成多个子集，每个子集都用来训练一个基础分类器。

(2) Bagging 减小了模型的方差，通常用于高方差的模型，如决策树。它被广泛应用于链路预测中，尤其在处理大规模网络时。

2. Boosting

(1) Boosting 是一种迭代的集成方法，它依次训练一系列基础分类器，每个基础分类器都试图纠正前一个分类器的错误。最终的预测是通过加权投票获得的。

(2) AdaBoost 和 Gradient Boosting 是两种常见的 Boosting 算法，它们可以用于链路预测。

3. 随机森林

(1) 随机森林(Random Forest)是一种基于决策树的集成方法，它通过构建多个决策树，并将它们的预测结果进行平均或投票进行链路预测。

(2) 随机森林通常具有良好的性能和鲁棒性，适用于大规模网络。

4. Stacking

(1) Stacking 是一种高级的集成方法，它将多个基础分类器的预测结果作为输入，再用一个元分类器对这些结果进行组合以生成最终的预测。

(2) Stacking 可以更灵活地组合不同类型的分类器,从而提高预测性能。

5. Ensemble of Classifiers

(1) Ensemble of Classifiers 是一种将多个不同类型的基础分类器组合在一起的方法。例如,可以将决策树、支持向量机和神经网络等不同类型的分类器结合,以获得更强大的性能。

(2) 这种方法通常需要更复杂的模型选择和参数调整。

集成机器学习链路预测算法的主要优点是它们能够显著提高预测性能,减小过拟合风险,并且对不同类型的数据和问题具有很强的适应性。然而,它们可能需要更多的计算资源和时间训练和调整,因此在实际应用中需要仔细考虑。

14.5 概率关系模型

在链路预测中,概率关系模型(Probabilistic Relational Model,PRM)是一种常用的方法,它通过建立概率模型描述节点间连接的可能性。这些模型基于统计学原理和概率分布建模网络中的连接概率。与传统的图模型使用单一图建模同质实体属性之间的关系不同,概率关系模型包含 3 个图,分别为数据图 G_D、模型图 G_M 和推理图 G_I。

1. 数据图

数据图(Data Graph)表示观察到的数据之间的关系。它描述了观测变量之间的关联和依赖关系,通常以图的形式展示,其中节点表示变量,边表示变量之间的关系。

2. 模型图

模型图(Model Graph)是为了建模概率模型而创建的图。它描述了概率模型中的参数、隐变量和观测变量之间的概率依赖关系。模型图用于表示概率模型的结构,其中节点表示变量,边表示变量之间的概率依赖关系。

3. 推理图

推理图(Inference Graph)是用于推断或计算后验概率的图。它描述了计算过程中的依赖关系和计算路径。在推断过程中,通常对模型图进行修改或转换,以便更高效地计算后验概率或其他感兴趣的量。

这 3 个图相互关联,一起构成概率建模和推断的整个框架。数据图是观察到的数据的表示,模型图是建立的概率模型的结构表示,推理图则是进行推断、计算和分析的框架。

14.5.1 贝叶斯网络模型

贝叶斯网络(Bayesian Network),又被称为信念网络(Belief Network),或有向无环图(Directed Acyclic Graphical,DAG)模型,是一种概率图模型,最早由 Judea Pearl 于 1985 年提出。该模型用于模拟人类推理过程中处理因果关系时的不确定性。贝叶斯网络的网络拓扑结构是一个有向无环图。

贝叶斯网络的有向无环图中的节点表示随机变量。它们可以是可观察到的变量、隐变量或未知参数等。认为有因果关系(或非条件独立)的变量或命题则用箭头连接。若两个节点以一个单箭头连接，表示其中一个节点是“因”(Parents)，另一个是“果”(Children)，两个节点就会产生一个条件概率值。

例如，假设节点 E 直接影响节点 G，即 $E\rightarrow G$，则用从 E 指向 G 的箭头建立节点 E 到节点 G 的有向弧 (E,G)，权值（即连接强度）用条件概率 $P(G|E)$ 表示，如图 14-6 所示。

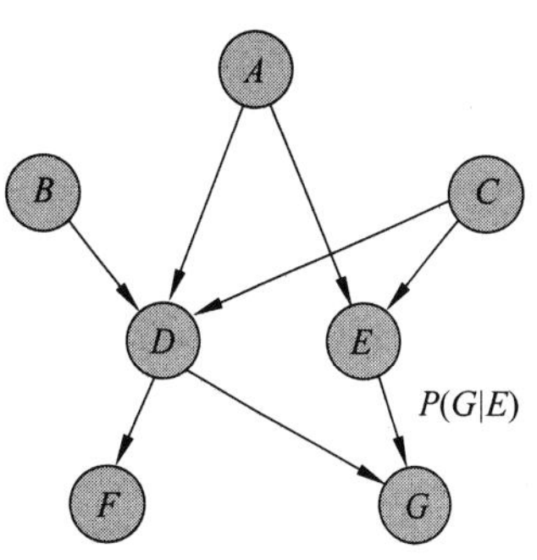

图 14-6　贝叶斯网络拓扑图

综上所述，把某个研究系统中涉及的随机变量，根据是否条件独立绘制在一个有向图中，就形成贝叶斯网络。其主要用来描述随机变量之间的条件依赖，用圈表示随机变量，用箭头表示条件依赖(Conditional Dependencies)。

此外，对于任意随机变量，其联合概率可由各自的局部条件概率分布相乘而得，即

$$P(A,\cdots,G)=P(G\mid A,\cdots,F)\cdots P(B\mid A)P(A) \tag{14-4}$$

1. 贝叶斯网络的结构形式

1) Head-to-Head

Head-to-Head 结构形式图，如图 14-7 所示。

由图 14-7 可知，$P(A,B,C)=P(A)P(B)P(C|A,B)$ 成立，即在 C 未知的条件下，A、B 被阻断(blocked)，是独立的，称为 head-to-head 条件独立。

2) Tail-to-Tail

Tail-to-Tail 结构形式图，如图 14-8 所示。

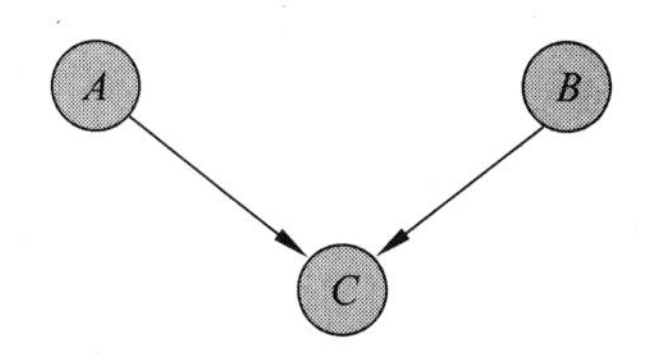

图 14-7　Head-to-Head 结构形式图

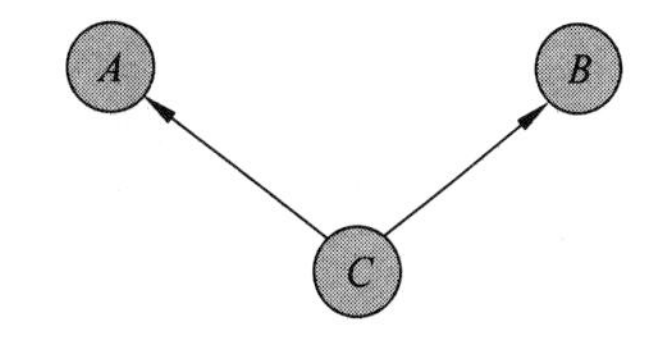

图 14-8　Tail-to-Tail 结构形式图

下面考虑 C 未知和 C 已知两种情况。

(1) 在 C 未知时：$P(A,B,C)=P(C)P(A|C)P(B|C)$，此时，没法得出 $P(A,B)=P(A)P(B)$，即 C 未知时，A、B 不独立。

(2) 在 C 已知时：$P(A,B|C)=P(A,B,C)/P(C)$，然后将 $P(A,B,C)=P(C)P(A|C)P(B|C)$ 代入得到，$P(A,B|C)=P(A,B,C)/P(C)=P(C)P(A|C)P(B|C)/P(C)=P(A|C)P(B|C)$，即 C 已知时，A、B 独立。

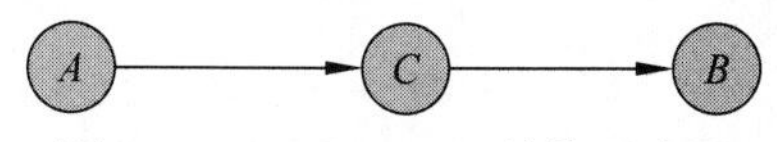

图 14-9　Head-to-Tail 结构形式图

3) Head-to-Tail

Head-to-Tail 结构形式图，如图 14-9 所示。

下面考虑 C 未知和 C 已知两种情况。

(1) 在 C 未知时：$P(A,B,C)=P(A)P(C|A)P(B|C)$，但没法得出 $P(A,B)=P(A)P(B)$，即 C 未知时，A、B 不独立。

(2) 在 C 已知时：$P(A,B|C)=P(A,B,C)/P(C)$，且根据 $P(A,C)=P(A)P(C|A)=P(C)P(A|C)$，可简化为 $P(A,B|C)=P(A,B,C)/P(C)=P(A)P(C|A)P(B|C)/P(C)=P(A,C)P(B|C)/P(C)=P(A|C)P(B|C)$。

2. 代码实现

建立一个简单的贝叶斯网络,定义节点之间的依赖关系和条件概率表,然后基于观测值进行概率推断。

```
from pgmpy.models import BayesianNetwork
from pgmpy.factors.discrete import TabularCPD

#创建贝叶斯网络模型
model = BayesianNetwork()

#添加节点
model.add_node('A')
model.add_node('B')
model.add_node('C')

#添加有向边表示依赖关系
model.add_edge('A', 'B')
model.add_edge('A', 'C')

#定义条件概率表 (CPT)
#假设 A 影响 B 和 C,但它们之间没有直接关系,这里只是举例,需要根据实际情况定义 CPT
cpt_a = TabularCPD(variable='A', variable_card=2, values=[[0.2], [0.8]])
cpt_b = TabularCPD(variable='B', variable_card=2, values=[[0.7, 0.6], [0.3, 0.4]],
evidence=['A'],
                   evidence_card=[2])
cpt_c = TabularCPD(variable='C', variable_card=2, values=[[0.5, 0.4], [0.5, 0.6]],
evidence=['A'], evidence_card=[2])

#将 CPT 加入模型
model.add_cpds(cpt_a, cpt_b, cpt_c)

#验证模型结构和 CPT
assert model.check_model()

#进行推断
from pgmpy.inference import VariableElimination

inference = VariableElimination(model)
#给定观测值进行推断
#在这个例子中,观测到 A=1 (即 A 发生了)
evidence = {'A': 1}

#进行推断
result = inference.query(variables=['B', 'C'], evidence=evidence)

#打印推断结果
print(result)
```

输出结果如下。

```
+------+-----+--------+
| B    | C    | phi(B,C) |
+======+=====+========+
| B(0)   | C(0) | 0.2400|
+------+-----+--------+
| B(0)   | C(1) | 0.3600|
+------+-----+--------+
| B(1)   | C(0) | 0.1600|
+------+-----+--------+
| B(1)   | C(1) | 0.2400|
+------+-----+--------+
```

14.5.2　马尔可夫网络关系模型

"马尔可夫模型"是一类基于马尔可夫过程的数学模型,其核心思想是当前状态的未来仅依赖过去的有限状态,而不依赖更早的状态。这种性质称为马尔可夫性。

马尔可夫性质(Markov Property)是概率论中的一个概念,因俄国数学家安德雷·马尔可夫得名。当一个随机过程在给定现在状态及所有过去状态情况下,其未来状态的条件概率分布仅依赖当前状态;换句话说,在给定现在状态时,它与过去状态(即该过程的历史路径)是条件独立的,那么此随机过程即具有马尔可夫性质,其数学表达式表示如式(14-5)所示。

$$P(X_{n+1} \mid X_1 = x_1, X_2 = x_2, \cdots, X_n = x_n) = P(X_{n+1} = x \mid X_n = x_n) \tag{14-5}$$

假设这个模型的每个状态都只依赖之前的状态,这个假设被称为马尔可夫假设,这个假设可以大大地简化这个问题。显然,这个假设可能是一个非常糟糕的假设,导致很多重要的信息都丢失。具有马尔可夫性质的过程通常称为马尔可夫过程。马尔可夫模型可以分为多个类型,其中两种主要的类型是马尔可夫链和隐马尔可夫模型。

1. 马尔可夫链

马尔可夫链具有如下特点。

(1) 马尔可夫链是最简单的马尔可夫模型,描述一个系统在离散的时间步中从一个状态转移到另一个状态的过程。

(2) 马尔可夫链满足马尔可夫性,即未来状态的概率分布仅依赖当前状态,而不依赖过去的状态序列。

(3) 马尔可夫链可以用状态空间(可能的状态的集合)和状态转移概率矩阵描述。

以天气模型为例。假设想建立一个描述天气变化的马尔可夫链。在这个简化的模型中,将天气状态分为两种,即晴天(Sunny)和雨天(Rainy)。每天的天气状态取决于前一天的天气状态,具体规则如表 14-1 所示。

① 假如今天是晴天,明天变成阴天的概率是 0.1。

② 假如今天是晴天,明天仍然是晴天的概率是 0.9,和第①条规则的概率之和为 1,符合真实生活的情况。

③ 假如今天是阴天,明天变成晴天的概率是 0.5。

④ 假如今天是阴天,明天仍然是阴天的概率是 0.5,和第③条规则的概率之和为 1,符合真实生活的情况。

表 14-1 天气预测表

今天	明天	
	晴	阴
晴	0.9	0.1
阴	0.5	0.5

由表 14-1 可以得到，马尔可夫链的状态转移概率矩阵，即

$$\boldsymbol{P}=\begin{bmatrix}0.9 & 0.1\\0.5 & 0.5\end{bmatrix}$$

在这个模型中，如果知道今天是晴天，可以使用状态转移概率预测明天是晴天或雨天。如果将天气状态建模为马尔可夫链，那么马尔可夫性质表示未来的天气状态仅取决于当前的天气状态，而不受过去天气状态的影响。

2. 隐马尔可夫模型

隐马尔可夫模型（HMM）具有如下特点。

（1）HMM 是一种扩展的马尔可夫链，其中系统的状态不是直接可观察的，而是通过观察到的一系列可见变量的序列间接推断。

（2）HMM 包括两组变量，分别为观察变量序列和隐藏状态序列。观察变量序列是可见的，而隐藏状态序列是不可见的。

（3）HMM 中的转移概率矩阵描述隐藏状态的演变，观测状态概率矩阵描述观察变量的生成，初始概率向量描述系统在初始时刻的状态。

下面用一个简单的实例描述上面抽象出的 HMM 模型。假设有 3 个盒子，每个盒子中都有红色和白色两种球，这 3 个盒子里球的数量如表 14-2 所示。

表 14-2 每个盒子中的红白球数

盒子	1	2	3
红球数	5	4	7
白球数	5	6	3

按照下面的方法从盒子里抽球，开始时，从第 1 个盒子抽球的概率是 0.2，从第 2 个盒子抽球的概率是 0.4，从第 3 个盒子抽球的概率是 0.4。以这个概率抽一次球后，将球放回。然后从当前盒子转移到下一个盒子进行抽球。抽球的规则是：如果当前抽球的盒子是第 1 个盒子，则以 0.5 的概率仍然留在第 1 个盒子继续抽球，以 0.2 的概率从第 2 个盒子抽球，以 0.3 的概率从第 3 个盒子抽球。如果当前抽球的盒子是第 2 个盒子，则以 0.5 的概率仍然留在第 2 个盒子继续抽球，以 0.3 的概率从第 1 个盒子抽球，以 0.2 的概率从第 3 个盒子抽球。如果当前抽球的盒子是第 3 个盒子，则以 0.5 的概率仍然留在第 3 个盒子继续抽球，以 0.2 的概率从第 1 个盒子抽球，以 0.3 的概率从第 2 个盒子抽球。如此下去，直到重复 3 次，得到一个球的颜色的观测序列为 $O=\{$红，白，红$\}$。

注意在这个过程中，观察者只能看到球的颜色序列，却不能看到球是从哪个盒子里抽取的。那么按照 HMM 模型的定义，观察集合是 $V=\{$红，白$\}$，$M=2$。状态集合是 $Q=\{$盒子

1,盒子 2,盒子 3},$N=3$。而观察序列和状态序列的长度为 3。初始状态分布为 $\boldsymbol{\pi}=(0.2,0.4,0.4)^{\mathrm{T}}$,状态转移概率分布矩阵为

$$\boldsymbol{A}=\begin{bmatrix}0.5 & 0.2 & 0.3\\0.3 & 0.5 & 0.2\\0.2 & 0.3 & 0.5\end{bmatrix}$$

观测状态概率矩阵为

$$\boldsymbol{B}=\begin{bmatrix}0.5 & 0.5\\0.4 & 0.6\\0.7 & 0.3\end{bmatrix}$$

3. 代码实现

马尔可夫模型的实现涉及状态空间、初始状态概率和状态转移概率。下面将提供一个简单的代码示例,实现一个离散时间的一阶马尔可夫链。在这个示例中,定义了 3 个状态('A','B','C'),给定了状态转移概率矩阵和初始状态概率。然后,通过马尔可夫模型类创建了一个马尔可夫模型实例,并生成了一个状态序列。

```
import numpy as np
class MarkovModel:
    def __init__(self, states, transition_matrix, initial_probabilities):
        self.states = states
        self.transition_matrix = transition_matrix
        self.initial_probabilities = initial_probabilities
        self.current_state = np.random.choice(states, p=initial_probabilities)

    def next_state(self):
         next_state = np.random.choice(self.states, p= self.transition_matrix
[self.states.index(self.current_state)])
        self.current_state = next_state
        return next_state

#Example usage
states = ['A', 'B', 'C']
transition_matrix = np.array([
    [0.7, 0.2, 0.1],
    [0.3, 0.4, 0.3],
    [0.1, 0.5, 0.4]
])
initial_probabilities = [0.4, 0.3, 0.3]

#Create a Markov Model
markov_model = MarkovModel(states, transition_matrix, initial_probabilities)

#Generate a sequence of states
num_steps = 10
sequence = [markov_model.next_state() for _ in range(num_steps)]

print("生成状态序列:", sequence)
```

输出结果如下。

```
生成状态序列: ['A', 'A', 'A', 'C', 'C', 'B', 'A', 'A', 'A', 'A']
```

14.6 推荐系统

14.6.1 组合推荐

1. 基于传统推荐技术的组合推荐

组合推荐问题(Bundle Recommendation Problem,BRP)最初是在推荐系统领域通过协同过滤方法和概率模型得到解决和改进的。在国内,研究者首次提出组合推荐问题,并将其定义为一个复杂的问题,需要考虑不同商品之间的关系以及推荐组合对用户的影响。为了更好地解决这个问题,研究者通过对用户的购买动机进行建模,了解每个组合的构成结构,并引入特征和关系两个潜在因素,以实现更准确的推荐结果。其中,一些方法利用分解个性化马尔可夫链(Factorizing Personalized Markov Chains,FPMC)从用户的角度挖掘潜在的组合关系,以更好地理解个性化行为。在国外的研究中,研究者试图理解构成"好"组合的含义,以推荐现有的组合,并首次提出生成针对用户的个性化新组合的更具挑战性的任务。此外,还开发了一种综合协同过滤技术、需求函数和价格建模的组合推荐模型。该模型通过寻找匹配度高的产品组合,并以最大化用户购买概率和组合销售收入的方式对它们定价,从而最大化推荐列表的预期收益。总之,组合推荐问题是推荐系统领域中的一个重要问题。研究者通过不同的方法和模型解决这个问题,以提供更准确、个性化和吸引人的商品组合推荐。

2. 基于深度学习技术的组合推荐

随着深度学习技术的提出,组合推荐进入新的阶段。由于数据的迅速增加,传统的推荐系统往往难以满足用户的个性化需求。为解决这个问题,国内许多学者利用深度学习技术提出新的解决方案。其中,一种名为DAM的模型被提出,作为神经网络解决方案。该模型通过分解注意网络,将组合中的商品嵌入进行聚合,从而得到组合的表示。同时,它采用多任务方式将用户-组合交互和用户-物品交互进行联合建模,以缓解用户-组合交互的稀缺性。另外,组合生成网络(Bundle Generating Network,BGN)方法的提出,将个性化组合推荐问题形式化为结构化预测问题。该方法利用行列式点过程(Determinantal Point Process,DPP)将问题分解为质量部分和多样性部分。此外,组合图卷积网络(Bundle Graph Convolutional Network,BGCN)模型将用户-物品交互、用户-组合交互和组合-物品关联统一到一个异构图中,以捕获商品级别的语义信息。通过基于硬负(hard negative)采样器的训练,该模型能够进一步区分用户对相似组合的细粒度偏好。

个性化组合推荐问题也受到了其他研究者的关注。其中,Deng等将该问题形式化为基于用户-商品-组合的三方图的链接预测问题,并采用可微分的消息传递框架捕获用户对组合的偏好。Zhang等双目标跨域组合推荐方法,通过注意机制为不同域分配权重,并根据权重组合普通用户的特征。Tan等提出一种新的模型是意图导向的带有偏好转移的分层组合推荐,它考虑了物品之间的共购和共现信息,以建模面向意图的层次表示。另外,还有一种具有邻居交互的关系图神经网络,它构建了用户-组合-商品交互图和组合-商品关联图,并将不同的关系注入组合和物品的表示中,以突出邻居的共同属性。还有一种方法围绕用户-组合对生成异构子图,并通过神经网络图传播将这些子图映射到用户的偏好预测。此外,国外也有一些研究者利用深度学习技术进行个性化组合推荐。其中一种方法使用Transformer

表示用户、商品和组合，以更好地捕获组合中商品与其他商品之间的关系。还有一种方法针对组合推荐的冷启动问题，将其形式化为有监督图链接预测问题进行缓解。

3. 基于其他方法的组合推荐

随着组合推荐领域的进一步发展，越来越多的国内学者从不同方面对组合推荐进行了研究，并探索推荐领域的冷启动、数据噪声等问题。其中，有研究者指出在组合推荐的真实场景中，用户的意图可能自然地分布在其不同的组合中（全局视图），而一个组合可能包含一个用户的多个意图（局部视图）。通过比较从不同视角中分离出来的用户意图，可以提高推荐的准确性。另外，还有研究者利用跨观点对比学习建立组合观点与物品观点之间的合作关联模型。通过鼓励两个单独学习的观点对齐，每个观点都可以从另一个观点中提取互补的信息，实现相互促进。在面对组合推荐中的交互稀疏性和较大输出空间的问题时，还有研究者扩展了多轮对话推荐（Multi-round Session Recommendation，MCR）方法，在组合上下文中进行用户建模、咨询和反馈处理。此外，还有研究者从整体用户体验的角度对组合推荐的过程进行了梳理，定义了一系列任务，包括组合探测、补充、排名、解释和自动命名等。他们展示了组合推荐面临的挑战，并提供了研究机会，为该领域的进一步发展提供了有益的指导。

4. 组合推荐简要代码实现

```
import numpy as np
from keras.models import Model
from keras.layers import Input, Embedding, Flatten, Concatenate, Dense
from keras.optimizers import Adam
#示例数据
#用户商品序列
user_sequences = np.array([
    [1, 2, 3],
    [2, 4, 5],
    [3, 4, 6]
])
#目标商品
target_items = np.array([4, 5, 6])
#构建模型
def build_model(max_item_id, embedding_dim=32):
    #用户商品序列输入
    user_input = Input(shape=(3,))
    #商品嵌入层
    item_embedding = Embedding(input_dim=max_item_id + 1, output_dim=embedding
_dim)(user_input)
    item_embedding = Flatten()(item_embedding)
    #Flatten后的商品特征
    item_features = Dense(embedding_dim)(item_embedding)
    #目标商品输入
    target_item_input = Input(shape=(1,))
    #目标商品嵌入层
    target_item_embedding = Embedding(input_dim=max_item_id + 1, output_dim=
embedding_dim)(target_item_input)
    target_item_features = Flatten()(target_item_embedding)
    #将用户商品序列特征和目标商品特征连接
    combined_features = Concatenate()([item_features, target_item_features])
    #输出层,预测用户对目标商品的打分
    output = Dense(1, activation='sigmoid')(combined_features)
    model = Model(inputs=[user_input, target_item_input], outputs=output)
    return model
```

```
#训练模型
def train_model(user_sequences, target_items, max_item_id, embedding_dim=32,
epochs=10, learning_rate=0.001):
    model = build_model(max_item_id, embedding_dim)
    optimizer = Adam(lr=learning_rate)
    model.compile(optimizer=optimizer, loss='binary_crossentropy')
    model.fit([user_sequences,target_items],np.ones_like(target_items),
epochs=epochs, batch_size=32)
    return model

#运行示例
max_item_id = np.max(np.concatenate([user_sequences, target_items.reshape(-1,
1)], axis=1))
model = train_model(user_sequences, target_items, max_item_id)
#预测用户对目标商品的打分
user_input = np.array([[1, 2, 3]])
target_item_input = np.array([[4]])
prediction = model.predict([user_input, target_item_input])
print("Prediction:", prediction)
```

输出结果如下。

```
Epoch 1/10
1/1 [==============================] - 1s 560ms/step - loss: 0.6579
Epoch 2/10
1/1 [==============================] - 0s 1ms/step - loss: 0.6444
Epoch 3/10
1/1 [==============================] - 0s 1000us/step - loss: 0.6311
Epoch 4/10
1/1 [==============================] - 0s 2ms/step - loss: 0.6178
Epoch 5/10
1/1 [==============================] - 0s 1ms/step - loss: 0.6045
Epoch 6/10
1/1 [==============================] - 0s 2ms/step - loss: 0.5913
Epoch 7/10
1/1 [==============================] - 0s 1ms/step - loss: 0.5781
Epoch 8/10
1/1 [==============================] - 0s 1000us/step - loss: 0.5648
Epoch 9/10
1/1 [==============================] - 0s 1ms/step - loss: 0.5515
Epoch 10/10
1/1 [==============================] - 0s 1ms/step - loss: 0.5381
1/1 [==============================] - 0s 87ms/step
Prediction: [[0.60375893]]
```

14.6.2 惊喜度推荐

1. 惊喜度定义及作用

人们普遍认为,用户对与其已购买、搜索和访问过的内容相似的内容表现出兴趣。然而,在某些情况下,这种假设是错误的。当用户获得未搜索过但仍然有用的商品或信息时,被称为惊喜度(Serendipity)。惊喜度推荐旨在激发用户潜在的兴趣,并促使这些惊喜的相遇发生。国内的许多研究者对惊喜度的定义和作用进行了探索。其中,有研究者认为覆盖率(Coverage)和惊喜度的改变更能反映用户所感知的质量印象,从而提高用户满意度。还有研究者认为，理想的推荐系统应该模仿一个值得信赖的朋友或专家的行为，产生个性化的推荐集合，在准确性、多样性、新颖性和惊喜度之间取得平衡。他们提出 Auralist 推荐框架，试图同时平衡和改善这 4 个因素。此外，一项大规模用户调查涉及超过 3000 名用户的电子商务环境中发现，从新颖性、意外性、相关性和及时性到惊喜度，以及从惊喜度到用户满意度和购买意愿之间存在显著的因果关系。还有研究者指出，大多数系统都是基于物品特征在惊喜度方面的作用的假设，而很少从用户角度研究物品特征。因此，进行了一项涉及超过 10 000 名用户的大规模用户调查，以填补这一研究空白，分析不同类型的特征与用户感知之间的关系，并进一步确定用户特征（个性特征和好奇心）的交互效应。

研究者对惊喜度推荐的定义和评估主要通过对用户进行研究进行。他们探索了用户对惊喜度的评价以及惊喜度对用户满意度和转化率的影响。例如，一项针对城市推荐系统的调查研究包括对 1641 名市民的调查，研究用户对惊喜度的评价。研究者关注哪些商品特征有助于惊喜度体验，并研究这种体验在多大程度上提高了用户的满意度和转化率。他们发现，惊喜度推荐增加了用户跟进这些推荐的机会。另一项研究认为评估惊喜度推荐并不容易，并讨论了情绪在推荐系统研究中的作用，特别是作为推荐商品的隐性反馈。此外，还进行了用户研究，评估用户对惊喜度推荐的接受和感知，并得出结论，即积极的情绪与惊喜度推荐相关联。因此，国外的研究者主要通过对用户的研究定义和评估惊喜度推荐。

2. 基于传统推荐技术的惊喜度推荐

随着推荐技术的进步和用户需求的提高，个性化推荐系统已经成为处理互联网上大量信息的常用方法。这些系统代替用户做出决策，决定他们可能喜欢的内容，但这可能导致用户陷入信息过滤的“气泡”中，远离丰富多样的有趣内容。为解决这个问题，惊喜度推荐逐渐被应用。国外的研究者将心理学相关知识与推荐技术相结合，向用户推荐具有惊喜度的商品和内容，从而提高用户的满意度。一些研究者受到好奇心心理学理论的启发，通过计算商品与用户兴趣档案之间的相似度衡量商品的惊喜度。他们还通过评估用户兴趣档案中商品的多样性确定用户是否能接受这种惊喜度水平。还有一些研究者从用户的行为轨迹中提取行为模式，并基于这些模式和用户的偏好进行推荐。他们通过监控用户的停留点和使用关联规则挖掘方法识别用户的行为模式。然后，他们利用传统的协同过滤和 k-最远邻域模型向用户推荐典型的和具有惊喜度的兴趣点。另外，还有一项研究认为，传统的推荐系统过于关注内容与用户的相关性，导致重复推荐显而易见的内容。为避免过于专业化的推荐限制，他们提出一种利用用户社交关系中的纽带强度进行惊喜度推荐的方法。这些研究的目标是打破个性化推荐系统的限制，给用户带来更多新颖和令人惊喜的体验，使他们能够探索到更广泛的兴趣领域，提高用户的满意度。

国内的研究者在实践中提出一些方法。其中，一项研究提出基于惊喜度计算模型的交互式惊喜信息发现框架。这个框架利用关联挖掘和主题建模实现了两个惊喜度模型，并通过用户的反馈评估其效果。另外，由于缺乏面向惊喜度物品的大型数据集，研究者基于真实数据集的分析提出更客观的惊喜度、内容差异和类型准确度的定义，并开发了一种名为 Johnson 的新算法，用于缓解数据稀疏性。该算法引入弹性概念，可以在准确度和惊喜度之间实现平衡。此外，还有一项研究基于中国用户的网购习惯，提出一种新颖的协同过滤推荐算法。该算法定义了创新者作为用户的一个特殊子集，可以在没有推荐系统的帮助下发现冷门商品，并在推荐列表中捕获创新者的兴趣，以实现惊喜度和准确度的平衡。

3. 基于深度学习技术的惊喜度推荐

在国外的研究中，研究者采用了不同的方法。其中，一项研究使用迁移学习，首先通过大型数据集训练深度神经网络计算相关性得分，然后通过较小的数据集进行调整，以得到惊喜度得分。另一项研究通过课程推荐系统验证了一些常用推荐方法的惊喜度。研究者发现RNN 推荐方法缺乏新颖性，并描述了惊喜度难以实现的特征权衡。在离线验证任务中，基于机器学习的 Course2vec 模型表现最好。此外，学生们认为基于词袋的简单推荐方法更具惊喜性。

在国内，研究者提出一种定向和可解释的惊喜度推荐方法。他们采用基于高斯混合模型的无监督方法提取用户的长期偏好，然后利用胶囊网络捕捉用户的短期需求。通过将长期偏好与短期需求结合使用惊喜度向量，生成定向的惊喜度推荐，以解决生成不相关推荐的问题。此外，他们还采用反向路由方法进行解释，以增强用户的信任和满意度。另外，还有一种面向惊喜度的下一个兴趣点推荐模型被提出。该模型通过有监督的多任务学习推荐具有惊喜度和相关性的地点。在该模型中，定量的惊喜度发现被定义为下一个地点推荐上下文中的相关性和意外性的权衡。为了捕捉用户序列地点之间的复杂相互依赖关系，研究者设计了一个专用的神经网络，使用 Transformer 进行建模。

4. 惊喜度推荐简要代码实现

```
import numpy as np
from sklearn.neural_network import MLPRegressor
from sklearn.preprocessing import MinMaxScaler

class SurpriseRecommendation(object):
    def __init__(self, data, labels):
        self.data = data
        self.labels = labels
        self.model = None
        self.scaler = None

    def train(self):
        #使用大型数据集训练深度神经网络,计算相关性得分
        self.model = MLPRegressor(hidden_layer_sizes=(100, 100))
        self.model.fit(self.data, self.labels)

    def adjust_scores(self, small_data):
        #利用较小的数据集对相关性得分进行调整,得到惊喜度得分
        adjusted_scores = self.model.predict(small_data)
        return adjusted_scores

    def normalize_scores(self, scores):
        #对惊喜度得分进行归一化处理
        self.scaler = MinMaxScaler()
        normalized_scores = self.scaler.fit_transform(scores.reshape(-1, 1))
        return normalized_scores.flatten()

    def recommend(self, items, num_recommendations):
        #生成推荐结果
        scores = self.adjust_scores(items)
        normalized_scores = self.normalize_scores(scores)
        sorted_indices = np.argsort(normalized_scores)[::-1]  #按得分降序排列
        recommendations = [items[i] for i in sorted_indices[:num_recommendations]]
```

```
        return recommendations
#示例用法
#假设有大型数据集和较小的数据集,以及对应的相关性得分和惊喜度得分
large_data = np.random.rand(1000, 10)       #大型数据集
small_data = np.random.rand(100, 10)        #较小的数据集
correlation_scores = np.random.rand(1000) #相关性得分
surprise_scores = np.random.rand(100)       #惊喜度得分
recommendation_engine = SurpriseRecommendation(large_data, correlation_scores)
recommendation_engine.train()                 #训练深度神经网络
adjusted_scores = recommendation_engine.adjust_scores(small_data)
#对相关性得分进行调整
normalized_scores = recommendation_engine.normalize_scores(adjusted_scores)
#归一化得分

print(normalized_scores)                      #打印归一化的惊喜度得分
#假设有一些物品列表
items = ['Item 1', 'Item 2', 'Item 3', 'Item 4', 'Item 5', 'Item 6', 'Item 7']
num_recommendations = 3

recommended_items = recommendation_engine.recommend(items, num_recommendations)
print(recommended_items)                      #打印推荐的物品列表
```

输出结果如下。

```
[0.13503815 0.56547026 0.34076114 1.         0.25462702 0.58340386
0.50401367 0.58746637 0.73440622 0.75188944 0.24284202 0.76689758
0.43134866 0.4489477  0.52243206 0.44668301 0.40699034 0.51745993
0.30213112 0.24041659 0.5318256  0.37335409 0.63945078 0.46373734
0.57410297 0.5407669  0.61261548 0.19353466 0.6693177  0.66869892
0.48363421 0.79811512 0.71102951 0.88674412 0.38563403 0.05722074
0.70133791 0.93624415 0.65680156 0.44390181 0.91464629 0.50773272
0.61347219 0.8442326  0.36860367 0.50158925 0.59445717 0.95642001
0.58666306 0.42857094 0.         0.65638048 0.0544134  0.35369759
0.27336628 0.19341802 0.43479076 0.6382979  0.66515438 0.62586524
0.40392083 0.11761751 0.67325836 0.58419377 0.1222891  0.41444093
0.34681792 0.84754053 0.48754328 0.35104063 0.11164085 0.47581923
0.48378486 0.49376608 0.07645743 0.55574137 0.30850653 0.56321264
0.21871158 0.35594126 0.33183293 0.19244167 0.82363197 0.53741915
0.60693826 0.69915727 0.67284033 0.53915967 0.24833168 0.73502984
0.25529972 0.5167489  0.32739674 0.68054033 0.54723818 0.41093838
0.52991264 0.29195008 0.31749312 0.60422308]
```

14.6.3　可解释性推荐

1. 解释文本生成

研究表明,提供解释可以帮助用户做出更好或更快的决策,增加系统的易用性和乐趣,并获得用户对系统的信任。在不同的解释风格中,例如图像和项目邻居,由于在线市场网站如 TripAdvisor、Yelp 和亚马逊等提供了丰富的文本数据,文本解释得到广泛的研究和大量的数据支持。

生成文本解释通常采用两种方法,分别为基于模板生成和自由生成。基于模板生成的方法通常使用预定义的句子模板,通过矩阵/张量分解或注意力机制填充空缺。然而,基于模板生成的方法需要手动定义句子模板,在创建过程中具有一定的困难,并且限制了句子解

释的表达能力，从而阻碍解释的多样性和灵活性。此外，上述模板中所有项目特征都被描述为“表现良好”，不能反映不同项目特征的特殊性质。因此，一些研究者开始探索其他方法解决这个问题。Li 等提出神经网络模板生成提高文本生成的可解释性，但生成的简短句子仅具有单方面的特征，表达不够丰富。例如，Catherine 等提出基于检索的方法，从目标项目的评论集合中选择一些评论作为解释呈现给用户。然而，选择的评论可能过长，并且可能包含与项目或用户兴趣无关的信息，可能会混淆用户。因此，Wang 和 Chen 等研究了句子的检索，而不是整个综述作为解释，但它们仍然受限于采用现有的句子，无法创造新的内容。

上述限制促进了神经生成方法的发展。在自然语言处理领域，编码器-解码器框架已被广泛应用于不同的任务，如机器翻译、会话系统和文本摘要。尽管这种框架非常受欢迎，但研究者指出它们往往生成过于泛化的句子，缺乏具体的含义，因此对用户的实用性有限。为解决这个问题，一些模型已经开始探索辅助信息提高文本生成的质量。除序列到序列的生成框架外，还有一些模型已经开始研究利用用户和产品信息与评论之间的关系提高文本生成的质量。

在国内的研究中，Liu 和 Xiaojun 等提出 MemAttr 模型，将用户和产品定义为属性，并将评论、用户 ID 和商品 ID 作为模型的输入，构建一个表到文本的生成框架。还有研究采用评分和提示生成(NRT)的方法生成简短的句子。另一种典型方法是联合学习，其中一种联合模型利用领域分类作为辅助任务提高评论摘要的性能。此外，该模型从评论文本中提取情感词和方面词，并通过注意机制将它们合并到解码器中，生成方面情感感知的评论总结。还有一个双视图模型，使模型可以在获取单个评论文本后同时进行评论摘要和情感分类两个任务，相互促进。

在国外的研究中，Wang 等提出一种演化的 NTG 模型，通过强化学习微调预训练的生成策略，使其能够适应与历史内容相关的用户点击行为的动态上下文，以估计每个生成文本的奖励/惩罚信号。还有学者研究属性到序列的生成方法，这是一种最先进的评论生成方法，可以生成多种表达形式。

然而，在当前的自然语言生成方法中，仍存在两个重要问题有待解决。首先，由于模型是根据用户生成的内容进行训练的，因此生成的句子的主题可能与推荐的项目无关(例如，“我不确定是否需要返回”)。其次，由于生成信号缺乏多样性，很大一部分生成的句子可能非常相似甚至完全相同，这使得解释不能针对目标用户和项目进行个性化。这些问题相当于可解释推荐的自然语言生成方法中质量控制的重要性，因为糟糕的解释可能会给用户对推荐的接受度和推荐系统中的整体用户体验带来负面影响。

2. 推荐可解释性

推荐可解释性包括模型的可解性和推荐结果的可解释性，推荐的解释公式如式(14-6)所示。

$$f(u,p) \rightarrow r_{u,p}, Y_{u,p} \tag{14-6}$$

其中，u 表示用户，p 表示项目，$r_{u,p}$ 表示推荐结果，$Y_{u,p}$ 表示解释模块以及其输出的解释。推荐的解释主要在以下两方面对传统推荐算法进行了拓展。

(1) 使用可解释的模型(函数)$f(u,v)$对函数进行解释，可以避免一些潜在的问题，或者隐藏的不公平的情况，譬如对一些少数群体的歧视问题。

（2）在训练时生成额外的解释 $Y_{u,v}$ 除了分数 $r_{u,v}$。解释的形式可以是自然语言文本或者其他表示形式。解释本身需要简明扼要、具有洞察力和高可读性。因此，需要为其设定一些目标，即可读性、有效性和说服力这类目标等，统称为推荐的解释。推荐的解释可以极大地提高推荐的有效性（帮助用户快速做出“购买这个商品”的决定）和说服力（提高用户购买的可能性）。

推荐系统的解释可以有多种形式，图 14-10 中是一些常见的形式。

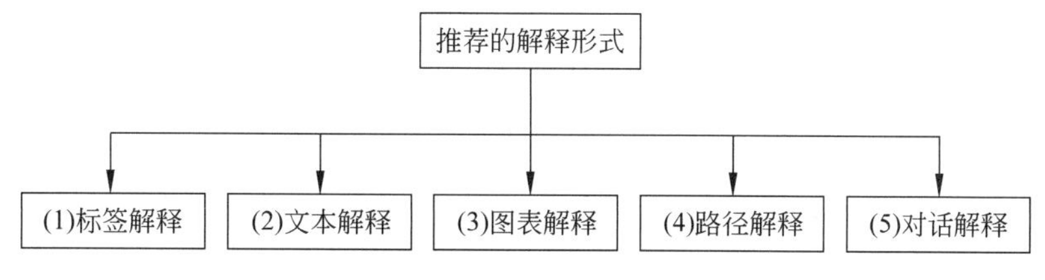

图 14-10　推荐的解释形式

在图 14-10 中，总共展现了以下 5 种常见的解释形式。

（1）标签解释：为推荐物品添加标签或关键词，以便用户更好地理解和分类推荐结果。

（2）文本解释：为每个推荐物品提供简短的解释或说明，以便用户了解推荐物品的特点和优点。

（3）图表解析：使用图表或可视化工具展示推荐结果的特征和分布，以便用户更好地理解和分析结果。

（4）路径解释：为用户提供推荐物品之间的关联路径或推荐序列，以便用户更好地探索和发现相关物品。

（5）对话解释：通过对话的形式解释推荐结果和用户需求之间的关系，以便用户更好地理解和反馈推荐结果。推荐系统的解释形式应该根据具体情况选择，以最好地满足用户的需求和学习目标。同时，推荐系统的解释也应该是可解释的，即用户可以理解和解释推荐结果的原因和依据。

3. 可解释性推荐简要代码实现

```
import random
class ExplainableRecommendation(object):
    def __init__(self, items, user_profile):
        self.items = items
        self.user_profile = user_profile
    def recommend(self, num_recommendations):
        #根据用户偏好和物品特征计算推荐得分
        scores = self.calculate_scores()
        #根据推荐得分生成推荐结果
        recommendations = self.generate_recommendations(scores, num_recommendations)
        #根据解释性规则生成解释文本
        explanations = self.generate_explanations(recommendations)
        return recommendations, explanations
    def calculate_scores(self):
        scores = {}
        for item in self.items:
            item_features = item['features']
            score = 0
            for feature in item_features:
```

```
                if feature in self.user_profile:
                    #根据用户偏好和物品特征计算得分
                    score += self.user_profile[feature]
            scores[item['id']] = score
        return scores
    def generate_recommendations(self, scores, num_recommendations):
        sorted_items = sorted(scores, key=scores.get, reverse=True)
        recommendations = sorted_items[:num_recommendations]
        return recommendations
    def generate_explanations(self, recommendations):
        explanations = []
        for item_id in recommendations:
            #找到对应的推荐物品
            item = next((item for item in self.items if item['id'] == item_id), None)
            if item:
                #生成解释文本,例如基于物品特征的解释
                explanation = f"Recommended item: {item['name']}. Features:
                {', '.join(item['features'])}"
                explanations.append(explanation)
        return explanations

#示例用法
items = [
    {'id': 1, 'name': 'Item 1', 'features': ['feature1', 'feature2']},
    {'id': 2, 'name': 'Item 2', 'features': ['feature1', 'feature3']},
    {'id': 3, 'name': 'Item 3', 'features': ['feature2', 'feature4']},
    {'id': 4, 'name': 'Item 4', 'features': ['feature3', 'feature4']},
    {'id': 5, 'name': 'Item 5', 'features': ['feature1', 'feature2', 'feature3']}
]

user_profile = {'feature1': 0.8, 'feature2': 0.6}

recommendation_engine = ExplainableRecommendation(items, user_profile)
recommended_items, explanations = recommendation_engine.recommend(3)

print("推荐项目:")
for item in recommended_items:
    print(item)

print("\n 解释:")
for explanation in explanations:
    print(explanation)
```

输出结果如下。

```
推荐项目:
1
5
2
解释:
推荐项目: Item 1. Features: feature1, feature2
推荐项目: Item 5. Features: feature1, feature2, feature3
推荐项目: Item 2. Features: feature1, feature3
```

14.6.4 好友推荐

1. 好友推荐发展现状

随着个性化好友推荐相关技术的日趋成熟,为目标用户推荐好友成为推荐系统中非常重要的应用。研究者致力于探索用户之间的联系，以实现更精准的好友推荐。目前，个性化的好友推荐算法主要以推荐准确度为目标。其中，一部分研究者侧重研究社交网络中用户之间的联系，包括节点连接和影响力。另一部分研究者重点研究用户之间的兴趣相似度，通过对用户的兴趣进行建模，为目标用户推荐具有相似兴趣的好友。此外，用户的细粒度兴趣挖掘也是推荐系统中的热门研究方向之一。

国内的研究中，龙增艳等分析了用户在社交网络中的交互行为，并设计了一种基于用户交互的好友推荐算法。该算法充分考虑多方面因素，特别关注用户之间的交互行为，有效地发掘用户之间的内在行为联系。另外，吴昊等利用云计算环境处理海量用户数据，并将好友关系网络和互动情况作为好友推荐的依据。他们将云计算应用于好友推荐研究中，相比其他方法，云计算能更高效、更及时地分析和处理用户之间的互动与网络相关联情况，从而能够提供快速的好友推荐功能。

然而，需要注意的是，用户的交互行为记录通常难以实时获取，并存在较长的延迟和时间间隔。因此，在实际应用中存在一定的局限性。此外，好友推荐算法还面临数据隐私和安全性的挑战，需要在算法设计中充分考虑用户隐私保护的问题。未来的研究可以进一步探索更多的特征和算法，以提高好友推荐的准确度和个性化程度。

基于地理位置信息的好友推荐是推荐系统中的重要研究内容之一。研究者在这方面进行了深入研究，探索了社交网络中用户的地理位置信息、活动地点偏好和物理位置距离等因素在好友推荐中的应用。这种方法可以帮助用户找到与自己空间距离更近的好友。在这一领域，研究者使用聚类算法作为一种常见的无监督学习方法，通过按照某种特定约束（如样本之间的余弦距离）将无类别标签的样本划分为不同的类簇。聚类算法的核心思想是使得同一类簇内样本之间的相似程度尽可能高，而不同类簇之间的样本差异性尽可能大。通过这种方法，可以将具有相似特征的用户划分到同一个类簇中，从而实现为目标用户推荐与其所在类簇中的用户作为潜在好友。研究者还提出一种聚类算法，用于对用户的兴趣和知识进行聚类，并结合反馈机制对好友推荐结果进行动态调整。这种算法能够在没有给定分类信息的前提下，根据用户兴趣和知识的相似程度自动地将用户划分到不同的类簇中。通过这种方式，兴趣相似的用户被划分到同一个类簇中，而不同兴趣的用户则被划分到不同的类簇中。最终，可以为目标用户推荐与其所在相同类簇中的用户作为潜在好友。需要注意的是，在处理地理位置信息时，保护用户隐私非常重要，因此需要采取相应的隐私保护措施。此外，聚类算法在处理大规模数据时可能面临计算效率和可扩展性的挑战。因此，在实际应用中，需要综合考虑算法的准确性、效率和用户隐私等因素。未来的研究可以进一步探索更多的特征和算法，以提高基于地理位置信息的好友推荐的效果和用户满意度。

协同过滤（Collaborative Filtering，CF）是推荐系统中最经典的算法之一，也是好友推荐中常用的一种算法。其核心思想是相似的用户在面对同一产品时往往具有相似的偏好或评价。协同过滤算法通过构建用户-物品评分矩阵对用户的长期兴趣进行建模，例如获取用户的购买商品偏好、学习兴趣等。针对传统协同过滤算法中评分矩阵的稀疏性问题，提出一种计算未打分商品得分的方法，并填充评分矩阵改进协同过滤算法。该算法能够降低用户-项目评分矩阵的稀疏性，提高好友推荐的准确度。传统的协同过滤算法无法准确地捕获用户与项目交互之间的隐式反馈，因此，深度学习技术常被用来解决协同过滤算法中的隐式反馈问题。例如，使用注意力机制解决推荐中物品与注意力机制的隐式反馈，该注意力机制包含组件级注意力模块和项目级注意力模块。该方法能够更好地学习用户对项目的偏好打分，并且可以将隐式反馈无缝结合到协同过滤算法中，提高好友推荐的准确度。利用神经网络模型可以解决推荐系统中的关键问题。基于隐式反馈的协同过滤，利用多层感知器(Multi Layer Perceptron，MLP)学习用户与项目之间的交互行为，并将广义矩阵分解(General Matrix Factorization，GMF)与 MLP 进行融合学习用户特征，提高协同过滤算法的推荐性能。

除协同过滤算法外，矩阵分解(Matrix Factorization，MF)也是推荐系统中常用的经典算法之一。它能够将潜在特征与矩阵中的节点或边的显式特征结合，从而产生更好的效果。由于 MF 具有较强的可扩展性，因此可以应用于不同场景，并能够做出较为精准的预测，因此受到越来越多的关注和深入研究。通过联合非负矩阵分解在线社交网络中的主题社区进行好友推荐。通过联合神经矩阵分解(Neural Matrix Factorization，NMF)模型挖掘主题社区，并基于主题社区进行好友推荐。该方法能够结合用户联系和内容信息反映用户对好友的偏好，从而进行好友推荐。此外，主题社区能够减少数据稀疏性，并提高在线社交网络(Online Social Network，OSN)中的好友推荐性能，提出一个大型推荐系统中的正则化核矩阵分解模型。该模型使用一种灵活的方法推导矩阵分解过程，并引入正则化矩阵分解(Regularized Matrix Factorization，RMF)和基于梯度下降的学习算法。在处理好友推荐问题时，RMF 更适用于在线更新用户信息和动态社交网络场景中。

Sammer A.等研究提出一种双阶段的好友推荐(Dual-Stage Friend Recommendation，DSFR)模型，DSFR 模型为社交网络中用户的未标记数据应用双阶段方法，对用户兴趣和活动进行建模，并在此基础上推荐具有相似社交行为模式的好友。Yin Y.等提出一种基于兴趣和认知相结合的协同过滤算法，以提高好友推荐效果，每个好友推荐结果都会采用正反馈或负反馈调整用户的相似度矩阵，将使下一条推荐结果更加准确。Usman B.等提出一种基于 FP-Growth 和蚁群优化算法的新型混合技术，以提升社交标签系统中的好友推荐性能。

现有的相关工作从多个角度对社交网络中的好友推荐问题进行细致研究，但学习伙伴推荐研究仍面临以下三大挑战。

(1) 由于在线学习社区没有提供添加好友的功能，因此用户的社交网络通常比较稀疏。基于用户联系的学习伙伴推荐无法准确地获取用户的社交影响力，导致为目标用户推荐学习伙伴的效果不佳。

(2) 基于主题社区的好友推荐能对用户粗粒度兴趣进行建模，并根据用户兴趣主题的不同，将用户划分为不同社区。但是，通常情况下用户的兴趣主题相同时，往往其偏好的项目不同。例如，用户 A 和用户 B 的学习兴趣主题都是计算机，但用户 A 偏好硬件课程，而用户 B 更偏向软件课程。显然，仅根据兴趣主题无法准确地获取用户细粒度兴趣，导致学习伙伴推荐的准确度较差。

(3) 现有好友推荐研究工作在对用户兴趣进行建模时，往往忽略用户兴趣会随时间而变化。例如，用户 A 和用户 B 两人在 3 月同时学习《C 语言程序设计》，但由于专业不同，用户 A 在下学期学习网络工程相关的内容，而用户 B 则学习《C++ 程序设计》课程。由此可以看出，用户的兴趣具有随时间的演化性。虽然两人在某个时间内的兴趣相同，但在未来兴趣有可能存在差异，导致学习伙伴推荐的结果存在一定误差。

2. 好友推荐简要代码实现

```
import numpy as np
class DSFRFriendRecommendation(object):
    def __init__(self, user_interests, user_activities, social_behavior_matrix):
        self.user_interests = user_interests
        self.user_activities = user_activities
        self.social_behavior_matrix = social_behavior_matrix

    def recommend_friends(self, user_id, num_recommendations):
        #阶段一：建模用户兴趣和活动
        user_interest_model = self.build_user_interest_model(user_id)
        user_activity_model = self.build_user_activity_model(user_id)

        #阶段二：推荐具有相似社交行为模式的好友
        friend_recommendations = self.recommend_similar_friends(user_id, num_
        recommendations)
        return friend_recommendations

    def build_user_interest_model(self, user_id):
        #在这里实现用户兴趣建模的逻辑
        #根据用户的兴趣数据进行特征提取、降维等操作，生成用户兴趣模型
        user_interest_model = self.user_interests[user_id]
        return user_interest_model

    def build_user_activity_model(self, user_id):
        #在这里实现用户活动建模的逻辑
        #根据用户的活动数据进行特征提取、降维等操作，生成用户活动模型
        user_activity_model = self.user_activities[user_id]
        return user_activity_model

    def recommend_similar_friends(self, user_id, num_recommendations):
        user_social_behavior = self.social_behavior_matrix[user_id]
        #在这里实现推荐相似好友的逻辑
        #根据用户的社交行为模式和相似度矩阵，找到与用户相似行为的好友，并按照一定规则
        #进行排序和推荐
        #假设这里使用随机生成的好友推荐结果作为示例
        all_user_ids = np.arange(len(self.social_behavior_matrix))
        all_user_ids = np.delete(all_user_ids, user_id)  #移除用户自身
        recommended_friends = np.random.choice(all_user_ids, num_recommendations,
        replace=False)
        return recommended_friends

#示例用法
user_interests = {
    0: [0.8, 0.2, 0.6],
    1: [0.4, 0.6, 0.2],
    2: [0.6, 0.4, 0.8],
    3: [0.2, 0.8, 0.4]
}

user_activities = {
    0: [0.5, 0.7, 0.3],
    1: [0.3, 0.4, 0.6],
    2: [0.6, 0.2, 0.8],
    3: [0.8, 0.6, 0.4]
}
```

```
social_behavior_matrix = np.array([
    [1, 0.2, 0.5, 0.8],
    [0.2, 1, 0.4, 0.3],
    [0.5, 0.4, 1, 0.6],
    [0.8, 0.3, 0.6, 1]
])
dsfr_recommendation = DSFRFrie
```

输出结果如下。

```
Recommended friends:
2
1
3
```

14.6.5 细粒度推荐

用户的意见(观点)是对某事形成的看法或判断,不一定是基于事实或知识。意见可以表现为方面情感元组,要获得观点的构成要素,关键是识别方面和情感分类,两个任务可单独处理,也可同时处理。在许多应用程序域中,用户-项目对之间的交互可以随时间记录。一些研究表明,这些序列信息可用于构建更丰富的用户模型,并发现用户行为模式。这些序列信息中,通常包含用户大量的观点,挖掘观点兴趣偏好及衍变过程等关键信息,可以更好地建模动态时间序列,探究序列间的关系,以便后期的推荐或搜索过程等。

1. 传统模型中观点演化分析

近年来,随着在线平台推荐技术的发展,越来越多的研究关注如何通过用户的打分、用户 ID 以及商品属性信息等数据,挖掘用户的粗粒度情感倾向。在某项国内研究工作中,提出基于方面的情感相似性个性化评论推荐(A2SPR)模型。该模型计算产品相关性,根据用户与产品的交互程度分析用户的情感相似性,并从相似用户群组中推荐 Top-k 评论。然而,该方法使用交互频次作为用户观点相似度度量,导致冷启动问题。Wu 和 Tu 等在研究工作中,研究了用户的偏好和项目属性随时间动态变化的情况。该研究提出一种通过使用联合分解方法提取用户潜在的过渡模式的方法。通过基于动态环境的主题建模,将潜在因素与评论文本的相关主题演化结合,从而在评分矩阵中捕获用户偏好的动态变化。还有研究将时间动态信息和文本评论融合进模型,以达到更精确的推荐结果。然而,这些方法仅考虑文本的主题信息,而用户观点是粗粒度的。在国外的研究工作中,有人模拟用户经验的演变过程,并构建一个模型捕捉它。还有人挖掘评论文本的主题信息。然而,这些研究工作都仅考虑文本的主题信息,没有考虑其他方面的用户观点。

综上所述,在传统的兴趣建模中,多数工作依赖打分、主题等粗粒度的信息探究兴趣演化,这种观点特征表示是模糊和抽象的,而这些粗粒度的情感信息(如打分)不能很好地反映用户的需求和偏好。相比之下,在细粒度意见中,方面是一种重要的生成信号类型,通常表示项目特征(如颜色、大小和柔软度),最近已被用于构建方面感知的解释模型。方面是从用户生成的评论中提取的,并用于训练解释生成模型以及其他一些下游任务。

2. 深度学习模型下观点演化分析

得益于深度学习的非线性特性,使其可以捕捉和建模表现力强的关联模式和特征表示,因此，现在的许多研究工作都采用深度学习模型进行建模。其中，注意力机制已成为提取兴趣、探究演变的主流方法之一。

为提高模型的表示能力和进一步建模用户兴趣，研究者已经进行了大量工作。在某项国内研究中，研究者结合了低阶和高阶特征交互，以提高模型的表示能力。另一项研究使用注意力机制激活相关的用户行为，进一步建模用户的兴趣。还有一项研究通过在 GRU (Gated Recurrent Unit)中引入注意力更新进一步建模相对兴趣的演变。然而，这些方法使用固定长度的向量表示用户的多个兴趣，由于用户行为的多样性和随机性，限制了模型的性能。为解决这个问题，研究者最近将重点放在多兴趣建模方法上。例如，一种方法基于胶囊网络路由机制对过去的行为进行聚类，以提取多个兴趣。另一种方法通过自注意机制进行兴趣提取。还有一种方法通过类别寻址评估用户的兴趣倾向，其中注意力网络根据相关项目和目标用户生成的每个类别的表示，需要按类别明确地对历史序列中的项目进行分组。另外，还有一种分层跳跃网络模型可以迭代地捕捉用户的多个偏好。在某项国外研究中，研究者提出一种以演变的隐性评分和用户倾听行为的形式建立用户偏好演变的模型，以提供更可靠的推荐。另一项研究聚合了时间段内的兴趣分布，以预测下一时刻的兴趣状态分布，并通过后排序机制进行 Top-k 商品推荐。还有一种稀疏兴趣模块的方法，通过设计概念池显式地对多个兴趣进行模型预测。

综上所述，现有工作通过将兴趣映射为高维嵌入或将用户感兴趣的方面视为可用且固定的，已在相应的应用领域取得不错的成果。然而，这些模型也存在一些问题：①解释性较弱，无法直接反映用户准确的情感倾向；②忽略了用户细粒度观点的演变特性；③依赖大量的长序列数据。当用户的记录较少时，预测或推荐等下游任务变得非常困难。

3. 细粒度推荐简要代码实现

```
import numpy as np

class FineGrainedRecommendation(object):
    def __init__(self, user_behaviors):
        self.user_behaviors = user_behaviors

    def recommend_items(self, user_id, num_recommendations):
        #阶段一：建模用户兴趣
        user_interests = self.build_user_interests(user_id)
        #阶段二：细粒度推荐
        item_scores = self.calculate_item_scores(user_interests)
        recommended_items = self.rank_items(item_scores, num_recommendations)

        return recommended_items

    def build_user_interests(self, user_id):
        #在这里实现用户兴趣建模的逻辑
        #根据用户的行为数据，使用注意力机制、GRU 等方法建模用户兴趣
        #假设这里使用随机生成的用户兴趣向量作为示例
        user_interests = np.random.rand(len(self.user_behaviors[user_id]))
        return user_interests

    def calculate_item_scores(self, user_interests):
        #在这里实现计算项目得分的逻辑
        #根据用户兴趣向量和项目特征，使用胶囊网络、注意力机制等方法计算项目得分
        #假设这里使用随机生成的项目得分作为示例
```

```
        num_items = len(user_interests)
        item_scores = np.random.rand(num_items)
        return item_scores

    def rank_items(self, item_scores, num_recommendations):
        #根据项目得分进行排序和推荐

        #假设这里使用简单的按得分降序排序作为示例
        sorted_indices = np.argsort(item_scores)[::-1]
        recommended_items = sorted_indices[:num_recommendations]
        return recommended_items

#示例用法
user_behaviors = {
    0: np.random.rand(10),
    1: np.random.rand(10),
    2: np.random.rand(10),
    3: np.random.rand(10)
}
recommendation = FineGrainedRecommendation(user_behaviors)
recommended_items = recommendation.recommend_items(0, 3)
print("推荐项目:")
for item_id in recommended_items:
    print(item_id)
```

输出结果如下。

```
推荐项目:
3
1
2
```

14.6.6 搭配推荐

1. 个性化搭配推荐

针对产品的个性化搭配推荐,研究者已经进行了相应的研究。以电子商务领域的服装为例,人们在挑选心仪的服装商品并进行合适的搭配方面面临挑战。个性化服装搭配推荐系统的出现有效地解决了人们的服装购买问题,并在服装商品购买场景中得到广泛应用。目前,有关个性化服装搭配推荐的研究主要集中在服装检索、服装解析和服装预测等方面。例如,国内的研究者提出一种基于极速学习机算法的服装搭配推荐系统,为用户提供个性化的搭配建议。另一项研究提出一种联合项目搭配度进行推荐的算法框架,将用户交互特征、产品文本特征和结构化知识特征进行融合。在国外的研究中,研究者建议利用基于产品图像的高级视觉特征和用户反馈构建可扩展的模型,以更深入地了解用户的偏好,并根据用户过去的反馈估计用户的时尚感知个性化排名功能。另一项研究对数据集中的服装特征和场合类别进行手动注释,提出一种基于潜在支持向量机(SVM)的推荐模型,通过将服装属性和场合特征联系起来进行面向场合的服装和搭配推荐。除此之外,还有其他研究者提出一些新的方法,例如提出一个能够学习关于视觉风格的语义信息的框架,用于生成一套服装套装,并进行整体服装套装推荐。综上所述,个性化服装搭配推荐已经得到广泛的研究和应用。这些研究方法和模型能够帮助用户从海量的服装商品中选择符合自己喜好的服装,并进行合适的搭配。

在线学习领域的产品搭配推荐方面，研究者考虑课程资源之间的内在关联，以便为用户推荐可搭配的课程，从而扩大用户的学习范围，并优化学习过程。在国内的研究中，卜祥鹏提出一种基于 GRU 的个性化课程推荐算法，同时考虑了用户学习课程的时序和课程关联关系。王素琴等利用 LSTM 进行在线课程推荐，并利用两种聚类算法挖掘课程之间的关联。孔德宇等提出一种基于层次的在线课程推荐模型，并对影响学习的因素权重和关联进行了分析。在国外的研究中，Guzman 等提出一种基于大学生历史成绩的课程推荐系统，并利用 LDA 主题模型从课程内容中提取关联主题。Ibrahim 等提出一个基于本体的混合过滤系统框架，将协同过滤和基于内容的过滤相结合，为用户个性化搭配课程提供建议。Pan 等采用表示学习的方法，通过研究课程知识概念之间的先决条件关系，揭示课程之间的关联关系。另外，Aher 等结合聚类技术和关联规则算法，为刚开始学习某些课程的新学生推荐课程。Zhao 等基于概念级和课程级先决条件关系，提出一种将课程前提关系嵌入神经注意力网络的算法，以实现课程推荐。综上所述，研究者在在线学习领域的产品搭配推荐方面开展了许多研究工作。这些研究方法和模型考虑了课程资源之间的关联关系，并为用户提供了个性化的搭配课程建议。

2. 搭配推荐简要代码

```
import numpy as np

class CourseRecommendation(object):
    def __init__(self, user_history, course_relations):
        self.user_history = user_history
        self.course_relations = course_relations

    def recommend_courses(self, user_id, num_recommendations):
        #阶段一：建模用户兴趣
        user_interests = self.build_user_interests(user_id)
        #阶段二：搭配推荐
        course_scores = self.calculate_course_scores(user_interests)
        recommended_courses = self.rank_courses(course_scores, num_recommendations)
        return recommended_courses

    def build_user_interests(self, user_id):
        #在这里实现用户兴趣建模的逻辑
        #根据用户的历史行为数据,例如已学习的课程,构建用户的兴趣向量
        #假设这里使用随机生成的用户兴趣向量作为示例
        user_interests = np.random.rand(len(self.user_history[user_id]))
        return user_interests

    def calculate_course_scores(self, user_interests):
        #在这里实现计算课程得分的逻辑
        #根据用户兴趣向量和课程关联关系,例如课程之间的相似度,计算课程得分
        #假设这里使用随机生成的课程得分作为示例
        num_courses = len(user_interests)
        course_scores = np.random.rand(num_courses)
        return course_scores

    def rank_courses(self, course_scores, num_recommendations):
        #根据课程得分进行排序和推荐
        #假设这里使用简单的按得分降序排序作为示例
        sorted_indices = np.argsort(course_scores)[::-1]
        recommended_courses = sorted_indices[:num_recommendations]
```

```
        return recommended_courses

#示例用法
user_history = {
    0: [1, 2, 4],
    1: [2, 3, 5],
    2: [1, 3, 4, 5],
    3: [2, 4]
}

course_relations = {
    1: [2, 3],
    2: [1, 3, 4],
    3: [1, 2, 5],
    4: [1, 2],
    5: [2, 3]
}

recommendation = CourseRecommendation(user_history, course_relations)
recommended_courses = recommendation.recommend_courses(0, 3)
print("推荐项目:")
for course_id in recommended_courses:
    print(course_id)
```

输出结果如下。

```
推荐项目:
1
0
2
```

习题 14

1. Jaccard 系数、Adamic-Adar 指标、Katz 指标分别有何作用?

2. 基于机器学习的链路预测的一般步骤有哪些?

3. 构建一个简化的贝叶斯网络结构,包括疾病、症状和可能的其他中间变量。使用图形表示法(有向图)描述这些节点之间的依赖关系。

4. 考虑一个在线视频平台,该平台旨在通过组合多个推荐算法提供更好的用户体验。假设该平台使用以下两种推荐算法。

协同过滤算法:基于用户历史行为和其他用户的行为模式,推荐给用户可能感兴趣的视频。

内容推荐算法:基于视频的属性(如类型、标签、演员等)向用户推荐具有相似属性的视频。

请回答以下问题。

问题 1:组合推荐的优势。

在什么情况下,组合推荐比单一推荐算法更具优势?请列举至少 3 种场景。

问题 2:组合推荐的实现方法。

提供一种实现组合推荐的方法。可以考虑加权平均、投票决策等方法,并解释选择这种方法的原因。

第 15 章 复杂网络工具的使用

随着互联网、社交网络、生物信息学等领域迅速发展，复杂网络理论及其工具的应用日益广泛。为了更好地研究复杂网络的性质、动力学行为及其应用，研究人员开发了一系列复杂网络工具，这些工具为复杂网络的理论研究与实践应用提供了强大的支持。

本章旨在为读者详细介绍几种复杂网络工具的使用，包括 NetworkX、Gephi、Igraph。我们参考了这些分析工具的官方文档，一步步引导读者学习这些工具的基本操作，并通过实例展示如何进行基础的网络分析。通过这些实践，读者将熟练掌握这些工具的使用技巧，能够对研究成果进行图形化展示、分析、论证，更深入地理解复杂网络的本质，进而为复杂网络的研究奠定坚实的基础。

15.1 NetworkX 使用简介

NetworkX 是一个可以用于创建、操作和研究复杂网络结构、动态和功能的 Python 库。它提供了丰富的功能和算法，方便进行图论和网络科学的研究。NetworkX 有如下主要功能和特点。

(1) 数据结构：NetworkX 支持各种图数据结构，包括有向图(DiGraph)、无向图(Graph)、多重图(MultiGraph)和有向多重图(MultiDiGraph)。

(2) 创建和修改网络：使用 NetworkX，可以轻松创建和修改网络。可以通过添加节点和边构建网络，也可以直接从文件中导入网络数据。此外，还可以对网络进行切割、合并、删除节点等操作。

(3) 分析和可视化：NetworkX 提供了大量的图论和网络科学算法，包括度中心性、聚集系数、最短路径、连通性等，可以使用这些算法分析网络的结构和特征。此外，NetworkX 还支持可视化网络，可以生成各种样式的图形展示。

15.1.1 创建图形

1. NetworkX 的安装

可以使用以下命令进行安装 NetworkX。

```
pip install networkx
```

2. 创建图形

在 NetworkX 中,"Graph"是一个类,表示一个图。一个图包括一组节点和连接,以及连接这些节点的边的集合。"Graph"类支持有向图和无向图,并提供许多方法用于添加、删除和操作节点和边。常见的图创建操作如下。

(1) nx.Graph():创建无向图。

(2) nx.DiGraph():创建有向图。

(3) nx.MultiGraph():创建多重图。

(4) nx.path_graph():创建路径图,路径图是一种特殊的图,其中每个节点都与其前后节点相连,形成一条直线状路径。

下面以无向图为例进行操作。

```
import networkx as nx
#创建无向图
G = nx.Graph()
```

3. 添加一个节点或多个节点

节点是图中的基本单元。在 NetworkX 中,节点可以是任何的 Hashable 对象,如文本字符串、图像、XML 对象等。但是需要注意,Python 的 None 对象不允许用作节点。

```
#添加一个节点,且节点标识为 1
G.add_node(1)
#添加多个节点,可以用 add_nodes_from()从任何可迭代对象容器
#从列表中添加节点
G.add_nodes_from([2,3])
#从元组中添加节点
G.add_nodes_from((4,5,6))
#从字符串中添加节点,创建一个字典 my_dict,其中包含 3 个键值对
my_dict = {7:"A",8:"B",9:"C"}
G.add_nodes_from(my_dict)
#从集合中添加节点
G.add_nodes_from({10,11,12})
#输出节点
print(G.nodes())
```

输出结果如下。

```
[1, 2, 3, 4, 5, 6, 7, 8, 9, 10, 11, 12]
```

4. 图的合并

使用 add_nodes_from()方法,将无向图 G1 中的所有节点添加到图 G 中。

```
G1 = nx.Graph()
G1.add_nodes_from((13,14,15))
add_nodes_from(G1)
print(G.nodes())
```

输出结果如下。

```
[1, 2, 3, 4, 5, 6, 7, 8, 9, 10, 11, 12, 13, 14, 15]
```

5. 添加边

使用 G.add_edges_from(ebunch)可以一次添加多条边。ebunch 可以是任何可迭代的

边元组容器，包括列表、元组、集合等。

```
#添加一条从节点 1 到节点 2 的边
G.add_edge(1,2)
#添加多条边
G.add_edges_from([(3,4),(5,6)])
```

6. 图的属性显示

图的 4 个基本属性分别为 G.nodes、G.edges、G.adj[node]（计算某一节点的邻居）和 G.degree[node]（计算某一节点的度）。

```
#列出图 G 的所有节点
list(G.nodes)
#列出图 G 的所有边
list(G.edges)
#列出节点 1 的邻居节点
list(G.adj[1])
#计算节点 1 的度
G.degree[1]
```

输出结果如下。

```
[1, 2, 3, 4, 5, 6, 7, 8, 9, 10, 11, 12, 13, 14, 15]
[(1, 2), (3, 4), (5, 6)]
[2]
1
```

7. 删除元素

Graph.remove_node()、Graph.remove_nodes_from()均可用来删除节点，前者用于删除单个节点，后者用于删除多个节点。Graph.remove_edge()、Graph.remove_edges_from()均可用来删除边，前者用于删除单条边，后者用于删除多条边。

```
G.remove_edgc(1,2)
G.remove_edges_from([(3,4),(5,6)])
G.remove_node(1)
G.remove_nodes_from((13,14,15))
```

15.1.2　复杂网络的可视化

NetworkX 支持将网络可视化为图形展示。除上述创建图形、添加或删除节点和边等操作外，NetworkX 还支持许多可视化网络操作。下面是常用的可视化网络的操作。

（1）节点布局：可以使用函数 spring_layout()计算一个合适的节点布局。这个函数会根据网络的结构和边的权重计算每个节点的位置，使得网络的结构在图形上呈现更加自然和美观的效果。

（2）绘制节点和边的形状：可以使用函数 draw_network_nodes()绘制节点或者使用函数 draw_network_edges()绘制边。这些函数都接收一个图形对象作为参数，并且有一些可选的参数控制节点的绘制和边的绘制。

（3）修改节点和边的属性：可以使用 node[n]['attr']=value 形式修改节点属性，其中 n 是节点的名称，attr 是要修改的属性名称，value 是新的属性值。同样可以使用 G.edges[u，v]['attr']=value 形式修改边的属性。

```
import networkx as nx
import matplotlib.pyplot as plt
#创建一个完全连接的网络
G = nx.complete_graph(10)
#生成一个节点布局
pos = nx.spring_layout(G)
#设置节点的绘制参数
nx.draw_networkx_nodes(G, pos, node_color='lightblue', node_size=1000)
nx.draw_networkx_labels(G, pos, font_size=8)
#绘制边
nx.draw_networkx_edges(G, pos, width=2)
#显示图形
plt.axis('off')  #不显示坐标轴
plt.show()
```

运行结果如图 15-1 所示。

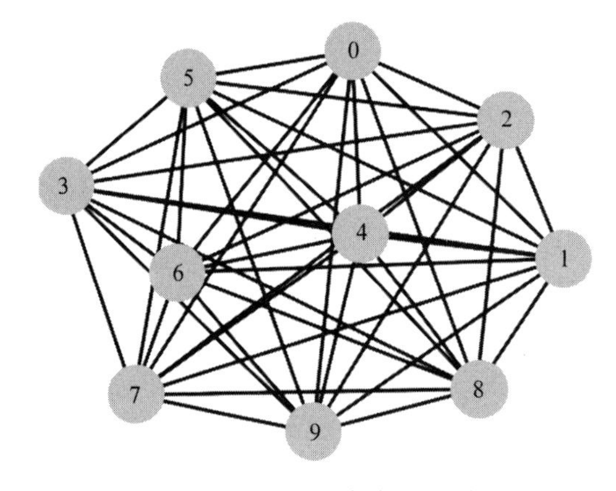

图 15-1 NetworkX 可视化网络效果图

15.1.3 网络分析

NetworkX 提供了大量网络分析算法的实现。下面是一些常见的网络分析属性。

(1) 中心性分析：包括度中心性、介数中心性、接近中心性和特征向量中心性等。

(2) 社区发现：包括 Louvain 算法、Girvan-Newman 算法、标签传播算法等。

(3) 聚类系数：计算节点的聚类系数，以及整个网络的聚类系数。

(4) 连通性：包括连通性分析、最大连通子图等。

创建一个有向图，代表一个社交网络。节点表示人的姓名，并附带年龄属性。边表示人与人之间的关系，如朋友、同事等，并附带关系类型的属性。然后，进行节点和边的分析，计算节点度中心性、介数中心性和聚集系数，具体示例如下。

```
import networkx as nx
import matplotlib.pyplot as plt
G = nx.DiGraph()
#添加节点
G.add_node("Alice", age=25)
G.add_node("Bob", age=30)
G.add_node("Charlie", age=35)
G.add_node("David", age=40)
#添加边
```

```
G.add_edge("Alice", "Bob", relation="friend")
G.add_edge("Bob", "Alice", relation="friend")
G.add_edge("Alice", "Charlie", relation="colleague")
G.add_edge("Charlie", "Alice", relation="colleague")
G.add_edge("Bob", "Charlie", relation="friend")
G.add_edge("Charlie", "David", relation="colleague")
#可视化网络
pos = nx.spring_layout(G)  #定义节点位置
labels = nx.get_edge_attributes(G, "relation")  #获取边的属性
nx.draw_networkx(G, pos, with_labels=True, node_color='lightblue', node_size=
1000,font_size=7)  #绘制节点
nx.draw_networkx_edges(G, pos, edge_color='gray')  #绘制边
nx.draw_networkx_edge_labels(G, pos, edge_labels=labels)  #绘制边上的标签
plt.axis('off')
plt.show()
#节点分析
print("节点数量: ", G.number_of_nodes())
print("节点列表: ", list(G.nodes()))
print("Alice 的年龄: ", G.nodes["Alice"]["age"])
#边分析
print("边数量: ", G.number_of_edges())
print("边列表: ", list(G.edges()))
print("Alice 和 Bob 的关系: ", G.edges[("Alice", "Bob")]["relation"])
#算法分析
degree_centrality = nx.degree_centrality(G)
print("节点度中心性: ", degree_centrality)
betweenness_centrality = nx.betweenness_centrality(G)
print("节点介数中心性: ", betweenness_centrality)
clustering_coefficient = nx.clustering(G)
print("节点聚集系数: ", clustering_coefficient)
```

运行结果如图 15-2 所示。

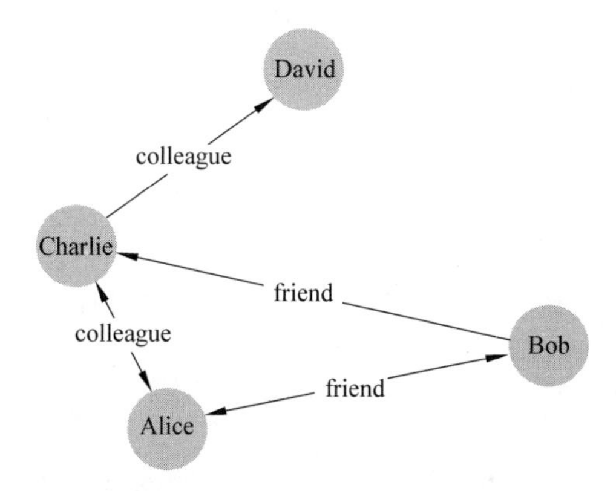

图 15-2　朋友和同事关系网效果图

```
节点数量: 4
节点列表: ['Alice', 'Bob', 'Charlie', 'David']
Alice 的年龄: 25
边数量: 6
边列表: [('Alice', 'Bob'), ('Alice', 'Charlie'), ('Bob', 'Alice'), ('Bob',
'Charlie'), ('Charlie', 'Alice'), ('Charlie', 'David')]
```

```
Alice 和 Bob 的关系: friend
节点度中心性: {'Alice': 1.3333333333333333, 'Bob': 1.0, 'Charlie':
1.3333333333333333, 'David': 0.3333333333333333}
节点介数中心性: {'Alice': 0.16666666666666666, 'Bob': 0.0, 'Charlie':
0.3333333333333333, 'David': 0.0}
节点聚集系数: {'Alice': 0.5, 'Bob': 1.0, 'Charlie': 0.4, 'David': 0}
```

15.1.4 空手道俱乐部成员关系网络的模拟

Zachary 空手道俱乐部成员关系网络是复杂网络、社会学分析等领域中最常用的一个小型检测网络之一。从 1970 年到 1972 年，Wayne Zachary 用三年时间观察了美国一所大学空手道俱乐部成员间的社会关系，并构造社会关系网(Zachary's Karate Club Network)。网络中的每个节点分别表示某一个俱乐部成员，节点间的连接表示两个成员经常一起出现在俱乐部活动(如空手道训练、俱乐部聚会等)之外的其他场合，即在俱乐部之外他们可以被称为朋友。调查过程中，该俱乐部因为主管 John A.(节点 34) 与教练 Mr. Hi(节点 1) 之间的争执而分裂成 2 个各自为核心的小俱乐部，不同颜色与形状的节点代表分裂后的小俱乐部成员。该网络有 34 个节点，78 条边。

1. 加载数据集

```
import networkx as nx
import matplotlib.pyplot as plt
#加载 Karate 数据集
G = nx.read_gml("D:\\Karate.gml", label='id')
```

2. 查看节点数和边数

```
num_nodes = G.number_of_nodes()
num_edges = G.number_of_edges()
print("节点数:", num_nodes)
print("边数:", num_edges)
```

运行结果展示如下。

```
节点数: 34
边数: 78
```

3. 计算网络的平均度数、网络的聚集系数和网络的直径

```
#计算网络的平均度数
avg_degree = sum(dict(G.degree()).values()) / num_nodes
print("平均度数:", avg_degree)

#计算网络的聚集系数
avg_clustering = nx.average_clustering(G)
print("平均聚集系数:", avg_clustering)

#计算网络的直径
diameter = nx.diameter(G)
print("直径:", diameter)
```

运行结果展示如下。

```
平均度数：4.588235294117647
平均聚集系数：0.5706384782076823
直径：5
```

4. 绘制空手道俱乐部图并渲染

```
#生成绘制并渲染的网络图
plt.figure(figsize=(12, 8))
pos = nx.spring_layout(G)  #为网络图的节点设置布局
nx.draw(G, pos, with_labels=True, node_color='lightblue', edge_color='gray',
node_size=2000)
plt.title('Karate Club Network')
plt.show()
```

结果如图 15-3 所示。

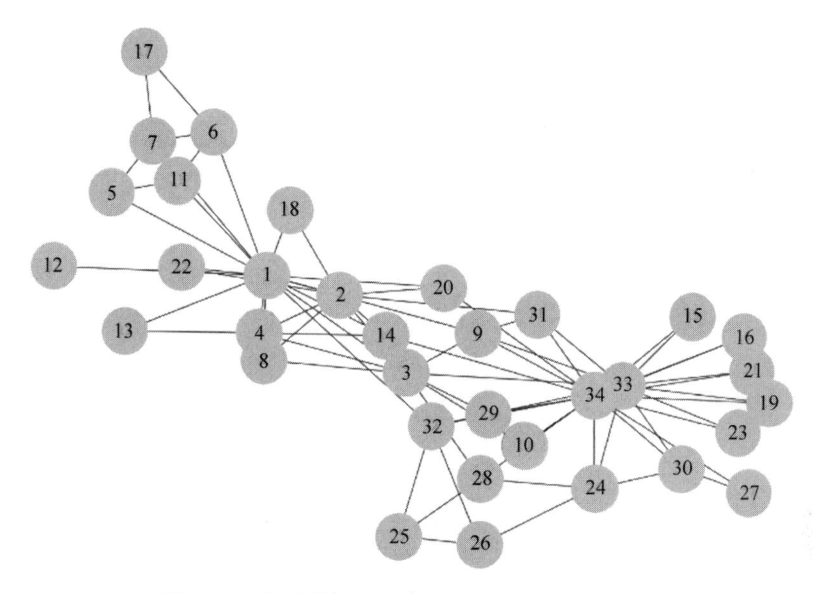

图 15-3　空手道俱乐部成员关系网络图(见彩插)

15.2　Igraph

Igraph 是一款开源免费且高效的网络分析工具,兼具网络可视化功能,支持 R、Python、Mathematica、C 和 C++ 等多种语言。它提供了广泛的工具和算法,用于创建和分析复杂网络。

Igraph 的强大之处在于其灵活性和易用性。它提供了丰富的图形和布局选项,可以轻松创建各种类型的图形,包括静态图、动态图和交互式图。此外,Igraph 还提供了各种网络分析方法,如社区检测、路径分析和网络中心度测量等。

Igraph 是使用 C 语言编写的,因此它具有高效性能和可扩展性。同时,它还提供了 Python 和 R 语言的接口,使得研究者可以轻松地在自己的环境中使用 Igraph。总之,Igraph 是一个功能强大、易于使用和高效的网络分析工具,适用于各种领域的研究者。下面将详细介绍 Igraph 的操作。

15.2.1 创建网络

Igraph 可以用来创建有向或无向图，通过添加节点和边构建网络结构，且支持多种文件格式，如 Edge List、Pajek、GML 等，方便从外部数据源导入和导出网络数据。同时可以对网络进行各种操作，如增删节点和边、合并、切割、子图提取等。

以下是使用 Igraph 创建网络以及对网络的操作的示例代码。

```
import igraph as ig
#创建无向图
g = ig.Graph()
g.add_vertices(["A", "B", "C"])
g.add_edges([("A", "B"), ("B", "C"), ("C", "A")])
#获取节点和边的数量
print("节点数量:", g.vcount())
print("边数量:", g.ecount())
#获取节点和边的列表
print("节点列表:", g.vs["name"])
print("边列表:", g.get_edgelist())
#计算网络的度数
degrees = g.degree()
print("节点度数:", degrees)
```

运行结果如下。

```
节点数量: 3
边数量: 3
节点列表: ['A', 'B', 'C']
边列表: [(0, 1), (1, 2), (0, 2)]
节点度数: [2, 2, 2]
```

15.2.2 网络分析

Igraph 网络分析有以下特点：计算节点和网络的度数、平均度数、聚类系数、路径长度等常见网络属性；提供多种布局算法，用于可视化网络结构，如 Fruchterman-Reingold、Kamada-Kawai 等；支持社区检测算法，如 Louvain、Label Propagation、InfoMap 等，用于识别网络中的社区结构；计算网络的连通性、直径、中心性等指标，帮助分析网络的全局特征。

以下是使用 Igraph 进行网络分析的示例代码。

```
#计算平均度数
avg_degree = sum(degrees) / len(degrees)
print("平均度数:", avg_degree)
#计算聚类系数
clustering_coefficient = g.transitivity_undirected()
print("聚类系数:", clustering_coefficient)
#计算最短路径长度
shortest_path = g.distances("A", "B")
print("最短路径长度:", shortest_path[0][0])
#进行社区检测
communities =g.community_multilevel()
membership =communities.membership
#输出社区划分
#使用 membership 列表来获取每个社区的成员
```

```
print("社区划分: ", [list(g.vs["name"][membership == i]) for i in set
(membership)])
#输出社区划分的详细描述(
cluster_num = len(set(membership))
elements_num = len(membership)
print(f"社区划分结果: 包含{elements_num}个元素和{cluster_num}个社区")
```

输出结果如下。

```
平均度数: 2.0
聚类系数: 1.0
最短路径长度: 1
社区划分: [['A']]
社区划分结果: 包含 3 个元素和 1 个社区
```

15.2.3 网络可视化

Igraph 提供了灵活的可视化工具,可以绘制网络的节点、边和社区等信息;可以自定义节点和边的样式、颜色、大小,以及标签和形状等属性,用于定制可视化效果;支持交互式可视化,允许用户进行缩放、平移、选中等操作,以便更好地探索和展示网络结构。

以下是使用 Igraph 进行网络可视化的示例代码。

```
import igraph as ig
#设置节点数
n_nodes = 10
#创建图形对象并设置大小
g = ig.Graph(n_nodes, directed=False)
g.vs["label"] = [f"Node {i}" for i in range(n_nodes)]
#节点间形成环状图
for i in range(n_nodes):
    g.add_edge(i, (i+1)%n_nodes)
#设置节点颜色和大小
g.vs["color"] = "lightblue"
g.vs["size"] = 1000
#设置节点内字体大小
g.vs["label_size"] = 8
#布局设置
layout = g.layout("circle")
#绘制图形
ig.plot(g, bbox=(300, 300), vertex_size=30, vertex_color=g.vs["color"], layout
=layout)
```

运行结果如图 15-4 所示。

15.2.4 Igraph 实现算法

Igraph 实现了众多经典和高级的算法,具体如下。

(1) 如最短路径算法、图同构检测、连通分支分析、最大流最小割等。

(2) 支持生成随机网络、小世界网络、无标度网络等常见网络模型,用于研究网络的生成机制和特性。

(3) 可以进行动态网络分析,模拟节点和边的添加、删除,以及时间演化过程的分析。

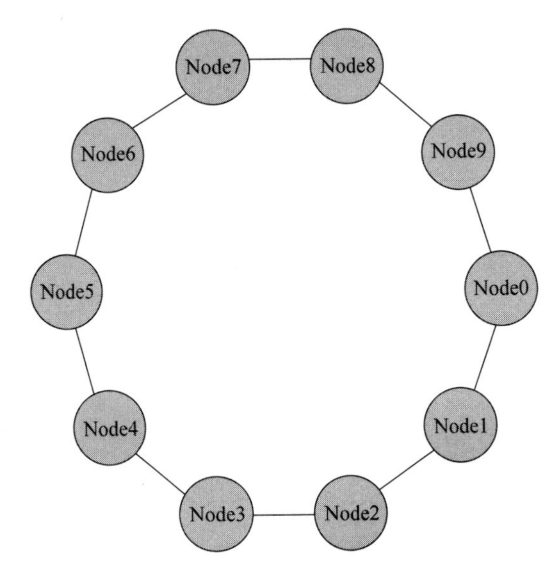

图 15-4 Igraph 网络可视化效果图

15.2.5 海豚社交数据集及 Igraph 使用

根据提供的数据集，该数据集是以 GML 文件格式构成的无向图。每个顶点包含两个属性，分别是“id”和“label”。此外，还有边的信息，例如“source 8 target 3”表示顶点“8”到顶点“3”有一条边。通过使用 Igraph 工具包对该数据集进行简单分析，得到以下结果：①海豚社交网络有 62 个顶点和 159 条边；②网络直径为 8；③图密度为 0.084，表示海豚社交网络中存在较少的连接；④平均聚类系数为 0.303，说明海豚社交网络中的顶点倾向形成聚集的群体；⑤度中心性最高的顶点是“Grin”，其度中心性值为 12，说明该海豚在社交网络中有广泛的连接；⑥次高的中心性是顶点“SN100”，其值为 0.418，说明它与其他顶点之间的距离相对较近；⑦介数中心性最高的顶点是“SN100”，其值为 454.274，表示它在连接其他顶点之间的最短路径上起重要的桥梁作用。

综上所述，根据图的分析结果，可以看出海豚社交网络具有一定的复杂性和紧密性。在这种相对封闭且食物匮乏的环境中，海豚通过建立广泛的社交联系并担任桥梁角色保持合作关系，有助于它们在资源有限的情况下更好地生存和繁衍。

(1) 读取数据集。

Igraph 可以读取多种格式的网络数据文件，如 net、GML、GraphML 和 Pajek 等。使用 Read_GML 函数读取网络数据，并存为一个 Graph 对象。

```
import igraph as ig
#读取数据集
g = ig.Graph.Read_GML('D:\\dolphins.gml')
```

(2) 查看数据集基本信息。

```
def print_graph_info(graph):
#判断图的类型
if graph.is_directed():
    graph_type = "有向图"
```

```
    else:
        graph_type = "无向图"
    #输出图信息
    print(f"该图为{graph_type},顶点数为{graph.vcount()}个,边数为{graph.ecount
()}条。")
    print("顶点连接情况为: ")
    for vertex in graph.vs:
        neighbors = graph.neighbors(vertex.index)
        print(f"{vertex.index} -- {neighbors}")
    #海豚的名字
    names = g.vs['label']
    print(f"海豚的名字为: {names}")
#读取数据集
g = ig.Graph.Read_GML('D:\\dataset\\dolphins.gml')
#输出图的信息
print_graph_info(g)
```

运行结果展示,其中顶点连接情况只展示前 10 个。

该图为无向图,顶点数为 62 个,边数为 159 条。

顶点连接情况如下。

```
0 -- [10, 14, 15, 40, 42, 47]
1 -- [17, 19, 26, 27, 28, 36, 41, 54]
2 -- [10, 42, 44, 61]
3 -- [8, 14, 59]
4 -- [51]
5 -- [9, 13, 56, 57]
6 -- [9, 13, 17, 54, 56, 57]
7 -- [19, 27, 30, 40, 54]
8 -- [3, 20, 28, 37, 45, 59]
9 -- [5, 6, 13, 17, 32, 41, 57]
10 -- [0, 2, 29, 42, 47]
海豚的名字为: ['Beak', 'Beescratch', 'Bumper', 'CCL', 'Cross', 'DN16', 'DN21',
'DN63', 'Double', 'Feather', 'Fish', 'Five', 'Fork', 'Gallatin', 'Grin',
'Haecksel', 'Hook', 'Jet', 'Jonah', 'Knit', 'Kringel', 'MN105', 'MN23', 'MN60',
'MN83', 'Mus', 'Notch', 'Number1', 'Oscar', 'Patchback', 'PL', 'Quasi',
'Ripplefluke', 'Scabs', 'Shmuddel', 'SMN5', 'SN100', 'SN4', 'SN63', 'SN89', 'SN9',
'SN90', 'SN96', 'Stripes', 'Thumper', 'Topless', 'TR120', 'TR77', 'TR82', 'TR88',
'TR99', 'Trigger', 'TSN103', 'TSN83', 'Upbang', 'Vau', 'Wave', 'Web', 'Whitetip',
'Zap', 'Zig', 'Zipfel']
```

(3) 保存与加载网络结构。

```
#保存网络结构
g.save("dolphins.net")
#加载网络结构
dolphins_net = ig.load("dolphins.net")
ig.plot(dolphins_net)
```

运行结果展示如图 15-5 所示。

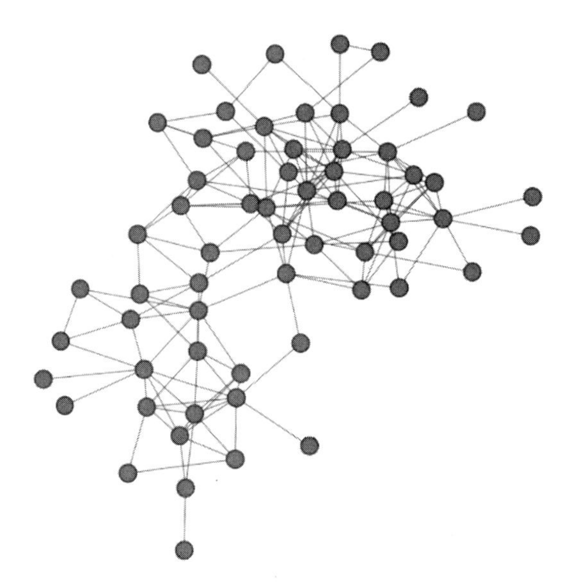

图 15-5 海豚数据集网络结构

(4) 查看网络直径、图密度、平均聚类系数。

```
#网络直径：网络中最长的最短路径
print("网络直径：",g.diameter())
#用列表解析从获取的网络直径中每个索引位置的节点名称
names = g.vs['label']
print("索引位置节点名称：",[names[x] for x in g.get_diameter()])
#图密度
print("图密度：",g.density())
#平均聚类系数
print("平均聚类系数：",g.transitivity_avglocal_undirected())
```

运行结果如下所示。

```
网络直径：8
索引位置节点名称：['Cross', 'Trigger', 'MN60', 'SN100', 'Beescratch', 'Jet', '
Feather', 'Ripplefluke', 'Zig']
图密度：0.08408249603384453
平均聚类系数：0.30293228783794823
```

(5) 查看度中心性、介数中心性、接近中心性。其中，将顶点的度中心性、介数中心性、接近中心性从大到小排序，结果显示度中心性、介数中心性、接近中心性最大的节点分别为"Grin""SN100""SN100"。具体实现代码及显示结果如下。

```
#查看度中心性
degree = []
for x in zip(g.vs,g.degree()):
    degree.append({'name':x[0]['label'],'dg':x[1]})
#按度中心性排序
print("查看度中心性：")
degree_sorted = sorted(degree,key = lambda k:k['dg'],reverse= True)
```

```
print("Degree Centrality:")
for d in degree_sorted:
    print(d)
#查看介数中心性
betweenness = []
for vertex in zip(g.vs,g.betweenness()):
    betweenness.append({'name':vertex[0]['label'],'bt':x[1]})
#按介数中心性排序
print("查看介数中心性: ")
betweenness_sorted = sorted(betweenness, key=lambda k: k['bt'], reverse=True)
print("Betweenness Centrality:")
for b in betweenness_sorted:
    print(b)
#查看接近中心性
closeness = []
for vertex, cl in zip(g.vs, g.closeness()):
    closeness.append({'name': vertex['label'], 'cl': cl})
#按接近中心性排序
print("查看接近中心性: ")
closeness_sorted = sorted(closeness, key=lambda k: k['cl'], reverse=True)
print("Closeness Centrality:")
for c in closeness_sorted:
    print(c)
```

运行结果部分展示(只展示前 10 个)如下。

```
查看度中心性
{'name': 'Grin', 'dg': 12}
{'name': 'SN4', 'dg': 11}
{'name': 'Topless', 'dg': 11}
{'name': 'Scabs', 'dg': 10}
{'name': 'Trigger', 'dg': 10}
{'name': 'Jet', 'dg': 9}
{'name': 'Kringel', 'dg': 9}
{'name': 'Patchback', 'dg': 9}
{'name': 'Web', 'dg': 9}
{'name': 'Beescratch', 'dg': 8}
查看介数中心性
{'name': 'Beak', 'bt': 3}
{'name': 'Beescratch', 'bt': 3}
{'name': 'Bumper', 'bt': 3}
{'name': 'CCL', 'bt': 3}
{'name': 'Cross', 'bt': 3}
{'name': 'DN16', 'bt': 3}
{'name': 'DN21', 'bt': 3}
{'name': 'DN63', 'bt': 3}
{'name': 'Double', 'bt': 3}
{'name': 'Feather', 'bt': 3}
```

```
查看接近中心性
{'name': 'SN100', 'cl': 0.4178082191780822}
{'name': 'SN9', 'cl': 0.40397350993377484}
{'name': 'SN4', 'cl': 0.39869281045751637}
{'name': 'Kringel', 'cl': 0.391025641025641}
{'name': 'Grin', 'cl': 0.3765432098765432}
{'name': 'Beescratch', 'cl': 0.3719512195121951}
{'name': 'DN63', 'cl': 0.3652694610778443}
{'name': 'Oscar', 'cl': 0.3652694610778443}
{'name': 'Scabs', 'cl': 0.3652694610778443}
{'name': 'Double', 'cl': 0.3630952380952381}
```

(6) 查看 PageRank 值,并且按 PageRank 值从小到大排序。

```
#查看 PageRank 值
pagerank = []
for vertex, pg in zip(g.vs, g.pagerank()):
    pagerank.append({'name': vertex['label'], 'pg': pg})

#按 PageRank 值排序
pagerank_sorted = sorted(pagerank, key=lambda k: k['pg'], reverse=False)
print("PageRank:")
for p in pagerank_sorted:
    print(p)
```

运行结果部分展示(只展示前 10 个)如下。

```
PageRank:
{'name': 'Fork', 'pg': 0.004835315766005184}
{'name': 'SMN5', 'pg': 0.004918217912434507}
{'name': 'Whitetip', 'pg': 0.0049628995561636045}
{'name': 'Cross', 'pg': 0.005079800175604351}
{'name': 'Five', 'pg': 0.005079800175604351}
{'name': 'TR82', 'pg': 0.005261695469502292}
{'name': 'MN23', 'pg': 0.005415901433024035}
{'name': 'Quasi', 'pg': 0.005415901433024036}
{'name': 'Zig', 'pg': 0.006190146731175575}
{'name': 'Vau', 'pg': 0.007494174336209232}
```

(7) 使用 Louvain 算法计算模块度。

```
import community
#使用 Louvain 算法进行社区划分
partition = g.community_multilevel()
#输出划分结果,每个节点的社区标签
for idx, comm in enumerate(partition):
    print(f"节点 {g.vs[idx]['label']} 属于社区 {comm}")
#计算模块度
modularity = g.modularity(partition)
print(f"\n 模块度: {modularity}")
#展示社区划分结果
ig.plot(partition, "dolphins.png")
```

Louvain 算法社区划分的结果如下。其中不同颜色代表不同社区,可以看出划出 5 个社区。

节点 Beak 属于社区 [0,2,10,42,47,59,61]。

节点 Beescratch 属于社区[1,7,19,25,26,27,28,30]。

节点 Bumper 属于社区[3,4,8,11,15,18,21,23,24,29,35,45,51,55,59]。

节点 CCL 属于社区[5,6,9,13,17,22,31,32,41,48,54,56,57,60]。

节点 Cross 属于社区[12,14,16,20,33,34,36,37,38,39,40,43,44,46,49,50,52,58]。

模块度:0.5185317036509631。

海豚数据集可视化网络如图 15-6 所示。

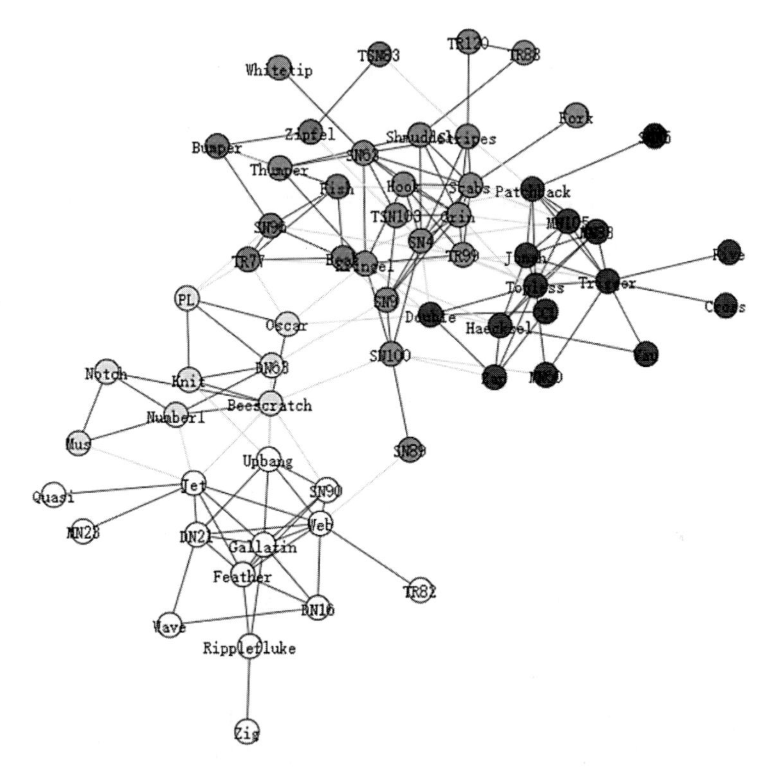

图 15-6　Louvain 算法对海豚数据集社区划分结果图

(8) 自定义绘制图参数,其中根据 PageRank 值设定节点显示大小,使用 Louvain 算法进行社区划分,结果如图 15-7 所示。

```
#自定义绘制图参数
visual_style = {}
#根据 Pagerank 值设置顶点大小
visual_style['vertex_size'] = [i * 1500 for i in g.pagerank()]
#设置图尺寸
visual_style["bbox"] = (600, 600)

#展示社区划分结果
ig.plot(partition, * * visual_style)
```

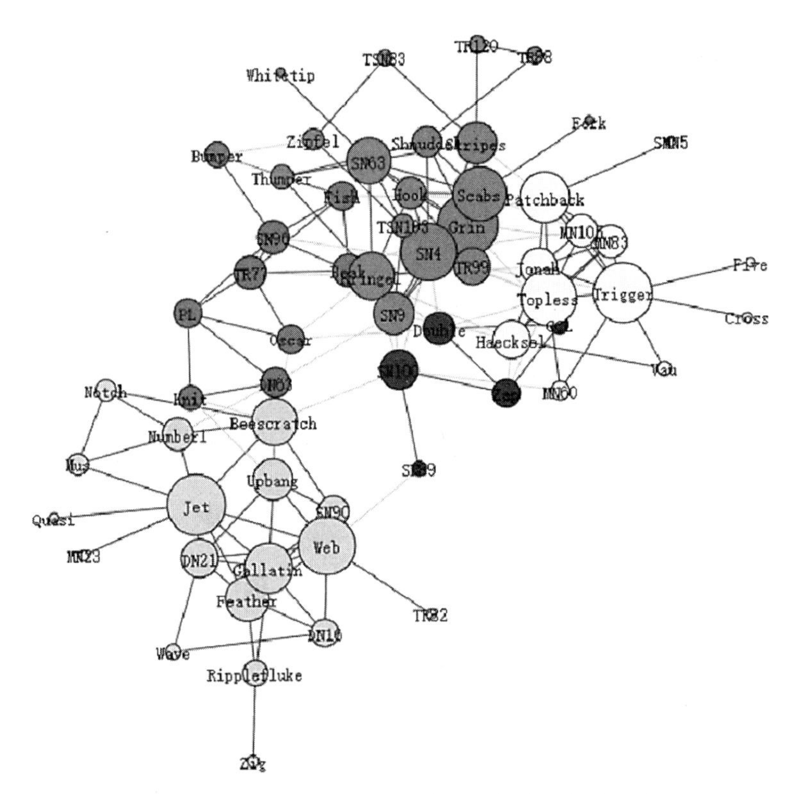

图 15-7　自定义绘制参数的海豚数据集可视化网络

15.3　Gephi

Gephi 是一款开源免费跨平台，基于 JVM 的复杂网络分析软件，主要用于各种网络和复杂系统。Gephi 是在 NetBeans 平台上开发的，语言是 Java，并且使用 OpenGL 作为它的可视化引擎。依赖它的 APIs，开发者可以编写自己感兴趣的插件，创建新的功能。它支持的格式包括 GEXF、GraphML、Pajek NET、GDF、GML、Tulip、CSV、Compressed ZIP。注意，Gephi 运行需要至少 1.8 版本以上的 Java 环境。本教材中使用 Gephi 0.10.1 进行入门引导。

15.3.1　LesMiserables 数据集

LesMisrables 数据集是维克多·雨果小说《悲惨世界》中的人物共现加权网络。《悲惨世界》人物关系网络是一个由 77 个节点和 254 条连边构成的无向有权网络。其中，一个节点表示小说中的一个人物角色。一条连边表示两个角色会出现在同一幕，而每一条边的权重表示人物出现在同一幕的次数或关系的密切程度。

本次数据集使用的是 LesMiserables.gexf，在 https://gephi.org/tutorials/gephi-tutorial-quick_start.pdf 文档中，可以点击“Download the file”直接下载数据集到本地。GEXF(图形交换 XML 格式)，是一种描述复杂网络结构及其相关数据和动态的语言。此次实现不支持混合图。

15.3.2　实际使用

（1）导入数据集：依次单击“文件”→“打开”，选择下载好的数据集文件。导入文件后会产生一个输入报告，显示图的类型、节点、边、动态图、动态属性、多图等信息，如图 15-8 所示。单击“确定”按钮后，会显示数据集初始网络结构，如图 15-9 所示。

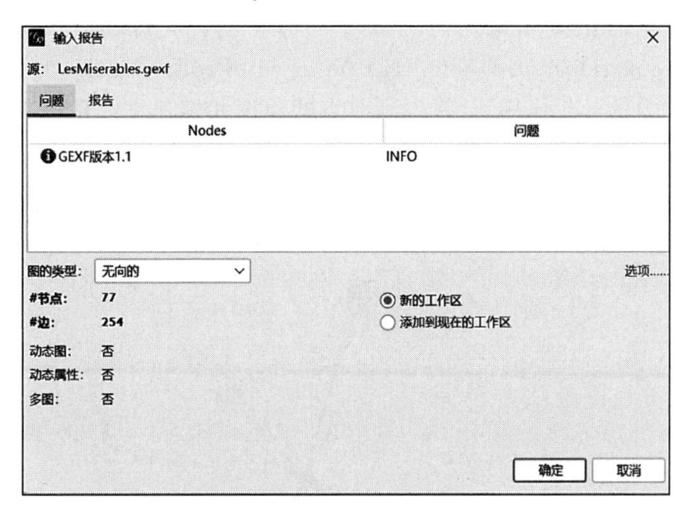

图 15-8　导入数据集

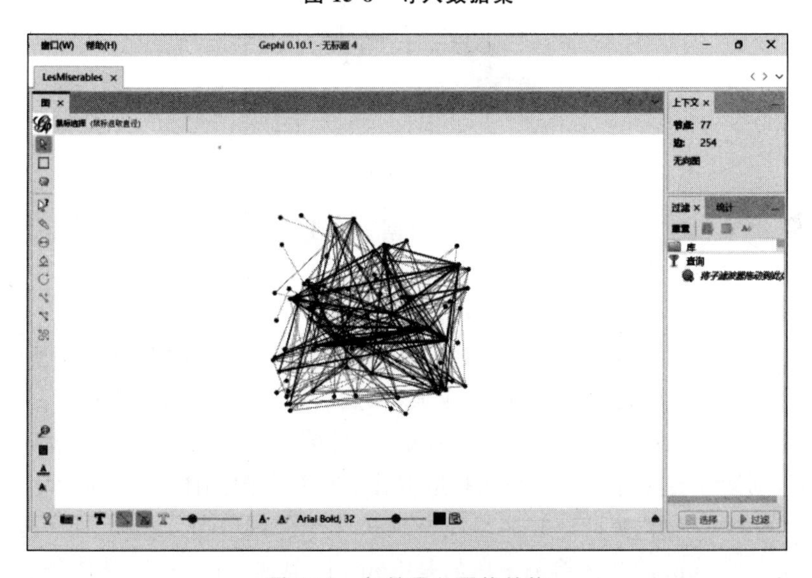

图 15-9　初始导入网络结构

注意，节点位置一开始是随机的，因此可能会看到略有不同的表示。

（2）布局算法选择：布局→Force Altas→调整相关参数，如斥力强度。

布局算法的作用：布局算法的任务是确定网络图中每个节点的位置，以便使图在视觉上更具有可读性和信息传达性，可以通过调整节点的位置最小化节点之间的交叉、最大化图的美观性或使特定的度量指标最优化。

如果节点在坐标平面上有已知的固定位置，那么可以简单地在这些位置绘制节点，不需要进行布局算法，通常适用于一些简单的图，如地图，交通网络等，其中节点的位置是已知的。然而在很多网络图中，并没有明确的坐标信息，只有节点之间的相对距离或连接关系，例如社交网络、文本分析中的共现关系等情况。在这种情况下，节点的确切位置不是事先已知的，需要一个布局算法将节点放置在适当的位置。

Force Atlas 布局是力引导布局的一种，力引导布局算法是图布局算法中一种非常重要的算法，也是 Gephi 的主要布局。力引导布局有 6 种，即 Force Atlas、Force Atlas 2、Fruchterman Reingold、OpenOrd、Yifan Hu、Yifan Hu Proportional。力引导布局算法会考虑原子间引力和斥力的互相作用，计算得到节点的速度和加速度。依照类似原子或者行星的运动规律，系统最终进入一种动态平衡状态。力引导布局算法会自动迭代计算每个节点在图中的合理位置，直到迭代次数超过某个预先定义的数值，或整个网络的力趋于平衡。图 15-10显示了依据斥力强度调整的布局。

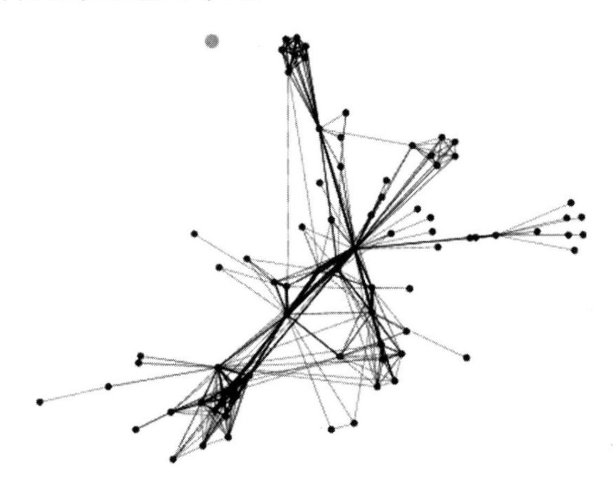

图 15-10　Force Altas 布局效果图

因为数据集导入时，只能获得节点的度数据。介数中心性需要计算才能生成，通过“统计→边概述→平均路径长度→运行”生成平均路径长度的同时也会生成介数中心性、接近中心性、离心率，并且会生成一个 html 报告。

(3) 节点大小和颜色调整：颜色深浅根据节点的度调节，度越大的节点颜色越深；节点大小随介数中心性大小变化，介数中心性越大，节点越大，如图 15-11 所示。

(4) 标签：单击图窗口中的显示节点标签，并且单击大小模式，选择“根据节点大小调整标签大小”，则标签会随着节点大小而相应变化。标签调整如图 15-12 所示。

(5) 社区检测：单击“统计→社区检测→模块化→外观→节点→分割→选择根据模块度渲染→应用”。Gephi 的社区检测采用的是 Louvain 算法。Louvain 算法是一种基于模块度的社区发现算法。其基本思想是网络中节点尝试遍历所有邻居的社区标签，并选择最大化模块度增量的社区标签。在最大化模块度后，每个社区被看成一个新的节点，重复最大化模块度，直到模块度不再增大。社区检测算法如图 15-13 所示。

(6) 过滤：创建可以隐藏网络上的节点和边的过滤器。创建一个过滤器删除叶子节点，即具有单边的节点。在“拓扑”类别中选择“度”范围过滤器，将其拖曳至查询处。此时会出现度数范围设置滑块，选择度数范围则可生成删除单边的节点的图。过滤节点如图 15-14 所示。

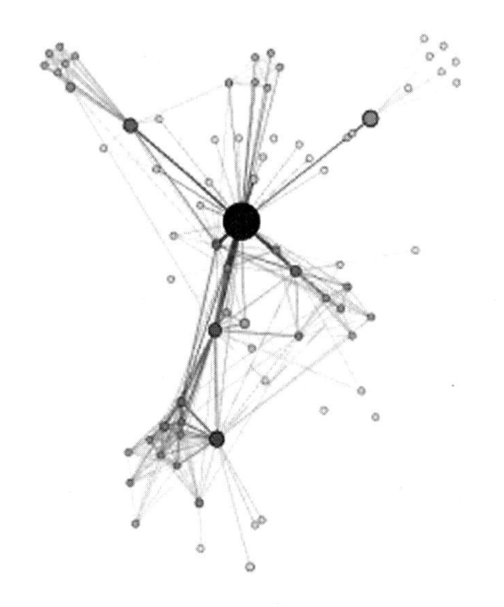

图 15-11　调整节点大小和颜色深浅效果图(见彩插)

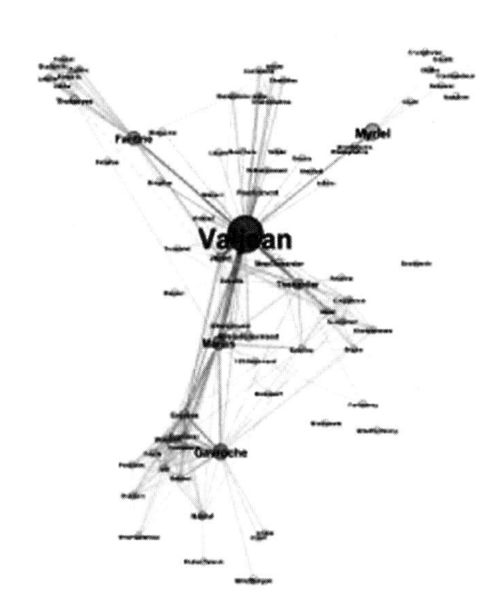

图 15-12　调整标签效果图(见彩插)

图 15-13　Louvain 算法社区划分效果图

图 15-14　过滤节点效果图

(7) 导出网络图：在预览设置中可选择 SVG、PDF、PNG 格式生成网络图。

第16章

连接万象，德行共筑：复杂网络视角下的社会发展与思政启示

复杂网络不仅在自然科学和工程技术中发挥着巨大的作用，而且在社会学、政治学、经济学等人文学科中也得到广泛的应用。通过复杂网络的分析方法，我们能够深入了解社会组织结构、信息传播路径、资源分配机制，以及个体行为的集体效应，从而为现代社会的治理和发展提供科学依据。因此，复杂网络的研究并不局限于学术范畴，它同样与国家的战略发展、社会的公平正义、科技的创新与安全密切相关。探讨如何运用复杂网络的思维优化社会资源配置、推动集体协作、保障社会安全、促进公平正义等，尤其是复杂网络技术和理念如何在社会实践中发挥作用，以及如何将科技创新与社会责任结合起来，为实现中国梦贡献力量，这已经成为教育工作中的一个重要议题。

因此，通过复杂网络视角看社会发展、社会责任、创新与可持续发展，不仅能提升我们的科学素养，更能增强我们的社会责任感、使命感、创新精神和国家认同感。通过跨学科的知识融合，培养我们的综合能力，在掌握复杂网络相关技术的同时，深刻理解科技进步与社会发展的辩证关系，形成正确的价值观、世界观和人生观，最终为实现社会的和谐、稳定与可持续发展做出积极贡献。

本章将结合当前社会发展中的热点问题，深入分析复杂网络理论如何为社会的进步与发展提供有力的支持，探讨如何将理论与实践相结合，推动学生全面成长，培养具有社会责任感的新时代科技人才。

16.1 小世界网络模型与社会治理：思政教育中的高效和谐发展策略

小世界网络模型中的“六度分隔”效应揭示了一个重要的社会现象：虽然社会网络庞大而复杂，但人与人之间却可以通过较少的中介节点，将信息迅速从一个人传播到另一个人。这一现象对于现代社会的成功与发展至关重要，因为它往往依赖于有效的信息传递、资源调配以及合作关系的建立。在这一过程中，小世界网络的思想为我们提供了重要启示。

小世界网络中的社团结构通过揭示群体内部的紧密联系与群体之间的松散联系，帮助我们理解社会中个体与集体之间的关系。在社团结构中，群体内部的节点通过强连接保持

着高度的协作与紧密联系，而群体之间则可能通过较弱的连接实现信息与资源的流动。这一特性和中国传统集体主义文化和现代社会协同创新精神吻合，体现了个体与集体是辩证而统一的，只有通过在集体中有序协作，才能实现社会的长远发展与进步。

16.1.1　资源优化与社会和谐

从社会和谐的角度看，社会成员之间需要通过适当的联系与互动，彼此建立信任，促进集体目标的实现。尤其在面对复杂的社会问题时，如何通过高效的网络结构进行资源优化与协作，是现代社会稳定与发展的关键。社会主义核心价值观中的公正、法治理念，以及社会主义本质上的共享精神，恰恰与小世界网络模型中的资源合理配置和高效合作有着深刻的契合。

社会和谐不仅仅是人与人之间的相互理解和尊重，也离不开社会资源的合理配置与高效利用。在小世界网络中，节点之间的高效连接使得信息和资源的流动更加迅速与平稳，这与国家推动“共同富裕”的目标高度一致。通过建立紧密、有效的社会网络结构，可以在有限的资源下实现社会效益最大化，缩小贫富差距，提高社会公平性，进而推动社会和谐。

随着科技的不断发展，尤其是大数据、人工智能等前沿技术的兴起，我们有了更强大的工具来构建和优化社会网络，提高资源配置的效率。大数据技术的应用可以帮助我们在海量信息中快速识别出潜在的社会连接和资源需求，实现资源的合理分配。例如，在疫情防控期间，政府通过大数据平台对人员流动、健康状况等信息进行实时监控，有效地调配医疗资源、人员力量和物资，保证了资源的高效利用和精准投放。这一过程中，大数据技术通过优化信息流动路径，实现了资源配置的高效与公平。

人工智能技术通过算法的优化，可以在社会网络中智能地预测资源的需求与流动趋势，在网络中找到最短的资源传递路径，减少冗余和浪费。人工智能不仅能提高个体与集体之间的协作效率，也能通过对网络中的节点进行分析，优化社会资源的配置，推动经济与社会协调发展。例如，智能交通系统通过人工智能调度交通流量，避免交通拥堵，提升交通资源的使用效率。

16.1.2　集体主义与协同创新

1. 个体与集体的辩证统一

集体主义体现了我们中国的优良传统文化。从古至今，无论是古代的“和而不同”的理念，还是当今社会倡导的“集体主义精神”，都强调集体目标高于个人利益，倡导个体要为集体的福祉与长远发展贡献力量。集体主义不仅是社会协调的重要力量，也是推动社会进步与创新的关键因素。

个体与集体并不冲突，并且是辩证而统一的。个体虽然具有独立性，但只有在集体中，才能更好地发挥作用，获得更多的资源与支持，从而实现个人价值和集体目标的统一。集体主义的核心精神就是倡导“合作共赢”，尤其是在科技创新和社会发展中，依靠集体的力量往往能突破单打独斗的局限，实现更大的社会效益与科技进步。

2. 社团结构和协同创新

在现代科技飞速发展的背景下，协同创新已经成为推动社会进步、经济发展和科技突破的重要模式。协同创新不仅仅是个体知识的简单汇聚，更是各领域、各学科之间的有机合作与高度协作。正如复杂网络中的社团结构所示，科技团队内部的紧密联系能推动成员间知识、技术与资源的共享，而跨学科、跨领域的合作则能在较弱连接的背景下形成更广泛的创新合力。

在协同创新的过程中，不同的团队和学科之间通过合作，共同攻克技术难题。在此过程中，各团队成员的专业技能与经验在集体中得到充分发挥，最终形成更为强大的创新动力。这充分体现了集体主义精神的重要性，只有通过个体与集体之间的有机结合，才能有效地应对日益复杂的社会需求和科技挑战。

16.1.3 教学案例

1. 大数据与人工智能在中国社会和谐与资源优化中的应用

小世界网络不仅提供了社会资源优化的技术模型，它更能引导我们思考如何在社会主义核心价值观的引领下，推动社会公平与正义。社会主义的最终目标是实现共同富裕，而这一目标的实现离不开高效的社会资源分配与社会成员之间的协作。

随着数字化转型的推进，社会各项服务的资源配置变得更加精准、高效。以 2020 年疫情防控为例，中国通过大数据平台收集并分析全国范围内的疫情数据，及时预测疫情发展趋势，并基于数据预测调配医疗物资和人力资源，避免了资源的浪费。同时，人工智能在疫情期间也发挥了重要作用，如智能医疗系统帮助快速诊断病例，在线教育平台为学生提供了高效的学习资源，解决了因疫情造成的教育不公平问题。

此外，近年来，中国政府还通过大数据与人工智能等技术推动智慧城市的建设。智慧城市通过构建智能交通系统、智能电网、智能医疗等网络，有效整合城市资源，提升了城市运行的效率与质量，促进了城市的可持续发展与社会和谐。例如，在 2024 年全球智慧城市大会上，深圳市凭借卓越的智慧城市建设成果，作为中国唯一代表城市摘得“城市大奖”这一重量级奖项，为全球智慧城市发展树立了新的标杆。深圳在使能技术、出行、能源与环境、治理、产业与经济、宜居和包容、安全与应急和基础设施与建设等关键领域，全面展现了其创新成果和优秀解决方案，并以其独特的城市建设理念、基础和格局，打造了一个智能且充满人文关怀的数字化城市。

2. 个体与集体形成协同创新合力

社团结构和协同创新的结合给了我们深刻的启示：集体主义不仅是文化层面的精神追求，也是现代社会创新与发展的强大动力。在科技、经济等社会各个领域的创新中，个体的力量固然重要，但更重要的是如何将个体力量与集体力量结合起来，形成协同创新的合力。

科技创新、社会进步和国家发展不仅依赖于个体的努力，更需要全社会在共同的价值观和目标下，团结协作，集思广益，攻坚克难。只有在集体的力量中，个体才能真正找到自己的位置，为社会发展和国家富强贡献智慧和力量。

3. “科技强国”战略中的团队协作精神

“科技强国”战略的目标是通过自主创新推动国家的科技进步与产业升级。在这一战略框架下，集体主义与协同创新得到高度重视。在科技创新领域，团队合作精神是成功的关键。航空航天、人工智能、量子信息等各领域的技术突破都离不开不同学科、不同团队之间的协同合作。

例如，中国载人航天工程、嫦娥月球探测计划等一系列重大科技任务，都在国家层面形成了跨学科、跨部门的大规模协同合作，走出了一条高质量、高效益的月球探测之路，为我国航天事业发展、人类探索宇宙空间做出了重大贡献。无论是科研人员、工程技术人员，还是管理、后勤保障人员，都在不同岗位上通力合作，共同推动技术突破与实现。这种团队协作精神完美地体现了集体主义的精髓：个体在集体中发挥着独特的作用，同时又共同协作推动着整个社会向前发展。又如，中国的"智能＋"战略，推动了互联网、大数据、人工智能等技术的跨界融合。在此过程中，跨学科的合作与集体努力成为创新的核心动力。百度、阿里巴巴、腾讯等企业通过资源共享和协同研发，共同推动人工智能技术的快速发展与应用。这些成功的案例都充分体现了协同创新的重要性，也展示了集体主义指导下个体与集体如何通过协作实现科技创新的飞跃。

16.1.4　小结

小世界网络模型通过揭示社会中紧密的节点连接，帮助我们理解如何通过技术手段优化社会资源配置，缩短信息传播路径，推动社会高效、和谐地发展。在这一过程中，技术创新起到至关重要的作用，而这种创新应当始终以人民为中心，致力于构建更加公平、和谐的社会，这与现代社会对合作、共享和共赢价值的追求等理念高度契合。通过科技与创新，我们可以促进资源合理配置，推动社会进步，实现"共同富裕"的目标，进一步加强社会的凝聚力与向心力。

社团结构作为复杂网络中的一种重要现象，揭示了集体主义和协同创新在现代社会中的重要性。在科技创新的背景下，个体通过协同合作，能在集体的支持下克服困难，取得突破。这种集体主义精神不仅在科技领域取得了显著成效，也为社会和谐与共同进步提供了宝贵的经验。集体主义与个体价值的辩证统一，激发了人们的集体责任感与使命感，促进了社会的长远发展与和谐进步。

16.2　无标度网络与社会公平：思政教育中的核心竞争力构建

无标度网络中枢纽节点拥有远高于其他节点的连接度，在整个网络的稳定性与效率中扮演着至关重要的角色。无标度网络的这种结构为我们理解社会中资源和力量的不均衡分布提供了有力的借鉴。在现实社会中，某些地区、行业或群体因其特殊性而拥有更多的资源和机会，这导致资源分配往往存在较大差异。这种现象导致社会贫富差距扩大和地区发展不平衡，影响了社会的公平性和正义。因此，如何在社会发展中理解并管理资源分布的不均衡现象，以及如何通过政策调节，确保社会的公平与正义有着深远的社会意义。

16.2.1　无标度网络与社会公平

无标度网络的特性表明，在复杂系统中资源和机会往往集中在少数几个节点上。这些"枢纽"节点具有很高的连接度和影响力，因此它们对整个网络的效率、稳定性和发展起着决定性作用。例如，在经济社会中，北京、上海等中心城市，通常拥有更多的资源、信息和机会，形成更大的竞争优势。相对而言，偏远或经济欠发达地区通常处于网络的边缘，资源受限，发展较为滞后。这种现象反映了现实社会中存在的资源分配不均衡问题。少数枢纽节点的集中化确实带来了高效的信息流动和资源聚集,但也因此导致社会贫富差距扩大以及地区发展的不平衡。资源分配不均衡导致的社会的不公平会加剧社会的不稳定性,影响社会的整体和谐与进步。因此,如何管理这种不均衡现象,优化资源分配,确保社会的公平与正义,是我们必须面对的重大课题。

核心竞争力的形成往往依赖于资源的集中与积累。在无标度网络中,枢纽节点能获得更多的资源,从而在竞争中占据有利位置。对于国家和社会而言,如何优化资源配置,提升整体的竞争力,同时保证公平与正义,成为国家政策制定的重要任务。

社会公平不仅仅是"资源平等"的简单问题,更多的是如何通过合理的制度设计,弥补核心与边缘之间的差距,实现资源合理分配。在此过程中,国家的宏观调控作用至关重要。只有通过合理的政策调节,才能有效引导资源向有需要的地区、群体流动,平衡不同区域和社会阶层之间的差距,从而在促进社会进步的同时,确保社会的公平与正义。

16.2.2 教学案例: 区域协调发展战略

中国的经济发展过程中,北京、上海、广州等核心城市,作为经济、科技、文化的中心,吸引了大量的资源、人才和资本,形成了强大的竞争优势。然而,这也导致资源在这些核心城市过度集中,地方与边缘地区的资源配置相对滞后,加剧了地区发展不平衡。例如,东部沿海地区的经济发展远远领先于西部和中部地区,造成城乡、区域之间的贫富差距。这种现象不仅影响了社会的整体发展效率,也带来一定的社会不稳定性。无标度网络的特性提醒我们,过度依赖中心城市或特定区域的资源可能导致区域发展的"马太效应",形成贫富差距和发展鸿沟。在此背景下,如何通过政策调节实现资源的合理分配,成为中国政府近年来关注的重点。

为了促进各地区均衡发展,中国政府提出了"区域协调发展"战略,采取了一系列政策措施来促进中西部地区发展,如"西部大开发"政策、支持中西部地区基础设施建设、推动产业转移等,旨在通过优化资源配置,提升中西部地区的竞争力,在经济上、社会上实现更公平的资源分配,缩小地区差距,推动全国范围内的协调发展。

"一带一路"政策也为区域间的资源流动与合作提供了新的机会。通过加强国际合作与开放,推动沿线国家和地区的共同发展,以实现全球范围内的资源共享,提升地区竞争力和发展水平。通过这种方式,国家不仅加强了对"枢纽节点"的支持,更通过合理的资源配置确保每个地区、每个群体都能分享发展成果,从而推动社会均衡且和谐发展。这一案例强调了如何通过政策调节,避免社会资源过度集中,保障社会公平。

"精准扶贫"政策也是合理调配资源,推动社会公平的重要实践。政府通过大数据分析和政策调控,精准识别贫困地区、贫困人口,并为其提供定向的教育、医疗、产业发展等扶贫资源和支持。这一政策有效促进了贫困地区的发展,帮助当地居民脱贫致富,同时也实现了资源在社会各层面的合理配置,避免了贫富差距进一步扩大。

16.2.3 思政教育启示

1. 社会公平与核心竞争力的平衡

通过分析无标度网络中的"枢纽"节点与资源分配的关系,我们可以更清晰地认识到,在现代社会中,资源和机会的集中化不仅是提升核心竞争力的必要条件,也可能带来社会公平的问题。因此，如何通过政策调节优化资源配置，促进社会的公平与正义，成为当今社会的重要命题。公平与竞争力是相辅相成的。社会竞争力的提升，离不开对资源的合理配置，而资源的合理配置必须以公平为基础。国家的政策不仅要促进经济发展的整体增长，更要关注各地区、各阶层的平衡，确保不同社会群体的基本利益得到保障，关注资源合理配置，防止"强者恒强"的局面出现，实现"共同富裕"的社会目标。通过教育学生认识到这一点，能帮助他们在未来的社会工作中，推动社会公平与核心竞争力相结合。

2. 责任共担，共同富裕

通过对无标度网络的分析，我们能够更清晰地理解社会资源分配中的不平衡现象，以及少数资源集中地区或群体的社会责任。集体主义精神和社会责任感是实现社会公平与稳定的关键。在无标度网络的背景下，每个群体、每个节点都应当自觉履行自己的社会责任，为社会资源的优化配置和共享做出贡献。实现社会公平、促进共同富裕，不仅需要国家依靠强大的经济和技术"枢纽"节点，还需要全社会各个层面的共同努力，通过合理的资源分配和合作，实现社会公平，促进共同富裕，推动全体人民共同进步。

16.2.4　小结

无标度网络的结构特征为我们理解社会资源分配的规律提供了有益的视角。在现实社会中，合理管理资源分布的不均衡现象，优化资源配置，是实现社会公平与国家长远发展的关键。精准扶贫和区域协调发展等政策的实施，充分体现了无标度网络中"避免过度集中"与"促进公平"之间的辩证统一。通过合理调节资源分配，国家有效缩小了区域之间的发展差距，保障了更多人群共享社会发展的红利。社会的进步离不开政府的有效调控和资源的均衡分配，社会公平不仅是制度建设的结果，更需要政策的积极引导和每个公民的共同努力。通过这种多方面的合作和努力，我们可以更好地实现资源的合理分配，促进社会和谐与进步。

16.3　信息传播动力学与舆论引导：思政教育中的社会责任构建

在复杂网络中，信息的传播路径、传播速度以及传播的范围，会对整个系统的稳定性、效率以及发展产生深远影响。在当今的大数据时代，信息传播速度迅速增长，使得舆论的形成和变化也飞速增长，这既带来了便利，也带来了新的挑战。如何在快速发展的信息网络中引导舆论、传播正能量，避免错误信息扩散，维护社会稳定，促进健康的公共舆论环境，成为当前社会治理中的一个重要课题。通过传播动力学的视角，我们可以更好地理解信息流动的规律，探讨如何在复杂的信息流中，有效引导公众的认知和行为。有效的舆论引导不仅能促进社会稳定与进步，还能为构建一个健康、积极的公共讨论空间提供支持。

16.3.1　传播动力学与社会责任

信息传播不仅仅是消息的传递，也影响着人们的认知、行为乃至社会的整体稳定。在信息激增的大数据时代，信息的传播速度和广度远远超过以往任何时代，这使得信息的影响力更加巨大。正如复杂网络中的传播动力学所揭示的，信息通过网络节点的传播，往往会产生连锁反应，快速地影响到大量个体的观念和行为。这种传播效应是一把双刃剑，既可能产生积极的结果，也可能带来负面的影响。在信息泛滥的网络时代，谣言、偏见和不实信息往往通过社交平台迅速扩散，影响了大量受众。作为社会一员，我们在接收和传播信息时，必须保持警觉，坚决抵制虚假信息的传播，确保自己所传播的内容有益于社会的稳定与和谐。

在社会治理中，正确的信息传播能够有效引导公众的认知和行为，增强社会共识，推动社会发展。相反，错误或虚假的信息也可能通过网络迅速扩散，导致公众误解、恐慌，甚至社会动荡。因此，如何科学地管理和引导信息传播，防止错误信息蔓延，是政府和社会管理者必须面对的重要问题。

16.3.2 健康舆论引导

舆论是社会认知的重要组成部分，不仅反映了社会的思想动态，也将对社会的稳定与发展产生深远影响。在复杂网络的环境下，舆论形成往往是个体在相互联系和互动中共同塑造，集体行为的外在表现。因此，如何在网络空间中有效引导舆论，避免信息传播中造成的失真与偏差，是保证社会稳定和促进健康公共环境的关键。

在传播动力学中，信息的扩散遵循一定的规律，从个体到群体，逐步影响更广泛的社会网络。信息一旦进入网络，就像水滴滴入大海，迅速扩散并影响其他节点。在这一过程中，少数关键节点（如媒体、意见领袖、社会组织等）往往发挥着至关重要的作用，它们对信息的扩散速度和方向起到决定性影响。

传播动力学中的"关键节点"可以类比为社会中的重要舆论引导者、政治领袖和社会规范的制定者。通过这些关键节点，信息能够快速而广泛地传播，影响社会成员的价值观、行为方式和认知模式。因此，在信息社会中，每个人和每个组织都应当具备良好的社会责任感，正确引导信息的传播，避免错误信息蔓延，推动正能量扩散，维护社会稳定与和谐。

信息通过媒体这一关键节点迅速扩散到社会各个角落，因此，媒体需要肩负起传播正面信息、引导公众理性思考的责任。媒体和社会各界人士应该加强对信息内容的甄别和对传播路径的把控，应当坚守公共责任，通过准确、全面、公正的报道，确保社会舆论的健康和正确发展。避免引发公众的误解和恐慌，促进社会的和谐与稳定。

舆论引导的核心是信息的正确传播和价值的正确引导。在信息传播的过程中，政府和相关机构需要采取有效措施，通过各种渠道确保正确的信息及时、准确地传递给公众，同时，也需要建立健全的舆论监控机制，及时识别并应对不实信息和恶意言论，避免其对公众认知的误导。

16.3.3 案例

1. 突发公共事件中的舆论引导

在处理突发公共事件时，政府和社会组织通过官方渠道发布准确的信息，积极回应社会关切，迅速澄清谣言，防止社会恐慌和误解的扩散。在这种情况下，政府部门作为传播动力学中的"关键节点"，发挥了信息传播中的主导作用，通过正向的信息引导，帮助社会大众理性面对事件，避免了不必要的恐慌和误解。

2020年年初突如其来的新冠疫情对全球社会、经济和人民生活带来了极大的挑战。在这一过程中，信息传播的速度与广度决定了公众的反应与应对方式。为了更好地引导舆论、减少恐慌、确保疫情防控工作顺利进行，中国政府在疫情期间采取了多项有效的信息传播策略。通过政府官网、社交媒体、新闻发布会等多渠道的舆论引导、专家权威的疫情传播分析及防御措施引导，以及对谣言的及时管控和阻断，有效防止了谣言扩散，帮助公众理性看待疫情，避免了民众的恐慌和社会动荡，推动了疫情防控工作的顺利进行。这一过程充分展示了信息传播在社会稳定中的重要作用，也体现了政府在舆论引导方面的积极作用。

信息的传播不是孤立的，它影响着个体的价值观、行为方式以及集体认知。因此，国家和政府需要在信息传播过程中发挥积极作用，保障信息的准确性、公正性与及时性，防止错误信息扩散，确保舆论的正向引导。在全球化和信息化日益加深的今天，信息传播的能力和策略不仅关系到国家的治理能力，也影响着国家的软实力和社会的整体凝聚力。

2. 中国反腐倡廉宣传与舆论引导

政府通过多渠道、多方式传播有关反腐败的信息，积极引导舆论，形成了有利于推动反腐斗争深入开展的社会氛围。《人民日报》、新华社等官方媒体，微博、微信公众号等新媒体共同积极传播反腐倡廉的相关内容，让公众能够第一时间获得准确、权威的资讯。政府通过公开反腐典型案例，有力地震慑了不法行为。同时，这些案例的传播让民众更加认识到反腐斗争的决心和成果，进一步增强了社会对反腐倡廉的支持与信任。通过社会各界的广泛参与，形成了多层次、多维度的舆论引导网络，推动反腐败理念深入人心。信息的及时发布与有效引导有助于化解公众的疑虑、增强公众的信任，同时也防止了谣言和负面情绪的传播。在信息化时代，传播正能量、引导理性思考，是构建和谐社会的重要一环。

16.3.4　小结

信息传播与舆论引导在现代社会中发挥着至关重要的作用。通过传播动力学的理论框架，我们可以深入理解信息传播的路径、速度和影响力。信息传播不仅仅是一个信息技术问题，更是一个社会治理问题。只有通过有效的舆论引导，才能确保社会的稳定、发展与和谐。政府和社会各界应共同努力，通过科学的信息传播与引导，营造健康、理性和积极的公共舆论环境，为国家的长远发展奠定坚实的社会基础。

16.4　博弈论与合作共赢：思政教育中的国家利益和集体合作

博弈论是研究个体或群体在有限资源和相互影响下如何做出最优决策的理论依据。尤其在国际交流中，博弈论为理解复杂国际关系、经济合作及战略部署提供了重要的理论支持。博弈论不仅能够帮助人们理解国家层面的战略决策，还能引导人们认识到集体合作的重要性，特别是强调集体利益高于个人利益。博弈论教导我们如何在国家和社会层面通过合作实现共同发展和长远目标。

16.4.1　博弈论与国家利益

在国际关系中，各国通常处于有限资源的竞争与合作之中。例如，国家之间在贸易、环境保护、安全等领域的博弈，往往不仅涉及各自的经济利益，还关系到国家的安全、地位以及长期战略目标。在这种竞争与合作的博弈过程中，国家如何通过合作达成共赢、提高自身的战略地位，成为博弈论分析的重要议题。

囚徒困境、合作博弈与非合作博弈等经典博弈论模型为我们理解国家如何在复杂的国际环境中作出决策提供了深刻的理论依据。随着全球化的日益深入，国家之间不仅要考虑自身利益，同时也要处理好与其他国家的国际关系，尤其是在面对全球性挑战时，如公共卫生危机、气候转变等问题。如何通过合作实现共赢，不仅是提升国家战略地位的重要途径，也是国际社会共同面对的挑战。

16.4.2 集体合作与社会责任

博弈论强调个体在决策时的理性选择，而理性选择并不一定意味着单纯的自利行为，合作在许多情况下往往能带来比单打独斗更好的结果。这一观点不仅在国际博弈中适用，同样也适用于社会层面的集体行动。在国家利益和社会责任面前，个体利益需要服从集体利益，尤其是在国家发展、社会稳定等重要事务上，集体利益高于个人利益。通过集体合作，可以实现更大的社会价值，推动国家和社会的长远发展。

通过博弈论视角，我们应当思考如何在实现个人价值的同时，平衡集体利益与个人利益的关系，推动社会成员在更大范围内为公共利益做出贡献。这不仅是社会责任的体现，也是实现社会和谐与发展的重要保障。

16.4.3 教学案例：中美贸易谈判中的博弈理论应用

中美贸易谈判是近年来国际政治经济中最具代表性的博弈之一。两国在贸易、技术、知识产权等多个领域的利益交织，使得这一博弈充满复杂性。通过博弈论的分析框架，我们可以深入探讨如何通过合作达成双赢，进而推动全球治理中的中国方案。

(1) 博弈初始状态：在中美贸易谈判的初期，双方的目标存在较大差异。美国追求通过加税等措施缩小贸易逆差，提升本国企业的竞争力；而中国则希望维护自己的经济增长模式，争取更大的国际市场份额。两国的短期利益相互对立，形成了一个典型的零和博弈局面——一方的胜利往往意味着另一方的失败。

(2) 合作的可能性与双赢：博弈论表明，单纯的对抗性博弈可能导致双方都陷入经济增长放缓、市场萎缩等更大的损失，因此，合作成为解决这一局面的一种理性选择。在贸易谈判中，双方逐渐认识到，通过合作达成协议可以实现双赢——中国可以继续扩大对外开放，美国则可以通过减税和对中国的政策调整，改善其经济结构，达到更加平衡的贸易关系。

(3) 合作博弈与长期战略：中美贸易谈判不仅仅是经济利益的博弈，也是国际政治和战略博弈。双方通过合作不仅可以解决贸易争端，还能在全球治理、国际贸易规则、环境保护等领域形成更广泛的合作共识。在此过程中，博弈双方放弃了极端的零和思维，而是选择合作的双赢方案。这种合作博弈为国际交流合作提供了重要的实践支持。

通过博弈论的应用，我们观察到，在国家贸易谈判中，合作博弈策略不仅可以帮助双方解决部分争议，也为双方在更广泛的领域合作奠定了基础。这一过程体现了集体利益高于个人利益的核心。国家在参与国际博弈时，必须从长远利益出发，寻求全局稳定与发展。

16.4.4 小结

通过博弈论的分析，我们可以认识到个人的利益与集体的利益并非完全对立，而是在相互协调、相互促进中实现共赢，也可以理解国家如何通过理性决策与集体合作实现国家利益的最大化。在全球化日益加深的今天，国家的成功不仅依赖于本国的力量，更依赖于与他国的合作与共识。博弈论的应用让我们认识到集体利益的重要性，理解国家战略的制定与执行，理解个体责任与集体责任的统一。

16.5　演化网络与中国特色社会主义新时代：思政教育中的社会变革与创新驱动

演化网络研究的是网络结构随时间的变化，探索网络中的节点和连接如何在不断的互动和演化中发生转变。社会的变革与创新也是在不断变化和发展的过程中推动社会和经济向前进步的核心力量。在中国特色社会主义进入新时代的历史背景下，创新不仅是经济增长的新引擎，也是推动社会变革和提升国家综合竞争实力的重要途径。分析科技创新和社会变革的关系，可以深刻理解如何通过创新推动社会的可持续发展，进而为实现中华民族的伟大复兴贡献力量。

16.5.1　演化网络与社会变革

在演化网络中，网络的拓扑结构随时间的推移不断演化，这不仅是节点和连接的简单变化，更是一个复杂的动态过程，涉及信息、资源等各种因素的交织。社会变革也同样是不断发展的过程，科技创新在此过程中起到了关键的推动作用。每一次技术突破或社会制度的创新，都会对社会结构、经济模式、文化观念等多个层面产生深远的影响。

从宏观角度看，社会变革不仅仅是某一方面的变化，更是系统整体的重新构造，这就像演化网络中的“节点”与“链接”在时间和环境的影响下发生改变一样，社会中的每一项创新，无论是科技、制度还是文化领域，都在悄然改变着社会的结构和动力，特别是在中国特色社会主义新时代，创新驱动的发展理念已经成为推动中国社会和经济发展的重要力量。

16.5.2　创新驱动与社会可持续发展

随着中国特色社会主义迈入新时代，国家发展的重点已经转向高质量发展，这一转型的核心动力就是科技创新。创新不仅体现在技术的突破，更体现在制度的创新与社会结构的优化。在追求经济增长的同时，如何实现社会的可持续发展，成为新时代发展的重要目标。

政府提出的绿色发展理念是实现可持续发展的重要组成部分，科技创新扮演着举足轻重的角色。包括新能源、节能环保技术、资源循环利用等领域在内的绿色科技创新正是推动社会可持续发展的关键所在。这些科技创新不仅解决了传统发展模式带来的资源消耗和环境压力，还通过推动绿色产业发展为经济转型升级提供了新的动力。

16.5.3　教学案例：绿色科技创新与社会可持续发展

推动经济社会发展绿色化、低碳化，是新时代党治国理政新理念新实践的重要标志，是实现高质量发展的关键环节，是解决我国资源环境生态问题的基础之策，是建设人与自然和谐共生现代化的内在要求。中国作为全球第二大经济体，面临着能源消耗大、环境污染严重等挑战。如何实现经济增长与环境保护的双赢，成为新时代中国发展的重大课题。绿色科技创新，尤其是新能源和环保技术的突破，正是推动中国社会可持续发展的重要动力。随着全球气候变化问题的日益严峻，中国提出了“绿色发展”战略，强调发展清洁能源、减少碳排放、推进能源结构的转型。在此过程中，太阳能、风能、电动汽车等各种新能源技术经历了快速的发展，并得到了广泛应用。中国不仅在全球范围内积极推动清洁能源的应用，也在国内加大了对新能源技术的研发和投资。例如，中国在光伏发电和风能领域的技术突破，使得中国成为全球最大的新能源市场之一。

随着城市化进程的加快，中国政府大力推动绿色建筑和低碳城市建设，绿色建筑技术、智能城市管理、环保材料的应用不断创新，并逐步在全国范围内推广。北京、上海等大城市中绿色建筑已经成为新建建筑的标准，许多城市通过科技创新推动节能减排，促进城市发展的可持续性。

在资源循环利用方面，中国推动了“循环经济”的发展模式，强调减少资源消耗、延长资源生命周期和最大限度地回收再利用。通过科技创新，废物处理技术和资源回收系统不断完善，促进了垃圾分类、废弃物资源化等措施的落地。中国各地的环保技术公司也在这一领域做出了重要贡献，绿色技术创新在推动城市可持续发展方面发挥了重要作用。

绿色科技创新不仅为中国提供了新的经济增长点，还为全球可持续发展做出了贡献。通过这些技术创新，中国逐步转变传统的经济增长方式，从资源密集型转向创新驱动型、绿色低碳型，走上了一条符合全球可持续发展目标的发展道路。在此过程中，演化网络为我们提供了深刻的启示：社会变革和创新是一个动态演化的过程，技术创新的每一次突破和应用，都会在更大范围内促进社会、经济和环境的系统性优化。我国致力于到 2030 年，在关键领域实现绿色转型的显著进步，形成以绿色生产与生活方式为主流的社会格局。届时，减污降碳的协同作用将大幅提升，主要资源的利用效率将进一步增强，支持绿色发展的政策与标准体系将更加成熟完善，从而确保经济社会发展全面向绿色转型取得重大成果。2035 年，我国将基本建立起绿色、低碳、循环发展的经济体系，绿色生产与生活方式将广泛普及。在减污降碳方面，我们将实现显著的协同增效，主要资源利用效率将达到国际领先水平。经济社会发展将全面融入绿色低碳的轨道，碳排放量在达到峰值后将稳步下降。届时，美丽中国的宏伟目标将基本实现。

16.5.4 小结

从演化网络的角度理解科技创新如何推动社会变革与进步，可以让我们认识到，科技创新并非单纯的技术进步，它直接关系到社会的整体发展和国家的战略竞争力。在这一过程中，创新不仅是企业和个体的责任，它同样是国家层面推动社会变革、提升国民福利、实现绿色可持续发展的战略目标。我们应当树立创新驱动的思想，认识到个人的创新行为可以通过技术、文化、思想等多种方式对社会产生积极影响，推动国家发展和社会进步。

16.6 同步与控制理论：思政教育中的自我控制与社会规则的内在契约

同步与控制理论探讨了如何在系统中实现各部分的协调和控制，以达到整体稳定和目标优化。在复杂网络中，局部的行为和全局的运行状态之间往往存在复杂的关系，如何使系统中各个部分协同工作，保持系统的同步性与稳定性，是控制理论的核心问题。这一理论不仅应用于物理、工程等领域，也为社会和国家的治理提供了深刻的启示。通过学习同步与控制理论，我们能够理解如何通过合理的制度设计和政策引导，促进社会各部分协调与合作，实现国家整体的繁荣与稳定。

16.6.1　同步与控制：社会协同与治理

在社会的复杂网络中，人与人、群体与群体之间的互动犹如一个巨大的系统，每个个体、组织、地区等都在这一系统中发挥着作用。然而，社会中的各个部分往往存在不同的需求和利益，它们之间的协调与合作是社会稳定和发展的关键。每个人的行为和选择不仅受自身意愿的驱动，还在不同程度上受到外部环境、规则和约束的影响。正如同步与控制理论强调局部行为对全局状态的影响，社会中的个体行为和群体行为也会对整个社会的稳定与发展产生深远影响。

同步与控制的核心思想是“整体优于局部”。在社会中，个体和群体的行为虽然可能受到多方面的约束，但只有在全局协调和控制下，社会才能实现和谐发展，避免出现不稳定和不协调的现象。这一思想深刻体现了社会主义核心价值观中集体主义的精神——集体利益高于个人利益，强调社会的整体利益和长远发展。我们应该清楚地认识个体自由与集体要求之间的关系，认识到在追求自我发展的同时，如何合理调节自身行为，使其与社会规范、集体目标保持一致。无论是在社会秩序、经济发展，还是在文化建设和社会福利等方面，只有通过有效的同步和控制，才能促进社会的协同和发展。同步与控制理论为我们提供了如何通过有效的制度安排、政策调控和社会动员，使国家各个部分协调一致、稳定运行的理论依据。例如，国家通过宏观经济政策、社会福利制度、教育与医疗政策等调节社会不平衡，在教育、医疗、环境保护等领域的政策协同和资源共享，可以有效减少社会的不平等，推动社会整体的和谐发展。这一过程中，国家通过政策的“控制”引导，推动各个层面的“同步”，让全社会的力量汇聚到共同的发展目标上，这种“同步”与“控制”机制确保了社会各部分的稳定运行，避免了局部失控与社会矛盾的激化。

16.6.2　自我控制与社会规则的契合

同步与控制不仅仅是外部的技术要求，同时也涉及个体自我管理层面。从技术层面看，同步控制可以看作通过外部规则规范和协调个体行为的过程；从社会生活中看，我们每个人也需要在一定的社会规则和道德框架内进行自我调节，以实现个体与社会的和谐共处。个体通过内在动力和社会认同实现自我管控，约束自己的行为，在遵守法律和社会规则的前提下保持个体的独立性和创造力，以实现个人目标与集体目标的统一。这不仅仅是对外部规则的服从，还是一种自觉的社会责任感，是对“行为规范”和“道德自律”之间关系的深刻理解。

同步与控制同样也涉及伦理和道德的考量。在很多高精尖的技术应用中，过度的同步和严格的控制可能会牺牲个体的某些自由或创新空间。例如，在某些智能系统的设计中，为了实现最优控制，可能会对个体的行为进行精细化的监控和限制，这同时也引发了关于隐私、自由与控制的伦理讨论。如何在追求技术进步和系统效率的同时，兼顾个体的自主性与自由，避免因过度的同步与控制带来不必要的社会风险也是值得深思的问题。通过培养学生对技术与伦理的敏感性，帮助他们在未来的工作和生活中能够在技术变革中始终坚持人文关怀的价值观,尊重个体的权利和尊严。

16.6.3 教学案例: 社会稳定与政策调控的协同效应

中国经济持续增长和社会逐步稳定的背后,离不开国家在不同领域的政策协调与社会各方面的同步发展。从经济到社会,从城乡发展到区域协调,国家始终通过有效的政策调控与资源配置,确保社会各部分稳定与和谐。

为了解决中国长期以来存在的东部与西部、城市与农村等区域发展不均衡问题,国家实施了"区域协调发展"战略。通过各种政策调控,合理分配技术和资金等各种资源,促进经济发展和社会公平。例如西部大开发战略,国家将更多的资源投入西部地区以推动当地基础设施建设、产业发展,促进民生改善。

这一政策的成功实施证明了同步与控制在国家治理中的重要性。国家通过控制与引导,合理配置资源,保证西部与东部、城市与乡村同步发展,减少地区差异,引导不同地区、不同群体、不同产业之间协调与合作,确保国家经济稳定,促进社会和谐与可持续发展。这正如同步与控制理论强调的局部行为和全局状态的相互影响,国家的治理不仅需要应对眼前的局部问题,更需要从长远的全局角度出发,确保各方面协调与同步。

16.6.4 小结

通过同步与控制理论的指导,人们可以从社会和伦理维度进行反思,认识个体与集体、自由与约束之间的辩证统一。深刻理解这一技术概念,不仅能培养学生的自我调节能力,还能增强社会责任感,这有助于塑造具有社会责任感和创新精神的未来人才。

16.7 复杂网络搜索与信息共享:思政教育中的资源合理配置

复杂网络搜索是指在复杂网络中如何通过有效的路径查找和信息传递,找到最优的解决方案,它在社交网络中的信息推荐、搜索引擎中的信息检索、互联网中的数据流通等许多领域都有广泛的应用。复杂网络搜索不仅涉及技术和算法的设计,更关系到信息如何高效、合理地流动与共享,从而提升社会资源的利用效率。借助复杂网络搜索,可以优化资源配置,推动社会公共资源的共享与公平分配,促进社会整体效益提升。

16.7.1 复杂网络搜索与社会资源优化

在复杂网络中,信息分布不均,节点之间连通度和信息流动路径存在差异。通过复杂网络搜索理论,我们可以理解在一个信息化高度发展的社会中,如何高效地调度和分配社会资源,确保信息及时传递与利用,进而优化社会资源配置,推动社会共同发展。

1. 资源合理配置与信息共享

资源的分配和共享是推动社会进步的关键。复杂网络搜索通过有效的路径搜索和节点优化,减少不必要的信息浪费,提升信息传递效率,这对于社会资源的优化配置同样具有重要意义。通过优化网络中的连接和路径,能实现资源的高效流动和公平分配。政府和社会组织可以借助复杂网络搜索的思路优化公共资源配置,确保教育、医疗、交通等公共资源公平分配。例如,在城市交通管理中,通过数据挖掘和复杂网络分析优化交通流量可以减少拥堵现象，提高公共交通资源的使用效率。

2. 信息流动与社会公平

在复杂网络中，信息流动路径并非完全均衡，中心城市、权威媒体等某些节点在网络中起着关键作用，影响信息的传播速度和范围。通过优化信息流动路径，社会能更好地实现信息共享，确保每个成员都能获得平等的资源和机会。信息资源的公平获取是现代社会公平的核心，而复杂网络搜索理论提供了优化信息流动和资源分配的技术手段。通过有效的信息传递与资源配置，我们能确保社会成员，尤其是弱势群体，能够享受到平等的社会服务和发展机会。

16.7.2　教学案例：信息资源的优化配置

在大规模的城市交通管理系统中，如何通过高效的信息流动和资源配置优化交通状况，是提升城市运行效率和市民生活质量的重要课题。通过复杂网络搜索技术，现代城市的智能交通系统可以实时收集交通流量数据，分析不同路段的交通情况，并根据数据分析结果优化信号灯的时长和交通流量的调度。通过对交通网络中各个节点的动态分析，系统能在最短时间内找到最优的交通路线，减少交通拥堵，提高公共资源的使用效率。

这一案例展示了复杂网络搜索技术如何在社会资源管理中发挥作用，推动城市发展和社会进步。在此过程中，技术与社会需求的结合体现了科技创新对社会发展的积极推动。

16.7.3　小结

复杂网络搜索的原理不仅为信息检索和路径优化提供了理论支持，也为社会资源的优化配置和公平分配提供了重要的思考框架。科技不仅仅是提高生产力的工具，更是推动社会公平、促进社会进步的重要力量。在科技创新的推动下，我们可以有效地优化社会资源的配置，缩短贫富差距，改善教育、医疗等公共服务的可及性。例如，国家在推动“数字中国”战略中，通过数据共享和智能化管理，提升了公共服务的效率和透明度，体现了科技创新与社会发展的协调。现代社会的资源配置不仅仅是技术问题，更涉及社会公平与集体责任。在信息化时代，如何利用科技手段提高资源利用效率，优化社会资源的分配，推动信息公平流通，是社会发展的重要方向。社会资源的合理配置和信息流动的优化对提升社会整体效能、促进社会公平与进步具有重要意义。

16.8　链路预测与推荐系统：思政教育中的资源共享与社会责任启示

链路预测与推荐系统主要用于预测网络中未出现的连接（链路）或推荐潜在的相关节点，广泛应用于社交网络、电子商务、医疗健康等领域。通过分析已有的网络结构与行为模式，我们可以借助链路预测提前发现可能的联系与合作，也可以通过推荐系统推送的个性化的信息和服务，提升效率，增强用户体验感。链路预测与推荐系统有利于更好地共享资源、促进社会信息流动、实现社会成员之间的合理连接，从而促进社会整体进步。

16.8.1 链路预测与社会资源的优化配置

在复杂网络中，节点之间的连接往往是不均衡的，核心城市、主要社交平台等节点往往具有较高的连接度和信息流动能力。在这样的网络结构下，链路预测与推荐系统可以帮助我们识别潜在的、有价值的连接路径，避免资源的浪费和冗余，从而实现更为高效的社会资源配置。

1. 促进社会成员间的高效连接与合作

在社交关系中，个体之间的联系往往呈现不均衡性，极少数人或群体掌握着大多数的资源或信息，而其他人则可能面临信息孤岛的困境。链路预测可以帮助我们高效地识别潜在的联系与合作机会，弥补信息网络中的断层与不足。通过构建更为紧密的社会联系，帮助个人和集体共享知识、信息与资源，从而促进社会整体的协调与发展。无论是教育资源、医疗资源，还是科技创新成果，都需要通过有效的连接和共享能实现社会的最大效益。例如，某些偏远地区的学生可能因为地理与信息的隔离而缺乏教育资源，链路预测与推荐技术的应用能够帮助找到更多的资源共享路径，推动教育公平。

2. 推动资源的公平分配与共享

链路预测不仅可以帮助我们识别潜在的合作伙伴，也能帮助社会系统发现和弥补资源分配中的不均衡。例如，在社会福利系统中，链路预测可以帮助识别哪些社区或群体需要更多的医疗、教育或经济支持，从而引导政策制定者更加精准地分配资源，保障弱势群体的利益。

借助链路预测与推荐的思想，可以优化资源分配，推动社会公平与正义。特别是对于那些长期处于信息闭塞、资源匮乏状态的群体，如何通过技术手段让他们与社会资源建立更多的连接，打破“信息鸿沟”，实现社会的均衡发展是一个急需解决的问题。

16.8.2 教学案例：电子商务中的链路预测与推荐系统

在电子商务领域，链路预测与推荐系统已经成为提升用户体验和推动平台经济发展的重要技术手段。平台通过分析用户的购买历史、浏览数据等历史行为预测用户可能感兴趣的商品或服务，并进行个性化推荐，进一步提升交易的可能性。通过链路预测的技术，平台能发现潜在的商品需求，并根据用户的购买习惯与需求提供个性化推荐。这不仅提升了用户的购物体验，也帮助商家更高效地配置库存资源，实现商品的精准销售。

推荐系统不仅是商业利益的追求，更是社会资源优化配置的一个缩影。它通过数据分析技术，增强了商家与顾客之间的联系，优化了商品流通的路径，提高了市场效率。整个过程体现了如何通过科学技术优化资源配置，推动社会高效运转。

16.8.3 小结

链路预测与推荐系统不仅是信息技术领域的重要应用，它所代表的高效连接和资源优化的思想，在思政教育中也具有深刻的启示意义。技术的真正价值在于它能为社会大众创造福利，而非仅仅服务于个体的短期利益。信息与资源的公平共享、技术与社会责任的紧密结合，可以有效推动社会持续健康发展。

16.9　随机网络与社会协同：思政教育中的资源优化配置

随机网络是一种由随机过程生成的网络结构，其节点的连接是随机分布的，缺乏明显的组织模式。尽管随机网络的结构较为简单，但它在描述和理解许多现实世界的现象，如社交网络、交通网络和信息网络等方面，具有重要意义。

16.9.1　随机网络与资源优化配置

随机网络的一个重要特性是其节点之间的连接具有高度的不确定性和随机性。在社会系统中，这种"随机性"可以反映出个体之间的差异性、资源分配的不均衡性，以及信息流动的非线性特征。然而，在这种看似无序的网络中，通过合理的结构调整和资源优化，社会依然能够高效运转、保持稳定。通过这一视角，可以思考如何在一个资源分配不均、利益博弈激烈的社会中，通过协作和智慧，推动资源合理配置与共享，实现社会整体利益的最大化。

1. 从随机性中发现协同合作的机会

在随机网络中，尽管节点之间的连接是随机的，但通过集体的努力，网络依然能形成有效的协作机制。个人在集体中的作用是有限的，只有通过合作，才能最大化集体的力量，实现共同目标。社会中的每个个体、每个群体都有可能在看似无序的情况下，通过协作与共享，找到最优的合作路径和资源配置方式。例如，在扶贫攻坚中，尽管不同地区的资源、信息、技术发展水平存在差异，但通过国家层面的协同合作，扶贫资源得到了有效的配置，贫困地区的社会和经济发展取得了显著进展。这一过程本质上就是通过"随机网络"中不同节点的协作，共同推动资源的优化分配和共享，达到社会公平和共同发展的目标。

2. 从"随机"到"协同"，社会不平等与资源再分配，实现共同发展

随机网络的另一个特点是节点连接的随机性，意味着资源和机会的分布可能是不均衡的，某些节点可能比其他节点拥有更多的连接和资源。这一特性可以借鉴用于在社会中，如何通过政策和机制的调节平衡资源的不均衡分配，确保每个个体都能享有公平的发展机会。政府和社会组织如何通过有效的政策手段，弥补资源分配中的不平等，推动社会公平正义。例如，政府可以通过税收调节、社会保障制度等手段，对富裕地区和贫困地区进行资源再分配，从而缩小区域间的差距，促进社会整体协调发展。

在资源配置不均、社会结构复杂的条件下，通过集体合作与协调，依然能达到社会资源优化、社会进步和共同发展的目标。国家和社会组织在实现社会公平和可持续发展的过程中，发挥着不可或缺的作用。每个公民都应积极履行自己的社会责任，为社会的和谐与进步贡献力量，推动社会的协同合作与共同发展。

16.9.2　教学案例：扶贫与资源优化的协同发展

通过国家层面的协调与社会资源的重新配置，扶贫工作打破了贫困地区与发达地区之间的资源隔阂，通过节点协作，国家将精准扶贫政策落实到基层，确保了教育、医疗、基础设施等公共资源的合理配置，带动了区域经济的整体发展。

在这一过程中，政府不仅是资源分配的“枢纽”，还通过政策的引导与社会各方力量的协同合作，促进了社会资源的共享与互助，推动社会整体和谐与进步。中国在过去几十年中的扶贫工作取得了显著成就，尤其是在偏远贫困地区，政府通过精准扶贫策略，优化资源配置，实施区域间的协同合作，使得贫困地区逐步脱贫，实现经济和社会发展。

16.9.3 小结

随机网络虽然看似没有明确的结构和规律，但它在现实社会中的应用提示我们，尽管社会资源的分配和信息的流动可能具有不确定性和随机性，但通过集体合作、协同创新和合理的资源配置，我们依然可以实现社会的和谐与发展。我们从中也可以理解社会的复杂性，认识到在全球化、信息化的今天，集体力量和社会责任比任何时候都更加重要。

16.10 网络鲁棒性与社会稳定：思政教育中的抗风险能力培养

网络鲁棒性指的是网络在面对节点失效或连接中断等外部冲击时，能保持其正常运作和连接性的一种能力。一个鲁棒的网络在部分节点或连接遭受破坏后，依然能够保持较高的连通性和有效性，避免全网崩溃。这一概念不仅适用于信息网络，也是社会、国家乃至整个全球系统如何应对风险、维护稳定和长期发展的重要启示。

16.10.1 社会系统的稳定性与抗风险能力

人类社会也可以看成一个由无数个体和群体构成的复杂网络。个体的行为、决策与选择都会影响社会整体的运行和发展。类似于网络中的节点，社会成员在各自的角色中发挥着不同的作用。社会的鲁棒性体现在社会在面对经济波动、自然灾害、社会冲突等不确定因素时，依然能维持社会秩序，保持正常运作和可持续发展。

我们可以借助网络鲁棒性的理论，研究如何保持社会的稳定与抗风险能力。在面对重大自然灾害、突发公共事件时，社会不仅依赖个体的努力，更依赖全社会各阶层、各群体之间的协作与支持。通过强化集体主义和社会责任感，社会能更好地应对挑战，保持稳定与和谐。

16.10.2 社会保障体系与网络韧性

正如网络中的冗余连接和备份机制，社会保障体系的建设也是提升社会鲁棒性的关键所在。通过完善社会保障制度，国家能为每个公民提供基本的生活保障，特别是在经济困难、疾病、失业等社会风险面前，为弱势群体提供必要的帮助和支持。一个健全的社会保障网络，可以增强社会的抗风险能力，减少不平等和社会矛盾，提升社会整体的稳定性与韧性。在这一过程中，集体的力量远比个体的力量更加重要，只有通过全体成员的共同努力和合作，才能建设一个具有强大韧性和稳固保障的社会。

16.10.3 教学案例：国家应急管理与社会稳定

中国在应急管理方面取得了显著进展，尤其在面对突发公共事件（如自然灾害、重大事故等）时，国家建立了系统的应急响应机制，通过资源调配、协同合作等手段，有效应对了各种挑战，保持了社会稳定。例如，2013 年四川雅安地震发生后，政府迅速启动应急响应机制，调动各方力量进行救援。政府、企业、志愿者和民众等社会各界群体都积极参与救灾工作，展现了强大的集体力量和社会协同能力。通过这种协同合作，国家不仅成功应对了灾难，还在灾后迅速恢复了社会秩序和经济活力。

这一过程展示了社会系统的鲁棒性，也体现了集体主义精神和社会责任感如何在关键时刻发挥作用。强化全社会的协作与责任意识，不仅增强了社会的抗压能力，还推动了社会成员之间的信任与合作，从而确保了社会的长期稳定和和谐。

16.10.4　小结

网络鲁棒性作为复杂网络中的一个重要概念，为思政教育提供了重要的启示。通过对网络鲁棒性的分析，人们可以更好地理解社会的稳定性和抗压能力，认识到集体主义与社会责任在社会中的重要性，理解在面对社会的挑战和风险时，如何通过团结协作、合作共赢增强社会的韧性。集体主义不仅仅是一个理论概念，更是一种实践精神，要求每个人都积极为社会的稳定和发展贡献力量，推动社会共同利益的最大化，实现社会的可持续发展和长治久安。

国家和社会通过建立完善的社会保障体系、优化资源配置、加强社会合作等方式，能有效提升社会的鲁棒性，减少社会不平等，确保社会在复杂多变的环境中持续健康发展。

16.11　影响力分析与引导协作：思政教育中的社会舆论引导

在复杂网络中，影响力分析主要研究信息、资源或行为如何通过网络传播，并最终影响网络中各个节点的决策或行为。在社会中，从媒体传播、舆论形成，到社会政策的执行，影响力的传播机制无处不在，个体或群体的行为都可能对他人产生重要的影响。通过对网络中影响力传播的分析，可以帮助人们认识到集体行为、舆论引导和社会责任之间的紧密关系，激发公众关注社会公共利益和责任感，理解如何在个人与集体之间找到平衡，推动社会和谐发展。

16.11.1　影响力的辐射与社会领导力

影响力传播模型揭示了如何通过一些具有关键位置或资源的节点，如政府机构、企业领袖、社会名人等，影响其他较为边缘的节点。枢纽节点的影响力往往是多层次的，个人行为的改变、信息的传播甚至政策的执行，都可能会影响整个社会或群体。

在社会网络中，一些重要领导者或组织在社会网络中扮演着类似枢纽节点的角色，其行为和决策具有深远的影响力，不仅涉及个人利益，更涉及公共利益和社会发展的方向。培养公众的社会责任感至关重要，这要求每个社会成员，尤其是那些具有影响力的个体，在行动和决策时都要考虑社会的整体利益，避免单纯追求个人或短期利益。国家领导人在制定和实施重大政策时，应综合考虑经济效益、社会公平、生态保护、文化传承等因素。领导者的示范效应和政策的引导，能激发社会成员的集体责任感，促进社会持续发展和和谐稳定。

16.11.2 信息传播与舆论引导

信息和影响力的传播往往呈现出强烈的不对称性，其中少数节点的观点或行为能迅速扩展并影响到大范围的节点。这一现象在社会中尤为凸显，尤其是在舆论形成过程中。在网络平台上，某些具有较大影响力的意见领袖或媒体，往往能引导公众的意见和行为。在某些情况下，信息传播的速度与广度可能会加剧社会分歧，如果传播错误信息，甚至可能引发社会恐慌。

因此，信息传播不仅仅是一个技术性问题，同时也涉及伦理、责任与社会稳定等更深层次的问题。影响力分析可以帮助人们理解如何在复杂的信息网络中进行正确的舆论引导，避免错误信息的扩散，从而维护社会的稳定与健康。政府和媒体应当发挥引导作用，传播积极、健康、真实的信息，引导公众形成正确的价值观和行为规范。这种引导不仅可以增强社会的凝聚力，还能有效避免极端观点的泛滥，减少社会的负面情绪和冲突。

16.11.3 教学案例：社会责任与公益活动中的影响力分析

随着互联网和社交媒体的飞速发展和普及，网络舆论和社会影响力的传播变得更加迅速和广泛。社会公益活动和慈善项目的成功推广，往往依赖某些公众人物或机构的号召力。通过这些号召力强大的个体或组织利用自己的影响力，激发社会公众的参与和支持，从而实现社会公益目标。

例如，某位知名企业家通过自己的社交媒体平台发起了一个面向贫困地区儿童的捐赠活动。通过该活动，企业家短时间内吸引了大量粉丝和志愿者，并成功募得大量捐款，帮助了成千上万的孩子重返校园，接受教育。在此过程中，企业家的社会影响力发挥了关键作用。这充分体现了社会责任与影响力的辐射效应。社会影响力不仅可以引导公众的行为和价值观，也能激发公众参与集体行动，推动社会公益事业的进步。我们应该合理运用自己的社会影响力，参与到社会责任的承担中，发挥个人作用，同时为社会的共同利益做出贡献。

16.11.4 小结

复杂网络的影响力分析不仅可以帮助人们认识到社会影响力的传播机制，还能引导人们思考如何在日常生活中承担社会责任，运用自己的影响力为社会的和谐与进步做出贡献。在信息传播的时代，每个人都在社会网络中扮演着独特的角色，个体的决策、行为和声音，都可能通过网络扩展，形成广泛的社会影响力，能帮助人们理解个体与社会的关系，进而推动社会的共同繁荣与进步。

16.12 聚类分析与社会和谐：思政教育中的多元社会共建

聚类分析是指在网络中寻找具有高度相似性的节点群体，这些节点群体内部连接紧密，彼此之间形成了较强的联系。聚类分析不仅在社交网络中至关重要，帮助我们洞察个体如何在多样化的社群之间进行互动，而且在科学合作、互联网信息传播、生态系统结构等多个领域为我们提供了深刻的洞察力。

16.12.1　群体内部的紧密联系与社会组织

复杂网络中的聚类现象往往表现为群体内部的节点之间紧密相连，而群体与群体之间的联系较为松散。社交网络的社团结构就是聚类分析的一种表现，它反映了社会中人际关系和社会组织的多样性与复杂性。社会中的家庭、学校、社区、企业等不同群体往往在各自的内部保持紧密合作与相互支持，而这些群体之间也通过某种机制或桥梁实现联系与资源的流动。

聚类分析可以帮助人们理解社会结构的复杂性，并引导人们思考如何通过加强不同群体之间的联系与协作，促进社会整体和谐。每个群体在推动社会发展的过程中都有其独特作用，而社会的整体进步依赖于各个群体的互相合作与共同努力。

16.12.2　社会分工、群体合作与社会责任

聚类分析揭示了群体内部成员之间的合作关系和共同目标。在社会中，群体合作是推动社会发展的核心力量。例如，社区组织的运作、志愿者团体的行动都是围绕共同目标和价值观建立的协作机制。在这种合作中，每个成员都在为共同目标贡献力量，尽管个人的力量有限，但集体的力量却是巨大的。

在社会中，每个群体都在实现共同目标的过程中承担着不同的社会责任。正如复杂网络中的每个聚类通过共享资源、信息和力量提升群体整体的效能，社会中的不同群体也在各自的领域内扮演着关键角色。例如，城市建设者、科研人员、教师、医生等职业群体，都在为社会的健康、发展与繁荣贡献力量。正是通过协同合作，才能有效地推动社会整体的发展与进步。

16.12.3　多元社会中的融合与共建

聚类分析揭示了网络中不同社团之间的关系，它们可能是松散的连接，也可能通过某些共享的节点或资源形成更广泛的联系。在多元化的社会中，各个社团的存在和发展有时需要跨越群体之间的壁垒，促使不同的群体相互理解、尊重和支持，从而形成更加紧密的社会合作网络。这一过程正是社会和谐与发展的基础。

通过这一视角，我们可以思考如何促进社会的融合与共建。特别是在面对社会多样性和文化差异时，我们需寻找实现不同群体间包容与合作的途径。以中国的民族团结为例，它不仅是一个政治口号，更是社会实践的核心原则。国家鼓励各族人民携手发展、共同繁荣，这不仅是政治层面的倡议，也是在社会实践中通过相互支持与合作，实现全体社会成员共同进步的具体行动。

16.12.4　教学案例：扶贫攻坚中的集体合作与协作精神

中国在扶贫攻坚战中的成功经验正是社会各群体密切合作的体现。各级政府、社会组织、企业、志愿者等多个群体共同参与，形成了强大的协作网络。通过资源整合和共同努力，帮助贫困地区摆脱贫困，促进社会共同富裕。在扶贫工作中，各地的扶贫部门和社会各界通过汇聚资源，针对贫困地区的实际情况开展精准扶贫。政府提供政策支持，企业提供就业机会，社会组织和志愿者提供文化和教育援助，而当地社区的居民则在实践中发挥重要作用。

这种多方合作和协调，体现了群体内部的紧密联系和不同群体之间的协同作用。

通过聚类分析，我们可以更加清晰地理解这一过程中各个群体的角色和合作关系。尽管每个群体在扶贫攻坚中都承担着不同的责任与任务，但他们的目标是一致的——通过集体的力量实现社会的公平与正义，最终推动社会共同进步。

16.12.5 小结

复杂网络聚类分析为我们提供了一个理解和分析社会和谐问题的新视角。通过复杂网络中的聚类分析，我们不仅能够理解社会结构的复杂性，而且能深刻地认识到群体合作在社会中的重要性。每个社会成员不仅是个体利益的追求者，更是集体责任的承担者。虽然社会中的每个群体都有其独特的贡献，但只有通过各群体之间的密切合作和相互支持，在社会责任和集体主义精神引导下，各个群体紧密联系和协作，才能共同推动社会的进步与发展。

参考答案

习题 2

一、选择题

1.(C)。社交网络通常展现出小世界网络的特征，其中大多数节点通过短路径相互连接，同时具有较高的局部聚类性。这种结构允许信息在网络中快速传播，同时保持高度的群聚性。因此，小世界网络更适合描述社交网络的实际特征。

2.(B)。

3.(C)。当一条边从网络中被删除并重新连接到新节点时，基于 Barabaási-Albert 模型，新节点更可能连接到已有节点中度较高的节点，称为"优越性连接"。这导致网络中节点度分布的改变，新节点可能成为网络中度较高的节点之一。

二、叙述题

1. 通过判断两个节点之间有无连边，求出邻接矩阵 $\boldsymbol{A}=\begin{pmatrix}0&1&0&1&0\\1&0&1&0&1\\0&1&0&1&1\\1&0&1&0&1\\0&1&1&1&0\end{pmatrix}$

其度矩阵为 $\boldsymbol{D}=\begin{bmatrix}2&0&0&0&0\\0&3&0&0&0\\0&0&3&0&0\\0&0&0&3&0\\0&0&0&0&3\end{bmatrix}$

由 $\boldsymbol{L}=\boldsymbol{D}-\boldsymbol{A}$，求出该网络的拉普拉斯矩阵 $\boldsymbol{L}=\begin{pmatrix}2&-1&0&-1&0\\-1&3&-1&0&-1\\0&-1&3&-1&-1\\-1&0&-1&3&-1\\0&-1&-1&-1&3\end{pmatrix}$

2. ① $\langle k\rangle=\dfrac{2+3+3+3+3}{5}=\dfrac{14}{5}$

② 直径是指网络中最长的最短路径的长度，为 2。

③ 节点的集聚系数

$C_A=\dfrac{0}{\frac{2\times1}{2}}=0$；$C_B=\dfrac{1}{\frac{3\times2}{2}}=\dfrac{1}{3}$；$C_C=\dfrac{2}{\frac{3\times2}{2}}=\dfrac{2}{3}$；$C_D=\dfrac{1}{\frac{3\times2}{2}}=\dfrac{1}{3}$；$C_E=\dfrac{2}{\frac{3\times2}{2}}=\dfrac{2}{3}$

网络的平均集聚系数为

$$\langle C\rangle=\frac{1}{5}\times\left(0+\frac{1}{3}\times 2+\frac{2}{3}\times 2\right)=\frac{2}{5}$$

网络的全局集聚系数为

$$C_{\Delta}=\frac{3\times\text{三角形个数}}{\text{连通三元组的个数}}=\frac{3\times 2}{13}=\frac{6}{13}$$

习题 3

一、选择题

(C)。$G(N,L)$模型中,网络的边数是固定的(L 表示具体的边数),而在 $G(N,p)$模型中,连接概率 p 决定每对节点之间是否存在边,边的数量是随机变化的。

二、叙述题

1. 当节点数量 N 很大,但连接概率 p 很小时,ER 随机网络的边数分布和度分布将趋向于呈现泊松分布特征。这是因为每对节点之间建立连接的概率较小,导致网络中边的数量和节点的度相对较低,呈现泊松分布的特征。

2. 当连接概率 p 增大时,ER 随机网络的直径和平均距离会减小。这是因为较大的连接概率增加了节点之间的连接密度,降低了网络中节点间的平均距离,使信息传播更加高效。

3. ER 随机网络中集聚系数较低的原因在于连接概率 p 较小,节点之间的连接较为随机,导致局部聚类的程度较低。这可能使信息传播效率较高,但也降低了网络的社交性质和群体内的联系密度。

习题 4

1. C。解析:小世界网络模型中,虽然节点间的距离短,但并非所有节点都相互连接,故 C 选项描述不准确。

2. A。解析:小世界网络模型最初是用来解释信息在网络中的传播速度之快,故 A 选项正确。

3. 解析如下。

(1) 平均最短路径长度的计算:在该小界网络中,可以使用 NetworkX 库中的 average_shortest_path_length 函数计算平均最短路径长度。

(2) 绘制可视化图形:使用 Matplotlib 库进行网络可视化。

```
import matplotlib.pyplot as plt
#绘制小世界网络图
pos = nx.circular_layout(G)
nx.draw(G, pos, with_labels=True, node_color='skyblue', node_size=800, font_
size= 10, font _color = ' black ', font _weight = ' bold ', edge _color = ' gray ',
linewidths=1, alpha=0.7)
plt.title("小世界网络")
plt.show()
```

（3）使用WS模型创建类似的小世界网络。此模型可以通过watts_strogatz_graph函数实现。

```
#使用 Watts-Strogatz 模型创建类似的小世界网络
WS_G = nx.watts_strogatz_graph(10, 4, 0.2, seed=42)
#绘制 Watts-Strogatz 模型网络图
pos_ws = nx.circular_layout(WS_G)
nx.draw(WS_G, pos_ws, with_labels=True, node_color='lightcoral', node_size=
800, font_size=10, font_color='black', font_weight='bold', edge_color='gray',
linewidths=1, alpha=0.7)
plt.title("Watts-Strogatz 模型小世界网络")
plt.show()
```

（4）对于增加随机边的影响，通过逐步增加随机边并观察平均最短路径长度的变化，可以发现添加更多的随机边会缩短平均最短路径长度，增强小世界特性。

习题5

1. 解析：幂律分布在网络研究中被广泛使用，因为它能更好地描述网络中存在少数节点度数极高的现象。其中，累计度分布是一种用于分析和拟合幂律分布的强大工具，它通过统计节点度大于或等于某一特定值的节点数量揭示网络中度数的分布情况，使我们能够更清晰地看到网络中度数较大的节点的重要性。因此，通过分析累计度分布，可以更准确地理解网络中度的分布特征，有助于建立对网络结构的更深刻认识。

2. 解析：度相关性是指节点的度数与连接到该节点的概率之间存在关联。在BA无标度网络中，连接到已有节点的新节点倾向连接到度数较高的节点。这一原则称为"优越性连接"或"偏好依附"。这导致节点度数的不平等增大，形成幂律分布的度分布。

3. 解析：长尾分布是一种概率分布，其中尾部的概率密度下降得相当慢。在网络中，长尾分布表示存在极少数节点具有非常高的度数，而大多数节点的度数相对较低。这些高度连接的节点通常被称为"枢纽节点"或"超级节点"，它们在网络中发挥关键的作用，影响网络的结构和功能。

二八定律也称为帕累托法则，描述了在许多情况下，大部分结果由少数因素决定的现象。在网络中，这意味着网络的大部分特征可以归因于极少数的节点。这些关键节点通常是度数非常高的节点，它们对网络的结构和性能有显著的影响。

这两个特征相互关联，共同反映了无标度网络中节点度分布的不均等性。理解长尾分布和二八定律有助于我们认识到网络中少数节点的重要性，以及它们如何塑造整个网络的特征。

4. 解析：BA无标度网络模型生成的网络在度分布上与一些实际网络相似，都呈现出幂律分布的特征，即大部分节点的度数相对较低，而少数节点拥有极高的度数。这种相似性使得BA模型成为解释实际网络中无标度性的有力工具。

然而，模型与实际网络之间存在一些差异。BA模型的生成机制假设新节点连接到已有节点的倾向性主要取决于节点的度数，而实际网络中可能有其他影响连接的因素，如地理位置、兴趣相似性等。这些额外的因素可能导致实际网络中的连接模式更为复杂，与BA模型的简化假设有所不同。

这些差异不仅让我们认识到模型的局限性，也为进一步研究提供了机会。通过分析模型生成网络与实际网络之间的差异，能够深入了解真实网络形成的复杂过程，有助于改进模型，使其更贴近实际情况，同时推动我们对复杂网络结构和演化机制的理解。在研究中，对模型与实际网络之间的相似性和差异性进行深入剖析，对于更准确地描述和理解复杂网络具有重要意义。

5. 解析：马太效应在财富分布中描述的现象是“富者愈富”，即财富或资源的不均等积累。这种现象可以通过无标度网络模型进行解释，其中少数节点（富者）拥有极高的度数，表示它们在网络中具有更多的连接。这种优越性连接的原则导致这些富者更容易吸引新的连接，进一步增加他们的财富或资源。

在无标度网络中，节点的度数遵循幂律分布，即存在少数节点拥有极高的度数，而大多数节点的度数相对较低。这种结构促使富者更容易成为网络中度数最高的节点，从而形成马太效应。这一模型不仅能解释经济中的财富不平等，还可应用于社交网络、科学合作网络等各种领域，解释一些节点更容易积累连接和资源的现象。

习题 6

1. 传播动力学的研究目的是理解和模拟信息、疾病或创新等在社交网络中的传播过程，以便更好地预测和干预。

2. 研究信息传播有助于揭示社交网络中信息扩散的模式，例如在社交媒体上病毒式传播的新闻事件。

3. 通过了解疾病在人群中的传播方式，可以制定更有效的隔离、疫苗推广等策略。例如，根据传播动力学研究，优化疫苗接种战略以提高覆盖率。

4. 个体行为直接影响信息或疾病的传播路径。例如，在社交网络中，一些个体可能是信息的关键传播者，而另一些个体可能在疾病传播中发挥着关键作用。

5. 跨学科研究整合了社会学对人际关系的理解、网络科学对网络结构的分析和数学模型的建立。例如，研究者可以结合这些方法来分析社交网络中信息的传播路径，更全面地理解传播动力学。

6. SI 模型描述了一个人群中只有两个状态：易感者(S)和感染者(I)。传播动力学的概念用于描述感染者如何传播病毒给易感者，形成一个动态的传播过程。

7. 感染者的传播速度和程度受接触率、感染概率和易感者数量等因素的影响。传播动力学的术语如传播率和基本再生数用于量化这些影响。

8. SI 模型的数学表达式可以是 $ds/dt=-\beta\times s\times i$，其中 s 是易感者比例，i 是感染者比例，β 是传播率。该表达式说明了易感者的减少速度与感染者的传播率有关。

9. 在 SI 模型中，长期趋势是人群中感染者比例趋于稳态。传播动力学的理论指出，当感染者与易感者的相互作用保持稳定时，系统将达到一个平衡状态。

10. 传播动力学可用于评估不同控制策略对感染者和易感者之间交互的影响。例如，通过提高易感者的免疫水平、改变感染者的行为或引入疫苗，可以采取控制策略减缓病毒的传播。

11. SIS 模型描述了个体在易感者(S)和感染者(I)之间交替的过程。数学表达式是

$ds/dt=-\beta\times s\times i+\gamma\times i$，$di/dt=\beta\times s\times i-\gamma\times i$，其中 β 是传播率，γ 是康复率。

12. 治愈率 γ 影响感染者从感染状态到易感状态的转换速度。较高的康复率意味着感染者更快地恢复为易感状态，从而影响整体的传播动力学。

13. 基本再生数 R_0 表示感染者在人群中的平均传播能力。在 SIS 模型中，R_0 的计算公式是 $R_0=\beta/\gamma$。当 R_0 大于 1 时，病毒传播会持续存在。

14. SIS 模型可以用来描述病毒在人群中的持续传播，并且由于易感者被感染后又变为易感，可以导致周期性的病毒流行。这与感染者和易感者之间的相互作用有关。

15. 疾病控制策略包括提高免疫水平、隔离感染者或改变传播率等。传播动力学的理论可用于模拟和评估这些策略对感染者和易感者之间交互的影响，从而指导制定有效的疾病控制策略。

16. SIR 模型描述了个体在易感者(S)、感染者(I)和康复者(R)之间的转换。数学表达式是 $ds/dt=-\beta\times s\times i$，$di/dt=\beta\times s\times i-\gamma\times i$，$dr/dt=\gamma\times i$，其中 β 是传播率，γ 是康复率。

17. 康复率 γ 影响感染者转变为康复者的速度。较高的康复率意味着感染者更快地康复并具有免疫力，从而影响整体的传播动力学。

18. 基本再生数 R_0 表示感染者在人群中的平均传播能力。在 SIR 模型中，R_0 的计算公式是 $R_0=\beta/\gamma$。当 R_0 大于 1 时，病毒传播会持续存在。

19. SIR 模型用来描述病毒在人群中的爆发和衰减。当 R_0 大于 1 时，病毒会爆发，而当 R_0 小于 1 时，病毒会衰减，最终形成康复者的群体。

20. 疾病控制策略包括提高免疫水平、隔离感染者或改变传播率等。传播动力学的理论可用于模拟和评估这些策略对感染者和易感者之间交互的影响，从而指导制定有效的疾病控制策略。

21. SEIR 模型引入“潜伏者”状态，表示个体已被暴露但尚未表现出症状。这使得模型更能捕捉潜在感染者在传播病毒之前的阶段。

22. 潜伏者向感染者的转变速度受接触率、感染概率等因素的影响。传播动力学的术语如传播率和基本再生数用于量化这些影响。

23. 基本再生数 R_0 表示感染者在人群中的平均传播能力。在 SEIR 模型中，R_0 的计算公式包括暴露者的传播率。当 R_0 大于 1 时，病毒传播会持续存在。

24. SEIR 模型能够更细致地描述病毒在人群中的传播，包括潜伏者的存在。这有助于理解疫情的发展趋势，如爆发的持续时间和疫情的高峰。

25. 疾病控制策略包括提高免疫水平、隔离感染者或改变传播率等。传播动力学的理论可用于模拟和评估这些策略对感染者、潜伏者和易感者之间交互的影响，从而指导制定有效的疾病控制策略。

26. SIRS 模型引入了康复者重新变为易感者的过程，反映了康复后免疫力的衰减。动态转换包括易感者被感染、感染者康复，但最终康复者重新变为易感者。关键参数包括传播率、康复率和免疫衰减率。

27. SEIRS 模型引入了潜伏者状态，表示个体已被暴露但尚未表现出症状。这能更准确地描述潜在感染者的存在，影响传播速率。疫情的潜在影响包括更长的潜伏期和更复杂的传播动态。

28. 在 MSEIR 模型中,“M”通常代表移动或迁移。该模型考虑了人群的迁移,允许个体在不同地区之间移动。这可以影响病毒在地理空间中的传播模式,导致多地区的传播互动。

29. 在 SIQR 模型中,“Q”通常代表康复者再次感染的状态。该模型允许康复者再次成为易感者,模拟了免疫力的减弱。与其他模型不同之处在于考虑了康复者的再次感染状态。

30. 在 SIQS 模型中,“Q”通常代表潜在感染者(潜伏期感染者),而“S”代表易感者。该模型考虑了个体在潜伏期的存在,这会影响传播速率和潜在的传播路径。

31. 常用的机器学习模型包括逻辑回归、决策树、支持向量机(SVM)、深度学习模型如循环神经网络(RNN)和长短时记忆网络(LSTM),以及最近广泛应用于自然语言处理任务的预训练模型,如 BERT(Bidirectional Encoder Representations from Transformers)。

32. BERT 通过预训练深度双向语境表示,能够更好地理解句子中的语境信息。在谣言检测中,BERT 可用于提取文本特征,从而更准确地判断一段文本是否包含虚假信息。

33. CNN 在图像谣言检测中可用于提取图像的局部特征。通过将图像分块,CNN 可学习每个块的特征,从而更好地识别虚假图像。这在检测图像中的修改或操纵时特别有用。

34. 文本嵌入是将文本映射到连续向量空间的技术。在谣言检测中,它有助于捕捉单词和短语之间的语义关系,提高机器学习模型对文本特征的理解,从而更精准地辨别虚假信息。

35. 社交网络分析模型可通过分析用户之间的关系和信息传播路径检测谣言。模型可识别关键节点,检测异常传播模式,并基于社交网络结构评估信息的可信度。

36. 谣言检测模型的性能评估通常使用指标如准确率、召回率、$F1$ 分数等。此外,针对不平衡数据集,可以关注真正例率和假正例率。交叉验证、混淆矩阵和 ROC 曲线等也是评估性能的重要工具。

37. 深度学习模型需要大量标注的数据训练,而在谣言检测中标注可靠的真实数据可能具有挑战性。此外,模型的可解释性和对抗性攻击等问题也是深度学习在谣言检测中的挑战。

38. 处理模型偏见和不公平性的方法包括使用平衡的训练数据、调整算法参数以减小偏见,以及审查模型的决策过程,确保不会对不同群体产生不公平的影响。

39. 在实时环境中,模型需要快速响应并适应新兴的虚假信息传播模式。此外,模型还需要考虑来自不同来源的信息,以更好地适应多样化的信息流。

40. 未来谣言检测可能趋向多模态(文本、图像、视频)融合的方法、自监督学习用于预训练模型、对抗性学习以提高模型对抗攻击能力,以及更加注重解释性和可解释性的模型设计。

41. 谣言传播模型是用来描述信息在社交网络中传播过程的数学或计算模型。这些模型通常基于图论和网络科学的原理,考虑了节点之间的连接、信息的传播速度和影响力等因素。

42. 在谣言传播模型中,节点表示社交网络中的个体或实体,它们可以是用户、组织或其他信息传播的实体。节点的连接关系和属性会影响谣言在网络中的传播路径和效果。

43. 影响谣言传播速度的因素包括网络拓扑结构(节点之间的连接方式)、节点的影响力、信息的内容和吸引力、社交网络中信息传播的动力学规律等。

44. 图论中常用于研究谣言传播的模型包括独立级联模型(Independent Cascade Model)和线性阈值模型(Linear Threshold Model)。这些模型考虑了节点之间的相互作用,以及节点何时接受并传播信息的条件。

45. 使用计算模型预测谣言传播趋势通常涉及模拟大规模的网络交互。研究者可利用已知的社交网络数据和模型参数,运行模拟实验,从而预测谣言传播的规模、速度和最终影响,有助于制定应对谣言传播的策略。

46. 信息传播是指信息从一个源头传递到一个或多个接收者的过程,涵盖了各种媒体和渠道,包括口头传播、书面传播、广播、数字媒体等。传播的目的通常是分享、影响或改变接收者的观点、知识或行为。

47. 信息传播的要素包括发送者(信息的源头)、信息本身、媒介(传播的手段或渠道)、接收者(信息的目标),以及反馈。这些要素相互作用,共同影响信息传播的效果。

48. 影响信息传播效果的因素包括信息的清晰度和准确性、目标受众的特征、传播渠道的选择、文化和语境因素、以及情感因素。此外,传播过程中的噪音和干扰也可能影响信息的正确传递。

49. 社交媒体改变了信息传播的速度、规模和互动性。它使信息能够迅速传播到全球范围,同时用户可以直接参与、评论和分享信息。社交媒体还促进了个体和群体之间的互动,对舆论和观点形成产生了深远影响。

50. 为确保有效沟通,发送者应该清晰地表达信息,考虑目标受众的需求和背景,选择适当的传播渠道,并注意语境和文化差异。同时,积极寻求反馈,以便调整和改进信息传播策略。建立信任和透明度也是确保信息有效传播的关键因素。

51. 网络搜寻是通过搜索引擎或其他在线工具查找互联网上相关信息的过程。在信息传播中,它充当了一个关键的渠道,帮助用户找到所需信息,并影响信息的传播范围和速度。

52. 搜索引擎使用复杂的算法确定搜索结果的排名。这些算法考虑诸多因素,如网页关键词的匹配度、网页质量、用户体验、链接质量等。优化网页内容和结构有助于提高搜索结果的排名。

53. 用户可以使用引号将短语括起来以搜索精确的词组,使用减号排除特定词语,利用站点限制在特定网站搜索,以及使用相关性过滤器等搜索技巧,获得更准确和有用的信息。

54. 网络搜寻在一定程度上可以影响信息传播的多样性,因为搜索引擎的排名算法可能导致用户更倾向浏览排名较高的结果。这可能加强信息过滤的趋势,但同时用户的搜索习惯也会影响他们接触到的不同观点和信息。

55. 网络搜寻涉及用户个人信息,因此隐私保护是一个重要问题。搜索引擎公司需要负责任地处理用户数据,并且用户应该了解他们的搜索活动可能被记录。此外,搜索结果的排名可能受算法的影响,需要审慎考虑算法的公正性和透明度。

56. 舆论传播是指信息和观点在社会中传播和流通的过程,通过各种媒体和口口相传形成共识。其作用包括塑造公众意见、影响政策制定、形成社会共识,并在一定程度上塑造社会的文化和价值观。

57. 媒体在舆论传播中充当信息传递和解释的角色。它们通过报道新闻、分析事件、提供观点和评论引导公众对特定议题的看法。媒体的选择和呈现方式会直接影响公众对事件的认知和态度。

58. 虚假信息可能扰乱正常的舆论传播，导致错误的看法和决策。它们可以通过社交媒体等渠道传播得更快，对公众产生误导，并且可能损害个人、组织或政府的声誉。因此，识别和防范虚假信息成为维护舆论传播健康的重要任务。

59. 社交媒体改变了舆论传播的方式，使普通公众有了更多参与的机会。信息能够在瞬间传播到全球，个体和群体可以直接表达观点和意见。然而，社交媒体也带来了信息过滤、信息泡沫和谣言传播等挑战。

60. 提高舆论传播的质量和透明度需要媒体的自律，倡导事实核查和真实报道。公众需要培养批判性思维，对信息进行验证。政府和组织也可以通过公开透明的政策制定过程、加强对媒体的监管，提高舆论传播的质量。

61. 使用差分方程描述 SIR 模型，其中 S 表示易感人群，I 表示感染人群，R 表示康复人群。模拟演化过程，观察感染人数随时间的变化。

62. 使用图的节点中心性度量，如度中心性、接近度中心性等，计算每个节点的影响力。可以考虑使用图算法库(如 NetworkX)简化计算。

63. 使用图算法(如贪心算法)和传播动力学理论，设计一个算法找到最大化信息传播影响力的初始节点集合。

习题 7

1. 解析：(1) Bob 最优的策略是和 Alice 一样，也是出剪刀、石头和布的概率各为 1/3。只有这样，Bob 才能确保对 Alice 的选择没有系统性的劣势。

(2) 解析：如果 Bob 总是选择石头，那么 Alice 出剪刀的期望得分是 −1，因为剪刀输给石头；Alice 出布的期望得分是 +1，因为布赢了石头；Alice 出石头的期望得分是 0，因为石头与石头平局。因此，Alice 的总期望得分为

$$\mathrm{E(Alice's\ score)} = \frac{1}{3}\times(-1)+\frac{1}{3}\times 0+\frac{1}{3}\times 1=0$$

即无论 Bob 出什么，如果 Alice 遵循她的混合策略，她的期望得分总是 0。

2. 设 A 选择 L 或 R 的概率分别是 p 和 $1-p$，而球员 B 选择 L 或 R 的概率分别是 q 和 $1-q$，则球员 A 纯策略期望为

$$\mathrm{E}(L,p)=50p+80(1-p)$$
$$\mathrm{E}(R,p)=90p+20(1-p)$$
$$50p+80(1-p)=90p+20(1-p)$$

解得 $p=0.6$。

球员 B 的纯策略期望为

$$\mathrm{E}(L,p)=50q+20(1-q)$$
$$\mathrm{E}(R,p)=10q+80(1-q)$$
$$50q+20(1-q)=10q+80(1-q)$$

解得 $q=0.7$。

3. 目标是找到一个商品的重新分配，使得至少能够提高一个人的效用而不减少另一个人的效用，即达到帕累托改进。尝试交换商品，Carmen 给 David 一个苹果，换取 David 的两

个香蕉。新的分配如下。

(1) Carmen 拥有 3 个苹果和 3 个香蕉。

(2) David 拥有 2 个苹果和 2 个香蕉。

因此,他们的初始效用值为

$$U_C = \text{sqrt}(4) + 2 * \text{sqrt}(1) = 2 + 2 = 4$$
$$U_D = 2 * \text{sqrt}(1) + \text{sqrt}(4) = 2 + 2 = 4$$

新的效用值为

$$U_C = \text{sqrt}(3) + 2 * \text{sqrt}(3) \approx 1.732 + 3.464 = 5.196$$
$$U_D = 2\text{sqrt}(2) + \text{sqrt}(2) = 21.414 + 1.414 = 4.242$$

在这个新的分配下,Carmen 的效用从 4 提高到约 5.196,David 的效用从 4 提高到约 4.242。两个人的效用都有所提高,因此可以说这个重新分配结果是帕累托改进的。

要注意的是,帕累托最优并不是唯一的,可能有多个分配都是帕累托最优的,而且并不保证分配是公平的。帕累托最优只关心是否有可能通过改变分配提高至少一个人的效用,而不使其他人的效用下降。在实际应用中,找到帕累托最优的分配可能需要通过算法或者优化模型,特别是在涉及多个商品和多个消费者的复杂情况下。

4. 甲、乙和丙收入分配见表 7-24～表 7-26。

表 7-24 员工甲收入分配表

S	甲	甲乙	甲丙	甲乙丙
$V(S)$	1000	1800	2200	3000
$V(S\backslash\{甲\})$	0	1200	1500	2500
$V(S)-V(S\backslash\{甲\})$	1000	600	700	500
$\|S\|$	1	2	2	3
$(n-\|S\|)!(\|S\|-1)!$	2	1	1	2
$W(\|S\|)$	1/3	1/6	1/6	1/3
$\phi_{甲}(V)$	716.6667			

表 7-25 员工乙收入分配表

S	乙	甲乙	乙丙	甲乙丙
$V(S)$	1200	1800	2500	3000
$V(S\backslash\{乙\})$	0	1000	1500	2200
$V(S)-V(S\backslash\{乙\})$	1200	800	1000	800
$\|S\|$	1	2	2	3
$(n-\|S\|)!(\|S\|-1)!$	2	1	1	2
$W(\|S\|)$	1/3	1/6	1/6	1/3
$\phi_{乙}(V)$	966.6667			

表 7-26 员工丙收入分配表

S	丙	甲丙	乙丙	甲乙丙
$V(S)$	1500	2200	2500	3000
$V(S\backslash\{丙\})$	0	1000	1200	1800
$V(S)-V(S\backslash\{丙\})$	1500	1200	1300	1200
$\|S\|$	1	2	2	3
$(n-\|S\|)!(\|S\|-1)!$	2	1	1	2
$W(\|S\|)$	1/3	1/6	1/6	1/3
$\phi_{丙}(V)$	1316.6667			

$$\phi_{甲}(V)+\phi_{乙}(V)+\phi_{丙}(V)=3000$$

习题 8

一、选择题

1. B。同步现象指的是多个系统按照相同的节奏或规律变化，表现出一定的协调性。

2. B。混沌系统同步并不意味着系统变得完全可预测，它仅表示系统在某种程度上表现出有序性。

3. C。在路口的交通流动中，车辆和行人的运动可以表现出同步的现象，以保持交通的有序性。

4. B。网络同步更容易发生在节点之间的耦合强度较高的情况下，这使得节点更容易相互影响。

5. B。同步的稳定性指的是同步现象能够在系统中维持的时间长短，即同步是否是持久的。

6. B。复杂网络的分形理论主要关注网络的层次结构，即在不同尺度上呈现出相似性的结构。

7. B。分形维数用来描述网络结构的复杂性和层次性，即在不同尺度上的维度特征。

8. A。复杂网络的分形特性意味着在不同尺度上，网络的结构都具有相似性，即存在自相似的层次结构。

9. B。分形维数越高表示网络的结构在更多的尺度上呈现出复杂性，即网络的层次结构更加丰富。

10. C。混沌理论主要关注系统的随机、复杂而不可预测的行为。

11. B。Kaneko 模型是一种基于局部规则和全局耦合的混沌网络模型。

12. C。在 CML 模型中，节点之间的耦合是通过反馈连接实现的，即每个节点的状态受到其相邻节点的影响。

13. C。混沌同步是指在不同的系统中，系统的状态通过相互影响趋于一致的现象。

14. B。混沌控制的基本思想是通过负反馈控制手段来调节系统状态，使其趋于稳定或同步。

15. D。混沌同步的实际应用包括信息加密、财务建模和电力系统稳定性控制等方面。

16. D。洛伦兹映射描述了混沌系统的离散时间演化，是混沌动力学中经典的例子。

17. B。Logistic 映射的典型特征是在一定参数范围内产生双周期吸引子，展示混沌行为。

18. D。粒子群优化算法的灵感来源于生物进化、社会行为观察和物理运动。

19. D。在粒子群优化算法中，粒子的位置表示参数空间中的一个解。

20. B。局部最优是相对于粒子自身所在区域的最优解，而全局最优是整个粒子群中的最优解。

21. A。惯性权重在粒子群优化算法中用于控制粒子速度的权重，影响粒子的搜索范围。

22. B。粒子的最优位置是指粒子在搜索过程中达到的最优解。

23. B。粒子群优化算法通常用于解决连续优化问题，对于离散问题可能需要进行适当的修改。

24. D。粒子群优化算法的收敛性受粒子数量、惯性权重、目标函数形式等多个因素影响。

25. D。终止迭代的条件可以是预定的迭代次数、粒子群的性能指标、目标函数值的变化趋势等。

二、简答题

1. 混沌同步的基本原理：混沌同步是通过调节系统的参数或设计适当的反馈控制，使得两个或多个混沌系统的状态趋于一致。实际案例包括电力系统稳定性控制中的混沌同步应用。

2. Kaneko 模型的基本原理和模拟过程：Kaneko 模型基于局部规则和全局耦合，其中局部规则定义了节点的状态演化，而全局耦合通过相邻节点之间的反馈实现。模拟过程包括迭代计算局部规则和全局耦合，观察网络的混沌行为。

3. 混沌控制中负反馈控制的作用：负反馈控制在混沌控制中起稳定系统状态的作用，通过减小系统的不稳定性，使系统趋于有序状态或同步状态。

4. 混沌映射和 3 个经典映射的特点：混沌映射是一类具有混沌行为的映射函数。Logistic 映射具有双周期吸引子，Henon 映射表现为分岔图和奇异吸引子，洛伦兹映射描述了混沌系统的连续时间演化，具有著名的洛伦兹吸引子。

5. CML 模型中的局部规则和全局耦合的影响：CML 模型中的局部规则决定了单个节点的演化，而全局耦合使得节点之间相互影响。局部规则和全局耦合的组合可以导致网络的混沌行为，而不同的局部规则和耦合方式会影响混沌的性质。

6. 速度和位置更新过程：在粒子群优化算法中，粒子的速度和位置更新过程由当前速度、个体最优位置和群体最优位置共同决定。速度更新使用了惯性权重、个体认知因子和社会认知因子，位置更新通过当前速度更新。

7. 收敛性及其影响因素：粒子群优化算法的收敛性取决于多个因素，包括粒子数量、惯性权重、目标函数形式等。良好的参数选择和适当的调整对算法的收敛性至关重要。

8. 高维问题的挑战：随着问题维度的增加，粒子群优化算法可能面临维数灾难、计算复杂度增加等挑战。合适的变量编码和参数设置可以帮助提高算法在高维问题上的性能。

习题 9

1. B。

2. D。

3. B。渗流理论关注信息或影响在复杂网络中的传播机制。

4. C。渗流阈值是节点接受信息或影响的阈值。

5. B。渗流阈值越高,节点越敏感,需要更多的影响才能接收信息。

6. B。通常节点的度数越高,渗流阈值越低。

7. B。渗流临界指数描述了渗流过程从未传播到传播全局所需的临界条件。

8. C。随机攻击是以随机的方式删除网络中的节点或连接。

9. B。随机攻击可能导致网络的鲁棒性降低,因为删除节点的顺序是随机的,可能破坏网络的连接性。

10. B。蓄意攻击是有目的地选择网络中的节点进行攻击,而不是随机删除。

11. A。与随机攻击相比,蓄意攻击对网络的影响更容易预测,因为攻击者有目的地选择攻击的节点。

12. A。随机攻击和蓄意攻击的主要区别在于攻击的目标是否有目的地选择。

13. C。级联失效指的是网络中多个节点或连接相继失效,进而引发系统规模内的连锁反应。

14. C。级联失效可以通过失效的节点或连接传播,具体取决于网络结构和失效的原因。

15. D。级联失效可能导致系统整体崩溃或失效,这是其不稳定性的体现。

16. A。在网络中,高度集中的节点往往是级联失效的风险因素,因为它们失效可能导致更多的节点失效。

17. C。沙堆模型的基本思想是通过模拟沙粒在二维网格上的积累和崩溃过程,研究自组织临界性质。

18. D。当一个格子中的沙粒数量达到阈值时,超过部分的沙粒会转移到相邻的格子,形成连锁反应。

19. D。沙堆模型通常应用于自组织临界系统的研究,这种系统表现出复杂性和自相似性。

20. B。Cascade 模型用来描述网络中的信息或影响通过一系列节点的传播导致激活或失活的过程。

21. B。Cascade 模型中,节点的状态改变通常是由渗流阈值触发的,即当节点的状态超过阈值时,会导致状态的改变。

22. C。渗流阈值表示信息或影响传播的临界条件,当节点的状态超过这个阈值时,会触发级联过程。

习题 10

1. 示例代码如下。

```
import networkx as nx
import matplotlib.pyplot as plt
#创建一个二分图
G = nx.Graph()
U = ["用户 1", "用户 2", "用户 3", "用户 4"]
V = ["活动 1", "活动 2", "活动 3", "活动 4", "活动 5",]
edges = [("用户 1", "活动 1"), ("用户 1", "活动 2"), ("用户 2", "活动 3"),
         ("用户 3", "活动 1"),
         ("用户 3", "活动 4"), ("用户 4", "活动 2"), ("用户 4", "活动 5"),
         ]
G.add_nodes_from(U, bipartite=0)
G.add_nodes_from(V, bipartite=1)
G.add_edges_from(edges)
#可视化二分网络
pos = nx.bipartite_layout(G, U)  #使用布局算法确定节点的位置
#分别绘制节点集合 A 和 B
nodes_a = [node for node in G.nodes() if G.nodes[node]['bipartite'] == 0]
nodes_b = [node for node in G.nodes() if G.nodes[node]['bipartite'] == 1]
nx.draw_networkx_nodes(G, pos, nodelist=nodes_a, node_size=1000)
nx.draw_networkx_nodes(G, pos, nodelist=nodes_b, node_size=1000)
nx.draw_networkx_edges(G, pos)
nx.draw_networkx_labels(G, pos)
plt.rcParams['font.sans-serif'] = ['SimHei']  #选择合适的中文字体
plt.rcParams['axes.unicode_minus'] = False  #解决负号显示问题
plt.show()
#进行无权投影
projection = nx.bipartite.projected_graph(G, U)
#创建一个图布局
layout = nx.spring_layout(projection)
#绘制节点
nx.draw(projection, layout, with_labels=True, node_size=1000)
#显示图
plt.show()
#进行无权投影
projection = nx.bipartite.projected_graph(G, V)
#创建一个图布局
layout = nx.spring_layout(projection)
#绘制节点
nx.draw(projection, layout, with_labels=True, node_size=1000)
#显示图
plt.show()
```

2. 示例代码如下。

```
import networkx as nx
import matplotlib.pyplot as plt
def weighted_projected_graph(B, nodes, ratio=False):
    if B.is_directed():
        pred = B.pred
        G = nx.DiGraph()
    else:
        pred = B.adj
```

```
        G = nx.Graph()
    G.graph.update(B.graph)
    G.add_nodes_from((n, B.nodes[n]) for n in nodes)
    n_top = len(B) - len(nodes)

    if n_top < 1:
        raise NetworkXAlgorithmError(
            f"the size of the nodes to project onto ({len(nodes)}) is >= the graph
size    ({len(B)}).\n"
            "They are either not a valid bipartite partition or contain duplicates"
        )
    for u in nodes:
        unbrs = set(B[u])
        nbrs2 = {n for nbr in unbrs for n in B[nbr]} - {u}
        for v in nbrs2:
            vnbrs = set(pred[v])
            common = unbrs&vnbrs
            if not ratio:
                weight = sum(B[u][nbr].get('weight', 1) +
                 B[v][nbr].get('weight', 1) for nbr in common)
            else:
                weight = sum(B[u][nbr].get('weight', 1) +
                B[v][nbr].get('weight', 1) for nbr in common) / n_top
            G.add_edge(u, v, weight=weight)
    return G
#创建一个带权重的二分图
G = nx.Graph()
U = ["研究员 1", "研究员 2", "研究员 3", "研究员 4", "研究员 5"]
V = ["研究项目 1", "研究项目 2", "研究项目 3", "研究项目 4"]
edges = [("研究员 1", "研究项目 1", {"weight": 3}),
         ("研究员 1", "研究项目 2", {"weight": 5}),
         ("研究员 2", "研究项目 2", {"weight": 6}),
         ("研究员 3", "研究项目 4", {"weight": 2}),
         ("研究员 4", "研究项目 3", {"weight": 3}),
         ("研究员 4", "研究项目 4", {"weight": 2}),
         ("研究员 5", "研究项目 1", {"weight": 6})]
G.add_nodes_from(U, bipartite=0)
G.add_nodes_from(V, bipartite=1)
G.add_edges_from(edges)
#创建一个图布局
layout = nx.bipartite_layout(G,V)
#提取边的权重
edge_weights = [data["weight"] for u, v, data in G.edges(data=True)]
#创建颜色列表
colors = ["green" if node in U else "yellow" for node in G.nodes()]
#绘制节点
nx.draw(G, layout, with_labels=True, node_size=1000, node_color=colors)
#绘制边的权重
edge_labels = {(u, v): d["weight"] for u, v, d in G.edges(data=True)}
nx.draw_networkx_edge_labels(G, layout, edge_labels=edge_labels, font_size=
10)
plt.rcParams['font.sans-serif'] = ['SimHei']  #选择合适的中文字体
plt.rcParams['axes.unicode_minus'] = False    #解决负号显示问题
plt.axis('off')
#显示图
plt.show()
#进行二分图的加权投影
projection = weighted_projected_graph(G, U)
```

```
#提取边的权重
edge_weights = {(u, v): data["weight"] for u, v, data in projection.edges(data=
True)}
#创建一个图布局
layout = nx.spring_layout(projection, k=1.5)  #调整 k 值以改变节点之间的距离
#绘制节点
nx.draw(projection, layout, with_labels=True, node_size=2000, node_color="
green")
#绘制边的权重
edge_labels = {(u, v): d["weight"] for u, v, d in projection.edges(data=True)}
nx.draw_networkx_edge_labels(projection, layout, edge_labels=edge_labels,
font_size=10)
#显示图
plt.show()
projection = weighted_projected_graph(G, V)
#提取边的权重
edge_weights = {(u, v): data["weight"] for u, v, data in projection.edges(data=
True)}
#创建一个图布局
layout = nx.spring_layout(projection, k=1.5)  #调整 k 值以改变节点之间的距离
#绘制节点
nx.draw(projection, layout, with_labels=True, node_size=2000, node_color=
"green")
#绘制边的权重
edge_labels = {(u, v): d["weight"] for u, v, d in projection.edges(data=True)}
nx.draw_networkx_edge_labels(projection, layout, edge_labels=edge_labels,
font_size=10)
#显示图
plt.show()
```

3. 示例代码如下。

```
import networkx as nx
import matplotlib.pyplot as plt
#创建一个二分图
G = nx.Graph()
U = ["任务 1", "任务 2", "任务 3", "任务 4"]
V = ["工作组 1","工作组 2","工作组 3"]
edges = [("任务 1", "工作组 1"), ("任务 1", "工作组 2"),
         ("任务 2", "工作组 1"), ("任务 2", "工作组 3"),
         ("任务 3", "工作组 2"), ("任务 4", "工作组 3")]
G.add_nodes_from(U, bipartite=0)
G.add_nodes_from(V, bipartite=1)
G.add_edges_from(edges)

pos = nx.bipartite_layout(G, U)  #使用布局算法确定节点的位置
nodes_a = [node for node in G.nodes() if G.nodes[node]['bipartite'] == 0]
nodes_b = [node for node in G.nodes() if G.nodes[node]['bipartite'] == 1]
nx.draw_networkx_nodes(G, pos, nodelist=nodes_a, node_size=2000,node_color="y")
nx.draw_networkx_nodes(G, pos, nodelist=nodes_b, node_size=2000,node_color="g")
nx.draw_networkx_edges(G, pos)
nx.draw_networkx_labels(G, pos)
plt.rcParams['font.sans-serif'] = ['SimHei']  #选择合适的中文字体
plt.rcParams['axes.unicode_minus'] = False    #解决负号显示问题
plt.axis('off')
plt.show()
#计算最大匹配
matching_edges = []
```

```
u = [n for n in G.nodes if G.nodes[n]['bipartite'] == 0]
max_matching = nx.bipartite.maximum_matching(G, top_nodes=u)
print("Max Matching:")
for u, v in max_matching.items():
    if G.nodes[u]["bipartite"] == 0:
        matching_edges.append((u, v))
        print(f"{u} -> {v}")
nodes_a = [node for node in G.nodes() if G.nodes[node]['bipartite'] == 0]
nodes_b = [node for node in G.nodes() if G.nodes[node]['bipartite'] == 1]
nx.draw_networkx_nodes(G, pos, nodelist=nodes_a, node_size=2000,node_color="y")
nx.draw_networkx_nodes(G, pos, nodelist=nodes_b, node_size=2000,node_color="g")
nx.draw_networkx_labels(G, pos)
nx.draw_networkx_edges(G, pos, edgelist=matching_edges, edge_color='r', width=2)
plt.rcParams['font.sans-serif'] = ['SimHei']  #选择合适的中文字体
plt.rcParams['axes.unicode_minus'] = False     #解决负号显示问题
plt.axis('off')
plt.show()
```

4. 示例代码如下。

```
import networkx as nx
import matplotlib.pyplot as plt
#创建一个二分图
G = nx.Graph()
U = ["广告商 1", "广告商 2", "广告商 3", "广告商 4", "广告商 5"]
V = ["广告位 1", "广告位 2", "广告位 3", "广告位 4", "广告位 5"]
edges = [("广告商 1", "广告位 1"),("广告商 1", "广告位 5"),
         ("广告商 2", "广告位 3"),("广告商 2", "广告位 2"),
         ("广告商 3", "广告位 3"),("广告商 3", "广告位 4"),
         ("广告商 4", "广告位 2"),("广告商 4", "广告位 1"),
         ("广告商 5", "广告位 4"),("广告商 5", "广告位 5")]
G.add_nodes_from(U, bipartite=0)
G.add_nodes_from(V, bipartite=1)
G.add_edges_from(edges)
#可视化二分网络
pos = nx.bipartite_layout(G, U)  #使用布局算法确定节点的位置
#分别绘制节点集合 A 和 B
nodes_a = [node for node in G.nodes() if G.nodes[node]['bipartite'] == 0]
nodes_b = [node for node in G.nodes() if G.nodes[node]['bipartite'] == 1]
nx.draw_networkx_nodes(G, pos, nodelist=nodes_a, node_size=1700, node_color="y")
nx.draw_networkx_nodes(G, pos, nodelist=nodes_b, node_size=1700, node_color="g")
nx.draw_networkx_edges(G, pos)
nx.draw_networkx_labels(G, pos)
plt.rcParams['font.sans-serif'] = ['SimHei']  #选择合适的中文字体
plt.rcParams['axes.unicode_minus'] = False     #解决负号显示问题
plt.axis('off')
plt.show()
#检查两个集合的节点数量是否相等,才有可能存在完美匹配
if len(U) == len(V):
    matching_edges = []
    #计算完美匹配
    u = [n for n in G.nodes if G.nodes[n]['bipartite'] == 0]
    perfect_matching = nx.bipartite.maximum_matching(G, top_nodes=u)
    print("Perfect Matching:")
    for u, v in perfect_matching.items():
        if G.nodes[u]["bipartite"] == 0:
            matching_edges.append((u, v))
            print(f"{u} -> {v}")
```

```
    nodes_a = [node for node in G.nodes() if G.nodes[node]['bipartite'] == 0]
    nodes_b = [node for node in G.nodes() if G.nodes[node]['bipartite'] == 1]
    nx.draw_networkx_nodes(G, pos, nodelist=nodes_a, node_size=1700, node_
color="y")
    nx.draw_networkx_nodes(G, pos, nodelist=nodes_b, node_size=1700, node_
color="g")
    nx.draw_networkx_labels(G, pos)
    nx.draw_networkx_edges(G, pos,
edgelist=matching_edges, edge_color='r', width=2)
plt.rcParams['font.sans-serif'] = ['SimHei']  #选择合适的中文字体
plt.rcParams['axes.unicode_minus'] = False    #解决负号显示问题
plt.axis('off')
plt.show()
else:
    print("Number of nodes in both sets must be"
          " equal for a perfect matching.")
```

习题 11

1. 示例代码如下。

```
from collections import deque

def bfs_shortest_path(graph, start, end):
    visited = set()
    queue = deque([[start]])

    if start == end:
        return [start]

    while queue:
        path = queue.popleft()
        node = path[-1]

        if node not in visited:
            neighbors = graph[node]

            for neighbor in neighbors:
                new_path = list(path)
                new_path.append(neighbor)
                queue.append(new_path)

                if neighbor == end:
                    return new_path

            visited.add(node)

    return None

#测试
graph = {
    'A': ['B', 'C'],
    'B': ['A', 'D', 'E'],
    'C': ['A', 'F', 'G'],
    'D': ['B'],
    'E': ['B', 'H'],
```

```
    'F':['C'],
    'G':['C'],
    'H':['E']
}

start_node = 'A'
end_node = 'H'
result = bfs_shortest_path(graph, start_node, end_node)
print(result)
```

输出结果如下。

```
['A', 'B', 'E', 'H']
```

2. 随机游走算法描述如下。

(1) 从给定的起始节点开始。

(2) 在当前节点中随机选择一个邻居节点。

(3) 移动到所选的邻居节点。

(4) 重复步骤(2)和(3),直到到达目标节点、达到最大步数或其他终止条件。

性能和应用场景分别如下。

性能。

(1) 随机性:随机游走算法具有一定的随机性,因此在不同运行中可能得到不同的路径。

(2) 复杂度:算法的时间复杂度取决于图的结构和规模,特别是节点的邻居数。

(3) 停止条件:可以通过设置最大步数或其他停止条件控制算法的执行。

应用场景。

(1) 网络分析:在社交网络或信息网络中,随机游走可用于模拟用户或信息的传播路径。

(2) 搜索引擎:随机游走可用于模拟网络爬虫在互联网上的随机浏览行为。

(3) 马尔可夫链:随机游走是马尔可夫链的一个特例,因此可以用于建模状态转移过程。

(4) 图模型训练:在图神经网络中,随机游走可以用于生成训练样本,以捕捉节点之间的关系。

3. 代码示例如下。

```
def max_degree_search(adj_list):
    max_degree_node = 0
    max_degree = 0

    for node, neighbors in adj_list.items():
        degree = len(neighbors)
        if degree > max_degree:
            max_degree = degree
            max_degree_node = node

    return max_degree_node, max_degree

#示例输入,表示一个无向图的邻接表
graph_adj_list = {
    1:[2, 3, 4],
```

```
    2: [1, 4],
    3: [1, 4],
    4: [1, 2, 3]
}

#调用函数获取结果
result_node, result_degree = max_degree_search(graph_adj_list)

#输出结果
print("最大度节点编号:", result_node)
print("最大度:", result_degree)
```

输出结果如下。

```
最大度节点编号: 1
最大度: 3
```

4.（1）游戏规则的简要描述如下。

井字游戏是一种双人博弈游戏，通常在3×3的方格中进行。两名参与者轮流在空格中放置自己的标记（一个参与者是“X”，另一个是“O”），目标是先在一行、一列或对角线上形成连续的3个自己的标记。

（2）游戏状态的表示方式如下。

一个游戏状态可以由一个3×3的矩阵表示，其中每个格子可以是空白、“X”或“O”。例如，下面的矩阵表示一个游戏状态。

```
X | O | X
----------
| O |
----------
|   | O
```

（3）蒙特卡罗树搜索算法的应用如下。

选择（Selection）：从根节点开始，根据一定策略选择子节点。例如，可以选择未探索过的子节点或根据某种评估函数选择最有潜力的子节点。

展开（Expansion）：如果选择的节点还有未探索的子节点，就随机选择一个未探索的子节点进行扩展。

模拟（Simulation）：在扩展节点的基础上，执行随机模拟或使用某种启发式方法模拟游戏的进行，直到达到游戏终止状态。

反向传播（Back propagation）：根据模拟的结果，更新选择路径上的节点的统计信息，例如，更新节点的访问次数和胜利次数。

通过多次模拟和反向传播，蒙特卡罗树搜索算法可以逐步优化选择策略，找到在当前游戏状态下最有可能导致胜利的决策。

5. 为了实现贪婪优先搜索算法，可以使用广度优先搜索（BFS）探索迷宫。BFS能够以层次遍历的方式逐步探索，而贪婪优先搜索的特点是每次选择看似最接近目标的路径。在这个问题中，可以使用启发函数估计每个点到目标点的距离，并在BFS的过程中优先探索距离目标点更近的路径。

代码示例如下。

```
class Node:
    def __init__(self, position, parent=None):
        self.position = position
        self.parent = parent
        self.g = 0  #Cost from the start node to current node
        self.h = 0  #Heuristic (estimated cost from current node to goal)
        self.f = 0  #Total cost (f = g + h)

def greedy_best_first_search(maze, start, end):
    rows, cols = len(maze), len(maze[0])
    open_list = []  #Nodes to be evaluated
    closed_list = set()  #Nodes that have been evaluated

    start_node = Node(start)
    goal_node = Node(end)

    open_list.append(start_node)

    while open_list:
        current_node = min(open_list, key=lambda x: x.h)
        open_list.remove(current_node)
        closed_list.add(current_node.position)

        if current_node.position == goal_node.position:
            path = []
            while current_node:
                path.append(current_node.position)
                current_node = current_node.parent
            return path[::-1]

        neighbors = [(0, 1), (0, -1), (1, 0), (-1, 0)]  #Possible moves: right,
#left, down, up
        for move in neighbors:
            new_position = (current_node.position[0] + move[0], current_node.
position[1] + move[1])

            if (
                0 <= new_position[0] < rows
                and 0 <= new_position[1] < cols
                and maze[new_position[0]][new_position[1]] == 0
                and new_position not in closed_list
            ):
                new_node = Node(new_position, current_node)
                new_node.g = current_node.g + 1
                new_node.h = abs(new_node.position[0] - goal_node.position[0])
+ abs(new_node.position[1] - goal_node.position[1])
                new_node.f = new_node.g + new_node.h

                if new_node.position not in [node.position for node in open_list]:
                    open_list.append(new_node)

    return None  #No path found

#Example usage:
maze = [
    [0, 0, 0, 0, 0],
    [0, 1, 0, 1, 0],
```

```
    [0, 1, 0, 0, 0],
    [0, 0, 1, 1, 0],
    [0, 0, 0, 0, 0]
]

start_point = (0, 0)
end_point = (4, 4)

path = greedy_best_first_search(maze, start_point, end_point)
print("Shortest Path:", path)
```

输出结果如下。

```
Shortest Path: [(0, 0), (0, 1), (0, 2), (0, 3), (0, 4), (1, 4), (2, 4), (3, 4), (4, 4)]
```

习题 12

1. 示例代码如下。

```
import networkx as nx

def kernighan_lin(graph, num_iterations=10):
    #获取图的节点列表
    nodes = list(graph.nodes())

    #将节点划分为两个初始部分
    part1 = nodes[:len(nodes)//2]
    part2 = nodes[len(nodes)//2:]

    #迭代执行 Kernighan-Lin 算法
    for _ in range(num_iterations):
        #计算节点的度
        node_degrees = dict(graph.degree())

        #计算每个节点的移动增益
        gains = {node: calculate_gain(graph, node, part1, part2, node_degrees)
        for node in nodes}

        #选择具有最大增益的节点进行移动
        move_node = max(gains, key=gains.get)

        #将选定的节点从一个部分移到另一个部分
        if move_node in part1:
            part1.remove(move_node)
            part2.append(move_node)
        else:
            part2.remove(move_node)
            part1.append(move_node)

    return part1, part2

def calculate_gain(graph, node, part1, part2, node_degrees):
    gain = 0
    for neighbor in graph.neighbors(node):
        if neighbor in part1:
            gain += 1
```

```
elif neighbor in part2:
            gain -= 1
    gain -= node_degrees[node]  #节点的度
    return gain

#构建电路图
circuit_graph = nx.Graph()
circuit_graph.add_edges_from([('A', 'B'), ('A', 'C'), ('A', 'E'), ('B', 'D'),
('C', 'E'), ('D', 'F')])

#使用 Kernighan-Lin 算法进行二分划分
part1, part2 = kernighan_lin(circuit_graph)

#打印划分结果
print("部分 1 的节点: ", part1)
print("部分 2 的节点: ", part2)
```

输出结果如下。

```
部分 1 的节点: ['B', 'C', 'E']
部分 2 的节点: ['D', 'F', 'A']
```

2. MFC(Maximum Flow Community)算法、HITS(Hyperlink Induced Topic Search)算法、Girvan-Newman (GN)算法、Wu-Huberman(WH)算法、CPM(Clique Percolation Method)算法、FEC(Finding and Extracting Communities)算法。

3. 迭代 1。

计算 Hub 值如下。

Hub(A)=Authority(B)+Authority(C)=1+1=2

Hub(B)=Authority(A)+Authority(D)=1+1=2

Hub(C)=Authority(E)=1

Hub(D)=Authority(B)=1

Hub(E)=Authority(D)=1

计算 Authority 值：

Authority(A)=Hub(B)=2

Authority(B)=Hub(A)+Hub(D)=2+1=3

Authority(C)=Hub(E)=1

Authority(D)=Hub(B)=2

Authority(E)=Hub(D)=1

迭代 2。

计算 Hub 值如下。

Hub(A)=Authority(B)+Authority(C)=3+1=4

Hub(B)=Authority(A)+Authority(D)=2+2=4

Hub(C)=Authority(E)=1

Hub(D)=Authority(B)=3

Hub(E)=Authority(D)=2

计算 Authority 值：

Authority(A)＝Hub(B)＝4

Authority(B)＝Hub(A)＋Hub(D)＝4＋3＝7

Authority(C)＝Hub(E)＝2

Authority(D)＝Hub(B)＝4

Authority(E)＝Hub(D)＝3

继续迭代。

根据需要，可以继续进行更多的迭代，直到 Hub 值和 Authority 值收敛为止。在实际应用中，可以使用收敛条件确定何时停止迭代。

这是一个简化的示例，实际应用中可能会使用更复杂的网络和更先进的算法实现。

习题 13

1. 节点中心性的经典指标包括度中心性、介数中心性、接近中心性、特征向量中心性。节点重要性的判别方法有基于节点邻近的方法、基于路径的方法、基于特征路径的方法、基于节点移除或收缩的方法。

2. 示例代码如下。

```
class VoterankAlgorithm:
    def __init__(self, users):
        self.users = {user: {'influence': 1, 'votes': set()} for user in users}

    def add_vote(self, voter, target, is_positive):
        if voter in self.users and target in self.users:
            vote_value = 1 if is_positive else -1
            self.users[target]['influence'] += vote_value
            self.users[voter]['votes'].add((target, vote_value))

    def update_influence(self, damping_factor=0.85, max_iterations=100,
convergence_threshold=1e-6):
        for _ in range(max_iterations):
            max_diff = 0
            for user, data in self.users.items():
                old_influence = data['influence']
                new_influence = (1 - damping_factor) + damping_factor * self.
                calculate_new_influence(user)
                data['influence'] = new_influence
                diff = abs(new_influence - old_influence)
                max_diff = max(max_diff, diff)

            if max_diff < convergence_threshold:
                break

    def calculate_new_influence(self, user):
        new_influence = 0
        for other_user, vote_value in self.users[user]['votes']:
            new_influence += vote_value * self.users[other_user]['influence'] /
            len(self.users[other_user]['votes'])
        return new_influence

#示例用法
users = ['user1', 'user2', 'user3']
```

```
algorithm = VoterankAlgorithm(users)

algorithm.add_vote('user1', 'user2', True)
algorithm.add_vote('user2', 'user1', True)
algorithm.add_vote('user3', 'user1', False)
algorithm.add_vote('user2', 'user3', True)

algorithm.update_influence()

#输出每个用户的最终影响力值
for user, data in algorithm.users.items():
    print(f"{user}: {data['influence']}")
```

输出结果如下。

```
user1: 0.2832885461280172
user2: 0.31361957889577075
user3: -0.09079526420881456
```

3. 基于PageRank的启发式算法考虑了用户之间的连接关系和活跃度。每个用户的PageRank分数由其直接连接的用户的PageRank、用户的活跃度以及连接关系的权重综合计算得出。这里权衡了用户之间的紧密关系和用户的活跃度。考虑群组关系、话题趋势等特殊关系,将这些因素融入PageRank计算中,以更好地反映用户兴趣。

习题14

1. Jaccard系数、Adamic-Adar指标和Katz指标都是用于衡量图中节点之间相似性或连接强度的指标,它们在社交网络分析、推荐系统和节点分类等领域有着不同的应用。以下是它们各自的作用。

1) Jaccard系数

定义:Jaccard系数是两个集合的交集元素个数除以它们的并集元素个数。

作用:在图论中,Jaccard系数常用于衡量两个节点的邻居节点之间的相似性。对于两个节点A和B,Jaccard系数可以计算为它们的共同邻居节点数除以它们的总邻居节点数,即$J(A,B)=|N(A)\cap N(B)|/|N(A)\cup N(B)|$。

应用:在社交网络中,Jaccard系数可以用于发现用户之间的兴趣相似性,或者用于推荐系统中基于用户行为的推荐。

2) Adamic-Adar指标

定义:Adamic-Adar指标是基于节点的度和共同邻居的度衡量节点之间相似性。

作用:Adamic-Adar指标认为共同邻居节点的度越大,对相似性的贡献越小。这是因为度较大的节点通常与更多的节点有连接,因此共同邻居节点对它们的连接影响较小。该指标在预测节点之间连接概率时较为有效。

应用:在链接预测、推荐系统等领域,Adamic-Adar指标可用于量化节点之间的相似性,从而更好地预测它们之间的关系。

3) Katz指标

定义:Katz指标是通过计算节点对之间的所有路径的加权和衡量节点之间的相似性,

其中路径的权重随着路径长度增加而减小。

作用：Katz 指标可以捕捉节点之间的远程关系，对于那些通过多个路径间接连接的节点具有较高的相似性分数。它对长路径的贡献比短路径小，因此更强调直接连接的节点。

应用：Katz 指标在社交网络中用于发现节点之间的潜在关系，也可以用于节点分类和异常检测等任务。

2. 一般步骤有图形表示、特征提取、标签生成、训练数据准备、分类器构建、模型训练。

3. 当构建一个简化的贝叶斯网络结构时，可以考虑一个包含疾病、症状和可能的其他中间变量的例子。这里，将创建一个简单的贝叶斯网络，其中包括疾病（Disease）、症状（Symptom）、和中间变量（Intermediate Variable）。

1）疾病（Disease）节点

表示一个人是否患有某种特定的疾病。

2）症状（Symptom）节点

表示与疾病相关的症状。

3）中间变量（Intermediate Variable）节点

表示可能影响疾病和症状之间关系的其他因素。

通过有向图表示这些节点之间的依赖关系，示例贝叶斯网络结构如下。

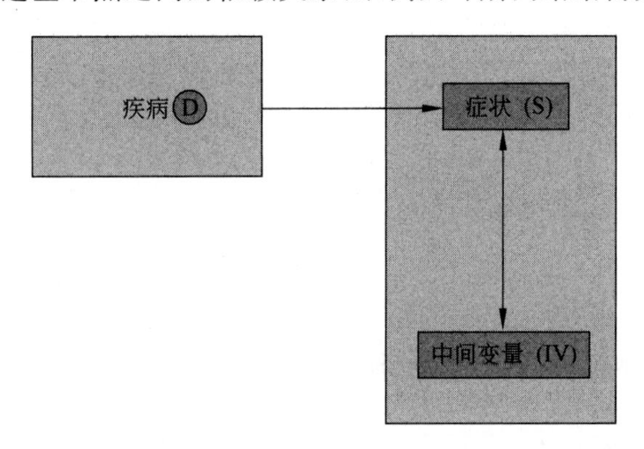

在这个例子中，疾病节点直接影响症状节点，而中间变量节点可以表示其他可能影响疾病和症状之间关系的因素。箭头表示方向性，即父节点对子节点有影响。

4. 问题 1：组合推荐的优势。

组合推荐比单一推荐算法更具优势的场景如下。

(1) 冷启动问题：在用户刚刚注册或者是新内容上线时，单一算法可能无法提供足够准确的推荐。组合推荐可以通过结合多个算法弥补其中一个算法的不足。

(2) 多样性需求：用户希望获得既有个性化又多样化的推荐。单一算法可能过于集中于某一方面，而组合推荐可以平衡不同算法的推荐结果，提供更全面的推荐。

(3) 稀疏性和噪声：在用户行为数据稀疏或包含噪声的情况下，组合推荐可以通过聚合多个算法的输出降低不确定性，提高推荐的准确性。

问题 2：组合推荐的实现方法。

一种实现组合推荐的方法是通过加权平均。具体来说，可以为每个推荐算法分配一个权重，最终推荐结果是各算法输出的加权平均。这种方法的选择基于对不同算法在不同场景下表现的信心水平的理解。

参考文献

[1] 吴今培,李雪岩,赵云. 复杂性之美[M]. 北京:北京交通大学出版社,2017.

[2] ERDOS P,Renyi A. On Random Graphs[J]. Publicationes Mathematicae (Debrecen),1959,6.

[3] 严蔚敏. 数据结构(C语言)[M]. 北京:清华大学出版社,2006:157-158,161-162.

[4] WATTS D J,STROGATZ S H. Collective Dynamics of 'Small-World' Networks[J]. Nature,1998,393:440-442.

[5] 郭世泽,陆哲明. 复杂网络基础理论[M]. 北京:科学出版社,2012:49-50.

[6] FRONCZAK A,FRONCZAK P,HOYST J A. Average Path Length in Random Networks[J]. Physical Review E,2004,70(5):056110.

[7] BARABÁSI A L,ALBERT,R. Emergence of Scaling in Random Networks[J]. Science,1999,286(5439):509-512.

[8] 汪小帆,李翔,陈关荣. 复杂网络理论及其应用[M]. 北京:清华大学出版社,2006:27-28.

[9] HAGBERG A A,SCHULT D A,SWART P J. Exploring network structure,dynamics,and function using NetworkX[C]//Proceedingsof the 7th Python in Science Conference (SciPy2008),Gäel Varoquaux,Travis Vaught,and Jarrod Millman (Eds),Pasadena,CA USA,2008:11-15.

[10] AMARAL L A N,SCALA A,BARTHELEMY M,et al. Classes of small-world networks[J]. Proceedings of the National Academy of Sciences,2000,97(21):11149-11152.

[11] GUARE J. Six degrees of separation[M]//The Contemporary Monologue:Men. Routledge,2016:89-93.

[12] GOFFMAN C. And What is Ysour Erdös Number? [J]. The American Mathematical Monthly,1969,76(7).

[13] NEWMAN M E J. The structure of scientific collaboration networks[J]. Proceedings of the National Academy of Sciences,2001,98(2):404-409.

[14] 郭世泽. 复杂网络基础理论[M]. 北京:科学出版社,2012:102-108.

[15] 彭刚. 因特网拓扑结构复杂性研究[D]. 武汉:华中师范大学,2006.

[16] ALBERT R,BARABÁSI A L. Statistical mechanics of complex networks[J]. Reviews of Modern Physics,2002,74(1):47.

[17] NEWMAN M E J,WATTS D J. Renormalization group analysis of the small-world network model[J]. Physics Letters A,1999,263(4-6):341-346.

[18] BARRAT A,WEIGT M. On the properties of small-world network models[J]. The European Physical Journal B-Condensed Matter and Complex Systems,2000,13:547-560.

[19] KHAN B S,NIAZI M A. Network community detection:A review and visual survey[J]. arXiv Preprint arXiv:1708. 00977,2017.

[20] JIN D,YU Z,JIAO P,et al. A survey of community detection approaches:From statistical modeling to deep learning[J]. IEEE Transactions on Knowledge and Data Engineering,2021,35(2):1149-1170.

[21] GIRVAN M,NEWMAN M E J. Community structure in social and biological networks[J]. Proceedings of the National Academy of Sciences,2002,99(12):7821-7826.

[22] 康颖,古晓艳,于博,等. 一种面向大规模社会信息网络的多层社区发现算法[J]. 计算机学报,2016,39(1):169-182.

[23] BLONDEL V D,GUILLAUME J L,LAMBIOTTE R,et al. Fast unfolding of communities in large networks[J]. Journal of Statistical Mechanics: Theory and Experiment,2008,2008(10): P10008.

[24] PALLA G,DERANYI I,FARKAS I,et al. Uncovering the overlapping community structure of complex networks in nature and society[J]. Nature,2005,435(7043): 814

[25] 伊曼等. 博弈论与经济行为[M]. 上海: 生活·读书·新知三联书店,2004.

[26] 汪贤裕,肖玉明. 博弈论及其应用[M]. 北京: 科学出版社,2016.

[27] NASH J. Non-cooperative games[J]. Annals of Mathematics,1951,51(2): 286-295.

[28] SELTEN R. Spieltheoretische Behandlung einesOligopolmodells mit Nachfrageträgheit: Teil I: Bestimmung des dynamischen Preisgleichgewichts [J]. Zeitschrift für die Gesamte Staatswissenschaft/Journal of Institutional and Theoretical Economics,1965,121(2): 301-324.

[29] LIN X,ZHEN H L,LI Z,et al. Pareto multi-task learning[J]. Advances in Neural Information Processing Systems,2019,32.

[30] CRESWELL A,WHITE T,DUMOULIN V,et al. Generative adversarial networks: An overview [J]. IEEE Signal Processing Magazine,2018,35(1): 53-65.

[31] RADFORD A, METZ L, CHINTALA S. Unsupervised representation learning with deep convolutional generative adversarial networks[J]. arXiv Preprint arXiv: 1511. 06434,2015.

[32] MIRZA M,OSINDERO S. Conditional generative adversarial nets[J]. arXiv Preprint arXiv: 1411. 1784,2014.

[33] DEGROOT,MORRIS H. Reaching a consensus[J]. Journal of the American Statistical Association, 1774,69(345): 118-121.

[34] ZHOU,QINYUE. A two-step communication opinion dynamics model with self-persistence and influence index for social networks based on the degroot model[J]. Information Sciences,2020(519): 363-381.

[35] KURMYSHEV,EVGUENII,HéCTOR A. Juárez,and Ricardo A. González-Silva. Dynamics of bounded confidence opinion in heterogeneous social networks: Concord against partial antagonism [J]. Physica A: Statistical Mechanics and its Applications,2011,390(16): 2945-2955.

[36] PASTOR-SATORRAS,ROMUALDO, ALESSANDRO VESPIGNANI. Epidemic dynamics and endemic states in complex networks[J]. Physical Review E,1963,6(2001): 066117.

[37] LU W,CHEN W,LAKSHMANAN L V S. From Competition to Complementarity: Comparative Influence Diffusion and Maximization[J]. Proceedings of the VLDB Endowment,2015,9(2).

[38] NEWMAN,MARK E J. Spread of epidemic disease on networks[J]. Physical Review E,1966,1 (2002): 016128.

[39] COOPER IAN,ARGHA MONDAL, CHRIS G. Antonopoulos. A SIR model assumption for the spread of COVID-19 in different communities[J]. Chaos,Solitons & Fractals,2020(139): 110057.

[40] WEISS,HOWARD HOWIE. The SIR model and the foundations of public health[J]. Materials matematics,2013: 1-17.

[41] BISWAS,MD HAIDER ALI,LUíS TIAGO PAIVA,et al. A SEIR model for control of infectious diseases with constraints[J]. Mathematical Biosciences and Engineering,2014,11(4): 761-784.

[42] LI,MICHAEL Y,JAMES S. Muldowney. Global stability for the SEIR model in epidemiology[J]. Mathematical Biosciences,1995,125(2): 155-164.

[43] ANNAS SUWARDI. Stability analysis and numerical simulation of SEIR model for pandemic COVID-19 spread in Indonesia[J]. Chaos,Solitons & Fractals,2020(139): 110072.

[44] 李学志,万志超,陈清江. 总人口规模变化的年龄结构 MSEIR 流行病模型的再生数[J]. 数学的实践

与认识,2005,35(8): 113-122.
[45] KAWACHI,KAZUKI. Deterministic models for rumor transmission[J]. Nonlinear analysis: Real World Applications,2008,9(5): 1989-2028.
[46] GU JIAO,WEI LI,XU CAI. The effect of theforget-remember mechanism on spreading[J]. The European Physical Journal B,2008,62: 247-255.
[47] ZHAO,LAIJUN. Rumor spreading model with consideration of forgetting mechanism: A case of online blogging LiveJournal[J]. Physica A: Statistical Mechanics and its Applications 390. 13 (2011): 2619-2625.
[48] DEVLIN,JACOB. Bert: Pre-training of deep bidirectional transformers for language understanding [J]. arXiv Preprint arXiv: 1810. 04805 (2018).
[49] LIU,YINHAN. Roberta: A robustly optimized bert pretraining approach[J]. arXiv preprint arXiv: 1907. 11692 (2019).
[50] CHEN,XIANGYAN. Rumor knowledge embedding based data augmentation for imbalanced rumor detection[J]. Information Sciences 580 (2021): 352-370.
[51] GOH,DION HOE-LIAN. An analysis of rumor andcounter-rumor messages in social media[J]. Digital Libraries: Data,Information,and Knowledge for Digital Lives: 19th International Conference on Asia-Pacific Digital Libraries, ICADL 2017, Bangkok, Thailand, November 13-15, 2017, Proceedings. Springer International Publishing,2017.
[52] SHI,HENGLIANG. Research on Model of Network Rumor Propagation[J]. 2018 5th International Conference on Information Science and Control Engineering (ICISCE). IEEE,2018.
[53] 陆玉凤. 提高复杂网络上动力学系统同步能力方法的研究[D]. 合肥: 中国科学技术大学,2008.
[54] 吴混沌. 系统的同步研究与复杂网络初探[D]. 北京: 北京邮电大学,2007.
[55] 邹家蕊. Rich-club 网络与叶子网络时空混沌同步研究[D]. 大连: 辽宁师范大学,2011.
[56] 柴元. 新建复杂网络的时空混沌同步研究[D]. 大连: 辽宁师范大学,2010.
[57] 张刚. 混沌系统及复杂网络的同步研究[D]. 上海: 上海大学,2007.
[58] 张超. 复杂网络的混沌同步研究[D]. 大连: 辽宁师范大学,2009.
[59] 金山. 复杂动态网络的同步控制研究[D]. 长沙: 中南大学,2011.
[60] 戴存礼. 复杂网络上动力学系统的同步行为研究[D]. 南京: 南京航空航天大学,2008.
[61] 王瑞兵. 复杂网络的同步及其在保密通信中的应用[D]. 镇江: 江苏大学,2009.
[62] 朱丽. 自适应控制实现 Chen 混沌系统同步的实验研究[D]. 西安: 西安电子科大学,2006.
[63] PECORA L M,CARROLL T L. Synchronization in chaotic systems[J]. Physical Review Letters, 1990,64(8): 821.
[64] 杨明. 三角形和链式网络的混沌同步研究[D]. 大连: 辽宁师范大学,2011.
[65] 吴亚晶,张鹏,狄增如,等. 二分网络研究[J]. 复杂系统与复杂性科学,2010,7(1): 1-12.
[66] 陈文琴,陆君安,梁佳. 疾病基因网络的二分图投影分析[J]. 复杂系统与复杂性科学,2009,6(1): 7.
[67] 郭世泽,陆哲明. 复杂网络基础理论[M]. 北京: 科学出版社,2012.
[68] 吕琳媛,周涛. 链路预测[M]. 北京: 高等教育出版社,2013.
[69] 汪小帆,李翔,陈关荣. 网络科学导论[M]. 北京: 高等教育出版社,2012.
[70] ERCIYES K. Complex Networks[M]. Taylor and Francis;CRC Press: 2014
[71] 吴亚晶,张鹏,狄增如,等. 二分网络研究[J]. 复杂系统与复杂性科学,2010,7(1): 12.
[72] BANERJEE,SUMAN, MAMATA JENAMANI, et al. Properties of a projected network of a bipartite network [J]. 2017 International Conference on Communication and Signal Processing (ICCSP). IEEE,2017.

[73] COREL, EDUARDO. Bipartite network analysis of gene sharings in the microbial world[J]. Molecular Biology and Evolution, 2018, 35(4): 899-913.

[74] 郭世泽. 复杂网络理论基础[M]. 北京: 科学出版社, 2012: 340.

[75] 王梦杰. 基于聚类系数的社团检测算法研究[D]. 兰州: 兰州大学, 2020.

[76] 杨博, 刘大有, 金弟, 等. 复杂网络聚类方法[J]. 软件学报, 2009, 20(1): 54-66.

[77] 任晓龙, 吕琳媛. 网络重要节点排序方法综述[J]. 科学通报, 2014, 59(13): 1175-1197.